André Moritz · Felix Rimbach

Soft Skills für Young Professionals

André Moritz · Felix Rimbach

Soft Skills für Young Professionals

Alles, was Sie für
Ihre Karriere brauchen

Bibliografische Information der Deutschen Bibliothek

Die Deutsche Bibliothek verzeichnet diese Publikation in der
Deutschen Nationalbibliografie; detaillierte bibliografische
Informationen sind im Internet über http://dnb.ddb.de abrufbar.

ISBN: 978-3-89749-630-9

Lektorat: Christiane Martin, Köln
Umschlaggestaltung: +malsy Kommunikation und Gestaltung, Willich
Umschlagfoto: Getty images, München
Satz und Layout: Lohse Design, Büttelborn
Druck: Salzland Druck, Staßfurt

3. Auflage 2010

Abonnieren Sie unseren Newsletter unter www.gabal-verlag.de

Inhalt

Vorwort

Soft Skills für Young Professionals – dieses Buch geleitet Sie mit vielen Hilfen, Methoden und einem Bündel nützlichen Wissens durch die wichtigsten Situationen in Ihrem Beruf und in Ihrem Privatleben. Wir geben Ihnen eine Reihe nützlicher Werkzeuge, um das Arbeiten und Leben einfacher und effektiver zu machen, und wir möchten Ihnen einen Weg aufzeigen von Persönlichkeitsentwicklung hin zu nachhaltigem Erfolg im „Wir", in der Gesellschaft.

Mit dem Lesen dieses Buches steigern Sie eine Reihe essenzieller Methodenkompetenzen und sind in Standardsituationen des Berufs- und Privatlebens besser vorbereitet, richtig und angemessen zu handeln. Wenn Sie das hier in Ihren Händen liegende Fakten- und Methodenwissen erwerben und praktisch anwenden, werden Sie einen durchschlagenden Fortschritt und Erfolg erleben. Sie werden effektiver und effizienter handeln. Sie werden Dinge vereinfachen und Resultate in weniger Zeit erzielen. Die Qualität Ihrer Arbeit wird steigen, und Sie werden in zwischenmenschlicher Interaktion souveräner und erfolgreicher sein.

Methodenkompetenz für Beruf und Privatleben

Die Zeiten von Einzelkämpfern in der Wirtschaft sind vorbei. Und immer wieder beklagen Unternehmen, dass es fachlich gut ausgebildeten Bewerbern an sozialer Kompetenz mangelt. Dazu kommen Defizite bei den kommunikativen Fähigkeiten sowie hinsichtlich genereller Methodenkompetenz. Dieses Buch soll einen entscheidenden Beitrag leisten, dies zu ändern.

Leben, Lernen und Arbeiten in unserer heutigen Gesellschaft führen zum Erfolg, wenn Sie die Synergie der Zusammenarbeit nutzen. Vor erfolgreicher Kooperation in Beruf und Gesellschaft steht jedoch die persönliche Auseinandersetzung mit sich selbst. Sich selbst zu kennen und an sich selbst zu arbeiten, schafft die Grundlage für Teamarbeit. Um aus dem formalen Zusammenschluss mehrerer Menschen zu einer Gruppe ein effektives und effizientes Team zu machen, bedarf es wiederum fundierter Kenntnisse über die spezifische Gruppe und Gruppen allgemein. Erst wenn sich die Gruppe kennt, kann sie wachsen.

Die vier Hauptteile des Buches

Das Buch besteht deshalb aus vier großen Teilen:
1. Selbstbeobachtung
2. Selbstentwicklung
3. Gruppenbeobachtung
4. Gruppenentwicklung

Diese vier Teile bilden die wesentlichen Stufen im Wachstumsprozess Ihres Selbst und Ihres Umfeldes. Diese vier Teile bilden den „roten Faden" durch das Buch.

Im Abschnitt „Selbstbeobachtung" geht es um das Erkennen und Definieren Ihrer Werte, Glaubenssätze, um Ihre ethischen und moralischen Prinzipien. Diese bilden das Fundament Ihrer Persönlichkeit und Persönlichkeitsentwicklung. Anschließend setzen Sie sich theoretisch wie praktisch mit Ihren Zielen auseinander. Dabei werden Sie aufgefordert, für verschiedene Zeithorizonte persönliche Ziele zu definieren. Sie setzen sich weiterhin mit Ihrer Persönlichkeit, Ihrer Ausstrahlung, Ihren Stärken und Schwächen sowie Ihrer eigenen Wahrnehmung und der Wahrnehmung durch andere Personen auseinander.

Ausgehend von den Grundlagen des ersten Teils gibt Ihnen der zweite Teil konkrete Impulse, wie und wo Sie an sich selbst arbeiten können. Das beginnt bei wesentlichen Arbeitstechniken, mit denen Sie Ihre Effektivität und die Effizienz Ihrer Arbeit steigern können. Vor allen Dingen gehören dazu das Zeitmanagement, Kreativitätstechniken, Lerntechniken, Schnell-Lesetechniken, Herangehensweisen systematischen Problemlösens sowie Aspekte des persönlichen Informations- und Wissensmanagements. Die Entwicklung Ihrer Ausstrahlung und der Fähigkeit zur Selbstdarstellung konfrontiert Sie im Folgenden mit Umgangsformen, Körpersprache, Rhetorik, Präsentation, Selbstvermarktung und dem Komplex der Bewerbung.

Selbstentwicklung bedeutet jedoch auch die Entwicklung Ihrer emotionalen Intelligenz – dem Umgang mit Ihren und den Gefühlen anderer. Neben geistigem Wachstum wird Selbstentwicklung auch begleitet von emotionalem Ausgleich, von Regeneration und von Freizeit. Hier erhalten Sie Impulse und Anregungen zur Balancierung Ihrer Entwicklung und Ihrer Aktivitäten.

Um erfolgreich in Gruppen agieren zu können, müssen Sie Gruppen verstehen. Das beginnt im Erkennen individueller Bedürfnisse und Handlungsmotive und setzt sich fort in der Kenntnis gruppendynamischer Prozesse und der spezifischen Eigenschaften von Gruppen als sozialem Gebilde. So erlangen oder vertiefen Sie im dritten Teil Kenntnisse interkultureller Besonderheiten und übertragen diese auf Gruppen mit Mitgliedern unterschiedlicher Herkunft. Damit schaffen Sie die Basis Ihrer interkulturellen Kompetenz. Im letzten Abschnitt des dritten Teils erwerben Sie die notwendigen Kenntnisse der Evaluierung von Gruppen und Personen im Arbeitsleben – eine Grundqualifikation, sobald Sie das erste Mal Personalverantwortung tragen.

Der vierte Teil des Buches schließlich bringt Sie auf die höchste Ebene: das Etablieren und Fördern von Gruppen sowie die erfolgreiche Interaktion in diesen Gruppen. Sie erwerben die Kompetenz erfolgreichen Networkings – dem Aufbau, der Pflege und der Nutzung Ihres sozialen Beziehungsnetzwerks. Gruppenentwicklung beschränkt sich jedoch nicht auf die berufliche Ebene: Entwicklung und Wachstum beziehen sich in diesem Teil des Buches auch auf Ihre Partnerschaft, Ihre Familie und Ihre Freunde.

Höchste Ebene im vierten Teil: Gruppenentwicklung

Zwei weitere Aspekte prägen den letzten Teil: auf der einen Seite die Kommunikation in und vor Gruppen. Dazu gehören vor allem Diskussionsleitung, Moderation, Verhandlung, Manipulation, Argumentation, Smalltalk, Schlagfertigkeit und Kommunikationsstörungen. Auf der anderen Seite erhalten Sie im Abschnitt „Teams und Mitarbeiter führen" das nötige Handwerkszeug, um Teams und Mitarbeiter im Sinne der Philosophie dieses Buches erfolgreich zu entwickeln und zu leiten.

„Nichts ist so praktisch wie eine gute Theorie", hat Kurt Lewin einmal gesagt. Auf der anderen Seite ist alle Theorie nutzlos, wenn sie sich in der Praxis nicht bewährt.

Theorie und Praxis

Und so hört man von den Pragmatikern: „Der Unterschied zwischen Theorie und Praxis ist in der Theorie viel kleiner als in der Praxis." Darauf wiederum antworten Idealisten und Wissenschaftler gern: „Für zu viele Leute gilt: Alles, was sie verstehen ist praxisrelevant und was sie nicht mehr verstehen ist bloße Theorie."

Ein wenig haben sie alle Recht. Aus diesem Grund haben wir als Autoren, André Moritz und Felix Rimbach, versucht, mit „Soft Skills für Young Professionals" beides so gut wie möglich zu verbinden. Wir sind der Überzeugung, dass uns dies gelungen ist.

Das Buch spiegelt unseren individuellen Ansatz wider, theoretisch fundiertes Wissen mit einem motivierenden und aktivierenden Schreibstil zu verbinden. So soll es Sie einerseits mit dem theoretischen Know-how ausstatten, auf der anderen Seite jedoch auch aufrütteln und zu konkreten Entscheidungen und konkretem Handeln veranlassen. Wir haben dabei bewusst auf Fußnoten in wissenschaftlichem Stil verzichtet, da das Buch primär einem praxisorientierten Ratgeberstil folgt. Dennoch werden Sie auf verschiedenen Seiten auch Absätze finden, die zu konkreten Tipps zu erfolgreichen Verhaltensstrategien auch eine nützliche theoretische Basis vermitteln.

„Wer viel schießt, ist noch lange kein guter Schütze" – wir sind der Meinung, dass soziale Kompetenz, kommunikative Kompetenz und Methodenkompetenz nicht zwingend nur auf Lebenserfahrung basieren. Im Gegenteil: Jeder kann sie erlernen! Nicht nur aus Büchern, aber gute Bücher können einen wesentlichen Impuls geben und essenzielle Grundlagen schaffen. Sie sind auf dem besten Weg dazu, diese Grundlagen zu erarbeiten und auszubauen.

1. Selbstbeobachtung

Grundlage aller gezielten Persönlichkeitsentwicklung ist die Kenntnis des eigenen Ich. Wer bin ich? Woher komme ich? Was will ich? Was ist mir wichtig? Wo will ich hin? Woran glaube ich? Was prägt mich? Wer ist mir wichtig? Wonach entscheide ich? Was beeinflusst mich? Wer beeinflusst mich? Was sind meine Werte? An welchen Moralvorstellungen richte ich mein Handeln aus? Was ist für mich tabu? An welchen Maßstäben messe ich mich? Woran messe ich andere Menschen? Was bin ich? Was habe ich? Was kann ich?

Diese Reihe von Fragen stellt nur einen kleinen Ausschnitt aus dem dar, womit Sie sich früher oder später im Verlauf Ihrer persönlichen Entwicklung, Ihres Wachstums und Ihres Lebens auseinander setzen.

Einige Antworten werden Sie automatisch mit zunehmendem Alter finden; sie ergeben sich aus der wachsenden Lebenserfahrung. Andere müssen Sie sich rechtzeitig und bewusst selbst beantworten, wenn Sie Ihr Leben gestalten wollen.

Als Leser dieses Buches möchten Sie Ihre Entwicklung höchstwahrscheinlich aktiv in die Hand nehmen und selbstbewusst planen und steuern. In diesem Sinne ist es notwendig, nicht passiv auf Antworten durch wachsende Lebenserfahrung zu warten, sondern proaktiv nach ihnen zu suchen, sich Antworten zu geben und Entscheidungen zu treffen. Dieses Kapitel begleitet Sie auf dem spannenden Weg der Selbstbeobachtung.

Schnellübersicht: Was erwartet mich in diesem Kapitel?

1) Im ersten Abschnitt **„Werte & Glaubenssätze"** setzen Sie sich mit Fragen Ihrer persönlichen Moral und Ethik auseinander, identifizieren Glaubenssätze, die Ihr Handeln, Ihre (Vor-)Urteile und Ihr Werteverständnis prägen, und machen sich Ihre Ideale und persönlichen Werte bewusst.

2) Im zweiten Abschnitt **„Ziele & Visionen"** richten Sie den Blick in die Zukunft: Wohin wollen Sie in Ihrem Leben gehen? Welchen Weg wollen Sie dazu beschreiten? Haben Sie bereits eine Vision, die Sie durch Ihr Leben – in guten wie in schlechten Zeiten – leitet? Sie erfahren von der motivierenden Funktion von Zielen und wie Sie diese für maximale Motivierung und Orientierung richtig formulieren. Was macht eine effektive Zieldefinition aus? Wie komme ich von einer Lebensvision und einem so genannten Mission Statement zu mittelfristigen Zielen und einer Orientierung für die Woche und den Tag? Welche Rolle spielen Zufall und Glück dabei?

3) Im dritten Abschnitt **„Persönlichkeit & Ausstrahlung"** setzen Sie sich mit Merkmalen von Persönlichkeit und Ausstrahlung auseinander und reflektieren Ihre eigene Wirkung auf Mitmenschen. Sie werden sich die Auswirkungen von Fühlmustern, Denkmustern und Verhaltensmustern auf den Status quo Ihrer und anderer Persönlichkeiten bewusst machen. Darauf aufbauend lernen Sie, wie Selbstwertgefühl, Selbstbewusstsein, Selbstachtung, Authentizität, Souveränität und Charme zusammen mit dem Bewusstsein eigener Lebensrollen, Stärken und Schwächen und Persönlichkeitstypen das Gesamtbild Ihrer Ausstrahlung und letztlich Persönlichkeit bilden.

4) Im vierten Abschnitt **„Warnehmung"** schließlich machen Sie sich - bewusst, wie sehr unterschiedliche Wahrnehmungen zu unterschiedlichen Einschätzungen, Eindrücken und Analyseergebnissen führen. Hier geht es insbesondere darum, ein Selbstbild und Fremdbild zu erstellen sowie die eigene und fremde Einschätzung Ihrer Person auf Abweichungen zu untersuchen.

1.1. Werte & Glaubenssätze – Grundlage Ihrer Persönlichkeitsentwicklung

Unsere Zivilisation basiert zu großen Teilen auf dem Konsens über bestimmte Werte und Moralvorstellungen. Trotz nicht enden wollender Konflikte, Kriege und Differenzen in Religion, Wirtschaft, Politik und Kultur gibt es grundlegende Wert- und Moralvorstellungen, die das dauerhafte Zusammenleben erst ermöglichen. Viele dieser Werte und Moralvorstellungen sind das Resultat von Erziehung, Sozialisierung und Religion. Sie finden eine Manifestierung in nationalen und internationalen Gesetzen sowie religiösen Schriften wie der Bibel, dem Koran und der Thora.

Dabei entsteht ein Konflikt zwischen Individuum und Gesellschaft. Idealerweise sollte jeder Mensch seine eigenen Wertvorstellungen suchen, finden und in seinem täglichen Leben und Handeln manifestieren. Die Entscheidung für eigene Werte schafft ein höheres Commitment und damit eine höhere persönliche Verbindlichkeit. Das Prinzip leuchtet ein: Hat jemand seine Werte gefunden, lebt er mit höherer Verbindlichkeit danach, als wenn ihm Eltern, Kirche oder die Gesellschaft als Ganzes bestimmte Werte vorschreiben. Auf der anderen Seite erfordert ein friedliches und geregeltes Zusammenleben jedoch gerade diesen Konsens über bestimmte Werte und eine entsprechende Verbindlichkeit für alle Gesellschaftsmitglieder.

Individuelle Wertvorstellungen und sozialer Konsens über Werte

Moral, Ethik und Ideale für sich selbst finden

Moral (von lateinisch „mores": Sitten, Charakter, Gewohnheit) definiert sich als System von Werten und Normen und deren praktischer Umsetzung im Alltag. Damit unterscheidet sich Moral vom Begriff der Ethik. Der Ethikbegriff lässt sich auf die griechische Antike und Aristoteles zurückführen. Hier war mit „ethos" vor allem „das Gute" gemeint, das, was sich gehört und was gerecht ist. Moral hingegen bezieht sich auf die tatsächliche Anerkennung und Verwirklichung von sittlichen Werten und Normen im täglichen Leben der Menschen.

Als wichtige moralische Instanz gilt die Religion. Mit dem Sinn, Zweck und Wesen der Moral setzen sich jedoch vor allem auch Philosophie, Theologie, Soziologie und Psychologie auseinander.

Instanzen der Moralprägung

Moral unterscheidet sich von persönlichen Grundwerten insofern, als sie eine universale Grundübereinstimmung über allgemein gültige Werte manifestieren soll. Ein Beispiel dafür ist die Achtung der Menschenwürde. In diesem Verständnis dient Moral als normativer Rahmen für alle oder zumindest die meisten Menschen einer Gesellschaft bezüglich ihres Verhaltens gegenüber anderen Mitgliedern der Gesellschaft.

Die Individualmoral und die gesellschaftliche Moral können, müssen aber nicht deckungsgleich sein. In den meisten Fällen beeinflusst die gesellschaftliche Moral als stillschweigende Übereinkunft von Verhaltensregeln und Wertmaßstäben auch die individuelle Prägung von Werten. Daher müssen Sie sich jedoch bereits im Vorfeld bewusst werden, inwieweit „Ihre Werte" tatsächlich Ihre eigenen Werte sind, oder ob Ihnen diese nicht unbewusst durch Erziehung und Sozialisation durch die Gesellschaft oktroyiert wurden.

Den idealen Menschen gibt es nicht

Aus Moral und Ethik ergeben sich bestimmte Vorstellungen, wie der ideale Mensch sein und leben sollte. Philosophen aller Epochen streiten und formen an diesem Idealbild von Menschen. Allerdings gibt niemand praktische, lebende Beispiele für dieses Idealbild. Den idealen Menschen gibt es in der Praxis nicht, weil unterschiedliche Rahmenbedingungen und Persönlichkeitstypen unterschiedliche Menschen hervorbringen oder erfordern.

Die Vorstellung eines Ideals basiert meist auf der Aggregation aller Merkmale, Eigenschaften und Werte, die ein Individuum oder eine Gesellschaft allgemein als „gut" und „richtig" betrachten. Dabei vergessen wir jedoch häufig, dass es miteinander konkurrierende Ziele gibt, die beide „gut", aber nicht gleichzeitig zu realisieren sind. So ist es vermessen zu glauben, Sie könnten alles um Sie herum in den Griff bekommen, zum Beispiel, was Sie und andere von Ihnen möchten.

Unvereinbarkeit von Zielen

Es ist einfach nicht möglich, gleichzeitig ein bedingungslos engagierter Angestellter, Manager oder Unternehmer zu sein, jederzeit für seine Kinder oder andere Familienmitglieder da zu sein, sich dann für Entwicklungshilfe und gemeinnützige Projekte zu engagieren, ein Musterkonsument zur Ankurbelung der Binnennachfrage und des gemeinschaftlichen Wohlstands zu sein und letztendlich allem Materiellen zu entsagen und ein freies, ehrliches Leben für Religion, Philosophie oder Erlangung von Weisheit und Erleuchtung zu führen.

Eine grundsätzliche Empfehlung bei der Suche und Definition der eigenen Werte, Moral und Prinzipien lautet daher: Machen Sie sich frei von Idealvorstellungen! Das ist der wichtigste Schritt zu einem einfacheren, entlasteten und glücklicheren Leben. Der Konflikt, der sich aus dem Versuch ergibt, allen Idealvorstellungen gerecht zu werden, ist einer der Hauptgründe für unglückliche, gestresste und/oder orientierungslose Menschen in unserer Gesellschaft.

Machen Sie sich frei von Idealvorstellungen und Perfektion

Haben Sie sich erst einmal bewusst gemacht, dass Sie das Ideal nicht erreichen können, kann die Suche nach eigenen Moralvorstellungen und Werten viel entspannter erfolgen. Möchten Sie ein verantwortungsvolles Leben nach diesen Moralvorstellungen führen, müssen Sie diese als eigene Verpflichtung, nicht jedoch als auferlegten Zwang verstehen. Der Schlüssel liegt wie so oft in der Einstellung, im „Ich möchte" statt „Ich muss"!

Je ehrlicher das eigene Commitment, die Selbstverpflichtung zu einem Wert, einer Tätigkeit oder einer Person ist, umso verbindlicher, stärker und motivierender ist diese Selbstverpflichtung. Es macht keinen Sinn, sich „Toleranz" auf die Fahnen zu schreiben bzw. schreiben zu lassen, wenn Sie zum Beispiel nicht wirklich daran glauben. Ihre Wertvorstellungen müssen ehrlich sein, andernfalls bleiben sie nur Lippenbekenntnisse und werden auf Ihrem Weg keine Unterstützung und Orientierung sein.

Persönliche Wertvorstellungen beginnen deshalb zum Beispiel mit:
„Ich will …"
„Es ist meine Überzeugung, dass …"
„Es ist mir wichtig …"

Die Auswirkung kleiner sprachlicher Details

Schlechte Formulierungen und meist keine wirklich persönlichen Werte sind zum Beispiel:
„Ich sollte (besser) …"
„Man muss …"

15

Diese sprachlichen Finessen erscheinen mitunter pedantisch, haben aber eine große Wirkung auf die Motivation, das Lebensgefühl und die persönliche Ausstrahlung. Insbesondere der Unterschied zwischen „ich möchte" und „ich muss" kann den bedeutenden Unterschied zwischen Erfolg, Ausstrahlung und Charisma zweier Personen machen.

Glaubenssätze erkennen und hinterfragen

Neben Ihren Wert- und Moralvorstellungen ist Ihr Leben durch so genannte Glaubenssätze geprägt. Darunter sind – in den meisten Fällen unbewusste – Einstellungen, Meinungen, Überzeugungen und Paradigmen zu verstehen, die Ihr Handeln, Ihre Einschätzung von Menschen und Situationen und indirekt auch Ihr Wertekonzept beeinflussen oder manifestieren.

Glaubenssätze als Motor und als Bremse von Denken und Verhalten

Glaubenssätze sind gut und hilfreich, wenn sie einem Menschen Charakter und Orientierung geben. Sie sind im besten Fall das Ergebnis der eigenen Meinung und eines festen Standpunkts sowie Merkmal einer charakterstarken Persönlichkeit. Auf der anderen Seite können Glaubenssätze auch hinderlich und kontraproduktiv sein, wenn sie die persönliche Entwicklung bremsen oder zu Fehleinschätzungen und Fehlreaktionen verleiten.

Bodo Schäfer hat in seinem Buch „Der Weg zur finanziellen Freiheit" recht treffend beschrieben, wie Glaubenssätze im Sinne von „Geld macht arrogant, egoistisch und machthungrig" oder „Geld ist böse" völlig im Widerspruch zu dem Wunsch vieler Menschen nach materiellem Reichtum stehen. Eine Person, die nach der eigenen Million strebt, gleichzeitig unbewusst solche Einstellungen mit sich herumträgt, erreicht das angebliche Ziel vermutlich nie! Ebenso lässt sich für einen Studenten der Wunsch, Jahrgangsbester zu werden oder unter den ersten zehn der Absolventen zu landen, kaum realisieren, wenn dieser gleichzeitig leistungshemmende Vorstellungen wie das Bild des „Strebers" in sich herumträgt oder der Auffassung ist, „die letzten Notenpunkte zur Spitze kosten unverhältnismäßig viel Extraaufwand, der nicht durch den Zusatznutzen gerechtfertig ist".

In diesem Sinne ist es unerlässlich, sich seine Glaubenssätze – im Zuge der Selbstbeobachtung umfassend bewusst zu machen. Dabei gilt es jedoch nicht nur, nach negativen, das heißt, hinderlichen Überzeugungen zu suchen, sondern sich auch gezielt bewusst zu machen, wie das eigene Handeln auch positiv von Glaubenssätzen motiviert wird. Wer von Kindesbeinen an erlebt hat, dass Leistung früher oder später angemessen entlohnt wird, hat eine tief verinnerlichte und langfristige Motivation für Spitzenleistungen.

Nützliche Glaubenssätze sind ein Hebel zu mehr Erfolg und Zufriedenheit

Eine gute Übung zum Herausfinden eigener Glaubenssätze ist, die folgenden Aussagen für sich fortzusetzen. Dies können Sie sogar an einem gemütlichen Abend zu zweit mit Ihrem Partner machen. Dabei entstehen mitunter erstaunliche Erkenntnisse und Aha-Erlebnisse:

- Das Leben ist …
- Sterben müssen heißt …
- Menschen können …
- Menschen sollten …
- Die Welt braucht …
- Das Wichtigste am Leben ist …
- Unwichtig ist …
- Vergangenheit ist …
- Zukunft bedeutet …
- Gegenwart heißt …
- Zeit ist …
- Liebe ist …
- Freunde haben ist …
- Glück ist …
- Zufriedenheit bedeutet …
- Gefühle sind …
- Konflikte bedeuten …
- Hoffnung ist …
- Glauben können ist …
- Träume sind …
- Visionen sind …
- Veränderung bedeutet …
- Stagnation bedeutet …
- Ich brauche …
- Angst habe ich vor …
- Mut bedeutet …
- Das Allerschwerste ist …
- Es ist so leicht …
- Verlieren bedeutet …
- Gewinnen heißt …
- Perfekt sein bedeutet …
- Versagen bedeutet …
- Verlust ist …
- Schmerz ist …
- Arbeiten bedeutet …
- Geld bedeutet …
- Leistung ist …
- Stärke ist …
- Fantasie kann …
- Kreativität ist …
- … kann ich nicht ertragen.
- … wünsche ich mir mehr als alles.
- … ist mir sehr wichtig.
- … will ich erreichen.
- … mag ich besonders.
- … hasse ich an mir.

Grundsätzliche Lebenseinstellungen wählen

Geistiges Wachstum ist ein Prozess

Selbstbeobachtung ist ebenso wie der im zweiten Buchteil betrachtete Bereich der Selbstentwicklung ein Prozess. Sie können dafür kein Zertifikat erwerben oder einen Haken dranmachen, wenn Sie meinen, es erledigt zu haben. Im Verständnis eines Prozesses, eines Wachsens und Reifens macht es dabei Sinn, eine Ausgangssituation und einen Grundwert zu identifizieren, um zu erkennen, von wo aus Sie sich bewegen. Ihre Grundeinstellungen sind insofern bedeutsam, als sie Sie auf dem ganzen Weg begleiten. Ein klassisches Paradigma und Weltbild ist hier das „positive thinking", das heißt, grundsätzlich mit einer optimistischen Haltung an neue Herausforderungen, vorhandene Konflikte oder persönliche Planungen zu gehen.

Selbstvertrauen spielt hier eine bedeutende Rolle. Statt „Das kann ich doch eh nicht" oder „Dafür fehlt mir das Talent" gilt es, an sich zu glauben. Wer sich zum Beispiel mit Techniken des Neurolinguistischen Programmierens auseinander setzt (NLP), findet diesen Ansatz immer wieder in Aussagen wie dieser:

„Um herauszufinden, ob dies etwas für Sie ist oder ob Sie es schaffen können, müssen Sie so tun, als ob es so wäre."

Selbsterfüllende Prophezeiungen

Das Prinzip der sich selbst erfüllenden Prophezeiung fördert hier Ihren Erfolg. Wenn Sie sicher sind, dass Sie etwas schaffen, ist die Wahrscheinlichkeit, es tatsächlich zu schaffen, deutlich höher als bei einer pessimistischen Grundeinstellung. Wer nicht daran glaubt, etwas zu schaffen, wird es in vielen Fällen auch nicht realisieren. Wer gar nicht erst anfängt, wird nie erfahren, ob es funktioniert hätte, und sich lediglich in dem zweifelhaft komfortablen Glauben bestätigen, es sowieso schon vorher zu wissen und gewusst zu haben.

Intellektueller Ausgleich ist wichtig

Beständiges geistiges Wachstum, wie es in Kapitel 2.4. diskutiert wird, ist zum Beispiel sicher eine Idealvorstellung, und Sie mögen einräumen, dass in der Realität des Alltags häufig wenig Raum für das Lesen hoch geistiger Literatur, den Besuch kultureller Veranstaltungen oder die Muße für Musik, Kunst und Philosophie herrscht. Wer hart am Leben zu arbeiten hat, in finanziellen Nöten steckt, neben Job, Familie und Wohnung oder Haus kaum Zeit für sich selbst hat, dem mag das Ideal des beständigen geistigen Wachstums praxisfremd vorkommen. Aber gerade für Menschen in einer solchen Situation bietet das Bewusstsein für die Notwendigkeit eines konstanten persönlichen Wachstumsprozesses Perspektiven. Der bekannte deutsche Zeitmanagementexperte Lothar J. Seiwert hat diese Erkenntnis in einem Buchtitel plakativ subsumiert: „Wenn du es eilig hast, gehe langsam."

Zeitmanagementtheorien, wie wir sie in Kapitel 2.1. vorstellen, mögen in der Praxis nicht immer so erfolgreich sein, wie sie es auf geduldigem Papier sind. Letztlich ist es aber der erste Schritt, sich damit auseinander zu setzen, denn das Verständnis der Theorie schafft zumindest eine höhere Sensibilität im praktischen Alltag. Letztlich sind häufig eine richtige und eine bewusste Grundeinstellung der erste Schritt jeder langen Reise.

So schafft Ihre Lebenseinstellung den Unterschied, der es Ihnen erlaubt, auch unter schwierigen Bedingungen, wenn auf den ersten Blick kein Raum für bestimmte Dinge vorhanden ist, Schritt für Schritt genau diesen Raum freizumachen. Es ist dieser Unterschied, der dazu führt, gerade in harten Zeiten den Glauben und den Optimismus nicht zu verlieren. Denn es macht einen Unterschied, ob das Glas halb voll oder halb leer ist. Ihre Einstellung ist entscheidend für Ihre Ausgeglichenheit und Ihren persönlichen Erfolg.

Die richtige Einstellung ist wichtig

„Das Leben ist bezaubernd, man muss es nur durch die richtige Brille sehen."
Alexandre Dumas der Ältere

Gehören Sie zu den Menschen, die Probleme, Unklarheiten, Ungewissheit und Überraschungen als Risiken sehen? Erkennen Sie in einer Überraschung oder einem Problem eine Chance? Denken Sie beständig darüber nach!

Sie haben einen Fehler gemacht? Das ist psychologisch für Sie nur halb so schlimm, wenn Sie bereit sind, Fehler zu akzeptieren und Fehler einfach als Erfahrung und Lernimpuls verbuchen.

Fehler akzeptieren

1. Selbstbeobachtung

Machen Sie sich bewusst, dass Ihre moralischen und ethischen Werte, Ihre Ideale, Ihre Glaubenssätze und Ihre Lebenseinstellungen die entscheidende Basis für Ihre Entwicklung und Ihr Handeln sind. Entsprechend sind sie auch die Basis für alle folgenden Kapitel dieses Buches mit konkreten Handlungsempfehlungen und Tipps zu effektiven Verhaltensweisen.

„Erfolg ist das Ergebnis richtiger Entscheidungen.
Richtige Entscheidungen sind das Ergebnis von Erfahrungen.
Erfahrung ist das Ergebnis falscher Entscheidungen."

ANTHONY ROBBINS

Übung 1.1.

(A) Schreiben Sie spontan fünf wichtige Werte in Ihrem Leben auf!
Welche Eigenschaften, Handlungsmaximen und Verhaltensweisen finden Sie persönlich für Ihre eigene Person und für andere Menschen richtig und wichtig?

1. _____

2. _____

3. _____

4. _____

5. _____

(B) Umkreisen Sie in der folgenden Liste die Werte, die Ihnen richtig und wichtig erscheinen!

Toleranz	Menschlichkeit	Ehrlichkeit	Vertrauen
Zuverlässigkeit	Nächstenliebe	Hilfsbereitschaft	Liebe
Freiheit	Glück	Mäßigkeit	Fairness

Rücksicht	Freundschaft	Fleiß	Genügsamkeit
Respekt	Gerechtigkeit	Frömmigkeit	Tapferkeit
Besonnenheit	Weisheit	Vernunft	Höflichkeit

(C) Vergleichen und überdenken Sie die Ergebnisse aus (A) und (B)! Welche sind Werte, welche sind Moralvorstellungen, welche sind Tugenden – oder macht das überhaupt einen Unterschied? Mit welchen können Sie sich wirklich identifizieren? Welche würden Sie sich selbst und ganz bewusst öffentlich auf die Fahnen schreiben? Denken Sie wenigstens 5 Minuten darüber nach.

(D) Im Ergebnis der drei Aufgaben und Überlegungen: Welches sind die drei für Sie heute ausschlaggebenden Werte, an denen Sie Ihr Leben und Handeln ausrichten wollen?

1. _____

2. _____

3. _____

(E) Schreiben Sie drei Glaubenssätze auf, von denen Sie denken, „ich sollte das eigentlich nicht denken/machen/sagen/glauben", oder wählen Sie Glaubenssätze, die Sie Ihrer Meinung nach potenziell in irgendeiner Form behindern!

1. _____

2. _____

3. _____

1.2. Ziele & Visionen – Ihre Zukunftsausrichtung

„Kein Wind ist demjenigen günstig,
der nicht weiß, wohin er segeln will."

MICHEL DE MONTAIGNE

„Nur wer sein Ziel kennt, findet den Weg."

LAOTSE

Aller Fortschritt basiert auf Weiterentwicklung. Gezielte Weiterentwicklung setzt voraus, dass Sie wissen, wo Sie stehen und wo
Sie hingehen wollen.

Ausgehend vom Bewusstsein, was Sie derzeit können (im Sinne von
Qualifikation und Möglichkeiten unter den gegebenen Rahmenbedingungen), was Sie derzeit haben (Wissen, materiellen Dingen,
Kontakten) und was Sie derzeit wollen (Wünsche, Bedürfnisse) sind
konkrete Ziele und Wege für die Weiterentwicklung festzulegen.

Ziele richtig definieren

Merkmale
„wohlgeformter
Ziele"

Um Ziele motivierend zu gestalten, sodass sie Orientierung geben
und Energie für das „Anpacken" freisetzen, bedarf es einer richtigen Formulierung. Entscheidende Merkmale einer solchen Formulierung sind:

1. Schriftlichkeit
2. Realismus
3. Terminierung
4. Messbarkeit

5. Positive Formulierung
6. Aktive Formulierung
7. Verantwortungszuweisung
8. Visualisierung

1. Schriftlichkeit

Fühlen Sie sich an ein beliebiges Silvesterfest zurückversetzt. Mit
hoher Wahrscheinlichkeit sind Sie in das neue Jahr mit einigen
Zielen oder guten Vorsätzen gegangen. Wie viele dieser Ziele haben
Sie über die Jahre gesehen tatsächlich realisiert? Hatten Sie diese
schriftlich fixiert? Ein entscheidender Faktor für die Zielerreichung,
noch vor der richtigen Formulierung an sich, ist die schriftliche
Fixierung. Wenn Sie etwas aktiv zu Papier gebracht haben, hat das
Ganze psychologisch eine wesentliche höhere Selbstverpflichtung,
als beispielsweise einfach nur gedanklich ein paar gute Vorsätze fürs

neue Jahr ins Auge zu fassen. Zudem ermöglicht die Schriftlichkeit eine spätere Kontrolle: Was Sie einmal schwarz auf weiß auf dem Papier festgehalten haben, können Sie später nicht einfach umdeuten oder aufweichen (Kapitel 4.4.).

Ebenso wie ein Vertrag bindend ist, erzeugen niedergeschriebene Ziele ein höheres Commitment. Diese persönliche Selbstverpflichtung wirkt dabei noch stärker, wenn der Betroffene das Ziel selbst aktiv niederschreibt. Dies ist insbesondere im Rahmen von Zielvereinbarungsgesprächen bedeutsam: Vereinbarte Ziele für das nächste Jahr sollte jeder Mitarbeiter selbst schreiben und nicht von der Führungskraft das fertig ausgefüllte Blatt vorgesetzt bekommen.

Stärkere Selbstverpflichtung

2. Realismus

Ihre Ziele müssen realistisch formuliert sein, um motivieren zu können. Nur ein Ziel, an das Sie auch glauben, wird genug Energie freisetzen, um loslegen und beständig auf die Zielerreichung hinarbeiten zu können. Halten Sie die Zielerreichung für unrealistisch, werden Sie nur mit halber Kraft arbeiten. Dies gilt ebenso für alle anderen an der Zielerreichung beteiligten Personen. Das Motto „Warum sollen wir uns anstrengen, den Termin schaffen wir doch eh nicht" ist verständlich und psychologisch ein Schutz für den Menschen, sich sinnlos zu verausgaben. Auf der anderen Seite dürfen Sie das Ziel jedoch nicht zu tief hängen, denn dann besteht keine Notwendigkeit, sich anzustrengen. Dies ist gerade für Führungskräfte ein wichtiger Aspekt: Überzogene Ziele führen zu Überlastung, Stress, innerer Kündigung, eingeschränkter Einsatzbereitschaft und Unzufriedenheit. Zu niedrig angesetzte Ziele führen auf Dauer ebenso zu Unzufriedenheit und Demotivation, vor allem aber zu suboptimalen Ergebnissen.

Nur realistische Ziele motivieren

Jeder braucht eine gewisse Herausforderung. Ein realistisches Ziel soll also weder über- noch unterfordern, jedoch ein gewisses Herausforderungspotenzial enthalten. Ebenso wie die Wertschätzung von Dingen häufig davon abhängt, wie viel jemand dafür aufgeben musste, so resultiert die Zufriedenheit eigener Betätigung daraus, wie anstrengend und herausfordernd der Weg zum Ergebnis war. Konnten Sie Ihr Bestes geben und an der Aufgabe wachsen, können Sie mit Stolz auf das erreichte Ergebnis und den Weg dorthin

Erfolg macht zuversichtlich

zurückblicken. Selbstvertrauen, Selbstbewusstsein und Selbstachtung wachsen, und die Motivation für anstehende Herausforderungen steigt. Nichts macht zuversichtlicher, als Erfolg zu haben. Eine realistische Zielsetzung ist letztlich nicht nur Voraussetzung für die Zielerreichung und unter gegebenen Rahmenbedingungen für optimale Ergebnisse, sondern nebenbei auch Motor für persönliches Wachstum in einer Aufwärtsspirale.

3. Terminierung

Eine Aufgabe nimmt immer so viel Zeit in Anspruch,
wie zur Verfügung steht.

Terminieren stellt sicher, dass Projekte auch abgeschlossen werden

Zu jeder Zieldefinition gehört ein konkreter Termin, bis zu dem die Aufgabe oder Zielstellung realisiert ist. Nur so wird die Sache angepackt, vorangetrieben und der innere Schweinehund mitsamt seiner „Aufschieberitis" überwunden. Zwar sorgt die wachsende Projektkultur mit knappsten Terminvorgaben – so genannten „Deadlines" – für permanenten Stress unter Mitarbeitern. Auf der anderen Seite zeigt sich jedoch, dass die meisten Aufgaben und Ziele doch irgendwie immer in der gegebenen Zeit realisiert werden können. Je näher die Deadline rückt, umso effizienter wird in der Regel gearbeitet. Je knapper die Zeit, umso eher verzichtet man auf Kleinigkeiten und Details, die mehr Zeit kosten als Nutzen bieten.

Natürlich muss die Terminierung auch hier realistisch sein. Voraussetzung ist aber, dass überhaupt ein Terminziel besteht, an dem die Aufgabe oder das Projekt fertig gestellt sein müssen. Ohne Termin bleibt das Ziel in der Regel ein Wunsch, dessen Realisierung sich permanent nach hinten verschiebt.

4. Messbarkeit
Die Terminierung Ihres Ziels ist ein erster Schritt in Richtung Messbarkeit. In der Regel wird die Zielerreichung jedoch nur sekundär am Termin und primär an anderen qualitativen und quantitativen Faktoren gemessen. Die Identifikation und Formulierung dieser Faktoren sowie die Vorgabe eines konkreten Zielwertes bzw. Zielzustands ist eine wesentliche Aufgabe bei der Ziel-

definition. Ziele müssen konkret messbar formuliert sein, sonst haben Sie keine Chance zu überprüfen, ob und wann das Ziel erreicht wurde.

Ungünstige Zielformulierungen sind „Ich will Karriere machen", „Ich will weniger rauchen" oder „Ich möchte mehr Zeit mit Martina verbringen". Richtig sind konkrete Zielformulierungen wie „Ich will meine Zwischenprüfung mit 2,0 abschließen", „Ich rauche nur noch fünf Zigaretten am Tag" oder „Ich möchte jeden ersten Montag im Monat mit Martina verbringen".

Ungünstige und günstige Zielformulierungen

5. Positive Formulierung

„Es ist ein großer Unterschied, ob wir spielen,
um nicht zu verlieren, oder ob wir spielen, um zu gewinnen."

BODO SCHÄFER

Die Einstellung macht den Unterschied. Die Zielformulierung muss deshalb positiv abgefasst sein, also ohne negative Wörter wie „nicht", „kein", „weniger" und so weiter. Derartige Formulierungen lenken das Bewusstsein auf den negativen Umstand, statt es auf einen positiven Zielzustand zu fokussieren und positive Energie freizusetzen.

Bewusstsein auf erfreulichen Zustand lenken

Statt „Ich will weniger rauchen" formulieren Sie Ihr Ziel in der Art: „Als Nichtraucher führe ich ein gesundes Leben und fühle mich fit." Diese zweite Formulierung lenkt das Bewusstsein auf den erfreulichen Zustand eines Nichtrauchers, während der erste Versuch eher ein negatives Zwang- und Schuldgefühl im Format „Ich rauche – das ist schlecht. Ich muss damit aufhören" erzeugt.

6. Aktive Formulierung

Neben einer positiven Formulierung ist bei der Zieldefinition insbesondere auf eine aktive Beschreibung des Ziels bzw. der Maßnahmen zu achten. Dies erhöht die Verbindlichkeit und fördert das Anpacken der Aufgabe. Statt einer Formulierung nach dem Schema „SAP-HR wird eingeführt" oder „Einführung SAP-HR" verwenden Sie aktive Formulierungen wie „Einführen von SAP-HR". Eine gute aktive Formulierung macht klar, dass Sie Maßnahmen zur Realisierung in Angriff nehmen müssen und nicht passiv auf das Eintreten des Zielzustands warten können.

7. Verantwortungszuweisung

Der nächste Schritt nach einer aktiven und positiven Formulierung ist das Einbinden der Verantwortung in die Zieldefinition. Die Zieldefinition soll klar werden lassen, wer konkret für die Zielerreichung zuständig ist. Die Verantwortlichen sollen sich darüber hinaus konkret angesprochen und tatsächlich für die Realisierung und alle dazu notwendigen Maßnahmen verantwortlich fühlen. Die Zieldefinition „Einführen von SAP-HR" können Sie somit erweitern zu „Einführen von SAP-HR durch die IT-Abteilung bis zum 31.12. dieses Jahres". Ebenso erzeugt die Formulierung eines persönlichen Ziels „Website Segelverein" in der Form „Ich erstelle die Website für unseren Segelverein bis zum Jahresende" eine deutlichere Identifikation mit der Aufgabe und dem Ziel.

8. Visualisierung

Die Zielerreichung erfolgt in der Regel umso effizienter, je höher die motivatorische Kraft in der Zielformulierung ist. Eine schriftliche, realistische, aktive und positive Zielformulierung ist eine essenzielle Grundlage für die gewünschte Motivierung der Beteiligten. Ein bemerkenswerter Effekt lässt sich darüber hinaus erreichen, wenn Sie das Ziel bzw. den Zielzustand so konkret wie möglich visualisieren.

Je konkreter und klarer die Vorstellung vom Ziel,
umso höher die motivatorische Kraft des Ziels.

Diese Visualisierung kann entweder tatsächlich in Bildform erfolgen, oder aber auch in geschickter Formulierung des Ziels als Zielzustand. Zum Beispiel so: Statt „Ich möchte der Jahrgangsbeste werden" formulieren Sie das Ziel so, als ob Sie es bereits erreicht hätten: „Ich bin der Jahrgangsbeste". Statt „Ich möchte mit 40 ein Haus am See haben" heißt es dann „Ich bin 40 und habe ein Haus am See".

Je konkreter die Vorstellung vom Zielzustand, umso klarer halten Sie sich das Ziel jederzeit vor Augen. Je klarer die Vorstellung, umso greifbarer das Ziel. Je greifbarer das Ziel, umso höher die Motivation, die letzten Schritte zu diesem Ziel in Angriff zu nehmen. Das Ziel scheint nicht mehr so weit entfernt, wird realistischer. Je realistischer und konkreter es sich abzeichnet, umso mehr Energie wird für die Zielerreichung freigesetzt und aufgewendet.

Aus diesem Grund empfiehlt es sich, gerade materielle Ziele so konkret, detailliert und ausgeschmückt wie möglich zu visualisieren. Wenn Sie für ein Auto sparen und zum Beispiel unbedingt ein bestimmtes Cabrio Ihr Eigen nennen wollen, stellen Sie sich ein Bild von diesem Wagen auf den Schreibtisch und stecken Sie ein Bild davon in Ihre Geldbörse. Wie soll das Haus am See konkret aussehen? Machen Sie sich einen Plan. Wo soll die Terrasse hin, wie sieht es aus, wenn die Sonne ins Wohnzimmer fällt? Stellen Sie sich vor, wie das Boot am Bootssteg befestigt ist und im Wind schaukelt. Planen Sie den Kamin – gehen Sie in einen Baumarkt und schauen Sie sich nach einem Wunschmodell um. Stellen Sie sich vor, wie Sie im Winter mit einem Glas Rotwein davor sitzen und guter Musik lauschen. Solche plakativen Vorstellungen verstärken den Wunsch, konkretisieren das Ziel und setzen unglaublich viel Energie und Motivation frei.

Wünsche konkret visualisieren

Wenn Sie wissen, wo Sie hinwollen und wie es dort aussieht, fühlen Sie tief in sich den Wunsch, sofort loszulaufen. Die konkrete Vorstellung und die Begeisterung sind Ihr Motor! Stellen Sie sich wie ein Marathonläufer das Ziel vor, das unbeschreibliche Gefühl, durch das Ziel zu laufen. Das gibt Kraft, auch zwischenzeitliche Schwächen und Probleme zu überwinden. Sie wissen, wo Sie hinwollen. Sie haben Ihr Ziel visualisiert und motivierend vor Augen!

Tabelle 1: Richtige und falsche Zielformulierungen

Falsche Zielformulierung	Richtige Zielformulierung
„Wir wollen die Prozesse im Unternehmen verbessern."	„Zum Jahresende liegt die durchschnittliche Fehlerrate in der Produktion unter 5 %."
„Wir müssen kundenfreundlicher werden."	„Wir führen bis zum 1. Juli ein System fester Kundenbetreuer sowie kostenlose Service-Rufnummern ein. Der Erfolg wird durch eine jährliche Kundenzufriedenheits-Befragung evaluiert."

Falsche Zielformulierung	Richtige Zielformulierung
„Ich will mehr lesen."	„Im Sommerurlaub werde ich die Bücher ,Soft Skills für Young Professionals' und ,Omnisophie' lesen."
„Mehr Zeit mit meinen Freunden verbringen."	„Ich treffen mich jeden Montag mit Gordon, Toni und Sebastian in der Lykia-Bar zum Kartenspielen."
„Ich ernähre mich gesund."	„Ich mache jeden Sonntagmorgen einen Obstsalat und frisch gepressten Orangensaft für das Familienfrühstück."

Zielbildung und Strukturierung

Von der langfristigen Vision zum Ziel für den Tag

Bei der Auseinandersetzung mit Zielen gilt es, sich die Hierarchie von Zielen zu verdeutlichen. Eine – im Folgenden erarbeitete – Lebensvision stellt zwar eine grobe Orientierung dar, bietet jedoch eine zu geringe Konkretisierung und Verbindlichkeit, um tägliche Aktivitäten daran auszurichten. Langfristige Ziele und Visionen sind wichtig, um dem Leben Sinn und Richtung zu geben, aber weniger geeignet, um im Jetzt und Hier wirklich Aktionen anzustoßen. Aus diesem Grund ist es erforderlich, Ziele von einem langfristigen Zeithorizont auf mittelfristige Zielstellungen bis hin zur kurzfristigen Zielvorgabe herunterzubrechen.

Natürlich gibt es für Ihre Ziele und Zeitplanung unterschiedliche Zeithorizonte. Deshalb macht es Sinn, langfristige Ziele auf mittel- und kurzfristige Ziele herunterzubrechen. Eine solche Zielhierarchie kann dann wie folgt aussehen:

1. Lebensziele
2. Fünfjahresziele
3. Zehnjahresziele
4. Jahresziele
5. Quartalsziele
6. Monatsziele
7. Wochenziele
8. Tagesziele

Was möchten Sie im Laufe Ihres Lebens erreichen? Was möchten Sie in den nächsten zehn Jahren erreichen? Was in den nächsten fünf Jahren? Was müssen Sie dafür im Laufe des nächsten Jahres machen?

Zeitpunkt- und zeitraumbezogene Ziele

Grundsätzlich lassen sich bei der Betrachtung des Zeitaspektes zeitpunkt- und zeitraumbezogene Ziele unterscheiden. Ein zeitpunktbezogenes Ziel sieht vor, dass die Zielerreichung zu einem bestimmten Zeitpunkt gewährleistet ist, zum Beispiel zum Jahresende ein Körpergewicht von 75 kg auf die Waage zu bringen. Ein zeitraumbezogenes Ziel verlangt hingegen die permanente Zielerreichung innerhalb eines vorgegebenen Zeitraums, so zum Beispiel der Wunsch, im gesamten Jahresablauf das Körpergewicht im Bereich von 75 bis 80 kg zu halten.

Typisierung und Ausgewogenheit von Zielen
Neben der Unterscheidung nach ihrem zeitlichen Horizont lassen sich Ziele auch nach anderen Perspektiven typisieren. Eine solche Typisierung ist sinnvoll, da Sie erst dadurch erkennen können, wenn alle Ihre Zielstellungen in nur eine bestimmte Richtung tendieren. Das können Sie zwar als „konsequent" bezeichnen, eine zu einseitige Ausrichtung aller Ziele ist im Sinne einer ganzheitlichen Persönlichkeitsentwicklung erfahrungsgemäß aber eher problematisch (Kapitel 3.1.).

> **Die Gesamtheit Ihrer Ziele muss ausgewogen sein**

Besteht das persönliche Zielsystem hauptsächlich aus materiellen Zielen, stellen sich früher oder später Konflikte und Zweifel über den Sinn alles Zielstrebens ein. Da nach Maslow Bedürfnisse grundsätzlich unbegrenzt sind, lässt sich hier nie eine vollständige Zufriedenheit erreichen. Zudem stellt sich früher oder später Frustration ein, weil der reine Materialismus natürlich nicht glücklich macht. Gefragt ist also ein ausbalanciertes persönliches Zielsystem, das Elemente möglichst verschiedener Zieltypen enthält. So lässt sich mit einem ausgewogenen Konzept von materiellen und immateriellen Zielen, zum Beispiel ein bestimmtes Wohnumfeld, Auto, Hobby, die Pflege zwischenmenschlicher Beziehungen, geistiges Wachstum, Gesundheit und Sport, Kultur oder Kreativität, viel eher ein Zustand des Glücks realisieren. Ist alles Handeln nur auf das Erarbeiten der „ersten Million" ausgerichtet und bleiben andere Zielbereiche auf dem Papier und im praktischen Leben leer, fehlt ein ausgewogener Zielmix im Sinne eines ganzheitlichen Lebenskonzepts (Kapitel 2.1.).

Je größer das individuelle Zielbündel wird, umso wichtiger ist, dass Sie eine Priorisierung vornehmen. Dieses Thema fällt schwerpunktmäßig in den Bereich des persönlichen Zeitmanagements, zu dem Sie im Weiteren detaillierte Informationen erhalten.

Erkennen und Umgehen mit Zielkonflikten

Komplementäre Ziele

Einen möglichst ausgewogenen Zielmix zu finden, kann schwieriger als erwartet sein. In der Praxis treten regelmäßig Zielkonflikte auf, die es im Vorfeld zu erkennen und möglichst zu umgehen gilt. Im Idealfall handelt es sich bei allen Zielen um komplementäre Ziele, das heißt, eine höhere Zielerreichung des Ziels A führt automatisch zu einer höheren Zielerreichung des Ziels B. Ein Beispiel dafür kann verallgemeinert „Gesünder ernähren und dadurch Abnehmen" sein. Im täglichen Leben ist dieser Idealfall leider relativ selten anzutreffen – an der Tagesordnung sind häufig eher Zielkonflikte.

Konkurrierende Ziele

In diesen Bereich fallen konkurrierende Ziele. Eine Zielkonkurrenz liegt vor, wenn eine erhöhte Zielerreichung von A zu einem geringeren Zielerreichungsgrad des Ziels B führt. So lässt sich in der Regel der Vorsatz, mehr Biokost in Naturkostläden zu kaufen, kaum mit dem Ziel in Einklang bringen, weniger Geld für die monatlichen Lebensmittel auszugeben.

Zielantinomie und Zielindifferenz

Problematisch sind Zustände der Zielantinomie, bei denen die Zielerreichung von A die Zielerreichung von B ausschließt. Ein Beispiel: So widersprechen sich die Zielstellungen, sich vermehrt und regelmäßiger telefonisch bei Freunden und Verwandten zur Kontakterhaltung und -pflege zu melden, gleichzeitig aber die Telefonrechnung innerhalb der nächsten 6 Monate zu halbieren. Zielindifferenz dagegen liegt vor, wenn sich die Ziele A und B in ihrer Zielerreichung nicht beeinflussen. So besteht zwischen der Naturkost und der Telefonrechnung weder ein Konflikt noch ein Zusammenhang.

Lebensvision und Mission Statement

„Um wirklich glücklich zu sein, muss man eine Aufgabe und eine große Hoffnung haben."

RICARDA HUCH

Eine große Aufgabe schafft Sinn für das persönliche Leben

Eine der wichtigsten Aufgaben im Rahmen einer gezielten und ausgewogenen Persönlichkeitsentwicklung ist das Formulieren einer Lebensvision. Die Amerikaner nennen eine solche Vision auch „Mission Statement". Ihre Lebensvision, Ihr Mission Statement ist essenziell. Das Zitat „Kein Wind ist demjenigen günstig, der nicht weiß, wohin er segeln will" zu Beginn des Kapitels 1.2. veranschaulicht die Bedeutung einer solchen Richtungsvorgabe und Orientierung so treffend, dass es an dieser Stelle noch einmal erinnert sei.

Ein möglichst konkreter, individuell, aus tiefem Herzen und mit gesundem Verstand erarbeiteter Lebensentwurf bildet nicht nur die Grundlage für das Herunterbrechen und Operationalisieren von Teilzielen. Eine konkrete, visualisierte, voll Begeisterung erfüllte Vorstellung vom eigenen Leben setzt eine unglaubliche Menge an Energie, Hartnäckigkeit, Ehrgeiz und Leistungsanreiz frei. Sie bietet Orientierung in schweren Phasen, bei Rückschlägen und persönlichen Tiefschlägen, in harten Zeiten.

„Der Weg ist das Ziel"

KONFUZIUS

Die Vorstellung vom Ziel bzw. die ganzheitliche Sicht vom Lebensweg hilft Ihnen, Konflikte und Probleme des Alltags in der Gesamtsicht zu relativieren und ihnen so die negative Energie zu nehmen. Das Wissen um das langfristige Oberziel, die klare Vorstellung, wohin Sie in Ihrem eigenen Leben wollen, beugt Selbstzweifeln und Sinnkrisen vor. Eine ganzheitliche Sicht über den gesamten Lebensweg mildert oder verhindert gar die typische Midlife-Crisis, wie sie in den modernen westlichen Gesellschaften immer häufiger und früher anzutreffen ist.

Ganzheitliche Sicht relativiert Probleme

Ihre konkrete Lebensvision verhilft Ihnen zu Zuversicht, Ausgeglichenheit und Souveränität. Wenn Sie genau wissen, was Sie wollen, können alltägliche Probleme Sie nicht aus der Ruhe bringen. Alles relativiert sich in der Gesamtsicht. Schwierigkeiten können Sie eher als Chancen verstehen, als wenn Sie sich in einer sehr kurzfristigen Sicht von Problem zu Problem und Termin zu Termin hangeln, ohne sich eines umfassenden Kontexts für das eigene Handeln bewusst zu sein.

„Ein Mann mit einer Idee ist unausstehlich,
bis ihm die Idee zum Erfolg verholfen hat."

MARK TWAIN

Die langfristige Vision als Maßstab für heutiges Handeln

Die konkrete Lebensvision ist der Maßstab, an dem Sie Ihr Tun im Hier und Jetzt ausrichten können. Das gibt Ihnen Kraft und Motivation, auch wenn es am einen oder anderen Tag mal nicht so gut läuft. Sie haben jederzeit im Hinterkopf, warum Sie das alles machen und worauf Sie langfristig hinarbeiten.

Auch Glück und Zufall spielen eine Rolle

Machen Sie sich bei aller gezielten Persönlichkeitsentwicklung, beim Entwurf einer Lebensvision und bei der Planung Ihrer Karriere bewusst, dass Ihr Leben auch durch eine Reihe von Zufällen und Glück beeinflusst wird. Zwar lässt sich über diesen Aspekt aus philosophischer und religiöser Sicht trefflich streiten, wenn es um die Auseinandersetzung mit Vorbestimmung und Schicksal versus Zufall und Glück geht. Fakt ist jedoch, dass Ihr Lebensweg von verschiedenen, für Sie unvorhergesehenen Umständen geprägt sein wird. Diese Tatsache sollten Sie zumindest so weit wie möglich einplanen, zum Beispiel dadurch, Zeitpuffer in der persönlichen Planung zu reservieren und Alternativ- und Notfallpläne zur Hand zu haben („was mache ich, wenn …").

Ebenso wichtig wie zu wissen, was Sie wollen, ist zu wissen, dass nicht alles planbar und vorhersehbar ist. Sofern Sie sich das nicht bereits bewusst gemacht und verinnerlicht haben, machen Sie es an dieser Stelle!

So viel ist sicher: Nichts ist sicher.

Übung 1.2

(A) Nennen Sie sechs Merkmale richtiger Zielformulierungen.

_____

_____

(B) Formulieren Sie anhand der o. g. Merkmale ein persönliches Ziel für die nächsten 14 Tage. Mein Ziel:

_____

_____

_____

(C) Gibt es einen Unterschied zwischen Lebensvision und Mission Statement? Wenn ja, worin liegt dieser für Sie? Wenn nein, was verbinden Sie
mit beiden Begriffen persönlich?

_____

_____

_____

(D) In welchem Zusammenhang können Ziele zueinander stehen? Welche
Arten von Zielkonflikten kennen Sie?

1. _____

2. _____

3. _____

(E) Versuchen Sie an dieser Stelle, auf einem leeren Blatt oder am Computer einen ersten Entwurf einer möglichen Lebensvision zu verfassen.
Dabei geht es nicht um ein verbindliches Ergebnis, sondern vielmehr um
den damit verbundenen Prozess des Nachdenkens über sich und das
eigene Leben. „Der Weg ist das Ziel!" – Nehmen Sie Konfuzius beim
Wort, vielleicht ein Glas guten Rotwein und zwei oder drei Stunden
Zeit (vorerst nicht mehr!) – und fangen Sie an!

(F) Vermerken Sie den heutigen Tag im Kalender (z. B. 16. Juni) und markieren Sie diesen Tag in den Folgemonaten (16. Juli, 16. August etc.). Nehmen Sie an diesen Tagen den Entwurf zur Hand, überdenken Sie ihn und
entwickeln Sie ihn weiter. So bleiben Sie am Ball und sind Tag für Tag für
die Langfristigkeit Ihrer Ziele und Aktivitäten sensibilisiert. Nach und
nach entwickeln Sie so ein sorgfältig überdachtes Lebenskonzept und
eine konkrete, visionäre Vorstellung von dem, was Ihnen wichtig ist.

1.3. Persönlichkeit & Ausstrahlung

Wenn eine Person eine Rolle spielt, tut Sie dies nur so lange, bis der Vorhang fällt.

Persönlichkeit und Ausstrahlung als Meta-Aspekte

Persönlichkeit und Ausstrahlung sind im Rahmen der in diesem Buch betrachteten Soft Skills so genannte Meta-Aspekte. Das bedeutet, dass sie sich auf eine höhere logische Ebene beziehen als zum Beispiel die konkreten, im Buch beschriebenen Arbeitstechniken. Als Meta-Aspekte fließen sie in fast alle bereits betrachteten und folgenden Bereiche mit ein. Wenn Sie beispielsweise etwas an Ihrer Ausstrahlung ändern, wirkt sich das auch auf die Wahrnehmung durch andere beim Einsatz einer bestimmten Moderationstechnik aus.

Flexible und fixe Persönlichkeitseigenschaften

In der psychologischen Theorie besteht Persönlichkeit aus flexiblen (zeitraumbezogenen) und fixen (zeitpunktbezogenen) Eigenschaften. Neben physiologischen Eigenschaften, welche ebenfalls die Persönlichkeit und Ausstrahlung determinieren, zählen dazu kognitive Fähigkeiten sowie Denkweisen in emotionalen und sozialen Aspekten.

Probieren Sie Persönlichkeit und Ausstrahlung in einen direkten Zusammenhang zu setzen, so stoßen Sie auf Schwierigkeiten. Die Vermutung, dass Ausstrahlung die in Erscheinung tretende Persönlichkeit darstellt, ist dabei zwar intuitiv nahe liegend, aber widerspricht wie folgend dargestellt der wissenschaftlichen Betrachtung. An zwei Beispielen können Sie die vorwiegend unbewussten Faktoren Persönlichkeit und Ausstrahlung besonders einleuchtend beobachten. Erstens wird bekanntlich innerhalb weniger Sekunden entschieden, ob auf einen Flirt eingegangen wird oder nicht. Zweitens, wie im Kapitel „Bewerbung" beschrieben wird, entscheiden sich die meisten Bewerbungsgespräche innerhalb der ersten drei Minuten (Kapitel 2.2.).

Grundlage jeder Interaktion

In der kurzen Zeit der jeweiligen Entscheidungsfindung beider Beispiele, sei es beim Flirt oder im Bewerbungsgespräch, ist eine Evaluierung von Fachkompetenz oder besonderen Qualitäten nicht möglich. Erkennbar wird, beruflich sowie privat bilden Persönlichkeit und Ausstrahlung stets die Grundlage jeder Interaktion. Ein affektiertes oder negatives Auftreten, sei es im beruflichen Alltag oder zu Hause, führt stets zu einem schlechten Eindruck beim Gegenüber. Persönlichkeit und Ausstrahlung bestehen aus zahlreichen Faktoren, welche aufgeschlüsselt und einzeln schwer darstellbar sind; die Beeinflussung eines isolierten Faktors auf diese Ausstrahlungs- und Persönlichkeitseigenschaften ist so gut wie gar nicht abgrenzbar. Dies ist allerdings auch nicht nötig, da die Einflussfaktoren dieser Aspekte nur in der Summe, also dem ganzen Bild der Person, Wirkung zeigen und eine Persönlichkeit bilden. Erst die ausgeglichene Symbiose aller einzelnen Elemente beschreibt eine persönliche oder berufliche Wesensart, welche einen Charakter formt, und nur diese Einheit führt damit auch zu Ihrem persönlichen und beruflichen Erfolg.

Wie können Sie sich nun diesem Komplex der Persönlichkeit annehmen? Im Folgenden schlagen wir eine Strukturierung von Persönlichkeit und Ausstrahlung in drei Felder vor, wobei in eines dieser Felder auch der Themenkomplex der Ausstrahlung einzuordnen ist. Wir differenzieren Fühlmuster, Denkmuster und Verhaltensmuster.

Fühlmuster

Gefühle werden während der Erziehung geprägt und haben sich bis zum postpubertären Stadium stark fortentwickelt. Diesen Gefühlen gilt es, sich durch Kenntnisse und Umgehensweisen anzunehmen. Die Fühlmuster werden stark durch die Werte- und Moralvorstellungen beeinflusst, wie sie in Kapitel 1.1. diskutiert wurden. Fühlmuster beschreiben dabei das Gefühl für das eigene Selbst, wie beispielsweise das Selbstvertrauen. Ebenso fallen Stimmungen in die Kategorie der Fühlmuster. Stimmungen, welche im Rahmen einer ganzheitlichen Betrachtung der Soft Skills von Relevanz sind, beschreiben unter anderem Angst und Furcht, Trauer und Freude sowie die Zufriedenheit und Unzufriedenheit. Dabei beschreibt dieser Themenkomplex neben der Erläuterung der einzelnen Muster auch die positive Umgehensweise mit diesen.

Denkmuster

Denkmuster beschreiben allgemein kognitive Vorgänge, Reaktionen und Verknüpfungsmuster. Die Denkmuster basieren nach dieser

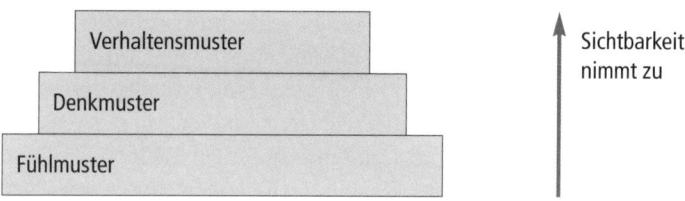

Abbildung 1: Sichtbarkeit von Fühlmustern, Denkmustern und Verhaltensmustern

Schematisierung nur auf den Fühlmustern und werden in der
Jugend geprägt. Es gibt viele verschiedene Denkmuster, wie beispielsweise Selbstachtung, der Unterschied zwischen analytischem
und emotionalem Denken sowie die Wahrnehmung von Stärken
und Schwächen. Denkmuster können Sie auf der einen Seite durch
praktische Methoden konkret umformen, aber auf der anderen
Seite hilft auch erfahrungsgemäß schon der gekonnte Umgang mit
ihnen im Privat- und Berufsleben weiter.

Verhaltensmuster

Verhaltensmuster können sich verändern

Verhaltensmuster sind offen sichtbare Verhaltensweisen, welche auf
den Fühl- und Denkmustern basieren. Sie beschreiben zum Beispiel
Authentizität, Souveränität oder Charisma, ein intro- oder extro-
vertiertes, dominantes oder eher gewissenhaftes Auftreten. Verhaltensmuster werden wie die vorherigen Muster frühzeitig geprägt, sie
unterliegen aber im Laufe der Jahre einer außergewöhnlich starken
Veränderung.

Fühlmuster analysieren

„Glauben ist Vertrauen, nicht Wissenwollen."

HERMANN HESSE

Fühlmuster beschreiben Gefühle, welche uns unbemerkt in jeder
Situation in unserem Handeln und Denken beeinflussen. Fühlmuster können bereits aus jahrelanger Erziehung gebildet werden, sind
aber ebenfalls Momentaufnahme von Gemütszustand und Stimmung. In diesem Kapitel wird auf zwei Komplexe dieser Fühl-

muster eingegangen. Der erste Komplex ist das Gefühl von Selbstvertrauen oder Selbstbewusstsein. Dabei werden neben einem theoretischen Hintergrund auch Selbstwertquellen sowie Bedrohungen aufgeführt. Ebenso präsentieren wir Ihnen einige Übungen zur Entfaltung Ihres positiven Selbstwertgefühls. Als zweiter elementarer Bereich werden die Umgehensweisen mit Stimmungen dargestellt. Dabei wird in drei Teilgebieten der jeweilige positive und negative Aspekt einer Stimmung beschrieben und auf aktive Verhaltensweisen hingewiesen.

Selbstwertgefühl, Selbstbewusstsein und Selbstvertrauen

„Die Gelassenheit ist die anmutigste Form
des Selbstbewusstseins."

F. DE LA ROUCHFOUCAULE

Selbstwertgefühl ist die Empfindung für den eigenen Wert im Privaten und/oder im Beruf. Selbstwert oder auch Selbstbewusstsein ist größtenteils Resultat aus Zufriedenheit oder der Anerkennung von individuellen Leistungen oder Erfolgen. Ein Sprichwort lautet beispielsweise: „Die Seele ernährt sich von Anerkennung." Dabei ist die Anerkennung nicht nur von externen Meinungsträgern bedeutend, sondern primär ist die eigene Wertschätzung relevant. Auf ein Selbstwertgefühl ist jeder Mensch angewiesen, denn bei einem Fehlen dieses Fühlmusters besteht nicht nur für die Person an sich eine Gefahr, sondern auch ein Risiko für alle anderen Personen in ihrem Umkreis.

Selbstwertgefühl speist sich aus sozialer Anerkennung und Erfolgen

In der Stress- und Emotionstheorie wird die Verletzung des Selbstwertgefühles als ein typischer Faktor für negative Emotionen verantwortlich gemacht. Hauptquellen dieser Verletzung sind berufliche oder familiäre Ursachen. Wie weiter hinten im Kapitel „Selbstwertbedrohungen" beschrieben, wird besonders externe Kritik von zahlreichen Personen als bedrückend angesehen. Dabei leiden Personen mit einem niedrigen Selbstwert erstens mehr unter den gleichen Reizen sowie zweitens auch eher, als eine Person mit einem höheren Selbstwertgefühl. Fast immer potenziert sich die emotionale Mangelerscheinung in einem Teufelskreis von Unzufriedenheit und Selbstwertmangel.

Hohes Selbstwertgefühl macht weniger empfindlich

In den unerfreulichsten Fällen von mangelndem Selbstwert versuchen die betroffenen Personen sogar, anderen vergleichbare Empfindungen einzureden. Wenn diese angegriffenen Personen nun ähnliche Schwierigkeiten mit ihrem persönlichen Wertegefühl entwickeln wie der Angreifer, hat dieser damit einen Schwächeren geschaffen, von welchem er sich bequem abgrenzen kann. Diese Abgrenzung und Unterdrückung ist Wurzel für sein eigenes Selbstwertgefühl.

Wie Menschen niedriges Selbstwertgefühl häufig zu kompensieren versuchen

Ein eher harmloses Auftreten einer Selbstwertmangelerscheinung ist das Ersatzselbstvertrauen. So versuchen die Betroffenen, sich mit Äußerlichkeiten, welche vorwiegend nicht auf persönlichen Erfolgen oder Leistungen beruhen, zu individualisieren. Aufgrund der fehlenden Eigenleistung bietet jedoch diese Art des Selbstvertrauens weder eine dauerhafte Zufriedenheit noch persönliches Glück, was diese Personen früher oder später erkennen. Ein Symptom von Mangelerscheinungen ist das Adaptieren von Eigenschaften oder Verhaltensweisen von aktuellen Stars oder Vorbildern als Orientierung. Pubertierende Kinder fangen beispielsweise an zu rauchen und neigen zu frühen sexuellen Aktivitäten, um dieser Orientierung nachzuleben und damit den gleichen Status in der Gesellschaft wie dieses Vorbild einzunehmen. Subsumiert probieren diese Individuen mehr darzustellen, als sie selbst fühlen bzw. als sie wirklich sind. Werden Personen mit affektiertem Selbstvertrauen dabei ertappt und findet eine Gegenüberstellung mit der Realität statt, werden diese erfahrungsgemäß ablehnend und sogar aggressiv.

Prägende Eigenschaften von Personen mit mangelndem Selbstwertgefühl sind vorwiegend verkrampftes und unnatürliches Auftreten sowie spießige oder verklemmte Umgangsweise. Die Identifikation, ob ein Selbstvertrauen einer anderen Person authentisch oder affektiert ist, bedarf einer gründlichen und professionellen psychologischen Ausbildung. Haben Sie demzufolge Geduld mit anderen und mit sich selbst, wenn Sie die Authentizität eines Selbstvertrauens überprüfen.

Personen mit einem echten Selbstwertgefühl sind durch ein ganzheitliches Lebenskonzept geprägt. Sie benötigen keine Abgrenzung zu anderen, sei es durch Sprüche, die neueste und teuerste Mode oder einem spektakulären Auftritt in der aktuellsten Bar. Sie gelten oft sogar genau im Gegenteil als eher anspruchslos, offen und praktisch. Sie sind tolerant, kooperativ und leicht umgänglich. Zusätzlich sind sie erfahrungsgemäß nicht besitzergreifend, weder in Bezug auf Personen noch auf Taten.

Struktur

Strukturell gibt es mehrere theoretische Modelle, um Selbstwert zu kategorisieren. Üblich ist die Abgrenzung des Selbstwertes nach der Quantität, nach der Zielgruppe oder nach der Ausbreitung. Zusätzlich zu diesen Unterscheidungen birgt die Literatur noch weitere erwähnenswerte Modelle, welche aber meist nur theoretische Nützlichkeit besitzen.

Hoher und niedriger Selbstwert

Hoher Selbstwert heißt, Sie erkennen unkompliziert oder außerordentlich stark Ihre individuelle Geltung in Ihrer direkten Umgebung oder der Gesellschaft. Ein niedriger Selbstwert symbolisiert die Schwierigkeit bei der Identifikation von persönlichem Wert für sein soziales Umfeld.

Ihre Geltung für die Umwelt

Individueller und kollektiver Selbstwert

Diese Abgrenzung unterscheidet das Betrachtungsobjekt. Beim individuellen Selbstwert wird nur eine einzelne Person beobachtet, beim kollektiven Selbstwert eine Gruppe, welche sich der Selbstwertbetrachtung unterzieht. Dabei kann eine Person einen kollektiven Wert fühlen, ohne einen individuellen Selbstwert zu akzeptieren. Diese Differenzierung ist wichtig für die Betrachtung einiger Gruppenprozesse in den folgenden Kapiteln.

Globaler und spezifischer Selbstwert

Diese Differenzierung bezieht sich auf eine Quelle des Selbstwertes. Unterschieden wird, ob es sich um einen allgemeinen Selbstwert handelt oder ob er von einer konkreten Begebenheit herrührt.

Stabiler und variabler Selbstwert

Im Falle, dass der Selbstwert quantitativen oder qualitativen Veränderungen unterliegt, spricht man von stabilem oder variablem

Selbstwert. Da im Laufe der Persönlichkeitsentfaltung eine Person kontinuierlich ein neues Selbstbild erfährt und entwirft, ist der Selbstwert zu einem gewissen Teil variabel.

Positiver und negativer Selbstwert
Der positive Selbstwert führt zu einem positiven Wohlbefinden, der negative zu einer negativen Aura. In dieser Kategorisierung ist eine Verlagerung in den positiven Bereich vorteilhaft, soweit eine gesunde Selbstkritikkultur besteht. Diese allgemeine Abgrenzung zwischen positivem und negativem Selbstwert wird für die kommenden Kapitel weiterverwendet.

hoch	niedrig
individuell	kollektiv
global	spezifisch
stabil	variabel
positiv	negativ

Abbildung 2: Dimensionen des Selbstwertgefühls

Gemeinsam haben die in Abbildung 2 dargestellten Merkmale alle, dass eine Verschiebung in ein Extrem, mit Ausnahmen des positiven Selbstwerts, unvorteilhafte Facetten aufwirft. Stets ist ein hoher positiver Selbstwert nur im Rahmen substanzieller Selbstkritik produktiv und demnach ist unbeirrt ein Mittelmaß von Selbstbewusstsein und Kritik zu forcieren.

Selbstbewusstsein   Selbstkritik

Abbildung 3: Balance zwischen Selbstbewusstsein und Selbstkritik

Beispielhafte Einflüsse für die Ausbildung von einem negativen Selbstwertgefühl sind die Abwertung der eigenen Persönlichkeit und der sozialen oder fachlichen Kompetenz durch eine andere Person oder sich selbst. Pauschalisiert handelt es sich dabei um Fremd- und Selbstkritik, mit welcher nicht umgegangen werden kann. Schwierig wird der Umgang mit Kritik, wenn sie vor einer größeren Gruppe geäußert wird. Als zweites Mangelgefühl forciert die Vermutung des Missverstehens zwischen der betroffenen Person und anderen Menschen in ihrem Umkreis eine Einschränkung des Selbstwertes. Diese Eindrücke entwickeln zügig ein Empfinden von Vernachlässigung oder Missachtung. Aus Kritik sowie Kommunikationsunfähigkeit entsteht sich häufig eine Hilflosigkeit, welche den Teufelskreis erfahrungsgemäß von vorne nährt.

Aus Kritik kann sich Hilflosigkeit entwickeln

Quellen und Bedrohung

Neben diesen verschiedenen Einordnungen von Selbstwert gibt es unerschiedliche Einflussfaktoren, welche die Ausprägung des Selbstwertes determinieren. Dabei können Sie zwischen Selbstwertquellen und Selbstwertbedrohungen unterscheiden. Aus den Selbstwertquellen entstehen ebenfalls fundamentale Selbstwertbedrohungen, wenn sich Konstellationen entwickeln, in welchen die fachliche oder soziale Kompetenz einer Person in Abrede gestellt wird oder es zu unmittelbaren Angriffen auf die Persönlichkeit kommt. Ebenso tauchen Bedrohungen auf, wenn sich Selbst- und Fremdbild in einem eklatanten Ungleichgewicht befinden.

Was Ihr Selbstwertgefühl behindert und fördert

Typische Quellen, aber auch Bedrohungen für das Selbstwertgefühl sind kulturelle Faktoren, soziale Faktoren, Familie, relevante Bezugsgruppen und individuelle Faktoren (Abbildung 4).

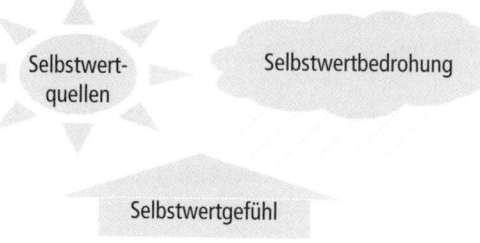

Abbildung 4: Selbstwertquellen und Selbstwertbedrohungen

1. Kulturelle Faktoren

Selbstwert gemessen an kulturellen Maßstäben und sozialen Erwartungshaltungen

Wie schon im Kapitel 1.1. „Werte & Glaubenssätze" angesprochen, befinden wir uns fortwährend in der kulturellen Einwirkung unseres unmittelbaren gesellschaftlichen Umfeldes, welches durch die Jahre von Kindheit und Jugend vorgeprägt wurde. Durch Erziehung und Entwicklung während dieser Kinder- und Jugendzeit adaptieren wir die Normen und Werte unseres sozialen Umfeldes. Diese Anschauungen beeinflussen den Kern des Selbstwertgefühles und beantworten beispielsweise die Fragestellung, was wir und unsere Kultur überhaupt als Wert an sich ansehen. Mit der Zeit manifestieren sich verschiedene Wertevorstellungen, Ideale und Ansichten. Das Entsprechen nun gerade dieser Ideale ist Träger von Selbstwert und Selbstvertrauen. Die kulturellen Faktoren und Einflussgrößen auf das Selbstwertgefühl reifen darüber hinaus durch differenzierte Wahrnehmung im fortschreitenden Alter.

2. Soziale Faktoren

Selbstwert durch Feedback direkter Kontaktpersonen

Sie erfahren anhaltend Rückmeldungen durch die Interaktion mit Ihrem gesellschaftlichen Umfeld. Wenn auch nicht explizit artikuliert, erlangen Sie Bestätigung oder Ablehnung in jeder Konversation mit einem Freund oder einem Arbeitskollegen. Diese Bestätigungen oder Ablehnungen ordnen Sie ein, dadurch geben diese Ihnen eine ungefähre Vorstellung Ihrer Akzeptanz in der Gesellschaft. Wie auch die kulturellen Faktoren unterliegen ebenfalls die sozialen Faktoren der unaufhörlichen Umgestaltung. Im Allgemeinen wird eine Person im Laufe der Zeit und ihrer Persönlichkeitsentfaltung sowie durch die Loslösung von Eltern und primärem Freundeskreis sozial unabhängiger.

3. Familie

Selbstwert durch familiäre Maßstäbe und Erwartungen

Die Familie ist grundlegend für jede psychologische Entfaltung in der Kinder- und Jugendzeit, welche größtenteils durch die Nähe zu den Eltern, ihre Liebe, Zuneigung, Anerkennung und Aufmerksamkeit geprägt ist. Eine Person, welche nicht bereits in diesem jungen Alter Selbstvertrauen und einen Selbstwert aufgebaut hat, benötigt wesentlich stärkere Impulse im Erwachsenenalter, um ein positives Selbstwertgefühl zu entwickeln. In der theoretischen Psychologie heißt es, dass bis zum siebten Lebensjahr entschieden ist, ob eine Person ein positives Selbstvertrauen haben oder eher zurückhaltend auftreten wird. Ferner treten die Familienmitglieder auch als unmittelbare Vertreter der kulturellen und sozialen Umgebung gegenüber einer Person auf und sind damit Vermittler der gesellschaftlichen Wert- und Moralvorstellungen. In der postjugendlichen Phase ist die Familie unmittelbarer Gegenpol zur Karriere. Sie kann beraten, unterstützen und Feedback geben sowie Ausgleich zu Beruf, Ausbildung oder Studium bieten. Dem gegenüber steht der Zeitaufwand, welchen Sie in eine Familie investieren und einbringen müssen. Damit wird die Familie zur permanenten Selbstwertquelle, kann aber auch eine eklatante Selbstwertbedrohung darstellen, wenn grundsätzlicher Dissens über Entwicklungswege besteht oder die Familie dem Einzelnen kein Vertrauen entgegenbringt und eine ausreichende Anerkennung verweigert.

4. Relevante Bezugsgruppen

Schon ab der ersten Schulklasse orientiert sich ein Mensch an Gleichaltrigen bzw. Menschen, die sich in gleicher und ähnlicher Situation befinden, den so genannten „Peer-Groups". In diesen Gruppen werden Ideale gebildet und festgelegt, wie eine Person durch das Zeigen oder die Adaption von Merkmalen den zeitgemäßen Trendvorstellungen genügen kann. Die Anerkennung und Akzeptanz in diesen „Peer-Groups" hat augenblickliche Einwirkung auf das Selbstwertgefühl. Die Frage, wie Sie bei einer anderen Person oder einer Gruppe ankommen, spielt unmittelbar eine Rolle in der Erwägung des eigenen Selbstwertgefühls. Diese Bezugsgruppen werden nicht mit der Abschlussprüfung der Oberschule abgelegt, sondern begleiten uns fortwährend – seien sie beruflich oder privat. Erfolg und Glück werden vielfach in Vergleichen zu anderen Personen aus unserer „Peer-Group" gemessen. Besonders im fortgeschrittenen Alter, wenn die 50 überschritten ist, findet häufig eine Art vergleichendes Resümee statt. In diesem evaluiert der Einzelne, was er erreicht hat. Dabei betrachtet er die relevanten Bezugsgruppen und bewertet in einer Unterschiedsanalyse den eigenen Lebensweg. Fällt dieses Resümee negativ aus, fällt die Person eventuell in eine Midlife-Crisis.

Selbstwert durch Feedback aus „Peer-Groups"

5. Individuelle Faktoren

Mit individuellen Faktoren sind die Einflüsse umschrieben, welche von Person zu Person oder auch zwischen den Geschlechtern unterschiedlich ausgeprägt sind. So ist zum Beispiel soziale Überlegenheit ein solcher individueller Faktor. Auch das Verhältnis zu oder die Abhängigkeit von beruflichen Erfolgen oder die Neigung zur Selbstkritik können solche Faktoren sein, welche individuell das Selbstwertgefühl beeinflussen. Diese persönlichen Faktoren beeinflussen das Selbstwertgefühl ebenso stark und gelegentlich sogar nachhaltiger als die anderen Umstände. So ist beispielsweise das Verlangen nach Anerkennung unterschiedlich ausgeprägt und kann bei einer Person mit starker Ausprägung dieses Faktors besonders zügig zur Selbstwertquelle oder Selbstwertbedrohung werden.

Quellen und Bedrohungen des Selbstwertgefühls

Alle diese erwähnten Faktoren beeinflussen unser Selbstvertrauen. Als Quelle spenden und als Bedrohung rauben sie uns Kraft und Mut für komplexe Herausforderungen im Privat- und Berufsleben. Studien haben wiederholt bewiesen, dass Personen mit einem niedrigen Selbstwertgefühl nicht unter einer höheren Quantität von Faktoren litten, als selbstbewusste Personen. Vielmehr können sie mit einer vergleichbaren Anzahl von Faktoren nur schlechter umgehen. Demnach kommt es gar nicht darauf an, geradewegs alle der erwähnten Faktoren als direkte Quelle zu akquirieren, wenn Sie bereits zu einer Einzelnen ein außerordentlich zuträgliches Verhältnis aufgebaut haben.

Aufbau und Stärkung des Selbstwertgefühls

Trotz frühkindlicher Prägung ist mangelnde Selbstsicherheit kein unkorrigierbares Schicksal – es wurde erlernt und kann demnach größtenteils auch umgelernt werden. Dazu klären wir im Folgenden erst, welchen Grundlagen das Selbstwertgefühl entspringt und schließen dann einige konkrete Vorschläge an, wie Sie durch gezielte Übungen Ihr Selbstwertgefühl gegebenenfalls steigern können.

Individuen mit einem gesunden persönlichen Selbstwert haben erfahrungsgemäß eine positive Abgrenzung zu anderen Personen in ihrem Umkreis aufgebaut. Sie sind sich ihrer Individualität und ihrer eigenen Stärken bewusst geworden. Betont sei hierbei, dass es sich nicht um einen einfachen Vergleich mit anderen Personen handelt, in welchem Sie Schwachpunkte anderer identifizieren. Vielmehr geht es um die Identifikation der eigenen Stärken im Vergleich zur durchschnittlichen Qualifikation einer Gesellschaft bzw. des eigenen Umfelds. Dabei obliegen Ihnen nicht nur mehrere der oben genannten Selbstwertquellen, sondern meist entwickelt sich ein positives Verhältnis zu allen Faktoren.

Gerade die erste Aussage der Abgrenzung mag elitär klingen, ist aber per Rückschluss empirischer Forschung stichhaltig, da Individuen mit hohem Selbstwertgefühl auffallend häufig die Überlegenheit in einigen sozialen oder fachlichen Kompetenzbereichen gegenüber anderen Personen als Quelle ihres Selbstvertrauens aufführen.

Wie können Sie nun aber den Gedanken Ihrer fachlichen oder sozialen Ausnahmestellung, auch nur in einer ausbalancierten Form, postulieren, wenn Sie zuvor erkennen, dass selbstbewusste Personen an sich nicht sehr konkurrierend sind? Die angesprochene positive Abgrenzung ist der Initialschritt zu einer persönlichen Entfaltung, macht jedoch eine Person langfristig jeweils nur in diesem einen konkreten Vergleich seelenstark. Selbstwertgefühl ist aber langfristig unabhängig von Vergleichen und ist als ein intrinsischer Wert losgelöst von anderen Personen. In der abgrenzungsorientierten Formulierung heißt es: „Ich kann wenigstens besser finanzmathematisch rechnen als er." In einer selbst bezogenen Formulierung heißt es hingegen: „Meine Rechenleistungen sind für mein Alter herausragend gut. In der finanzmathematischen Kalkulation bin ich meiner akademischen Erfahrungen weit voraus" (Kapitel 2.2.). Kompetenz, Stärke und Individualität sollten Sie bei der Suche nach Selbstwert nie direkt vergleichend bewerten. Lediglich im Rahmen der externen Evaluierung von Bewerbern für eine ausgeschrieben Stelle wird jedoch häufig eine vergleichende Bewertung vorgenommen.

Selbstwertgefühl nicht durch Vergleiche mit anderen, sondern durch eigenen Maßstab

Zweite Grundeinstellung ist, seine Stärken und Schwächen zu akzeptieren – die Stärken einzusetzen, um seine Ziele zu erreichen, und seine Schwächen nicht als Grenzmarke, sondern in Form einer Herausforderung zu betrachten. Nur ungefähr 10 Prozent aller Menschen besitzen ein unerschütterliches Selbstvertrauen, die restlichen 90 Prozent müssen ihr Selbstwertgefühl verbessern, indem sie versuchen, an Schwächen zu arbeiten und ihre Stärken effektiver zu positionieren. Mitunter trägt bereits eine einfache Übung zu

Selbstwertgefühl durch Kenntnis von Stärken und Schwächen und Fokussierung auf Stärken und Erfolge

einer enormen Steigerung Ihres Selbstwertgefühls bei. Machen Sie sich einfach bewusst, wie viel Sie in einzelnen Bereichen bereits erreicht haben – regelmäßig und insbesondere dann, wenn Sie unzufrieden oder orientierungslos sind. Zum Beispiel so:

- kulturelle Faktoren: *„Ich bin in einer werte- und sozialorientierten Gesellschaft aufgewachsen, habe eine anständige humanistische und kritische Ausbildung genossen und mit einem international gut anerkannten Abitur abgeschlossen."*

- soziale Faktoren: *„Ich habe gute und tiefe Freundschaften – Freunde, welche mir stets zur Seite stehen, mich aber auch infrage stellen."*

- Familie: *„Ich habe stets den guten Kontakt zu meinen Eltern und Großeltern gepflegt und kann mich jederzeit auf sie verlassen. Ich bin für sie, wie sie für mich, eine Unterstützung."*

- relevante Bezugsgruppen: *„Ich komme mit allen aus der Volleyballgruppe außergewöhnlich gut klar, und wir haben immer ungeheuren Spaß zusammen."*

- individuelle Faktoren: *„Ich habe mein Abitur gut bestanden, ein Studium abgeschlossen und die letzte wichtige GMAT-Prüfung erfolgreich abgelegt."*

Vermeidungshaltung gegenüber unangenehmen Situationen abbauen

Übungen zum Aufbau und der Steigerung des Selbstbewusstseins beruhen auf der Überwindung des Vermeidungsverhaltens unangenehmer Situationen. Solche Übungen können Sie zum Teil direkt während entsprechender Seminare durchführen. Andere Übungen entsprechen eher Aufgaben, welche Sie langsam und kontinuierlich in den Alltag einbauen müssen und nicht direkt in einzelne Aktivitäten umsetzen können. Zum Beispiel gibt es eine Aufgabe, welche verlangt, dass Sie einen nicht zwingend benötigten, preisgünstigen Gegenstand kaufen (z. B. einen Hammer) und ihn am nächsten Tag das Umtauschrecht nutzend zurückgeben. Dies steigert beispielsweise das Selbstvertrauen, etwas Legales, aber Unangenehmes zu tun.

Grüßen Sie alle Personen in Ihrem Umkreis mit einem „Einen schönen guten Tag" oder ähnlich umfassenderem Satz als „Guten Tag". Seien Sie konsequent. Gehen Sie in eine Einkaufsstraße oder setzen Sie sich in einen Bus und grüßen Sie zehn vollkommen unbekannte Personen mit einem „Guten Tag". Manche Personen werden zurückgrüßen, manche sagen gar nichts. Den Personen, welche

nachfragen, erklären Sie, dass Sie einfach nur freundlich sein wollten. Entschuldigen Sie sich auf keinen Fall!

Gehen Sie in ein Geschäft und bitten Sie eine Verkäuferin oder die
Kassiererin, Ihnen den Zwanzig-Euro-Geldschein in Ein-Euro-
Münzen zu tauschen. Wiederholen Sie dies so oft, bis es Ihnen nichts
mehr ausmacht. Fragen Sie dann in jeder langen Schlange, ob Sie
vorbei dürfen. Sie haben es sehr eilig oder Ihr Kind wartet allein zu
Hause.

Weitere Übungen generieren Sie am besten dadurch, dass Sie Situationen suchen, in denen Sie typischerweise eine Vermeidungshaltung an den Tag legen und niemanden stören wollen. Ideal sind
alle Aufgaben, die Ihnen unangenehm sind.

Die richtige Portion Selbstbewusstsein

Das Erreichen der eigen formulierten Ziele und das Erfüllen der
appellierten Standards wirken direkt auf die Höhe des Selbstwerts.
Wenn eine Person nicht erreicht, was sie sich selbst vorgenommen
hat, kann sie trotz hoher externer Anerkennung und Zurede nur un-
genügend ein positives Selbstvertrauen aufbauen. Schnell entwickelt sich eine introvertierte Persönlichkeit, welche nicht offen
mit anderen über eigene Probleme reden kann, da sie auch noch den
Verlust der externen Anerkennung befürchtet.

Zielereichung wirkt direkt auf das Selbst-wertgefühl

Prinzipiell scheint ein moderat niedriger Selbstwert ein fundamen-
tales Entwicklungspotenzial zu beinhalten. In der ständigen Entwicklung eines positiven Selbstwertgefühls müssen Sie einen produktiven Ausgleich zwischen Selbstkritik und dem Willen zur
Veränderung erwirken. Eine zu hohe Willenskraft zur Veränderung
und eine zu energische Selbstkritik führen aber konsequenterweise
nicht zu einer Erreichung des Zieles. Andersherum ist bei Menschen
mit hohem Selbstwert ein Mangel an Selbstkritik ein Hindernis,
sich weiterzuentwickeln.

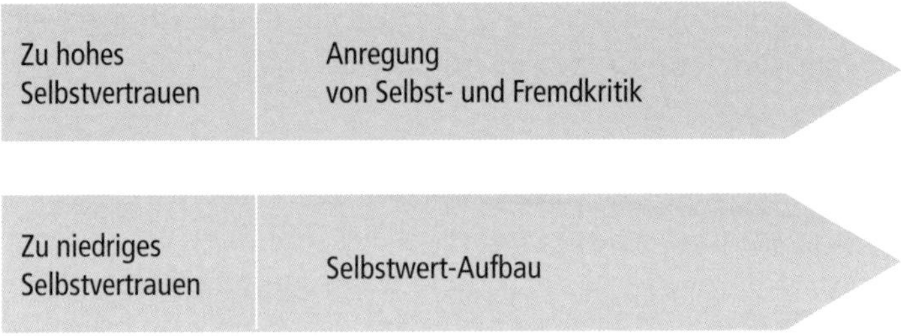

1. Selbstbeobachtung

Zu hohes Selbstvertrauen	Anregung von Selbst- und Fremdkritik

Zu niedriges Selbstvertrauen	Selbstwert-Aufbau

Abbildung 5: Weiterentwicklung in Abhängigkeit des Selbstvertrauens

Selbst- und Fremdkritik fördern die Persönlichkeitsausbildung

Aus den heutigen Erkenntnissen von Persönlichkeitsmodellen und Psychologie ist es natürlich anzustreben, ein positives Selbstbewusstsein aufzubauen. Dieses Selbstbewusstsein darf aber nicht nur abgrenzungsorientiert sein, sondern sollte auch selbstorientiert sein. Wenn Sie ein positives Selbstvertrauen aufgebaut haben, sollten Sie Fremd- und Selbstkritik anregen bzw. forcieren. Nur diese Anregungen entwickeln und manifestieren eine Persönlichkeit langfristig. Auch eine Person, welche gar keine Kritik zulässt, wird schnell durch ein introvertiertes Auftreten auffällig, da sie sich von anderen Meinungen und damit von anderen Personen an sich löst.

Woher wissen Sie nun, ob Sie die exakt ausreichende Menge besitzen und wie weit Sie damit richtig umgehen? Zuerst können Sie an den obigen Merkmalen evaluieren, wie weit das Selbstvertrauen ausgeprägt ist. Als modernes Element bietet sich ein wiederholtes 360°-Feedback an, welches Ihnen umfassend Kritik und erfahrungsgemäß überproportional viel Lob anbietet, um sich selbst weiterzuentwickeln. Die richtige Menge an Selbstvertrauen haben Sie, wenn Sie keinerlei Probleme mit Ihrem Selbstvertrauen in Ihrem privaten und beruflichen Umfeld haben und auf der anderen Seite nicht negativ durch dominierendes Selbstbewusstsein auffallen.

Stimmungen als temporäre Fühlmuster
Stimmungen sind dauernde Gefühlszustände, welche uns fortwährend im Privat- und Berufsleben umgeben. Dabei beeinflusst die Stimmungen jede zwischenmenschliche Interaktion und deter-

miniert damit auch einen großen Teil unseres Verhaltens. Obwohl dieses Thema in der herkömmlichen Darstellung der Soft Skills eher wenig explizite Aufmerksamkeit findet, erscheint es bedeutend, sich auch mit diesem Gebiet zu beschäftigen. Durch Erkenntnisse über sich selbst können Sie sensibler und besser mit sich und anderen Personen umgehen.

Stimmungen, welche unser Privat- und Berufsleben wohl am meisten beeinflussen, sind die der Trauer, der Freude, der Angst sowie der Zufrieden- und Unzufriedenheit.

Stimmungen prägen unser Verhalten

Trauer und Freude

„Die größte Gefahr lauert im Moment des Sieges."

NAPOLEON BONAPARTE

Trauer und Freude treffen uns vorwiegend unerwartet und beeinflussen uns über einen ausgedehnten Zeitraum. Bedeutend ist, mit Freude ebenso einträglich und produktiv umzugehen, wie auch mit Trauer. Trauer ist dabei eine Reaktion auf ein Verlustgefühl. Diese Verluste können beispielsweise der Tod von einer nahe stehenden Person, eines Haustiers oder der Verlust eines Lieblingsgegenstandes sein. Im Muster der Trauer treten vier Phasen auf:

- Verdrängungsphase, welche sich durch ein betäubtes Benehmen zeigt
- Verzweiflungs- oder Sehnsuchtsphase
- niedergeschlagene oder depressive Phase
- Reorganisation des Individuums

Diesen Prozess der vier Phasen hat schon Sigmund Freud (1856 bis 1939) als „Trauerarbeit" (Abbildung 6) bezeichnet. Heute ist dieses Muster nicht nur akzeptiert, sondern es ist auch aufgezeigt, dass eine Person alle diese Phasen durchwandern muss, um nicht in den Zustand der pathologischen Trauer, das heißt, in anhaltende Depressionen zu verfallen. Besonders die letzte Phase der Reorganisation kann nicht nur mit Schuldgefühlen, sondern auch mit Aggressionen, beispielsweise gegenüber der verstorbenen Person oder dem nahen Umfeld, einhergehen.

Alle Phasen müssen durchwandert werden

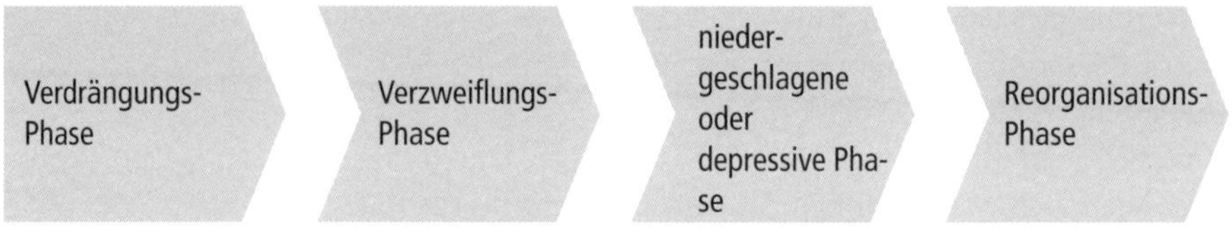

| Verdrängungs-Phase | Verzweiflungs-Phase | niedergeschlagene oder depressive Phase | Reorganisations-Phase |

Abbildung 6: Trauerarbeit nach Sigmund Freud

Haben Sie diesen Prozess verstanden, können Sie sich und andere Personen in der Trauerarbeit unterstützen und sich oder der Person Zeit zum Durchwandern aller Phasen geben. Eine bessere Verarbeitung des Vorfalls führt zu einem geringeren Risiko des Rückfalles in Aggression, Niedergeschlagenheit und Depression.

Zeitnahe Verarbeitung von positiven und negativen Gefühlen

Wie bereits eingangs diskutiert bedarf der Umgang mit Freude ebenfalls einer aktiven Herangehensweise. Freude ist ein Gefühl, welches Sie ebenso wenig unterdrücken sollten wie Trauer. Es gibt jedoch Situationen, in welchen Sie aus strategischen Gründen keine überschwängliche Freude zeigen sollten, wie beispielsweise in professionellen Verhandlungen. Äußerst häufig ist die Zeit der freudigen Euphorie schon aufgrund der Unachtsamkeit eine erneute Quelle der Gefahr. Ebenfalls gibt es Szenarien, in welchen Sie aktive Freude, zum Beispiel Freude an einer Opportunität (z. B. Freizeit), verschieben müssen, um ein höheres Maß an Freude zu einem späteren Zeitpunkt zu genießen. Zu Beachten ist dabei aber, dass verschobene Freude sich mit der Zeit verkleinert. Die Freude über ein erfolgreiches Meeting ist nach zwei Wochen nur noch kaum nachzuvollziehen, da die Erleichterung von Stress und Aufregung nicht mehr zurückzuverfolgen ist.

In der Autobiographie von Jack Welch, ehemaliger CEO von General Electric, führt dieser auf, welchen positiven Wert es hat, Erfolge zu feiern. Fragen auch Sie sich einmal, warum Sie oder eine andere Person Erfolge brauchen, wenn Sie diese nicht auch ausleben möchten.

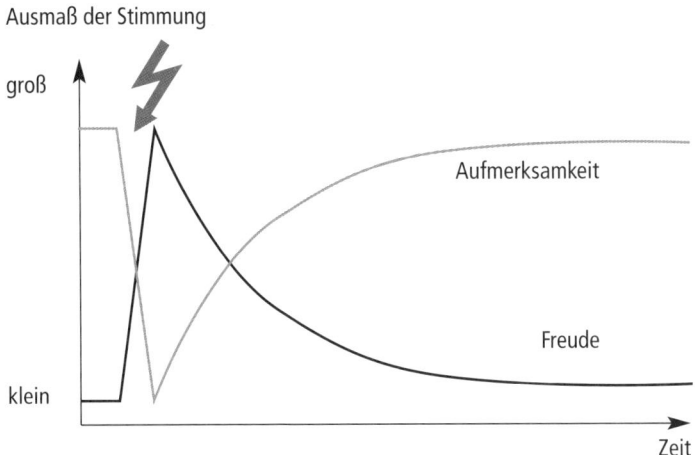

Abbildung 7: Ausmaß von Stimmungen im Zeitablauf

Angst und Furcht

Angst ist das Gefühl einer Bedrohung und wird seit der Existenz-
philosophie stark von Furcht abgegrenzt. Furcht ist nach Sören
Kierkegaard (1813 bis 1855) die Reaktion auf eine spezifische Bedrohung. Angst ist allerdings ein Gefühl, welches sich gegen das
Unbekannte richtet. Angst ist dabei nach Martin Heidegger (1889
bis 1976) nicht nur die Konfrontation des Menschen mit der
Gewissheit des Todes, sondern auch das Unbehagen – beispielsweise in Form von Existenzsicherheit im Arbeitsmarkt entsprechend Karl Marx (1818 bis 1883). Furcht ist im alltäglichen Sprachgebrauch vorwiegend gleichzusetzen mit der Präsenz von Angst,
wobei sich diese nicht auf ein konkretes Ereignis bezieht.

**Furcht ist
konkret, Angst
unbestimmt**

Angst spannt heute ein weitläufiges Feld der Gefühlsregung auf
und kann von konkreten Befürchtungen, beispielsweise dem Nicht-
erreichen eines Ziels, bis hin zur Weltangst führen. Dabei kann es in
fortgeschrittenen Stadien zur Aufhebung der persönlichen Steuerung durch Willen und Verstand kommen. Diese Auswirkungs-
reichweite der Angst ist je nach Angstneigung unterschiedlich ausgeprägt. Angst kann nach Jeffrey A. Gray ebenfalls durch Furcht vor
Bestrafung oder Frustrationen entstehen, aber auch nach G. Man-
der aus der Kapitulation vor der eigenen Machtlosigkeit herrühren.

Abbildung 8: Furcht versus Angst

Als prinzipielle Differenz können Sie noch den Unterschied zwischen Realangst und neurotischer Angst betrachten. Die neurotische Angst scheint unbegründet, im Gegensatz zu der Realangst, welche sich genau auf eine Begebenheit bezieht.

Angst verlernen

Angst wird erlernt und kann ebenso auch gezielt wieder verlernt werden. Dazu gibt es mehrere psychologische Methoden, wie beispielsweise die Konfrontationstheraphie. Als aktives Hilfsmittel zum Überwinden von starker Angst und Furcht, wie beispielsweise Höhenangst, kann im Allgemeinen nur die Konsultation eines Fachmannes helfen. Auf diverse Angstzustände in Arbeitssituationen, wie zum Beispiel die Angst vor einer Präsentation oder der allgemeinen Redeangst, wird in diesem Buch in den einzelnen Kapiteln hingewiesen und eine ausführliche Herangehensweise erläutert (Kapitel 2.2., 2.3. und 4.3.). In jedem Fall sollten Sie anerkennen, dass Furcht eine natürliche Eigenschaft ist und Sie demnach keine persönliche Abwehrhaltung ihr gegenüber einnehmen sollten. Biologisch ist der Angstzustand mit einem erhöhten Adrenalinaustausch verbunden, welcher auf der einen Seite Nervosität oder Stress verursacht, aber auf der anderen Seite auch die Aufmerksamkeit und momentane Kraft steigert.

Unzufriedenheit und Zufriedenheit

„Ich wäre lieber Bettlerin und ledig
als Königin und verheiratet."   KÖNIGIN ELISABETH I.

Zufriedenheit und besonders Unzufriedenheit sind prägende Elemente der heutigen Gesellschaft. Unzufriedenheit ist die einflussreichste Quelle für Depression, kann aber gleichzeitig Initiator für Erneuerung sowie Tatkraft und damit Weiterentwicklung sein. Es gibt Personen, welche in ihrer Unzufriedenheit tiefer in die Traurigkeit rutschen. Andere Menschen benötigen gerade diese Unzufriedenheit als Energiequelle, die nächsten Schritte zu finden und zu realisieren. Folglich ist unter Berücksichtigung der individuellen Aspekte ein aktiver Umgang mit Unzufriedenheit nur schwer im Sinne eines Patentrezeptes zu pauschalisieren. Um seine Unzufriedenheit zu managen, hat es sich als außerordentlich hilfreich herausgestellt, sie in Worte zu fassen und niederzuschreiben. Dies ermöglicht, aus der Unzufriedenheit substanzielle Ziele zu formulieren und einen Handlungsplan als Quelle der individuellen Weiterentwicklung abzuleiten. Diese Methode versucht, der Unzufriedenheit durch Visualisierung Transparenz zu verleihen. Wird diese Aufstellung abgeschlossen, ist schon die Hälfte der durchführbaren Leistung getan – „das Erkennen des Problems ist schon die Hälfte der Lösung". Jeden visualisierten Bereich können Sie nun durch die Identifikation von Quellen und Einflussfaktoren der Unzufriedenheit strukturieren und so feststellen, an welchen Sie durch Eigeninitiative aktiv arbeiten können. Haben Sie die Einflussfaktoren der Unzufriedenheit formuliert, können Sie diese, wie im Kapitel „Ziele & Visionen" beschrieben, in einen aktiven Arbeitsplan einfließen lassen.

Chancen und Gefahren von Unzufriedenheit

Entscheidend ist es, sich der Unzufriedenheit nicht hinzugeben und sie pauschal und unkonkret im Raum stehen zu lassen. Nur die Konkretisierung schafft Sicherheit und wirft Möglichkeiten zur Bearbeitung auf. Im vorherigen Kapitel wurde Angst als Gefühl vor dem Unbekannten definiert. Unzufriedenheit sollten Sie demnach Transparenz verleihen. Umfassende Zufriedenheit ist heute besonders bei Personen zwischen 20 und 50 Jahren selten anzutreffen. Einer flüchtigen Zustimmung, ob der Befragte denn zufrieden sei, folgt doch meist bei ausgiebigerer Forschung eine rasche Relativierung. Persönlichen Fortschritt zu fordern und der Wille nach einem Mehr an materiellen und immateriellen Gütern lässt uns rastlos streben. Sie sollten sich aber auch regelmäßig eine gewisse Zufriedenheit gönnen, um Lebensabschnitte genießen zu können.

Konkretisieren Sie Unzufriedenheit, um sie greifbar zu machen

Obwohl Sie im Alter zwischen 20 und 30 Jahren die ganze Welt erstürmen können und vielleicht möchten, sollten Sie nicht vergessen, beispielsweise mal mit Ihren Freunden den ganzen Sonntag Fußball zu spielen und dann ohne schlechtes Gewissen den Abend noch im Kino zu verbringen. Denn, was hilft Ihnen eine erstürmte Welt mit einem frühen Herzinfarkt oder einem Hirnschlag, wovon momentan immer jüngere Menschen betroffen sind?

Zufriedenheit und Inaktivität

Umgekehrt sollten Sie jedoch auch kritisch beurteilen, ob ein heutiges Zufriedensein nicht zu vielleicht später folgenreicher Inaktivität führt. Die Inaktivität besonders in den jungen Jahren kann im späteren Leben eine Reihe negativer Konsequenzen haben, zum Beispiel die beruflichen Chancen stark limitieren. Aus einer momentanen Zufriedenheit heraus Abschlüsse hinzuschmeißen oder auf eine Ausbildung zu verzichten, hat besonders heute im Kampf um jeden Arbeitsplatz und der damit verbundenen finanziellen Absicherung schwere Folgen.

Hinzuzufügen ist noch, dass Sie auch unzufrieden und trotzdem glücklich sein können. Dies ist der Fall, wenn Sie jede Situation genießen, welche Ihnen das Leben bietet, aber Sie sich zur selben Zeit etwas mehr Herausforderung wünschen.

Denkmuster interpretieren

„Wenn es einen Glauben gibt, welcher Berge versetzen kann, dann ist es der Glaube an die eigene Kraft."
MARIE VON EBNER-ESCHENBACH

Auch Denkmuster haben verschiedene Quellen

Die Individualität von Persönlichkeiten, besonders in ihrer Wahrnehmung, bezieht sich nicht nur auf die Gefühlsebene, sondern auch auf kognitive Vorgänge. Denkmuster basieren auf den Reaktionen, Implikationsmustern und Kategorisierungen der Fühlmuster. Denkmuster haben wie jedes die Persönlichkeit determinierende Merkmal mehrere Quellen. Sie werden geprägt durch das Umfeld, wie Gesellschaft und Kultur, primär jedoch durch Eltern und Schulkameraden während des Kindes- und Jugendalters. Es wird früh und auf indirekte Weise gezeigt, was „gut" und „schlecht",

„erwünscht" und „unerwünscht" oder „richtig" und „falsch" ist. In diesem Zusammenhang sind Denkmuster immer auch durch Glaubenssätze geprägt und andersherum.

Diese zahlreichen Einflüsse unterliegen solch starker historischer Veränderung, dass die Entwicklung einer Person in seiner Jugendzeit von vor 15 Jahren grundlegend unterschiedlich und nicht im Geringsten mit einer heutigen Entwicklung vergleichbar ist und sich damit vollends verschiedenartige Denkmuster in den verschiedenen Generationen kristallisieren. Aus äquivalenten Gründen sind solche Denkmuster noch unterschiedlicher in einer internationalen Betrachtung.

Neben spezifischen Denkmustern ist der Mensch auch durch allgemeine Denkeigenschaften bestimmt. Eine dieser allgemeinen Eigenschaften soll vor den folgenden Kapiteln kurz erläutert werden:

Als übergeordnetes und primäres Denkmuster ist anzuführen, dass der Mensch größtenteils relativ anstatt absolut denkt – Gedachtes wird permanent im Zusammenhang mit anderem betrachtet und eingeordnet. Der Mensch denkt in Vergleichen. Dies ist nicht beklagenswert, denn es ist evolutionäre Anpassung an die heutigen intellektuellen Anforderungen der Gesellschaft im Rahmen einer Effizienzbetrachtung. Absolut wird vorwiegend nur noch in den kreativen Bereichen, wie beispielsweise der Kunst, gedacht. Allerdings ist auch dies eher rückläufig, denn auch in der Kunst wird durch Einsatz moderner Methoden und Tools heute mehr modelliert als kreiert.

Relatives und absolutes Denken

In den folgenden Abschnitten soll einleitend der Komplex der Selbstachtung erläutert werden. Abgegrenzt von Selbstbewusstsein hat Selbstachtung als ein uns ständig beeinflussendes Element weitreichende Bedeutung auf die folgenden Abschnitte. Als zweiter grundlegender Abschnitt folgt die Differenzierung zwischen analytischem und emotionalem Denken. Dieser Unterschied determiniert viele Problemfälle und Entscheidungsklemmen des heutigen Berufs- und Privatlebens. Als dritter Punkt wird das Denkmuster der Stärken- und Schwächenanalyse detailliert beschrieben. Dieser

Punkt, welcher in der Praxis am häufigsten verwendet wird, wird hier ausführlich strukturiert.

Selbstachtung

Selbstachtung durch Wertschätzung der eigenen Person

Selbstachtung ist die Wertschätzung einer Person gegenüber seinem Ich und die ehrliche Beurteilung der eigenen Persönlichkeit. Sie wird in der Theorie von einigen Autoren nicht unbedingt von Selbstwertgefühl abgegrenzt, aber gerade in der Gliederung differenzierend zwischen Fühl- und Denkmustern ist der Unterschied evident. Selbstwertgefühl ist ein Fühlmuster, Selbstachtung jedoch ein Denkmuster, denn Selbstachtung ist die intellektuelle Wertschätzung, Selbstwertgefühl betrachtet emotionale Prozesse.

Abbildung 9: Existenzielle und intellektuelle Selbstachtung

Existenzielle und intellektuelle Selbstachtung

Selbstachtung gibt es in zwei Formen, nämlich in der existenziellen und der intellektuellen Ausprägung. Dabei ist der intellektuellen Selbstachtung besonders der eigene Wert als Persönlichkeit wichtig. Beim Verlust der existenziellen Selbstachtung geht es gar nicht mehr um kognitive Persönlichkeitsaspekte, sondern schon um die Aufgabe des Gefühls der Existenzberechtigung als ganzer Mensch. Neben Selbstzweifeln und Ungewissheit führt der Verlust der existenziellen Selbstachtung auch zur gesundheitlichen, hygienischen und körperlichen Gleichgültigkeit.

Mitunter ist gerade die gegenseitige Förderung der eigenen Selbstachtung in einer Gruppenbeziehung sehr ausschlaggebend. Howard und Charlotte Clinebell stellen in ihrem Buch „The Intimate Marriage" die Selbstachtung als höchstes Element einer privaten Beziehung dar, welcher die Partner explizite Beachtung schenken sollen. Besonders die Stärkung der Selbstachtung des Partners führt zum dauerhaften „Eheerfolg". Gerade in Partnerschaften gibt es einen beobachtbaren so genannten positiven Zyklus, welcher wechselseitig die Selbstachtung aufbaut. Beispielsweise baut Person 1 die Selbstachtung einer Person 2 nach einem Misserfolg wieder auf. Person 2 bedankt sich für die Unterstützung und baut damit die Selbstachtung von Person 1 auf.

Ein Individuum, welches seine Selbstachtung verliert, entkoppelt sich von Fühl-, Denk- und Verhaltensmustern. In Gleichgültigkeit oder in affektiertem Auftreten gibt die Person sich allem hin, ohne die Konsequenzen für sich und andere abzuschätzen. Selbstachtung können Sie mit der physiologischen Gesundheit vergleichen. Dabei steht eine Person ohne Selbstachtung der eigenen Gesundheit meist gleichgültig gegenüber. Eine therapeutische Annäherung an mangelnde Selbstachtung ist die nondirektive oder klientenbezogene Gesprächspsychotherapie von Carl Rogers. Ihr Ziel ist die persönliche Selbstverwirklichung, und sie basiert damit auf den Problemen der mangelnden Selbstachtung. Sie propagiert die Eigenverantwortung und versucht, das aktive Erleben von Gefühlen zu forcieren. Diese Therapieform wird meist bei Depressionen, Angst- und schizophrenen Störungen eingesetzt. Basis dabei ist die professionelle Empathie des Therapeuten sowie die unbedingte Wertschätzung der zu behandelnden Person.

Selbstachtung lässt sich mit physiologischer Gesundheit vergleichen

Analytisches und emotionales Denken

In der beruflichen Praxis und im Privatleben müssen Sie bei jeder Entscheidung wählen, wie weit Sie diese Entscheidung emotional oder analytisch treffen. Dabei treten wiederholt Konflikte auf, die aus dem Für und Wider beider Entscheidungswege resultieren. Ohne analytisches Denken scheint der berufliche Erfolg beschränkt zu sein, und ohne emotionale Rechenschaft fühlen Sie sich materialisiert, mechanisiert und nicht als soziales Gesellschaftsmitglied.

Emotional oder rational entscheiden

Analytisches Denken   Emotionales Denken

Abbildung 10: Analytisches und emotionales Denken

Analytische und emotionale Argumentationen, gelegentlich auch im Kontrast wirtschaftlichen und sozialen Denkens dargestellt, stellen sich gerade in der Berufswelt immer mehr als Schwierigkeit heraus. Die Wirtschaft befindet sich in einem unbeirrten Konzentrationsprozess und dabei wird jede noch so kleine Ineffizienz im Rahmen der Prozessoptimierung möglichst beseitigt. Die Arbeitsplatzanzahl eines Unternehmens ist eine lockere Stellschraube zur Kostenkontrolle geworden, welche gegenwärtig die mittelfristige Flexibilität von Organisationen gewährleisten soll. Demzufolge müssen Sie von einer emotionalen Begründung oder Rechtfertigung scheinbar größtenteils absehen, um die unternehmerischen Ziele verfolgen zu können und Ihre eigene Existenz zu gewährleisten.

Wenn Sie hierbei moralische Bedenken haben und Ihr Gewissen mit Ihnen in einen inneren, kritischen Dialog geht, ist das gut und richtig. Damit meinen wir nicht, dass Sie tendenziell in die eine oder andere Richtung entscheiden sollen. Vielmehr ist im Rahmen der Selbstbeobachtung wichtig zu erkennen, ob bei Ihnen das eine oder andere Denkmuster dominiert und inwieweit Sie beide Denkmuster in Balance halten.

Zweifelsohne werden Ihnen eines Tages Angelegenheiten und Entscheidungsfälle zugeteilt, welche schwierig zu lösen sind und Sie in die Not unangenehmer Auswahlsituationen bringen. Sie sollen eine Entscheidung treffen, die wirtschaftlich notwendig und sinnvoll ist, die Ihnen aber auf emotionaler und moralischer Ebene Bauchschmerzen bereitet. In einem solchen Dilemma und Zielkonflikt hilft es nichts, eine notwendige Entscheidung aufzuschieben.

Hilfreich ist es in den meisten Fällen, die Situation aus verschiedenen Perspektiven zu betrachten: So können Sie zum Beispiel positive Aspekte suchen und finden. Die Entscheidung wird Ihnen immer noch schwer fallen, aber das Positive ist, Sie können sie fällen. Sie können beschließen, was in der jeweiligen Situation eine adäquate Lösung ist. Dies ist eine Pflicht, aber auch eine Ehre, welche nicht allen Menschen zugetragen wird.

Solche Entscheidungen treffen Sie täglich im Kleinen sowie zunehmend auch im Großen. Es ist dabei auch eine soziale Aufgabe, analytisch zu sein. Bewahren Sie zum Beispiel die Konkurrenzfähigkeit des Unternehmens durch Stellenstreichung, schützen Sie alle verbleibenden Arbeitnehmer. Ebenso können Sie eine soziale Entscheidung auch analytisch fällen, so beispielsweise, wenn Sie aufgrund Ihrer Kalkulation die Unnötigkeit der Stellenstreichung beweisen können.

Wichtig ist, dass Sie Ihre Denkmuster kennen und akzeptieren. In der nächsten Ebene können Sie dann lernen, innere Konflikte zwischen Emotionalität und Rationalität nicht als Hindernis, sondern als nützlichen Mechanismus anzusehen, der Ihnen bei Ihrer Persönlichkeitsentwicklung hilft, Ihre Ziele und Werte in Einklang zu halten.

Stärken und Schwächen

„Der Stärkere ist als solcher noch lange nicht der Bessere."
CARL JAKOB BURCKHARDT

Kein Bewerbungsgespräch kommt um sie herum: Stärken und Schwächen. Sie gehören zur Selbst- sowie zur Fremdeinschätzung; in der Selbsteinschätzung müssen Sie die Stärken und Schwächen finden, interpretieren und verarbeiten. Eine Fremdeinschätzung der Stärken und Schwächen, beispielsweise in Form eines Feedbacks, müssen Sie ebenfalls aufnehmen, interpretieren und verarbeiten.

Stärken und Schwächen aus eigener und aus fremder Sicht

Zur aktiven Herangehensweise wird im Folgenden ein Prozess beschrieben, welcher ausgehend von der Identifikation der Stärken und Schwächen über die Bewertung und Interpretation konsequent auch zur Bearbeitung der Ergebnisse führt. Der konsequente Umgang mit Stärken und Schwächen in der Bewerbungsphase und in kommunizierter Form, beispielsweise in einem Personalgespräch, werden in den jeweiligen Kapiteln besprochen.

Stärken und Schwächen identifizieren
Um sich mit Ihren Stärken und Schwächen zu beschäftigen, müssen Sie diese erst einmal identifizieren. Dafür gibt es zwei leicht

abgrenzbare Möglichkeiten: erstens die Eigenidentifikation und zweitens die Fremdidentifikation. Wenn möglich, sollten Sie beide Methoden verwenden, um ein umfassendes Bild zeichnen zu können und genügend Arbeitsmaterial für die folgenden Schritte bereitzustellen. Die Identifikation von Stärken und Schwächen in der Selbsteinschätzung stellt sich leider als außerordentlich knifflig heraus. Die Fremdeinschätzung im Gegensatz bedarf zwar der Überwindung und Vorbereitung, in der Durchführung genügt ihr aber die Aufnahme der Berichterstattungen.

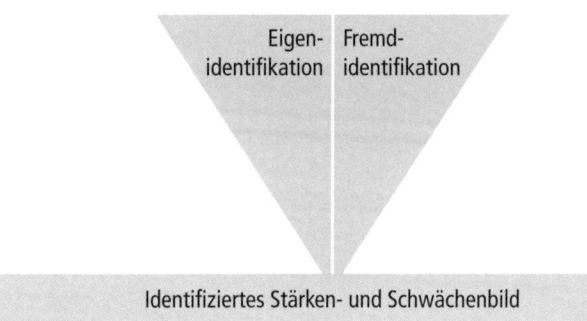

Abbildung 11: Eigene und fremde Identifikation individueller Stärken und Schwächen

Orientierungs-fragen zur Identifikation von Stärken und Schwächen Zur Identifikation der eigenen Stärken und Schwächen müssen Sie einerseits eine retrospektive Betrachtung Ihrer bisherigen Laufbahn vornehmen und andererseits Ihre jetzige Kompetenz beurteilen. Die Laufbahn besteht neben akademischen und beruflichen Entwicklungen auch aus unzähligen sozialen Komponenten. Für die Ableitung von Stärken und Schwächen helfen Orientierungsfragen, wobei diese mitunter besonders wirkungsvoll sind, wenn Sie aus der entgegengesetzten Richtung fragen, zum Beispiel bei Eigenschaften wie Pünktlichkeit „Was bin ich zum Glück nicht?".

Nutzen Sie folgende Fragen als Ausgangspunkt, um Ihre Stärken zu identifizieren:
- Welche Themen habe ich öfter tief greifend behandelt?
- Was haben ich nicht, was mich an anderen Personen stört?

▨ Warum habe ich keine beruflichen oder privaten Probleme?

▨ Was prägt fast jede Arbeit oder Aktion?

▨ Was treibt mich an, etwas zu tun?

Zur Identifikation der Schwächen können Sie folgende Fragen als Anregung nutzen:

▨ In welchem Bereich habe ich noch nicht gewirkt?

▨ Was fällt mir Besonderes auf, was andere Personen besser können?

▨ Was fehlt mir am häufigsten im Alltag?

▨ Was hält mich ab, Dinge zu tun?

Zur Fremdeinschätzung verwenden Sie optimalerweise das 360°-Feedback. Ein Winkel von 360° bildet bekanntlich einen Kreis, und dieser Kreis wird um die Person gelegt, welche das Feedback erhalten möchte.

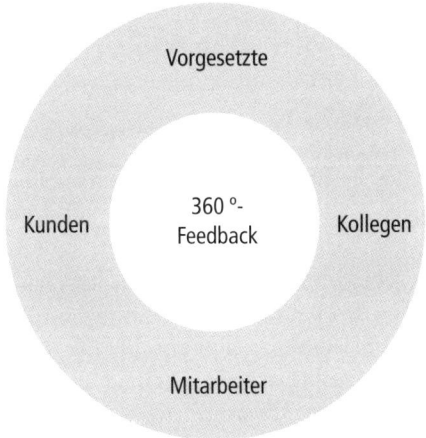

Abbildung 12: 360°-Feedback von Kunden, Kollegen, Vorgesetzten und Mitarbeitern

Es werden dem Bild folgend alle Kontaktpersonen um die betrachtete Person zur Formulierung eines Feedbacks aufgefordert. Dies heißt, dass Sie beispielsweise als Führungsperson nicht nur von

Ihrem eigenen Vorgesetzten ein Feedback erhalten, sondern dieses Feedback auch durch die Beurteilung Ihrer untergeordneten Mitarbeiter ergänzt wird. Im theoretischen Konstrukt des 360°-Feedbacks werden als dritte Perspektive die gleichgestellten Mitarbeiter (Kollegen) und als vierte Dimension die Kunden befragt. Damit werden rund um die Person Meinungen und Beurteilungen gesammelt, welche dann nach der Interpretation ein vielschichtiges Porträt des Auftretens der betrachteten Person in der Gesellschaft darstellen.

Echtes Interesse und Verstehen, vor allem von negativen Fremdeinschätzungen

Die Bitte um ein Feedback ist, nach der gründlichen Vorbereitung, recht simpel. Die Rezeption der Informationen sollte keine einseitige und passive Wahrnehmung von Beurteilungen und Einschätzungen sein, sondern Sie sollten als bittende Person aktiv am Verständnis des Gesagten interessiert sein. Wenn Sie die Beurteilungen nicht komplett verstehen, ist die Fremdeinschätzung wertlos. Besonders negative Aspekte werden erfahrungsgemäß oft ausgeblendet und verdrängt, dabei müssen Sie gerade diese präzise hinterfragen und erläutern lassen sowie um Beispiele und Verbesserungshinweise bitten, um sie verstehen und zukünftig daran arbeiten zu können.

Feedback von unten fördert Kritikkultur

Das Erbitten eines Feedbacks von seinen eigenen Mitarbeitern wird bis zum heutigen Zeitpunkt kaum vorgenommen, hat aber effektvolle und sogar wirtschaftliche Vorteile. Abgesehen von einer kommunikativen Nähe und gesunden Kritikkultur, welche zwischen dem Vorgesetzten und seinen Mitarbeitern aufgebaut wird, können Arbeitsabläufe durch konkrete Hinweise des Mitarbeiters verbessert werden. Sie dürfen sich aber nicht darüber hinwegtäuschen lassen und vermuten, dass ein Feedback von den eigenen Mitarbeitern sehr objektiv ist. Ein Mitarbeiter ergründet in Ihren Fragestellungen prompt einen Hinterhalt und fürchtet, durch kritische und möglicherweise unbeschönigte Rückäußerungen negative Konsequenzen tragen zu müssen.

Handelt es sich um tatsächliche Stärken und Schwächen?

Stärken und Schwächen interpretieren und bewerten
Nicht alle Punkte, welche von Ihnen selbst oder einer anderen Person als Stärken und Schwächen identifiziert wurden, sind wirklich Ihre substanziellen Stärken oder Schwächen. Trotzdem sollten

Sie die Hinweise einer Fremdeinschätzung nicht leichtfertig als falsch verbuchen, auch wenn Sie vorerst keinen persönlichen Zusammenhang erkennen können. Sie betreffen, auch wenn sie vorerst unberechtigt erscheinen, die Wahrnehmung Ihrer Person. Die Fremdeinschätzung ermittelt konkret, wie Sie eingeordnet wurden; die Eigeneinschätzung kristallisiert hingegen heraus, wie Sie ursprünglich auftreten wollten. Gerade die Differenz ist von größtem Interesse zur folgenden Bearbeitung und Weiterentwicklung. Bei grob abweichenden Auffassungen zwischen Selbst- und Fremdbewertung erfragen oder überlegen Sie, wie diese Personen auf diese spezifischen, Ihnen unbekannten Erkenntnisse gekommen sind. Eine schnelle und einfache Auflösung ist, dass die Person sich nicht viel mit Ihnen beschäftigt hat. Meist gibt es jedoch viel aussagekräftigere und ehrlichere Antworten als diese.

Die identifizierten Stärken und Schwächen müssen Sie nun nach ihrer Signifikanz gewichten. Dabei ist es hilfreich, die Strukturierung unter zwei Gesichtspunkten zu betrachten. Erstens: Wie oft kann ich diese Stärke einsetzen bzw. wie oft tritt diese Schwäche auf? Zweitens: Welche Folgen hat diese Stärke bzw. Schwäche? Diese erste Bewertung betrifft alle Stärken und Schwächen, egal ob Sie diese durch eine Fremd- oder Selbsteinschätzung identifiziert haben. Das Ergebnis können Sie getrennt für Schwächen und Stärken als ganz normale Matrix graphisch darstellen. Tragen Sie auf der Achse „Ausprägung" ein, wie stark die jeweilige Stärke bzw. wie schwach die jeweilige Schwäche tatsächlich relativ zu anderen Fähigkeiten und Fertigkeiten sind. Auf der Achse „Auswirkung" tragen Sie Ihre subjektive Einschätzung ein, wie groß der Effekt dieser Stärke oder Schwäche ist. Eine hohe Auswirkung bei einer Stärke kann also hohen Gewinn versprechen, eine Schwäche mit starker Auswirkung hingegen ein tatsächliches Risiko darstellen. Punkte, welche weiter weg vom Ursprung liegen, sind daher bei der Bewertung von besonderem Interesse, da sie besonders eklatant sind und am meisten Entwicklungspotenzial bieten.

Primäre Bewertungsaspekte Ihrer Stärken und Schwächen

1. Selbstbeobachtung

Ausprägung

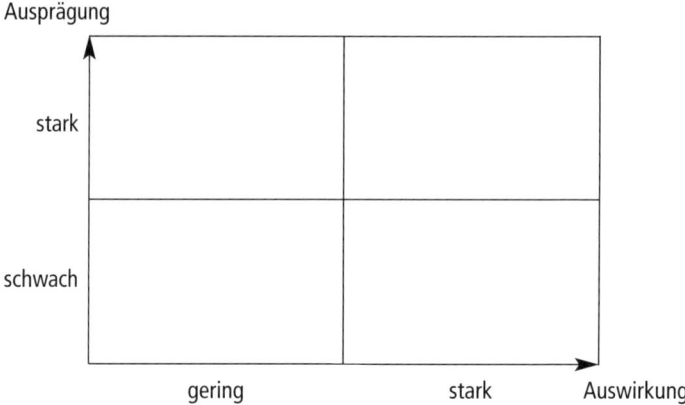

Abbildung 13: Auswirkung und praktische Bedeutung Ihrer Stärken und Schwächen

Stärken und Schwächen bearbeiten
Die Stärken und Schwächen, welche Sie nun in gewichteter und interpretierter Form dargestellt haben, können Sie jetzt bearbeiten. Dabei gibt es drei Herangehensweisen, welche in der Literatur vielfältig diskutiert werden. Erstens: Probieren Sie, jede einzelne Ihrer Schwächen abzubauen. Zweitens: Intensivieren Sie Ihre Stärken. Und drittens: Machen Sie gar nichts – es entwickelt sich sowieso alles von selbst und anders als geplant.

„Leben oder gelebt werden" Besonders die dritte Methode ist nicht zu empfehlen, da die passive Lebensführung meist nicht von allein in die gewünschte Richtung führt. Die Dinge entwickeln sich zwar auch ohne Ihr Zutun – allerdings verlieren Sie damit den Einfluss auf Ihr eigenes Leben. Sie werden reaktiv statt proaktiv. Konfrontieren Sie sich selbst mit der Frage: „Wollen Sie leben oder gelebt werden?" Ihre Stärken sind Ihre Produktionsfaktoren, Ihre Eintrittskarten, Ihre Tauschmittel, welche Sie gegen andere materielle und immaterielle Güter eintauschen können. Ein passiver Umgang mit diesen Produktionsfaktoren ist möglich, gleicht jedoch einer Verschwendung wertvoller Ressourcen – nicht nur für die Wirtschaft oder ein Unternehmen, sondern vorrangig für Sie selbst.

Demzufolge bleiben nur zwei Möglichkeiten übrig, welche Sie nicht einzeln betrachten, sondern verbinden sollten. Sie können jederzeit gleichzeitig an Ihren Stärken und an Ihren Schwächen arbeiten. Probieren Sie im Privat- und Berufsleben stets Ihre Stärken zu positionieren. Wenn Sie etwas gut können, zeigen Sie es. Machen Sie noch ein Zertifikat in diesem Gebiet oder suchen Sie sich Aufgaben, in welchen gerade diese Stärken gut zur Geltung kommen können. Arbeiten Sie gleichzeitig aktiv an der Reduzierung Ihrer Schwächen. Erwarten Sie nicht, dass Führungskräfte, Kollegen oder Mitarbeiter diese übersehen. Ist beispielsweise Ihr Englisch nicht besonders gut, üben Sie es. Verfolgen Sie ab jetzt täglich die Nachrichten von CNN oder BBC. Nach spätestens einem Monat bemerken Sie die Erfolge.

Der Bearbeitung folgt eine regelmäßig wiederholte Überprüfung der eigenen Stärken und Schwächen. Sorgfältig durchgeführt, identifizieren Sie dabei zu einem späteren Zeitpunkt möglicherweise weitere Stärken oder Schwächen. Dabei sollten Sie mit einem neuen Arbeitsblatt anfangen, um sich nicht durch die alte Übersicht beeinflussen zu lassen. Sind die neuen Stärken und Schwächen zusammengestellt, können Sie diese in der Interpretationsphase mit dem vorherigen Bild vergleichen und schon gründlicher an die konkrete Bearbeitung herangehen.

Regelmäßige Selbstreflexion

Verhaltensmuster identifizieren und nutzen

Verhaltensmuster bilden in Kapitel 1.3. das abschließende Muster. Sie sind direkt sichtbare Verhaltensweisen, und dem Denkmuster äquivalent folgend, basieren sie auf den vorherigen Strukturierungen, also auf den Fühl- und Denkmustern. Ausgelebte Verhaltensmuster zeigen Lebenseinstellungen, welche Sie einnehmen, und werden vermengt mit der Lebenseinstellung, welche Sie gern einnehmen würden. Die Muster sind demnach immer Bild von Realität und Wunschvorstellung. Verhaltensmuster zeigen sich in verschiedenen Situationen. Beispielsweise entgleisen einem Choleriker eventuell bereits die Zügel, wenn ein Phlegmatiker erst hellhörig wird. Die Kenntnis dieser eigenen und fremden Verhaltensmuster hilft bei der Konfliktprävention und -bewältigung. Strukturell können Sie Verhaltenmuster in einer einfachen Matrix darstellen.

Verhaltensmuster basieren auf Denk- und Fühlmustern

1. Selbstbeobachtung

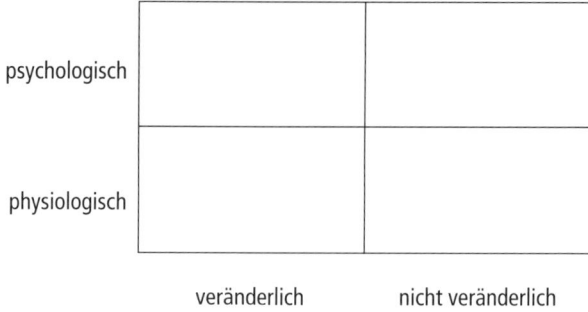

psychologisch

physiologisch

veränderlich   nicht veränderlich

Abbildung 14: Verhaltensmuster und Änderbarkeit

Beispielhaft ist eine große körperliche Statur physiologisch und damit nicht veränderbar. Ein außergewöhnlich zurückhaltendes Auftreten ist aber veränderbar und so der Zeile „psychologisch" zuzuordnen. Dieses Auftreten wird zum Beispiel auch durch die Rollen determiniert, welche Menschen im Privat- und Berufsleben einnehmen. Diese werden im Folgenden dargestellt und durch das DISG-Modell konkretisiert, welches eine Einordnung von Personen in bestimmte Verhaltensstrukturen ermöglicht. Eine solche Einordnung kann hilfreich sein, um Personen individuell und situationsgerecht anzusprechen. Abschließend wird die Ausstrahlung noch als originärer Bereich aufgeführt, welcher am bedeutendsten den Unterschied zwischen Realität und Wunschvorstellung in einem Verhalten aufzeigt.

Lebensrollen

„Der ist beglückt, der sein darf, wie er ist."

F. von Hagedorn

Verschiedene Rollen im Leben Lebensrollen, welche in der Literatur mitunter auch „Lebenshüte" genannt werden, sind Verhaltensweisen, welche ein Individuum im Alltag präsentiert. Diese Verhaltensmuster können ebenso direkt Fühl- und Denkmuster symbolisieren. Erfahrungsgemäß hat eine Person diverse Lebensrollen. Dies ist per se weder nachteilig noch vorteilhaft. Probleme können jedoch langfristig auftreten, wenn Sie sich permanent in einer Rolle für eine Zielgruppe verstellen oder zu viele unterschiedliche Lebensrollen einnehmen wollen. Die beträchtlichste und offensichtlichste Diskrepanz zwischen verschiedenen Rollenanwendungsgebieten sind die Rollen im Privat- und Berufsleben. Die Besetzung von einer Lebensrolle bei der Arbeit oder im Privaten ist vorwiegend eine logische Folge von Wertedifferenzen zwischen beiden Bereichen und der unterschiedlichen hierarchischen Position der Person. Müssen Sie beispielsweise beruflich etwas mehr Härte zeigen, kann dies sogar zur Kompensation in Form von großer Herzlichkeit im Privatleben, zum Beispiel bei Ihren Kindern führen. Diese unmittelbare Kompensation sollte von allen Freunden und Verwandten akzeptiert werden, denn die Versagung dieser Herzlichkeit kann dazu führen, dass die Person sich verhärtet oder abgestoßen fühlt. Diese Wandelbarkeit zwischen der Rolle bei der Arbeit und der Rolle im Privatleben kann besonders im Rahmen der Regeneration und Freizeitgestaltung von Bedeutung sein (Kapitel 2.5.).

Die Kenntnis der eigenen Lebensrollen hilft Ihnen, eine ausgewogene Persönlichkeit zu bilden, welche nicht nur intuitiv, automatisiert und ohne eigene Wahrnehmung Verhaltensweisen kompensieren muss, sondern aktiv alle Facetten seiner Persönlichkeit Beachtung schenkt.

Wie im Beispiel erwähnt, müssen Sie zahlreiche Lebensrollen anderer Personen bedingungslos akzeptieren, andere bedürfen aber möglicherweise der Rücksprache mit dem Rollenträger. Interessanterweise können Sie aus einer erkennbaren Lebensrolle meist auch grundlegende Bedürfnisse und Werte der jeweiligen Person ableiten. Typische Lebensrollen, welche hier dargestellt werden, sind die des „Familienmenschen" oder „Arbeitstieres", des „Spaßgetriebenen", des „Vernünftigen", des „Wohlhabenden" und des „Ausgabenbewussten".

Bewusst eingenommene Rollen als Spiegel individueller Werte und Bedürfnisse

Arbeitstier	Familienmensch
Spaßgetrieben	Vernünftig
Wohlhabend	Ausgabenbewusst

Abbildung 15: Lebensrollen und Verhaltenseinstellungen

Familienmensch versus Arbeitstier

Die Heraus-
forderung,
Familie und Beruf
in Einklang zu
bringen
Die Lebensrolle eines „Familienmenschen" entsteht erfahrungsgemäß in bestimmten Phasen einer Partnerschaft. Dies können die
erste Wohnung, die Hochzeit oder das erste Kind sein. Sehr häufig
wird diese Rolle auch als Kompensation und Gegenpol zur gleich-
zeitigen Rolle des „Arbeitstieres" entwickelt. Wenn eine Person
aufgrund ihrer beruflichen Situation nur wenig Zeit mit der Familie verbringen kann, entwickelt sich ein schlechtes Gewissen und die
Familiennähe sowie Familientreue wird in den kurzen Zeiten des
Zusammenseins voll ausgelebt. Dies kann positiv aber auch negativ
aufgenommen werden.

Der Familienmensch denkt bei umfassenden Entscheidungen
primär stets an die Familie. Wichtigste Frage ist für ihn, wie weit
Kinder und Partner davon beeinflusst werden. An Wochenenden
oder an anderen freien Tagen werden auch schon mal gegen den
Willen der Familie Aktivitäten zum Zweck des Zusammenseins
durchgeführt. Dies gibt dem Familienmenschen das Gefühl, Zeit
mit der Familie zu verbringen, für sie da zu sein und mit ihr Spaß
zu haben. Personen in dieser Rolle sollten auf keinen Fall zu stark
von dieser Rolle abgedrängt werden. Eine kritische Anmerkung
kann schnell dazu führen, dass die Person sich in Bezug zum
vermeintlich Einzigen in ihrem Leben nicht verstanden oder sogar verstoßen fühlt. Bleibt jedoch das berufliche Engagement des
Familienmenschen unter einem akzeptierbaren Niveau und reichen
deshalb beispielsweise die Einkünfte nicht, muss an der Rolle als
Familienmensch gearbeitet werden.

Motivation von
„Workaholics"
Die Rolle des Arbeitstieres hat eine beträchtliche emotionale
Motivation und ist zwar leicht zu identifizieren, jedoch außer-
ordentlich schwer zu bearbeiten. Warum leben so genannte „Workaholics" für Arbeit, Anerkennung und für eine positive Aufgabenlösung? Arbeitstiere finden in der Arbeit einen eigenen Lebenssinn
und motivieren und bestätigen sich damit mit den beruflichen
Aufgaben. Eine bessere Position im Unternehmen wird gleichbe-
deutend mit einem besseren Leben. Die Motivationen für ein
Arbeitstier können Ziele und Wünsche – bzw. Ehrgeiz – oder
Verdrängung sein. Im ersten Fall denkt das Arbeitstier nicht direkt
an die Arbeit oder die Aufgabe an sich, sondern vielmehr, was

diese Aufgabe für sein Fortkommen bedeutet oder wie sie ihn einem fokussierten Ziel näherbringt. Der zweite Fall, die Verdrängung, ist ein häufiger Beweggrund von Arbeitstieren, wird jedoch weder einer Person zugesprochen noch sich selbst zugestanden. Diesen Personen fehlt es an Orientierung. Sie wissen nicht, wie sie ohne Arbeit leben würden. Die direkte Frage, was sie ab dem Tag machen würden, ab dem sie finanziell so unabhängig wären, dass sie nie wieder arbeiten müssen, können sie meist nicht eindeutig beantworten. Die Personen werden es sich und anderen nicht eingestehen, aber sie sind privat ziellos. Diese Ziellosigkeit wird durch Arbeit kompensiert. Sie nutzen die Arbeit als Motiv, um sich nicht der privaten Langeweile hinzugeben. Noch aktiver wird bei emotionalen Ereignissen auf die Arbeitsrolle eingegangen. Arbeit lenkt ab, Arbeit ist ein Anlass, um Sachen nicht tun zu können oder zu müssen.

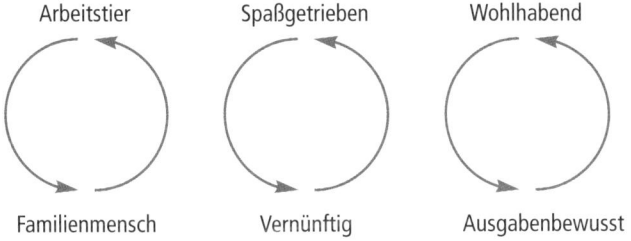

Abbildung 16: Stufenlosigkeit von Rollen und Rollenwechseln

Vernünftig versus spaßgetrieben

Zwei weitere Rollen, von welchen nahezu jede Person eine annimmt, sind die Rollen des Vernünftigen oder des Spaßmenschen. Diese Rollen unterscheiden sich meist nicht im Privat- und Berufsleben, wobei trotzdem stets versucht wird, beruflich vernunftorientiert zu erscheinen. Obwohl beruflich und privat eine gleiche Tendenz sichtbar ist, werden auch diese beiden Rollen nicht konstant eingehalten, sondern meist zielgruppengerecht angepasst. Unter Freunden, Sportkameraden, gut bekannten Kollegen oder in anderen vertrauten Kreisen wird eher die Rolle des Spaßmenschen gespielt. In beruflich wichtigen Kreisen adaptieren die gleichen

Der innere Konflikt zwischen Spaß und Vernunft

69

Personen meist eher die Rolle des Vernunftmenschen. Im Privatleben möchten die meisten von uns ihrer Umgebung signalisieren, dass sie Spaß am Leben haben, dass sie im Leben erfolgreich sind und alles erreichen, was sie erreichen möchten.

Präferenz des Vernunftmenschen in der Arbeitswelt

Der Spaßmensch wird allerdings von den Führungsverantwortlichen in Unternehmen eher nicht so gern gesehen. Spaßmenschen stellen Nachhaltigkeit, Qualität oder Schnelligkeit in den Hintergrund und stehen damit für eine nicht vollständig konzentrierte Mitarbeit. Der Vernunftmensch ist professionell und kalkulierend. Er verzichtet auf zeitweiligen Spaß, um einem fortwährenden Ansatz nachzugehen. Diese Vernunftmenschen werden im Büro gern gesehen und werden gelegentlich sogar aktiv gesucht. Sie zeichnen sich meist nicht durch hochgradige Kreativität und Initiative aus, sorgen jedoch für qualitativ hochwertige und besonders zuverlässige Arbeitsergebnisse. Im Privatleben werden Vernunftmenschen oft als Langweiler abgetan, da sie nicht bereit sind, größere Risiken einzugehen, und oftmals wenig spontan sind. Meist wälzen diese Personen entsprechende Vorwürfe jedoch relativ leicht ab oder fühlen sich nicht einmal tangiert. Ein Vernunftmensch handelt aus Überzeugung, demzufolge können Sie ihn nicht mit Verspottungen oder Hinweisen umorganisieren.

Beide Rollen haben ihre Existenzberechtigung

Ebenfalls kann das Einnehmen einer dieser Rollen zur parallelen Kompensation durch die andere Rolle führen. Eine vernunftorientierte Person möchte gern beweisen, dass sie kein Langweiler ist, und ebenso möchte eine spaßorientierte Person suggerieren, dass sie gleichwohl äußerst durchdacht und systematisch handelt bzw. handeln kann. Meist können Sie die eigene Adaption einer diesen Rollen schnell vornehmen. Beide Rollen haben ihre Existenzberechtigung und sollten demnach auch ausgelebt werden. Dabei sollten Sie aber fortwährend darauf achten, dass Sie sich nicht zu stark auf ein Extrem polarisieren. Ein vollständiges Leben können Sie nur mit Besonnenheit erfolgreich angehen. Gleichzeitig sollten Sie aber nicht auf Spaß verzichten und sorgfältig sich selbst Zeit einräumen, um diesen gebührend auszuleben. Folglich sollten Sie Freiraum für beide Rollen einplanen und die Zeit auch genauso nutzen, wie vorgesehen.

Wie Sie mit Personen umgehen, welche vernunft- oder spaßorientiert sind, hängt von der Beziehung zu dieser Person ab. Als unmittelbarer Partner dieser Person sollten Sie eine Polarisierung in einen Bereich, egal welchen, versuchen abzuwenden. Dies können Sie vor allem durch die aktive Planung der gemeinsamen Freizeitgestaltung erreichen.

Wohlhabend versus ausgabenbewusst

Die folgenden Lebensrollen sind keine neuen Erscheinungen unserer Gesellschaft, die Abgrenzung der beiden zeigt sich jedoch zunehmend offensichtlich. Diese Rollen sind die einer wohlhabenden und die einer ausgabenbewussten Person. Typische Beispiele für die gezielte Ansprache ausgabenbewusster Menschen sind Werbekampagnen mit Top-Designern bei Billigmode-Anbietern oder Slogans, welche zum Geiz anregen. Demgegenüber steht die Rolle des Wohlhabenden, welcher dem sozialen Umfeld suggerieren möchte, er wäre finanziell vollkommen unabhängig. Diese Unabhängigkeit soll dabei als Symbol für individuellen Erfolg und Kompetenz gelten. Die ausgabenbewusste Person hingegen versucht, jede Ausgabe zu evaluieren: Ist die Höhe des Preises angemessen? Wie weit lassen sich Vorteile durch andere Umstände erwirken, beispielsweise durch die Veränderung von Kaufort und Kaufzeitpunkt?

Wenn Geiz als erstrebenswerte Eigenschaft beworben wird ...

Wenn Sie sich selbst dem Kreis der Wohlhabenden zuordnen möchten, sollten Sie sich bewusst werden, dass gerade diese Rolle in einem Kreis, in welchem Sie Aufmerksamkeit erregen möchten, eher auf Ablehnung stoßen könnte. Gut situierte Personen reden nicht über Geld, sie prahlen nicht – vorwiegend genießen sie zurückgezogen.

Ausgabenbewusste Menschen können sich durchschnittlich sogar mehr Luxus leisten als die Wohlhabenden, welche ihr Geld in großer und unkoordinierter Aktion unter die Menschen bringen, um Eindruck zu machen. Es geht nicht darum, stets sein Geld zu horten, denn Geld ist ein Tauschmittel. Ohne einen konkreten Austausch gegen materielle oder immaterielle Güter ist es nur wertloses Papier. Dieser Austausch muss nicht gegen materielle Güter stattfinden, sondern kann auch die Finanzierung einer Ausbildung oder eines

Urlaubs sein. Gerade in der modernen Marktsituation können Sie weitgehend homogene Güter zu unterschiedlichen Preisen erwerben. Es ist demnach nur clever, den günstigeren Preis für das gleiche Produkt zu wählen.

DISG-Modell

Vielfalt existierender Persönlichkeitsmodelle

Die historischen Persönlichkeitsmodelle von Carl Gustav Jung (1875 bis 1961), Hans Jürgen Eysenck (1916 bis 1997), Ernst Kretschmer (1888 bis 1964) und Abraham Harold Maslow (1908 bis 1970), welche vorwiegend auf der Untersuchung von psychisch gestörten Menschen basierten, haben in den 1920er-Jahren in der Studie „Emotions of Normal People" von William Moulton Marston eine bis heute angewandte Strukturierung gefunden. Besonders durch die folgende Arbeit von John Geier ist das so genannte DISG-Modell äußerst populär geworden.

Vier Verhaltenstypen im DISG-Modell

Das DISG-Modell ordnet das Verhalten einer Person vier verschiedenen Verhaltenstypen zu. Diese vier Typen sind dominant, initiativ, stetig und gewissenhaft und können in einer Vier-Felder-Matrix dargestellt werden. Dabei entwickelt eine Person stets Verhaltensmuster aus allen vier Feldern, jedoch herrscht bei einer getrennten Beobachtung von Privat- und Berufsleben normalerweise eine Tendenz in eine bestimmte Richtung vor. Determinante für die unterschiedlichen Tendenzen ist erfahrungsgemäß die Differenz zwischen einem positiven oder freundlichen sowie einem negativen oder konkurrierenden Umfeld.

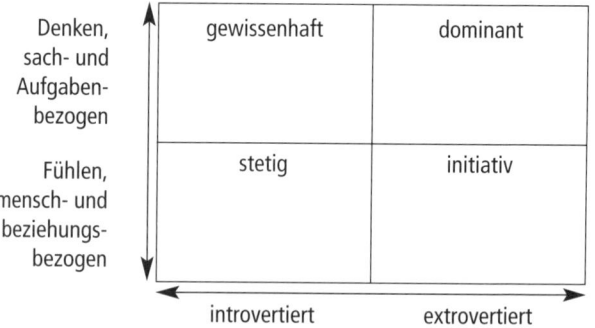

Abbildung 17: Persönlichkeitsausprägungen im DISG-Modell

Die Achsen waren in der ursprünglichen Fassung des Modells mit „günstige Wahrnehmung" und „ungünstige Wahrnehmung" sowie „aktive Reaktion" und „passive Reaktion" benannt, wurden jedoch in Rahmen der Weiterentwicklung des Modells zur heutigen Darstellung abgeändert. Das DISG-Modell können Sie zur Selbsteinschätzung sowie zur Fremdeinschätzung verwenden. Besonders im Rahmen der Formulierung von persönlichen Zielen und der Zukunftsplanung ist die Verwendung der DISG-Kategorien außergewöhnlich förderlich.

Die vier Verhaltenstypen, welche sich aus der Matrix ergeben, sind gekennzeichnet durch verschiedene Eigenschaften. Die Zuordnung einer Person zu einem Verhaltenstypus können Sie über so genannte Persönlichkeitseinschätzungen vornehmen. Haben Sie die Person erst einmal einem Typ zugeordnet, können Sie nun versuchen, Basisannahmen, Werte und Grundverständnisse dieser Person herauszukristallisieren und bei Bedarf individuell anzusprechen. Im Rahmen der Fremdeinschätzung hilft Ihnen die Typisierung, um Präferenzen der Person zu erkennen und einen angepassten Umgang mit der eingeschätzten Person aufzubauen. Dies kann beispielsweise bei einer Zielgruppenbeobachtung vor einer Präsentation vorkommen. Im Rahmen der Selbsteinschätzung können Sie durch die eigene Einordnung in dieses Schema Ihre individuellen langfristigen Bedürfnisse verstehen lernen und damit Grundsteine für eine persönliche Zukunfts- und Zielorientierung legen.

Grundsteine für eine persönliche Zukunfts- oder Zielorientierung

Einen konkreten Persönlichkeitseinschätzungstest zur Selbstdurchführung bzw. Durchführung mit anderen finden Sie am Ende dieses Kapitels.

Die vier verschiedenen Gruppen werden nun anhand ihrer Eigenschaften voneinander abgegrenzt. Aus diesen Eigenschaften können Sie dann direkt Bedürfnisse dieser Person oder Gruppe ableiten. Jede Person bevorzugt je nach Situation und DISG-Zugehörigkeit einen bestimmten Verhaltensstil, also ein Verhaltensmuster. Mit einer aktiven Assimilation an diesen Stil oder an diese Präferenzen können Sie als Gesprächspartner versuchen, Spannungen und Unsicherheiten gar nicht erst aufkommen zu lassen und eine angenehme sowie produktive Gesprächsstimmung zu gewährleisten.

Dominant: „die Feuerroten" – was-orientiert

Personen dieser Gruppe treten sehr selbstbewusst, willensstark, entschlossen, durchsetzungsfähig, meist sogar konkurrierend auf. Anderen Personen gegenüber sind sie fordernd, direkt, vielleicht sogar autoritär. Beruflich sind sie energisch, sachorientiert und wollen Ergebnisse sehen, welche sich an den gesetzten Zielen orientieren. Die eigene Handlungsfreude hüllt diese Personen in ständige Aktivität. Andere können diese Personen schnell als aggressiv, intolerant und anmaßend einschätzen und das beherrschende und antreibende Auftreten ablehnen. Personen dieser Gruppe drücken ihre Gefühle nicht aus und haben insgesamt ein ausdrucksloses und eher kühles Auftreten. Sie entsprechen Carl Gustav Jungs „Extravertiertem Denktypus" und Marstons „Dominance Style".

Wie sollten Sie mit solch einer Person umgehen? Bleiben Sie sachlich und bringen Sie die Angelegenheit schnell auf den Punkt. Was sie besonders mag: gut organisierte Präsentationen.

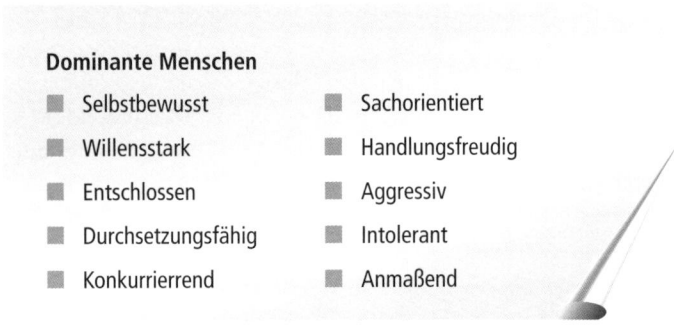

Dominante Menschen

- Selbstbewusst
- Willensstark
- Entschlossen
- Durchsetzungsfähig
- Konkurrierend
- Sachorientiert
- Handlungsfreudig
- Aggressiv
- Intolerant
- Anmaßend

Abbildung 18: Eigenschaften dominanter Menschen laut DISG-Model

Initiativ: „die Sonnengelben" – wer-orientiert

Die Personen dieser Gruppe sind enthusiastisch, positiv, optimistisch und emotional. Anderen gegenüber treten sie offen, sogar anziehend und umgänglich auf. Sie bemühen sich um gute zwischenmenschliche Beziehungen und postulieren den Spaß am Leben auch während der Arbeit. Beruflich sind sie überzeugend und redegewandt. Dabei sind sie jedoch nicht dominant, sondern lassen stets dem Gegenüber die freie Entscheidungswahl. Manchmal konzentrieren sie sich auch stark auf externe Anerkennung. Als negative Punkte sind anzubringen, dass diese Personen von anderen schnell als hektisch und voreilig angesehen werden. Das aufgewühlte und extravagante Benehmen wird oft als Indiskretion und Ehrgeiz überzeichnet. Theoretisch entsprechen die Personen dieser Gruppe Carl Gustav Jungs „Extravertiertem Gefühlstypus" und Marstons „Influence Style".

Wie sollten Sie mit solch einer Person umgehen? Sie sollten versuchen, eher gefühlsbezogen aufzutreten. Schaffen Sie ein herzlich-freundliches Umfeld und vermeiden Sie zu viele Details in Ihren Ausführungen. Diese Personen mögen besonders schriftliche Dokumente, welche Sie ihnen extra zu Vor- oder Nachbereitung übergeben. Sie freuen sich über alles, was ein menschliches Entgegenkommen vermuten lässt.

Initiative Menschen

- Enthusiastisch
- Positiv
- Optimistisch
- Emotional
- Offen

- Anziehend
- Voreilig
- Extravagant
- Indiskret
- Ehrgeizig

Abbildung 19: Initiative Menschen laut DISG-Model

Stetig: „die Erdgrünen" – wie-orientiert
Diese Personen erscheinen entspannt, zuverlässig, bescheiden, zurückhaltend und beständig. Sie erhoffen sich möglichst konstante Lebensumstände. Anderen gegenüber treten sie ermutigend, mitfühlend, geduldig und unterstützend auf. Beruflich sind sie besonders achtsam und teamfähig. In unklaren Situationen und auf

Merkmale der „Stetigen"

Neues reagieren sie eher zurückhaltend. Ihre Gefühle äußern sie offen und zwanglos. In vielen fachlichen Bereichen erscheinen sie zäh und stur, obwohl sie gleichzeitig eher fügsam und abhängig sind. Dies liegt an dem Willen, ständig die komplette Methodik zu verstehen und daran, dass sie keinerlei Unverständnis akzeptieren. Vielen Themen gegenüber wirken sie indifferent. Theoretisch entsprechen sie Carl Gustav Jungs „Introvertiertem Gefühlstypus" und Marstons „Steadying Style".

Wie sollten Sie mit solch einer Person umgehen? Brechen Sie das Eis mit einem persönlichen Einstieg ins Gespräch. Stellen Sie Wie-Fragen. Besonders mögen diese Personen, wenn Sie Interesse an ihrer Meinung zeigen und ihnen noch etwas Zeit bis zu der Entscheidung geben.

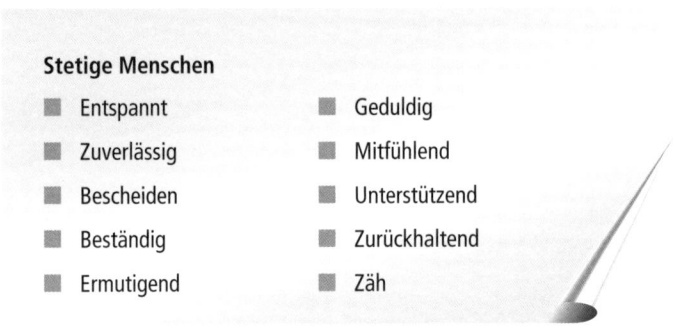

Stetige Menschen

- Entspannt
- Zuverlässig
- Bescheiden
- Beständig
- Ermutigend

- Geduldig
- Mitfühlend
- Unterstützend
- Zurückhaltend
- Zäh

Abbildung 20: Stetige Menschen laut DISG-Modell

Gewissenhaft: „die Eisblauen" – warum-orientiert

Merkmale der „Gewissenhaften"

Personen dieser Gruppe erscheinen strukturorientiert, diszipliniert, symptomatisch und eher besonnen. Sie setzen hohe Maßstäbe an sich selbst und andere, besonders an Personen im direkten Umfeld. Anderen gegenüber treten sie kritisch, hinterfragend und formal auf. Beruflich scheinen sie eher vorsichtig und präzise, da sie stets vor jedem Handeln alles sorgfältig durchdenken. Für sie zählt die Qualität der Analyse. Sie erscheinen häufig distanziert und lehnen jede Form von Autorität ab. Am liebsten kommunizieren sie schriftlich. Ihre steife und sture Art wird oft als kalt empfunden. Ihre Unentschlossenheit wird oft als Misstrauen gewertet. Theoretisch entsprechen sie Carl Gustav Jungs „Introvertiertem Denktypus" und Marstons „Compliant Style".

Wie sollten Sie mit solch einer Person umgehen? Sie sollten stets sachlich bleiben, alles genauestens recherchieren und dies kommunizieren. Besonders mögen Personen dieser Gruppe, wenn alles perfekt geplant ist und Sie sie nicht unter Zeitdruck setzen.

Gewissenhafte Menschen

- Strukturorientiert
- Diszipliniert
- Besonnen
- Präzise
- Sorgfältig
- Kritisch
- Hinterfragend
- Formal
- Vorsichtig
- Steif

Abbildung 21: Gewissenhafte Menschen laut DISG-Modell

Selbsttest

Bewerten Sie zu jedem Punkt im Feld A der Tabelle 2 die Eigenschaften von 1 (kaum zutreffend) bis 4 (zutreffend). Die Buchstaben in Spalte B dienen der Auswertung danach. Wenn Sie diesen Test mit anderen Personen durchführen, lassen Sie die Spalte B leer und fügen die Buchstaben erst bei der Auswertung ein, um eine mögliche Verzerrung zu vermeiden.

1. Selbstbeobachtung

Tabelle 2: Selbsttest nach dem DISG-Modell

Eigenschaft	A	B		Eigenschaft	A	B
1. Konkurrierend		D	6	Zielbewusst		D
Neutralisierend		S		Rücksichtsvoll		G
Gesellig		I		Anteilnehmend		S
Genau		G		Verspielt		I
2. Offen		D	7.	Verbindlich		S
Lustig		I		Einsichtig		G
Diplomatisch		G		Gesprächig		I
Antizipierend		S		Fordernd		D
3. Vorsichtig		G	8.	Freundlich		I
Nachgebend		S		Hitzig		D
Kontaktfreudig		I		Systematisch		G
Fordernd		D		Locker		S
4. Eifrig		I	9.	Abgeklärt		G
Entschlossen		D		Angenehm		I
Ausdauernd		G		Aufmerksam		S
Treu		S		Unnachgiebig		D
5. Reserviert		G	10.	Inspirierend		I
Anziehend		I		Beständig		S
Gefällig		S		Beharrlich		D
Rastlos		D		Exakt		G

Zählen Sie die Buchstaben nach Ihrer Gewichtung, also A · B. Das Ergebnis zeigt Ihre Ausprägung in den vier Dimensionen gemäß Ihrer Selbsteinschätzung in diesem Test. Zur Verdeutlichung können Sie das Ergebnis auch in die DISG-Grafik eintragen.

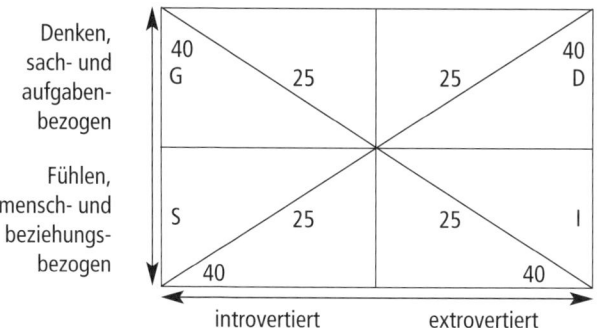

Abbildung 22: Ihre Selbsteinschätzung nach dem DISG-Test

Ausstrahlung

Die Ausstrahlung einer Person kann bereits innerhalb von Sekunden ihr Image und damit die Kommunikations- und Kooperationsbereitschaft ihrer Umgebung bestimmen. Damit wird Ausstrahlung im privaten sowie beruflichen Leben zu einem sehr wichtigen Betrachtungsgegenstand. Sie ist das „gewisse Etwas", sie ist „Charme".

„**Ausstrahlung ist der Spiegel unserer Seele."**

Es heißt, „Ausstrahlung ist der Spiegel unserer Seele", damit ist sie also nicht nur Fassade, sondern repräsentiert unsere Lebenseinstellung, unsere Authentizität und Macht, wobei „Macht" vor allem in Form der unschädlichen Verzauberung der eigenen Umgebung gemeint ist. Die beträchtliche Bedeutung von Ausstrahlung ist jedoch auch eine Gefahr. Die Ausstrahlung als Mittel der Erreichung dieser Macht führt häufig zum affektierten und verschleierten Auftreten von Personen; beispielsweise kleiden sich Personen entgegen ihrem intellektuellen Auftreten. Damit geht die ganze Persönlichkeit durch erkennbare Affektivität in ihrer Darstellung unter. Auf dieses Problem wird ausführlicher im Kapitel 2.2. eingegangen.

Basis einer bewundernswerten Ausstrahlung ist vorerst die Übereinstimmung von Verhaltensmustern mit den Fühl- und Denkmustern. Besonders authentisch erscheint Ausstrahlung, wenn sie selbstbewusst ist und mit Selbstachtung einhergeht. Auch eine intuitive Verhaltensweise, welche auf Selbstbewusstsein, aber auch auf einem gesunden Maß Selbstkritik beruht, ist den meisten Menschen sympathisch. Eine Person, welche zufrieden ist oder die Unzufriedenheit durch die akkurate Kenntnis seiner Ziele auf den Punkt bringen kann, strahlt Sicherheit aus. Diese Sicherheit macht ausgeglichen und selbstbewusst und fördert somit eine authentische und für die meisten Menschen wünschenswerte Ausstrahlung.

Zur Erfassung seiner Ausstrahlung bietet sich das Selbst- und Fremdbild an. Dabei hat das Selbstbild kaum eine große Aussagekraft, da Ausstrahlung stets beim Betrachter entsteht. Dieser Betrachter kann die wahrgenommene Ausstrahlung detailliert beschreiben. Zu berücksichtigen ist dabei, dass der Betrachter jedoch stets durch die Beziehung zum Betrachteten geprägt ist (Kapitel 1.4.). Soll die zeitintensive und mühevolle Erstellung eines ausführlichen Fremdbildes umgangen werden, können Sie einfach darum bitten, gesagt zu bekommen, wie Sie bei der anderen Person ankommen. Dabei sollten Sie der befragten Person Zeit geben, diese Punkte alleine zusammenzustellen, damit sie nicht in den aktuellen Zeitrahmen gepresst und durch die persönliche Gegenüberstellung mit Ihnen beeinflusst wird. Nach der Erstellung des Fremdbildes sollten Sie dieses gemeinsam besprechen, ohne jedoch Veränderungen an den Punkten vorzunehmen. Erklärungen können hinzugefügt werden, aber auf keinen Fall werden Punkte neu geordnet oder sogar durchgestrichen. Diese Umfrage führen Sie gegebenenfalls in einer Art 360°-Feedback durch (Kapitel 1.3.).

Aus der Auswertung Handlungspotenziale ableiten

Anhand dieser Einschätzungen können Sie nun identifizieren, welche zusätzlichen Aspekte sie noch positionieren wollen. Als Zielvorstellungen können Sie dabei beispielsweise die Kategorien und Eigenschaften der DISG-Verhaltenstypen verwenden. Dabei sei erneut erwähnt, dass Ausstrahlung stets natürlich erscheinen muss. Demnach müssen Sie neue und wünschenswerte Eigenschaften oder Verhaltensweisen sehr konsequent in Ihre Persönlichkeit implementieren, um glaubwürdig zu sein.

Strahlung und ausstrahlendes Objekt

Eine kleine Gedankenanregung zum Ende dieses Abschnitts: Ausstrahlung hat etwas mit Strahlen zu tun, wie aus dem Wort ablesbar ist. Strahlung ist aber bildlich betrachtet nie der Gegenstand an sich, sondern nur etwas von diesem Entsendetes. Demnach sollten Sie auch achtsam sein, wenn Sie die Ausstrahlung anderer Personen detailliert interpretieren. Gerade Kinder und Jugendliche sind durch das Spielen und Auftreten in zahllosen verschiedenen Gruppen besonders variabel in ihrer Ausstrahlung. Auf gleiche Weise können auch Menschen, die in unterschiedlichsten sozialen Kontexten verkehren, äußerst unterschiedliche Ausstrahlungen haben.

Persönlichkeitstests durchführen

Die Betrachtung und Identifikation von individuellen Persönlichkeitsstrukturen durch die noch heute verwendeten Persönlichkeitstests initiierte R. S. Woodworth. Seine ersten Befragungen, welche er im Jahre 1919 mit amerikanischen Soldaten durchführte, wurden weiterentwickelt und sind heute ausgereift.

Es gibt verschiedene Systeme und Verfahren zur Durchführung von Persönlichkeitstests. Die bekanntesten Verfahren sind wohl das Minnesota Multiphasic Personality Inventory (MMPI), das thematische Apperzeptionsverfahren (TAT), das verbale Ergänzungsverfahren, Formdeutungstest (Roschach-Test) sowie spielerische und zeichnerische Gestaltungstests. Bei dem Roschach-Test, einem viel verwendeten psychologischen Test, wird dem Probanden eine Serie von Tintenklecksen zur Deutung vorgelegt. Dem folgend sollen die Befragten von antizipiertem und aktuellem Verhalten berichten, was der Verhaltensmusteridentifikation dient. Weitere Tests sind das Hirn-Dominanz-Instrument (HDI), der Myers-Briggs-Typen-Indikator (MBTI) und die Persönlichkeits-Struktur-Analyse (PSA). Diese Tests weisen nur zum Teil eine feststehende Struktur von Fragestellungen und erwarteten Antworten auf, manche betrachten auch das Zusammenspiel von Mimik und Gestik.

Vielzahl verschiedener Verfahren für Persönlichkeitstests

Eine Maskerade in solchen Tests bringt keinen Mehrwert. Erfahrungsgemäß spiegeln unehrliche Ergebnisse nur ein weiteres ausgeglichenes Bild wider, mit welchem Sie sich nicht identifizieren können und aus welchem Sie nichts aktiv lernen können. Demnach gilt es, bei diesen Tests ehrlich zu sein. Diese Tests sind nicht darauf ausgelegt, Schwachstellen zu finden, sondern übergeordnete Denk- und Verhaltensmuster zu kristallieren.

Um aus solchen Tests zu lernen, müssen Sie ehrlich sein

1. Selbstbeobachtung

„Character cannot be made except by a steady,
long continued process."

STEPHEN R. COVEY

Übung 1.3

(A) Was ist der Unterschied zwischen Angst und Furcht?

_____

(B) Was ist der Unterschied zwischen Fühlmustern, Denkmustern und Verhaltensmustern?

Fühlmuster sind _____

Denkmuster sind _____

Verhaltensmuster sind _____

(C) Welche Faktoren beeinflussen das Selbstwertgefühl positiv und negativ?

1. _____

2. _____

3. _____

4. _____

(D) Welche vier Persönlichkeits- bzw. Verhaltenstypen existieren laut DISG-Persönlichkeitsmodell? Nennen Sie je drei Charakteristika jedes Typus.

1. _____

2. _____

3. _____

4. _____

1.4. Wahrnehmung

Wahrnehmung ist der Prozess der Verarbeitung von Informationen durch einen Sinneskanal. Wahrnehmung wird neben der biologischen Betrachtung besonders von der Philosophie diskutiert. In dieser philosophischen Theorie wird Wahrnehmung entweder als reiner Strahl der Informationsaufnahme oder als Zusammenfassung von Sinnesdaten mit Empfindungen, Stimmungslagen, Interessen, Erwartungen, Aufmerksamkeit, Vorstellungen und Gedächtnisinhalten betrachtet. Demnach kann Wahrnehmung nur die Information an sich, aber auch deren Kategorisierung im Hirn des Empfängers sein. Schon Aristoteles (384 bis 322 v. Chr.) unterschied bei der Wahrnehmung zwischen sinnlicher (aisthesis, sensus) und der geistigen Wahrnehmung (noesis, intellectus), welche dann Gottfried Wilhelm Freiherr von Leibniz (1646 bis 1716) in Form von Perzeption und Apperzeption differenziert hat: Dabei folgt die geistige Wahrnehmung stets der sinnlichen Wahrnehmung.

Wahrnehmung aus biologischer und philosophischer Sicht

Neben allgemeinen Wahrnehmungsarten beschreibt dieses Kapitel Wahrnehmungslücken. Wie in der Kommunikationslehre ist bei der Betrachtung von Wahrnehmung die Beziehung zwischen Sender und Empfänger und der Informationsaustausch von besonderer Signifikanz. In dieser Beziehung und im Prozess der Informationsübertragung kann es zu Fehlern kommen. Als wahrnehmender Empfänger unterliegen Sie vielen subjektiven Störeinflüssen, welche die gesendete Information ebenfalls verzerren. Eine interne Selektion und Gewichtung der Informationen kann abhängig von unterschiedlichen Intentionen des Empfängers stattfinden. Zweitens beeinflussen persönliche Erfahrungen die Informationsaufnahme durch die fortwährende Interpretation des Empfangenen. Als dritter Faktor spielt die Befindlichkeit, also die aktuelle physiologische und psychologische Situation des Empfängers, eine Rolle. Mit dieser Grundlage zur Wahrnehmung und der Möglichkeit von einzelnen Störungen wird dann das Modell des Selbst- und des Fremdbildes vorgestellt.

Wahrnehmung im Kontext von Kommunikation

Wahrnehmungsarten

Wahrnehmung besteht aus der physiologischen Verarbeitung von Reizen und der psychologischen Verarbeitung dieser Reize im

Fünf Wahrnehmungskanäle

zentralen Nervensystem. Als Reize und die damit verbundenen Sinne sind zum heutigen Kenntnisstand fünf Faktoren bekannt:

- 1. Visuelle Reize (Sehen)
- 2. Auditive Reize (Hören)
- 3. Kinästhetische Reize (Fühlen)
- 4. Olfaktorische Reize (Riechen)
- 5. Gustatorische Reize (Schmecken)

In der menschlichen Wahrnehmung können je nach diesen fünf Reiztypen unterschiedliche Reize aufgenommen werden, welche im Folgenden dargestellt sind.

Visuelle Reize (Sehen)

Visuelle Reize bei der Wahrnehmung von Personen und ihrer Ausstrahlung

Bei den visuellen Reizen spielen der Körperbau, die Figur, das Gesicht, die Haare, das Auftreten, die Bewegung, die Ausstrahlung und die Kleidung eine Rolle. Diese Reize sind erfahrungsgemäß die ersten Reize, welche wir in Verbindung zu einer Person oder einem Gegenstand bringen können. Selbst wenn wir eine Person zuerst hören, findet die Zuordnung von Reizen zu einer Person erst beim Blickkontakt mit dieser Person statt. Die visuelle Wahrnehmung ist im Berufsleben kaum zu unterdrücken. In manchen Ländern werden im Gespräch unter Umständen zur besseren Konzentration zwar die Augen geschlossen, aber auch so können Sie sich unmöglich dem Einfluss des Reizkomplexes entziehen. Visuelle Reize, wie zum Beispiel das körperliche Auftreten einer anderen Person, werden stets in den Kontext mit Erfahrungen und Impressionen gesetzt. Entsprechend sehen Sie eine Person im Anzug nicht nur als eine Person im Anzug, sondern vermutlich als seriöse Geschäftsperson. Dieser Verknüpfung sollten Sie sich bewusst werden, um sie nicht in einigen Situationen zu überschätzen und falsche Konsequenzen zu ziehen.

Außerdem sollten Sie sich ebenfalls bewusst sein, dass jede Person solche Implikationsmuster zusammenstellt und dass Sie diese entweder aktiv für sich verwenden können oder zumindest zur Kenntnis nehmen sollten. Ältere Kunden bei einer Bank erwarten beispielsweise einen Bankangestellten im Anzug. Aus jahrzehntelangen Erlebnissen Tag für Tag bei der Bank ist diese Vorstellung entstanden und hat sich manifestiert. Wird diese ältere Person heute von einem jungen Mann im gepflegten Rollkragenpullover an einen Beratungstisch gebeten, ist ein erster psychologischer Konflikt vorprogrammiert.

Auditive Reize (Hören)

Auditive Reize sind zum Beispiel Sprach- und Sprechausdruck in Form von Wortwahl, Stimme und Tonfall. Besonders der Tonfall in Form von Rhythmik, Lautstärke und Tonlage ist ein besonderer Sympathieträger. Er kann zum Beispiel bei ausschließlicher Kommunikation über das Telefon ein die Persönlichkeit bestimmender Faktor werden. In Kapitel 2.2. wird detaillierter auf Wortwahl sowie auch paraverbale Rhetorik, wie beispielsweise Stimmlage und Atmung, eingegangen. Hier sei bereits erwähnt, dass besonders ein ausgewogenes Gesprächsbild als seriös betrachtet wird. Dabei ist immer zu beachten, mit wem Sie sprechen und welche Wahrnehmung diese Person hat. Einen 60-jährigen Seniormanager werden Sie kaum mit Bandnudelsätzen und kreativen Grammatikstrukturen beeindrucken können, was hingegen bei der Präsentation im Kunst- und Literaturgewerbe positiv sein kann. Ebenso wenig werden Sie selbst durch eine für die Person unzweckmäßige Sprache beeindruckt oder außergewöhnlich positiv gestimmt.

Wortwahl und Stimmeinsatz bestimmen die Ausstrahlung einer Person

Kinästhetische Reize (Fühlen)

Kinästhetische Reize können beispielsweise während eines Handdrucks aufgenommen werden, etwa Kraft, Handtemperatur oder Handschweiß. Der Händedruck unterliegt internationalen Unterschiedlichkeiten. Dies wird im Kapitel 3.4. beschrieben. Kinästhetische Reize sind in beruflicher Umgebung mit besonderer Vorsicht zu beachten. Ein freundliches Klopfen auf die Schulter kann annähernd gemeint sein, aber äußerst ablehnend aufgenommen werden. In Führungskräfteentwicklungscamps wird hingegen zum Beispiel bei Überlebenstrainings in der Natur der aktive Körperkontakt durch gegenseitige Hilfestellungen bewusst forciert.

Handschlag und Schulterklopfen

Olfaktorische Reize (Riechen)

Olfaktorische Reize können Körper- und Mundgeruch oder ein Parfum sein. Besonders die Wahrnehmung von körpereigenem Geruch und Parfum charakterisiert sich stark unterschiedlich.

Unbestritten ist jedoch die psychologische Wirkung von einem „Jemanden-nicht-riechen-können".

Gustatorische Reize (Schmecken)
Gustatorische Reize anderer Person können Sie in Form eines Begrüßungskusses empfangen. Diese Form der Wahrnehmung hat jedoch geringen Einfluss in der gewöhnlichen beruflichen zwischenmenschlichen Beziehung.

Wahrnehmungslücken
Wahrnehmung besteht aus dem Wahrgenommenen und dem Wahrnehmenden. Beide Einheiten können Störungen und Lücken in der Wahrnehmung verursachen, welche dann zwar ebenfalls zu einer Wahrnehmung, jedoch zu einem verzerrten Sinneseindruck, führen. Störungen auf der Seite des Wahrgenommenen können im Allgemeinen alle Falschaussagen sein, welche beabsichtigt oder unbewusst gegeben werden. Diese Aussagen können in Form von verbaler, aber auch nonverbaler Kommunikation entstehen. Beispielsweise kann der Schweißgeruch eines Redners an seiner Nervosität, aber auch an der beschwerlichen Anreise liegen. Sie sollten Ihre Interpretation des Wahrgenommenen also beständig überprüfen. Diese Überprüfung geschieht vorwiegend automatisch, Sie können sie aber auch bewusst anstoßen und systematisch vollziehen (Kapitel 2.2.).

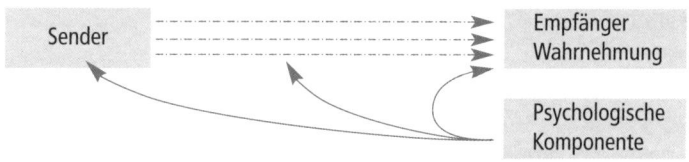

Abbildung 23: Wahrnehmungslücken zwischen Sender und Empfänger

Die zweite Möglichkeit einer Wahrnehmungsstörung kann in der Eigenheit des Wahrnehmenden liegen. Als aufnehmende Person können Sie aufgrund von selektiven, interpretatorischen und integrativen Gesichtspunkten etwas Fehlerhaftes auffassen. In der Betrachtung von physiologischer und psychologischer Wahrnehmung können Ihnen im schlimmsten Fall beide Faktoren einen Streich spielen.

Nicht ganz als Störung, aber möglicherweise als Lücke, können Sie Begebenheiten schematisieren, welche weder von Ihnen noch von einem Beobachter wahrgenommen werden können. Bei der Betrachtung der eigenen Verhaltensmuster gibt es zusätzlich Eigenschaften, welche nur uns bekannt sind, und Eigenschaften, welche der breiten Öffentlichkeit bekannt sind, bzw. von ihr wahrgenommen werden. Diese Schematisierung kann in dem Johari-Fenster, benannt nach Joe Luft und Harry Ingham, veranschaulicht werden. Dieses Schema zeigt auf, dass die Wahrnehmung einer Persönlichkeit stets aus vier Teilen zusammengesetzt ist. Außerordentlich bedeutend für die Abweichung zwischen Selbst- und Fremdbild sind die Bereiche „Privatperson" und „Blinder Fleck" des Johari-Fensters. Die wahrgenommenen Faktoren der „Privatperson" werden nur im Selbstbild auftauchen und Eigenschaften des „Blinden Flecks" nur im Fremdbild.

Das Johari-Fenster

Tabelle 3: Das Johari-Fenster

Verhaltensbereiche	Mir selbst bekannt	Mir selbst unbekannt
Anderen bekannt	Öffentliche Person	Blinder Fleck
Anderen nicht bekannt	Privatperson	Unbekanntes

Selbstbild

Wer sich nicht selbst kennt, weiß gar nichts!

Die Definitionen vom Begriff des Selbstbildes fallen unterschiedlich komplex aus. Neben Scharfetter, Gordon und Trautner ist wohl die Herangehensweise von Deusinger am präzisesten. Für ihn stellt ein Selbstbild ein Selbstkonzept dar, welches aus Attributen wie zum Beispiel Fähigkeiten, Handlungen, Interessen, Wünschen, Gefühlen, Wertschätzungen und Stimmungen besteht.

Unterschiedliche Definitionen von „Selbstbild"

Nach dem Johari-Fenster bezieht sich das Selbstbild auf die linke Hälfte der Tabelle, sprich auf den Bereich „Öffentliche Person" und „Privatperson". Neben dem passiven Selbstbild, welches jede Person in der Pubertät entwickelt, ist das Formulieren eines aktiven Selbstbildes von großer Bedeutung. Im Rahmen von Zielformulierung und Zukunftsplanung kann es zur praktischen Grundlage und „Road-Map" werden. Es bildet den Ausgangspunkt für Bewerbungen und zahlreiche folgende Themenbereiche in diesem Buch. Ein fertiges und bestenfalls visualisiertes Selbstbild muss der Erstellung folgend interpretiert werden, um es aktiv als Quelle und Orientierung neuer Entwicklung zu verwenden.

Bedeutung

Selbstbild als Werkzeug und Ergebnis der Selbsterkenntnis

Die Erstellung eines Selbstbildes ist im Rahmen der Persönlichkeitsanalyse ein bedeutungsvoller Schritt. Er ist geprägt von strukturellen Schwierigkeiten, birgt aber auch beträchtliche Gewinnaussichten. Das Selbstbild visualisiert die eigene Wahrnehmung von Denk-, Fühl- und Verhaltensmustern in einem Bild und ergänzt es mit konkreten Zielvorstellungen. Es ist die Abbildung von Persönlichkeit und Kompetenzen; es ist Bestandsaufnahme, was Sie bis jetzt erreicht haben, und Grundstock zur Orientierung für die Zukunft. Für Bewerbungen, Zielformulierung und Lebensplanung kann das Selbstbild ein adäquates Mittel sein, um in den jeweiligen Themenkomplex hineinzufinden. Ein Selbstbild ermöglicht Ihnen, sich selbst besser zu ergründen und die über die Jahre gesammelten akademischen und beruflichen Erfahrungen, ergänzt durch soziale Aspekte, wie beispielsweise Ziele und Werte, strukturiert darzustellen und zu konsolidieren. Diese strukturierte Darstellung wirft damit Lernfelder auf und ist elementare Grundlage für eine Positionierung in einem Lebenslauf oder in der Selbstvermarktung.

Erstellung

Wie erstelle ich ein explizites Selbstbild?

Ein Selbstbild ist ein vorerst freies Bild, welches mit Inhalten gefüllt werden kann. Dieses Gesamtbild kann ungeordnet zusammengesetzt und improvisiert sein oder von Ihnen strukturiert angegangen und gezeichnet werden. Welche Inhalte Sie in das Selbstbild einfließen lassen wollen, steht Ihnen frei. In diesem Abschnitt möchten wir Ihnen jedoch eine Struktur vorstellen, welche als Orientierung zum groben Aufbau dient, alle wichtigen Aspekte zusammenführt und im Folgenden auch genügend Freiraum für individuelle Anpassungen lässt. An dieser Struktur wird dann auch ein Großteil der exemplarischen Interpretation durchgeführt.

Als Medium nehmen Sie ein großes Papier, möglichst DIN-A1-Format. Der Computer bietet trotz neuartiger Programme kein adäquates Mittel zur Konzipierung eines Selbstbildes. Weder der „Brainstorming-Modus" des „Mindmanagers" von „Mindjet" gibt persönlicher Formgebung eine ausreichende Möglichkeit noch bietet „Microsoft Visio" genügend Flexibilität, um schnell, frei und bequem Zeichnungen anzufertigen. Demnach sollten Sie ganz konventionell zu Blatt und Papier greifen und es bei Bedarf danach in Ruhe mit dem Computer abzeichnen. Zur konkreten Formulierung teilen Sie das Blatt im Querformat logisch in zwei Hälften durch einen vertikalen Strich in der Mitte. Für den ersten Schritt verwenden Sie nur die linke Hälfte des Papiers (Abbildung 24).

In einem Selbstbild sollten Attribute wie Werte und Glaubenssätze, Denk-, Fühl- und Verhaltensmuster, Fähigkeiten, Stärken und Schwächen, Interessen, Ziele und Wünsche dargestellt werden. Dabei integriert das Selbstbild alle persönlichkeitsrelevanten Punkte mit Zielvorstellungen.

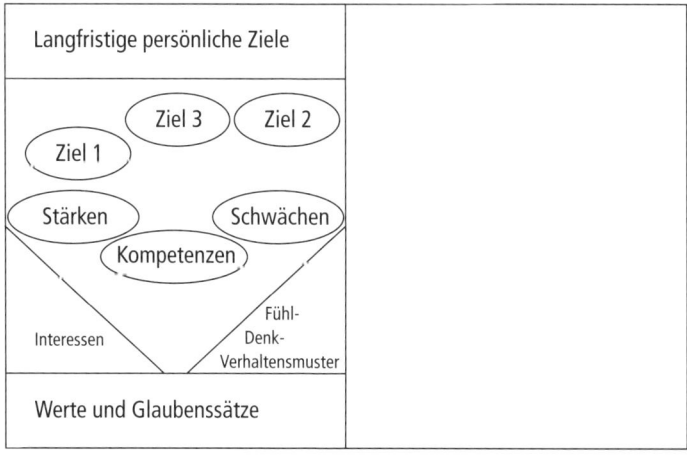

Abbildung 24: Selbstbild erstellen und visualisieren

Mit den Glaubenssätzen anfangen

Auch wenn es am schwersten anmutet, sollten Sie mit den Werten und Glaubenssätzen beginnen (Kapitel 1.1.). Diese Grundlagen stellen Sie als Sockel Ihres Selbstbildes unten auf der linken Blatthälfte in Höhe von 1/5 des Platzes dar. So haben diese Faktoren ihren Einfluss auf alle anderen folgenden Punkte und gestatten, jeden Teil des Selbstbildes mit ihnen zu verbinden. Danach folgen die Persönlichkeitseigenschaften wie Denk-, Fühl- und Verhaltensmuster (Kapitel 1.3.). Dabei können Sie zum Beispiel konkrete Verhaltensweisen (ruhig, dynamisch) sowie die Neigungen zu bestimmten Führungsstilen (autoritär, antizipierend) oder Gefühlen (eifersüchtig, mitleidig, hart) darstellen. Sie bilden die Grundlage Ihres Handelns. Setzen Sie diese Punkte als eine Pyramide oder ein Dreieck auf das rechte Drittel des Sockels in gleicher Höhe wie den Wertesockel und teilen Sie die Form in drei Abschnitte. In diese Dreiteilung tragen Sie nun die Denk-, Fühl- und Verhaltensmuster ein.

Das linke Drittel wird mit einer zweiten halben Pyramide ergänzt, welche die Interessen beinhalten soll. Über diese zwei Pyramiden werden jetzt drei Wolken gezeichnet. Die erste und linke Wolke wird mit den identifizierten Stärken genährt. Die mittlere Wolke enthält konkrete fachliche Kompetenzen, beispielsweise Computer-Knowhow. Die dritte Wolke, die Wolke ganz rechts, ist der Ort, um Ihre Schwächen einzutragen.

Änderungen sind auch nachträglich möglich

Wählen Sie für die drei Wolken ruhig unterschiedliche Farben, halten Sie jedoch die Farbe in einer Wolke gleich. Passen Sie ebenfalls auf, dass Sie zwischen den Wolken keinen Platz lassen, um Verbindungslinien von unten nach oben ohne einen Wolkendurchstoß zu verhindern. Nun sollten gut 60 Prozent der ersten Blatthälfte gefüllt sein. Als oberen 20-prozentigen Abschluss zeichnen Sie in Form eines anderen Sockels private langfristige Ziele, wie beispielsweise eine Familie oder einen eigenen Garten, ein. Zwischen dem oberen Sockel und den Wolken kommen nun weitere Ziele in einzelne oder zusammenhängende Blasen. Damit ist die retrospektive Hälfte des Selbstbildes abgeschlossen. Seien Sie so frei, Änderungen vorzunehmen und ergänzende Verbindungslinien zu ziehen.

Nun wird die rechte Hälfte der Seite verwendet. Diesen Teil können Sie an zweierlei Überlegungen anpassen. Die erste und bessere Möglichkeit, ist nun die konkrete Auswertung des retrospektiven Selbstbildes und die Entwicklung von Bearbeitungspunkten vorzunehmen. Dieser Teil soll als zukunftsorientiertes Selbstbild bezeichnet werden, da er unser jetziges Bild der eigenen möglichen Entwicklung darstellt. Diese Auswertung bzw. Erstellung des zukunftsorientierten Selbstbildes wird im nächsten Kapitel angesprochen. Die zweite Möglichkeit ist die Erweiterung des retrospektiven Selbstbildes zu einem umfassenden Beurteilungsbild. Dabei können Sie den Aufbau ohne die Blasen und Verbindungslinien, also nur den oberen und unteren Balken, die Pyramiden und die drei Wolken von der linken Seite, abzeichnen und eine andere Person oder eine Gruppe von Personen bitten, nun dieses Bild auszufüllen. Dabei sollten Sie den inhaltlichen Aufbau beibehalten. Die Gestaltung in der gleichen Form dient der Übersichtlichkeit der Darstellungen und der besseren Interpretation der Abweichungen zwischen Selbst- und Fremdbild.

Erweiterung zu einem umfassenden Beurteilungsbild

Interpretation und Verwendung

Die Erstellung eines Selbstbildes sollte eine Interpretation und eine aktive Verwendung des Bildes zur Folge haben. Besonders in Seminaren wird im Rahmen von Diskretion auf die detaillierte Interpretation des Selbstbildes verzichtet. Wird das Selbstbild lediglich angefertigt und neben zahlreichen anderen Selbstbildern anderer Teilnehmer mit einem kurzen pauschalen Kommentar abgetan, dann ist es beinahe wertlos – abgesehen von der kollektiven Freude, das Selbstbild fertig gestellt zu haben.

Der Erstellung eines Selbstbildes folgt die Auswertung. Wenn Sie die obige Struktur eingehalten haben, können Sie dafür nun die zweite Hälfte des Arbeitsblattes oder, falls diese Hälfte bereits mit einem Fremdbild oder weiteren Punkten ergänzt wurde, eine neue Seite verwenden. Der Platz wird durch drei horizontale Striche in vier gleich große horizontale Kästen aufgeteilt. Das untere Viertel können Sie nun mit „Beruf", das darüber mit „Karriere", das folgende mit „Privatleben" und das oberste mit „Zukunft" bezeichnen.

Beruf, Karriere, Privatleben und Zukunft

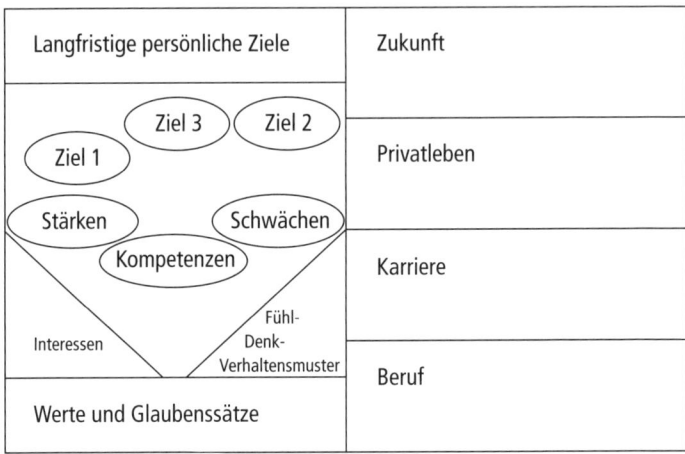

Abbildung 25: Selbstbild – Auswertung nach Lebensbereichen

Erneut fangen Sie unten in diesem Schema an, um es Stück für Stück auszufüllen und eine strukturierte Auswertung zu ermöglichen. Im Kasten „Beruf" vermerken Sie, welche Fachkompetenzen fehlen, um wertvollere Arbeitsergebnisse abzuliefern. Hier sollten Sie nur Fachkompetenz und keinerlei Soft Skills berücksichtigen. Fehlen könnten Ihnen zum Beispiel Sprach- oder Rechtkenntnisse, Computer- oder Elektrikerwissen. Folgend bearbeiten Sie den zweiten Kasten, bezeichnet durch „Karriere". In diesem führen Sie Stärken auf, welche Sie vorteilhafter positionieren möchten, und die Schwächen, an welchen Sie aktiv arbeiten sollten. Dies bezieht sich auf Fachkompetenz und die Soft Skills. Ihre Schwächen und hauptsächlich Ihre Stärken werden dauerhaft Ihre Karriere determinieren.

Der nachfolgende Kasten, „Privatleben", fügt persönliche Faktoren hinzu, auf welche Sie im Moment verzichten könnten. Dazu gehören auch Einzelheiten, welche Sie möglicherweise später für die Zukunft planen, wie vielleicht Kinder, Familie oder ein eigenes Haus mit Garten. In den letzten Kasten werden alle Punkte eingetragen, auf welche Sie auf lange Sicht nicht verzichten möchten. Diese Punkte sind schnell beschrieben, es dauert aber verhältnismäßig lange, um sie wirklich niederzuschreiben. Dies gehört aber zum effektiven Auswertungsprozess und ist einer der großen Mehrwerte eines Selbstbildes.

Durch das Selbstbild haben Sie nun einen umfassenden Eindruck über Ihre eigene Persönlichkeit manifestiert. Einige Erkenntnisse haben Sie nun in den unteren beiden Feldern der Auswertungsgrafik ebenfalls schon mit deutlichen Herangehensweisen versehen. Zu diesen Anregungen sollten Sie nun prompt weitere Schritte einleiten. Die Punkte im ersten Kasten sollten Sie sofort durch Kursteilnahmen oder Fortbildungsmaßnahmen angehen. Oft gibt es dafür auch Förderung vonseiten des Arbeitgebers oder Arbeitsamtes. Punkte des zweiten Kastens sind für die mittelfristige Lebensplanung von Relevanz. Meistens sind diese Aspekte durch Kurse nur unzureichend zu bearbeiten, sondern bedürfen bedächtiger Einarbeitung im Alltag. Dafür kann ein deutlicher Plan entstehen, welchen Sie beispielsweise täglich auswerten können. So hat zum Beispiel Benjamin Franklin (1706 bis 1790) einen konkreten Tugendplan aufgestellt und allabendlich ausgewertet, welchen Punkt er wie weit erfüllt hat. Solch ein Plan wird einen durchschnittlichen Arbeitnehmer zu viel Zeit und Aufwand kosten. Demnach können Sie sich aber einfach eine Zusammenstellung aller Ihrer relevanten Punkte ins Auto oder an den Bildschirm im Büro kleben.

Eindruck über die eigene Persönlichkeit

Die Punkte im dritten und vierten Kasten dienen weniger der aktiven Verwendung als viel mehr einer Orientierung, denn hin und wieder werden durch das Streben nach ehrgeizigen Zielen Basiswerte aufgegeben und auf private Verwirklichung verzichtet. Dessen sollten Sie sich bewusst werden: In 50 Jahren können Sie immer noch arbeiten, Aufgaben wird es genug geben, aber können Sie dann noch Ihre Familie genießen oder eine gründen?

Ein Selbstbild ist eine Momentaufnahme, welche von emotionalen Zuständen und gerade erst vergangenen Situationen beeinflusst wird. Ein Selbstbild sollte nicht nur andauernder Bearbeitung unterliegen, sondern Sie sollten es nach einiger Zeit auch vollständig neu anfertigen. Dabei können Sie durch die verbesserte Auswertungsphase weitere Herangehensweisen entdecken und formulie-

Selbstbilder müssen ständig bearbeitet und neu entworfen werden

ren. Das Erstellen des Selbstbildes und das Verwenden der Ergebnisse sollten ein fortwährender Kreislauf werden. Durch ergänzendes Feedback und Fremdbilder können Sie in der Zukunft immer besser ein Selbstbild erstellen, da Ihnen am Anfang konkrete Formulierungen fehlen, welche Ihnen aber dann im Laufe der Zeit förmlich zufliegen werden.

Fremdbild

Der Bereich des „Blinden Flecks"

Das Fremdbild ist nicht nur als Komplementär zum Selbstbild ein wichtiges Element der Wahrnehmung, sondern dient auch dazu, die Sensibilität Ihrer Wahrnehmung zum Verständnis Ihrer Umwelt zu erhöhen. Nach dem Johari-Fenster bezieht sich das Selbstbild auf die rechte Hälfte der Tabelle, sprich auf den Bereich des „Blinden Flecks". Ein Fremdbild kann von fast jeder Person erstellt werden, doch nur in den beruflichen Gefilden erscheint es von besonderer Relevanz. Abgesehen von festen Freundschaften, in welchen eine ständige Reflexion und, wenn nötig, Kritik geübt wird, sollte ein Fremdbild unter Freunden nur mit großer Vorsicht erstellt werden. Erster Grund dafür ist, dass erfahrungsgemäß die Ergebnisse zu dicht an den Resultaten des Selbstbildes liegen, und zweitens besteht die Gefahr der unsachlichen Vermengung von privaten und beruflichen Komponenten.

Ein Fremdbild können Sie recht unkompliziert erbitten. Einen großen Mehrwert entwickelt sich jedoch nur bei einer gründlichen Konzipierung und Durchführung des Erstellungsprozesses. Wird eine Führungskraft mit der Anfrage überrascht oder nicht genau eingewiesen, wo sie welchen Punkt in welcher Tiefe einzutragen hat, kann das Ergebnis irgendwo zwischen niederschmetternd und exorbitant gut ausfallen, ohne jedoch einen geringsten Wert zu haben.

Ein Fremdbild hat einzelne Komponenten und verschiedene Anspruchsgruppen, welche in den folgenden Abschnitten erläutert werden und die Sie alle aktiv berücksichtigen sollten.

Bedeutung

Wie man von anderen wahrgenommen wird

Die Bedeutung eines Fremdbildes liegt darin, dass es Ihnen Auskunft gibt, wie Sie von Personen in Ihrer Umgebung wahrgenommen werden. Diese Wahrnehmung kann von Person zu Person unterschiedlich sein und kaum eine dieser Wahrnehmungen entspricht wohl unserem eigenen Empfinden. Da Sie aber stets in Gruppen interagieren, sei es privat oder beruflich, gehört die Wahrnehmung unseres Auftretens zu Ihrem Gesamtbild hinzu. Ist Ihnen bewusst, wie welche Handlungen aufgenommen werden, können Sie diese Handlungen besser einsetzen oder vermeiden. In der Konzeption eines Fremdbildes wird die Wahrnehmung bestimmter fachlicher und sozialer Kompetenzen bei einer Gruppe von Personen erfragt. Diese Aspekte oder Kategorien können genau die gleichen wie die Kategorien eines Selbstbildes sein, bilden jedoch meist nur eine Teilmenge dieser Elemente.

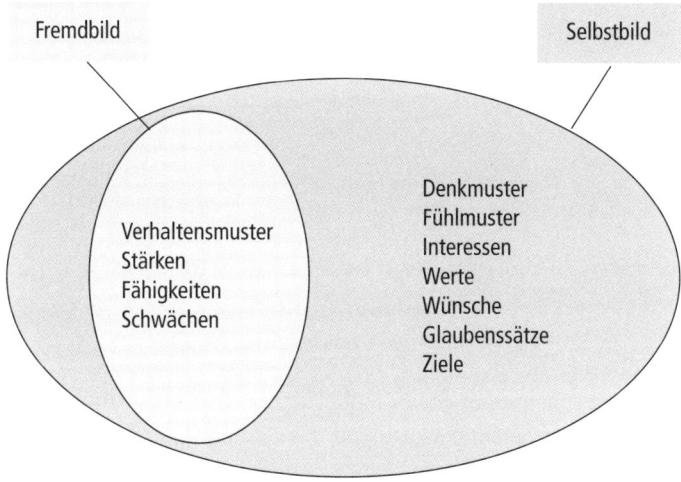

Abbildung 26: Aspekte und Elemente von Selbstbild und Fremdbild

Ebenso wie ein Selbstbild unterliegt auch ein Fremdbild verschiedenen externen Einflüssen. Eine Person wird stets in der Rolle beurteilt, in welcher sie auftritt. Diese Rollen können Chef, Konkurrent im Unternehmen, Ehepartner oder Bruder sein. Folglich ist ein Fremdbild sehr zielgruppenvariabel. Diese Ergebnisvarianz stellt sich bei einer etwas größeren Befragungsgruppe als sehr gute Quelle für ein umfassendes Bild dar, wobei alle Anmerkungen als Summe und nicht als Durchschnitt in das Fremdbild einfließen sollten.

Auch Fremdbilder sind subjektiv

Dabei müssen Sie ein Fremdbild stets im Zusammenhang mit dem Beurteilenden einordnen und interpretieren. Zur Bedeutung des Fremdbildes ist es ebenfalls wichtig, zu erwähnen, dass gerade diese Einschätzungen erst ein Selbstbild interessant machen. Die Frage, ob eventuelle Stärken und Schwächen auch als solche wahrgenommen werden, ist außerordentlich wichtig für die Karriereplanung und individuelle Zieldefinitionen.

Die Interpretation von einem Fremdbild sollte immer auf der Basis eines bereits erstellten Selbstbildes erfolgen. Damit wird vermieden, dass Sie sich durch die unmittelbaren Aussagen des Beurteilenden beeinflussen lassen. Ein authentisches Selbstbild zur Ergänzung eines Fremdbildes ist kaum herstellbar, in der umgekehrten Reihenfolge entstehen jedoch keine gegenseitigen Beeinflussungen.

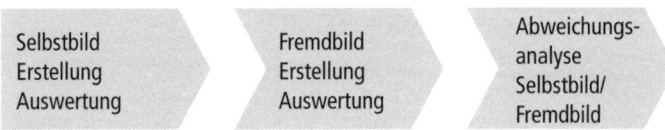

Abbildung 27: Ablauf einer Analyse von Selbstbild und Fremdbild

Erstellung

Beim Erstellen eines Fremdbildes einen 360°-Ansatz wählen Das Anfertigen eines Fremdbildes ist für die Entwicklung einer Persönlichkeit äußerst bedeutend. Gerade die Erstellung scheint keinerlei Schwierigkeit zu bergen, jedoch gerade für die spätere aktive Verwendung des Fremdbildes bedarf es gewissenhafter Vorbereitungen. Allzu oft wird ein Fremdbild von einer Führungskraft angefertigt, die von der Fragestellung und Lösung überfordert ist und in knapper Zeit und meist unstrukturiert probiert, nichts Verletzendes und pädagogische Formulierungen zu finden und niederzuschreiben. Damit erringen Sie allerdings maximal ein anspruchsloses und oberflächliches Fremdbild ohne Potenzial der Entwicklungsmöglichkeit.

Zur Identifikation der Befragungsgruppe zur Anfertigung der Fremdbilder verweisen wir auf die Beschreibung des 360°-Feedbacks (Kapitel 1.3.). Beim Erstellen eines Fremdbildes sollten Sie ebenfalls einen 360°-Ansatz wählen. Dies erlaubt, Gefälligkeit und pädagogische Ansätze von einzelnen Bezugsgruppen zu entmachten und ein deutliches Bild Ihres Auftretens zu erlangen. Direkte Bezugsgruppen sind also beruflich-hierarchisch Über-, Gleich- und Untergeordnete sowie Freunde und Familie. Sie sollten nicht von besonders engen Freunden und Verwandten ein umfassendes Fremdbild verlangen. Diese Personen können Teilbereiche des Fremdbildes gut abdecken, und diese Chance sollten Sie auch nutzen. Allerdings birgt ein Fremdbild dieser Personen über Missverständnisse und Dopplung von Aussagen auch arge Verzerrungen.

Zur Erstellung bieten sich die Punkte an, welche Sie auch schon im Selbstbild abgedeckt haben, dabei können jedoch einige Bereiche durch andere substituiert werden. Als konkrete Elemente bieten sich Stärken und Schwächen, Fachkompetenz, Interessen, Verhaltensweisen und Ziele an. Dabei sind die Bereiche Interessen und Ziele für den Beurteilenden besonders schwierig einzuschätzen, vor allem, wenn Sie bei der Erstellung und folgenden gemeinsamen Auswertung des Fremdbildes ihm direkt gegenübersitzen. Trotzdem spielen diese Aspekte eine elementare Rolle in Ihrer individuellen Interpretation. Wird es abgelehnt, einen dieser Bereiche zu bearbeiten, sollten Sie hart bleiben und darum bitten, wenigstens Vermutungen zu äußern. Diese können Sie, um sie von den anderen Punkten abzugrenzen, in einer anderen Farbe notieren lassen.

Stärken und Schwächen, Fachkompetenz, Interessen, Verhaltensweisen und Ziele

Bei der Erstellung des Selbstbildes sollten Sie nicht selbst schreiben, sondern dies sollte ausschließlich der Befragte tun. Auch Ihre direkte Anwesenheit ist manchmal eher störend. Versuchen Sie, eine stichhaltige Unterweisung in die gewünschte Struktur und die Inhalte zu geben, und lassen Sie dann dem Befragten ausreichend Zeit, das Bild zu zeichnen. Die erwähnten Punkte können in ein vorbereitetes Blatt mit der leeren Struktur des Selbstbildes eingearbeitet werden oder Sie überlassen dem Interviewten die Ausgestaltung vollkommen frei. Falls Sie die beispielhafte Struktur von Abbildung 24 zur Erstellung des Selbstbildes verwenden wollen, können Sie genau jetzt die zweite Hälfte des Blattes einbringen. Dazu kleben Sie die andere Hälfte, also Ihr Selbstbild, einfach mit einem anderen Blatt ab, um den Befragten nicht zu beeinflussen.

Dem Befragten Zeit lassen

Sie sollten den Befragten während der ganzen Ausarbeitung möglichst nicht in seinen Gedankengängen stören. Sie können als Grundlage die Kategorien vorstellen und sollten höchstens um etwas mehr Details in den Stichpunkten bitten. Mit dem Erfragen von Beispielen oder Gründen für bestimmte Aussagen wird der Befragte vorerst nur beeinflusst. Die jeweilige Gewichtung und Ausarbeitung der einzelnen Aspekte bleiben ebenfalls dem anderen überlassen. Erst bei der Präsentation des Fremdbildes durch ihn sollten Sie diese Fragen äußern und um Beispiele bitten. So erbarmungslos es klingt, aber bei der Erstellung eines Fremdbildes geht es nicht um Fairness und 100-prozentige Objektivität, sondern um intuitive Wahrnehmung – gemischt mit fundierter Evaluierung, beispielsweise der Fachkompetenzen – durch einen externen Meinungsträger.

Interpretation und Verwendung

Kein finales Feedback beim Empfang des Fremdbildes

Ein Fremdbild hat wie ein Selbstbild nur einen persönlichen Mehrwert, wenn Sie aktiv mit ihm arbeiten. Ein Großteil der Interpretation oder Auswertung kann schon durch die gemeinschaftliche Erstellung vorbereitet worden sein. Auch wenn ein Fremdbild vom Ersteller nach oder während der Zusammenstellung erläutert wurde, müssen Sie es dessen ungeachtet noch individuell interpretieren. Dieser eigenen Interpretation kann dann noch nach einer Woche Bearbeitung ein unmittelbares Feedback folgen. Auf keinen Fall sollte ein finales Feedback gleich beim Empfang des Fremdbildes gegeben werden. Bei der Überreichung kann bequem ein Termin in der folgenden Woche vereinbart werden, an welchem Sie die Einschätzung miteinander besprechen.

Individuelle Interessen und Fachkompetenzen

Zur konkreten Interpretation fangen Sie am besten erneut bei den Basisannahmen an. Meistens ist die Fremdeinschätzung von Ihren Werten, Moralvorstellungen und Zielen nicht sehr übereinstimmend mit Ihrem Selbstbild, und Sie sollten diese Punkte eher der sozialen Kompetenz zuordnen. Demzufolge sind es soziale Umgehensweisen, welche anderen Personen bei Ihnen besonders auffallen. Unter anderem können in der Fremdbeurteilung angeführte Punkte wie Ehrgeiz, Eigensinn oder Selbstgerechtigkeit in diese Kategorie fallen.

Die Reflexion der individuellen Interessen ist hingegen äußerst aufschlussreich. Diese Interessen werden größtenteils im Rahmen der beruflichen Arbeit formuliert – spiegeln also nicht freizeitliche Vorlieben ab – und zeigen damit an, auf welchen Gebieten Sie als außerordentlich engagiert und partizipierend wahrgenommen werden. Gilt Ihr individuelles Interesse zum Beispiel der Konzeption von Planungstools, sind Sie bei dieser Arbeit motiviert und leisten auffällig herausragende Ergebnisse. Demnach sind diese erwähnten Interessen substanzielle Stärken, mit welchen Sie sich beruflich positionieren, weiterentwickeln und wahrscheinlich vorankommen können. Umso mehr Interessen Sie vom Beurteilenden zugeordnet bekommen haben, desto enthusiastischer erscheinen Sie bei der Arbeit. Dieses Engagement ist ein beruflicher Mehrwert und kann nahezu überall als solcher eingebracht werden.

Bei der Formulierung der Fachkompetenz werden vorwiegend kleine Fakten erwähnt und keine bedeutenden Orientierungen kristallisiert. Folglich können Sie aber trotzdem aus den vermerkten Einzelheiten gut Konzentrationspunkte für Ihre Zukunft schlussfolgern. Die einzelnen Fachkompetenzen können Sie bedingungslos als Stärke ansehen. Sie sind daher die primären Treiber Ihrer Karriere. Wenn diese Stärken und Fachkompetenzen ausgebaut und kommuniziert werden können, ist die Chance vorhanden, den nächsten Schritt in der Karriereplanung anzugehen. Stärken und Fachkompetenzen müssen zuweilen abstrahiert und gelegentlich konkretisiert werden, da sie fast immer ungeheuer einseitig und pädagogisch dargestellt werden. Diese Pädagogik begründet sich in dem Versuch des Bewertenden, ein professionelles Feedback zu formulieren.

Die Analyse der Schwächen identifiziert unmittelbar Lernfelder für die Zukunft. Die aufgeführten Punkte sind nicht nur unbeträchtliche Mängel Ihrer Kompetenz, sondern Schwächen, welche hervorstechen und folglich angegangen werden müssen. Dabei sollten Sie sich aber nicht einbilden, dass, wenn Sie diese Mängel beseitigt haben, keine neuen Mängel mehr genannt werden. Das Ergründen eines Fremdbildes ruft bei dem Beurteilenden unablässig das Gefühl hervor, etwas Negatives erwähnen zu müssen. Diesbezüglich sollten Sie auf keinen Fall versuchen, den Beurteilenden

Analyse der Schwächen

in kurzer Zeit vom Gegenteil seiner Aussage überzeugen zu wollen, denn dies erscheint unprofessionell und außerordentlich ehrgeizig. Taktvoller ist es, diesen Punkt behutsam anzugehen und, wenn Sie unbedingt Ihren Kritiker involvieren möchten, ihn in Ihre Pläne einzuweihen, wie Sie gedenken, diese artikulierten Schwächen abzubauen. Diese zweite Herangehensweise hüllt den Beurteilenden in den Stolz auf eine professionelle Bewertung und das Gefühl, effektiv geholfen zu haben. Nichtsdestoweniger sollten Sie, um Ihre konstante und starke individuelle Persönlichkeit nicht einzubüßen, die folgenden Schritte behutsam angehen:

Beispielsweise können Sie Ihren Vorgesetzten um konkrete Aufgaben bitten, falls dieser einige Schwächen beleuchtet oder bemängelt hat: „Sie hatten notiert, dass ich noch nicht besonders selbstständig arbeite. Dies betrachte ich auch als massives Defizit. Meinen Sie, Sie könnten mir eventuell im Gebiet Kundenbetreuung etwas mehr Freiraum und Verantwortung überlassen, damit ich mich hier ein bisschen weiterentwickeln kann?" Auf diese Frage wird kein Vorgesetzter ein uneingeschränktes Nein entgegenbringen, denn ansonsten stellt er den Sinn seiner eigenen Bewertung infrage, indem er dem Mitarbeiter gar nicht die Gelegenheit schenkt, seine Schwäche zu bearbeiten.

Als Letztes müssen Sie die empfundenen Verhaltensweisen analysieren. Erwähnt werden im Fremdbild erfahrungsgemäß Attribute wie freundlich, zuvorkommend, engagiert und noch allgemeinere Floskeln. Gerade aus der Zusammensetzung dieser Eigenschaften können Sie aber auch einzelne konkrete Verhaltensweisen identifizieren, welche negativ und welche positiv bemerkt wurden. Dabei sollten Sie auch die Reihenfolge der notierten Stichpunkte beachten. Häufig lässt sich der Beurteilende von den bereits erwähnten Punkten stark inspirieren und führt sie in neuen, aber eigentlich untergeordneten Einzelheiten weiter aus.

Stärken muss man selbst kommunizieren

Ein Fremdbild deckt stets die Wahrnehmung einer Gruppe von Personen um Sie herum ab. Sind die beschriebenen Eigenschaften unzureichend oder falsch, sind Stärken nicht erkannt oder Präferenzen ungetreu aufgenommen, liegt dies erfahrungsgemäß nur an Ihrer eigenen Kommunikationsfähigkeit. Stärken und andere

Fachkompetenz müssen Sie in der Regel konkret einbringen und kommunizieren, damit diese auch wahrgenommen werden. Schwächen sollten Sie möglichst ausweichen – zum Beispiel durch die Vermeidung bestimmter Arbeitsfelder. Mit der Interpretation des Fremdbildes wird sichtbar, wie Sie Ihre Kompetenz in den Alltag einbinden.

Ein weiterer elementarer Punkt ist die Identifikation von zukünftigen Lernfeldern. Diese können Sie dann im Rahmen der Zielsetzung zu einem deutlichen Arbeitsplan weiterentwickeln (Kapitel 1.2.). Fachliche Schwächen und Stärken sind im Endeffekt nur entscheidend, solange sie von anderen Personen wahrgenommen werden. Die durch das Fremdbild kommunizierte Wahrnehmung ist damit das einträglichste Hilfsmittel, Lernfelder zu identifizieren, besonders wenn Sie sich zwar den Schwächen bewusst sind, aber nicht wissen, welchen Sie sich zuerst zuwenden sollen.

Leitbilder und Arbeitspläne entwickeln

Als letzten Punkt können Sie die Kongruenz von Selbst- und Fremdwahrnehmung kontrollieren. Die spannende Frage ist, ob die eigenintendierte Positionierung mit der Wahrnehmung dieser einhergeht. Haben Sie beispielsweise versucht, entsprechend Ihres gewünschten Selbstbildes mehr Engagement zu zeigen, kann dieses schnell im Fremdbild als Ehrgeiz aufgenommen werden. Durch das Fremdbild können Sie nunmehr Ihre Verhaltungsweise anpassen bzw. optimieren.

Übung 1.4.

(A) Welche Wahrnehmungsarten gibt es und wie werden die zugehörigen Reize bezeichnet?

1. _____

2. _____

3. _____

4. _____

5. _____

(B) Skizzieren und erläutern Sie jemandem das so genannte Johari-Fenster und seine Bedeutung für die Auseinandersetzung mit dem Thema Wahrnehmung und Wahrnehmungslücken.

Skizze:

(C) So weit Sie es noch nicht direkt beim Lesen des entsprechenden Abschnitts getan haben: Beginnen Sie jetzt damit, auf einem separaten Blatt ein persönliches Selbstbild zu erstellen. Bitten Sie im Anschluss einen Bekannten sowie einen Kollegen um ein Fremdbild und vergleichen Sie diese im Anschluss. Was haben Sie aus den Fremdbildern gelernt?

_____

_____

_____

_____

_____

_____

_____

_____

(D) Welche Persönlichkeitsmerkmale finden sich primär in Fremdbildern wieder, welche in der Regel nur in Selbstbildern?

Selbstbild	Fremdbild
1. _____	1. _____
2. _____	2. _____
3. _____	3. _____
4. _____	4. _____
5. _____	5. _____

2. Selbstentwicklung

Ausgehend von einer umfassenden Selbstbeobachtung, dem Blick auf Ihre Werte, Ihre Ziele, Ihre Persönlichkeit und Ihre Wahrnehmung, können Sie nun konkret an Ihrer Selbstentwicklung arbeiten. Denn vor aller Interaktion in der Gruppe stehen eine Reihe von Fähigkeiten, Methodenkompetenzen und Techniken, welche Sie sich zuvor selbst vermitteln und auch alleine trainieren können. Viele dieser Kompetenzen bilden die essenzielle Basis für ein erfolgreiches Interagieren mit Mitmenschen, für erfolgreiche Zusammenarbeit und für ein harmonisches, glückliches sowie produktives Miteinander.

Der volkstümliche Ausdruck „sich erst einmal an die eigene Nase fassen" verdeutlicht, dass vor aller Fokussierung auf andere und auf ein erfolgreiches „Wir" erst einmal die Selbstentwicklung steht und gezielt angegangen werden soll. Dazu dient dieses Kapitel.

Schnellübersicht: Was erwartet mich in diesem Kapitel?

1) Im ersten Abschnitt **„Arbeitstechniken – Ihre Effizienz und Effektivität steigern"** lernen Sie die Grundlagen, Methoden und Techniken zu professionellem Zeitmanagement, Kreativitätstechniken, Lern- und Schnell-Lesetechniken, Gedächtnistraining, wirksames Mitschreiben sowie Informations- und Wissensmanagement.

2) Der zweite Abschnitt **„Selbstdarstellung & Ausstrahlung"** bringt Sie fachkundig mit dem Thema Umgangsformen in Kontakt, vor allem mit Anstand, Höflichkeit, Knigge und Etikette. Sie lernen Grundmuster und Besonderheiten der Körpersprache, wie Haltung, Gang, Mimik und Gestik, kennen und setzen sich im Anschluss intensiv mit dem in der Kommunikation besonders wichtigen Thema Rhetorik auseinander. Hier erfahren Sie vom Dreieck der Rhetorik, verbaler, nonverbaler und paraverbaler Rhetorik sowie rhetorischen Stilfigu-

ren. Der Bereich der nonverbalen Rhetorik stellt hier den Zusammenhang zum erworbenen Wissen im Bereich Körpersprache her. Sie erfahren, wie Sie professionell Präsentationen planen, vorbereiten, halten und auswerten. Neben grundsätzlichen Vorgehensweisen profitieren Sie hier von einer Vielzahl konkreter Tipps und Anregungen. Im Anschluss daran ziehen Sie Konsequenzen und erkennen Parallelen zwischen typischen Fachpräsentationen und Präsentationen Ihrer Selbst im Sinne der Selbstvermarktung auf dem Arbeitsmarkt.

3) Im dritten Abschnitt **„Emotionale Intelligenz"** lesen Sie, was hinter dem berüchtigten EQ wirklich steckt. Sie erfahren, welche Rolle Selbstreflexion, Selbstkontrolle und Selbstmotivierung für Ihre konkrete Selbstentwicklung haben und wie Sie diese Elemente im Rahmen Ihres persönlichen Wachstumsprozesses tatsächlich nutzen.

4) Der vierte Abschnitt **„Geistiges Wachstum"** legt Schwerpunkte auf Ihren intellektuellen Ausgleich und Ihre ganzheitliche Persönlichkeitsentwicklung durch Einbeziehung von Literatur, Philosophie, Musik, Kunst und Kultur. Konkreten Anregungen zum Arrangieren verschiedener Interessengebiete folgen praktische Tipps zu kostengünstiger und zeitsparender, effektiver und effizienter Weiterbildung. Letztlich rückt die Auseinandersetzung mit dem Thema „Spiritualität" auch die Rolle von Religion, Meditation, Mystik und Glauben als Per-spektiven geistigen Wachstums und intellektuellen Ausgleichs in den Fokus.

5) Der fünfte und letzte Abschnitt **„Regeneration & Freizeit"** macht letztlich klar, dass Selbstentwicklung auch einer nachhaltigen Gesundheit und optimaler Arbeits- und Lebensbedingungen bedarf. Betrachtungen zu Arbeitszeit, Arbeitsort und Arbeitsart bilden die Grundlage für präventive Stressbewältigung. Verschiedene Tipps zum Umgang mit auftretenden Stressphasen sollen Ihnen helfen, schnell die Balance zurückzufinden. Anregungen zu Fitness, Wellness sowie konkrete Tipps zu Ernährung und Sport schließen dieses Kapitel ab.

2.1. Arbeitstechniken – Ihre Effizienz und Effektivität steigern

Gründe für Arbeitstechniken

Ausschlaggebend für Ihren beruflichen Erfolg ist nicht nur, dass Sie gute Arbeitsergebnisse abliefern, sondern diese auch im Zuge einer immer dynamischer werdenden Arbeitswelt schnell erarbeiten. Die Effektivität Ihrer Arbeit misst sich daran, dass Sie die gewünschten Ergebnisse in der geforderten Qualität überhaupt erzielen. Ihre Arbeitseffizienz ist darüber hinaus ein quantitativer Ausdruck der für die Zielerreichung aufgewendeten Mittel. Hier handelt es sich neben dem Kostenaspekt (beispielsweise Materialeinsatz oder Schulungen) vor allem um die Zeitperspektive. Die Entwicklung eines effektiven Zeitmanagements hat daher höchste Priorität, um Ihre Arbeitseffizienz zu steigern. Sie bildet deswegen den ersten Teil und Schwerpunkt dieses Abschnitts. Es folgen Kreativitätstechniken, Lerntechniken sowie Schnell-Lesetechniken.

Zeitmanagement

Knappheit der Zeit

Stress, Unzufriedenheit, Rastlosigkeit, Gereiztheit, Erschöpfung, Hilflosigkeit oder Burn-out, dies alles sind Symptome der modernen Arbeitsgesellschaft. Es scheint paradox: Obwohl wir immer schneller reisen und kommunizieren können, immer mehr Dinge automatisiert, delegiert oder direkt nach Hause geliefert werden können, scheint die Zeit für viele Menschen immer knapper zu werden. Immer mehr Dinge sollen oder wollen geplant, erledigt oder unternommen werden. Ursache sind die beständig zunehmenden Möglichkeiten, seine Zeit zu verbringen, und die im harten Wettbewerb auf dem Arbeitsmarkt steigenden Anforderungen an jeden Arbeitnehmer. In diesem Umfeld alle Optionen wahrzunehmen, ist so gut wie unmöglich. Die richtige Zeiteinteilung ist deshalb eine wesentliche Voraussetzung für die persönliche Entfaltung, für erfolgreiches Arbeiten, Lernen und Leben, für weniger Stress und letztlich einen ausgewogenen und gesunden Lebensentwurf.

Typische Zeitfresser und Zeitfallen

Jeder hat 24 Stunden Zeit am Tag

In Ihrer fortschreitenden Karriere und mit der Übernahme zusätzlicher Lebensrollen scheinen Sie immer weniger Zeit zu haben. So trivial es klingt, sollten Sie sich jederzeit bewusst bleiben, dass für jeden Menschen der Tag 24 Stunden hat. Hilflose Aussagen wie „Ich habe keine Zeit" sind so gesehen also falsch und zudem ein ungünstiger Ansatz. Eine richtige Herangehensweise besteht in der Einstellung „Dafür nehme ich mir keine Zeit" oder „Andere Dinge haben eine höhere Priorität für mich als diese Angelegenheit". Damit machen Sie sich und anderen klar, dass Sie sich sehr wohl Ihrer Zeitkapazitäten und deren Verwendung bewusst sind. Die Verwendung dieser Zeit kann dabei aus aktiver Entscheidung oder Fremdbestimmung heraus resultieren. Da Sie die Zahl der Stunden pro Tag schlecht anpassen können, gilt es also, erstens eine sinnvolle Priorisierung ihrer Aktivitäten vorzunehmen sowie zweitens mögliche Zeitfresser zu identifizieren und einzuschränken.

Es mag enttäuschend sein, aber Sie haben nicht zu wenig Zeit, sondern zu viele Aufgaben oder sich zu viel vorgenommen. Eine der wesentlichen Fähigkeiten im Rahmen des Zeitmanagements ist dabei so simpel wie effektiv: Sie müssen lernen „Nein" zu sagen. Dieses „Nein" zielt als Erstes auf typische Zeitfresser.

Die meisten Ursachen für Zeitineffizienzen lassen sich dabei in vier Kategorien unterteilen: Ihre persönliche Arbeitsweise oder Arbeitsmethodik, Störungen oder Ablenkung, persönliche Schwächen und schlechte Zusammenarbeit. Die Tabelle 4 nennt Beispiele aus der Arbeitswelt.

Kategorien von Zeitfressern

Tabelle 4: Typische Ursachen und Beispiele für ineffiziente Zeitnutzung

Ursache	Beispiele
Arbeitsmethodik	Unklare Ziele
	Zu viel auf einmal tun zu wollen
	Mangelnde Ordnung und Überblick
	Zu viele Notizen, schlechtes Ablagesystem
Störungen	Unangemeldete Besucher
	Private Ablenkung
	Lärm
	Langwierige Besprechungen
	Eingehende Anrufe

Ursache	Beispiele
Persönliche Schwächen	Unfähigkeit „Nein zu sagen"
	Aufschieben von Aufgaben, mangelnde Selbstdisziplin
	Hast, Nervosität
	Unfähigkeit effektiver Prioritätensetzung
Zusammenarbeit	Mangelhafte Information und Kommunikation
	Zu wenig Delegation
	Wartezeiten (bei Terminen)

Grundzüge erfolgreicher Zeiteinteilung

Fünf Schritte erfolgreichen Zeitmanagements

Es gibt verschiedene Zeitmanagement-Techniken, von denen die wichtigsten weiter unten erläutert werden. Grundsätzlich basiert jede Verbesserung Ihres Zeitmanagements aber auf fünf wesentlichen Schritten:

- 1. Ziele definieren
- 2. Aktivitäten, Aufgaben, Tätigkeiten auflisten
- 3. Prioritäten setzen
- 4. Langfristige Planung
- 5. Wochen- und Tagesorganisation

1. Ziele definieren

Zielorientierte Zeitplanung

Zeitmanagement besteht zu einem Großteil aus der Planung von Aktivitäten. Eine solche Planung setzt Kenntnis darüber voraus, wie lange eine Aktivität dauert, wann sie anfängt und wann sie endet. Diese Zeitorientierung erfordert wiederum Messbarkeit, das heißt, Sie müssen in der Lage sein festzustellen, wann das gewünschte Ergebnis erreicht bzw. die Aktivität abgeschlossen ist. Dies erfordert eine konkrete Zielformulierung, die im Idealfall die im Abschnitt „Ziele richtig definieren" (Kapitel 1.2.) detailliert analysierten Merkmale Schriftlichkeit, Realismus, Terminierung, Messbarkeit, positive und aktive Formulierung, Verantwortungszuweisung und Visualisierung aufweist. Rekapitulieren Sie noch einmal, wie zuträglich die richtige Zielformulierung für eine erfolgreiche Zeiteinteilung und effektives wie effizientes Arbeiten ist. Insbesondere die Terminierung von Aktivitäten, also das Zeitziel, ist eine Grundvoraussetzung für erfolgreiches Zeitmanagement.

2. Aktivitäten, Aufgaben, Tätigkeiten auflisten

Der Anfang aller Zeitplanung liegt im Erfassen und Festhalten aller Aufgaben, Aktivitäten und Termine. Um diese Aktivitäten zu konkretisieren, notieren Sie sie auf einer Liste. Nutzen Sie dafür am besten den Computer, um die einzelnen Elemente später leichter ordnen zu können. Alternativ können Sie auch Karteikarten oder eine Pinnwand verwenden. Auch Mindmaps sind hilfreich, um die verschiedenen Aktivitäten zu sammeln und später zu organisieren. Zu Beginn sind Post-it-Klebezettel am Monitor vielleicht noch praktisch; früher oder später benötigen Sie jedoch einen Kalender. Dabei ist vorerst irrelevant, ob Sie dafür einen Time-Planer für die Tasche, einen PDA, Palm bzw. ein Smartphone oder eine Software am Computer verwenden.

Aufgabenanalyse

Hilfreich kann im Rahmen der Ist-Aufnahme Ihrer Aktivitäten auch eine detaillierte Aufzeichnung aller Betätigungen im Laufe eines Tages oder einer Woche sein. Scheint es auch aufwendig, einmal eine Woche lang minutiös Tagebuch zu führen, so zeigt sich im Ergebnis doch, wie viele Tätigkeiten Sie zwischendurch und ungeplant im Laufe eines Tages durchführen.

Erfassen von Arbeitspaketen

Häufig wird Ihnen erst in diesem Moment bewusst, wie viel Zeit die normalerweise ungeplanten täglichen Routinearbeiten tatsächlich in Anspruch nehmen. Wichtige Methoden, um diese Arbeiten so effizient wie möglich zu erledigen, lesen Sie im Abschnitt „Konkrete Tipps für effektives Zeitmanagement".

3. Prioritäten setzen

Haben Sie alle derzeit anliegenden Aufgaben gesammelt und eine „To do"-Liste erstellt, gilt es, das Wichtige vom Unwichtigen zu trennen. Die einfachsten Möglichkeiten, mehr Zeit zu gewinnen und entspannter zu werden, sind zusätzliche Aufgaben abzulehnen, also „Nein" zu sagen. Sind alle Dinge, die scheinbar dringend anliegen, wirklich wichtig? Wo können Sie relativ problemlos auch einmal „Nein" sagen, Dinge verschieben oder zusammenlegen?

Wichtiges von Unwichtigem trennen

Das Setzen von Prioritäten ist ein Kernelement erfolgreichen Zeitmanagements. Auch hier finden Sie konkrete Modelle und Anleitungen in den weiter unten folgenden Abschnitten: „Dringend und/

oder wichtig? – ABC-Prioritäten und Papierkorb", „Das Pareto-Prinzip" sowie im Abschnitt „Konkrete Tipps für effektives Zeitmanagement".

4. Langfristige Planung

Für Ihre Ziele und damit auch für Ihre Zeitplanung existieren unterschiedliche Zeithorizonte: Langfristige Ziele und Visionen sind wichtig, um dem Leben Sinn und Richtung zu geben. Sie sind aber wenig geeignet, um im Jetzt und Hier wirklich Aktionen anzustoßen. Deshalb macht es Sinn, langfristige Ziele auf mittel- und kurzfristige Ziele herunterzubrechen. Überlegen Sie sich, was Sie im Laufe Ihres Lebens erreichen möchten: Was möchten Sie in den nächsten zehn Jahren erreichen? Was in den nächsten fünf Jahren? Was sind Sie bereit, im Lauf dieses Jahres dafür zu leisten?

„Begin with the end in mind" Sobald Sie sich bewusst gemacht haben, was Sie langfristig wollen, können Sie Ihr Tun im Hier und Jetzt danach ausrichten. Das gibt Ihnen Kraft und Motivation, auch wenn es am einen oder anderen Tag mal nicht so gut läuft. Sie haben jederzeit im Hinterkopf, warum Sie das alles machen und worauf Sie in langfristiger Sicht hinarbeiten. Die motivierende Kraft einer konkreten Zielvorstellung findet Ihre besondere Erwähnung in Stephen R. Coveys Grundsatz „Begin with the end in mind" in seinem Buch „The 7 Principles of Highly Effective People". Erfolgreiche Zeiteinteilung basiert also darauf, langfristige Ziele zu definieren und diese auf einen mittel- und kurzfristigen Zeithorizont herunterzubrechen. Jahresziele und Monatspläne bilden somit die Grundlage für Ihre kurzfristige Zeitplanung.

5. Wochen- und Tagesorganisation

Zeithorizont der Planung Wie kurzfristig Ihre Zeitplanung aussieht, hängt sehr von persönlichen Präferenzen, Ihrer Persönlichkeit und bevorzugten Arbeitsweise ab. Es gibt dafür kein theoretisches Optimum. Wie detailliert die Ziele zeitlich aufgebrochen werden, müssen Sie praktisch selbst ausprobieren und für sich den goldenen Mittelweg finden. Sie werden im Laufe der Zeit sehr klar merken, ob Sie für die kurzfristige Planung lieber mit flexiblen Wochenplänen oder mit detaillierter Tagesplanung arbeiten wollen.

Wochenpläne haben den Vorteil, sich mehr auf die insgesamt (und auch auf langfristiger Ebene) wichtigen Dingen zu konzentrieren. Tagespläne hingegen verlocken dazu, sie nur mit derzeit dringenden Aufgaben zu füllen, die aber nicht wirklich im Zusammenhang mit den wichtigen Wochenaufgaben stehen. Gerade für Menschen mit eher flexibler Arbeit und sehr wechselnden Auslastungen sind Wochenpläne das bessere Orientierungs- und Motivierungswerkzeug im Zeitmanagement. Wer jedoch klar strukturierte Aufgaben zu erledigen hat, ist mit ebenso strukturierten und detaillierten Tagesplanungen häufig besser beraten. Für eine detaillierte Tagesplanung ist es ungemein hilfreich, sich bereits am Vorabend Gedanken zu machen und den Tagesplan zu fixieren, denn dann haben Sie sich schon beim Aufstehen die Richtung und Motivation für den heutigen Tag gegeben und starten nicht orientierungslos in wieder irgendeinen Tag. Auch hier gilt der Grundsatz „Begin with the end in mind".

Wochen- oder Tagespläne

Die fünf dargestellten Grundzüge erfolgreicher Zeiteinteilung geben Ihnen ein Rahmenkonzept für Ihr Zeitmanagement. Ausgehend von diesem Paradigma erhalten Sie in den folgenden Abschnitten konkrete Tipps und Anregungen, wie Sie bei Ihrer Zeitplanung und Ihrem Umgang mit Zeit die Effektivität erhöhen.

Dringend und/oder wichtig? – ABC-Prioritäten und Papierkorb

Das Wichtige ist selten dringend,
und das Dringende ist selten wichtig!

LOTHAR J. SEIWERT

Was stresst Sie am meisten? Sind es die Dinge, auf die Sie gerade gar keine Lust haben, die aber ziemlich dringend gemacht werden müssen? So zumindest geht es den meisten Menschen, und die Zahl dringender Angelegenheiten scheint im Laufe des Arbeitslebens immer größer zu werden. Es scheint immer mehr Arbeit zu geben, das Telefon klingelt immer öfter, es gibt immer mehr Besprechungen. Insbesondere der berufliche Alltag ist von dringenden Dingen geprägt – von Aufgaben, die schnell noch gemacht werden sollen, und von Terminen, bis zu denen etwas fertig sein muss. Kaum ist der eine Stapel abgearbeitet, gibt es das nächste Aufgabenpaket oder

Was stresst Sie am meisten?

Projekt. Es bleibt scheinbar immer weniger Zeit für Freunde und Familie, immer weniger Zeit für Freizeitaktivitäten.

Prioritäten

Ein erster und immer wieder grundlegender Schritt aus der Misere ist, sich zu überlegen, was für Sie wirklich wichtig ist. Diese Dinge müssen eine höhere Priorität haben, als die vielen kleinen auch dringenden, aber letztlich nebensächlicheren Angelegenheiten.

„Der Schlüssel liegt nicht darin, Prioritäten für das zu setzen, was auf Ihrem Terminplan steht, sondern darin, Termine für Ihre Prioritäten festzulegen."

STEPHEN R. COVEY

Wichtiges nie dringend werden lassen

Sie sollten niemals Dinge, die Ihnen wichtig sind, so lange verschieben, bis sie dringend werden. Wenn Sie etwas Wichtiges klären müssen, warten Sie nicht, bis es dringend wird! Wenn Ihnen Ihr Gewissen sagt, es wäre wichtig, endlich mal wieder bei bestimmten Verwandten, einem Freund oder einer Freundin vorbeizuschauen – verschieben Sie es nicht permanent, bis es aus irgendwelchen Gründen dringend wird oder nicht mehr möglich ist.

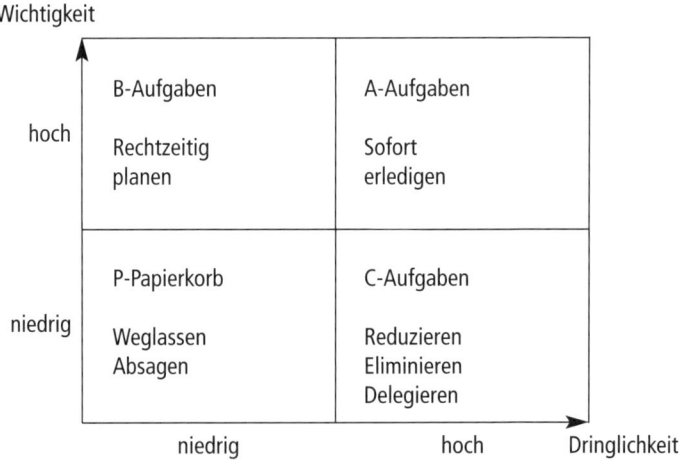

Abbildung 28: Priorisierung von Aktivitäten nach dem Wichtig-Dringend-Paradigma

Die Idee verschiedener Zeitmanagementkonzepte, ob sie nun Prioritätenmatrix, ABC-Analyse oder Eisenhowersches Prioritätenkreuz heißen, liegt im Abwägen von „dringend" und „wichtig". Dies lässt sich am einfachsten in einer Skizze veranschaulichen. Zeichnen Sie dazu ein Koordinatensystem. Die x-Achse beschriften Sie mit „Dringlichkeit", die y-Achse mit „Wichtigkeit". Die zwischen den Achsen eingeschlossene Fläche teilen Sie in vier gleich große Quadrate und versehen diese mit Prioritäten.

Zeitmanagementkonzepte

A-Aufgaben sind dringend und wichtig. Es handelt sich hier meist um bedeutende Probleme oder Krisen. Diese Aufgaben sollten Sie sofort erledigen.

B-Aufgaben sind wichtig, aber weniger dringend. Sie sind der Schlüssel für ein erfolgreiches Zeitmanagement. Es sind Aufgaben, die Sie aufgrund ihrer Bedeutung und Wichtigkeit langfristig auf Ihrem Lebensweg weiterbringen, da sie in direktem Zusammenhang mit Ihren langfristigen Zielen stehen. Sie sind für den Moment nie dringend, wenn Sie sie jedoch nicht kontinuierlich angehen, werden Sie nie dort ankommen, wo Sie in Ihrem Leben hinwollen. Diese Aufgaben sollten Sie niemals verschieben, bis sie dringend werden. B-Aufgaben wollen rechtzeitig geplant und auch durchgeführt werden.

C-Aufgaben sind sehr dringend, aber weniger wichtig, zum Beispiel Routinearbeiten. Häufig sind es aber auch Zeitfresser und ineffiziente Tätigkeiten. Versuchen Sie, C-Aufgaben möglichst zu reduzieren, abzusagen und zu delegieren. Lernen Sie bei solchen Aufgaben auch „Nein" zu sagen.

P – Papierkorb: Der verbleibende Quadrant enthält Aufgaben, die weder wichtig noch dringend sind. Diese Tätigkeiten sollten Sie sofort absagen bzw. in den Papierkorb schieben. Sie rauben die Zeit für die bedeutenden B-Aufgaben.

Das Pareto-Prinzip

Eine wichtige Erkenntnis, die sich in der Praxis immer wieder bestätigt, ist das Pareto-Prinzip. Dieses Prinzip, auch bekannt als 80/20-Regel, wurde vom italienischen Wirtschaftswissenschaftler

Die 80/20-Regel

113

Vilfredo Pareto gegen Ende des 19. Jahrhunderts erstmals schematisiert. Pareto beschrieb damals, dass 80 Prozent des italienischen Volksvermögens auf nur 20 Prozent der italienischen Familien verteilt war. Später stellt er fest, dass diese Regel scheinbar wie ein Naturgesetz für die meisten Beobachtungen des Alltags zutrifft.

Bezogen auf das Zeitmanagement besagt das Pareto-Prinzip, dass Sie in der Regel in 20 Prozent Ihrer eingesetzten Zeit rund 80 Prozent der Ergebnisse erbringen. Im Umkehrschluss benötigen Sie für die letzten 20 Prozent der Ergebnisse 80 Prozent Ihrer Zeit.

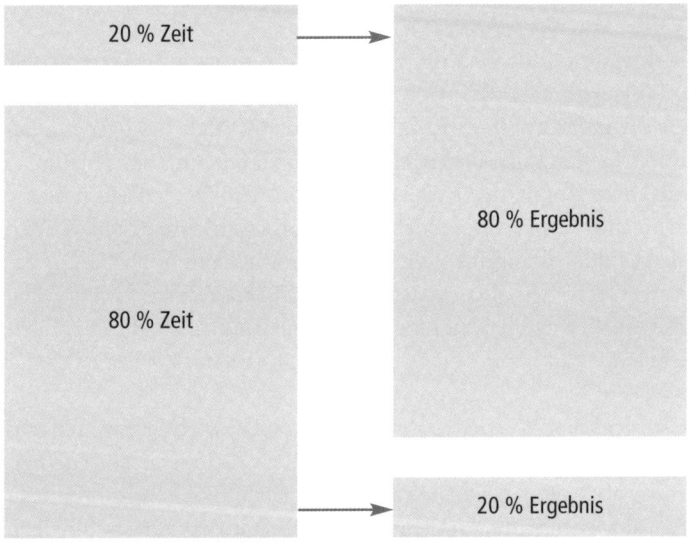

Abbildung 29: Die 80/20-Regel (Pareto-Prinzip)

Dieses Prinzip gilt nicht nur für das Zeitmanagement, sondern auch in anderen Bereichen. So können Sie zum Beispiel im Vertrieb feststellen, dass regelmäßig 20 Prozent der Kunden bereits 80 Prozent des Umsatzes ausmachen. Die Konsequenz aus dem Pareto-Prinzip für Sie und Ihr Zeitmanagement: Ebenso, wie sich die Verkäufer auf die lukrativen 20 Prozent A-Kunden konzentrieren, konzentrieren Sie sich auf die wenigen wichtigen Tätigkeiten.

Verschwenden Sie nicht Ihre Zeit damit, sich um relativ viele, aber nebensächliche Probleme zu kümmern. Bleibt nach der Bearbeitung Zeit übrig, können Sie diese auf die restlichen Angelegenheiten verteilen. Haben Sie Prioritäten zentraler Aufgaben gesetzt, brauchen Sie auch kein schlechtes Gewissen zu haben, wenn kleinere Angelegenheiten einmal nicht berücksichtigt werden können. Das Wesentliche haben Sie dann bereits getan. Es ist wirklich so – nicht nur theoretisch, sondern auch in der Praxis: 20 Prozent der strategisch richtig eingesetzten Zeit und Energie liefern im Schnitt 80 Prozent der Ergebnisse. Nutzen Sie das für sich!

Konzentration auf Kernaufgaben

Konkrete Tipps für effektives Zeitmanagement
„Stille Stunde" („Sperrzeit")
Ablenkungen, Störungen und mangelhafte Konzentration sind drei der bedeutendsten Ursachen für ineffektives und ineffizientes Arbeiten. Wenn Sie zügig zu qualitativ guten Ergebnissen kommen wollen, können Sie sich keine der drei leisten. Ein wirkungsvolles, in der Praxis jedoch nicht immer einfach durchzusetzendes Heilmittel ist die „Stille Stunde", auch „Sperrzeit" genannt. So weit es Ihnen im Beruf und privat möglich ist, legen Sie eine Stunde am Tag fest, in der Sie nicht gestört werden sollen. Sie sind in dieser Zeit telefonisch nicht zu erreichen, nehmen an keinen Meetings teil und sind für andere einfach nicht zu sprechen. Schirmen Sie sich so weit wie möglich vor unangemeldeten Besuchern, Anrufern, Lärm oder anderweitigen Störungen ab, um konzentriert arbeiten zu können.

Je nach beruflicher und privater Rolle hat dies unterschiedliche Auswirkungen und lässt sich auf verschiedenen Wegen realisieren. Als Vorgesetzter können Sie sich von der Sekretärin oder einem Assistenten vertreten lassen. Ihre Sekretärin soll dann keine Anrufe durchstellen und Anfragen erst einmal nur aufnehmen. Ihre engsten Mitarbeiter sollten die Sperrstunde kennen und werden nach einer kurzen Gewöhnungszeit ihre Fragen auf einen Zeitpunkt außerhalb der „Stillen Stunde" verschieben. Andere Kollegen können eine Nachricht bei Ihrer Sekretärin hinterlassen. Nach der „Stillen Stunde" kümmern Sie sich um diese und arbeiten sie „en bloc" ab, wie im Abschnitt „Zusammenfassen" weiter hinten beschrieben. Sorgen Sie vor allen Dingen dafür, dass auch Handys und ähnliche Stör-

Organisation der „Stillen Stunde"

quellen abgeschaltet sind. „Wer ständig erreichbar ist, kann nicht wichtig sein", so lehrt die Erfahrung.

**„Stille Stunde"
für alle** Die „Stille Stunde" ist jedoch nicht auf Führungskräfte beschränkt, sondern lässt sich auch für viele Mitarbeiter realisieren. Kaum jemand wird es einem Mitarbeiter abschlagen, wenn dieser zur Bearbeitung einer langfristig wichtigen Arbeit um eine tägliche Sperrstunde bittet, in welcher er für Kunden, andere Kollegen, eingehende Telefonate und typische Weisungen des Chefs nicht zu sprechen ist. Dies erfordert meist einen entsprechend modernen und antiautoritären Führungsstil der Führungskraft, und nicht in jedem Fall wird eine „absolute Sperrstunde" möglich sein. Die meisten Vorgesetzten lassen sich erfahrungsgemäß von den Vorteilen einer „Stillen Stunde" auch für Ihre Mitarbeiter überzeugen, sofern ein grundsätzlich vertrauensvolles Arbeitsklima herrscht und Ergebnisse auch ohne ständige Überwachung sowie permanenten Antrieb durch die Führungskraft erzielt werden. Es wird nicht zu vermeiden sein, dass der Vorgesetzte trotzdem in Ihre „Stille Stunde" platzt – wenn diese jedoch nur in der Mehrheit der Zeit eingehalten wird, haben Sie bereits viel gewonnen. Wichtig ist nur, dass diese ernsten Fälle nicht einfach nur dem „Dringend"-Paradigma entspringen.

**Abarbeiten
der A-Aufgaben** Nutzen Sie die „Stille Stunde" für die wirklich zentralen Aufgaben, die sonst eben diesem „Dringend-Paradigma" erliegen. Erledigen oder arbeiten Sie in dieser Zeit an Ihrer täglichen A-Aufgabe. Es gibt keine bessere Zeit für die Aufgabe höchster Priorität und Wichtigkeit als die „Stille Stunde". Bei einem acht- oder zehnstündigen Arbeitstag kann diese eine Stunde jedoch auch eine andere Funktion einnehmen, zum Beispiel Ihre kontinuierliche Weiterbildung. Nutzen Sie das Achtel oder Zehntel Ihres Arbeitstages, um relevante Fachbücher, Artikel und Aufsätze zu lesen. Auf die Dauer mehrerer Arbeitsjahre entspringt diesem Verfahren ein enormes Wissenspotenzial.

**Nutzen der
„Stillen Stunde"** Der Vorteil der „Stillen Stunde" liegt in ihrer effizienzfördernden Wirkung für Ihre Arbeit. Sie erreichen häufig ein deutlich besseres Arbeitsergebnis und schreiten in der Aufgabenerfüllung weiter voran, als Sie es sonst innerhalb von zwei oder drei Stunden voller

Unterbrechungen geschafft hätten. Dies ist nicht nur zu Ihrem, sondern besonders zum Nutzen Ihrer Kollegen. Nutzen Sie das Prinzip der „Stillen Stunde" daher auch privat in der Familie und in Ihrer Freizeit. So weit es für Sie möglich ist, vereinbaren Sie mit Freund, Partner, Familienmitglied oder Mitbewohnern eine feste Sperrzeit für sich. So können Sie beispielsweise nach Feierabend noch in Ruhe und konzentriert an einer langfristigen Aufgabe arbeiten, zum Beispiel ein Buch schreiben oder Ihr Englisch verbessern.

Für Mütter kleiner Kinder oder Menschen, die anderweitig permanente Verantwortung für andere Menschen in der Familie und im Beruf gleich welcher Art tragen, muss die Sperrstunde aufgeweicht werden. Für andere Personen kann die „Stille Stunde" jedoch eine Quelle von Konzentration, Fortschritt und Selbstentwicklung sein. Sie kommen nicht nur voran und erreichen Ihre Ziele (Effektivität), sondern schaffen Aufgaben aufgrund der Konzentration in wesentlich weniger Zeit (Effizienz). **Ausnahmen und Machbarkeit**

Machen Sie sich bewusst, dass Ihre Umwelt keinen Schaden nimmt, wenn Sie für eine bestimmte Zeit nicht zu erreichen sind. Wären Sie zum jeweiligen Zeitpunkt anderweitig beschäftigt, könnte man Sie ebenfalls für eine gewisse Zeit nicht erreichen. Seien Sie also im Interesse aller auch einmal egoistisch. Sie haben das Recht darauf, auch einmal nur Zeit für sich zu haben.

Lohnende Pause

Viele Menschen setzen sich mit dem Thema Zeitmanagement erst auseinander, wenn sie bereits überfordert und über das gesunde Maß hinaus gestresst sind. Sie werden dann für Methoden und Techniken sensibilisiert, mit denen sie noch effizienter arbeiten können. Doch das „Schneller-Schneller-Schneller" kann völlig unproduktiv sein. Zeitmanagement ist nicht zwangsläufig darauf fokussiert, Aufgaben und Aktivitäten so zu planen, dass immer mehr in immer kürzerer Zeit erledigt werden kann. Zu Zeitmanagement gehört auch, Sie souveräner im Umgang mit Zeit allgemein sowie Ihrer Arbeits- und Lebenszeit zu machen. **Zu viel Effizienzoptimierung kann kontraproduktiv sein**

Ein wesentliches Element konsequenten Zeitumgangs ist das Setzen und Einhalten von Pausen. Obwohl Sie vielleicht instinktiv dazu **„Wenn du es eilig hast, gehe langsam"** neigen, unter Stress und Zeitdruck auf Pausen zu verzichten, ist dies völlig kontraproduktiv. Die Einbildung, Sie hätten keine Zeit für eine Pause, ist ein grober Irrtum. Gerade wenn Sie denken, Sie hätten am wenigsten Zeit für eine Pause, ist diese am nötigsten. Lothar J. Seiwert hat dieser Erkenntnis ein ganzes Buch unter dem nur scheinbar paradoxen Titel „Wenn du es eilig hast, gehe langsam" gewidmet. Gerade in Zeiten höchster Anstrengung und Zeitdrucks kann Ihnen eine Pause unverhofft Zeit verschaffen. Während Sie sich Zeit nehmen, einmal kurz abzuschalten und zu entspannen, gewinnen Sie Abstand zum jeweiligen Problem, zur jeweiligen Aufgabe.

Die so genannte „lohnende Pause" ist keine Zeitverschwendung, sondern erholsames Auftanken von Energie. Sie gewinnen Abstand zu nebensächlichen Details, erhalten wieder einen besseren Gesamtüberblick und vielleicht sogar eine neue Idee, mit der Sie schneller zum Ziel kommen.

90 Minuten konzentrierte Arbeit

Wenn scheinbar nichts mehr geht, wirkt etwas frische Luft und ein Spaziergang häufig Wunder. Ihre Konzentration steigt dabei, und Sie holen die investierte Zeit der Pause doppelt wieder auf. Nutzen Sie bewusst Pausen und planen Sie diese ein, bevor Sie anfangen zu arbeiten. Orientieren Sie sich dabei an Ihrem persönlichen Arbeitsrhythmus. Spätestens nach 90 Minuten konzentrierter Arbeit bricht Ihre Konzentration und Leistungsfähigkeit rapide ein. Kalkulieren Sie das ein und planen Sie regelmäßige Pausen. Es lohnt sich.

Zusammenfassen

Aufgaben bündeln

Versuchen Sie, gleichartige Dinge gebündelt zu erledigen. Statt ständig kleine Telefonate zu führen und über den Tag verteilt E-Mails zu beantworten, nehmen Sie sich eine bestimmte Zeit, zu der Sie alle E-Mails im Block abarbeiten. Das geht schneller und konzentrierter, als wenn Sie ständig zwischendurch alles sofort bearbeiten, und lenkt Sie nicht ständig von Ihrer Hauptaufgabe ab. Ablagekörbe und Hängeregistraturen sind praktische Werkzeuge, um gleichartige Dinge zu sammeln. Achten Sie jedoch darauf, dass diese nicht überhand nehmen und demotivierend werden. Zusammenfassen bedeutet nicht, Aufgaben über Wochen hinweg zu bündeln, bis Sie einen riesigen Berg gleichartiger Objekte zu bearbeiten haben. Zusammenfassen bedeutet, regelmäßig Blöcke einheitlicher Aufgaben und Angelegenheiten zu bearbeiten, um durch die Zusammenlegung Synergien zu realisieren.

Delegieren

Nutzen Sie so oft wie nur möglich die Gelegenheit, Aufgaben zu delegieren, die Sie nicht zwingend selbst erledigen müssen. Sie müssen dafür kein Manager sein. Delegation und Arbeitsteilung ist Merkmal jeder erfolgreichen Gruppeninteraktion.

Gerade in guten Teams oder in einem guten Familienleben kann jeder gewinnen, wenn jemand etwas für einen anderen miterledigt. Es ist das Prinzip der Synergie, das nicht nur im betriebswirtschaftlichen Sinne zu verstehen ist, sondern auch für Ihr Leben im Kleinen und die Interaktion in der Familie gilt.

Delegieren – privat und beruflich

Um effektiv delegieren zu können, müssen Sie vor allen Dingen lernen, abgeben und loslassen zu können. Verabschieden Sie sich von dem Glauben, lieber alles selbst machen zu wollen. Sicherlich wissen Sie dann, welche Qualität Sie vom Ergebnis erwarten können. Früher oder später sind Sie aber als Führungskraft oder Familienmitglied ausgelastet und überfordert, wenn Sie alles selbst machen wollen. Haben Sie Vertrauen in Ihre Mitmenschen, seien es Kollegen, Freunde oder die eigenen Kinder. Auch sie können eine Aufgabe zu aller Zufriedenheit erledigen. Geben Sie eine Aufgabe mitsamt der Kompetenzen und Verantwortung ab. Das bedeutet auch, dass Sie Entscheidungsspielräume lassen. Wenn Sie Ihren Kindern den Auftrag zum Einkaufen geben, geben Sie die ungefähre Richtung vor, zum Beispiel. „Bring doch irgendeinen leckeren Käse und etwas Gemüse mit, auf das du Lust hast." Machen Sie eine für Sie lästige Routineaufgabe für andere zur Herausforderung. So sparen Sie Zeit, helfen Kindern oder Mitarbeitern bei der Entwicklung und lassen durch Wachstum des Individuums die Gruppe oder Familie als Ganzes wachsen.

Delegieren ist eine Schlüsselkompetenz erfolgreichen Zeitmanagements und erfolgreicher Manager. Nutzen Sie diese Erkenntnis konsequent in der Praxis, um Zeit zu sparen und sich für wichtige Dinge freizumachen (Kapitel 4.4.).

Motivation und Belohnung für Erfolge

Motivation zur Arbeit Wenn Sie eine Aufgabe effizient erledigen wollen, brauchen Sie einen möglichst starken Antrieb. Wenn Sie wissen, wozu Sie etwas machen, können Sie alle Kraftreserven auf die Zielerreichung fokussieren. Zu wissen, wo es langgeht, steigert die Motivation und setzt Energien frei. Stephen R. Covey beschreibt diesen Effekt im Prinzip „Begin with the end in mind". Nutzen Sie Ihre Vorstellungskraft, um sich das Ziel einer Aktivität bildlich auszumalen. Desto konkreter Ihre Vorstellung, Ihr Bild vom Zielzustand, umso motivierender ist das Ziel (Kapitel 1.2.).

Belohnen Sie sich Haben Sie das Ziel einmal erreicht, sorgen Sie für eine Belohnung. Belohnen Sie sich dafür, das erreicht zu haben, was Sie sich vorgenommen haben. Diese Belohnung können Sie ruhig schon vor der Zielerreichung festlegen, auch das setzt Motivationsenergie frei – schließlich sind Menschen anreizgesteuert. Je höher Ihre Motivation und der Wille, eine Aufgabe abzuschließen und ein Ziel zu erreichen, sind, umso schneller und „gezielter" werden Sie daran arbeiten. Dies führt zu einer Effizienzsteigerung in Ihrem Handeln und damit letztlich zur Zielerreichung in weniger Zeit.

Ist Ihre Aufgabe erfolgreich beendet, können Sie ohne ein schlechtes Gewissen Ihre Belohnung genießen. Zelebrieren Sie Ihren Erfolg und machen Sie aus der Belohnung ein Fest. Dies gilt für Sie selbst, aber auch für andere, beispielsweise wenn Sie Ihre Mitarbeiter motivieren. Lassen Sie sich die Belohnung auf keinen Fall nehmen, auch wenn die Zeit aufgrund nachfolgender Aktivitäten noch so eng scheint. Durch ein Ausbleiben verschenken Sie sonst wertvolle Motivation und Regeneration. Ganz im Sinne der „lohnenden Pause" holen Sie die durch ein bewusstes Auskosten der Belohnung aufgewendete Zeit später mehr als auf. Insofern ist die Belohnung nicht nur wichtig für das Abschalten und Regenerieren sowie Fördern und Aufrechterhalten von Motivation, sondern auch für ein effektives Zeitmanagement und ein zufriedenes Leben.

Vereinfachen

„Keep it smart and simple" Ein bedeutender Zeitsparer ist das „Vereinfachen". Vereinfachen Sie Dinge, wenn irgend möglich und machen Sie es sich mit neuen Dingen möglichst einfach. Die Amerikaner subsumieren das unter der berühmten KISS-Formel: „Keep it smart and simple!" Die Schnelligkeit und vor allem wachsende Komplexität unserer Welt hält genug Herausforderungen bereit. Belasten Sie sich und andere nicht unnötig durch Verkomplizierungen. Die Abschnitte „Telefonieren" und „Kurzmitteilungen" weiter hinten beschreiben konkrete Beispiele, wie durch Vereinfachung und Verkürzung von Wegen und Bearbeitungszeiten Raum für Wichtiges oder auch einfach nur Entspannung geschaffen werden kann.

Der in Deutschland seit vielen Jahren als Dauerbestseller gehandelte Titel „Simplify Your Life" macht diese Philosophie zum Programm. Der Pfarrer Werner Tiki Küstenmacher und Lothar J. Seiwert, „Deutschlands tonangebender Zeitmanagementexperte" (Focus 1/2000), zeigen in ihrem Buch Wege, wie Sie Ihre Finanzen, Zeit, Gesundheit, Beziehungen, Partnerschaft und schließlich sich selbst vereinfachen. Entperfektionieren Sie sich zum Beispiel, da Perfektion selten erreicht werden kann und viel zu viel Zeit erfordert. Weitere Anregungen basieren alle auf dem Wortspiel mit der Vorsilbe „ent-", so zum Beispiel entwirren, entstapeln, entrümpeln, entmachten, entfernen, entzaubern, entschuldigen, entfliehen, entlasten, entkrampfen, entschlacken, entspannen, entärgern, entwirren, entzerren oder entscheiden.

Verabschieden Sie sich von Perfektion

Lassen Sie diese Aufzählung wirken und nehmen Sie sich einige Minuten Zeit, um die Ergebnisse dieser Tätigkeiten auf die Komplexität und Konflikte Ihres Lebens zu übertragen. Überdenken Sie sorgfältig, wo und inwieweit „vereinfachen" Ihnen nicht nur täglich Zeit spart, sondern Sie auch ausgeglichener und weniger gestresst macht.

Telefonieren

Zu lang andauerndes und wenig zielführendes Telefonieren kann ein enormer Zeitfresser bei der täglichen Arbeit und auch zu Hause sein. Doch insbesondere hier gilt: Fluch und Segen liegen nahe beieinander. Telefonieren ist – professionell betrieben – gleichzeitig einer der effektivsten Hebel zum Zeitsparen. Machen Sie es sich zur Gewohnheit, so viele Dinge wie möglich per Telefon zu erledigen. Verzichten Sie wenn möglich auf schriftliche Korrespondenz. Die meisten Dinge sind deutlich schneller am Telefon erledigt,

Das Telefon – Fluch und Segen zugleich

einerseits, was die für die Kommunikation benötigte Zeit angeht, andererseits bezüglich des Klärungszeitpunktes. Schriftliche Kommunikation hat zwar beispielsweise den Vorteil der Belegbarkeit für Akten, gleichzeitig ist aber auch der Nachteil des Phasenverzugs immanent: Zwischen Anfrage und Antwort besteht auf dem schriftlichen Weg immer eine Zeitspanne, die mitunter Ergebnisse deutlich verzögern kann.

Wer schnell kommunizieren möchte und vor allen Dingen schnell eine Antwort benötigt, ist mit dem Griff zum Telefonhörer in den meisten Fällen sehr gut beraten. Gegen die grundsätzlich vorteilhafte E-Mail spricht in diesem Fall nicht nur Phasenverzug, sondern vor allem auch die mitunter inakzeptable Reaktionszeit. In der Flut von E-Mails geht manchem Mitarbeiter und mancher Führungskraft die Übersicht, die Motivation und letztlich die Zeit verloren, zeitnah auf E-Mails zu antworten. Eine E-Mail-Antwort kann der Empfänger auf später verschieben; haben Sie ihn hingegen einmal am Telefon, werden Sie nur in den wenigsten Fällen „abgewimmelt" und erhalten die benötigte Auskunft sofort. Nutzen Sie das Telefon also konsequent, um Dinge schnell und unkompliziert zu erledigen. Wenn es nicht zwingend nötig ist, Dinge auf schriftlichem Weg zu klären, sparen Sie sich Zeit und Kosten für das Schreiben, Drucken und Versenden von Briefen.

Jedes Papier nur einmal in die Hand nehmen

Kombination mit „Zusammenfassen"-Technik

Ein wichtiger Grundsatz für eher unstrukturiert und flexibel arbeitende Menschen lautet: Nehmen Sie möglichst jedes Papier nur einmal in die Hand! Wer diesen Grundsatz nicht befolgt, kennt das heillose Chaos und Durcheinander auf Schreibtischen, in Ablagen und beständig wachsende Stapel. Zwar macht es im Sinne der „Zusammenfassen"-Technik Sinn, Gleichartiges zu sammeln und dann wie dargestellt „en bloc" zu bearbeiten. Dies darf aber gleichzeitig nicht als Vorwand genommen werden, die Bearbeitung verschiedener Aufgaben und Schriftstücke permanent zu verschieben. Wenn auf dem Schreibtisch Dutzende Zettel ungeordnet die Arbeit erschweren und Ablagen überquellen, entsteht ein psychologischer Druck, der häufig nur durch eine „Hauruck"-Aktion in einem Kraftakt abgebaut werden kann.

Beurteilen Sie sich ehrlich, ob Sie auch zu den Personen gehören, die Post öffnen und lesen, dann jedoch erst einmal auf dem Schreibtisch, in einem Ablagefach oder auf der Kommode im Flur der Wohnung liegen lassen. Ist dies der Fall? Dann sollten Sie schleunigst an Ihrer Einstellung arbeiten und sich den Grundsatz „Jedes Papier nur einmal in die Hand nehmen" aneignen.

Machen Sie sich bewusst, dass das Zwischenparken von Briefen, **Umsortieren** Informationsmaterial oder Belegen in Ablagen, Fächern, Schubladen oder auf dem Schreibtisch keine Lösung und erst recht keine Zeitersparnis ist. Früher oder später müssen Sie die einzelnen Dokumente sowieso einsortieren. Ebenso müssen Sie früher oder später entscheiden, ob etwas weggeworfen werden kann oder nicht. Unterliegen Sie nicht der Versuchung, Dinge aufzuheben, weil Sie sie „eventuell noch mal brauchen könnten". Wenn Sie darüber tatsächlich und ehrlich unsicher sind und das Dokument wirklich einen hohen Nutzen haben könnte, heften Sie es direkt in einem dafür angelegten Ordner oder Stehsammler ab. Sammeln Sie derartiges Material jedoch in keinem Fall auf dem Schreibtisch und in keinem Fall auf einem Stapel. Gerade das „irgendwann noch mal brauchen" macht schon klar, dass Sie kurz- und mittelfristig keine Verwendung sehen. Die Devise lautet daher: „Runter vom Schreibtisch, ab in den Schrank."

Hinterfragen Sie jedoch ebenso ehrlich, ob das Material nicht auch anderweitig zu besorgen ist, wenn Sie es tatsächlich noch einmal brauchen. Viele Dokumente können Sie bei Bedarf erneut im Internet finden. Setzen Sie sich gegebenenfalls ein Lesezeichen (Bookmark) im Browser-Programm. Speichern Sie das Dokument digital und entsorgen Sie den Ausdruck in den Papierkorb. So bleiben Ihre Ordner und Schränke frei von möglicherweise nie wieder benötigten Materialien. Der Platz auf Ihrer Festplatte ist hingegen mehr oder weniger unbeschränkt oder problemlos erweiterbar.

Eins nach dem anderen
Oftmals ist es uns bereits bei der Erziehung von unseren Eltern mitgegeben worden: Bringen Sie eine Sache zu Ende, bevor Sie mit der nächsten anfangen. So verzetteln Sie sich nicht und be-

halten die Orientierung und die Konzentration auf das Wesentliche.

Parallele Aufgabenerfüllung ist meist kontraproduktiv

Je größer jedoch der Zeit- und Arbeitsdruck, umso eher neigen wir dazu, Aufgaben parallel fertig stellen zu wollen. In der Hoffnung, dadurch Zeit zu sparen, arbeiten wir jedoch zunehmend kontraproduktiv. Die Konzentration weicht der Zerstreuung. Der häufige Wechsel zwischen verschiedenen Aufgaben führt dazu, dass Sie sich jedes Mal neu in die andere Arbeit einarbeiten oder zumindest orientieren müssen. Dadurch geht mehr Zeit verloren, als Sie denken. Gleichzeitig sinkt die Qualität Ihrer Arbeitsergebnisse, weil Sie bei der Bearbeitung eines komplexen Themas inhaltlich den roten Faden verlieren. Bei Aufgaben mit kreativen Bestandteilen sinkt die Konsistenz in der Darstellung, da man zu einem anderen Zeitpunkt sich möglicherweise nicht mehr an zuvor genutzte Details der Formatierung und Gestaltung gehalten hat oder bestimmte Funktionen, Elemente oder Materialien zu einem späteren Zeitpunkt nicht mehr identisch verfügbar sind, wenn Sie an einer Aufgabe weiterarbeiten wollen.

Konzentration auf Einzelaufgaben

Vermeiden Sie also Stückwerk und Zerstreuung, indem Sie sich so weit wie möglich auf jeweils eine Aufgabe konzentrieren. Positiver Nebeneffekt ist, dass Sie sich zufriedener und souveräner fühlen, da Sie öfter bzw. regelmäßiger eine Aufgabe oder ein Projekt abschließen können. Ein Beispiel: Selbst wenn Sie effektiv die gleiche Zeit benötigen, zwölf Bücher parallel oder hintereinander zu lesen, sorgt Letzteres für eine positivere Grundstimmung. Statt mit keinem der Bücher wirklich mittelfristig fertig zu werden, können Sie beispielsweise jeden Monat einen Haken machen und ein Buch zufrieden und selbstbewusst vom Schreibtisch zurück in den Schrank legen.

Nein sagen

„Nur wer lernt, Nein zu sagen,
bekommt sein Zeitmanagement in den Griff."

LOTHAR J. SEIWERT

Wie bereits dargestellt hilft, wenn sie zu viele Aufgaben haben und dadurch das Gefühl entsteht, die Zeit sei zu knapp, nur das Abwägen zwischen wichtig und unwichtig und das Setzen von Prioritäten. Die theoretisch einfachste und effektivste Möglichkeit sich von Zeitstress und Überlastung zu befreien und sich davor zu schützen ist jedoch konsequentes „Nein"-Sagen. **Abwägen zwischen wichtig und unwichtig**

Früher oder später werden Sie es merken: Die Umwelt bleibt meist unbeeinflusst, auch wenn Sie an einem Meeting, einem Ausflug oder einer anderweitigen Aktivität nicht teilnehmen. Die Welt dreht sich weiter, wenn Sie sich an einem Projekt nicht beteiligen, wenn Sie jemandem einmal eine Hilfe ausschlagen und wenn Sie einmal etwas nicht tun, zu dem Ihr Gewissen Sie scheinbar drängt. Sie werden feststellen, dass Ihr Gewissen häufig nur Ergebnis sozialer Erwartungshaltungen ist. Man erwartet, dass Sie dabei sind, dass Sie einen Beitrag leisten, dass Sie immer verfügbar sind. Doch ist das wirklich immer der Fall, oder reden Sie sich das nur ein? Ein schwer wiegender Krankenhausaufenthalt, der Tod eines nahen Angehörigen oder eine unerwartete Kündigung machen unschön, aber deutlich klar, dass Sie in den meisten Fällen ersetzbar sind und die Welt auch ohne Sie weiterlaufen kann. Lassen Sie es nicht erst zu einer Katastrophe oder traurigen Begebenheit kommen, bis Sie das verstehen!

Lernen Sie, konsequent Nein zu sagen. Verabschieden Sie sich von der Einstellung, Sie könnten doch irgendwie alles arrangieren. Nutzen Sie Zeit zum Nachdenken und die helfenden Anregungen in den einzelnen Kapiteln, um herauszufinden, wo Ihre tatsächlichen Wünsche, Ziele und Prioritäten liegen. Das Kapitel 1 bietet den Schlüssel für diese Selbstfindung. **Lernen Sie Nein zu sagen**

„Jour fixe" für wichtige Aktivitäten
Im Abschnitt „Dringend und/oder wichtig? – ABC-Prioritäten und Papierkorb" haben Sie sich bereits bewusst gemacht, dass Wichtiges selten dringend ist. Dies sollten Sie bei der praktischen Zeitplanung berücksichtigen, indem Sie feste Zeitfenster für langfristig wichtige Dinge einplanen. Der Trick liegt darin, diese Zeitfenster bereits im Vorfeld zu sperren, um die wichtigen Dinge am jeweiligen Tag oder in der jeweiligen Woche nicht doch von dringenden Angelegen-

heiten verdrängen zu lassen. Wenn Sie sich am Jahresanfang einfach nur vornehmen, jeden Monat einmal ins Theater zu gehen, wird so mancher Theaterbesuch entfallen, weil Sie im jeweiligen Monat aufgrund dringenderer Dinge „dieses Mal leider keine Zeit haben".

Regelmäßiger Termin für feste Aktivitäten

Eine typische Technik, dem vorzubeugen, ist das Einrichten eines so genannten „Jour fixe". Dieser aus dem Französischen kommende „feste Tag" ist eine Vereinbarung mit sich selbst oder zwischen verschiedenen Leuten, sich zu einem regelmäßigen Termin für eine regelmäßig feste Aktivität zu treffen. Auf niedrigster Ebene handelt es sich dabei um den „Stammtisch", bei dem sich an einem bestimmten Tag der Woche Freunde zum Bier in einem Lokal verabreden. Auf höchster Ebene handelt es sich um einen Serientermin, zu dem in einem Unternehmen die Mitglieder des Vorstands oder des Aufsichtsrats zusammenkommen, um über aktuelle Belange zu diskutieren. Machen Sie sich das „Jour fixe"-Prinzip persönlich zunutze. Vereinbaren Sie mit Freunden einen festen Termin, zudem Sie sich zu sportlichen oder kulturellen Aktivitäten treffen. Einigen Sie sich mit potenziellen Unternehmenspartnern auf einen festen Tag in der Woche, um Ihren Fortschritt durch regelmäßige Diskussionen und Arbeitstermine voranzutreiben.

Etablieren Sie vielleicht einen „Jour fixe" im Rahmen einer Lerngruppe für Ihre kontinuierliche Weiterbildung. Gerade dieses Beispiel zeigt den Vorteil der „Jour fixe"-Technik: Wer seine grundlegende Bildung im Rahmen eines Schulabschlusses, einer Berufsausbildung und/oder eines Studiums absolviert hat, erfährt in der Regel einen starken Einbruch seiner aktiven Weiterbildung. Auch wenn der Wille vorhanden ist, eine bestimmte Sprache zu lernen oder sich in einem fachlichen Spezialgebiet zu vertiefen, fehlt der Druck regelmäßiger Prüfungen. Der gute Wille zum Lernen und Weiterbilden ist da, ebenso die Erkenntnis, wie wichtig die kontinuierliche Weiterbildung ist. Doch, wo der Druck fehlt und eine Flut dringender Dinge den Alltag zu diktieren scheint, geht so mancher gute Wille unter. Richten Sie einen „Jour fixe" mit anderen ein, ist das vereinbarte Zeitfenster in Ihrer persönlichen Zeitplanung erstens gesperrt. Zweitens fungiert die Vereinbarung mit anderen als Hemmschwelle und mentale Barriere, den wichtigen Termin bei

„besonders dringenden" Aktivitäten doch zu verschieben oder ausfallen zu lassen. Wenn alle sich auf den Termin einstellen und sich anderer Dinge entledigen oder diese umorganisieren, möchten Sie sicher ungern für den Ausfall der Lerngruppe verantwortlich sein.

Die „Jour fixe"-Technik hat nebenbei noch einen weiteren Vorteil: Wenn Sie über lange Zeit einen festen Termin für eine bestimmte Aktivität reserviert haben, können sich auch Ihre Mitmenschen wie Familienmitglieder, Freunde und Arbeitskollegen darauf einstellen. Es ist für alle Ihre Bezugspersonen verlässlich und klar, dass Sie an einem bestimmten Abend früher die Arbeitsstelle verlassen, später nach Hause kommen oder an einem bestimmten Tag der Woche grundsätzlich keine Zeit für andere Aktivitäten haben. Diese Berechenbarkeit im positiven Sinne erleichtert das Zusammenleben in Familie und Freundeskreis. Gleichzeitig ist sie auch eine direkte Erleichterung für die Beteiligten: Wenn Sie zum Beispiel einen festen Abend im Monat mit Ihrer Tante, Oma, Ihren Eltern, Ihren Kindern oder Ihrem Neffen verbringen wollen, um gemeinsam zu kochen und zu plaudern, brauchen Sie nicht jedes Mal Termine abzustimmen. Sofern keine Ausnahmen wie Urlaub oder Krankheit vorliegen, ist für alle Beteiligten der Termin gegeben. Sie müssen nicht jedes Mal rückfragen und bestätigen, ob es bei dem Termin bleibt. Stattdessen vereinbaren Sie durch den „Jour fixe", dass der Termin standardmäßig stattfindet und nur gegebenenfalls abgesagt wird.

Feste Termine

Kurzmitteilungen

Ob Manager oder Sachbearbeiter – ein Großteil der täglichen Arbeitszeit konzentriert sich auf Kommunikation und Korrespondenz. Getreu dem Grundsatz, wo viel verbraucht wird, kann auch viel gespart werden, gilt es an dieser Stelle anzusetzen, um durch effizientere Vorgehensweisen und Techniken Zeit zu sparen. Nutzen Sie gerade für den innerbetrieblichen Austausch von Informationen, Dokumenten und Anfragen Kurzmitteilungen. Machen Sie es sich zur Angewohnheit, besondere Schnellantwort- und Memo-Blöcke für Kurznachrichten zu verwenden. Nutzen Sie beispielsweise die kleinen gelben Klebezettel, um auf Dokumenten einen Vermerk zu machen, bevor Sie sie weiterreichen.

Wo viel verbraucht wird, kann auch viel gespart werden

Sofern möglich, vereinbaren Sie mit häufigen Interaktionspartnern, bei Kurznachrichten über E-Mail nur die Betreffzeile zu nutzen. Dadurch muss der Empfänger die Mail nicht erst öffnen, sondern erhält ausreichend Informationen bereits beim puren Einsehen seiner Mailbox. Als Sender ersparen Sie sich gleichzeitig die scheinbar zwingenden Formalien einer E-Mail wie „Guten Tag Frau Moritz", „Anbei die von Ihnen …", „Mit freundlichen Grüßen" sowie Ihre Signatur. Vereinbaren Sie ein Schlusszeichen bzw. Erkennungszeichen in der Betreffzeile, anhand derer die Mail als Kurzinfo identifiziert werden kann. Gängige Vorschläge sind, dem Betreff ein Kürzel wie „nfm" (no further message), „thx" (thanks) oder „eom" (end of message) zu hinzuzufügen.

Für den privaten Bereich empfehlen sich die verbreiteten SMS-Kurzmitteilungen (short message service). Überprüfen Sie jedoch kritisch, ob in vielen Fällen ein kurzer Anruf nicht zeitsparender ist, als mehrere SMS mit Phasenverzug zur Abstimmung eines Termins zu versenden.

Prinzip der kleinen Schritte

Jede noch so große Reise beginnt mit dem ersten Schritt.

Nutzen von Wartezeiten Setzen Sie bei allen Aktivitäten und Zielen auf das Prinzip der kleinen Schritte. Statt Dinge permanent aufzuschieben, nutzen Sie Gelegenheiten, um Dinge zwischendurch zu erledigen. Dies darf nicht dazu verkommen, dass Sie sich in unzählige Aktivitäten zerstreuen. Es ist jedoch sinnvoll, bei Wartezeiten zwischen zwei Aufgaben oder Terminen sowie in leistungsschwachen Zeiten wie nach dem Mittagessen aufgelaufene Arbeiten schrittweise abzuarbeiten. Viele Dinge verschieben wir mit dem Gedanken, uns dafür einmal einen ganzen Tag zu nehmen, um diese dann in einem Kraftakt abzuarbeiten. Typische Aktivitäten dafür sind „Keller aufräumen und entrümpeln", „den Stapel der Zeitschriften sichten" oder „die ganzen E-Mails endlich einmal beantworten".

Nach dem Grundsatz des Zusammenfassens und „en-bloc"-Abarbeitens scheint ein solches Vorgehen sinnvoll. In der Praxis führt dieses Verhalten jedoch zu einem typischen Problem: Je weiter Sie solche Aufgaben aufschieben, desto größer und zeitlich anspruchsvoller werden diese Aufgaben. Der Keller wird immer unordentlicher und überfüllter, der Stapel mit den Zeitschriften wächst und wächst, und die Liste der zu beantwortenden E-Mails wird immer länger. Damit baut sich Schritt für Schritt eine immer größere psychologische Hürde auf, die Sie immer mehr davon abhält, das Problem in Angriff zu nehmen. Hätten Sie vor einigen Wochen damit begonnen, die Aufgabe zu lösen, wäre sie vielleicht in zwei, drei Stunden erledigt gewesen; inzwischen hat sich jedoch so viel angesammelt, dass Sie dafür mehrere Stunden brauchen werden.

Je weiter Sie Aufgaben aufschieben, desto größer und zeitlich anspruchsvoller werden sie

Lassen Sie den Berg von Arbeit nicht anwachsen, sondern verfolgen Sie das Prinzip der kleinen Schritte. Wann immer sich die Gelegenheit bietet, arbeiten Sie einen kleinen Teil dieses Berges ab. Nehmen Sie jedes Mal, wenn Sie im Keller sind, ein oder zwei Teile mit zum Mülleimer. Lesen und entsorgen Sie jeden Abend vor dem Einschlafen eine Zeitschrift von dem großen Stapel. Und beantworten Sie nach jedem Mittagessen ein oder zwei E-Mails, bevor Sie sich der nächsten Aufgabe zuwenden. Kurz nach dem Essen sind Sie sowieso aufgrund des vollen Magens zu keiner Höchstleistung in der Lage. Jeder kleine Schritt bringt Ihnen jedoch ein kleines Erfolgserlebnis und langfristig eine Lösung des ursprünglichen Problems.

Statt sich einen ganzen Tag für ein großes „Projekt" voller aufgeschobener Aktivitäten reservieren zu müssen, haben Sie die Dinge Schritt für Schritt nebenbei erledigt. Dadurch haben Sie vielleicht effektiv gemessen keine Zeit gespart. Ihre Arbeitsweise ist jedoch durch eine gewisse Ausgeglichenheit und Homogenität gekennzeichnet. Sie sind zudem nicht durch die Last großer unerledigter Aufgaben in Ihrer Kreativität und Zufriedenheit beschränkt.

Was du heute kannst besorgen …

… das verschiebe nicht auf morgen."

Grossmütter aller Welt

Ein über viele Lebzeiten hinweg getragener Grundsatz, der auch heute unveränderte Gültigkeit hat: Wenn Sie etwas heute erledigen

Erledigte Aufgaben verschaffen Ihnen motivierende Erfolgserlebnisse

können, erledigen Sie es auch heute. Erledigte Aufgaben verschaffen Ihnen motivierende Erfolgserlebnisse. Sie nehmen die Last von Ihnen, diese Aufgabe und viele andere unerledigte Angelegenheiten noch vor sich zu haben. Außerdem erreichen Sie schneller gewünschte Ergebnisse. Machen Sie sich frei von Perfektionismus, dem Aufschieben und statisch adaptiver Vermeidungshaltung. Verabschieden Sie sich von Denkmustern wie diesen „Vielleicht erledigt sich das von allein" oder „Vielleicht sollte ich lieber noch abwarten, bis ich diesbezüglich mehr Sicherheit habe". Ihr privates Leben und wirtschaftliche Prozesse werden stets von Unsicherheit gekennzeichnet sein. In einem solchen Umfeld Aufgaben aufzuschieben, ist nicht nur keine Lösung, sondern führt sogar recht schnell zu Problemen.

Anwachsende Aufgabenberge, überfüllte „To do"-Listen, unerledigte Angelegenheiten und offene Rechnungen – all dies führt in der Regel zu psychologischen Belastungen. Stress, Unausgeglichenheit, Unzufriedenheit bis hin zu psychischer und physischer Krankheit sind die Folgen. Wer Dinge direkt und so früh wie möglich anpackt, verhindert, dass Berge und Stapel an Arbeit auflaufen. Wenn Sie heute besorgen, was Sie heute besorgen können, werden Sie morgen mit einem befreienden, positiveren Gefühl aufwachen. Nutzen Sie dieses Gefühl als Basis für ein zufriedenes Leben und erfolgreiches Zeitmanagement.

Persönliche Leistungskurve einplanen
Die Leistungsfähigkeit eines Menschen schwankt im Tagesverlauf. Versuchen Sie deshalb, bei Ihrer Zeitplanung unbedingt Ihre individuelle tägliche Leistungskurve zu berücksichtigen.

Die Leistungsfähigkeit eines Menschen schwankt im Tagesverlauf

Sie werden in der Regel um fremdbestimmte Zeitabschnitte im Tagesablauf nicht herumkommen. Hier sind Sie von anderen Menschen abhängig und müssen sich Sachzwängen fügen. Beispiele sind Öffnungszeiten, die Koordination von Terminen mit anderen Menschen oder eine feste Zeit, zu der das Kind zur Schule gebracht werden muss. Für die restliche Zeit planen Sie hingegen Aufgaben gemäß Ihrer persönlichen, täglichen Leistungskurve. Dazu ist es wichtig zu verstehen, wie sich Ihre physische und psychische Leistungsfähigkeit über den Tag verteilt. Wann Ihre Leistungs- und

Konzentrationsfähigkeit am höchsten ist, hängt zum Beispiel von folgenden Faktoren ab:

- 1. Biorhythmus
- 2. Aufsteh- und Bettgehzeiten
- 3. Essgewohnheiten
- 4. Alter
- 5. Gesundheitszustand
- 6. Konsum von Genussmitteln
- 7. Wetter und Jahreszeit

Planen Sie besonders wichtige, komplexe und anstrengende Aufgaben und Aktivitäten im Bereich Ihrer täglichen Leistungshochs ein. Lästige und wenig anspruchsvolle Routineaufgaben realisieren Sie hingegen in den typischen Leistungstiefs, zum Beispiel nach der Mittagspause.

Typische Leistungshochs liegen bei vielen Menschen am frühen Vormittag (9.00 – 11.00 Uhr), am späten Nachmittag (15.00 – 16.00 Uhr) und am frühen Abend (18.00 – 19.00 Uhr). Hoch motivierte Mitarbeiter sowie typische Nachtarbeiter können darüber hinaus noch am relativ späten Abend bis zur Mitternacht erstaunliche Energiepotenziale aktivieren.

Verteilung wichtiger, komplexer und anstrengender Aufgaben

Wie Ihre konkrete Leistungskurve aussieht, können Sie nur aus der Erfahrung beantworten oder durch konkretes Protokollieren herausfinden. Führen Sie zwei Wochen lang „Tagebuch" über Ihre Stimmungen, Ihre subjektive Produktivität zu verschiedenen Tageszeiten, Ihre Motivation und Begeisterung für Aufgaben sowie Zeiten der Lustlosigkeit, Müdigkeit und Erschöpfung. Wählen Sie dazu möglichst zwei Wochen aus, die für das Gesamtjahr repräsentativ sind. Werten Sie Ihr Protokoll danach aus, und Sie werden über die Zeit hinweg typische Muster entdecken.

Der Zeitpunkt des persönlichen Leistungshochs resultiert erstens aus den nicht beeinflussbaren Faktoren sowie zweitens aus individuell steuerbaren Verhaltensweisen. So können Sie zum Beispiel den enormen Leistungsabfall und die so genannte Mittagsmüdigkeit eindämmen, indem Sie leichtere (und gesündere) Kost zur Mittagszeit zu sich nehmen. Statt schwer im Magen liegenden, fetten

Fleischgerichten wählen Sie zum Beispiel einen leichten Salat. Insgesamt sollten Sie sich nicht gegen Ihre Leistungskurve stellen, sondern Ihre Zeit mit ihr planen.

Filter nutzen

Nutzen Sie für den effektiven Umgang mit Ihrer Zeit aktiv Filter und Ihnen zur Verfügung stehende Filtermöglichkeiten. Dies kann bei der persönlichen Korrespondenz anfangen: Sorgen Sie dafür, dass Ihre E-Mail-Postfächer möglichst vor unerwünschter Werbung, so genanntem Spam geschützt sind. Privatpersonen und insbesondere intensiv mit dem Internet arbeitende Personen sind von Spam-Fluten häufig terrorisiert. Nutzen Sie getrennte E-Mail-Adressen für private Korrespondenz und geschäftliche Angelegenheiten. Legen Sie sich eine spezielle E-Mail-Adresse an, die Sie bei Zwangsregistrierungen für bestimmte Dienste und Zugänge angeben können. Viele Anbieter sammeln und verkaufen diese E-Mail-Adressen, sodass das Eintreffen von Spam-Fluten nur eine Frage der Zeit ist. Lassen Sie diese Postfächer einfach überlaufen, und holen Sie mit dem E-Mail-Programm lediglich die Mails der privaten und geschäftlichen Adresse ab. Wenn alles nichts hilft, müssen Sie nach einer Zeit Ihre E-Mail-Adresse wechseln, um dem Spam zu entgehen. Die automatischen Spam-Filter von vielen E-Mail-Diensten filtern bereits eine Menge für Sie heraus. Einige Dienste bieten auch individuell konfigurierbare Filter an.

E-Mail-Eingang automatisch sortieren lassen

In jedem Fall bietet Ihr E-Mail-Programm die Möglichkeit, eingehende Mails nach bestimmten Kriterien sortieren zu lassen. Legen Sie für jede Person einen separaten Ordner an und lassen Sie alle eingehenden Mails von dieser Person direkt aus dem Posteingang in diesen individuellen Ordner umleiten. Wenn Sie bestimmte E-Mail-Newsletter abonniert haben, sammeln Sie diese in einem separaten Ordner. So bewahren Sie die Übersicht über eingehende Mails. Anstatt alle Nachrichten in einem einzigen, überlaufenden Posteingangsordner zu durchsuchen, wählen Sie bei Bedarf einfach den Ordner einer bestimmten Person, Firma oder eines Projekts, um dort direkt alle relevanten Nachrichten übersichtlich gefiltert angezeigt zu bekommen. Automatische Filter in Ihrem E-Mail-Programm müssen nur einmal eingerichtet werden, sparen Ihnen aber auf Dauer nicht nur Zeit, sondern unterstützen Ordnung und Orientierung.

Eine analoge Idee, um durch „Filter" Zeit zu sparen und sich nicht mit unnötigen Dingen zu belasten: Kleben Sie auf Ihren Briefkasten einen Aufkleber „Keine Werbung". Zeitungs- und Briefträger sind in der Regel verpflichtet, diesen Aufkleber zu respektieren. Die Folge: Die Flut von Prospekten von Lebensmittel-Discountern, Möbelhäusern, Teppichfachgeschäften und lokalen Werbeblättern geht auf ein Mindestmaß zurück. Ihr Briefkasten wird nicht mehr jeden Tag mit unbenötigten Materialien überfüllt, die Sie zu allem Leid auch noch mit einem Gang zur Papiertonne oder dem Recycling-Hof entsorgen müssen.

Keine Werbung

Ebenso wie Sie die Informationsflut digital und in Papierform durch Filter eindämmen können, lässt sich auch ein anderes Medium – das Telefon – filtern. Nutzen Sie so weit es möglich ist Ihren Anrufbeantworter. Wenn Sie gerade mit einer bestimmten Aufgabe beschäftigt sind und es vertreten können, lassen Sie den Anrufer doch eine Nachricht hinterlassen. Im Ernstfall können Sie das Gespräch immer noch annehmen. Ansonsten führt der Anrufbeantworter dazu, dass sich der Anrufende kurz und prägnant äußert. Sie ersparen sich so manches Telefonat, das Sie von Ihrer Aufgabe ablenkt und danach eine unnötige Wiedereinarbeitungszeit provoziert.

Anrufbeantworter nutzen

Filtern können Sie zu guter Letzt auch dadurch, dass Sie andere für Sie Relevantes und Wichtiges filtern lassen. Statt unzählige Bücher zu sichten, nutzen Sie einen Dienst, der Ihnen Zusammenfassungen existierender und neuer Titel zur Verfügung stellt. Ein sehr empfehlenswerter (kostenpflichtiger) Dienst in diesem Zusammenhang ist GetAbstracts (www.getabstract.com). Hier erhalten Sie die Zusammenfassung zahlreicher Bücher auf jeweils fünf DIN-A4-Seiten.

Planen Sie Zeit zum Planen

Konkretes und effektives Zeitmanagement bedeutet für Sie auch, regelmäßig und genügend Zeit für das Planen Ihrer Zeit an sich zu reservieren. Empfehlenswert kann hier beispielsweise ein zweistündiges Zeitfenster jeden Sonntag sein. Wichtig: Rekapitulieren Sie vor jeder Planung die gerade vergangene Woche. Lasse Sie Revue passieren, was Sie in der letzten Woche geschafft haben, was gut und weniger gut gelaufen ist. Analysieren Sie die Gründe dafür. Machen Sie sich bewusst, was Sie gelernt haben. Was würden Sie das nächste Mal anders machen?

Regelmäßige Selbstreflexion

Regelmäßige Selbstreflexion ist eine Schlüsselaktivität erfolgreicher Menschen. Machen Sie sich Ihre Erfolge bewusst – dies gibt Ihnen Kraft und Motivation auf dem folgenden Weg. Der Grundsatz immer nach vorn zu schauen, ist zwar meist richtig und gut – wer jedoch immer nur nach vorne schaut, „hetzt" von Woche zu Woche und fühlt sich schnell erschöpft. Der konstruktive Rückblick über vergangene Zeitabschnitte ist essenziell und sollte ebenso wenig verschoben oder ausgelassen werden wie die Belohnung für Erreichtes.

Erfolgstagebuch

Die langfristig größte Wirkung für Ihre Selbstmotivation und Zufriedenheit erzielen Sie, wenn Sie ein „Erfolgstagebuch" führen. Tragen Sie hier jede Woche ein, was Sie geschafft und welche Ziele Sie erreicht haben. Selbst wenn die eine oder andere Woche diesbezüglich nicht so viel identifizieren lässt, reicht die Kraft der in Buchform gesammelten Erfolge, um Sie in eine positive Grundstimmung für die Planung der nächsten Woche zu versetzen. Überlegen Sie nun, welche wichtigen und dringenden Aufgaben in der vorausliegenden Woche anstehen. Welche Termine haben Sie bereits? Welche Vorbereitung ist dafür (noch) nötig? Die entscheidende Fragen lautet jedoch: Welche Tätigkeiten müssen Sie für die Realisierung Ihrer langfristigen Ziele diese Woche einplanen? Was müssen Sie in Angriff nehmen, um voranzukommen und nicht nur Aufgaben abzuarbeiten?

Planen Sie diese wichtigen Aktivitäten bereits konkret am Sonntag ein, damit Sie nicht in der Flut dringender Aufgaben im Wochenverlauf untergehen. Machen Sie konsequent „Termine mit sich selbst" für diese wichtigen Aktivitäten aus, damit die dafür notwendigen Zeitfenster bereits reserviert sind – kurzfristige Aktivitäten und Aufgaben kommen im Laufe der Woche noch genügend dazu.

Nutzen Sie die Zeit Ihrer Planung jedoch nicht nur für das Erstellen eines Planes der nächsten Woche, sondern auch für ein persönliches Strategie-Review:

Strategie-Review

- Sind Sie auf dem richtigen Weg?
- Arbeiten Sie konsequent Woche für Woche an der Realisierung Ihrer langfristigen Ziele?
- Arbeiten Sie an diesen Zielen richtig, das heißt, effizient mit optimalen Werkzeugen und Partnern?
- Arbeiten Sie noch an den richtigen Zielen?

Planung bedarf Zeit, welche Sie sich nehmen müssen, um sich, Ihre Ziele, Ihre Kontakte und Beziehungen und letztlich Ihr Leben kritisch zu hinterfragen und zu organisieren. Die Zeit zum Planen ist gleichzeitig Ihre Zeit zur Selbstreflexion. Nutzen Sie diese konsequent und vor allen Dingen regelmäßig. Planen Sie nicht nur die Zeit für die tatsächlichen Aktivitäten, sondern berücksichtigen Sie auch die notwendigen Zeiten für die administrativen Aufgaben wie Zeitpläne aufstellen, Kontakte und Termine pflegen und die strategischen Aufgaben wie Überdenken von Zielen und Werkzeugen.

„Wenn nicht jetzt, wann dann?"

Puffer und Reservezeiten

Der vorige Abschnitt „Planen Sie Zeit zum Planen" hat Sie bereits für einen weiteren Aspekt effektiven Zeitmanagements sensibilisiert: Planen Sie nicht nur Aktivität hinter Aktivität, sondern kalkulieren Sie auch Puffer- und Reservezeiten. Dieser häufig vergessene oder ignorierte Aspekt ist jedoch ein Schlüssel, um mit Zeitmanagement tatsächlich Erfolg zu haben. Unterliegen Sie nicht der Versuchung, Ihren Tag aufgrund der vielen Aktivitäten von früh morgens bis spät abends durchzuplanen. Alles, was Sie damit erreichen, ist Frust, Gereiztheit, Unausgeglichenheit, Unzufriedenheit und letztlich Stress. Wie bereits im Kapitel zur Zielfindung und Zieldefinition dargestellt (Kapitel 1.2.), müssen Ziele realistisch formuliert sein, um motivierend zu wirken. Auch Zeitziele sind Ziele.

Nicht den ganzen Tag durchplanen

Wer den gesamten Tag mit Aktivitäten, Meetings und Aufgaben komplett und voll durchplant, wird Tag für Tag erleben, seinen Plan nicht geschafft zu haben. Das produziert zusätzlichen Stress, den Sie durch effektives Zeitmanagement reduzieren wollten. Auch wenn

Sie anfangs zweifeln: Verplanen Sie nicht mehr als zwei Drittel des Tages. Die Erfahrung lehrt immer wieder, dass Aktivitäten unabhängig von Job oder Lebensrolle im Durchschnitt wesentlich mehr Zeit beanspruchen als ursprünglich eingeplant wurde. Dies resultiert meist bereits daraus, dass für typische Aktivitäten wie Meetings Zeiten für die Vor- und Nachbereitung nicht oder unrealistisch kurz eingeschätzt und eingeplant werden. Dazu kommen Wegezeiten von und zu verschiedenen Orten, die einem bestimmten Termin nicht zugerechnet wurden.

Nicht mit dem „best case" planen

Vermeiden Sie es, Wegezeiten mit dem „best case" zu kalkulieren. Je länger die Strecke oder je kritischer Uhrzeit und Weg, umso wahrscheinlicher ist die Gefahr von Verspätungen. Mit einer konsequenten Planung verhindern Sie, regelmäßig zu spät zu kommen, Ergebnisse später als versprochen abzuliefern und sich insgesamt ständig gehetzt und schlecht zu fühlen, weil Sie Ihre Termine und Planungen nicht einhalten. Souveräne Zeitmanager planen konsequent Puffer und Zeiträume für unerwartete Aktivitäten, Erholung oder einfach Angelegenheiten, die im Nachhinein mehr Zeit benötigen, als anfangs gedacht und geplant war.

Begrenzen Sie Aktivitäten zeitlich

Zeitlimits setzen

Wenn Sie spontan in Termine gehen und an zuvor nicht konkret geplanten Aktivitäten partizipieren, setzen Sie sich bereits im Voraus ein Zeitlimit. Es scheint wie ein ungeschriebenes Naturgesetz: Aktivitäten und Aufgaben nehmen immer so viel Zeit in Anspruch, wie zur Verfügung steht. Lassen Sie das nicht zu. Sicher mögen das eine oder andere Telefonat, ein Empfang oder eine unverhoffte Einladung sehr angenehm sein. Doch lassen Sie Aktivitäten nicht ausufern. Es ist ebenso unhöflich, eine Veranstaltung zu früh zu verlassen wie sich als einer der letzten Gäste hinauskomplimentieren zu lassen. Wenn Sie sich an der Mehrheit der Gäste orientieren, können Sie wenig falsch machen.

Achten Sie jedoch darauf, nicht die gesamte zur Verfügung stehende Zeit in Veranstaltungen oder mit alternativen Aufgaben zu verbringen, wenn Sie noch etwas Wichtiges oder Wichtigeres zu tun haben. Wie schnell die Zeit verfliegt, wird meist unterschätzt und führt später zu unnötiger Hektik.

Begeisterung, Enttäuschung und die Zeitmanagementlernkurve
Zum Schluss dieses Kapitels zum Thema „Zeitmanagement" noch einige Worte über Erwartungen, Begeisterung, Frust, Enttäuschung sowie die Lernkurve des Zeitmanagements.

Es existiert am Markt eine Vielfalt von Zeitmanagementliteratur mit teils ähnlichen, teils sich widersprechenden Empfehlungen und Modellen. Zeitmanagement ist in den letzten 20 Jahren so richtig in Mode gekommen. Die Gründe liegen auf der Hand, exemplarisch seien deshalb nur Schlagwörter wie „Beschleunigung der Arbeitswelt" oder „steigende Anforderungen in verschärftem Wettbewerb" genannt. Eine Vielzahl von Menschen hat sich auf Zeitmanagementliteratur gestürzt und die Modelle sowie Ratschläge oftmals nach kurzer Zeit wieder verworfen. Woran liegt das? Ist Zeitmanagement reine Theorie? Ändert sich durch die Methoden und Tipps nicht wirklich etwas am Zeitdruck und Stress? Oder liegt es an falschen Erwartungen, fehlender Selbstdisziplin und ungünstigen Rahmenbedingungen?

Gründe für Zeitmanagement

Die Wahrheit liegt wohl dazwischen. Die Auseinandersetzung mit dem Thema Zeitmanagement bildet einen typischen Lernprozess. Sie unterliegt somit auch der typischen Lernkurve.

Wer das erste Mal mit dem Thema Zeitmanagement in Kontakt gerät, nimmt schnell neugierig erste Informationen auf und setzt sich mit verschiedenen Ideen und Werkzeugen zur Optimierung der Zeitnutzung auseinander. Mehr Zeit haben möchte wohl jeder; so findet auch jeder recht schnell einen persönlichen Nutzen in einzelnen Tipps und Ratschlägen. Die Neugierde schlägt häufig dann in Begeisterung um. Das erste Zeitmanagementbuch wird verschlungen. Es folgen vielleicht weitere. Die private Zeitorganisation wird entweder erst grundlegend erstellt oder aber grundlegend umgestellt.

Zeitplanbücher, Kalender, Palm, MS Outlook, Notizblöcke, „To do"-Listen, Tages-, Wochen- und Monatspläne werden gekauft, erstellt und genutzt – bis nach einiger Zeit Ernüchterung einkehrt. Warum? Es gibt drei wesentliche Gründe: erstens falsche Einstellung und Erwartungshaltung, zweitens zu viel auf einmal, zu viel

Drei wesentliche Gründe, warum Zeitmanagement scheitern kann

des Guten wurde sich vorgenommen und drittens ein fehlender Realismus.

1. Falsche Einstellung und Erwartungshaltung

Zeit lässt sich nicht optimieren

Das Problem an dieser Stelle liegt im Glauben, man könnte „Zeit optimieren" oder „Zeit managen". Das Wort „Zeitmanagement" unterstützt dieses irreführende Wortspiel. Sie können jedoch die Zeit nicht optimieren oder managen. Sie können nur sich selbst optimieren und managen. Nur durch den Einsatz von Zeitmanagement wird die Zahl der Aufgaben, Aktivitäten und Rollen in Ihrem Leben nicht automatisch abnehmen. Wenn Sie nicht lernen, aktiv und entschieden Prioritäten zu setzen sowie „Nein" zu sagen, bleibt alles beim Alten. Sie werden die Aufgaben, Aktivitäten und Rollen nur bewusster verwalten.

Von der „To do"-Liste zum Friedhof

Die Verwaltung in Zeitplanbüchern, elektronischen Organizern wie Palms, Kommunikations- und Groupware-Software verleiht den Aufgaben eine stetige Präsenz, was sie noch dringender und damit auch noch drückender macht. Dazu kommt, dass die Einrichtung von beispielsweise „To do"-Listen dazu verführt, auch jede mögliche Aufgabe dort zu notieren. Plötzlich wird aus einer straffen „To do"-Liste ein Friedhof der Dinge, die Sie schon immer mal noch machen wollten. Eine überlange „To do"-Liste ist jedoch eine mentale Dauerbelastung für Ihre Psyche – sie ruft förmlich „du schaffst mich nie und nimmer".

Dies ist ein Punkt, mit dem viele Menschen auf Dauer nicht zurechtkommen, nachdem sie sich anfangs absolut begeistert auf das Thema „Zeitmanagement" fokussiert haben. Durch reines Aufschreiben und Verwalten lösen Sie Zeitprobleme in der Regel selten. Sie verwalten dann lediglich den sprichwörtlichen „Missstand". Ohne aktives Entscheiden geht wenig. Maximal können Sie dann einige Einsparpotenziale durch geschicktes Arrangieren von Terminen realisieren, mehr jedoch nicht. Wer allerdings mehr erwar-tet und denkt, durch Zeitmanagement allein substanzielle Probleme der Überforderung in seinem Leben lösen zu können, wird schnell enttäuscht. Das ist der Problemkreis der falschen Einstellung und Erwartungshaltung.

2. Zu viel auf einmal, zu viel des Guten

Die Auflistung verschiedener Werkzeuge und unterstützender Hilfsmittel des Zeitmanagements macht es deutlich: Allein zur Einrichtung und Verwaltung dieser Tools benötigen Sie extra Zeit, die unter Umständen durch die Tools an sich gar nicht mehr wiedergewonnen werden kann. Wie so oft heißt der Grundsatz „weniger ist mehr". Die Enttäuschung ist oftmals das vorhersehbare Ergebnis, wenn man zu viel auf einmal will. Die Technikverliebtheit vieler junger Anwender, aber auch gestandener Manager führt dazu, dass mehr Systeme und Werkzeuge angeschafft sowie ausprobiert werden als tatsächlich nötig sind.

Planung kann auch zu viel Zeit kosten

Früher oder später setzt dann der Frust über notwendige Mehrarbeiten ein. Permanent müssen der PC im Büro, Laptop und Palm miteinander abgeglichen werden. Geräte sind aufzuladen, deren Akkuleistung mit der Zeit sinkt. Gleichzeitig tauchen Inkonsistenzen in den Datenbeständen verschiedener Medien und Werkzeuge auf. In dieser Situation ist Frust garantiert. Dies ist der zweite typische Fehler- und Problemkreis, in dessen Folge sich anfangs begeisterte „Zeitmanager" Schritt für Schritt von diesem Thema distanzieren und zu alten Gewohnheiten zurückkehren.

Synchronisationsprobleme bei zu vielen Tools

3. Fehlender Realismus

Fehlender Realismus ist die Ursache für das Gefühl, dass etwas in der praktischen Anwendung nicht funktioniert. Die einzelnen Beiträge im Abschnitt „Konkrete Tipps für effektives Zeitmanagement" haben ausführlich verdeutlicht, wie wichtig es ist, Pausen, Puffer und Erholungszeiten einzuplanen. Wer dies nicht berücksichtigt, wird schnell enttäuscht sein, mit seinem Zeitmanagement keinen Erfolg zu haben. Gleichzeitig überschätzen viele Menschen ihre tatsächliche Selbstdisziplin. Sie verplanen den ganzen Tag mit wichtigen Aufgaben, vergessen oder ignorieren dabei aber persönliche Belange und ihr Privatleben. Spätestens, wenn abends ein Freund anruft und eine gemeinsame Aktivität anregt, klingeln die Alarmglocken des Zeitmanagementgewissens „du musst doch aber eigentlich noch …".

Zeitmanagement soll Diener, nicht Herr sein Lassen Sie es so weit nicht kommen. Zeitmanagement soll Ihr Diener, nicht Ihr Herr sein. Seien Sie realistisch, was das zu schaffende Arbeitspensum und die benötigte Zeit für sich selbst, soziale Kontakte und so weiter angeht. Andernfalls werden Sie Opfer der dritten Kategorie enttäuschter Zeitmanager.

Fazit: Zeitmanagement ist eine typische Methodenkompetenz und somit ein wichtiger Alltagsbegleiter in Ihrem Leben. Geben Sie diesem Begleiter ebenso viel Geduld, Ausdauer und Interesse, wie Sie es anderen täglichen Begleitern widmen. Akzeptieren Sie, dass Zeitmanagement von Erfahrungen aus der täglichen Anwendung lebt. Akzeptieren Sie, dass Ihr persönliches Zeitmanagement einer typischen Lernkurve mit wechselnden Phasen der Begeisterung, Enttäuschung und stetiger Reife unterliegt.

Kreativitätstechniken

Sind Sie kreativ? Möchten Sie gern kreativ(er) sein? Sitzen Sie manchmal vor einer Aufgabe oder einem Problem und Ihnen fällt einfach keine zufrieden stellende Lösung ein? Denken Sie Kreativität ist eine Fähigkeit, die man hat oder nicht? Kreativität können Sie zwar nicht erzwingen, jedoch aktiv fördern. Dafür gibt es eine Vielzahl von Techniken, mit denen Sie Ihren Gedanken auf die Sprünge helfen. Diese Techniken werden im folgenden Abschnitt erläutert.

Brainstorming

Das Gehirn stürmen Brainstorming ist eine Methode zum Sammeln und Fördern von Ideen, Gedanken und Anregungen zu einem Problem. Die Technik wurde vom amerikanischen Werbefachmann A. F. Osborn entwickelt, um Gruppenarbeit kreativer zu machen. Dabei setzen sich Teammitglieder für eine festgelegte Zeit zusammen und tragen ohne Wertung zur Umsetzbarkeit, Kosten und so weiter einfach alle ihnen einfallenden Ideen zusammen. Diese werden protokolliert und mit etwas Abstand dann ausgewertet, ausgewählt und entsprechend umgesetzt. Brainstorming fördert Spontaneität, hilft gewohnte Denk- und Handlungsmuster zu überwinden und so neuartige Lösungsansätze zu finden.

Grundregeln des Brainstormings A. F. Osborn hat vier grundlegende Regeln aufgestellt, nach denen ein Brainstorming ablaufen soll:

1. Die Teilnehmer können und sollen ihrer Fantasie freien Lauf lassen. Jede Anregung ist willkommen.
2. Ideenmenge geht vor Ideenqualität; Quantität vor Qualität. Es sollen möglichst viele Ideen erzeugt werden.
3. Es gibt keinerlei Urheberrechte. Die Ideen der anderen Teilnehmer können und sollen aufgegriffen und weiterentwickelt werden.
4. Kritik oder Wertungen sind während des Brainstormings nicht erlaubt.

Die optimale Gruppengröße beträgt nach Osborn fünf bis sieben Personen. Dies erweist sich auch in der Praxis als günstig, wobei das Brainstorming auch mit drei bis vier Personen gut funktioniert. Hinsichtlich der Fachkenntnisse und Erfahrungen soll die Gruppe heterogen zusammengesetzt sein, um verschiedene Lösungsansätze durch unterschiedliche Perspektiven und Blickwinkel zu fördern.

Vorteil der hierarchisch homogenen Gruppe

Bezüglich der Hierarchie empfiehlt sich hingegen eine homogene Gruppenzusammensetzung. Damit wird unterbunden, dass sich einzelne Mitglieder der Sitzung aufgrund der Anwesenheit von Vorgesetzten gehemmt fühlen, scheinbar „dumme" oder „unrealistische" Ideen in den Raum zu werfen. Ein von allen Teilnehmern für diese Funktion anerkannter Moderator leitet durch das Brainstorming, das je nach Komplexität des Problems und der Aufgabenstellung in der Regel 20 bis 40 Minuten dauert. Ausgeprägtes Moderationsgeschick kann Brainstorming effektiver machen, die Kreativitätstechnik klappt jedoch im Zweifel auch mit einem einfachen „Mitschreiber" (Kapitel 4.3.).

Protokollierungsmöglichkeiten

Um die Ideen zu protokollieren, gibt es mehrere Möglichkeiten:
- Ein oder abwechselnd zwei Personen notieren alle Beiträge.
- Die Teilnehmer schreiben ihre Beiträge auf Zettel oder Karten und heften sie an eine Pinwand (Kartenabfrage).
- Die Teilnehmer tippen ihre Beiträge in den PC und diese werden anonym auf dem Bildschirm eingeblendet.
- Die Brainstormingsitzung wird auf Tonband aufgezeichnet und später zusammengefasst.

Die gemeinsame Bewertung sollte nicht unmittelbar nach dem Brainstorming, sondern möglichst ein paar Tage später erfolgen. Damit wird ermöglicht, Distanz zu den Vorschlägen zu gewinnen sowie sich mit Anregungen und Ideen anderer Mitglieder mental anfreunden zu können.

Brainstorming hat den entscheidenden Vorteil, dass vorschnelle Wertungen unterdrückt werden bzw. sogar verboten sind. Normalerweise bremsen wir unseren Gedankenfluss und unsere Kreativität, indem wir alle Lösungen sofort bewerten. Ob konstruktive Kritik oder Killerphrasen – vor allem Deutsche neigen tendenziell zu einer überkritischen Haltung, Risiken statt Chancen zu sehen.

Quantität vor Qualität

Durch den Ansatz „Quantität vor Qualität" wird eine Atmosphäre geschaffen, in der jeder Teilnehmer wilde Ideen hervorbringen kann, ohne sich lächerlich zu machen. Brainstorming hilft so bei der Ideenfindung, weil man nicht gezwungen ist Vorschläge gleich zu konkretisieren, zu bewerten oder zu rechtfertigen. Durch den kreativen Druck, der erzeugt wird, gewinnt der Vorgang eine Art spielerischen Charakter, wo jeder mit dem anderen um möglichst schnelle und viele Ideen kämpft.

Mindmapping

Grafisch strukturierte Darstellungen von Wissen

Mindmapping ist der Vorgang des Erstellens von so genannten Mindmaps. Mindmaps sind grafisch strukturierte Darstellungen von Wissen. Vom Themenmittelpunkt gehen einige Hauptäste mit verschiedenen, übergeordneten Aspekten zum Thema ab. Jeder dieser Hauptäste kann sich dann in weitere, speziellere Aspekte aufspalten (Abbildung 30). Am Ende entsteht eine Baumstruktur, die das darzustellende Thema logisch-hierarchisch strukturiert, das heißt, jedes Element ist Teil eines übergeordneten Begriffs.

Mindmaps eignen sich insbesondere für Problemanalysen, für Konzepte, Vorbereitungen von Referaten, Reden oder Aufsätze. Sie bieten auf wenig Raum einen anschaulichen, auf wesentliche Schlagwörter verkürzten Überblick über ein Thema. Cliparts (kleine Bildchen), Symbole und frei anzuordnende Textbausteine veranschaulichen und erklären dabei einzelne Zweige.

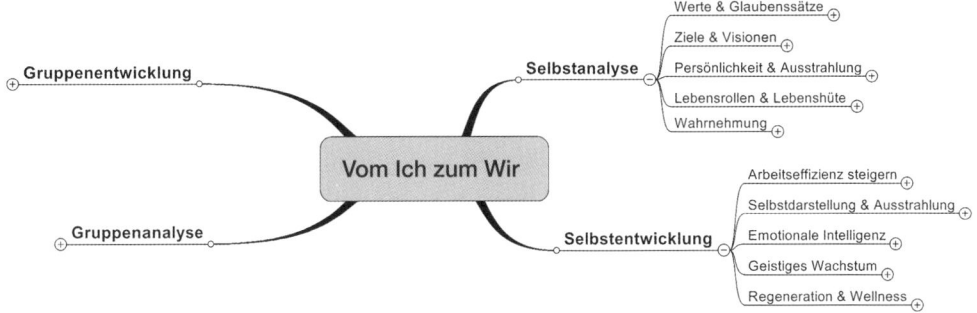

Abbildung 30: Mindmap aus der Strukturierungsphase dieses Buches

Mindmaps sind deshalb so gut für kreatives Arbeiten geeignet, weil sie die linke und rechte Gehirnhälfte optimal miteinander kombinieren. Wie Wissenschaftler herausgefunden haben, ist die linke Gehirnhälfte des Menschen rational, an Logik und Zahlen orientiert sowie auf Analyse, Sprache und Zeitempfinden fixiert. Die rechte Gehirnhälfte hingegen ist der kreative Part: Formen, Bilder, Strukturen, Farben, Muster, Raumvorstellung, Analogien, Zusammenhänge und Emotionen haben hier ihren Ursprung oder werden hier verarbeitet.

Linke und rechte Gehirnhälfte

Da Sie bei Mindmaps sowohl eine logisch-rationale sowie eine hierarchische Strukturierung von Informationen vornehmen, diese aber gleichzeitig spielerisch mit Farben in einer anschaulichen Form visualisieren, nutzen Sie das Potenzial beider Gehirnhälften optimal aus.

Mindmaps können Sie per Hand auf Flipcharts oder großen Tafeln entwickeln. Einfacher, komfortabler und für die Weiterbearbeitung effizienter ist jedoch der Entwurf am Computer mit entsprechender Mindmap-Software. Ein empfehlenswertes Programm ist der „MindManager" der Firma Mindjet, von dem Sie sich unter www.mindjet.de auch eine kostenlose Testversion herunterladen können. Ebenfalls gibt es schon freie Software für das Erstellen von Mindmaps.

143

635-Methode/Brainwriting

**6 Mitarbeiter,
3 Vorschläge,
5 Minuten**

Eine Alternative zum klassischen Brainstorming ist das Brainwriting. Auch hier geht es um das Sammeln und Fördern kreativer Ideen.

Das bekannteste Verfahren für das Brainwriting ist die 635-Methode. Die Zahl 635 steht dabei für 6 Mitarbeiter, die jeweils 3 Vorschläge oder Ideen innerhalb von 5 Minuten auf ein Blatt schreiben. Nach diesen 5 Minuten werden die Blätter im Uhrzeigersinn weitergereicht. Dabei sollen die Vorschläge des Nachbarn weitere eigene Ideen anregen. Jeder schreibt drei weitere Vorschläge auf das Blatt seines Nachbarn und reicht es nach 5 Minuten weiter, bis der Kreis einmal durchlaufen ist. Insgesamt werden so innerhalb von kurzer Zeit sehr viele Ideen zusammenzutragen. Der durch die Zeitvorgabe von 5 Minuten ausgelöste Druck kann dabei kreativitätsfördernd sein, beschränkt die Technik aber eher auf die Behandlung einfacher, übersichtlich strukturierter Probleme. Gut geeignet ist die 635-Methode zum Beispiel zum Finden von Textüberschriften, Titeln oder Namen.

Denkhüte und Denkstühle

Nicht nur bei der Bewältigung von Konflikten ist es hilfreich, sich in die Situation eines anderen zu versetzen, sondern auch im Bereich der Kreativitätstechniken. Denkhüte und Denkstühle helfen, ein Thema besser zu verstehen, überzeugendere Argumentationsketten zu erkennen oder nur einmal eine andere Perspektive zu beleuchten. Feste Vorgehensweisen zur Kreativitätsförderung, wie verschiedene Techniken, etwa die „Sechs Denkhüte" von Edward de Bono oder die „Drei Denkstühle" von Walt Disney, zeigen außergewöhnlich gute Ergebnisse in der Anwendung.

**Träumer, Kritiker,
Realisten –
der Rollenwechsel**

Von Walt Disney berichtet man, dass dieser bei der Suche nach Problemlösungen oder neuen Ideen abwechselnd in drei Rollen geschlüpft ist: die des Träumers, die des Kritikers und die des Realisten. Um den Rollenwechsel bewusster zu machen, gab es für jede Rolle einen extra Platz, einen extra Stuhl, einen extra Raum. Die Verbindung mit dem Wechsel des Platzes erleichtert das Umschalten zwischen den einzelnen Rollen erheblich.

Der Kreativitätsforscher Edward de Bono schlägt in seinem Modell **6-Hüte-Modell**
der Denkhüte sechs statt drei Rollen vor. Denkhüte ermöglichen die
Trennung zwischen der Aussage und der Person, die sie einbringt.
Aussagen werden unter einem bestimmten Hut gemacht, und nicht
unbedingt dem Teilnehmer zugeschrieben, der sie geäußert hat.
So können die Teilnehmer unter der Deckung des Hutes Dinge
äußern, die gesagt werden müssen, aber möglicherweise sonst
niemand aussprechen würde. Zudem werden die Teilnehmer durch
die Hüte praktisch zum Perspektivenwechsel gezwungen, selbst
wenn sie sich sonst nicht in die Rolle eines anderen versetzen können oder wollen. Die Hüte können Sie gegebenenfalls auch durch
Karten, Armbinden oder Stühle ersetzen.

Tabelle 5: Die 6 Denkhüte von Edward de Bono

Hutfarbe	Rolleneigenschaften
Weiß	Informationen, Tatsachen, neutral, keine Wertung erlaubt
Rot	Intuition, Gefühle, Feuer, Wärme
Schwarz	Kritik, Bedenken, Vorsicht
Gelb	Sonnenschein, optimistische Haltung, Vorteile
Grün	Neue Ideen, Originalität, weitere Alternativen, schöpferisch, kreativ
Blau	Leitung, Objektivität, Vogelperspektive, übergeordnete Sichtweise, Orientierung

Zukunftswerkstatt

Eine weitere Methode, um Anregungen und konkrete Ideen zum
Beispiel zur Verbesserung der Arbeit in einem Bereich zu entwickeln, ist die Zukunftswerkstatt. Dabei handelt es sich um eine als
Workshop realisierte Veranstaltung, die am besten extern und fern-
ab von Störungen und Ablenkungen des Tagesgeschafts mit mindestens zehn Teilnehmern durchgeführt und in drei Phasen unterteilt
wird: die Kritikphase, die Kreativphase und die Umsetzungsphase.

1. Kritikphase

In der Kritikphase tragen alle Teilnehmer Kritikpunkte, Missstände **Sammlung**
und mögliche Probleme zusammen und äußern möglicherweise **aller Einwände**

vorhandene Unzufriedenheit. Alle Punkte werden von einem Moderator zusammengefasst, geordnet und strukturiert, sodass sie zur späteren Verarbeitung zur Verfügung stehen. Hauptziel ist, dass alle Teilnehmer ihrem Ärger Luft machen können, den Kopf frei bekommen und sagen dürfen, was ihnen nicht gefällt. Auf diese Art „befreit", können sie konstruktiv in die Kreativphase übergehen.

2. Kreativphase

Sammlung von Lösungsansätzen
In der Kreativphase gilt es, wie im Brainstorming, möglichst viele neue Ideen zu finden und Lösungsansätze zu entwickeln. Auch hier muss dabei eine offene, grundsätzlich erst einmal wertungsfreie Atmosphäre herrschen. Kreativitätshemmer wie Beurteilen, Besserwissen und Perfektionismus werden bereits zu Beginn vom Moderator untersagt. Stattdessen sind Fehler, Spinnereien, Fantasie, Offenheit und Ausprobieren erlaubt. Ziel ist es, möglichst viele neue und möglicherweise auch erst einmal unreife Ideen zu finden.

3. Umsetzungsphase

Praxisanwendung der Lösungsansätze
In der Umsetzungsphase werden die gefundenen Ideen nun bewertet und strukturiert. Es wird besprochen, ob und wie Sie die Ideen in die Praxis umsetzen können. Ausgewählte Lösungsansätze werden von Teilgruppen bearbeitet und konkretisiert. Für die realistischen Lösungsideen werden Maßnahmenpläne für deren Umsetzung erarbeitet. Für den Moderator ist es in dieser Phase wichtig, noch einmal auf die Bedeutung, den Wert und die Notwendigkeit der vielen Ideen einzugehen, auch wenn mancher der gesammelten Ansätze nicht realisiert werden kann. Auf diese Weise erhalten Sie eine offene Atmosphäre für die nächste Zukunftswerkstatt, sodass keiner das Gefühl hat, seine Teilnahme wäre sinnlos, weil seine Vorschläge sowieso nicht angenommen werden. Schließlich setzt Kreativität ja auch immer die richtige, positive Einstellung und den Glauben in eine Problemlösung voraus.

Eine Ideensammlung führen

Ideen sofort aufschreiben
Mit den verschiedenen Kreativitätstechniken lassen sich neue Lösungsansätze und Ideen fördern, aber nicht erzwingen. Kreativität steht selten direkt auf Abruf bereit. Haben Sie jedoch manchmal in den abwegigsten Situationen clevere Ideen? Dann heißt es: „Sofort aufschreiben!" – Fertigen Sie sich eine persönliche Ideensammlung

an. Sie können mit einem einfachen Zettel in Ihrer Brieftasche oder einer Seite in Ihrem Kalender oder Notizbuch beginnen. Wenn Sie häufig am PC sitzen und mit Mindmaps arbeiten, macht es Sinn, eine Ideen-Map anzulegen. Dort können Sie über die Zeit hinweg fixe Ideen, Wünsche und Vorsätze festhalten, sodass diese nicht wieder vergessen und bei Bedarf eingebracht werden können.

Kreativitätshemmer und -barrieren

Kreative Lösungen und Ergebnisse fördern Sie nicht nur durch den Einsatz passender Kreativitätstechniken, sondern auch durch den Abbau von Kreativitätshemmern und Kreativitätsbarrieren. Typische Kreativitätshemmer sind dabei in Tabelle 6 aufgelistet.

Tabelle 6: Kreativitätshemmer und Lösungsansätze

Kreativitätshemmer	Lösungsansatz
Pessimismus	Weisen Sie darauf hin, dass kreative Lösungen in einer offenen und optimistischen Atmosphäre entstehen.
Risiko statt Chance sehen, Sicherheitsdenken	Verdeutlichen Sie, dass jedes Risiko gleichzeitig eine Chance sein kann. Betonen Sie, dass Optimismus und Erfolg aus Chancen-Denken entstehen.
„Ja, aber"-Sager	Manipulieren Sie durch Vorwegnahme von Einwänden: „Sie werden jetzt sicherlich gleich sagen, dass das sowieso nicht funktioniert …"
Leistungsdruck	Leistungs- und Zeitdruck kann mitunter Kreativität fördern – in den meisten Fällen behindern sie jedoch innovative und kreative Lösungen. Sorgen Sie für ausreichend Freiraum zur Anwendung von Kreativitätstechniken.
Hang zu sofortiger Ideen-Bewertung	Machen Sie klar, dass in der Phase kreativer Ideenfindung Quantität vor Ideenqualität geht und instrumentalisieren Sie diesen Ansatz als verbindliche Regel.
Konservatismus	Zeigen Sie Verständnis für die Neigung, an herkömmlichen Dingen und Wegen festzuhalten. Betonen Sie die Notwendigkeit und Chancen, auch für neue und kreative Lösungen offen zu sein.

Kreativitätshemmer	Lösungsansatz
Betriebsblindheit	Sorgen Sie für neue Perspektiven durch externe Berater oder Kollegen mit anderem Hintergrund/Herkunft. Weisen Sie einzelnen Personen spezifische Denkhüte/Rollen zu, um sie in eine bestimmte Perspektive zu versetzen.
Ablenkung	Sorgen Sie für eine ungestörte Arbeitsatmosphäre. Wechseln Sie gegebenenfalls den Standort.
Fehlende Methodenkompetenz	Erarbeiten und vermitteln Sie Kreativitätstechniken, um stockender Kreativität auf die Sprünge zu helfen.
Voreingenommenheit	Machen Sie klar, dass Kreativität die Offenheit für neue Wege erfordert. Nehmen Sie alle Einwände und Bedenken auf – Skeptiker sollen sich den Kopf frei reden, bevor es weitergeht.

Reflektieren Sie einmal kritisch, inwieweit Sie selbst oder Ihre Kollegen und Mitmenschen in bestimmten Situationen zu diesen Kreativitätsbarrieren neigen. Wie so oft gilt: Das Erkennen eines Problems ist der erste Schritt zur Lösung. Sind Sie für mögliche Barrieren kreativer Arbeitsergebnisse sensibilisiert, können Sie diese sehr viel schneller erkennen, ansprechen oder bereits Gegenmaßnahmen einleiten.

Lerntechniken und Gedächtnistraining

Dynamik der Wissensentwicklung Das uns zur Verfügung stehende Wissen verdoppelt sich in immer kürzeren Zeitabständen. Die Anforderungen an Beschäftigte und Unternehmen steigen im harten Wettbewerb auf dem Markt permanent an, und die Aufnahme dieses grenzenlosen Wissens ist schlicht unmöglich. Die Zeit der Universalgelehrten ist lange vorbei. Zudem sind solche „Genies" im Rahmen fortschreitender Arbeitsteilung seltener gefragt; vielmehr wird gefordert, dass Sie auswählen, sich spezialisieren und Prioritäten setzen. Auf der anderen Seite gewinnt man regelmäßig den Eindruck, die Forderungen nach mehr Spezialisten oder mehr Generalisten bzw. fachübergreifend Ausgebildeten wechseln sich in konstantem Rhythmus ab.

Die wachsenden Anforderungen machen das Paradigma des lebenslangen Lernens heute aktueller denn je. Um das geforderte Wissen dabei nicht nur aufzunehmen (Effektivität), sondern den Wissenserwerb auch in kürzerer Zeit und zu möglichst geringen Kosten zu vollziehen (Effizienz), sind konkrete Methoden gefragt.

Lebenslanges Lernen

Lerntechniken zur strukturierten und effizienten Aufnahme von Wissen
Unter dem Sammelbegriff der Lerntechniken bieten Ihnen diese Methoden konkrete Anleitungen und Konzepte, wie Wissen strukturierter aufgenommen und verarbeitet werden kann. In besonderem Maße werden im folgenden Kapitel biologische und psychologische Aspekte der Konzentration, des Aufbaus und der Arbeitsweise des Gehirns sowie verschiedene Lerntypen mit ihren spezifischen Persönlichkeitseigenschaften berücksichtigt.

Das Methodenwissen über wesentliche Lerntechniken sowie die Anwendung adäquater Werkzeuge und Hilfsmittel zur Unterstützung von Lernvorgängen bilden die Basis für effektives und effizientes Lernen.

Lernstrategien für unterschiedliche Lerntypen – auditiv, visuell, praktisch
Die Identifikation eines Lernkonzeptes wird durch den Lernenden sowie sein Umfeld determiniert. Es entwickeln sich in dieser Kombination die unterschiedlichsten Lerntypen, welche jeweils individueller Lernstrategien bedürfen, um das gewünschte Wissen so effizient wie möglich zu vermitteln und aufzunehmen. Wie können Sie am besten lernen? Wie haben Sie in der Schule, in der Ausbildung oder im Studium hauptsächlich Wissen aufgenommen? Wie kurzfristig vor Prüfungen haben sie begonnen zu lernen? Vermutlich ist Ihnen bereits mehr oder weniger bewusst, welcher Lerntyp Sie sind, und Sie können dies lediglich nicht konkret auf einen Punkt oder ein Schema ableiten. Die Identifikation des Lerntypus ist unmittelbar ausschlaggebend zur Wahl der geeigneten Lernstrategien. Die klassischen Lerntypen sind im Folgenden spezifiziert.

Individuelle Lernstrategien

Lerntypen

Lernen durch Hören

Auditive Lerntypen lernen durch Hören. Sie können sich gesprochene Informationen in der Regel besser merken als gelesene. Sie lernen Vokabeln oder als Schauspieler Texte durch Kassetten, CDs oder TV.

Lernen durch Sehen

Visuelle Lerntypen lernen durch Sehen. Sie behalten Gelesenes und Gesehenes besser als Gesprochenes. Schaubilder, Diagramme, Flowcharts oder Mindmaps visualisieren Informationen und unterstützten dadurch, dass man sich an die Inhalte besser erinnert. Visuelle Lerntypen können Ihnen genau sagen, an welcher Stelle auf einer Buchseite die gewünschte Information ungefähr zu finden war und ob die Information auf der linken oder rechten Buchseite stand. Geeignete Lernmittel sind Videoworkshops, Visualisierung von Zusammenhängen in Mindmaps, Ursache-Wirkungs-Diagrammen oder Flussdiagramme.

Lernen durch praktische Betätigung

Praktisch veranlagte Lerntypen lernen Informationen durch praktische Betätigung. Sie schreiben umfangreich mit, erarbeiten Diagramme Schritt für Schritt noch einmal neu und lernen durch die praktische Umsetzung theoretischer Sachverhalte. Hier geht es vor allem um kinästhetische Reize, das heißt, Fühlen im Sinne von Anfassen, in der Hand halten und mit eigenen Händen „praktisch" ausführen und probieren.

Möglichst viele Sinne ansprechen

In der Regel gehört niemand ausschließlich einer der vorangegangenen Gruppen an, sondern zeigt lediglich eine Präferenz für diese oder jene bestimmte Art der Informationsaufnahme. Ein ganzheitliches Lernkonzept spricht daher möglichst viele Sinne an und kombiniert so die Vor- und Nachteile einzelner Medien. Ein Beispiel: Vokabeln lassen sich besonders effektiv lernen, wenn Sie diese zuerst im Kontext eines fremdsprachigen Textes in einem Lehrbuch finden. Durch Übung können Sie die neuen Wörter aktiv verwenden, über die Audio-CD oder Kassette zum Lehrbuch im Kontext beobachten und schließlich über Vokabelkarteikarten unterwegs beim Warten auf den Bus wiederholen.

Das zusätzliche Anordnen von Vokabeln in Sinngruppen auf einer Tafel oder einem Flipchart fördert das Lernen durch das Schaffen von Assoziationen. So lassen sich Begriffe leichter merken, wenn Sie in Zusammenhang mit anderen Wörtern aus der gleichen Rubrik gelernt werden, zum Beispiel Vokabeln für Lebensmittel gleichzeitig mit Kücheneinrichtungsgegenständen. Je mehr Sinne Sie beim Lernen ansprechen, desto besser können Sie sich Informationen merken. Zudem macht ein regelmäßiger Medienwechsel das Lernen abwechslungsreich, weniger monoton und damit in der Regel auch angenehmer.

Schon aus diesem Grund kann beispielsweise TV-Werbung äußerst erfolgreich sein, was die Platzierung von Werbebotschaften betrifft. Professionelle TV-Werbung spricht mehrere Sinne an: das Sehen, das Hören und durch emotionale Appelle auch das Fühlen. Eine solche Komposition fördert die Einprägsamkeit und Merkfähigkeit im Langzeitgedächtnis signifikant.

TV-Werbung spricht mehrere Sinne an

Lernort und Lernzeit

Entscheidend für erfolgreiches Lernen sind unter anderem die äußeren Rahmenbedingungen, insbesondere die Umgebung. Wann immer Sie lernen wollen: Versuchen Sie, eine ruhige, entspannte Atmosphäre und ein angenehmes Ambiente zu schaffen. Sie sollten den Kopf so weit wie möglich frei von anderen Dingen haben, bevor Sie neues Wissen aufnehmen und zum Beispiel sich intensiv auf Prüfungen vorbereiten.

Für die notwendige Konzentration sollten Sie ausgeschlafen sein und externe Störquellen minimieren. Vielen Menschen hilft das Joggen, um sich nach einem anstrengenden Tag oder bei mentalen Belastungen durch Probleme, aufgeschobene Entscheidungen und Stress den Kopf freizulaufen.

Lärm ist einer der größten Konzentrationshemmer. Vermeiden Sie es, das Radio oder den Fernseher beim Lesen und Lernen laufen zu lassen. Fühlen Sie sich mit musikalischer Untermalung beim Lernen wohler, nutzen Sie entsprechende Entspannungs- und Instrumentalmusik. Klaviermusik und Naturgeräusche lenken in der Regel nur minimal ab. Verzichten Sie jedoch auf Radiosendungen mit Rock,

Lärm vermeiden

Pop sowie Nachrichten und Werbespots. Richten Sie regelmäßige Zeitfenster für das Lernen ein, in denen Sie sich von Kollegen, Mitarbeitern und/oder Mitbewohnern abschotten und auch einmal das Handy abschalten. Schalten Sie bei einem laufenden PC den Monitor ab, um nicht durch eingeblendete Meldungen über Nachrichten eines Programms, wie eines Instant Messengers oder Kalenders, sowie in Bearbeitung befindliche Dokumente abgelenkt zu werden.

Lernzeremonie Sorgen Sie für ausreichend Licht, legen Sie sich bereits im Voraus das benötigte Material (Bücher, Stifte, Papier und so weiter) zurecht und nehmen Sie eine gerade Sitzhaltung ein. Es macht nicht nur Sinn, im Rahmen Ihres Zeitmanagements regelmäßig feste Zeitabschnitte für das Lernen zu reservieren, sondern über einen festen Lernort aus dem Lernvorgang eine Lernzeremonie zu machen.

So ist es für Lern- und Aufnahmebereitschaft äußerst förderlich, ein festes Umfeld für das Lernen zu wählen, das optimalerweise von Ihrer normalen Umgebung abgegrenzt werden kann. Nicht jedem mag die Bibliothek seiner Universität, Firma oder Stadt eine angenehme Lernumgebung sein. Sie verspricht jedoch im Gegensatz zum heimischen Wohnzimmer oder Büro von sich aus eine gewisse „Lern-Aura", die mental aktivierend wirkt. Jedes Mal, wenn Sie sich auf einem bestimmten Stuhl in einer bestimmten Ecke Ihrer Bibliothek niederlassen, schaltet Ihr Unterbewusstsein automatisch in den „Lern-Modus".

Vermeiden Sie eine mentale „Überbelegung" von Plätzen. So kann es kontraproduktiv sein, zu Hause auf dem Bett liegend zu lernen, da der Körper und Geist unbewusst auf den Zusammenhang von Bett und Einschlafen programmiert sind.

Leistungsfenster Eine passende Lernzeit besteht jedoch nicht nur aus möglichst festen und regelmäßigen Zeitfenstern, sondern vor allem aus einer an der persönlichen Leistungskurve orientierten Zeitwahl. Konzentrations- und leistungsstarke Zeiten liegen bei den meisten Menschen zwischen 9 Uhr und 11 Uhr sowie 15 Uhr und 16 Uhr. Meiden Sie typische Leistungstiefs wie 12 Uhr bis 14 Uhr bzw. die Zeit direkt nach dem Mittagessen.

Eine sich an der persönlichen Leistungskurve orientierende Zeitplanung, ein regelmäßiges Zeitfenster und ein fester Lernort tragen dazu bei, Geist und Körper in einen konzentrierten „Lern-Modus" zu versetzen. Zuträglich im Sinne eines Lernzeremoniells können auch zusätzlich Elemente sein, die Ihre Stimmung und Ihr Wohlgefühl heben und jederzeit wiederholt werden können. So kann ein bestimmter Tee oder das vorherige Aufsetzen eines Kaffees Sie möglicherweise in die richtige Stimmung bringen und als Ritual einen Lernblock einleiten.

Grundsätzlich gilt darüber hinaus zu beachten, dass regelmäßiges Lernen in kleinen Lerneinheiten effektiver als schubweises Lernen kurz vor Prüfungen ist. Diese Regelmäßigkeit und rechtzeitige Vorbereitung erfordert Selbstdisziplin. Betrachten Sie Lernen und Prüfungsvorbereitungen als wichtig und verschieben Sie diese nicht, bis sie dringend werden.

Regelmäßiges Lernen in kleinen Einheiten

„Hardware" – Gehirnaufbau

Das Gehirn besteht aus zwei Hälften, deren Eigenschaften und Funktionen sich stark voneinander unterscheiden. Die Kenntnis der Unterschiede zwischen linker und rechter Gehirnhälfte ermöglicht, bestimmte Arbeitsweisen und Charakterzüge von Mitmenschen besser einschätzen und verstehen zu lernen, aber auch sich selbst zu verstehen und seine Kreativität, sein Lernverhalten und seine Arbeitseffizienz zu fördern. In Tabelle 7 auf Seite 154 werden die funktionalen Stärken der linken und rechten Gehirnhälfte dargestellt.

„Software" – Gedächtnisarten

Es gibt drei Gedächtnisarten: das Ultrakurzzeitgedächtnis, das Kurzzeitgedächtnis und das Langzeitgedächtnis. Das Ultrakurzzeitgedächtnis wird auch als Gegenwartsbewusstsein bezeichnet. Es nimmt eine Vielzahl von Reizen und Informationen auf, zum Beispiel Verkehrsschilder im Straßenverkehr, vergisst sie aber in Sekundenbruchteilen wieder.

Drei Gedächtnisarten

Das Kurzzeitgedächtnis hat eine wesentlich geringere Aufnahmekapazität als das Ultrakurzzeitgedächtnis. Dafür kann es Informationen länger speichern, zum Beispiel Telefonnummern beim Ab-

Tabelle 7: Funktionale Stärken der linken und rechten Gehirnhälfte

Linke Gehirnhälfte ("digitale" Gehirnhälfte)	Rechte Gehirnhälfte ("analoge" Gehirnhälfte)
Zahlen, Daten, Fakten	Bildhaftes Vorstellungsvermögen
Vernunft, Logik, analytischer Verstand	Muster, Formen, Strukturen
	Intuition
Sprache, Lesen, Schreiben	Kreativität
Regeln, Gesetze	Zusammenhänge
Linear – Schritt für Schritt	Überblick, ganzheitliche Sicht
Zeitempfinden	Kunst, Musik, Tanz, Zeichnen
Auswendiglernen von Einzelinformationen	Farben
	Raumempfinden
	Körpersprache

tippen von einer Visitenkarte oder Wörter beim Abschreiben aus einem Buch. Das Langzeitgedächtnis versetzt den Menschen in die Lage, Informationen über lange Zeit, sogar bis zum Lebensende zu memorieren. Die Kapazität des Langzeitgedächtnisses ist sehr groß, der Zugang zu den dort gespeicherten Informationen jedoch im Vergleich zu den beiden Formen des Kurzzeitgedächtnisses schwer.

"Gatekeeper" zwischen Gedächtnisebenen filtern Wichtiges von Unwichtigem

Zwischen den drei Ebenen des Gedächtnisses entscheidet das Bewusstsein, symbolisch ausgedrückt über so genannte "Gatekeeper" (Torwächter), was wichtig und was unwichtig ist. Auf diese Weise werden unwichtige Reize gefiltert und nur als wichtig erachtete Informationen länger gespeichert. Dieser Mechanismus schützt unser Bewusstsein vor Reizüberflutung, führt jedoch auch dazu, dass wir Informationen und Wissen nicht speichern, wenn uns dieses nicht aktuell oder in absehbarer Zeit von Nutzen ist.

Die Prozesse des Vergessens sind bis heute noch weitgehend ungeklärt. Wissenschaftler streiten über Theorien, dass Gedächtnisspuren infolge organischer Prozesse im Nervensystem mit der Zeit auf natürliche Weise verwischen und Gedächtnisinhalte mit der Zeit systematisch verzerrt werden, zum Beispiel neu Gelerntes bisheriges Wissen modifiziert und zum Teil ersetzt. Aktives Erinnern,

Wiederholen, Rekapitulieren und das so genannte „Überlernen" sind Methoden, dem Vergessen bzw. einem zunehmend schwerer werdenden Erinnerungsprozess wirksam zu begegnen.

Gehirngemäßes Lernen: links und rechts

Die Unterscheidung zwischen linker und rechter Gehirnhälfte hat für Lerntechniken wie Kreativitätstechniken entscheidende Bedeutung. Ebenso wie eine ausgewogene Lernstrategie verschiedene Medien zur auditiven, visuellen und praktischen Wissensaufnahme und -verarbeitung beinhaltet, sollten Sie auch den Besonderheiten der Fähigkeiten der einzelnen Gehirnhälften im Lernkonzept Rechnung tragen.

Analogien und Zusammenhänge, Emotionen und ganzheitliches Erfassen basieren auf der rechten Gehirnhemisphäre. Personen, die primär mit der rechten Gehirnhälfte arbeiten, lernen spielerisch. Sie sind kreativ, verwenden Farben und Formen, um Dinge zu visualisieren und zu veranschaulichen. Sie lassen sich von Emotionen steuern, entscheiden häufig eher aus dem Bauch, als intensiv nach Fakten zu suchen und Situationen bis ins letzte Detail zu analysieren.

Eine „linkshirnige" Person lernt am besten über logisch strukturierte Fakten. Sie ist in der Regel wenig kreativ, geht Probleme sehr analytisch und strukturiert an und arbeitet nach Plan. Unser Bildungssystem neigt dazu, vornehmlich die linke Gehirnhälfte anzusprechen und auch die Konzeption wissenschaftlichen Arbeitens zielt fast ausschließlich auf die strukturierte Arbeits- und Denkweise rationaler, „linkshirniger" Menschen ab. Da jedoch die reine Informationsaufnahme durch die linke, digitale Gehirnhälfte allein für das Verstehen nicht immer ausreicht, strebt man auch hier nach Visualisierung in Form von Schaubildern, Ablauf- und Flussdiagrammen etc. In der Regel haben Sie ein intuitives Verständnis davon, wie Sie lernen, denken und handeln. Das konkrete Bewusstmachen jedoch ermöglicht Ihnen erst, auch die richtigen Techniken und Lernmedien für Ihre Lernvorgänge als Unterstützung einzusetzen.

Gehirnhälften und Lernen

Stärken der rechten Hirnhemisphäre

Stärken der linken Hirnhemisphäre

Ein sehr spannendes Buch zu den besonderen Eigenschaften und Fähigkeiten verschiedener Persönlichkeitstypen ist „Omnisophie" von Gunter Dueck. Im Rahmen seiner philosophischen Darstellungen zur Kategorisierung der Menschen in richtige, natürliche und wahre Menschen beleuchtet er auch die Auswirkungen, ob jemand überwiegend die linke oder die rechte Gehirnhälfte in seinem Denken nutzt.

Lernformen & Lerntheorien

Aneignen von Kenntnissen, Fähigkeiten, Gefühlen und Verhaltensweisen Lernen ist das Aneignen von Kenntnissen und Fähigkeiten. Im weiteren Sinne der Psychologie können auch Gefühle und Verhaltensweisen „erlernt" werden. In der Wissenschaft setzen sich vor allem die Pädagogik, die psychologische Lerntheorie und die Verhaltensforschung mit dem Prozess des Lernens auseinander. In der Lernforschung werden verschiedene Lernformen und Lerntheorien diskutiert, zum Beispiel das klassische Konditionieren, operantes oder instrumentelles Konditionieren und Lernen durch Einsicht. Klassisches Konditionieren beispielsweise geht auf die in den 1940- und 1950er-Jahren durchgeführten Experimente im Umfeld von Pawlow zurück. Der bekannte Pawlowsche Hund reagierte auf einen Glockenton mit Speichelfluss, da er „gelernt" hatte, dass mit diesem Klangsignal die Gabe von Futter verbunden war. Dieses einfache Lernschema basiert auf einem Reiz-Reaktionsmuster nach dem psychologischen Konzept des Behaviorismus.

Wandel der Lerntheorien im Laufe der Zeit Die Wirksamkeit einzelner Lernformen und Lernstrategien wird regelmäßig verworfen. Wo früher das klassische Pauken und der Einsatz von Bedrohung und Bestrafung (Züchtigung) als Mittel zur Steigerung der Lernleistung angesehen wurden, fokussieren sich moderne Konzepte auf das Lernen zum Selbstlernen (Autodidaktik), lebenslanges Lernen und Lernen am Erfolg.

Lernforscher unterscheiden darüber hinaus zwischen absichtlichem, das heißt, bewusstem und zielgerichtetem Lernen, und unbeabsichtigtem Lernen. Beispiele dafür sind das zielgerichtete Lernen in der Schule für Prüfungen – im Gegensatz zum unbeabsichtigten Lernen von Sprache bei Kleinkindern.

Elementar wichtig für Lernen und Lernerfolg ist neben der Begabung und Intelligenz vor allen Dingen die Motivation des Lernenden. Um sich und andere entsprechend zu motivieren, ist es wichtig, Ziele zu setzen und den Nutzen zu verdeutlichen, der sich aus dem Lernstoff ziehen lässt. Mehr dazu lesen Sie im weiter hinten folgenden Abschnitt „Strategien für bessere Gedächtnisleistung".

Begabung, Intelligenz, Motivation des Lernenden

Lernen mit anderen

Im Rahmen seiner theoretischen Ausbildung sieht sich jeder mit der Abwägung konfrontiert, ob er lieber allein oder in der Gruppe lernen möchte. Dazu kommt die Überlegung und Auswahl, mit wem es sich gegebenenfalls am besten gemeinsam lernen lässt.

Lerngruppen bieten Ihnen den Vorteil, sich gegenseitig helfen, abfragen und motivieren zu können. Lernpartnerschaften fördern Ihre kommunikativen Fähigkeiten und verhelfen Ihnen häufig zu mehr Spaß und Interesse am Lernen. Dazu kommt ein positiver Nebeneffekt. Treffen Sie sich mit einer Lerngruppe zu einem festen, regelmäßigen Termin, übt die Gruppe an sich in gewisser Weise auch einen disziplinierenden Zwang aus, wirklich regelmäßig zu lernen. Dem entgegen steht die Beobachtung, dass Lernen allein häufig konzentrierter und damit effektiver erfolgt. Auch der Zeitaufwand reduziert sich oft bei gesetztem Lernergebnis deutlich, da weniger Ablenkung erfolgt. Weiterhin müssen Sie im Gegensatz zum Lernen in der Gruppe keine Rücksicht auf unterschiedliche Lerngeschwindigkeit, Fortschritte und andere Befindlichkeiten nehmen. Sie bleiben in puncto Lerntempo, Lernort und Lernzeit flexibler. Auf der anderen Seite verzichten Sie auf die Möglichkeit, bei Unklarheiten schnelle und effektive Hilfe von anderen Mitgliedern der Lerngruppe zu erhalten.

Vor- und Nachteile des Gruppenlernens

So gesehen hängt die Entscheidung primär von Ihren Möglichkeiten und Ihrem Willen ab, sich mit anderen zum Lernen zu arrangieren. Inwieweit Lernen in der Gruppe für Sie einen Mehrwert schafft, ergibt sich darüber hinaus aus der Zusammensetzung der Gruppe. Lässt sich aufgrund unterschiedlicher Stärken und Schwächen ein Mehrwert durch gegenseitiges Helfen realisieren, wäre der Verzicht auf das Lernen in der Gruppe ein Verzicht auf eine effektive „Win-Win-Konstellation". Gleichzeitig kann jedoch

Gruppenzusammensetzung

157

die Partizipation an einer Lerngruppe, welche wesentlich unter Ihrem persönlichen Niveau diskutiert, selten konkreten Mehrwert für Sie erzeugen.

Es bleibt zu erwähnen, dass die Lerngruppe eine sehr gute Ergänzung Ihres Lernkonzepts sein kann. So können Sie zum Beispiel in der Lerngruppe das bereits Gelernte diskutieren oder sich gegenseitig abfragen.

Strategien für bessere Gedächtnisleistung

Verbinden und Verknüpfen von Inhalten
Nicht immer müssen Sie komplexe Zusammenhänge lernen und langfristig abrufen können, sondern sich lediglich an triviale Dinge wie Namen, Telefonnummern oder die Einkaufsliste erinnern. Doch wie lassen sich solche Dinge merken, die scheinbar und allein stehend keinen Sinn ergeben? Der Schlüssel liegt häufig im Verbinden, Verknüpfen und dem Schaffen künstlicher Kontexte, in deren Zusammenhang die jeweilige Information besser einzuordnen und zu merken ist.

Im folgenden Abschnitt erfahren Sie einige grundlegende Strategien zur Verbesserung Ihrer Gedächtnisleistung in solchen Situationen sowie einige praktische Tipps, mit denen Sie Ihre Lernleistung und Merkfähigkeit im Handumdrehen verbessern können.

Interesse, Motivation und klares Lernziel

Intrinsische und extrinsische Motivation
Die Motivation unseres Schaffens ist in den meisten unserer Aktionsbereiche für den Erfolg unseres Handelns ausschlaggebend. Im weiten Sinn zählt zu dieser Motivation der innere Antrieb, etwas aus Überzeugung zu tun (intrinsische Motivation) und der äußerlich induzierte Antrieb (extrinsische Motivation) durch materielle oder immaterielle Belohnung (Geld oder soziales Ansehen). Subsummieren lässt sich diese Motivation auf einen Anreiz oder ein Ziel. Demzufolge lernen wir umso effektiver und effizienter, je mehr wir einen konkreten Sinn in der Aktivität sehen.

Lernleistung steigt mit klaren Zielen
Wenn Sie wissen, wofür Sie etwas lernen, fällt es Ihnen erstens wesentlich leichter, und zweitens merken Sie sich die entsprechenden Informationen auch besser bzw. länger. Hier liegt häufig der

Knackpunkt zwischen guten und schlechten Schulleistungen: Wer keinen Sinn und keine Verwendungsmöglichkeit für das vermittelte Schulwissen erkennt, wird mangels Motivation wenig Energie und Anstrengung in das Lernen der jeweiligen Inhalte investieren. Das Motto „Das brauche ich doch nie wieder …" erstickt somit jede positive Lernleistung im Keim.

Gefragt sind in dieser Situation keine simplen Überzeugungs- und Manipulationstechniken. Extrinsische Motivierung im Sinne von Belohnung ist hier zwar ein Mittel, jedoch kein langfristig wirksames, strategisches Instrument. Der einzige Schlüssel zu guter Lernleistung liegt darin, dem Lernenden den Nutzen, eine Verwendungsmöglichkeit sowie die Zusammenhänge zu anderen Fachgebieten oder Problemen darzulegen. Motivierung erfolgt hier durch Sinngabe.

Jede geistige Höchstleistung resultiert aus entsprechender Motivation. Wissenschaftliches Denken und Arbeiten ist essenziell und hat viel zum heutigen Wohlstand auf der Erde beigetragen. Doch kein Wissenschaftler wird erfolgreich lernen, forschen und lehren können, wenn er darin nicht auch einen praktischen Sinn sieht. Diese Praxisrelevanz findet sich auf verschiedenen Ebenen wieder. Erstens lernen wir tendenziell nur die Dinge gern, die wir glauben, in der Praxis auch anwenden und „nutzen" zu können. Nutzen und Anreiz sind auch hier das ausschlaggebende Paradigma. Zweitens manifestiert sich diese Praxisrelevanz im tatsächlichen Anwenden. Gelerntes, was Sie tatsächlich anwenden, wird dauerhaft in Ihrem Gedächtnis auf Abruf bereitstehen.

Praxisrelevanz des Wissens

Ein exemplarischer Beleg für die Kraft der Motivation und Anwendung beim Lernen:

Hinterfragen Sie einmal, was Sie oder eine Ihnen nahe stehende Person alles über das eigene Hobby wissen. Sie sind mit Eifer, Freude, Begeisterung, Beharrlichkeit und Konzentration bei der Sache und empfinden das Lernen nicht als Pflicht, sondern als angenehmen Nebeneffekt. Vergleichen Sie dagegen Ihr Schulwissen bzw. das, was davon in bestimmten Bereichen noch übrig geblieben ist. Fast alle Informationen, die Sie in der Schule aufgenommen, jedoch nie wieder

Lernen im Kontext des eigenen Hobbys bereitet Freude

benötigt haben, scheinen sich nach einigen Jahren bereits verflüchtigt zu haben.

Anwenden ist besser als wiederholen

Gleiches gilt auch für dieses Buch: Sie können eine schier unbegrenzte Menge an Informationen aufnehmen, und Sie haben bereits im Rahmen dieses Buches eine Menge gelesen, was Techniken, Vorgehensweisen und Verhaltensweisen im privaten wie beruflichen Leben angeht. Doch all dies wird Ihnen nicht lange im Gedächtnis bleiben, wenn Sie sich nicht bewusst und selektiv für die für Sie besonders relevanten Inhalte entscheiden und diese im täglichen Leben umsetzen und nutzen. Machen Sie sich bewusst, welchen bedeutenden Einfluss Ihre Motivation auch auf Ihre allgemeine Wahrnehmung und Informationsaufnahme hat. Man mag es mitunter nicht glauben, doch empirisch wird es immer wieder belegt: Wir sehen nur das, was wir sehen wollen. Es handelt sich hier um das alt bekannte Prinzip der „self-fulfilling prophecy" (selbsterfüllende Prophezeiung), nach dem wir immer nach den Beweisen Ausschau halten, die das belegen, „was wir schon immer wussten". Auf das Lernen bezogen gilt gleichermaßen: Wir sehen nur das, was uns interessiert, was wir brauchen oder was anderweitig für uns wichtig und relevant scheint.

Interesse und intrinsische Motivation als Schlüssel zu erfolgreichem Lernen

Die Schlussfolgerung: Je größer das Interesse und die (möglichst intrinsische) Motivation, umso höher die zu erwartende Lernleistung. Klare Vorteile, Ziele und Nutzen herauszuarbeiten, fördert somit die eigene Lernleistung, aber auch die Ihrer Mitmenschen, wenn Sie dieses zum Beispiel bei Freunden, Familienmitgliedern oder Mitarbeitern initiieren wollen.

Wiederholung mit zunehmenden Zwischenräumen
Eine klassische Strategie zum Optimieren der Lern- und Gedächtnisleistung ist das Wiederholen. Jeder von uns kennt die Bedeutung und Funktion des Wiederholens seit seiner Schulzeit. Interessant und weniger bekannt sind Erkenntnisse, dass Wiederholen mit zunehmenden Zeitabständen nicht nur effektiv, sondern auch effizient ist. Die Begründung dafür liegt in der Art und Weise, wie unser Gehirn Informationen aufnimmt und vom Ultrakurzzeitgedächtnis über das Kurzzeitgedächtnis in das Langzeitgedächtnis speichert.

Diese Erkenntnis machen sich Karteikartenkästen mit mehreren, unterschiedlich großen Fächern zunutze: Bekannt vor allem aus dem Bereich der Vokabelkarteikarten ermöglichen diese Kästen, gehirngerecht zu „pauken". Beginnen Sie mit dem ersten, relativ kleinen Fach. Hier passen beispielsweise 30 Karteikarten hintereinander. Jede Karte, die Sie richtig beantwortet haben, wandert in das Fach 2. Dieses bietet Platz für 50 Karten. Sobald Fach 2 voll ist, werden die dort vorhandenen Karten wiederholt. Jede richtige Wiederholung wandert nun in Fach 3, fehlerhaft beantwortete Karten gehen zurück in Fach 1. Das Prinzip vollzieht sich bis zum 5. Fach, welches über 150 Karten sammeln kann. Durch den wachsenden Umfang der Fächer dauert es immer länger, bis das jeweilige Fach voll ist. Damit steigt auch die Zeit zwischen den Wiederholungen jeder einzelnen Karte. Haben Sie nach diesem Prinzip jede Vokabel fünf Mal überprüft und „gelernt", stehen die Chancen sehr gut, dieses Wort tatsächlich langfristig gelernt zu haben.

Formalisiertes Wiederholen mit Karteikartenkästen

Schlafen steigert Merkleistung

Achten Sie darauf, dass das Gehirn Ruhephasen bekommt, um das Gelernte zu verarbeiten und zu speichern. Dieser Vorgang läuft vor allen Dingen im Schlaf ab, wenn Bewusstsein und Unterbewusstsein Zeit haben, aufgenommene Informationen zu ordnen, zu kategorisieren, mit bestehendem Wissen zu verknüpfen und tatsächlich im Gehirn zu verankern. Gönnen Sie sich gerade nach intensiven Lernphasen oder lehrreichen Tagen ausreichend Schlaf, das heißt, mindestens 7 Stunden, um das neue Wissen aktiv in vorhandenes Wissen einzuweben.

Ruhephasen zur Verarbeitung neuer Informationen zu Wissen

Visualisieren und Emotionalisieren

Sie lernen und merken sich Dinge umso besser, je intensiver die damit verbundenen Eindrücke, Gefühle und Assoziationen sind. Versuchen Sie daher Einzelinformationen, trockene Fakten, aber auch Zusammenhänge zu visualisieren. Nutzen Sie Kreativwerkzeuge wie Flipcharts, Metaplanwände, Tafeln, Mindmaps oder zur Not eben ein weißes Blatt Papier und einen Bleistift, um abstrakte Informationen in einem Bild zu veranschaulichen.

Starke Emotionen und Sinneseindrücke steigern Lernleistung

Markante Bilder, am besten gepaart mit intensiven Gefühlen, sind die beste Grundlage, sich etwas zu merken. Doch es geht nicht nur um das Merken im Sinne vom stupiden, maschinellen Speichern von Informationen. Lernen im Sinne von Verstehen setzt das Erfassen und Begreifen von Informationen und ihren Zusammenhängen voraus. Hier ist Visualisierung umso bedeutender. Sie begreifen nur dann etwas wirklich, wenn Sie eine Vorstellung, das heißt, ein Bild von einem Begriff haben. Unbewusst hören oder äußern wir oft Aussagen wie „Das kann ich mir nicht vorstellen", „Wie stellen Sie sich das denn vor?" oder „Wie soll das denn aussehen?". Hier kommt der Wunsch zum Ausdruck, etwas zu veranschaulichen und konkret und greifbar zu machen.

Einsatz von Bildern, Farben und Formen

Kommen Sie diesem Wunsch nach und lassen Sie Bilder, Farben und Formen sprechen. Nutzen Sie Ihre Fantasie, um Aussagen in Form von Diagrammen, Skizzen, Karikaturen, Bildern, Mindmaps oder Kollagen zu verpacken. Geben Sie sich selbst und anderen Menschen ein Bild von Dingen, und Sie können eher darauf hoffen, dass diese Dinge verstanden und akzeptiert werden. Je greifbarer Sie etwas darstellen, umso geringer ist in der Regel die Ablehnung und die Angst vor dem Unverständlichen, Komplexen und daher möglicherweise Gefährlichen und Riskanten.

Die Kraft der Visualisierung und Emotionalisierung macht sich auch das Marketing mit der uns täglich umgebenden Werbung zunutze: Kurze und prägnante Sprüche, Reime, intensive eindrucksvolle Bilder sowie der Appell an Gefühle wie Spaß, Sicherheit, Schönheit oder Geborgenheit sorgen dafür, dass wir die zu vermittelnde Information auch möglichst gut verinnerlichen. Ebenso lässt sich die Vermittelbarkeit von langweiligem, trockenem Stoff steigern, indem dieser mit Bildern und Gefühlen verknüpft wird. Dramatisieren Sie scheinbar langweiligen Stoff, zum Beispiel in Form von Geschichten oder Szenarien („Stellen Sie sich vor …").

Wirkung von Visualisierung und Emotionalisierung hängt vom Lerntyp ab

Wie groß die Faktoren Visualisierung und Gefühle für die individuelle Lernleistung und Merkfähigkeit sind, hängt zum Teil vom individuellen Lerntyp ab. Kreative, intuitive und gefühlsbetonte Menschen, die viel unter Nutzung der rechten Gehirnhälfte denken und handeln, können durch Visualisieren und Emotionalisieren

Ihre Lernleistung gemeinhin stärker steigern, als tendenziell rationale und „linkshirnige" Menschen in der Lage sind.

Assoziationen und Eselsbrücken

Unterschiedliche Menschen sind unterschiedliche Lerntypen und verfolgen verschiedene Lernstrategien. Eine grundsätzliche und damit übergreifend effektive Vorgehensweise ist dabei aber das Bilden von Assoziationen, im Volksmund vielfach als Eselsbrücken bekannt. Eine Assoziation muss nicht zwingend eine Eselsbrücke im engeren Sinn sein. Eselsbrücken sind jedoch in jedem Fall Assoziationen. Gedankliche Verbindungen fördern vernetztes Denken – Ähnlichkeiten mit neuronalen Netzen im Rahmen künstlicher Intelligenz sind nicht zufälliger Natur. Je schwieriger eine Information oder eine Reihe von Daten zu merken ist und je höher die Verwechslungsgefahr, umso mehr können Sie Ihre Merkfähigkeit und Erinnerungsleistung durch Assoziationen steigern.

„Eselsbrücken"

Solche Assoziationen können im Schriftbild, im Lautbild, in der Verknüpfung mit Personen, Erlebnissen, durch Reime oder Merksprüche liegen. Ein gutes Beispiel findet sich im Bereich des Vokabellernens: Wer bereits eine oder zwei Fremdsprachen erlernt hat, zum Beispiel Englisch und Französisch, wird beim Lernen einer weiteren Sprache wie Spanisch oder Italienisch sehr viele Ähnlichkeiten feststellen. Diese Ähnlichkeiten erleichtern einerseits das Erlernen beim „Vokabeln-pauken", andererseits ermöglichen sie auch, Wörter zu entschlüsseln und zu übersetzen, die Sie in der jeweiligen Sprache noch nie gesehen haben. Die Tabelle 8 zeigt solche Ähnlichkeiten, die das Lernen erleichtern.

Tabelle 8: Ähnlichkeiten, Assoziationen und Eselsbrücken erleichtern das Lernen

Deutsch	Französisch	Spanisch	Italienisch
Haben	Avoir	Haber	Avere
Fühlen	Sentir	Sentir	Sentire
Halten	Tenir	Tener	Tenere
Kommen	Venir	Venir	Venire

Welcher Art eine vorhandene oder künstlich gebildete Assoziation ist, spielt für die Wirkung nur eine untergeordnete Rolle. Hauptsache und entscheidend ist, dass Sie Informationen, Wissensbausteine oder Erfahrungen miteinander verknüpfen, um sich diese besser merken zu können.

Assoziatives Lernen anhand von Fallstudien Der Vorteil von Assoziationen für die Merkfähigkeit und Veranschaulichung von Wissen zeigt sich so auch an anderer Stelle, zum Beispiel bei Fallstudien (so genannten „Case Studies") im Rahmen von Studium und Weiterbildung. Managementkonzepte oder -methoden lassen sich einzeln pauken. Viel besser merken lassen sie sich jedoch, wenn jedes Konzept oder jede Methode mit einer konkreten Geschichte bzw. einem Fallbeispiel verknüpft wird.

Wenn Sie sich eine neue Kontonummer oder eine PIN zum Einloggen in Ihr Onlinebanking merken müssen, können Sie das Notwendige mit dem Nützlichen verbinden. Merken Sie sich die jeweilige Nummer anhand der Tastenfolge, die Sie beim Eingeben der Nummer auf dem Zahlenblock der Tastatur eintippen.

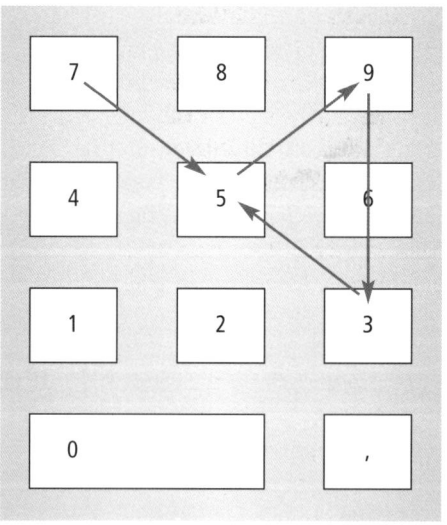

Abbildung 31: Zahlenfolgen durch Visualisierung auf Zahlenblock merken

Wer sich häufig in das Onlinebanking-Modul seiner Bank einloggt, gibt diese Zahlenfolge nach einer Weile nahezu unbewusst und intuitiv ein. Wer dann bei der Angabe seiner Bankverbindung für eine Überweisung nach seiner Kontonummer sucht, kann den Tippvorgang vor seinem Auge passieren lassen und so die Kontonummer rekonstruieren.

Gruppierung von Zahlen

Unser Kurzzeitgedächtnis kann sich maximal sieben Elemente in einem Zeitzusammenhang merken. Bei Telefonnummern oder Kontonummern, die mehr als sieben Ziffern enthalten, müssen Sie also zu Tricks und Techniken greifen. Die typische Vorgehensweise: Sie gruppieren Ziffern zu Zahlenblöcken, das heißt, größeren Einheiten. Dies kann zum Beispiel die Bildung von Zweierblöcken sein, wie sie bei der Angabe von Telefonnummern auf Visitenkarten üblich ist. Auch eine Bankleitzahl wie 20041111 kann durch Gruppierung und Assoziationen leichter gemerkt werden: Aus 20041111 wird 2004 und 1111, daraus wiederum 200, 4, und 4 x 1.

Gruppieren zu wenigen, aber größeren Einheiten

Wörter im Raum gedanklich aufhängen

Wollen Sie sich bestimmte Begriffe innerhalb eines Kontextes merken, zum Beispiel den aktuellen Einkaufzettel, hilft das gedankliche Aufhängen im Raum. So können Sie die einzelnen Artikel gedanklich an den einzelnen Stellen des Supermarktes an der Decke aufhängen. Dies mag am Anfang ungewohnt sein, schafft aber eine Visualisierung und gedankliche Assoziation, die das Lernen fördert. Je ungewöhnlicher eine solche Assoziation oder Visualisierung, umso höher der Merkeffekt. Gerade, weil es ungewohnt und lächerlich wirkt, am Ende des Supermarkts gedanklich den Schinken von der Decke hängen zu sehen oder der Dame am Backwarenstand zwei Brote als Ohrringe im Gesicht hängen zu lassen, können Sie sich zum Abrufzeitpunkt im Supermarkt mit hoher Sicherheit daran erinnern, dass Sie zwei Brote kaufen sollten.

Prägnante Visualisierungen fördern die Lernleistung

Geschichtentechnik

Wenn Sie sich lose Begriffe ohne einen spezifischen Kontext merken müssen, schaffen Sie sich diesen Kontext selbst. Erzeugen Sie einen künstlichen Kontext, indem Sie die Begriffe zu einer Geschichte verknüpfen. Dies ist auch praktisch, wenn es für eine

Einzelfakten durch eine Geschichte assoziieren und so zuverlässig merken

Wortfolge zwar einen groben Kontext gibt, dieser aber nicht hilfreich ist. Müssen Sie Inhalte mit fehlendem oder wenig unterstützendem Kontext lernen, versuchen Sie, die einzelnen Begriffe in eine möglichst prägnante Geschichte einzubetten. Beispiel: Sie sollen die Artikel „Milch, Salami, Spaghetti, Gurke" verknüpfen. Eine exemplarische Möglichkeit, sich diesen „Einkaufszettel" über eine kurze Geschichte zu merken, lautet wie folgt:

„Als der Bauer gerade die Kuh molk, um frische Milch für die Familie zu bekommen, kam ein Italiener und erschlug ihn mit einer Salami. Dann rannte er ins Haus. Die Bäuerin genoss gerade eine Gesichtsmaske mit Gurkenscheiben auf den Augen, so konnte er unbemerkt die Spaghetti aus dem Haus stehlen."

Das mag im Einzelfall übertrieben kompliziert scheinen, wenn Sie sich jedoch unbedingt relativ zusammenhangslose Begriffe merken müssen, ohne Notizen zu verwenden, kann ein künstlich geschaffener Kontext ein wirkungsvolles Werkzeug sein.

Karteikarten

Vorteile des Lernens mit Karteikarten

Ein hilfreiches Lernwerkzeug sind Karteikarten. Sie vereinen verschiedene Vorteile: Strukturierung und Portionierung, Handlichkeit, Lernen in Zusammenhängen, Verschlagwortung und die Einsatzmöglichkeit von mehrstufigen Karteikartenkästen zur Wiederholung.

Karteikarten strukturieren Lernstoff und Inhalte in kleine, überschaubare Häppchen. Statt eines Textwustes von voll beschriebenen A4-Seiten werden die Inhalte in überschaubare Einheiten aufgeteilt. Das macht die Inhalte übersichtlicher und motiviert zum Lernen in kleinen Schritten. Karteikarten gibt es in verschiedenen Größen, von A5 bis hin zum Visitenkartenformat. Je kleiner diese Karten sind, umso leichter lassen sie sich in der Jacken- oder Hosentasche transportieren. So können Sie kleine Vokabel-Karteikarten im Visitenkartenformat jederzeit in der Jackentasche mit sich herumtragen und beim Warten auf öffentliche Verkehrsmittel, beim Arzt oder in ähnlichen Situationen nutzen.

Außerdem fördern Karteikarten besonders das Bilden von Zusammenhängen und das Lernen von Informationen in Zusammenhängen. Auch dies lässt sich am Beispiel der Vokabel-Karteikarten veranschaulichen: Jede Karteikarte sammelt eine Anzahl von Begriffen, die allesamt zu einem speziellen Themenbereich gehören und somit untereinander im Zusammenhang stehen. Da das Gehirn assoziativ arbeitet, lassen sich semantisch gruppierte Informationen deutlich effektiver lernen als zusammenhangslose Zusammenstellungen von Wörtern. Der stark begrenzte Platz auf Karteikarten zwingt automatisch zu Verschlagwortung und Prägnanz. Das Lernen mit Karteikarten zwingt Sie, den Lernstoff auf das Wesentliche zu reduzieren. Die Verschlagwortung in Stichpunkten fördert darüber hinaus das Abstrahierungsvermögen. Statt langer Texte und Abbildungen müssen Sie das Wesentliche auf abstrakte Stichwörter reduzieren.

Lernen von zusammenhängenden Einheiten

Ein weiterer Vorteil beim Lernen mit Karteikarten liegt in der Einsatzmöglichkeit von speziellen Karteikartenkästen. Diese weisen mehrere Fächer auf und ermöglichen das strukturierte Steuern des Wiederholens beim Lernen. Verschiedene Anbieter offerieren zum Beispiel Vokabelkartei-Karten in entsprechenden Pappkästen, die fünf Fächer enthalten. Das erste Fach ist relativ klein, die vier folgenden werden immer größer. Das Arbeiten mit solchen Kästen ist äußerst effektiv:

Motivierendes Lernen mit Karteikartenkästen

- Sie bearbeiten die neuen Karten in Fach 1.
- Alle Vokabelkarten, die Sie können, legen Sie in Fach 2 ab.
- Sobald Fach 2 voll ist, bearbeiten Sie den Stapel in Fach 2.
- Alle Vokabelkarten, die Sie ein zweites Mal konnten, legen Sie in Fach 3. Nicht mehr gewusste Vokabeln landen wieder in Fach 1.
- Nach und nach wandern alle Karten bis zum 5. Fach. Ist eine Karte dort angekommen, haben Sie alle Vokabeln bereits viermal erfolgreich wiederholt.

Da die Fächer nach hinten immer größer werden, steigt der Zeitabstand zwischen zwei Wiederholungen. Das entspricht effektivem Lernen: Die Wiederholungsfrequenz sollte am Anfang höher sein und später abnehmen. Am Anfang benötigen Sie mehrere Wiederholungen innerhalb kurzer Zeitabstände. Ist das Wissen einmal im Langzeitgedächtnis verankert, genügt eine Reaktivierung in sinkenden Zeitabständen, um das Wissen aktiv zu halten.

Reimworte beim Zahlenlernen

Reime erleichtern das Merken von Zahlen Assoziationen lassen sich beim Lernen auch durch Reime bilden. Wenn Sie sich beispielsweise die PIN Ihrer EC-Karte merken müssen, versuchen Sie einen passenden Reim auf die Endzahl zu bilden. Ähnlich verfahren Sie mit Geburtstagen. Beispiele:

1374: *„Eins, drei, sieben, vier – immer hol' ich Geld mit Dir."*

2. 4.: *„Mit zwei – da konnt' ich stehen; mit vier auch endlich gehen."*

1975: *„Geboren fünfundsiebzig – sie war der Erde Lichtblick."*

So lächerlich diese Beispiele im Einzelnen wirken mögen, gerade das Schaffen solcher lächerlichen Assoziationen hilft überdurchschnittlich stark, sich Zahlen und Ziffernfolgen zu merken.

Mindmapping

Mindmapping als kreatives Lernwerkzeug Die im Abschnitt „Mindmapping" vorgestellte Technik hilft nicht nur als Kreativitätswerkzeug, sondern auch beim effektiven Lernen. Mindmaps visualisieren, zwingen zu Abstrahierung und Verschlagwortung und unterstützen die Bildung von Kontexten. Damit erfüllen Sie verschiedene Grundsätze erfolgreichen Lernens. Sie arrangieren das rationale, analytische und strukturierende Denken der linken Gehirnhälfte mit dem bildhaften Denken in Farben und Formen der rechten Hirnhälfte. Der Einsatz einer Mindmapping-Software ermöglicht darüber hinaus, untergeordnete Zweige beim Lernen ausblenden zu lassen und erst zur Kontrolle des Gelernten wieder einzublenden.

Rollenspiele

Rollenspiele fördern Lernen durch Erleben und Anwenden Auch Rollenspiele können das Lernkonzept stark bereichern, da sie die bewusst emotionale Auseinandersetzung mit einem Thema, einer Rolle und deren Inhalten, Denk- und Sichtweisen sowie einem bestimmten Verhalten forcieren. Der Bezug zu einer bestimmten Rolle hilft, die Informationen des jeweiligen Kontexts intensiv zu erleben und langfristig zu lernen. Beispiele finden sich auf allen Ebenen: In der Schule hilft das Nachspielen von historischen Ereignissen und deren charakteristischen Rollen, sich die Hintergründe und Verhaltensweisen von bestimmten Königen und Kaisern zu merken. Wer Geschichtsunterricht auf diese Weise live erlebt und gestaltet, wird sich auch Jahre später noch bildhaft an Einzelheiten des Lehrstoffes in diesem Zusammenhang erinnern. Ein weiteres Beispiel aus der Führungskräfteförderung ist das folgende: Sie werden in verschiedenen Rollenspielen aufgefordert, bestimmte Rollen einzunehmen, zum Beispiel die des Personalleiters im Einstellungsgespräch oder die des Abteilungsleiters in einer Konfliktsituation. Wer solche Situationen spielerisch erlebt, wird die Ratschläge und analysierten Fehler und Verhaltensweisen sehr viel besser im Langzeitgedächtnis ablegen und in ähnlichen Situationen auch abrufen können.

Wissensspiele

Je höher die Motivation zum Lernen, desto höher ist auch Ihre Lernleistung. Diese Motivation kann einerseits daraus resultieren, dass Sie sehr genau wissen, wofür Sie bestimmte Dinge lernen. Eine leistungssteigernde Motivation kann jedoch auch einfach aus Spaß bestehen, und Spaß resultiert in vielen Fällen aus Spiel. Insbesondere Kinder lassen sich damit zum Lernen motivieren – hier ist das Lernen aus Einsicht in sich bietende Chancen und Nutzen selten möglich. Aber auch Erwachsene können Spielen, Spaß und Lernen kombinieren und aus dem Lernen somit eine Freude spendende und sogar soziale Aktivität machen. Ein Spieleabend in der Familie oder unter Freunden mit Spielen à la „Trivial Pursuit" oder ähnlichen Quizspielen verbindet hier das Erfreuliche mit dem Nützlichen. Auch Geographicspiele des Formats „Wo liegt denn Honolulu?" sind eine wunderbare Möglichkeit, sich selbst und Kindern die Weiten des Planeten Erde greifbarer zu machen. Verschiedene Schwierigkeitsgrade sorgen dabei für eine gewisse Chancengleichheit zwischen Kindern und Erwachsenen.

Spiele fördern Lernen durch Spaß und Motivation

Experiment und Exkursionen

Sie lernen effektiver, je besser Sie Assoziationen zwischen Gelerntem und Erfahrungen, Erlebnissen oder anderem Wissen knüpfen können. Aus diesem Grund sind die bereits in der Schule regelmäßig durchgeführten Exkursionen und Experimente so hilfreich. Sie vermitteln trockenes Sachwissen auf eine abwechslungsreiche und

Lernen durch Versuch, Fehler und praktische Erfahrung

damit einprägsame und motivierende Art. Ob Betriebsausflüge zu anderen Werken, Betriebsstätten oder Tochterfirmen in einem besonderen Umfeld oder Studienreisen ins Ausland – am praktischen Beispiel lernen Sie schneller und können Gelerntes länger behalten.

Regelmäßige Übung macht den Meister

Ein gutes Gedächtnis erreichen Sie nur durch Training: Wer ständig lernt, der lernt auch zunehmend schneller, da er immer besser zu lernen lernt. Dies gilt analog für Ihre Leseleistung, aber auch die meisten anderen Bereiche, in denen Sie Meisterschaft oder zumindest Verbesserung suchen.

Halten Sie sich geistig fit — Ihre Lernfähigkeit nimmt im Alter nicht grundsätzlich ab, lediglich Ihre Lernleistung im Sinne von Schnelligkeit reduziert sich. Wenn Ihre Stoffwechselvorgänge insgesamt langsamer ablaufen, wird auch das Lernen langsamer. Diesem Prozess können Sie jedoch mit wachsendem Alter entgegenwirken, indem Sie regelmäßig und bewusst lesen und lernen. Viele alte Leute, die im Vergleich zu anderen gleichen Alters geistig „fitter" sind, verdanken dies dem beständigen Lernen. Das tägliche Kreuzworträtsel aus der Tageszeitung oder dem Rätselheft macht auf lange Sicht mehr aus, als wir uns gemeinhin vorstellen; es hält geistig aktiv.

Schnell-Lesetechniken

Lernen besteht zu einem Großteil aus Lesen. Doch nicht nur beim Lernen sind Sie darauf angewiesen, möglichst viele Informationen in möglichst kurzer Zeit aufzunehmen, zu verarbeiten und langfristig abzurufen, sondern auch im gesamten Alltag. Die Flut von Informationen, die täglich auf Schüler, Studenten, Angestellte, Führungskräfte und jede einzelne Privatperson einstürzt, nimmt monatlich zu.

„Vor einigen Jahrzehnten war es dem Durchschnittsbürger noch bequem möglich, die Informationsflüsse zu navigieren. Aber diese Flüsse haben sich jetzt in reißende Ströme verwandelt, die uns zu verschlingen drohen."

Tony Buzan

Neue Medien und Geräte zum Verwalten von Informationen tauchen auf und versprechen, zukünftig würde alles einfacher, schneller, übersichtlicher und besser. Das Dilemma: Kein altes Medium verschwindet wirklich. So erleichtert das Internet das Auffinden von Informationen signifikant, ist aber als neues Medium zu den bestehenden Medien wie Zeitungen, Zeitschriften und Büchern hinzugekommen. Lediglich in Einzelfällen hat es die Printmedien ersetzt. Im Regelfall ist es eher eine Ergänzung mit Zusatzinformationen und Zusatznutzen. Gleichzeitig beansprucht das Aufnehmen der online verfügbaren und generell digitalen Informationen jedoch auch zusätzliche Zeit.

Neue Medien tauchen schneller auf, als alte verschwinden

Wenn Sie viel lesen müssen, wollen Sie Ihren Lesevorgang so effektiv und effizient wie möglich gestalten. Effektiv bedeutet in diesem Zusammenhang, dass Sie die Informationen tatsächlich aufnehmen, verarbeiten und lernen. Effizient bedeutet, dass Sie dieses Ergebnis mit möglichst geringem Zeit- und Kostenaufwand erreichen. Schnell-Lesetechniken versprechen eine schnellere Informationsaufnahme. Wie das geht, und ob Sie dabei Gelesenes auch tatsächlich behalten können, lesen Sie in den folgenden Abschnitten.

Effektiver und effizienter Lesen mit Lesetechniken

Arten des Lesens und Lesestrategien

Schnell-Lesetechniken sind grundsätzlich nicht für alle Arten des Lesens geeignet. Häufig entscheidet die Art des Textes die zu wählende Lesestrategie, oft beeinflusst jedoch auch die individuelle Motivation, wie der Text gelesen wird. Die Art des Lesens ist dabei grundsätzlich vom Lesezweck abhängig. Sie lesen eine Zeitung anders als einen Vertrag, aber auch anders als einen Roman oder einen Brief. Sie lesen einen Brief Ihrer Bank anders als einen Brief eines Freundes oder einer Freundin. Gleichzeitig lesen Sie den gleichen Text auf zwei Arten, je nachdem, ob dieser zum Lesezeitpunkt wichtig, dringend und besonders nützlich ist, oder ob Sie ihn nur „zur groben Information" lesen. Auch Ihr Vorwissen zum Thema eines Artikels, die Textmenge, die hinter der Lektüre stehende Fragestellung und die Entscheidung, Notizen zu machen oder Wichtiges zu markieren, bestimmen die Geschwindigkeit und Intensität Ihres Lesevorgangs.

Typische Lesestrategien

Die einschlägige Literatur verwendet keine eindeutige Terminologie und Klassifizierung der verschiedenen Lesearten. Einige wesentliche Lesearten sollen jedoch im Folgenden näher beleuchtet werden, um den Einsatz verschiedener Lesetechniken und Lesestrategien der jeweiligen Situation optimal anpassen zu können. Sie können folgende Lesestrategien unterscheiden:

- Orientierendes Lesen
- Informatorisches Lesen
- Evasorisches Lesen
- Literarisches Lesen
- Kognitives Lesen
- Interpretierendes Lesen

Orientierendes Lesen

Struktur des Textes erfassen, Orientierung gewinnen

Orientierendes Lesen ist die oberflächlichste Form der Textaufnahme. De facto wird der Text an sich gar nicht durchgelesen, sondern lediglich in seiner Struktur erfasst. Beim orientierenden Lesen „scannen" Sie lediglich die Textvorlage und suchen nach so genannten „Eyecatchern". Dies können Symbole, Bilder, Überschriften, Einrückungen, Tabellen, Informationen in Marginalspalten am Seitenrand oder auch Zusammenfassungen sein. Sie überfliegen und analysieren Überschriften, verschaffen sich einen Überblick und lesen hier und da Textstellen an. Orientierendes Lesen ist eine typische Lesestrategie rationaler und nach Effektivität bestrebter Leser. Sie dient der Feststellung, ob ein Text und gegebenenfalls wie weit bzw. mit welcher Intensität der Text gelesen werden muss.

Informatorisches Lesen

Suche nach Einzelinformationen statt umfassender Zusammenhänge

Informatorisches Lesen ist die nächste Stufe nach dem orientierenden Lesen. Sie dient der allgemeinen Information, vorläufigen Unterrichtung und dem Gewinnen eines inhaltlichen Überblicks über ein Thema. Beispiele dafür sind die Verwendung von Lexika und Wörterbüchern, aber auch das schnelle Überlesen von Texten bei der Suche nach Schlüsselwörtern und Fachbegriffen. Beim informatorischen Lesen geht es Ihnen nicht darum, detailliertes und allumfassendes Wissen zu einem Thema zu erhalten. Vielmehr suchen Sie eine Einzelinformation in einem Kontext oder möchten den Kontext grob als Ganzes erschließen. Das informatorische

Lesen ist die typische Leseart von pragmatischen Lesern, die bei der Aufnahme von Texten nicht nach allen Details streben.

Evasorisches Lesen

Evasorisches Lesen ist das triviale Lesen zum Zeitvertreib ohne besonderen Anspruch. Typisch sind Groschenromane, Krimis oder Abenteuergeschichten, aber auch das Blättern in Illustrierten beim Friseur, in der Hotel-Lobby oder bei anderen Wartegelegenheiten.

Lesen als Ablenkung und Zeitvertreib

Der Leser strebt nach Ablenkung und Unterhaltung oder liest zur reinen Überbrückung einer Wartezeit, in welcher er weder Motivation noch Mittel hat, sich mit Sach- und Fachtexten auseinander zu setzen. Die Bezeichnung „evasorisch" ist abgeleitet vom lateinischen Verb „evadere" für herausgehen, entkommen oder entschlüpfen. Der typische Leser von Abenteuerromanen und Ähnlichem wird als emotional fantastischer Leser charakterisiert.

Literarisches Lesen

Auch das literarische Lesen dient weniger der Information durch Sach- und Fachtexte, sondern ist durch Genuss und Muße gekennzeichnet. In diesem Feld sind Schnell-Lesetechniken häufig nicht erwünscht. Ob Weltliteratur oder ein anspruchsvoll geschriebener Thriller – hier geht es Ihnen in den meisten Fällen nicht um das schnelle Beenden des Werkes, sondern um Unterhaltung und Entspannung mit Niveau. Auch nach der Aneignung von Schnell-Lesetechniken ist dieses literarische Lesen ohne weiteres weiterhin möglich. Sachtexte in Zukunft mit doppelter Geschwindigkeit zu lesen, bedeutet nicht, dass Sie danach nicht mehr Kant, Hesse oder auch Werke von Stephen King lesen könnten.

Lesen als Genuss unter Wahrnehmung der Textqualität

Literarisches Lesen im engen Sinne bezieht sich jedoch auch auf die Wahrnehmung von Textbesonderheiten in Form besonderer sprachlicher Qualität, dem Einsatz von stilistischen Figuren, dem Satzbau und der Wortwahl allgemein. Die Basis für diese anspruchsvolle Form des Lesens wird im Rahmen der Schulbildung durch die Vermittlung von Wissen über stilistische Hilfsmittel wie beispielsweise Reimschema, Strophenstruktur oder Versmaß geschaffen.

Der typische Leser dieser Gruppe wird als emotional fantastisch bis hin zu rational intellektuell charakterisiert.

Kognitives Lesen

Konzentriertes und verarbeitendes Lesen als Grundlage des Lernens

Kognitives Lesen ist die intellektuell höchste Form des Lesens, da es eine umfassende Verarbeitung des Gelesenen impliziert. Kognition bedeutet so viel wie Erkenntnis und Untersuchung und lässt sich auf das lateinische Verb „cognoscere" zurückführen. Dieses steht für erkennen, wahrnehmen, einsehen, erfahren und auch prüfen. Kognitives Lesen ist auch unter dem Begriff kritisches Lesen bekannt, da es eine gewisse Distanz des Lesers zum Gelesenen erfordert. Der Leser denkt nicht nur über die vermittelte Information nach, sondern auch über sich, die sich ergebenden Schlussfolgerungen und persönlichen Konsequenzen. Kognitives Lesen geht mit einem geistigen Prozess einher, indem Sie Zusammenhänge herstellen und Vergleiche zu ähnlichen Texten und persönlichen Erfahrungen vornehmen.

Kognitives Lesen erfordert ein relativ hohes Maß an Intellekt, wird aber bereits in der Schule durch entsprechende Fragen- und Aufgabenstellungen gefordert. Ziel ist, eine sachlich-kritische Distanz zum Text aufzubauen, um unreflektiertem Lesen und unkritischer Textgläubigkeit entgegenzuwirken. Beim kognitiven Lesen nehmen Sie nicht nur die enthaltenen Informationen auf der Sachebene auf, sondern verarbeiten sie parallel emotional auf der Gefühlsebene. Gleichzeitig überprüfen Sie permanent die sachliche Richtigkeit des Geschriebenen, die Vollständigkeit, versuchen den Textursprung und den Wahrheitsgehalt abzuschätzen. Kognitives Lesen ist die Voraussetzung für Wissenschaft und Forschung und kennzeichnet das typische Leseverhalten des rational intellektuellen Lesers. In der Praxis benötigen Sie kognitives Lesen, um Fachtexte analysieren und beurteilen zu können.

Interpretierendes Lesen

Lesen aus dem Blickwinkel des Autors und seiner Intentionen

Eine Sonderform des kognitiven Lesens ist das interpretierende Lesen. Hier ist die geistige Verarbeitung des Gelesenen weniger ichbezogen, sondern mehr auf den Verfasser fokussiert. Interpretierendes Lesen ist eine typische Leseart, die in den Schulen im Deutschunterricht trainiert wird. Sicherlich erinnern Sie sich noch mit Freude oder Leid an unzählige Interpretationen von Gedichten in der Schulzeit. Neben dem Identifizieren von rhetorischen Stilmitteln und Formalia, wie sie bereits im Rahmen des literarischen Lesens wahrgenommen werden sollten, wird beim interpretierenden Lesen auf die Verfasserintention Wert gelegt. „Was will uns der Dichter damit sagen?", ist wohl die typische Fragestellung beim interpretierenden Lesen. Welche Motivation verfolgt der Autor oder Herausgeber mit dem Text, welche Rahmenbedingungen und Hintergründe prägen die Textentstehung? Welche Absicht wird mit dem Text transportiert? Soll der Text an den Leser appellieren und ihn wachrütteln, soll der Text Fakten und Zusammenhänge aufdecken, soll er provozieren oder Denkanstöße geben?

Dass diese Leseart als letzte und als Sonderform des kognitiven Lesens in diesem Abschnitt auftaucht, hat einen konkreten Grund: Interpretierendes Lesen ist ebenso eine Art des Lesens, bei der typische Schnell-Lesetechniken wenig weiterhelfen.

Anspruch und Wirklichkeit

Damit sind Sie bereits an einer Stelle angekommen, an welcher Sie sich mit Anspruch und Wirklichkeit der Schnell-Lesetechniken auseinander setzen können. Lassen Sie sich von der Vielzahl der Bücher und Seminare zum Thema „Schneller lesen" leiten, steckt in diesem Feld ein ungewöhnliches Potenzial, Ihre Leseleistung und damit auch Arbeitseffizienz zu steigern. Mit ein wenig Rechercheaufwand werden Sie jedoch ebenso eine beträchtliche Anzahl von Erfahrungsberichten von Seminarteilnehmern oder Lesern im Internet oder gar im Bekanntenkreis finden, welche sich eher kritisch zur Wirksamkeit von Schnell-Lesetechniken äußern. Häufig sind Anwälte die bevorzugte Klientel solcher Seminare, da diese berufsbedingt sehr viel und vor allen Dingen anspruchsvolle Texte lesen müssen: Gesetzestexte, Durchführungsbestimmungen, Erlasse, Urteile und Verschiedenes mehr.

Hohe Erwartungen an Schnell-Lesetechniken

Grundtenor ist dabei oftmals, dass mit Schnell-Lesetechniken lediglich ein schnelleres, oberflächliches Lesen realisierbar ist, wobei jedoch die erhöhte Geschwindigkeit durch geringere Informationsaufnahme erkauft wird. Gleichzeitig finden sich jedoch auch Anwälte, welche behaupten, Ihre Leseleistung nach professionellen und intensiven Einzeltrainings tatsächlich verbessert zu haben.

Messbarkeit durch Wörter pro Minute (WpM)
Gängig ist die Angabe der Leseleistung in Wörtern pro Minute (WpM). Diese lässt sich durch die im Folgenden dargestellten Tipps und Techniken tatsächlich steigern. Die WpM-Kennzahl darf jedoch nicht isoliert betrachtet werden, denn was nützt es Ihnen, zehnmal so viele Wörter zu lesen, wenn Sie den Inhalt nicht mehr adäquat erfassen und verarbeiten? Die Messbarkeit sollte daher im eigenen Interesse auch durch inhaltliche Tests erfolgen, das heißt, Sie müssen nach der Lektüre in verschiedener Form zu Papier bringen, was Sie vom Gelesenen behalten haben. Dies ist auch nach beschleunigtem Lesen häufig deutlich mehr, als Sie sich vorstellen können.

Wie alle Techniken und Vorgehensmethoden, die Sie sich aneignen, unterliegt auch das schnellere Lesen einer typischen Lernkurve. Lassen Sie sich daher nicht demotivieren, nach der ersten Phase der Euphorie in eine Phase der Desillusionierung zu fallen. Es folgen Schritt für Schritt weitere Lernphasen, bis Sie einen ersten stabilen Geschwindigkeitsgewinn in der Leistungsphase verzeichnen. Doch auch danach bedarf es regelmäßigen Übens und Lesens, um die Leseleistung zu fördern. Der oft erwartete Durchbruch in der persönlichen Arbeitseffizienz sind Schnell-Lesetechniken nicht. Die Wahrheit über den Nutzen der „Speed Reading"- oder „Reading Dynamics"-Bewegung liegt, wie so häufig, zwischen Anspruch und Wirklichkeit.

Typische Lesefehler

Die häufigsten Lesefehler
Einige Schnell-Lesetechniken erhöhen tatsächlich Ihre Leseleistung. Viele wirksame Maßnahmen beziehen sich in der Praxis jedoch eher auf die Schaffung optimaler Rahmenbedingung sowie die Vermeidung typischer Lesefehler. Diese werden im Folgenden vorgestellt:

- Vokalisieren
- Subvokalisieren
- Einsatz von kontraproduktiven Lesehilfen
- Rücksprünge und Wiederholungen beim Lesen
- Perfektionismus

- Zu viel auf einmal lesen wollen
- Schlechtes Lesegewissen durch Archivieren, Sammeln und Sortieren
- Unfähigkeit, Wichtiges von Unwichtigem zu trennen
- Lesen ohne Ziel und Orientierung
- Ablenkung und mangelnde Konzentration

Lautes Lesen – Vokalisieren

Einer dieser typischen Lesefehler ist das Vokalisieren, das heißt, das laute Mitlesen. Das Artikulieren des Gelesenen limitiert Ihre Lesegeschwindigkeit automatisch auf Ihre Sprechgeschwindigkeit – Erstere ist jedoch deutlich höher. Ihre Augen und Ihr Gehirn sind in der Lage, viel schneller zu lesen, als Sie Gelesenes aussprechen können.

Sie können schneller lesen als sprechen

Vokalisieren ist somit nur in wenigen Lesesituationen sinnvoll: Dazu gehören das Lesen für und vor Gruppen, das Lesen im Rahmen von Hörbüchern, aber auch das „Vorlesen", um Neugierde und Lesemotivation von Kindern zu wecken. Auch in der Grundschule ist es sinnvoll, Texte vorlesen zu lassen, da die Schüler dabei lernen und trainieren, Geschriebenes in Hörbares umzusetzen. Dies unterstützt die Erweiterung des aktiven Wortschatzes und individuellen Ausdrucksvermögens. Lautes Vorlesen kann dadurch die Basis für spätere Eloquenz (Redegewandtheit) bilden.

Gleichzeitig besteht beim lauten Lesen die Gefahr mechanischen Lesens ohne tatsächliches Verstehen. Das ist besonders beim Lernen von Fremdsprachen beobachtbar, wo Sie Texte lesen können, ohne sie tatsächlich zu verstehen.

Mechanisches Lesen ohne echtes Verständnis

Vermeiden Sie auch in diesem Zusammenhang, Fachtexte laut zu lesen, da Sie dann Ihre Konzentration tendenziell auf die Aussprache von Fachausdrücken sowie einen guten Leseklang fokussieren, anstatt sich uneingeschränkt auf das inhaltliche Erfassen der Aussage zu konzentrieren.

Lesen und innerlich mitsprechen – Subvokalisieren

Ein weiterer Hemmfaktor für effizientes Lesen ist das innerliche Mitsprechen. Wer beim Lesen die Aussprache vor dem inneren

Auge Revue passieren lässt („Wie würde es laut artikuliert klingen?"), schränkt sich in seiner Lesegeschwindigkeit fast so stark ein wie beim tatsächlichen Vokalisieren. Einziger Vorteil gegenüber der lauten Aussprache ist, dass Sie sich etwas weniger auf den tatsächlichen Klang Ihrer Stimme und die Außenwirkung gekonnten und bewusst artikulierten Lesens konzentrieren. Doch auch, wenn Sie den Text nur mit innerer Stimme vortragen, reduzieren Sie Ihre Lesegeschwindigkeit auf das Niveau durchschnittlicher Sprechgeschwindigkeit.

Lesehilfen wie Lineale oder Finger

Lineale oder „Lesefinger" verhindern freies Gleiten über den Text

Eine bei Kindern anzutreffende Angewohnheit ist der Einsatz von Linealen oder dem Finger als Hilfsmittel. Was Leseanfängern die Konzentration auf die jeweilige Zeile erleichtern soll, erweist sich jedoch als deutlicher Hemmschuh für flüssiges, freies und vor allem auch zügiges Lesen. Der Einsatz von Lesehilfen schließt jedes Schnell-Leseverfahren aus. Der Blick kann nicht frei über die Textvorlage gleiten, sodass überfliegendes und diagonales Lesen unmöglich ist. Gleichzeitig sorgt die Lesehilfe für eine reduzierte Konzentration, da die Koordination des eingesetzten Hilfsmittels zusätzliche Aufmerksamkeit auf sich zieht. Schon allein ein Zeilenwechsel kann durch das Umschieben und Ausrichten eines Lineals zu einem Gedankenabbruch führen und einen Rücksprung zur vorherigen Zeile erforderlich machen. Auch beim Lesenlernen für Kinder ist somit auf derartige Lesehilfen möglichst von Anfang an zu verzichten.

Rücksprünge und Wiederholen von Sätzen

Mehrfaches Lesen einer Passage

Viele Menschen lesen eine Wortgruppe, Zeile oder einen Absatz doppelt, wenn Sie glauben, etwas nicht verstanden zu haben, oder aufgrund mangelnder Konzentration einige Worte „verpasst" haben. Dies geschieht auch, wenn Sie den Faden verloren haben oder aber beim Vokalisieren den Text zwar artikuliert, nicht jedoch tatsächlich inhaltlich „wahrgenommen" haben.

Dabei ist durch Übungen festzustellen, dass das Gehirn Wörter oder Zahlen auch erfasst hat, wenn uns das nicht unbedingt bewusst ist. So gibt es Übungen, in denen Sie in einer langen Liste zwei- bis vierstelliger Zahlen eine Zahl nach der anderen für ein paar Millisekunden aufdecken und dann wieder verdecken sollen. Obwohl Sie im ersten Augenblick glauben, Sie müssten noch einmal nachschauen, um sicherzugehen, können Sie die Zahlen doch in fast allen Fällen niederschreiben. Das Zurückspringen erfolgt hier aus reiner Unsicherheit bzw. fehlender Erfahrung, dass Auge und Gehirn die Information auch im Bruchteil einer Sekunde erfasst haben. Um Rücksprünge oder das Wiederholen ganzer Sätze zu vermeiden, berücksichtigen Sie unbedingt die Hinweise im Abschnitt „Schaffung optimaler Rahmenbedingungen" weiter hinten und vermeiden Sie alle Arten von Ablenkungsfaktoren, Störquellen und den Hang zum Perfektionismus.

Perfektionismus und Erwartungshaltung

Eine typisches Hindernis für effizientes Lesen ist die Tendenz zum Perfektionismus. All zu oft versuchen wir, in Fachtexten wirklich alle Details zu erfassen, auch wenn diese für das Gesamtverständnis nicht zwingend erforderlich sind. So lesen wir unklare Stellen mehrmals, obwohl sich ein latent im Kopf vorhandenes Fragezeichen nach den folgenden Ausführungen in vielen Fällen automatisch erübrigt. Die Leseleistung lässt sich durch intensives Training mit einem gleich bleibendem Verständnisgrad steigern. Entspannen Sie jedoch Ihre Einstellung und Erwartungshaltung bezüglich der Informationsmenge bzw. dem Detaillierungsgrad aufgenommener Informationen. Nutzen Sie stattdessen bewusst und aktiv das Pareto-Prinzip für sich, wie es auch im Rahmen des Zeitmanagements bereits vorgestellt wurde.

Die Anwendung des Pareto-Prinzips beim Lesen

Nutzen Sie die empirische Erkenntnis, dass Sie mit 20 Aufwand bereits 80 Prozent des Ergebnisses erzielen. Es erfordert zwar Übung und Erfahrung sowie ein Mindestmaß an Vorkenntnis zum Thema des jeweiligen Textes, aber wenn Sie es schaffen, durch schnelles Überfliegen die 20 Prozent Sinn tragender Wörter, Fachbegriffe und relevanter Einzelfakten zu erfassen, haben Sie bereits 80 Prozent des tatsächlichen Informationsgehaltes gelesen. Es ist eine reine Kosten-Nutzen-Erwägung, sich mit diesen 80 Prozent zufrieden zu geben. Die Alternative besteht darin, mit zusätzlichen 80 Prozent Aufwand die restlichen 20 Prozent an Informationen auch noch zu erfassen, die jedoch in aller Regel an der Gesamterkenntnis nichts mehr verändern.

**Meist reichen
80 Prozent**

Es hängt vom Einzelfall ab, ob es sich für Sie tatsächlich lohnt, noch einmal das Vierfache der bisher aufgewendeten Ressourcen zu investieren, um noch das letzte Fünftel an Informationen zu gewinnen. Schneller lesen können Sie also bereits durch einen Verzicht auf Perfektion und das Zugeständnis zu einem ökonomischen Kompromiss, nämlich der 80/20-Regel von Pareto.

Zu viel auf einmal lesen

Vermeiden Sie den Fehler, das Lesen wichtiger oder für Sie interessanter Texte zu einem großen Job zu bündeln. Das Zusammenfassen gleicher Aufgaben und deren Abarbeitung „in einem Rutsch" macht zwar im Sinne effektiven Zeitmanagements in vielen Fällen Sinn. Machen Sie sich aber bewusst, dass gerade das Lesen und Lernen zwei Aktivitäten sind, die ein Höchstmaß geistiger Leistung verlangen und für die Ihre Aufnahmekapazität demzufolge begrenzt ist. Sie kennen sich selbst und wissen ganz genau, dass und ab welchem Punkt Ihre Konzentrationsfähigkeit deutlich einbricht, wann Sie keine Lust oder Muße mehr haben, weiterzulesen.

**Weniger Text
direkt zu lesen,
ist besser, als
mehr Text später**

Der Grundsatz in diesem Zusammenhang lautet: Weniger Text direkt zu lesen, ist deutlich besser, als viel Text später zu lesen. Nutzen Sie das Prinzip der kleinen Schritte. Sie kommen durch viele kleine, regelmäßige und kontinuierliche Schritte besser zum Ziel, als bedeutende Aufgaben und Tätigkeiten im „Hauruck"-Verfahren und mit entsprechend reduzierter Motivation hinter sich zu bringen. Teilen Sie große Projekte wie das Durcharbeiten eines 1200-Seiten-Fachbuches in kleine, überschaubare Abschnitte auf. Jeden Tag 20 Seiten lesen ist realistisch und motivierend. Sie verschaffen sich jeden Tag ein kleines Erfolgserlebnis, das gesetzte Ziel erreicht zu haben. Wenn Sie lediglich planen, die 1200 Seiten als Ganzes zu lesen, werden Sie vermutlich auch an den Tagen ein schlechtes Gewissen haben, an welchen Sie sogar 25 Seiten gelesen haben. Beugen Sie dem inneren Kritiker („Du könntest schon viel weiter sein") vor, indem Sie sich messbare Zwischenziele und Erfolge verschaffen.

**Schlechtes Lesegewissen durch Archivieren,
Sammeln und Sortieren**

Ein Hemmfaktor für erfolgreiches und konzentriertes Lesen ist der Sammeltrieb. Viele Menschen neigen dazu, fehlende Zeit zum Lesen dadurch kompensieren zu wollen, wichtige und lesenswerte Texte zu sortieren und zu sammeln. Dieses Archiv nicht gelesener, aber noch zu lesender Materialien bringt jedoch keinerlei Erkenntnis, im Gegenteil. Alle Stapel, die Sie nicht binnen eines Monats abbauen, haben nur einen Effekt: Sie verursachen ein schlechtes Lesegewissen und bedrücken Sie in Ihrer Unbefangenheit.

Ein riesiges Archiv ungelesener Materialien bedrückt

Stapel ungelesener Artikel, Zeitschriften und Ausdrucke belasten Ihr Unterbewusstsein wie jede andere unerledigte und aufgeschobene Aufgabe; sie schränken Sie in Ihrem freien Denken ein. Statt unbefangen mit einem freien Kopf nach vorn zu schauen, Neues aktiv und wach aufzunehmen, tragen Sie permanent das bedrückende Gefühl unerledigter Dinge mit sich herum. Das Sammeln soll das Lesen ersetzen, das dann von Woche zu Woche verschoben wird und am Ende häufig nie passiert. Außer innerem Stress und einem schlechten Gewissen haben Sie dann nichts gewonnen.

Egal, ob Sie den Stapel auf dem heimischen Schreibtisch oder im Büro lagern – immer wenn Sie das betreffende Zimmer betreten und den Stapel erblicken, meldet sich Ihr innerer Kritiker zu Wort: „Ach ja, das wollte ich doch noch lesen", „Das liegt schon so lange dort, das muss ich demnächst wirklich mal machen" bis hin zu Niedergeschlagenheit des Formats „Ich habe mein Leben nicht mehr richtig im Griff. Überall stapeln sich Dinge, ich komme zu nichts mehr. Alles bricht über mir zusammen …".

Lassen Sie es nicht so weit kommen. Hier hilft nur eines: konsequentes Wegwerfen, Ausmisten und „Nein"-Sagen.

Wegwerfen und ausmisten

Unfähigkeit, Unwichtiges nicht zu lesen

Sie können Ihre Leseeffizienz nicht nur erhöhen, indem Sie schneller lesen. Entscheidend ist vor allen Dingen eine effektive Prioritätensetzung und bewusstes Entscheiden gegen irrelevante Texte. Das größte Problem vieler Menschen mit der Informationsflut ist die

Am schnellsten sind Sie, wenn Sie Irrelevantes gar nicht erst lesen

181

Unfähigkeit, Dinge konsequent abzulehnen, Nein zu sagen und Zeitschriften, Texte oder andere Dokumente ungelesen in den Papierkorb zu befördern. Die Flut von Fachmagazinen, Seminarunterlagen und Fachbeiträgen zum jeweiligen Arbeitsgebiet oder Hobby scheint unerschöpflich – ebenso unerschöpflich müsste der vorhandene Zeitvorrat sein, um alle Publikationen zu sichten.

Statt viele Texte schnell und oberflächlich zu lesen, kann Ihr Wissensgewinn deutlich gesteigert und gleichzeitig die insgesamt für das Lesen von Artikel beanspruchte Zeit reduziert werden, indem Sie effektiver selektieren. Fragen Sie sich vor jeder Lektüre eines Textes während der Arbeit, ob dieser tatsächlich lesenswert ist. Versuchen Sie wahlloses Lesen ohne Ziel zu vermeiden.

Prioritätensetzung und „Nein"-Sagen

Es mag schwierig sein, die Konsequenz und Gelassenheit zu entwickeln, Texte und Fachmagazine ungelesen zu entsorgen oder weiterzugeben. Entwickeln Sie eine gesunde und gelassene Haltung gegenüber dem inneren Konflikt, Sie könnten vielleicht etwas Wichtiges verpassen. Doch mangelnde Prioritätensetzung und die fehlende Fähigkeit, Nein zu sagen, sind zwei der wichtigsten Zeitfresser im privaten und beruflichen Leben, so auch bezogen auf das Lesen.

Lesen ohne Ziel und Orientierung

Wer ohne Ziel wahllos nach und nach die Artikel einer Illustrierten liest, wird häufig von purer Neugierde verleitet, ineffizient zu lesen. Der Aufhänger eines Artikels genügt, damit Sie etwas lesen, was Sie an sich kaum intellektuell weiterentwickelt bzw. nicht Ihrer ursprünglichen Leseintention folgt.

Vor dem Lesen das Inhaltsverzeichnis sichten

Wenn Sie Ihre Leseleistung in puncto Effektivität und Effizienz verbessern wollen, machen Sie sich Folgendes zur Gewohnheit: Sichten Sie von einem Magazin oder Buch erst sorgfältig das komplette Inhaltsverzeichnis und wählen Sie hier aus, welche Themen für Sie tatsächlich von Interesse sein könnten und welche Sie potenziell weiterbringen. Markieren Sie diese Artikel, Kapitel oder Abschnitte und gehen Sie diese dann gezielt an. Eine häufig angewandte Technik liegt auch im vorherigen Herausreißen der relevanten Beiträge. Selektieren Sie auf diese Weise das relevante zu lesende Material, und entsorgen Sie den Rest der Zeitschrift.

Ganz analog zu den üblichen Ratschlägen zum Thema Fernsehkonsum sollten Sie proaktiv entscheiden, was Sie lesen wollen oder sollten. Unterliegen Sie nicht der bequemen passiven Trägheit, einfach nacheinander alle Seiten eines Magazins zu durchblättern und sich von Artikel zu Artikel zu hangeln. Auf diese Weise benötigen Sie für das Bearbeiten der Zeitschrift deutlich länger – weil Sie sich so passiv von den einzelnen Beiträgen leiten lassen, ohne sich aktiv, bewusst und begründbar für einzelne Artikel entschieden zu haben.

Machen Sie es sich zur Gewohnheit, sich vor dem Lesen eines Textes zwei Dinge zu fragen. Erstens: Warum lese ich diesen Text? Und zweitens: Welche Fragen möchte ich dadurch klären? Dies macht Ihnen Ihre Lesemotivation bewusst. Gleichzeitig werden Sie dadurch für die relevanten Detailinformationen und ausschlaggebenden Fakten sensibilisiert. Sie lesen viel aufmerksamer und suchen bereits beim Lesen nach den entscheidenden Informationen. Ohne konkrete Zielstellung hingegen wird der Lesevorgang eher eine orientierungslose Aufnahme von Informationen ohne Kanalisierung, Prioritätensetzung und häufig auch ohne langfristigen Wissenserwerb. Um diesen zu erzielen, empfiehlt es sich dringend, die Inhalte nach der Lektüre noch einmal zu reflektieren und in komprimierter Form zusammenzufassen.

Lesemotivation bewusst machen

Ablenkung und mangelnde Konzentration

Eine weitere und an dieser Stelle letzte Ursache ineffizienten Lesens ist mangelnde Konzentration aufgrund von Ablenkung. Diese Ablenkung kann inneren oder äußeren Ursprungs sein. Der Konzentrationshemmer Nummer eins ist dabei, in Gedanken schon beim nächsten Thema, der nächsten Aufgabe oder einem anderen Problem zu sein.

Es ist eine wesentliche Schwäche vieler Menschen in der scheinbar immer dynamischer werdenden Welt, sich nicht mehr auf das Hier und Jetzt zu konzentrieren. Statt alle Energien für die aktuell vorliegende Aufgabe zu bündeln, schwenken die Gedanken bereits in die Zukunft oder zurück in die Vergangenheit. Unerledigte Aufgaben, zurückliegende Erfahrungen und sie seit geraumer Zeit begleitende Probleme und Sorgen versuchen permanent die Ober-

Fokussierung auf das Hier und Jetzt

hand in ihrem Gehirn zu bekommen und lenken sie dabei signifikant von ihrer eigentlichen Aufgabe ab.

Yesterday is history. Tomorrow is a mystery. And today is a gift.
That's why it's called 'the present'.

LORETTA LAROCHE

Wer in Gedanken bereits bei der nächsten Aufgabe ist, will das Lesen in der Regel nur schnell hinter sich bringen. Dadurch hemmen Sie jedoch derartig Ihre Verständnis-, Konzentrations- und Merkfähigkeit, dass das Lesen zu einem so ineffizienten Vorgang wird, dass Sie es möglicherweise gleich lassen könnten. Aus diesem Grund beziehen sich viele der Ausführungen im folgenden Abschnitt „Schaffung optimaler Rahmenbedingungen" darauf, wie Sie ein adäquates Umfeld wählen sowie gestalten, um möglichst störungsfrei und effizient lesen zu können.

Schaffung optimaler Rahmenbedingungen

Die vorangehenden Abschnitte zu den typischen Lesefehlern, aber auch zum Anspruch und der Wirklichkeit des „Speed Reading" haben bereits verdeutlicht, dass „schnelleres Lesen" nicht unbedingt durch – oft auch noch umstrittene – Techniken erreicht wird. Vielmehr liegt das Gros des Optimierungspotenzials im Unterdrücken hinderlicher Verhaltensweisen beim Lesen und dem Schaffen optimaler Rahmenbedingungen am Leseort. Diesen Rahmenbedingungen widmet sich der nun folgende Abschnitt, indem Sie einige konkrete und direkt in die Praxis umsetzbare Hinweise finden, wie und wo Sie professionell und effizient lesen können.

Ort und Zeit

„Standortfaktoren"
für einen guten
Leseplatz

Grundlage erfolgreichen Lesens ist eindeutig die optimale Standortwahl sowie die passende Zeit. Nicht immer sind beide Faktoren selbst bestimmt, sondern ergeben sich aus der jeweiligen Situation. Wer im Laufe einer Woche lediglich Zeit im Flugzeug oder in öffentlichen Verkehrsmitteln zum Lesen findet (bzw. sich keine anderen Zeitfenster für diese Aktivität zugesteht), muss die Gegebenheiten so gut wie möglich nutzen. Wer jedoch halbwegs frei in der Wahl und Schaffung seines Leseumfeldes ist, sollte auch hier bewusst und mit entsprechendem Hintergrundwissen handeln. Wesentliche

„Standortfaktoren" eines guten Leseplatzes sind vor allen Dingen der Schutz vor Lärm und Störungen sowie optimale Lichtverhältnisse. Diesen beiden Punkten widmen sich die beiden folgenden Abschnitte.

Für die Wahl eines geeigneten Lesestandorts lohnt es sich jedoch, psychologische und emotionale Aspekte zu berücksichtigen. Wer sich beim Lesen wohl fühlt, liest intensiver und konzentrierter, somit effektiv und effizient. Diese Erkenntnis können Sie für sich nutzen und einen individuellen „Lieblingsleseplatz" als Lernort schaffen. Dies kann im Büro – wenn möglich – ein anderer Stuhl abseits vom normalen Schreibtisch oder aber auch ein Nachbarraum, zum Beispiel ein selten genutzter Konferenzraum, sein.

Lieblingsleseplatz als Lernort

Wesentlich einfacher ist die Wahl des Lese- oder Lernortes meist zu Hause. Wählen Sie ein Zimmer und eine Ecke, in der Sie sich am wohlsten fühlen und relativ ungestört lesen können. Gestalten Sie diese „Lese-Ecke" zu einem Ort, der diese Bezeichnung verdient. Wählen Sie, wenn möglich, einen bequemen Lesestuhl. Dies kann je nach persönlicher Präferenz auch ein Schaukelstuhl oder eine typische „Leseliege" mit ergonomisch geschwungener Form sein.

Ein regelmäßig gleiches Umfeld für die gleiche Aktivität führt zu einer Konditionierung des menschlichen Gehirns. Machen Sie sich die positiven Effekte dieser Konditionierung zunutze, indem Sie sich so weit möglich an diesen festen Ort zum Lesen halten. Dadurch wird Ihr Gehirn automatisch in die richtige Stimmung und eine konzentrierte Lesehaltung versetzt, sobald Sie das Zimmer wechseln und in Ihrem „Lesestuhl" Platz nehmen.

Ein regelmäßiges, spezifisches Leseumfeld konditioniert auf die richtige Lesestimmung

Beachten Sie, dass sich diese Konditionierung in bestimmten Fällen auch nachteilig auswirken kann: So sollten Sie zum Beispiel vermeiden, regelmäßig lange und wichtige Texte im Bett zu lesen. Andernfalls schaltet Ihr Gehirn nach einer Weile automatisch in den „Lese-Modus", wenn Sie ins Bett gehen. Dies führt bei vielen Menschen zu Einschlafstörungen, wenn dieses Lesen ausbleibt. Ihr Bett sollte Ihr Bett bleiben und für das Gehirn das Symbol für Schlafen bleiben. Denn auch hier liegt eine klassische Konditionierung vor: Wenn Sie ins Bett gehen, ist der Körper grundsätzlich auf schlafen

Lesen im Bett

eingestellt. Ein analoges Beispiel für Konditionierung ist der Gang zur Toilette, den wir Kleinkindern mühsam anerziehen.

Ein regelmäßiger Leseort hat somit eine nützliche Wirkung auf eine automatisch einsetzende Lesehaltung des Gehirns. Gleichzeitig kann ein schöner Ort so viel positive Energie und Motivation ausstrahlen, dass Sie weitaus aufmerksamer und konzentrierter, damit meist auch intensiver und gleichzeitig schneller lesen.

Musik beim Lesen

Ob Sie beim Lesen Musik hören können oder wollen, hängt im Privatleben von der eigenen Erfahrung und den individuellen Wünschen ab. Im Büro sind Sie darüber hinaus häufig an die Rücksichtnahme auf andere oder überhaupt das Vorhandensein und die Zulässigkeit entsprechender Radios und Stereoanlagen gebunden. Allgemein gilt jedoch, dass die meiste Musik aufgrund des Ablenkungsfaktors eher negativ auf Ihre Leseleistung wirkt. Dazu zählen insbesondere die gängigen populären Radiohits. Außerdem ziehen die Moderatorenbeiträge, die Werbung, die Nachrichten oder das Wetter in den meisten Fällen mehr Aufmerksamkeit auf sich, als im Hinblick auf eine Steigerung der Leseleistung erwünscht ist. Klassische Musik kann je nach Ausprägung und persönlichem Geschmack als angenehmer Hintergrund das Lesen fördern. Auch Entspannungs- und Meditationsmusik mit Naturklängen und leisen Klaviermelodien können eine förderliche Atmosphäre herstellen. Ob Sie jedoch durch Musik eher abgelenkt sind oder einen musikalischen Hintergrund als notwendig empfinden, um sich wohl zu fühlen, hängt ganz und gar von Ihrer persönlichen Erfahrung ab.

Leseatmosphäre schaffen

Die konditionierende Wirkung eines festen Leseortes können Sie durch die Wahl einer festen Lesezeit zusätzlich steigern. Wer sich im Rahmen seines Zeitmanagements ein tägliches, festes Zeitfenster für die Lektüre reserviert, wird durch die feste Zeit und den festen Ort nahezu automatisch in den passenden „Lese-Modus" versetzt. Berücksichtigen Sie bei der Wahl dieses Zeitfensters Ihre persönliche Leistungskurve. Wichtige und komplexe Texte sollten Sie in potenziellen Leistungshochs bearbeiten, zum Beispiel am frühen Vormittag. Das Sichten von Routineberichten oder das Aussortieren und Selektieren der Eingangspost (Prospekte, Mails oder Fachzeitschriften) lässt sich hingegen auf eher tendenziell leistungsschwache Phasen des Tages legen, zum Beispiel die typische Trägheitsphase nach dem Mittagessen. Wichtig ist in jedem Fall, sich die bedeutende Wirkung eines positiven Leseortes und einer entsprechend abgestimmten Lesezeit bewusst zu machen und die positive Wirkung einer Regelmäßigkeit zu nutzen.

Lichtverhältnisse

Ein guter Leseort ist unter anderem durch eine optimale Ausleuchtung gekennzeichnet. Grundsätzlich ist dabei auf eine gleichmäßige und blendfreie Ausleuchtung zu achten. Die Gleichmäßigkeit betrifft dabei nicht nur die Lesefläche an sich. Auch die Umgebung sollte gut und gleichmäßig ausgeleuchtet sein. Das typische Klischee des Wissenschaftlers im dunklen Raum am Schreibtisch mit einer Leselampe ist hier alles andere als ein Musterbeispiel. Der Nachteil eines solchen Szenarios: Große Teile des Raumes sind schwach ausgeleuchtet bis komplett dunkel. Der Mensch ist aber durch die Evolution darauf konditioniert, im Dunklen potenzielle Gefahren zu sehen. Ergebnis: Unser Blick schwenkt permanent unbewusst zum Dunklen, um sich zu vergewissern, dass von dort keine Gefahr droht. Diese Ablenkung sowie das latente Unwohlsein in solchen Situationen sollten Sie verhindern und Räume gleichmäßig ausleuchten.

Gleichmäßige und blendfreie Beleuchtung

Damit vermeiden Sie auch die Reizwirkung starker Farb- und Lichtkontraste. Eine ausgewogene Beleuchtung hingegen wirkt beruhigend. Im Zweifel sind viele kleine Lichtquellen einer großen vorzuziehen. Ebenso vorteilhaft sind indirekte Lichtquellen, da sie für die Raumausleuchtung weniger blenden. Die gängigen Deckenfluter sind mit den typischerweise eingebauten 300-Watt Halogenröhren jedoch auf die Dauer teure Stromfresser.

Verzichten Sie auf flackernde Kerzen im Augenwinkel – Ihr Gehirn reagiert auf alle Bewegungen und Reize, denen es durch die Sinnesorgane ausgesetzt ist. Es mag minimal sein, aber ein im Augenwinkel flackerndes Licht, ein laufender Bildschirmschoner oder Ähnliches reduziert unmerklich, aber konstant Ihre Aufmerksamkeit und damit Ihre Leseleistung.

Kerzen und laufende Bildschirmschoner vermindern Aufmerksamkeit

Gute Leseleistung braucht gutes Licht – investieren Sie dafür auch einmal etwas mehr, um eine formschöne, motivierende und gut ausleuchtende, blendfreie Lampe zu kaufen. Lassen Sie sich dafür gegebenenfalls auch im Fachhandel beraten – Ihre Augen werden es Ihnen danken.

Störungen und Lärm abschirmen

Konzentriertes Lesen ohne Ablenkung spart Zeit

Zweites wesentliches Merkmal eines sorgfältig gewählten Leseortes ist die Abschirmung von Lärm und Störungen. Dies mag im Berufsleben je nach äußerlichen Gegebenheiten und beruflichem Status mitunter schwierig zu realisieren sein. Fakt ist jedoch, dass Sie durch konzentriertes Lesen viel Zeit sparen, weil Sie einfach schneller zum gewünschten Ergebnis kommen.

Wechseln Sie zur Lektüre wichtiger und komplexer Texte gegebenenfalls von einem turbulenten, geräuschvollen Umfeld in einen ruhigeren Nebenraum, so weit die Räumlichkeiten diese Möglichkeiten bieten. Statt permanentem Straßenlärm durch ein ständig offenes Fenster dringen zu lassen, lüften Sie lieber regelmäßig ordentlich durch und halten Sie die Fenster dann geschlossen. Eine solche Stoßlüftung bringt mehr frische Luft ins Zimmer als das permanent geöffnete Fenster – gleichzeitig erwärmt sich die frische Luft auf diese Weise zügig, und Sie haben keinen permanenten Temperaturabfall im Winter.

„Stille Lesestunde" vereinbaren und organisieren

Unterdrücken Sie alle selbst beeinflussbaren Störquellen. Dazu zählt an erster Stelle das Telefon. Leiten Sie es um oder schalten Sie es ab! Kommunizieren Sie in einem zweiten Schritt allen relevanten Bezugspersonen, dass und warum Sie sich für eine feste Zeit zurückziehen. Bitten Sie darum, nicht gestört zu werden. Geben Sie als Führungskraft Eskalationsregeln vor, in welchen Ausnahmefällen Sie von wem gestört werden dürfen und wie in allen übrigen Fällen in der Zwischenzeit zu verfahren ist. Die Angabe eines konkreten Zeitpunkts, ab dem Sie wieder verfügbar sind, erleichtert allen Interaktionspartnern die Akzeptanz Ihrer „Stillen Lesestunde". Wenn klar ist, warum Sie sich abschotten und wann Sie wieder verfügbar sind, können Sie weitaus mehr Verständnis erwarten, als wenn Sie sich kommentarlos einfach einschließen oder sich unbemerkt für eine gewisse Zeit „verdrücken".

Viele große Firmen ermöglichen es inzwischen auch, an einzelnen Tagen von zu Hause zu arbeiten. Sofern Ihnen das möglich ist, nehmen Sie einen solchen „Home Office"-Tag, um sich in aller Ruhe zu Hause mit einer Studie und der anschließenden Vorbereitung einer Präsentation auseinander zu setzen.

Warm-up, Neugierde und Lesehaltung

Die Schaffung optimaler Rahmenbedingungen zur Steigerung Ihrer Leseleistung beschränkt sich nicht nur auf externe Faktoren. Ebenso bedeutsam ist die innere Vorbereitung auf eine längere Lesephase. Kein Sportler würde auf die Idee kommen, ohne eine Anlaufphase des Aufwärmens volle Leistung zu fordern. Paradoxerweise sieht es bei den Kopfarbeitern und „Gehirnakrobaten" der heutigen Informations- und Wissensgesellschaft genau entgegengesetzt aus. Hier verlangt man von sich und anderen all zu oft sofortige volle Anwesenheit, Leistung und Konzentration. Auch wenn das Gehirn natürlich nicht in gleichem Maße eine Erwärmung und Auflockerung wie beispielsweise die Beinmuskulatur eines Sprinters benötigt, so steht die Erkenntnis doch symbolischerweise für einen bedeutenden Paradigmenwechsel in Ihrer Lesehaltung und Ihrer Einstellung zu sich selbst.

Gönnen Sie sich die Zeit, sich auf konzentrierte Aktivitäten einzustimmen. Die Ausführungen im Abschnitt „Lesen ohne Ziel und Orientierung" haben bereits verdeutlicht, wie wichtig es ist, dass Sie sich vor dem Lesen ein konkretes Leseziel bewusst machen sollten.

Ihre Motivation hat direkte Auswirkung auf Ihre Leseleistung. Versuchen Sie, sich also auch bei weniger interessanter „Pflichtlektüre" zu motivieren. Es mag am Anfang lächerlich scheinen, sich den guten Willen einzureden – Erfolg haben Sie mit einer positiven Grundhaltung jedoch nachweislich. Ganze Scharen von Erfolgsberatern, Autoren und Experten der Neurolinguistischen Programmierung (NLP) bis hin zu Psychologen haben das Prinzip des „positive thinking" untersucht und dessen nützliche Auswirkung auf Ihr Arbeitsergebnis empirisch belegt.

Lesen im „Home Office"

Mentale Einstimmung

Motivation zum Lesen

In wenigen Stunden die Erfahrung vieler Jahre aufnehmen

Nutzen Sie die Vorbereitung, um sich mental auf längere Lesephasen einzustimmen und sich auch für trockene Fachtexte zu motivieren. Machen Sie sich bewusst, dass Geschriebenes und Bücher allgemein Ihnen die einmalige Chance bieten, das Know-how und die Lebenserfahrungen eines anderen Menschen in prägnanter Form komprimiert aufzunehmen. Alles Geschriebene transformiert implizites Wissen (vages, nicht formalisiertes, individuelles Wissen, z. B. Erfahrungen) in explizites Wissen. Durch Lesen haben Sie die Möglichkeit, vorher noch nicht vorhandenes Wissen in effizienter Weise aufzunehmen.

Das mentale „Warm-up" vor dem Lesen muss aber nicht nur aus Selbstmotivierung bestehen. Überlegen Sie in der Vorbereitungsphase auch, was Sie bereits über den Autor und das Thema wissen. Überfliegen Sie den Text, um sich einen ersten Eindruck und Orientierung zu verschaffen. Überlegen Sie, welche Fragen Sie konkret interessieren und worauf Sie beim Lesen achten wollen.

Die Schaffung optimaler Umgebungsbedingungen und die mentale Vorbereitung, sach- sowie motivationsbezogen, ermöglichen Ihnen dann in der Summe, das Potenzial Ihrer persönlichen Leseleistung voll auszuschöpfen und über das bisherige Normalmaß hinaus zu erweitern.

Lesemethoden, Lesestrategien und Lesehilfen
Lesen mit inhaltlichen Zielen

Inhaltliche Ziele für das Lesen im Vorfeld definieren

Wie sich bereits teilweise aus den vorherigen Abschnitten ergibt, hängt Ihre Leseleistung, insbesondere die Leseeffektivität, zu einem Großteil vom Setzen eines konkreten und messbaren Leseziels ab. Wenn Sie wissen, nach welchen Informationen Sie genau suchen, sind Ihre Sinne für diese Informationen auch geschärft. Ihr Gehirn wird durch die vorherige Klärung von Ziel und Fragestellungen auf die entsprechenden Antworten sensibilisiert – die vom Auge erfassten Inhalte durchlaufen sozusagen einen Echtzeitfilter, der das Gelesene bereits beim Lesen nach Relevanz sortiert und bewertet.

Statt alle Informationen emotionslos bzw. mit gleicher Gewichtung aufzunehmen und zu verarbeiten, kanalisiert die vorherige Definition der Fragestellung, unter welcher der Text gelesen wird, Ihre gesamte Informationsverarbeitung. Statt erst nach dem Lesen die Gedanken zu sortieren und zu versuchen, Wesentliches herauszukristallisieren, geschieht dieser Vorgang bereits während des Lesens. Dadurch sparen Sie in der Nachbereitung des Textes deutlich Zeit. Gleichzeitig verhindern Sie erstens, den Text ein zweites Mal komplett überfliegend lesen zu müssen, um die erst nach dem Lesen bewusst formulierte Fragestellung zu beantworten. Zweitens schließen Sie weitgehend aus, dass nach dem unsensibilisierten Lesen eine ganz andere Zusammenfassung von Erkenntnissen als wichtig identifiziert wird, als Sie eventuell zur Beantwortung der ursprünglichen Frage benötigen.

Ziele sensibilisieren für Informationen und kanalisieren die Informationsverarbeitung

Sie haben dann beim Lesen vielleicht etwas gelernt, sind jedoch nicht unbedingt bei der Beantwortung einer Frage und der Suche nach einer spezifischen Information weitergekommen. Das sensibilisierte Lesen durch entsprechende Vorbereitung hingegen ermöglicht Ihnen, nicht nur auf das gewünschte Ergebnis fokussiert zu lesen, sondern durch die Parallelität von Informationsaufnahmen und automatischer Filterung zwischen relevant und irrelevant weniger Zeit zu benötigen.

Schriftlich fixierte Ziele

Lesen mit Anfertigung von Notizen

Wenn Sie Texte lesen, um daraus Informationen zu gewinnen und Wissen zu generieren, misst sich die Effektivität Ihres Leseprozesses daran, wie viel Sie tatsächlich aus dem Text gelernt haben. Ihre Lernleistung ist dabei wie zuvor dargestellt von Ihrer Motivation und Ihrem Interesse für den Lernstoff sowie vom Einsatz geeigneter Lerntechniken abhängig.

Um möglichst viel aus dem Gelesenen zu ziehen und neue Informationen auch langfristig als Wissen verfügbar zu haben, ist es entscheidend, effektiv Notizen anzulegen. Diese Notizen sollten keine direkte Übernahme von Textbausteinen sein, sondern das Gelesene zusammenfassen und verschlagworten. Eine wirkungsvolle Methode zum Anlegen von Notizen ist das im Abschnitt zu den „Kreativitätstechniken" beschriebene Mindmapping. Hier können

Notizen fassen das Gelesene zusammen

Sie Ihre Gedanken, Ideen und Erkenntnisse in einer flexiblen Struktur sammeln und in Schlüsselbegriffen subsumiert visualisieren. Zudem lässt sich auch die inhaltliche Struktur eines ganzen Buches in einer einzigen Grafik zusammenfassen, was einen direkten und schnellen Überblick über ein Thema verschafft.

Schreiben Sie Schlüsselbegriffe an den Rand der Buchseiten, um den Inhalt eines Absatzes in ein oder zwei Worten zusammenzufassen. Nutzen Sie Textmarkerstifte mit leuchtenden Farben, um Wichtiges hervorzuheben. Verwenden Sie dabei in allen Texten die gleichen Farben für die gleichen Bedeutungen, zum Beispiel Neongelb für wichtige Textpassagen und Rot für Schlüsselbegriffe im Text.

Lesen mit erweiterter Blickspanne und weniger Fixierungen
Ein interessanter Ansatz zur Steigerung Ihrer Lesegeschwindigkeit ist das Erweitern Ihrer Blickspanne durch den „weichen Blick". Grundlage dieser Technik ist die Beobachtung, dass wir beim Lesen nicht kontinuierlich mit dem Blick über die einzelnen Wörter gleiten, sondern dass das Auge in regelmäßigem Abstand den Blick fixiert.

Mehr Wörter pro Fixierung erfassen Die Dauer dieser Fixierung wird dabei als weitgehend konstant erachtet. Wenn Sie beim Lesen von Texten den Blick fixieren müssen, die Dauer der Fixierung jedoch unbeeinflussbar ist, bleibt Ihnen zur Steigerung Ihrer Lesegeschwindigkeit nur die Möglichkeit, die Zahl der Fixierungen zu reduzieren. An dieser Stelle setzt die Technik des „weichen Blicks" an, deren Ziel es ist, Ihre Blickspanne zu erweitern. Dabei soll durch Augentraining und kontinuierliches Üben erreicht werden, dass Sie pro Fixierung mehr Wörter erfassen können.

Die Meinungen über den Erfolg dieser Technik sind gespalten. Wo auf der einen Seite Seminarleiter und Teilnehmer berichten, mit Konzentration, Motivation, Übung und gutem Glauben ließen sich tatsächlich beachtliche Ergebnisse erzielen, kontern andere, der Versuch, die physiologischen Gegebenheiten zu ändern, wäre äußerst fragwürdig und keineswegs zu belegen.

Versuchen Sie, so viel wie möglich blockweise, statt wortweise zu lesen. Sie werden merken, dass der geübte Leser nur einer Umstellung im Kopf bedarf, um dies zu realisieren. Viele Wörter tauchen in immer gleicher Formation auf und bestimmte feststehende Ausdrücke und Wortfolgen wiederholen sich regelmäßig. Wenn Sie es schaffen, diese durch den weichen Blick schneller als Ganzes zu erkennen, können Sie dadurch durchaus Ihre Lesegeschwindigkeit erhöhen.

Blockweise statt wortweise lesen

Die meisten der Fachbücher über Lesetechniken enthalten eine Vielzahl von Mustertexten, mit denen Sie Ihre Lesegeschwindigkeit in Form der Wörter pro Minute (WpM) vorher und nachher vergleichen sowie durch Kontrollfragen testen können, wie viel vom jeweiligen Text inhaltlich hängen geblieben ist.

Training anhand von Mustertexten mit Verständnisfragen

Greifen Sie zu entsprechenden Übungsbüchern aus dem Bereich „Schneller lesen", um den weichen Blick an einer Vielzahl von Vorlagen schrittweise zu erlernen oder zu üben. Auch wenn Sie mit dem Ergebnis möglicherweise nur eingeschränkt zufrieden sein werden, verschafft Ihnen die Auseinandersetzung mit der Thematik Blickfixierung, Augentraining und Entspannungsübungen doch einige Erkenntnisse über sich selbst und macht Ihnen Ihren Lesestil und Optimierungsmöglichkeiten bewusst.

Durchsehen und Überfliegen

Der als Schnell-Lese-Experte und „Gehirnpapst" bekannte Tony Buzan unterscheidet in seiner Technik des „Speed Reading" grundsätzlich zwischen Durchsehen und Überfliegen.

Das Durchsehen ist demnach eine Technik, bei der mit maximaler Geschwindigkeit ein Text nach einer bestimmten Information durchsucht wird, ähnlich dem Suchen in einem Wörterbuch oder Telefonbuch. Überfliegen dient als Lesemethode dazu, einen allgemeinen Überblick über einen Text, vor allem aber die Struktur des Textes und vorhandene Abschnitte und Elemente zu erhalten. Mit dieser Art des Lesens erreichen manche Leute laut Buzan mehr als 1000 Wörter pro Minute und können das Wichtigste von dem, was sie gelesen haben, wiedergeben.

Durchsehen bei Suche nach spezifischer Information

Lesen mit Lesehilfe

Lesehilfe ja – Zeigefinger nein

Schnell-Lese-Experten wie Tony Buzan führen es zwar als Lesefehler auf, beim Lesen den Finger als Orientierung mitzuführen, dies jedoch nur, weil der Finger als Lesehilfe zu groß sei. Buzan empfiehlt – und das überrascht die meisten Leser – ganz bewusst den Einsatz einer Lesehilfe, da diese die Konzentration auf das Gelesene erhöht und die Zahl möglicher Rücksprünge und Wiederholungen reduziert. An dieser Stelle wird empfohlen, als Lesehilfe zum Beispiel ein Holzstäbchen für chinesisches Essen, eine Stricknadel oder eine Kuchengabel zu verwenden. Diese Lesehilfe kann dann als unterstützendes Werkzeug für verschiedene Techniken dienen, wenn der Blick in Zickzack-Form oder Schlangenlinien über das Blatt geführt werden soll.

S-Methode, Zickzack-Methode, Schleife oder Wellenbewegung

Wie auch immer die einzelnen Lesemethoden genannt werden – alle zielen darauf ab, nicht jede Zeile vom Anfang bis zum Ende linear zu lesen. Stattdessen sollen Sie im Vertrauen auf die hohe Leistung Ihrer Augen und Ihres Gehirns den Blick zum Beispiel schlangenförmig über das Blatt bewegen.

Nutzen Sie die Randsehkraft Ihrer Augen

Die enorm hohe Randsehkraft Ihrer Augen macht es möglich, dass Sie mehr pro Augenblick wahrnehmen, als Ihnen wirklich bewusst ist. Rund 80 Prozent der etwa 260 Millionen Lichtempfänger in Ihren Augen dienen nach wissenschaftlichen Untersuchungen der peripheren Sehkraft, das heißt, der Aufnahme von Reizen außerhalb des zentralen Sehfeldes, also dessen, was Sie gerade mit Ihrem Blick bewusst fixiert haben. Versuchen Sie also einmal bewusst über einige Wochen, Ihren Blick nach einem bestimmten Muster, zum Beispiel in Form eines großen „S" oder im Zickzack-Verlauf über die Seiten von Büchern gleiten zu lassen. Dabei gilt auch hier der Grundsatz, dass Sie nur feststellen können, ob diese Technik bei Ihnen funktioniert, wenn Sie so tun, als ob sie funktioniert und es tatsächlich in diesem Glauben ausprobieren.

2.2. Selbstdarstellung & Ausstrahlung

„Die Ausstrahlung wirkt stärker als Worte."

CORNELIA TOPF

Die Darstellung unserer eigenen Persönlichkeit ist von beträchtlicher Bedeutung für das Berufs- und Privatleben. Auf der einen Seite kann ein außergewöhnliches Arbeitsergebnis durch unüberlegte Darstellung nicht zur Geltung kommen und auf der anderen Seite ein mittelmäßiger Erfolg durch perfekte Inszenierung zum herausragenden Triumph werden. Diese Risiken und Chancen zu nutzen, fördert Ihre erfolgreiche Selbstentwicklung (Kapitel 1.3.). Dabei ist gerade die individuelle Ausstrahlung, welche kurzzeitig inszeniert und langfristig trainiert werden kann, ein Schlüsselfaktor für zwischenmenschlichen Erfolg. Es geht bei der Selbstdarstellung um konkrete Umgangsformen und die Fragestellung, inwieweit und welche Selbstverständlichkeiten der Etikette von Ihnen noch heute gepflegt werden sollten.

Als ebenfalls elementarer Faktor der Selbstdarstellung ist in diesem Abschnitt das Thema der Selbstvermarktung aufgeführt. Die Selbstvermarktung ist dabei ein Instrument der Gestaltung der Wahrnehmung Ihrer eigenen Persönlichkeit in Ihrem Umfeld. Neben den Bereichen der Selbstdarstellung wird im Themenkomplex der Sachdarstellung beispielsweise die Präsentation ausführlicher beschrieben. In einer Präsentation stehen nicht nur die Fakten, sondern auch Ihre eigenen Fähigkeiten auf dem Prüfstand. Die Rhetorik als Grundlage für eine erfolgreiche Präsentation wird ebenfalls in den folgenden Abschnitten behandelt.

Thema Selbstvermarktung

Umgangsformen

Umgangsformen sind zu einem Teil Überbleibsel der Historie und zum andern Teil ein zeitgemäßes Instrument für bestimmte Situationen. Wie weit geht Höflichkeit heute noch? Wie stellen Sie jemanden vor, wie läuft ein Geschäftsessen ab, wie empfangen Sie Gäste und welche Kleidung ist angemessen? Dies alles sind Fragen, welche sich zwar im Laufe der gesellschaftlichen Entwicklung ändern, jedoch stets Berücksichtigung finden müssen. Umgangsformen bringen Ihnen im Endeffekt möglicherweise keinen Mehr-

Rolle und Bedeutung von Umgangsformen

wert, sie senken aber das Risiko, negativ aufzufallen. Auch dies ist für Ihren Erfolg indirekt zuträglich.

In den Kapiteln Distanzzonen, Begrüßung, Bekanntmachen, du oder Sie, Kleidung, Fahrstuhl, Smalltalk, Essen, Geschenke, Geschäftsbrief und Telefonieren werden die modernen Umgehensweisen aufgeführt. Zusätzlich wird in einigen Abschnitten auf historisches Verhalten verwiesen. Durch diese gründliche Schematisierung sind Sie nicht nur für das Alltagsleben gerüstet, sondern auch für einmalige Situationen im Rahmen der gehobenen Etikette.

Distanzzonen

Was sind Distanzzonen? Als Distanzzone wird allgemein der Abstand zwischen zwei Personen beschrieben. Um die unterschiedlichen Bedeutungen für diese Abstände zu erläutern, macht es Sinn, diese Distanzbereiche in vier Zonen zu unterteilen:

- intime Zone
- persönliche Zone
- geschäftliche Distanz
- öffentliche Distanz

Diese Zonen sind in allen Kulturen präsent, unterscheiden sich jedoch in der akkuraten Abmessung und Interpretation. Einzelheiten zu diesem Thema lesen Sie im Kapitel 3.3.

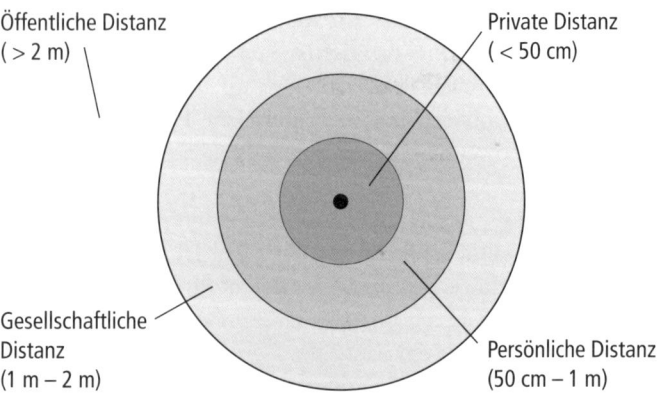

Öffentliche Distanz (> 2 m)

Private Distanz (< 50 cm)

Gesellschaftliche Distanz (1 m – 2 m)

Persönliche Distanz (50 cm – 1 m)

Abbildung 32: Distanzzonen

Private Distanz
Das unerwünschte Eindringen in die private, intime Distanzzone
ist ein geschäftliches Tabu

Als intime Zone gilt der Bereich des nahen bis körperlichen Kon-
takts. Konkret ist damit der Bereich unter 50 cm gemeint. Diese
Zone ist im Berufsleben eine Tabu-Zone, und in diese sollten Sie
nur nach expliziter Aufforderung eindringen. Das Berühren eines
Geschäftspartners kann schnell zu Unsicherheit, Ablehnung oder
sogar Empörung führen. Das Gedrängel in einer Schlange oder in
der vollen U-Bahn mit fremden Personen ist uns ebenso unangenehm, wie ein Vorgesetzter, der uns zu nahe kommt. Im Rahmen
einer langfristigen beruflichen Zusammenarbeit kann das Klopfen
auf die Schulter des Mitarbeiters jedoch auch ein bemerkenswerter
Schritt zum Zusammenwachsen einer Gruppe sein. Trotzdem sollten Sie mit körperlicher Berührung im Arbeitsumfeld stets achtsam
umgehen.

Persönliche Distanz
Die zweite Zone ist die persönliche Zone: ein Bereich zwischen
50 cm und 1 m. Diese Distanz erlaubt die direkte Konversation, ist
die typische Entfernung von Begrüßung per Handschlag und des
sich gegenseitigen Vorstellens. Gerade das Hineinrücken aus einer
anderen in diese Zone, zum Beispiel vor einem Gespräch, hat nicht
nur metaphorischen, sondern auch praktischen Wert. Es ist eine
Geste des Entgegenkommens, verhindert das Stören der Kommunikation durch andere Geräusche und erspart überlautes Sprechen.

Die persönliche Distanz erlaubt direkte Konversation und Begrüßung

Geschäftliche Distanz
Etwa 1 bis 2 m Abstand werden üblicherweise als geschäftliche
Distanz bezeichnet. Diese Distanz verdeutlicht eine grundlegend
abwartende Haltung, jedoch nicht ohne eine direkte Zuwendung.
Diese Zone ist beispielsweise der Arbeitsbereich eines Schreib-
tisches, einer Theke oder eines Informationsstandes.

Öffentliche Distanz
Als letzte Distanzzone wird der Bereich über 2 m als öffentliche
Distanz bezeichnet. Weder die unmittelbare Kontaktaufnahme
noch eine gepflegte Unterhaltung kann in dieser Zone geführt

werden. Es ist der Abstand zwischen den Schreibtischen von Mitarbeitern in einem normalen Großraumbüro, welche sich beispielsweise bei einem Telefonat nicht gegenseitig stören wollen.

Die Verwendung der Distanzzonen erfolgt bewusst und unbewusst

Die Verwendung von Distanzzonen ist ein aktives Instrument einer gekonnten Inszenierung. Die Begrüßung bei einem Personalgespräch fängt erfahrungsgemäß damit an, dass die personalverantwortliche Person um den Schreibtisch herum auf den Gesprächspartner zugeht. Solch eine Bewegung drückt nicht nur aus, dass Sie der Person näher kommen oder entgegenkommen wollen, sondern auch, dass Sie ohne Hindernisse auf sie eingehen. Damit wird eine positive Atmosphäre geschaffen. Ebenso ist das Unterbrechen von Arbeit beim Eintreten einer anderen Person von symbolischem Wert. Sollte dies aus einem Grund nicht möglich sein, vielleicht wegen eines Telefonats, blicken Sie kurz auf, winken Sie die Person mit der Hand rein oder zeigen Sie auf einen freien Stuhl. Jede kleine Geste des Entgegenkommens vermindert die Angst der eintretenden Person, Sie eventuell zu stören.

Distanzzonen bei der Gestaltung von Geschäftsräumen berücksichtigen

Auch bei der Gestaltung von Geschäftsräumen oder Ihres Arbeitsplatzes sollten Sie auf Distanzzonen achten. Ein zu großer Tresen oder andere so genannte „Distanzvergrößerer" intensivieren Unbehagen, Ferne und eine kalte Gesprächsatmosphäre. Auch in der Zusammenstellung des Büros sollten die Abstände zwischen Ihnen und anderen Mitarbeitern beachtet werden.

Als abschließender Hinweise für Sie gilt zusammenfassend: Dringen Sie nicht unvorsichtig in die intime Distanzzone ein und verwenden Sie die Verkürzung und Verlängerung der Distanz gezielt als Hilfsmittel der Kommunikation, je nachdem, was Sie damit erreichen wollen.

Begrüßung

Bei jeder Begrüßung kommt es zu dem Moment, in dem Sie entscheiden müssen, ob Sie nun der Person mit Handschlag entgegengehen sollten oder nicht. Dabei wird bei der Begrüßung grundsätzlich die zweite Hand aus der Hosentasche genommen. Generell gelten beim Handschlag drei einfache Regeln, die in Abbildung 33 dargestellt werden:

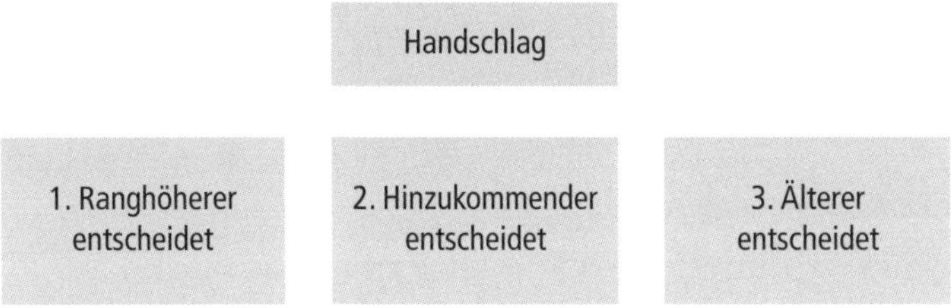

Handschlag		
1. Ranghöherer entscheidet	2. Hinzukommender entscheidet	3. Älterer entscheidet

Abbildung 33: Handschlag bei Begrüßung – wer entscheidet?

Zu diesen drei Regeln gibt es ebenfalls drei besonders schwierige Situationen: erstens das Verhalten eines Bewerbers, zweitens eines Kundenberaters, drittens einer Person gegenüber einem jüngeren Chef.

Als Bewerber ist Ihnen zu raten, auf eine Reaktion des Personalverantwortlichen zu warten. Dies heißt, die Person gegenüber angucken, freundlich grüßen und vielleicht etwas nicken – falls die Person nun die Hand ausstreckt, einfach selbstbewusst einen Handschlag geben.

Begrüßung und Handschlag als Bewerber

Der Kundenberater kann sein Verhalten ganz pragmatisch begründen. Ein Kunde ist immer höher gestellt und kann demnach immer wählen, wie er begrüßt werden möchte. Besonders in einigen Branchen erwartet der Kunde jedoch auch Eigeninitiative, Zuvorkommen sowie besondere Loyalität und gibt der Begrüßung gleichzeitig einen fachlichen Wert. Die freundliche Geste des Anbietens der Hand kann auch ein „Eisbrecher" sein, um die gespannte und eventuell nervöse Haltung des Kunden zu lösen.

Begrüßung und Handschlag im Kundengespräch

In der Situation mit einem jüngeren Chef sollten Sie dem Belieben des Chefs nachgehen und ihn so begrüßen, wie er es von sich aus macht. Sehr häufig haben jüngere Vorgesetzte ein gutes Selbstvertrauen und handeln eindeutig, strecken Ihnen also beispielsweise unmittelbar und initiativ die Hand entgegen.

Begrüßung und Handschlag gegenüber einem jüngeren Chef

Im Privatleben gilt diese differenzierte Etikette nicht. Hier entscheidet die ältere Person generell, wie und wann man sich begrüßt. Begrüßen sich Personen, welche sich privat gut kennen, im offiziellen Rahmen, so gelten für diesen Zeitraum ebenfalls die Regelungen der traditionellen Begrüßung mit Nachname und Handschlag. Zum Thema Duzen und Siezen folgen in diesem Abschnitt weitere Informationen.

Kommt eine Person in einen Kreis, in dem alle sitzen, wird generell zur Begrüßung aufgestanden. Dies bringt die Person metaphorisch auf eine gleiche Augenhöhe und zeugt von gegenseitigem Respekt. Es ist ein Integrieren der Person.

Regionale Unterschiede in den Grußformeln

Zur Begrüßung wird in Süddeutschland, Österreich und der Schweiz „Grüß Gott" und im übrigen deutschsprachigen Raum „Guten Tag" gesagt. Diesen Unterschied sollten Sie generell beachten. Sind Sie allerdings besonders selbstbewusst und wollen sich absichtlich treu bleiben, erfreuen Sie auch einen Norddeutschen mit einem herzlichen bayrischen „Grüß Gott". Besonders Ausländer können mit der Beachtung dieser feinen regionalen Unterschiede große Wirkung erzielen. Sie zeigen sich interessiert an den Eigenheiten ihres Gastlandes, und wer sich so mit den regionalen Feinheiten auskennt, wird meist herzlich aufgenommen.

Auch der Handschlag an sich kann in Form und Stärke von Land zu Land unterschiedlich sein. In Deutschland wird ein mittellanger fester Handschlag durchgeführt. Bei den Damen wählen Sie selbstverständlich eine angemessene Stärke. In vielen asiatischen Ländern gibt man sich nicht direkt die Hand sondern verbeugt sich nur voreinander (Kapitel 3.3.).

Bekanntmachen

Das gegenseitige Bekanntmachen ist im Geschäftsleben schon allein aufgrund der Häufigkeit des Auftretens von Bedeutung. Trotzdem entsteht immer wieder Verlegenheit in diesen Situationen. Beim Bekanntmachen können Sie sich selbst und eine andere Person vorstellen. Dabei birgt der Prozess des Bekanntmachens wie die Begrüßung Unterschiede zwischen privaten und geschäftlichen Treffen.

Das Bekanntmachen einer fremden Person folgt nach der eigenen Begrüßung. Besonders in größeren Gruppen ist es jedoch vorteilhafter, die Person vorzustellen, bevor Sie allen die Hand geben. Bei einem geschäftlichen Aufeinandertreffen ist lediglich die Hierarchiestufe von Interesse, wobei das Geschlecht keine Rolle spielt. Dies ist beim privaten Vorstellen anders, hier werden die Damen als Erste vorgestellt.

Rolle von Hierarchie und Geschlecht beim Bekanntmachen

Wie bei der Begrüßung gibt es auch beim Bekanntmachen internationale Unterschiede. So können sich die freundlichen und persönlichen, aber oberflächlichen Vorstellungen in Amerika von den umfassenden Vorstellungszeremonien in Japan kaum deutlicher unterscheiden (Kapitel 3.3.).

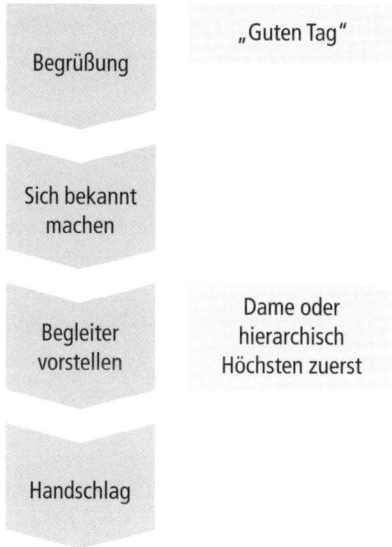

Abbildung 34: Ablauf der Begrüßung und Bekanntmachung

Beim ersten Auftreten in einer neuen Gruppe wird der Neuling stets vorgestellt. Wenn die Person dies selbst tun möchte, kann sie dies selbstverständlich übernehmen. Die Person hat dazu mehrere Möglichkeiten, welche dem gewöhnlichen Sprachgebrauch ent-

Vorstellung der eigenen Person

springen: „Ich heiße Martin Schmidt" oder „Mein Name ist Martin Schmidt". Auch Frauen stellen sich heute genauso vor wie Männer. Die Kurzversion „Schmidt" ist ebenfalls besonders bei einer Wiederholung sehr praktisch.

In einer Runde von fünf Personen stellen Sie sich nicht fünf Mal mit „Mein Name ist Schmidt" vor, sondern man kürzt ab der zweiten Begrüßung auf „Schmidt" ab. Zu vermeiden ist die Version „Mein Name ist Herr Schmidt". Diese Version ist historisch gewachsen und steht interessanterweise heute hauptsächlich nur noch der Frau zu („Mein Name ist Frau Ursula Meier"). Bei Männern gilt eine solche Vorstellung dagegen eher als tollpatschig oder unhöflich.

Bei Personen mit akademischen Titeln ist gebräuchlich, diese auch mit Titel anzusprechen, also „Dr. Schmidt" oder „Prof. Meier" – jedenfalls so lange, bis die betreffende Person einem dies erlässt. Akademiker mit Titel verzichten in der Regel untereinander auf die Nennung des Titels. Die Frau eines Akademikers wird in Deutschland nicht wie in Österreich mit „Frau Doktor" angesprochen.

Beim Vorstellen einer anderen Person, ebenso, wenn Sie über eine Person reden, sollten Sie stets „Herr" oder „Frau" hinzufügen. Die Kurzform impliziert im deutschen Sprachgebrauch eine Geringschätzung. Wird Herr oder Frau durch den Vornamen ersetzt, erklären Sie damit einen vertrauten Zugang zu dieser Person.

Visitenkarten Beim Bekanntmachen stellt außerdem die Visitenkarte ein geeignetes Medium dar – auch wenn deren Überreichung hierzulande weniger zeremoniell abläuft als in Japan. Visitenkarten helfen, in einer größeren Runde den Überblick zu behalten und sich den Namen der Gesprächspartner besser einzuprägen. Besonders Ausländern gegenüber, welche möglicherweise sowieso Probleme haben, sich einen deutschen Namen zu merken, ist das Überreichen einer Visitenkarte sehr zuvorkommend (Kapitel 3.3.).

Visitenkarten sollten zwischen 100 x 70 mm und 70 x 40 mm groß sein, die übliche Größe beträgt 85 x 54 mm. Meistens ist ihr Layout im Rahmen der „Corporate Identity" des Arbeitgebers festgelegt.

Bei individuellen Visitenkarten versuchen Sie, auf viel Farbe zu verzichten. Wenn Sie ein Geschenk durch Ihre Visitenkarte ergänzen, probieren Sie, diese Visitenkarte durch einen kleinen handschriftlichen Kommentar zu personalisieren.

Du oder Sie?
Das Duzen und Siezen unterliegt äquivalent zur Begrüßung privaten und beruflichen Unterschieden. Im Beruf entscheidet der hierarchisch höher Gestellte, ob in der Situation geduzt oder gesiezt wird. Im privaten Rahmen obliegt dies dem Älteren.

Das „Sie" wahrt die geschäftliche Distanzzone, ein „Du" zeigt an, dass Sie neben der beruflichen Arbeit auch auf persönlicher oder privater Ebene gut mit der Person auskommen. Generell wird im deutschsprachigen Raum gesiezt. Auch ein Vorgesetzter sollte Sie nicht unaufgefordert duzen. Das Duzen und Siezen ist vorwiegend eine Gleichstellung. Bietet eine Person das „Du" an und wird dies angenommen, duzen sich beide Personen gegenseitig.

Inzwischen ist eine gleichzeitige Verwendung von Duzen und Siezen zu beobachten. Demnach können Vorgesetzte ihre Mitarbeiter beim Vornamen ansprechen, siezen sie jedoch trotzdem. Dies ist gewöhnungsbedürftig, aber besonders in deutschen Großunternehmen ein angenehmer Kompromiss aus Team- und Respektkomponenten. In der Fachliteratur wird es meist als „Hamburger Sie" bezeichnet. Auch wenn Sie einen Kollegen privat duzen, sollten Sie ihn in offiziellen Angelegenheiten wie alle anderen Personen siezen. Das Duzen hat zu solchen Anlässen, beispielsweise bei Ansprachen einen besonderen symbolischen Wert, welcher umsichtig und mit gutem Beurteilungsvermögen verwendet werden kann.

Vermischung und gleichzeitige Verwendung von Duzen und Siezen

Es kommt häufig vor, dass ein „Du" in besonderen Situationen, wie zum Beispiel der entspannten Stimmung des späten Betriebsfestes, angeboten wird und es sich später als eher hinderlich erweist. Dies sollten Sie sofort ansprechen, bevor es sich manifestiert hat. Je länger das Duzen anhält, desto schlechter wird die erneute Umstellung aufgenommen.

Nachteile des Duzens Hin und wieder hat ein angebotenes „Du" auch negative Aus-wirkungen, denn in einer geschäftlichen Beziehung kann es zu-nächst auch Misstrauen hervorrufen. Stellen Sie sich exemplarisch vor, ein Verkäufer für Versicherungen duzt Sie schon ab dem ersten Moment oder bietet Ihnen an Ihrer eigenen Haustür das Du an.

Ausländer mit schwachen Deutschkenntnissen haben in Deutsch-land mit der Differenzierung zwischen „Du" und „Sie" besonders aufgrund der unterschiedlichen Konjugation der Verben schwer zu kämpfen. Ihnen ein „Du" anzubieten ist zwar freundlich, führt jedoch erfahrungsgemäß zu Verwirrung. Es empfiehlt sich daher mitunter, je nach Situation einfach beim Sie zu bleiben. Ist das Deutsch besser, freuen sich jedoch die meisten Ausländer sehr, ein „Du" angeboten zu bekommen. Es vermittelt in gewisser Weise eine vollwertige Akzeptanz der Person und somit auch der Sprach-kompetenz.

Kleidung

„Kleider machen Leute!"

VOLKSWEISHEIT

Mit exklusiver Kleidung kommuniziert man Seriosität und Vertrauens-würdigkeit Bei der Kleidung gibt es traditionell große Empfindlichkeiten. Be-stimmte Kleidung steht immer noch für Seriosität und Vertrauens-würdigkeit. Gepflegte Kleidung ist dabei nicht nur ein Instrument zur Selbstdarstellung und Ausstrahlung, sondern auch immer noch eine Pflicht in der Arbeitswelt. Es gibt sogar einen Gerichtsent-scheid, welcher einem Vorgesetzten Recht gab, einen Mitarbeiter von der Kundenbetreuung abzuziehen, da dieser keine Krawatte tragen wollte.

Bei der Kleidungswahl für einen bestimmten Anlass ist entschei-dend, in welchem Umfeld die Aktivität stattfindet. Für ein Meeting werden Sie zu einem anderen Anzug oder einem anderen Kostüm greifen als für eine festlichere Abendveranstaltung.

Angemessene Geschäftskleidung für den Herrn Als Geschäftsmann sollten Sie im Allgemeinen auf viel Farbe, bei-spielsweise bunte oder unregelmäßig gemusterte Jacketts oder Hemden, verzichten. Ebenso sollten Sie Musterveränderungen, wie eine karierte Hose mit einem gestreiften Jackett, vermeiden. In vielen Branchen, wie zum Beispiel im Finanzbereich oder im mittleren oder hohen Management, sind auch Kombinationen eher verpönt. Der dunkelgraue, blaue oder schwarze unifarbene oder mit Nadelstreifen versehene Anzug ist heute ein anerkannter Standard. Auch Ton in Ton oder abgestimmt gemusterte Anzüge sind besonders für die jüngere Generation oft anzutreffen. Bei geschäftlichen Terminen sollten Sie dabei stets eine dunkle Farbe wählen. Hemd und Krawatte werden zum Anzug ausgewählt und sollten ebenfalls weder zu bunt noch ungleichmäßig gemustert sein. Standards, mit denen Sie nichts falsch machen können, sind ein weißes oder hellblaues Hemd mit dunkelroter Krawatte.

Die Krawatte sollte optimalerweise auf der Gürtelschnalle enden. Auch bei größerer Hitze ist vorerst auf eine Krawatte nicht zu verzichten. Wählen Sie ein nicht so enges Hemd und binden Sie Ihre Krawatte leichter, damit Sie nicht ins Schwitzen oder in Atemnot kommen.

Turnschuhe und weiße Socken sollten generell zu Hause bleiben. Bei der Männermode gibt es eine allgemeine Faustregel, welche besagt, dass die Kleidung nach unten hin immer dunkler werden sollte. Dies gilt für Jackett und Hose, insbesondere aber für die Wahl der Schuhe. Für die Herren bieten sich generell halbhohe Schuhe an, wobei der Schuh als umso eleganter gilt, je dünner die Sohle ist. Gute Lederschuhe verfügen darüber hinaus immer über eine Ledersohle, da der Schuh so deutlich atmungsaktiver ist. **Kleidung nach unten hin immer dunkler**

In den USA heißt es erstens, den Stil eines Mannes erkennt man an seinen Schuhen, und zweitens „The belt breaks the suit". Damit haben gerade die unscheinbaren Accessoires einen großen Einfluss auf das Auftreten. Für den Herrn gilt, es werden immer ein Gürtel und eine Uhr getragen. Auch zu manchen Hosenträgern sollte man einen Gürtel tragen. Gürtel, Schuhe und Uhr sollten, wenn Sie ganz perfekt aussehen möchten, die gleiche Farbe haben und aus dem gleichen Material sein. Die letzte Feinheit ist dabei die Übereinstimmung von Farbe und Material des Uhrmetalls, der Manschettenknöpfe und der Gürtelschnalle. **„The belt breaks the suit"**

Angemessene Geschäftskleidung für die Dame

Der Geschäftsfrau wird im Büro etwas mehr Farbe zugestanden. Damit existieren jedoch auch mehr Möglichkeiten, das Bild einer soliden und erfolgreichen Geschäftsfrau zu zerstören. Kürze Röcke, tiefe Dekolletees, Spaghettiträger, durchsichtige und zu enge Kleidungsstücke, Leder und gemusterte Strumpfhosen sind zu vermeiden. Standard ist ebenfalls der dunkle Anzug, welcher geöffnet getragen wird. Spielereien mit einer Krawatte oder einer Fliege sollten Sie strikt unterlassen. Ebenfalls ein guter Standard ist der dunkle Rock mit einem passenden Oberteil. Röcke gehen dabei stets mindestens bis zu den Knien. Die Schultern sowie Oberarme sind auch im Sommer bedeckt. Farbige oder verzierte Schuhe sind ebenso zu vermeiden wie ganz nackte Beine. Auch etwas kleinere Damen sollten auf zu hohe Absätze verzichten. Gold- und Silberlamé oder Lurex werden nicht gern gesehen. Auch bei der Dame zählt, dass Uhrband, Gürtel und Schuhe gleichfarbig, eventuell aus schwarzem Leder sein sollten. Die Dame benötigt nur für einen Anzug einen Gürtel. Auch sollte sie stets mit einer Uhr zur Arbeit gehen.

Weitere Elemente eines gepflegten Auftritts

Neben Farbe und Form gehören natürlich auch noch ein paar allgemeine Punkte zum guten Outfit. Jedes Kleidungsstück und alle sichtbaren Körperteile sollten ordentlich gepflegt sein. Achten Sie besonders auf eine ordentliche Frisur, eine gute Rasur, gut geputzte Zähne, saubere Hände und Fingernägel, saubere Schuhe und passende Strümpfe, gepflegte Absätze und vermeiden Sie ein zu grell oder bunt geschminktes Gesicht. Auf Strümpfe sollten Sie auch in modernen Schuhen und bei großer Hitze nicht verzichten. Pro Hand maximal zwei Ringe, kein Lippen-, Zungen-, Nasen- oder Augenbrauenpiercing. Ketten und Armreifen sollten unauffällig sein.

Manchmal gilt es, in bestimmten Branchen mit seiner Kleidung Innovationsfreude und Agilität auszudrücken. Für solche Situationen ist ein etwas modernerer Ansatz zu wählen, aber ebenfalls ein ordentliches Auftreten zu beachten – eventuell ein dunkler Cordanzug oder beigefarbene Anzüge.

Kleidung und Rolle müssen zueinander passen

Es gibt weitere Situationen, in welchen Sie Ihre Kleidung anpassen sollten. Beispielsweise sollten Sie in einem Bewerbungsgespräch unbedingt darauf achtet, dass der Designeranzug und eine teure

Armbanduhr nicht dem Personalverantwortlichen eine Gering-schätzung suggerieren. Andernfalls wird möglicherweise Argwohn, vielleicht sogar Neid hervorgerufen. Warum bewerben Sie sich bei der Firma, wenn Sie bereits schon alles haben? Ebenso gilt für Berufseinsteiger: Sie sollten hierarchisch höher Gestellte nicht zu offensichtlich in ihrem Kleidungsstil überbieten. Elegante Kleidung ist gern gesehen, allerdings wird es für Missstimmung sorgen, wenn der Praktikant mit Designerhemd und goldenen Manschetten-knöpfen zur Arbeit kommt, während der Chef eher auf schlichte Anzüge setzt.

Dress-Code offizieller Einladungen

Bei einer Einladung, welche um einen bestimmten Dress-Code bittet, wird dieser selbstverständlich eingehalten. Dies gilt für Auf-forderungen zu gepflegter Kleidung, aber auch für den Hinweis in freizeitlichem Auftreten zu erscheinen. Bei Einladungen gibt dafür die Erwähnung der Örtlichkeiten eine weitere Orientierung. Das Nachfragen ist dabei ein höfliches Mittel, um Unklarheiten zu klären. Beim Parkpicknick fallen Sie mit unpassender Kleidung inklusive des Schuhwerks ebenso negativ auf und stören vielleicht sogar die ganze Stimmung, wie bei einer Operneinladung.

Bei einer Einladung zur Hochzeit tragen Sie als Mann Schwarz mit weißem Hemd und nichtschwarzer Krawatte. Als Dame ist Ihnen in der Mode mehr Freiheit zugestanden, lediglich das ganzkörperliche Weiß ist natürlich der Braut vorbehalten und damit für die Gäste tabu. Zu einem Begräbnis tragen Sie als Herr schwarz oder dunkel-blau mit dunklem Hemd und dunkler Krawatte. Die Dame kleidet sich ebenfalls dunkel. In der Oper tragen Sie einen Frack oder, nicht ganz so fein, einen Smoking. Als Dame sind Sie erneut frei in ihrer Kleidungswahl.

Der unterste Knopf eines Einreiher-Jacketts bleibt offen

In der gehobenen und historischen Männermode werden ganz stilgerecht bis um 5.00 Uhr ein Cutaway und danach ein Frack getragen. Zu einem gepflegten Anzug gehört eine Weste. Der un-terste Knopf einer Weste und des Dreiknopf-Einreihers, Vierknopf-Einreihers oder Fünfknopf-Einreihers ist offen. Zweireiher sind stets geschlossen zu tragen. Der Schlips schaut nicht unten aus der Weste hinaus. Hosenträger waren früher nobel, beweisen aber heute nur noch, dass die Hose nicht passt.

Der Fahrstuhl

Begrüßung und
Verabschiedung
im Fahrstuhl

Beim Betreten eines Fahrstuhls lassen Sie am besten dem Rang-höheren den Vortritt. Befinden sich andere Personen bereits im Fahrstuhl, grüßen Sie freundlich. Ein Unterlassen der Begrüßung erhöht die Spannung zwischen den Personen während der ganzen Fahrt. Beim Verlassen wird sich freundlich verabschiedet. Wenn im Fahrstuhl noch mehr als ein Platz frei ist, sollten Sie auf Nach-zügler warten und die Tür offen halten. Auch wenn Vorgesetzte im Fahrstuhl sind, sollten Sie auf diese Geste nicht verzichten – meistens wird sie sogar positiv von diesen aufgenommen.

Das Verhalten im Fahrstuhl ist in vielen Ländern sehr unterschied-lich. Während Sie in Mexiko auf die letzte Person warten, welche eventuell auch noch mitfahren möchte, drücken Sie in Asien nach dem Betreten ohne Rücksicht auf Verluste den Startknopf. Diese feinen Unterschiede werden im Kapitel 3.3. weitergehend erläutert.

Smalltalk

Deutsche halten im Berufsleben eher wenig Smalltalk. Besonders deutsche Manager, welche in ihre Position meistens eher als fach-licher Kompetenzträger als aus sozialorientierten Gründen auf-gestiegen sind, halten den Smalltalk gern kurz und kommen schnell zur Sache. Beim Essen und im Fahrstuhl oder auf dem Weg zu einem Meeting wird aber gern unverbindlich über Verkehr, Urlaub, Sport und andere Erlebnisse geplaudert. Unübliche Themen sind Familie sowie Politik; diese sollten Sie vermeiden.

Auch Vorgesetzte
haben mal einen
schlechten Tag

Zu Beginn des Smalltalks, besonders mit Führungskräften, sollten Sie immer ein authentisches Maß bewahren. Nach einer höflichen Begrüßung sollten Sie dem Vorgesetzten Zeit geben, die ersten Worte zu finden. Passen Sie Thema und Eifer der Situation an. Bei einer sehr freundlichen Begrüßung („Einen wunderschönen guten Morgen, Herr Moritz") kommt der Vorgesetzte ganz ungezwungen eher auf ein Thema, als bei einem schüchternen „Guten Tag". Bei aller Freundlichkeit sollten Sie darauf achten, dass auch Vorgesetz-te möglicherweise schlechte Tage haben oder nicht gerade die fröh-lichsten Frühaufsteher sind (Kapitel 4.3.).

Als weiterer allgemeiner Hinweis zur Unterhaltung kann ein kleiner Merksatz dienen: „Mache Sie nie den ersten Scherz." Es gibt zu
dieser Weisheit ebenfalls Ausnahmen, aber wenn Sie diesen kleinen
Spruch beherzigen, liegen Sie im Großteil der Situationen auf der
richtigen Seite.

Essen

Bei einem privaten oder geschäftlichen Essen können Sie in gelöster
Umgebung Ihre gute Kinderstube beweisen. Betreten wird das
Restaurant im Allgemeinen nach geschäftlicher Hierarchie, ohne
Differenzierung zwischen weiblichen und männlichen Personen.
Bei einem privaten Essen und in konservativen geschäftlichen Krei-
sen wird dessen ungeachtet der Dame die Tür aufgehalten und sie
betritt das Restaurant zuerst.

Das Jackett oder die Kostümjacke wird erst nach der Aufforderung **Öffnen und**
oder ähnlicher Handlung des Gastgebers abgelegt. Am Tisch wird **Ablegen**
das Jackett des Herrn geöffnet. Je nach Ausführung des Damen- **der Kleidung**
anzuges tut es die Dame diesem gleich.

Allgemein wird beim Geschäftsmittagessen, zwischen 11.30 Uhr
und 13.30 Uhr, nur Vorspeise und Hauptgang oder Hauptgang und
Nachspeise gegessen. Während Konferenzen oder Seminaren wird
ein Lunch zum vollen Essen ausgedehnt, da es einen integralen
Bestandteil der Kontaktpflege oder Kontaktakquisition darstellt.
Beim Lunch wird in Deutschland in der Regel auf Alkohol ver-
zichtet, in Südeuropa hingegen kann der Tafelwein elementarer
Bestandteil eines Mittagessens sein.

Das Abendessen besteht aus Aperitif, Salat oder Suppe, Hauptgang, **Abendessen**
Nachspeise und vielleicht noch abschließend aus einem Kaffee oder **und Dinner**
Tee. Bei einem Abendessen kann etwas Alkoholisches bestellt wer-
den, auch wenn der Gastgeber kein alkoholisches Getränk bestellt.
Dies ist lediglich bei manchen konservativen Gastgebern noch nicht
durchgängig anerkannt.

Bei der Getränkewahl können Sie in Deutschland stets nach einem
preisgünstigen Hauswein fragen. Diese Weine sind größtenteils
qualitativ gut und haben bezahlbare Preise. Entgegen der Tradi-

tion, nach welcher die Dame am Tisch weder mit der Bedienung sprechen noch Wein probieren durfte und gleich gar nicht bezahlen, hat sich dies heute vollkommen relativiert. Als Gastgeberin kostet sie Wein und begleicht auch ohne Probleme die Rechnung.

Allgemeine Haltungs- und Verhaltenshinweise

Allgemeine Haltungshinweise sind: Sitzen Sie aufrecht mit etwa 15 cm Entfernung zwischen Tisch und Bauch, Hände und Unterarme liegen auf dem Tisch, die Ellenbogen halten sie hinter dem Tisch frei schwebend. Der Kopf wird nicht abgestützt und am besten gar nicht angefasst. Es wird erst mit dem Essen begonnen, wenn alle Personen bedient wurden oder der Gastgeber die Teilnehmer auffordert anzufangen. Dies gilt ebenfalls für das Trinken. Beim ersten Schluck wird in der Runde angestoßen und dabei jeweils in die Augen des Gegenübers bzw. aller Mitwirkenden gesehen. Sie wählen beim Besteck die Reihenfolge von außen nach innen. Das Besteck führen Sie zum Mund, nicht anders herum. Eine Suppentasse kann ausgetrunken werden, indem Sie diese vorzugsweise am linken Henkel anfassen und zum Mund führen. Suppenteller werden nicht ausgetrunken. Brot wird vor dem Essen gebrochen. Die Serviette kommt auf den Schoß und nirgendwo anders hin. Die Serviette bleibt neuerdings nach dem Gebrauch neben dem Teller liegen – dies gilt für Stoff sowie Papierservietten. Wenn Sie gemeinsam gekommen sind, gehen Sie auch gemeinsam. Es wird am Tisch möglichst auf einen Zahnstocher oder auf das Nachziehen des Lippenstifts verzichtet.

Tischreden

Für eine kurze Rede am versammelten Tisch klopfen Sie nicht mehr an ein Glas, sondern stehen einfach auf – die Runde verharrt erfahrungsgemäß von alleine. Wenn nicht, bitten Sie kurz um Ruhe. Das Klopfen an ein Glas hat sehr zeremoniellen Charakter und ist beispielsweise dem Bräutigam bei der Hochzeitsfeier erlaubt. Wenn Sie allerdings an mehreren getrennten Tischen sitzen, können Sie durch das leichte Klopfen an ein Glas Aufmerksamkeit erregen. Beim Aufstehen wird der Stuhl jeweils erst nach hinten gerückt und, falls der Sitzplatz verlassen wird, sofort wieder mit einem 30 cm Abstand zwischen Lehne und Tisch an den Tisch zurückgesetzt.

Die Rechnung wird möglichst nicht am Tisch bezahlt. Somit können besser Posten überprüft werden und der Quittungserhalt ist unauffälliger. Beim Trinkgeld gilt in Deutschland die 5- bis 10-Prozent-Regel. Sie runden meistens auf einen Preis auf, um das Wechselgeld zu reduzieren. Es kann auch bei zu langem Warten, schlechter Qualität oder unhöflicher Bedienung auf das Trinkgeld verzichtet werden – dies wird aber nicht offen kommuniziert. Bei bargeldloser Bezahlung ist es empfehlenswert, das Trinkgeld in bar zu hinterlassen, da es so nicht auf der Rechnung vermerkt wird. Beachten Sie auch lokale Unterschiede im Umgang mit Trinkgeld: So werden zum Beispiel in den USA in vielen Regionen Kellner pauschal auf eine Mindestsumme Trinkgeld im Monat versteuert, selbst wenn sie dieses gar nicht erhalten haben. Hier schaden Sie dem Kellner also sogar effektiv, wenn Sie ihm kein Trinkgeld geben.

Bezahlung und Trinkgeld

Ausländer sollten sich im Kreise Deutscher den landestypischen Sitten anpassen und auf ihre herkunftsländerspezifischen Sitten, wie beispielsweise das Schmatzen, Schlürfen, Blähen und Rülpsen verzichten. Ebenso sollten Sie sich als Deutscher im Ausland den Gepflogenheiten anpassen, so weit Sie diese vertreten können.

Anpassung an lokale Bräuche und Sitten zu Tisch

Geschenke

In Europa und Amerika hat sich in den vergangenen Jahren das Mitbringen eines Gastgeschenkes aus dem Heimatland im Geschäftsleben zu einem absoluten Nullpunkt hinentwickelt – im Gegensatz zum asiatischen und arabischen Raum wird vollends auf ein Mitbringsel verzichtet. Dies hat mehrere Gründe. Erstens wird immer häufiger geschäftlich gereist, da Kunden, Lieferanten und andere Geschäftspartner internationaler geworden sind. Demnach ist man ständig zu Besuch im Ausland und die eigentümlichen Produkte verlieren ihre Exotik. Zweitens haben die Produkte an sich im Rahmen der Globalisierung ihren originären Wert verloren – deutsche Milkaschokolade oder Kuckucksuhren gibt es sowohl in den USA als auch in Südafrika oder Asien und ausländische Produkte können bei uns ebenfalls fast überall gekauft werden. Als dritter Punkt fällt auf, dass sich internationale Meetings immer mehr nur auf fachliche Themen konzentrieren und nicht mehr viel Wert auf viel Etikette und Formalia gelegt wird.

Gastgeschenke auf geschäftlicher Ebene sind seltener geworden

Allgemein gilt, kein Geschäftsreisender möchte Geschenke mitbringen müssen und kaum ein Gastgeber erwartet noch ein Geschenk. Dies bedeutet aber nicht, dass Sie stets von einem Geschenk absehen müssen. Sie sollten sich nur bewusst sein, dass es die eventuell typisch deutschen Produkte ebenfalls im Ausland gibt. So kann sich ein Gastgeber selbst eine Kuckucksuhr kaufen, falls er eine solche Uhr schön findet. Überzeugen können Sie aber mit natürlichen Kleinigkeiten aus der Region. Beispielsweise können Sie eine Kiste lokalen Wein mitbringen oder einen Bildband über die Region. Diese Produkte müssen nicht groß inszeniert und erklärt werden, finden aber trotzdem ihre Anerkennung.

Kleine Geschenke im privaten Bereich kommen meist sehr gut an In bestimmten Situationen, wie zum Beispiel der Bezug einer neuen Wohnung oder dem Besuch einer Hochzeit, werden diese Einladungen selbstredend immer noch durch ein kleines Geschenk geehrt. Gerade solche vielleicht unscheinbaren Aufmerksamkeiten werden, besonders in privaten Kreisen, stets sehr positiv aufgenommen. Dabei müssen die Geschenke so naturgemäß und freundschaftlich sein, dass kein unmittelbares Schuldverhältnis oder unangenehmer Zugzwang entsteht. Denken Sie doch beim nächsten Besuch Ihrer Freunde an eine Kleinigkeit – Sie werden sich der Reaktion erfreuen.

Geschäftsbriefe

Die akkurate Formulierung eines Geschäftsbriefes ist aufgrund von neuen schnellen Medien, wie zum Beispiel die E-Mail-Nachricht, von besonderem Interesse. Die elektronische Nachricht hat viele der Formalitäten eines Briefes verdrängt. Doch gerade auch die E-Mail-Nachricht sollte ebenso gründlich konzipiert werden wie ein herkömmlicher Brief. Ein klarer Aufbau, keine Rechtschreibfehler, gute Darstellung und Respekt sollten stets gewahrt bleiben.

Bei der schriftlichen Anrede wird der Doktortitel generell mit Dr. abgekürzt und Professor ausgeschrieben. Dabei ist im ganzen Brief beides zu erwähnen und die Reihenfolge „Professor Dr." beizubehalten.

Die häufig auftretenden Abkürzungen wie beispielsweise „MFG" sind Zeichen unserer Zeit. Diese Abkürzungen sind aus Effizienzgründen in der elektronischen Nachricht entstanden und gehören aber weder in Brief noch in Fax oder E-Mail. Erlaubt sind lediglich die gängigen Promotionstitel und „z. H." (zu Händen) sowie die offiziellen Abkürzungen des Dudens.

Rechtschreib- und Grammatikfehler zählen als unhöflich, da Sie damit suggerieren, dass Sie sich nicht viel Zeit mit dem Verfassen gegeben haben. Überprüfen Sie demnach jeden Brief selbst ein zweites Mal auf Fehler. Die automatische Rechtschreib- und Grammatiküberprüfung des Computers erkennt nur unzureichend Fehler, solange die Worte richtig geschrieben oder zusammengesetzt sind. Legen Sie Geschäftsbriefen eine Visitenkarte mit eventuell einem kurzen Kommentar bei. Eine solche Visitenkarte mit einem persönlichen Vermerk wird auch schon an sich zur ausreichenden Kurznachricht. Es gibt extra kleine Briefumschläge für Visitenkarten, um die Karte zum Beispiel Geschenken beizulegen.

Kein Versand ohne Rechtschreibprüfung

Telefonieren

Beim Abheben des Telefonhörers wird in deutschen Unternehmen vorwiegend die Aneinanderreihung von Firmenname, Name und Grußformel verwendet. Dies kann durch betriebsinterne Bestimmungen im Rahmen der „Corporate Identity" abweichend gehandhabt werden. Eine Begrüßung sollte dabei nicht zu lang sein, um den Anrufenden nicht zu verwirren. Häufig ist es sonst unmöglich den Namen des Gesprächspartners zu identifizieren, da dieser in einem ausgefeilten Begrüßungssatz untergegangen ist. Auf das Abkürzen oder Weglassen einer Grußformel sollten Sie hingegen ebenso verzichten.

Klare und angemessene Begrüßung

Im privaten Bereich werden die Auskünfte zu Beginn eines Telefonats fortwährend kürzer. Die Kurzmeldung eines Angerufenen mit „Hallo" oder „Ja" wird meist mit der direkten Frage „Mit wem spreche ich bitte?" quittiert. Es ist also besser, sich nicht nur mit dieser knappen Kurzantwort zu melden, denn sie kürzt aufgrund der häufigen Nachfrage nichts ab und wird oft als unkultiviert empfunden. Wenn Sie allerdings aufgrund Ihrer beruflicher Situationen persönlichen Schutz genießen müssen, steht es Ihnen frei, Ihren Namen bei Anrufen vorerst zu verbergen. Dabei sollte der

Name durch ein besonders freundliches „Guten Tag" ersetzt werden, um den Anrufer nicht zu sehr zu verunsichern.

Umgang mit Anrufbeantwortern Wenn Sie als Anrufer nur einen Anrufbeantworter erreichen, hinterlassen Sie Namen, Telefonnummer und eine kurze Nachricht. Zusätzlich können Sie kurz die Zeit Ihres Anrufes erwähnen – dies ist aber größtenteils aufgrund der fortgeschrittenen Technologie von Telefonanlagen nicht mehr erforderlich. Sehr höflich und zuvorkommend ist es, wenn Sie mitteilen, ob Sie sich noch einmal melden oder ob Sie einen Rückruf erwarten. Beim Hinterlassen der Nachricht achten Sie darauf, dass Sie dies deutlich tun. Besonders die alten Bandaufnahmegeräte haben ein konstantes Hintergrundrauschen. Verwenden Sie zur besseren Verständlichkeit für die Zahl zwei „zwo" und für den Monat Juni „Juno".

Die besten Zeitpunkte für einen geschäftlichen Anruf sind montags bis donnerstags von 9.00 Uhr bis 11.00 Uhr. Alternativ dazu bietet sich 14.00 Uhr als eine bewährte Zeit an. Dies ist nach dem Mittagessen und vor der häufigsten Terminzeit 15.00 Uhr. Denken Sie daran, dass viele deutsche Betriebe ihre Mitarbeiter freitags früher ins Wochenende gehen lassen und möglicherweise Ihr Anliegen nicht mehr bearbeitet werden kann.

Nutzung von Mobiltelefonen Mobiltelefone werden in Meetings, Restaurants, während Festakten, Vorträgen, Kundengesprächen und anderen Bereichen, wo Personen sich konzentrieren wollen, mindestens stumm geschaltet. Absolute Tabuzone sind Friedhöfe, Flugzeuge, Tankstellen, Autos (nur mit Freisprechanlage) und Krankenhäuser. In Gesellschaft anderer Personen gilt das Telefonieren als Ausschließen der Begleitung von der eigenen Unterhaltung und damit als unhöflich. In der U-Bahn in Tokio ist es interessanterweise komplett verboten zu telefonieren, um andere Personen nicht zu stören.

Mobiltelefone heißen in Deutschland Handy; dies ist kein englisches Wort (Sie heißen hier „mobile phone" oder „cellular phone"). Als zweiter Punkt sei erwähnt, dass ein Mobiltelefon nichts Verdammenswertes ist, obwohl Handys durch häufige Störungen im öffentlichen Leben inzwischen so verrufen sind, dass es als „schickes" Smalltalk-Thema gilt, sich über sie zu beschweren. Ein Mobiltelefon kann für einen Besitzer lebensrettend sein und ist gelegentlich geschäftlich vollkommen unablässig. Sie sollten sich mit den Funktionalitäten Ihres Telefons gut bekannt machen, denn meistens besitzen diese Wunderwerke der Technik ungeahnte Eigenschaften, welche sehr praktisch sein können.

Rhetorik

*„Etwas Dummes zu sagen ist für einen Minister
sogar noch gefährlicher, als etwas Dummes zu tun."*

KARDINAL DE RETZ

Nicht nur das Wort Rhetorik, sondern auch die Verwendung der Redekunst haben ihren Ursprung im antiken Griechenland. Rhetorik beschreibt die Theorie und praktische Verwendung von Sprache in Schrift und Wort. Neben konkreten rhetorischen Mitteln, welche die Rede beleben, verdeutlichen und ausschmücken sollen, wird besonders auf die Eindringlichkeit und das Gesamtbild des Gesagten wert gelegt. Im Grunde versucht Rhetorik, Sachverhalte unmissverständlich zu kommunizieren. Rhetorik besteht aus verbalen und nonverbalen Aspekten, wie Mimik, Gestik und Haltung. Als drittes und abschließendes Element spielt die paraverbale Rhetorik, also die Stimme und Atmung, in der Redekunst eine Rolle.

Rhetorik als Kunst der Verwendung von Sprache in Wort und Schrift

Rhetorik besteht historisch betrachtet aus „natura" (Naturanlage), „ars" (Kunst) bzw. „doctrina" (Wissen) und „exercitatio" (Erfahrung, Übung). Rhetorik ist demnach neben dem Einfluss der natürlichen Begabung auch eine erlernte Kunst. Dieses Erlernen beginnen Sie bereits während des Kindesalters. Rhetorik kann jedoch auch erst im höheren Alter ausgebildet werden. Vor allen Dingen müssen Sie üben. Erst in der ständigen Anwendung werden Sie Ihre Rhetorik perfektionieren. Eine Person, die schon im Kindesalter rhetorische Begabung zeigt, hat auch beim Wiedererlernen und bei der Anwendung weniger Probleme als eine Person, welche sich die Fähigkeiten später oder erst vor kurzem angeeignet hat.

Rhetorik als natürliche Begabung und erlernte Kunst

Bei der zeitgemäßen theoretischen Betrachtung von Rhetorik ist zu den zahlreichen historischen Strukturierungen ein weiteres Schema, das Dreieck der Rhetorik, hinzugekommen. Es besteht aus

Sender, Empfänger und Sache

den drei Eckpunkten: Sender, Empfänger und Sache. Diese Strukturierung entspricht der Kommunikationstheorie und beschreibt drei Elemente der Informationsübertragung. Dabei gibt der Sender Informationen an den Empfänger weiter. Diese Informationen können Sie, wenn Sie diese vom konkreten Inhalt und der Form des Austausches abgrenzen, als Sache bezeichnen.

Sender

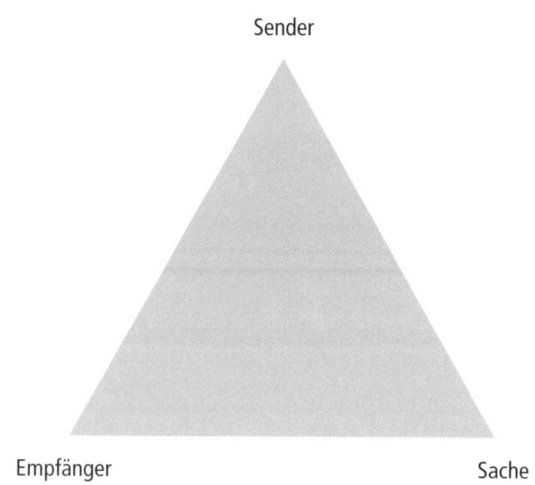

Empfänger   Sache

Abbildung 35: Dreieck der Rhetorik

Filter beim Sender Als Sender können Sie entweder eine Intention haben oder ohne eigenen Willen in den Informationsaustausch eintreten. Dabei wird Ihre Kommunikation geprägt durch intellektuelles Niveau sowie psychologische und physiologische Konstitution. Schon als Sender können Sie nicht zu 100 Prozent dessen ausdrücken, was Sie exakt äußern möchten. Ihre augenblicklichen Gedanken als Kombination von Wissen und Emotionen können Sie nicht in Echtzeit in Worten ausformulieren, und hier unterliegt dem Informationsaustausch bereits ein erster Filter. Der zweite Filter ist die Sache an sich. Die bedeutende Frage ist in diesem Fall, in welcher Form was genau gesagt wird. Wie weiter hinten beschrieben, besteht der Informationsaustausch in der Face-to-Face-Kommunikation mindestens aus verbalen, nonverbalen und paraverbalen Informationen. All dies ergibt ein neues Ganzes, welches als die „Sache" bezeichnet und kommuniziert wird. Dieses Informationsgemisch ist dann der zweite Filter, durch welchen der Gedanke des Senders verzerrt bzw. geändert werden kann.

Auch die Wahrnehmung des Empfängers ist durch ein intellektuelles Niveau sowie psychologische und physiologische Konstitution determiniert. Die Wahrnehmung der Informationen, welche ihn vom Sender erreichen, wird auch im Kontext mit der sendenden Person verarbeitet, demnach verzerrt die persönliche Beziehung zwischen Empfänger und Sender die Botschaft. Die Verarbeitung und das Verständnis der Auskünfte sind dann erfahrungsgemäß nicht mehr mit der ursprünglichen Idee des Senders zu vergleichen.

Die Beziehung des Empfängers zum Sender kann die Nachricht verzerren

Diese Theorie zeigt, dass Sie fortgesetzt mit Missverständnissen rechnen müssen und diese nicht unbedingt auf Unfähig- oder Bösartigkeit des Empfängers oder des Senders zurückführen können. Diese Erkenntnis sensibilisiert Sie darauf, Widersprüche und Konflikte rational zu hinterfragen und Ursachen für Kommunikationsprobleme zu identifizieren.

Verbale Rhetorik
Die verbale Rhetorik steht bei der Betrachtung von Rhetorik zweifelsohne an erster Stelle. Dabei veranschaulicht die verbale Rhetorik das aktiv Gesprochene. Die Darstellung von nonverbalen und paraverbalen Aspekten klammern wir an dieser Stelle vorerst aus, sie beeinflussen aber, wie später erläutert, ebenfalls die verbale Kategorie. So ist für die meisten aus Erfahrung unübersehbar, dass Sie zum Beispiel eine gekonnte Einwandsbehandlung nur durch mimische oder gestische Unterstützung und paraverbale Elemente wirklich wirkungsvoll realisieren können.

Verbale Rhetorik enthält das aktiv gesprochene Wort

Die verbale Rhetorik bedarf der konkreten Formulierung von gesprochenen Wörtern, die einen bestimmten Gehalt symbolisieren. Ein mächtiger Wortschatz, die Differenzierung feiner Sprachnuancen und ein gekonnter Satzbau sind Grundsteine einer guten verbalen Rhetorik. Diese Aspekte werden durch rhetorische Figuren abgerundet. Rhetorische Figuren sind dabei eine Art zusätzlicher Farbkasten, mit welchem das Gesamtkunstwerk Sprache ausgeschmückt werden kann. Die Figuren geben Ihnen die Möglichkeit, Sachverhalte zu dynamisieren, in ein bestimmtes Licht zu rücken oder aktiv den Zuhörer einzubinden.

Rolle der Rhetorik in Diskussion und Argumentation

Die verbale Rhetorik beschreibt auch die Interaktion in Form der Diskussion, wobei Grundkenntnisse der Psychologie unentbehrlich sind. Sie können als Redner aktiv Vorurteile bedienen, Präferenzen fördern, jedoch auch energisch gegen diese argumentieren. Dafür ist ein Grundverständnis über Diskussionsmuster notwendig.

Semantik

Bedeutung und Ursprung des Begriffs der „Semantik"

Das Wort Semantik findet seinen Ursprung im Griechischen und bedeutet „zum Zeichen gehörend". Damit ist die Semantik die theoretische Wort- und Zeichenbedeutungslehre. Diese Wortbedeutungslehre, früher auch Semasiologie genannt, definiert den Sinn oder Gehalt eines Wortes.

Der Begriff Semantik wurde 1883 durch Michel Bréal geprägt, aber erst durch Charles William Morris (1901 bis 1979), einem amerikanischen Philosophen, ganzheitlich in die Semiotik (Zeichenlehre) eingeordnet. Charles William Morris sah in der Semantik die Beziehung zwischen Bezeichnung und Bezeichnetem. Damit hat die Semantik zwei theoretische Bereiche: die Syntaktik und die Pragmatik. Die Syntaktik beschreibt die Beziehung der Worte untereinander und die Pragmatik beschreibt die Beziehung zwischen einem Wort und seinem Verwender oder Zuhörer.

Die theoretische Semantik sieht sich der Herausforderung gegenübergestellt, dass sie sich selbst die Grundlage bildet bzw. entzieht. Die Beschreibung der Bedeutung eines Wortes wird mit vielen anderen Worten durchgeführt, welche selbst wieder definiert werden müssen. Diese stete Abhängigkeit führt konsequenterweise im Unendlichen zu einem Zirkelschluss. Diesem theoretischen Problem hat man sich anhand von Metasprachen angenommen.

Die sensible Wahl zur Intention passender Wörter

Neben der theoretischen Betrachtung von Semantik kommt ihr im Rahmen der Soft Skills und im Kontext der Rhetorik ein besonderer Stellenwert zu: Im Gegensatz zu rhetorischen Figuren, welche mit ganzen Satzkonstruktionen spielen, können Sie als Redner auch mit einzelnen Worten arbeiten. Selbstverständlich verwenden Sie diese Worte in Form von ganzen Strukturen oder Satzfiguren, aber bei der Betrachtung der Semantik an sich wollen wir eine Sensibilisierung für die Syntaktik und Pragmatik vornehmen.

Wörter haben einen Eigenwert (im Sinne der Syntaktik) und einen Betrachterwert (im Sinne der Pragmatik). Der Eigenwert ist Ergebnis von angewandter Verwendung der Wörter. Zu diesem ersten Wortbereich betrachten Sie beispielsweise das Wort „Haus". Es ist weder zeitlich noch sozial geprägt und unterliegt nahezu keiner unterschiedlichen Interpretation. Der Betrachterwert ist bestimmt durch individuelle oder soziale Prägung des Zuhörers. In dieser Wortgruppe finden wir beispielsweise das Wort „Ehrgeiz". Dieses Wort wird abweichend verwendet, ist sprungweise abwertend, in anderen Situationen lobend. Sie sollten ausdrücklich mit beiden Wortgruppen spielen, um Ihrem Publikum ein gewisses Niveau und eine intellektuelle Herausforderung zu bieten.

Einsatz eines Thesaurus

Für die aktive Wortwahl im Rahmen der Vorbereitung des Textes eignet sich ein Thesaurus. Mithilfe dieser meistens durch den Computer unterstützten Funktion können Sie Ihren Vortrag semantisch abrunden. Dabei ist es nicht Ziel, schwierige oder unzeitgemäße Worte einzuflechten, um ein wissenschaftliches oder intellektuelles Niveau zu suggerieren, sondern eine exakte Wortwahl, passend zum Thema und Publikum, zu bieten. Der Thesaurus bietet Ihnen Alternativen zu einem Wort, die verschiedene Nuancen einer Aussage ermöglichen. Auf diese Weise können Sie noch exakter Wörter wählen, die die gewünschte Nachricht transportieren bzw. die gewünschte Emotion und Reaktion beim Publikum ermöglichen.

Schlagwörter, Anglizismen und moderne Wortneuschöpfungen

Als Rhetoriker können Sie mit aktuellen Schlagwörtern der einzelnen Branchen hantieren. So hat sich in den einzelnen Berufen ein unterschiedlicher Fachjargon entwickelt, mit welchem Sie dem Publikum zeigen können, dass Sie sich mit dieser Branche gut auskennen oder ebenfalls aus dieser kommen. Auch die Verwendung von Anglizismen und modernen Wortkonstruktionen ist manchmal im Rahmen einer aktiven Annäherung an ein modernes oder junges Publikum rhetorisch sinnvoll, sofern die Authentizität des Redners dabei gewahrt bleibt.

Rhetorische Figuren

In der Theorie gibt es vier Arten stilistischer Figuren: Wortfiguren, Sinnfiguren, grammatikalische Figuren und Klangfiguren. Bei all diesen Figuren weichen Sie aktiv vom üblichen Sprachgebrauch ab, um Ihre Sprache interessanter zu gestalten. Dabei wird bei den Wortfiguren von normalen Wörtern, bei Sinnfiguren vom Sinn der Wörter, bei grammatikalischen Figuren von der regulären grammatikalischen Verwendung und abschließend bei Klangfiguren vom normalen Rhythmus, beispielsweise durch ein verändertes Reimschema, abgewichen, um dem Inhalt eine künstlerische Form zu geben. Da vorwiegend nur noch Wort- und Sinnfiguren verwendet werden, sollen für diese die bekanntesten Beispiele verdeutlicht werden (Tabelle 9).

Tabelle 9: Rhetorische Figuren und Beispiele

Stilmittel	Erläuterung
Alliteration	Eine Alliteration ist die Aneinanderreihung gleicher Anfangslaute in einer Wortfolge. Beispiel: Richard Wagners „Weia! Waga! Woge, du Welle, walle zur Wiege!" oder „Mit Kind und Kegel".
Antiklimax	Reihenfolge von Informationen, welche von Stufe zu Stufe ihre Brisanz verlieren. Gegensatz zur rhetorischen Figur des Klimax. Wirkt häufig satirisch, da der Zuhörer eher eine Steigerung als einen Abfall erwartet. Beispiel: „Das neue Modell fährt schneller als die Konkurrenz, hat vier Räder und bringt Sie zumindest von A nach B."
Antithese	Widersprechende Behauptungen. Beispiel: „Irren ist menschlich, vergeben göttlich."
Ausruf	Plötzlicher Einwurf von Informationen oder Gefühlen. Beispiel: Hamlets „O Schurke! Lächelnder, verdammter Schurke!"
Euphemismus	Ersetzen von Worten, um einen besseren Ausdruck zu wahren. Beispiel: „Klo" → „Toilette" → „Waschraum"

Stilmittel	Erläuterung
Hyperbel	Aktive Übertreibung, um einen Aspekt zu beleuchten. Beispiel: „Er sprach so kräftig, dass man es am anderen Ende des Kontinents hören konnte."
Ironie	Mit Ironie wird durch aktive Verstellung der Tatsachen ein Thema verspottet oder lächerlich gemacht. Der Sprecher meint das Gegenteil des Gesagten. Beispiel: „Das haben Sie ja wieder wunderbar hinbekommen ..."
Klimax	Der Klimax ist der Höhepunkt einer Erzählung oder eines Vortrages. Als Stilfigur insbesondere die Aneinanderreihung von Wörtern mit steigender Bedeutung oder Intensität. Beispiel: „Es war schön, wunderbar, fantastisch!"
Konzetto	Ein Konzetto ist eine sehr abstrakte Metapher. Beispiel: „Die Uhr als Pulsgeber unserer Zeit."
Litotes	Verdeutlichung eines Aspekts durch Negation des Gegenteils. Beispiel: „Das Essen war gar nicht schlecht." – meint: Das Essen war ziemlich gut.
Metapher	Bildhafter Ausdruck, bei der die Eigenschaften des in der Metapher verwendeten Gegenstands symbolisch zur Verdeutlichung eines Aspekts genutzt werden. Beispiel: „Das Unternehmen steht wie ein Fels in der Brandung." – meint: Das Unternehmen ist stabil.
Metonymie	Ersetzung eines Wortes durch einen mehrdeutigen, symbolischen Begriff. Beispiel: „Das Hotel hat eine gute Küche."– meint: Das Hotel hat gutes Essen.
Onomatopöie	Die Onomatopöie ist eine lautmalerische Nachahmung von Eigenschaften oder Situationen. Dies kann zur Dynamisierung des Inhaltes verwendet werden. Beispiel: „der Kuckuck", „die kreischende Säge"
Paradoxon	Mit einem Paradoxon behaupten Sie etwas, was dem normalen Menschenverstand widerspricht. Damit können Sie den Zuhörer aktivieren, aber auch Sachverhalte ins Lächerliche führen. Beispiel: „ein offensichtliches Geheimnis", „viel sagendes Schweigen"
Personifikation	Darstellung von Objekten oder Vorstellungen als agierende Personen anhand einer Metapher. Beispiel: „Die Zeit spielt gegen uns."

Stilmittel	Erläuterung
Rhetorische Frage	Eine Frage, welche nicht einer Antwort bedarf, sondern die Kenntnis dieser schon voraussetzt und nur als Denkanstoß dienen soll. Der offensichtlichen Antwort wird besonderer Nachdruck verliehen. Beispiel: „Möchten wir nicht alle mehr Zeit für unsere Familie und unsere Kinder haben?!"
Synekdoche	Ein Teil steht für ein Ganzes. Beispiel: „Die 10-köpfige Mannschaft" – meint ein Team von 10 Personen.
Vergleich	Ein Vergleich kann zur Verdeutlichung eines bestimmten Sachverhaltes dienen. Dabei gibt es die Möglichkeit, einen abstrakten Vergleich oder einen auf ein anderes Gebiet übertragenen Vergleich anzuführen. Mit Vergleichen können Sie auch aktiv die Tatsachen verzerren. Setzen Sie gekonnt einen Sachverhalt mit einem anderen gleich, können Sie an diesem etwas erläutern, was am Ursprungssachverhalt eventuell nicht funktioniert hätte. Beispiel: „Wir sind wie eine Oase in der Wüste!"

Die Qualität des Sagens wird auf das Gesagte übertragen

Die aktive Verwendung solcher Redewendungen suggeriert durch eine gepflegte und anspruchsvolle Sprachverwendung, dass Sie inhaltlich und fachlich professionell sind. Die Qualität des Sagens wird auf das Gesagte übertragen. Darüber hinaus wird eine Rede oder ein Vortrag für die Zuhörer spannender, interessanter und leichter zu verfolgen, wenn Sie Fakten und Argumente durch rhetorische Figuren veranschaulichen oder betonen.

Psychologie

Die Kenntnis von Fühl-, Denk- und Verhaltensmustern lässt sich für die bewusste Gestaltung der Kommunikation nutzen

Rhetorik hat sehr viel mit dem Verständnis von psychologischen Mustern des Menschen zu tun. Die Kenntnis von Fühl-, Denk- und Verhaltensmustern, der Zuhörer ist die beste Voraussetzung zur aktiven Ausgestaltung eines Vortrages. Sie können vor diesem Hintergrund den ganzen Vortrag, aber auch einzelne Beispiele oder Wortspiele und Redewendungen konkret vorbereiten oder verwenden, wenn Sie sich über die Rezeption dieser Konstruktion schon im Vorhinein im Klaren sind. In zahlreichen Aspekten ist die Ausrichtung des Vortrages auf eine Person ein Entgegenkommen – ein Entgegenkommen, um der Person zu suggerieren, dass Sie auf sie eingehen, aber auch, um aktiv eine Entscheidung oder bestimmte

Wahrnehmung zu forcieren. Psychologische Aspekte, die aktiv in die Kommunikation eingebaut werden können, sind durch die fortschreitende psychologische Forschung heutzutage jedermann frei zugänglich. Als Grundlage einer psychologischen Bearbeitung können Sie zum Beispiel eine Fremdbewertung der Person oder Gruppe nach dem DISG-Modell vornehmen. Eine solche Einordnung kann Ihnen außerordentlich hilfreich sein, gibt Ihrem Vortrag prägende Substanzen und einen bewährten Rahmen, um Ihre Argumentation konsequent aufzubauen (Kapitel 1.3.).

Als erste psychologische Eigenschaft sei erwähnt, dass die meisten Menschen es gern hören, wenn Sie sie in ihrem Denken bestätigen. Demnach können Sie während des Vortrages oder der Diskussion Argumente aufnehmen, welche vom Publikum oder anderen Mitwirkenden während oder vor dem Vortrag geäußert wurden und sie aktiv in Ihre eigene Logik und Struktur einbauen. Ist Ihnen die Zielgruppe bekannt, können Sie durch eine Analyse der möglichen Vorstellungen dieser Personen schon Präferenzen sowie Meinungen in den Vortrag einarbeiten. Damit erhöhen Sie die Chance, insgesamt Zustimmung und Anerkennung zu finden und das Publikum auch für partiell gegensätzliche Meinungen zu öffnen.

Nachricht mit einigen Werten und Präferenzen des Publikums verknüpfen

Außerdem sehen es die meisten Menschen sehr gern, Punkte konkretisiert und erklärt zu bekommen, welche ihnen bis dahin unklar waren. Dies kann ebenfalls ein aktives Element Ihres Vortrages werden. Schon im Vorfeld können Sie Ungewissheiten und Vorstellungen des Publikums ergründen und die substanzielle Beantwortung sowie Integration aller Vorstellungen zu diesen Punkten vorbereiten. Wenn es Ihnen durch eine solche, sorgfältige Vorbereitung gelingt, während einer Rede oder Präsentation Vorbehalte auszuräumen und noch ungestellte Fragen im Vorfeld zu beantworten, haben Sie große Chancen, das Publikum von Ihrer Meinung zu überzeugen und Ihre Intentionen erfolgreich zu realisieren.

Zielgruppen-beobachtung

Als letzter Punkt bleibt die Schematisierung menschlicher Argumentation zu erwähnen. Menschen denken in Kategorien. Der Vortragende ist gut beraten, dem Zuhörer Kategorien und konkrete Bezeichnungen dieser Kategorien anzubieten, welche das Publi-

Eine begrenzte Zahl an Schubladen bieten

kum selbst verwenden kann. Das Wiederholen dieser Bezeichnungen suggeriert dem Zuhörer, dass es sich um einen fest eingegrenzten Bereich handelt. Im Anschluss kann der Zuhörer Ihre Begriffe und Bezeichnungen im Rahmen der Diskussion weiterverwenden. Als konkreten Titel sollten Sie einen Kompromiss zwischen einem einprägsamen und einem wissenschaftlichen Titel finden. Ist diese Kategorie eingehend bezeichnet, erinnert sich das Publikum wesentlich länger an die Kategorie und Ihre präsentierten Inhalte.

Vier Formen der Sprachorientierung
Wichtig für die Konzeption eines Vortrages oder einer Diskussion ist auch die so bezeichnete „Sprachorientierung". Diese Sprachorientierung hat vier Ausrichtungen:

- Ich-Orientierung
- Sie/Du-Orientierung
- Wir-Orientierung
- Sach-Orientierung

Ich-Orientierung Die erste Richtung ist die Ich-Orientierung, womit das Publikum ausdrücklich ausgeklammert wird. Dies kann beispielsweise bei einem Erfahrungsbericht ganz normal sein, wirkt aber als rhetorisches Mittel gut, um die eigene Partizipation an einem Prozess zu betonen. Die Ich-Erzählung suggeriert Ihren persönlichen Einsatz. Wird über bewertbare Leistungen gesprochen, müssen Sie mit dieser Sprachorientierung vorsichtig sein, damit Sie sich nicht zu sehr in den Vordergrund stellen.

Du-Orientierung bzw. Sie-Orientierung Die zweite Sprachorientierung schematisiert die Ansprache durch ein direktes „Du" (bzw. „Sie"). Diese Struktur wird als die Siebezogene Rede bezeichnet. Diese Grundform verdeutlicht dem Publikum oder einem bestimmten Teilnehmer, welcher Zusammenhang zwischen ihm und dem Sachverhalt besteht. Diese Orientierung ist besonders gut geeignet für Lobesreden, in welchen Sie Leistungen einer Einzelperson oder einer Gruppe herausstellen möchten.

Wir-Orientierung Die Wir-Orientierung ist ein gutes Hilfsmittel, um Gruppendynamik und die Gruppenentwicklung zu fördern, das heißt, ein „Wir-Gefühl" zu schaffen. Dabei werden vergangene Leistungen und

Erfolge sowie die folgenden Entscheidungen in der Wir-Form berichtet. Diese Orientierung beweist, dass Sie die Erfolge, Leistungen und die Zukunft der eventuell folgenden Aufgaben in der Gruppe erkennen. Negativ zu bewerten ist, dass diese Sprechorientierung möglicherweise so aufgenommen werden kann, dass Ihre Zuhörer unterstellen, Sie würden Verantwortlichkeiten übertragen wollen. Dies kann meist durch eine authentische Eloquenz abgewiesen werden, indem Sie sich thematisch einbinden oder aktiv diesen Faktor ansprechen. Sie können also klar sagen, dass Sie für eine spezifische Angelegenheit im Rahmen des Projekts verantwortlich sind, bzw. andeuten, was Sie konkret als Mitglied des Teams in dieser Angelegenheit übernehmen werden.

Die letzte Form ist die Sach-Orientierung. Dabei werden Lösungen, Arbeitsergebnisse und zukünftige Schritte vollkommen losgelöst von Personen behandelt. Bei Fachvorträgen und beim Suggerieren von großer Bescheidenheit wird diese Form gerade in der Wissenschaft äußerst häufig gewählt. Diese Orientierung ist für längere Vorträge nicht besonders attraktiv; Sie sollten sie durch personenbezogene Elemente beleben. **Sach-Orientierung**

Besonders guten Eindruck macht es, in einer Rede für ein kurzes Beispiel die Orientierung zu variieren. Dies macht einen Positionswechsel auch für den Zuhörer offensichtlich und stellt zudem eine nützliche Möglichkeit dar, eine Rede oder Präsentation stilistisch und rhetorisch aufzulockern.

Nonverbale Rhetorik

Neben der verbalen Rhetorik ist der nonverbale Bereich (die Körpersprache) nicht nur als eine Art Hilfsmittel zu betrachten. Körpersprache in Form von Haltung, Mimik und Gestik werden aktiv eingesetzt, um die verbale Rhetorik zu tragen. Per Definition sind Gesten Hand- und Fußzeichen. Jedes Individuum hat seit der Kindheit eine eigene Körpersprache ausgebildet und setzt sie zum Teil willentlich, aber zu einem beträchtlichen Teil auch instinktiv und intuitiv ein. Mimische und gestische Verhaltensweisen können Sie sich nur äußerst mühsam antrainieren, da Sie diese größtenteils in Situationen von Stress oder übergroßer Anspannung benötigen, in welchen Sie gerade diese zusätzlichen **Körpersprache**

Handlungsmuster nicht bedenken. Dennoch gibt es einige Tipps und Hinweise, die zu beachten es sich lohnt.

Mimik

Die Mimik zeigt Veränderungen des Gesichtes. Da das Gesicht im Fokus der Betrachtung des Gesprächspartners liegt, ist es demzufolge eine bedeutende Quelle für nonverbale Kommunikation. Affektierte Mienen werden in der Regel sehr schnell als solche entlarvt. Nach den Studien von Paul Ekman und Wallace Friesen ist sogar wissenschaftlich eine rein beobachtbare Differenzierung zwischen einem echten und einem falschen Lächeln ableitbar. Besonders beachtenswert erscheint dabei die obere Gesichtshälfte, welche kaum der aktiven Kontrolle unterliegt. Sie verrät oft Unsicherheit und Lüge. Die Mimik ist ein Emotionsträger – dies heißt, Sie können aktiv mit einem Lächeln Ihre Freude und mit einem Schmollen Ihren Trotz präsentieren.

Eine Begrüßung oder der Anfang einer Präsentation sollte beispielsweise stets mit einem natürlichen Lächeln beginnen. Es zeigt, dass Sie gern vor dem Publikum etwas präsentieren, dass Sie das Publikum individualisieren, und zählt als eine beträchtliche Signalfunktion. Sprechen Sie nicht nur in die Richtung der Zuhörer, sondern schauen Sie diesen auch direkt und unaufdringlich in die Augen.

Augenkontakt sichert Beziehung zum Publikum und ermöglicht Rückmeldung

Bei einer Präsentation fixiert sich der Blick schnell; lassen Sie jedoch den Blick kreisen und schenken Sie allen Teilnehmern einen gleichwertigen Augenkontakt. Der Augenkontakt ist eine emotionale Brücke und sichert die Aufmerksamkeit des Zuhörers. Ebenfalls stellt der Blick einen Rückmeldungskanal dar. Weicht das Publikum Ihren Blicken als Sprecher aus, kann dies bedeuten, dass eine große Distanz zwischen Ihren Zuhörern und Ihnen liegt. Fragen und Einwände können Sie ebenfalls von den Gesichtern der Zuhörer ablesen.

Internationale Gültigkeit von Mimik

Mimik und Gestik haben in ihrer Bedeutung meist international Gültigkeit, denn fast überall auf der Welt weiß man sie zu interpretieren. Lesen Sie im Kapitel 3.4, dass es jedoch teilweise auch unterschiedliche Interpretationen dieser nonverbalen Rhetorik gibt. Die Quantität der Gesten unterscheidet sich regional stark, und der

Hang zur Gestikulierung sowie deren Formen werden über Jahre in einer Region angelernt. Erst ab einem bestimmten Alter, wissen Sie diese aktiv zu beobachten und zu verwenden. Wie bei der Mimik gilt: Legen Sie keine affektierten Gesten an den Tag; dies wird von Ihren Kommunikationspartnern meist durchschaut oder hinterlässt zumindest einen unstimmigen, inkongruenten Eindruck Ihrer Person.

Gestik

Vermeiden Sie extreme Gesten – sie wirken hektisch. Gesten sollten Sie ruhig und nicht zu groß machen. Versuchen Sie, die Schultern nicht hochzuziehen, sondern entspannt, gerade und frei hängen zu lassen. Gerade für frei stehend gehaltene Präsentationen ist die Bewegung der Hände bedeutungsvoll. Für sie gibt es einen so genannten neutralen Bereich, welcher sich zwischen Brust und Gürtellinie befindet. Am besten legen Sie eine Hand in die andere und halten diese auf Bauchnabelhöhe. Auch in Bewerbungsgesprächen verhindert das Ineinanderlegen der Hände, dass Sie aus Nervosität mit dem Stift spielen oder regelmäßig im Haar oder an Ihrer Kleidung zupfen. Geben Sie Acht mit der Verwendung des Zeigefingers; außer in einer fachlichen Diskussion oder als sensibel angepasstes Hilfsmittel sollten Sie es vermeiden, direkt auf Personen zu zeigen.

Stand und Standposition

Die ganze Körperhaltung bei einem Vortrag sollte auf einem schulterbreiten und sicheren Stand basieren. In einer erstklassigen Inszenierung kann die Veränderung der Standposition ein brillantes Instrument zur Aktivierung der Rede sein. So suggeriert das Zurückweichen und Kleinerwerden Unsicherheit und das Nachvornkommen und Aufstellen eine Art Selbstbewusstsein. Trotz aller darstellenden Kunst bewahren Sie aber eine insgesamt aufrechte Körperhaltung an einem Ort, welcher von allen Zuhörern bequem zu sehen ist. Nervöse oder unerfahrene Vortragende laufen auf und ab, beugen sich vor und zurück oder stützen sich auf. Dies sollten Sie vermeiden.

Ist die Veränderung der Sprecherposition nötig, bewegen Sie sich umsichtig. Ein Sprecher sollte als Moderator oder Präsentierender den Mitwirkenden nicht den Rücken zudrehen. Auch beim Notieren von Aspekten oder Informationen an einer Tafel stehen Sie seitlich, um schnell wieder Blickkontakt zum Publikum aufbauen zu können. Sind mehrere Personen im Betrachtungsspektrum des Publikums, beispielsweise zusätzlich ein Medienassistent, sollten Sie ebenfalls die Distanz und Position zu dieser zweiten Person beachten. Im Allgemeinen sollten diese Personen hinter dem eigentlichen Sprecher und möglichst nur auf einer Seite des Vortragenden sitzen.

Paraverbale Rhetorik

Atmung und Stimme

Die paraverbale Rhetorik umfasst die Atmung und die Stimme des Vortragenden. Die Stimme wird direkt von der Atmung beeinflusst. Die Atmung ist ein wichtiges Instrument, wenn es darum geht, bei Nervosität und Stress wieder Ruhe in ein Gespräch zu bringen.

Die Stimme ist wissenschaftlich gesehen Teil der Phonetik, der Sprachlautkunde oder Stimmlehre. Sprechen ist hier tönendes Ausatmen. Dabei werden die Stimmbänder, die im oberen Halsbereich lokalisiert sind, in Schwingung gebracht. Mit einem Muskel können Sie aktiv die Stimmlage des Gesprochenen beeinflussen. Ein gesenkter Kopf erlaubt Ihnen weder eine korrekte Atmung noch das ungehinderte Schwingen der Stimmbänder. Eine tiefe Bauchatmung führt erstens zu einem vergrößerten Luftvolumen im Körper, ist damit förderlich für Ihre Haltung, erlaubt Ihnen zweitens eine verlängerte Sprechzeit und führt drittens auch zu einer ruhevollen Stimme.

Ruhiges Atmen begünstigt Kontrolle, Ordnung und Konstruktivität

Eine gleichmäßige Atmung unterstützt einen kontrollierten Vortrag. Ist die Stimmung aufgeheizt und die Argumentation böswillig geworden, kann ein gezwungen ruhiges Atmen wieder zu Ordnung und Konstruktivität im eigenen Vortrag und damit auch im Meinungsaustausch führen.

Intonation, Lautstärke und Tempo

Die Stimme ist eindeutig ein aktives Element Ihrer Konversation. Sie können sie durch Höhe verändern und damit Fragen sowie Ausrufe oder Ungeklärtes verdeutlichen. Die Modifikation der Stimme macht Ihre Erläuterung facettenreicher. Neben der Höhe ist ebenfalls die Lautstärke ein praktisches Instrument. Daneben erzeugen verschiedene Tempi des Sprechens Spannungen und Agilität. Beim

Sprechen sollte der Mund weit geöffnet werden, da dies der klaren Aussprache und damit der Verständlichkeit dient. Dies können Sie ebenso wie den Vortrag zu Hause vor einem Spiegel üben.

Redevorbereitung
Schon im klassischen Altertum bestand die Redevorbereitung aus fünf einzelnen Phasen. Dieser klassische Ansatz sollte heute immer noch unverändert verfolgt werden, da er alle entscheidenden Komplexe eines Vortrages oder einer Diskussion abdeckt.

Die erste Phase ist die aktive Stoff- und Ideensammlung, sie wird im klassischen Sinne als Inventio bezeichnet. Dazu gehören das Ergründen der Zielgruppe und das Aufstellen von Thesen und Antithesen inklusive ihrer Beweisführungen. Sie sammeln erstens notwendige und zweitens wirkungsrelevante Fakten. Notwendige Fakten sind Informationen, welche den grundsätzlichen Gehalt der Aussagen beschreiben. Wirkungsrelevante Fakten sind Einzelinformationen, welche einen konkreten Sachverhalt darstellen und überzeugend unterstreichen können. **Inventio**

Diese Fakten müssen Sie dann dialektisch im Rahmen einer Gliederung und Anordnung, bezeichnet als Dispositio, zusammenstellen. Dies sollte unter Berücksichtigung der Zielgruppe geschehen; es findet also ein Abgleich zwischen Informationen und erwartetem Publikum statt. **Dispositio**

In der dritten Phase, dem Eluctio, wird der Inhalt dann entsprechend der Gliederung ausformuliert und stilistisch abgeschlossen. Dies kann schriftlich, mündlich oder nur gedanklich geschehen. **Eluctio**

Die vierte Phase wird als Memoria bezeichnet und beschreibt das Einstudieren des Textes und das konkrete Proben des Auftrittes. Das Einprägen des Textes ist besonders für die Einleitung und für den Abschlussteil sehr entscheidend. Es lohnt sich, diese Abschnitte, obwohl Sie diese eventuell ablesen, vollständig auswendig zu lernen. **Memoria**

In der fünften Phase, dem Pronuntiatio, wird die Rede nun im Ergebnis der vier vorausgegangenen Phasen vor dem Publikum vorgetragen. **Pronuntiatio**

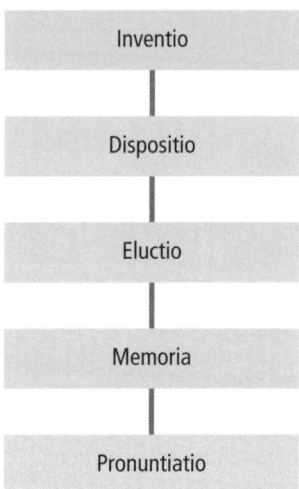

Abbildung 36: Die klassischen Phasen der Redevorbereitung

In jedem Vortrag gibt es Aspekte, welche die Authentizität des Vortragenden und damit auch des eigentlichen Inhaltes unterstützen. Positiv werden dabei natürliches und emotionales Verhalten, normale Mimik und Gestik, Spontaneität, alltägliche Sprechweise und Satzstruktur sowie kleine rhetorische Fehler aufgenommen. Ablehnend und mit einem suspekten Gefühl stehen die meisten Zuhörer jedoch affektiertem Verhalten aller Art gegenüber, sei dies die Kontrolle von Gestik, Mimik und Emotionen, gestelzte Phrasen und Satzstrukturen sowie ebenfalls absolut perfekte Rhetorik. Die Betrachtung von persönlichen und natürlichen Themen können Sie aktiv in eine Rede einbauen. Wählen Sie etwa ein direktes Beispiel, wie das Verhalten Ihrer Kinder, durchbrechen Sie die ersten großen Barrieren zum Zuhörer, die Ihnen dann durch die gewonnene Sympathie sogar kleine Argumentationsschwächen durchgehen lassen.

Redeangst und Nervosität

Der Teufelskreis aus Redeangst und Nervosität
Redeangst und Nervosität sind ganz natürliche Eigenschaften und werden auch von jedem Publikum akzeptiert. Gleichzeitig zeugt gerade Nervosität von fehlender Erfahrung. Diese mangelnde

Übung, welche am Anfang einer Karriere ebenfalls ganz normal ist, möchte man verständlicherweise nicht zeigen. Nervosität führt dabei oft in einen kleinen, aber tückischen Teufelskreis: Aus Nervosität entstehen Unsicherheiten und Fehler, was widerum für erhöhte Nervosität sorgt. Redeangst sowie Nervosität werden damit stark durch das Selbstvertrauen beeinflusst.

Reden und Präsentieren bleibt stets absolute Übungssache. Manche Personen bedürfen dieser Übung weniger, da sie ihre Rhetorik schon im Jugendalter ausgebildet haben. Ein selbstsicherer Redner, der wortgewandt und schlagfertig in jeder Lebenslage plaudern kann, hat sich dies nicht erst vor kurzer Zeit angeeignet, sondern kommuniziert in dieser Form meist schon sein ganzes Leben lang. Zahlreiche solcher eloquenten Redewendungen und schlagfertigen Sprüche werden jedoch gut vorbereitet und im richtigen Zeitpunkt einfach eingebracht. Zum Beispiel zeugt die folgende Einleitung von einer Rede von Gregor Gysi im Bundestag von konkreter Vorbereitung, wobei der Satz an sich einwandfrei und unaffektiert in das Szenario eingebettet war:

Rhetorik als Mischung aus Erfahrung, lang erworbener Eloquenz und vorbereiteter Schlagfertigkeit

„Frau Präsidentin! Liebe Kolleginnen und Kollegen! Ich habe eine Redezeit von drei Minuten. Das ermöglicht es mir, das Problem in seiner gesamten philosophischen, religiösen, juristischen, ökonomischen, ökologischen, sozialen, sozial-kulturellen und nicht zuletzt politisch-ideologischen Tiefe zu ergründen."

Dies nennt man vorbereitete Schlagfertigkeit, da Sie sich den Satz aktiv zurechtlegen können und Sie nur noch auf den Moment warten müssen, um diesen Satz einzubringen. Genau mit solch einer gründlichen Vorbereitung können Sie Ihre Redeangst und Ihre Nervosität vor einer Rede oder der Präsentation senken. Das kennen Sie schließlich von jeder ganz normalen Prüfung: Wenn Sie sich sehr gut vorbereitet fühlen, sind Sie wesentlich ruhiger und entkrampfter als mit einer unzureichenden Vorbereitung. Außerdem senken bei Reden und Präsentationen die vorherige Ortskenntnis und eine frühzeitige Anreise an den Ort des Vortrages die Nervosität.

Auswendiglernen ist nur begrenzt sinnvoll

Eine Rede oder eine Präsentation sollte mit ein bisschen Übung ein Kinderspiel sein; Sie können diese vergleichen mit einer Klausur, für die Sie schon Wochen vorher die Fragen kennen. Es ist möglich, den ganzen Vortrag bereits bis in die letzte Phrase auszuformulieren oder sich auf Abschnitte konkret vorzubereiten. Ganze Texte auswendig zu lernen wirkt dagegen affektiert. Sie holpern durch den Text, verdrehen eine kurze semantische Form und verfälschen damit den ganzen Satz, sei es nur grammatikalisch oder auch inhaltlich. Andererseits ist es gut realisierbar, Texte auswendig zu lernen – dabei sollten Sie sich nicht unterschätzen.

Im Durchschnitt kann der Mensch Texte von zwei DIN-A4-Seiten innerhalb eines Tages auswendig lernen. Dazu bedarf es selbstverständlich einer adäquaten Technik. Beim Einüben des Textes sollten Sie sich auf die einflussreichsten Abschnitte konzentrieren, also auf Leitsätze, Einleitung und Schlussteil (Kapitel 2.1.).

Exakte Planung von Einleitung und Schluss

Die Einleitung und den Schlussteil sollten Sie bis ins letzte Detail durchdenken und genauso wie geplant vortragen. In manchen Unternehmensberatungsfirmen heißt es sogar, dass ausnahmslos nichts anderes, keine einzige zusätzliche Information, erwähnt werden darf als geplant. Wenn Sie die Texte oder Präsentationen nicht selbst vorbereiten, sollten Sie sich noch etwas mehr Zeit geben, um sich konkret vorzubereiten und die Nervosität zu senken. Meistens haben Sie aber in solchen Fällen schon größere Erfahrungen mit dem Vortragen. Wichtig bleibt aber, auf bevorstehende Fragen vorbereitet zu sein, und wenn Sie schon nicht alle Fragen beantworten können, wenigstens Bescheid zu wissen, was Sie selbst vorgetragen haben.

Vorsicht bei Beruhigungsmitteln

Als weitere Möglichkeit, Ihre Aufregung zu reduzieren, sind neben psychologischen auch physiologischen Herangehensweisen zu betrachten. Von Tabletten oder anderen medizinischen Hilfsmitteln sollten Sie absehen, wenn Sie sich der Wirkung nicht gewiss sind. Besonders auf einen nervösen Magen können gerade diese Tabletten, Tees und obskuren Mischungen Ihrem Bauch den Rest geben.

Ein sehr brauchbares Hilfsmittel ist aber warmes Wasser. Reines warmes Wasser – über Zimmertemperatur – wird beispielsweise

Frauen bei der Entbindung zur Beruhigung und Entspannung des Körpers angeboten. Diese Beruhigung ist entgegen der Erwartung ganzkörperlich. Das Wasser sollten Sie direkt vor der Rede trinken, Sie können es aber zusätzlich auch während der Rede zur Seite stehen haben.

Eine Möglichkeit, Ihre Nervosität nicht zu zeigen, ist eine gute Körperhaltung. Halten Sie möglichst nichts in Ihren Händen, höchstens und ausnahmsweise in einer Hand Ihre Unterlagen. Neben den Unterlagen wird schon ein Stift in der Hand schnell zu einem ablenkenden Spielzeug. Gibt es ein Redepult, legen Sie die Aufzeichnungen auf dieses und berühren Sie mit einer Hand das Pult an der Seite. Die andere Hand hat Bewegungsfreiheit. Dies ist die optimale Haltung, um orientiert und sicher, dabei aber auch dynamisch zu wirken. Sie birgt keine Gefahr, in ein Extrem zu verfallen. Gerade diese Haltung können Sie sehr häufig im Fernsehen bei Politikern beobachten. Wie bei einem Aufschlag von Boris Becker können Sie schon allein an der Hand- und Armhaltung erkennen, welcher Politiker am Pult steht, und manchmal ist auch relativ offensichtlich erkennbar, welche Personen den gleichen Berater hatten.

Wie nervös Sie wirken, hängt davon ab, was Sie mit Ihren Händen machen

Es gibt diverse Übungen, die Redeangst und Nervosität senken können. Der erste Ansatz ist jede Möglichkeit wahrzunehmen, kontrolliert zu sprechen. In normalen Gesprächen können Sie den Vorteil Ihrer Muttersprache nutzen und sich ohne großes Überlegen unterhalten. Bei einer Rede jedoch müssen Sie sich auf die Semantik und Grammatik konzentrieren. Dies ist ungewohnt und verlangsamt den Redefluss und verunsichert Sie selbst. Demnach sollten Sie sich im Alltag stets aufs Neue vornehmen, auf die Wortwahl und Satzstruktur zu achten – sei es bei der Arbeit, bei der Kinoabendkasse oder zu Hause. Dies ist der Weg, den die Meister der Schlagfertigkeit und Eloquenz gegangen sind. Wenn es Ihr Ziel ist, Ihre Kommunikation zu verbessern, sollten Sie sofort und konsequent damit anfangen.

Übungen, um Rhetorik, Schlagfertigkeit und Eloquenz zu trainieren

Eine weitere Möglichkeit ist es, über die alltägliche Konversation hinaus zu üben. Dies muss nicht unbedingt ein Schauspielkurs sein, sondern Sie können auch ganz allein, wann immer Sie Zeit haben, in Eigenregie üben. Nehmen Sie sich beispielsweise den Hamlet von

William Shakespeare oder ein anderes Schauspiel und tragen Sie es lesend vor. Dies bietet nicht nur die Möglichkeit, komplexe Satzstrukturen freier vorzutragen, sondern reichert auch das allgemeine Satzverständnis und besonders den Wortschatz an. Abgesehen davon, dass diese Übungen regelmäßig wiederholt oder weitergeführt werden sollten, hat dieses Training auch mindestens einen unterhaltenden Charakter. Sie haben die Chance, Ihre Allgemeinbildung etwas aufzupolieren, und vielleicht bleibt doch der eine oder andere Satz im Gedächtnis hängen, und Sie überzeugen Ihren nächsten Gesprächspartner mit einem Zitat von Ihrer guten Bildung.

Professionelle Seminare und Trainings

Professionelle Hilfe durch Kurse und Seminare ist sinnvoll, da Sie hier die Möglichkeit geboten bekommen, Videoaufnahmen zu machen und viele verschiedene Übungen durchzuführen.

Präsentation

Präsentation als aktive Darbietung von Informationen

Das Vorstellen von Arbeitsergebnissen ist heute in den meisten Bereichen eine Selbstverständlichkeit. Arbeitsergebnisse werden dabei beispielsweise in Form eines Fachaufsatzes oder eines Prototypen einer größeren Gruppe oder der Öffentlichkeit vorgeführt. Dieser Abschluss kann zwar ebenfalls als Präsentation betitelt werden, jedoch wird im Allgemeinen erst die aktive Darbietung von Informationen als Präsentation bezeichnet. Demnach hat die Präsentation zwei Komponenten: die Information und die Darstellung. Damit spielen nicht nur die Arbeitsergebnisse selbst, sondern auch technische Möglichkeiten sowie persönliche Fähigkeiten bei der Präsentation eine Rolle.

Das „Produkt", das Sie „verkaufen" wollen, wird im konkreten Zusammenhang mit Ihrer Präsentation bewertet. Besonders bei einer firmeninternen Präsentation ist dieses „Produkt" nicht nur die Information an sich, sondern es gilt auch, sich und Ihre Idee in dem Sinne zu „verkaufen", dass das Ergebnis nicht nur unbeteiligte Kenntnisnahme ist, sondern eine Entscheidung und Handlung daraus folgt.

Internationale Unterschiede

Natürlich gibt es internationale Unterschiede in der Präsentationstechnik. Allgemein erwartet ein Zuhörer von einer Präsentation in Deutschland jedoch mehr als nur Informationen. Er möchte konkret dargelegte Entscheidungswege, die mit vorbereiteten Pro- und Kontra-Argumenten belegt sind, aufgezeigt bekommen. Neben den Fakten, die die Grundlage der Präsentation sind, dürfen auch rhetorische Mittel verwendet werden, um die Gruppe zu überzeugen (Kapitel 3.3.).

Bei Präsentationen gibt es je nach Gebiet unterschiedliche Herangehensweisen, da die interne Fachpräsentation im biochemischen Institut eine andere Motivation hat als eine Marketingpräsentation auf einem öffentlichen Platz. Trotz dieser strukturellen Unterschiede gehen wir im Folgenden auf drei generelle Abschnitte (Vorbereitung, Durchführung und Abschluss) ein. Dabei ist neben der Vorbereitung auch eine aktive Nachbereitungsphase der Präsentation entscheidend, um sich erstens selbst und zweitens die konkrete Präsentation weiterzuentwickeln. Besonders dieser Punkt wird häufig aus mangelnder Konsequenz ausgelassen.

Vorbereitung, Durchführung, Abschluss

Präsentation hat viel mit Rhetorik zu tun und steht in der Struktur des Buches daher auch hier direkt nach dem Themenkomplex Rhetorik. Die essenziellen Grundlagen der Rhetorik, zum Beispiel zur Redevorbereitung, werden in diesem Abschnitt durch einige präsentationstypische Punkte ergänzt.

Vorbereitung

Die Vorbereitung einer Präsentation ist nicht nur für die Präsentation an sich bedeutend, sondern sie ist auch Quelle Ihrer Selbstsicherheit während des Vortrages. Eine gute Vorbereitung reduziert Forschungen zufolge Stress und Aufregung um bis zu 70 Prozent.

Analysieren Sie zu Beginn das Ziel der Präsentation. Diese Analyse basiert auf einer Erfassung der Zielgruppe und auf diese Zielgruppe abgestimmter, ausformulierter Ziele der Präsentation. Eine bedeutende Frage ist, ob Sie die Überzeugung des Publikums von einem substanziellen Produkt erreichen wollen oder nur die Sensibilisierung für einen konkreten Themenkomplex. Nach einer ausführlichen Zielanalyse folgt der aktive Aufbau der Präsentation. Es müssen nicht nur ein inhaltlicher Rahmen konzipiert werden, sondern auch die ganze Argumentation und der Einsatz von verschiedenen Medien am Ziel orientiert werden.

Analysieren des Ziels der Präsentation

Zielgruppe, Setting und inhaltliches Ziel

In diesem Kapitel werden drei Einflussfaktoren einer erfolgreichen Präsentation besprochen: die Zielgruppe, das Setting und das inhaltliche Ziel. Diese drei Zielobjekte müssen Sie im Rahmen der Präsentation aufeinander abstimmen und somit schon im Aufbau berücksichtigen.

Orientierungsfragen für die Zielgruppenbeobachtung

Die Zielgruppenbeobachtung soll einen adäquaten Vortrag garantieren, in welchem das Publikum weder über- noch unterfordert wird, sondern genau die Informationen erhält, die es erwartet. Als Erstes sind die Altersgruppe sowie der Berufs- und Erfahrungsstand von Interesse. Handelt es sich um Jugendliche oder spezialisierte Seniormanager? Aus welchem Bereich kommt das Publikum, sind es verschiedene Fachbereiche oder nur einer? Welche Erwartungen hat das Publikum und welcher Zusammenhang besteht zwischen Publikum und Inhalt?

Als Nächstes analysieren Sie die Zielgruppe auf der Beziehungsebene. Kennt sich das Publikum untereinander, kennen sie den Vortragenden? Gibt es ein hierarchisches Gefälle in der Zielgruppe oder zum Vortragenden?

Das Setting der Präsentation bestimmt den Medieneinsatz

Als zweiter Punkt ist von Interesse, wie diese Zielgruppe im Raum platziert ist. Wie weit sitzen die Personen auseinander? Welche Entfernung besteht zum Vortragenden? Wo ist die Eingangstür? Ist der Raum hell oder dunkel? Bietet der Raum einen zwar hervorragenden, aber dennoch ablenkenden Blick auf die Stadt oder auf den angrenzenden Park? Abhängig von Helligkeit, Größe und Besonderheiten des Präsentationsraums können Sie dann planen, wie Sie die eigenen Medien verwenden.

Das inhaltliche Ziel bestimmt die Struktur der Präsentation

Der dritte Punkt ist die Analyse des inhaltlichen Ziels der Präsentation. Zwischen einem Fachvortrag, der Sensibilisierung für einen Bereich und einer Marketingpräsentation herrschen große inhaltliche Formalunterschiede. So können Sie bei der Sensibilisierung für einen Bereich zum Beispiel eher differenzierende Ansichten ausklammern, während diese im Fachvortrag existenziell sind, um eine gewisse Objektivität zu suggerieren. Finden Sie also heraus, was Sie genau kommunizieren möchten.

Sind die Fragen zu Zielgruppe, Ziel und Setting beantwortet, können Sie zum nächsten Schritt überleiten und den Aufbau der Präsentation gestalten.

Aufbau

Obwohl der Aufbau von Präsentation zu Präsentation unterschiedlich ist, gibt es drei Hauptbestandteile, ohne die ein Vortrag schon zum strukturellen Fehlschlag wird. Diese Hauptbestandteile sind ganz einfach Einleitung, Hauptteil und Abschluss. Sie zeichnen sich durch eine Vielzahl von unvermeidbaren Bestandteilen aus, welche unbedingt in einen Vortrag integriert werden müssen, um ihn inhaltlich und methodisch vollständig präsentieren zu können.

Einleitung, Hauptteil und Abschluss

Die Einleitung der Präsentation

Die Einleitung besteht aus fünf Teilen. Als Erstes steht die kurze und knappe Begrüßung. Dieser folgt das Vorstellen als zweiter Teil: Besonders bedeutend sind Name, Position, Grund, warum gerade Sie aus der Auswahl Ihrer Kollegen und Mitarbeiter vortragen, und eventuell Ihr beruflicher Werdegang. Sind weitere Personen am Vortrag beteiligt, stellen Sie diese ebenfalls vor.

Begrüßung und Vorstellung

Als dritten Part kommunizieren Sie das konkrete Ziel der Präsentation. Dabei sollten Sie eine möglichst aktive und aufrüttelnde Formulierung wählen, um das Publikum gleich von Anfang an in den Bann zu ziehen. Statt „Ich werde heute über dieses Produkt ABC berichten", wählen Sie also lieber eine Formulierung wie beispielsweise: „Ich werde heute die immensen Einsparpotenziale, aber auch Risiken dieses neuen Produktes ABC vorstellen."

Ziel, Struktur und Rahmenbedingungen

Als Viertes folgt die Struktur der Präsentation. Wie lange dauert sie und wie ist sie aufgebaut? Zum Abschluss kommen die Rahmenbedingungen der Präsentation. Wann werden Fragen beantwortet, gibt es ein Handout und worauf ist noch hinzuweisen? Für alle Formulierungen in einer Präsentation eignen sich eher aktive Redewendungen als objektbezogene bzw. substantivierte Formulierungen, wie im folgenden Beispiel verdeutlicht. Grundsätzlich sollten Sie „Man"-Aussagen durch Satzformulierungen in der ersten oder zweiten Person aktivieren. Sprechen Sie das Publikum so an, als wäre es eine einzige Person, mit der Sie reden.

Ein kurzes Beispiel für eine Einleitung:

Teil 1: „Guten Tag. Ich freue mich, dass Sie erschienen sind."

Teil 2: „Mein Name ist Michael Schulz, und ich vertrete heute die Firma ABC AG. Ich bin seit fünf Jahren Produktmanager von XYZ und mit diesem Produkt groß geworden. Hinter Ihnen am Projektor versteckt sich gerade mein Kollege, Roland Heinrich, welcher mir technische Unterstützung gibt."

Teil 3: „Wir wollen Ihnen heute XYZ als maßgeschneiderte Lösung für Ihr Vertragsmanagement vorstellen und Sie von den immensen Kostenersparnissen überzeugen. Wir haben insgesamt eine dreiviertel Stunde für die Präsentation eingeplant, welche wir gern ohne Pause abhalten würden."

Teil 4: „Kommen wir zur Struktur. Da Sie alle schon mit dem Vorgänger des Produkts gearbeitet haben, möchten wir als Erstes die Veränderungen und Vorteile der neuen Serie anführen. Nachdem wir dann kurz Zeit für konkrete Fragen haben, haben wir einen Film mitgebracht, welcher die Verwendung des Prototyps von XYZ bei einem anderen Kunden zeigt. Nach diesem Film haben wir dann noch einmal gut zehn Minuten für Fragen und die Diskussion eingeplant."

Teil 5: „Als Handout haben Sie hoffentlich alle schon am Eingang die Broschüre erhalten, welche neben der heutigen Präsentation noch weitere Informationen zu XYZ enthält. Auch Getränke stehen für Sie bereit. Gibt es noch Fragen zu strukturellen Gesichtspunkten?"

Die Macht des ersten Eindruckes

Eine solche Einleitung auswendig zu lernen, lohnt sich, damit sie selbstbewusst, flüssig und natürlich vorgetragen werden kann. Diese wenigen Sekunden der Einleitung prägen das ganze Bild der Präsentation, und demnach muss nach diesen Worten die Zuhörerschaft schon auf Ihrer Seite stehen. Sie können diese Einleitung mit der Anrede einer anderen Person in einer Bar vergleichen. Klappt die Einleitung, ist das Schwierigste schon geschafft. Eine fehlgeschlagene Anrede wieder aufzupolieren, ist hingegen fast unmöglich. Für Sie als Vortragenden ist eine gelungene Einleitung gute Motivation und Quelle von Selbstsicherheit für den weiteren Vortrag.

Der Hauptteil der Präsentation
Nach der Einleitung geht es um den fachlichen Teil, also um die Vermittlung der gewünschten Informationen. Diese Informationen müssen Sie in der Vorbereitung sowie im Vortrag strukturieren. Es ist förderlich, sich etwas länger mit der Struktur zu beschäftigen, als dies normalerweise getan wird, denn nur so können Sie Argumentation, Thesen und Antithesen aufeinander abstimmen. Die konkrete Struktur hängt von den Informationen ab, welche präsentiert werden sollen. Nichtsdestoweniger sollen zwei universelle Strukturmöglichkeiten kurz dargestellt werden.

Planung der Präsentationsstruktur

Als Erstes bilden Sie die Argumentationslogik. Ein qualifizierter Vortrag besteht aus drei Teilen: der These, der Antithese und der Konklusion. Fehlt einer der ersten beiden Teile im Vortrag, wird Ihnen schnell Glaubwürdigkeit abgesprochen. Die Antithese wird erfahrungsgemäß häufig entweder absichtlich oder aus Versehen nicht erwähnt. Werden Nachteile bzw. Antithesen nicht formuliert, verlieren Sie als Präsentierender Ihre Glaubwürdigkeit bzw. müssen sich den Vorwurf der Einseitigkeit gefallen lassen. Auch so genannte Scheinschwächen werden oft schon während des Vortrags als solche entlarvt. Der dritte Teil, die Konklusion, ist besonders entscheidend um die Präsentation abzurunden und fachlich zu beenden. Gleichzeitig hilft sie dem Zuhörer sich zu ordnen und das, was Sie für wichtig erachten, zu behalten.

These, Antithese, Konklusion

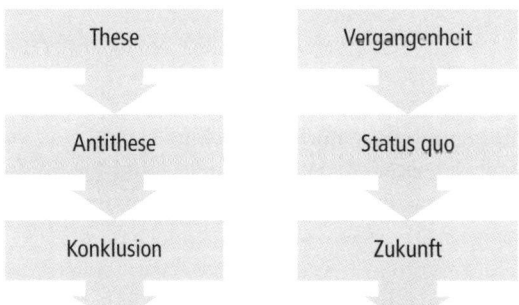

Abbildung 37: Gliederungsmöglichkeiten einer Präsentation

Vergangenheit, Status quo, Zukunft

Als zweite Strukturierung bietet sich Ihnen eine zeitliche Ordnung in Vergangenheit, Status quo und Zukunft an. Einleitend erläutern Sie, was bis zum jetzigen Zeitpunkt im Rahmen des Themas durchgeführt wurde, seien es Fortschritte in einem Projekt oder beispielsweise ein älterer Kenntnisstand zu einem Aspekt. Als zweite Phase führen Sie aus, in welcher Situation Sie sich jetzt gerade befinden, beispielsweise an welchen Aufgabenpaketen Sie gerade arbeiten oder welchen Erkenntnisstand Sie bis zum aktuellen Tag erworben haben. In der dritten Phase präsentieren Sie dann, was Sie in der Zukunft angehen oder in welche Richtung Sie weiterforschen werden.

Sind diese fachlichen Informationen gesammelt, sollten Sie diese Stück für Stück durchgehen und nach ihrer unmittelbaren Signifikanz für die Zielgruppe bewerten. Punkte starker Signifikanz werden demnach mit mehr Platz in der gegebenen Zeit berücksichtigt und unwichtige Punkte gestrichen.

Argumentationsführung

Die Beweisführung relevanter Thesen und Antithesen sollten Sie nun durch schlüssige Argumentationen versehen. Sie müssen sich als Vortragender bewusst sein, dass es drei aktive Phasen des Publikums während der Präsentation gibt: erstens die Einführungs- oder Eingewöhnungsphase, gefolgt von der Aufnahmephase, in der der Themenkomplex in Form der These und Antithese aufgenommen wird, und drittens die Abschlussphase, in der der Themenkomplex verstanden, strukturiert, bewertet und eingeordnet wird. An diesen Phasen ausgerichtet sollten Sie Ihre Argumentationen zeitlich in die Präsentation einbauen.

Der Schluss der Präsentation

Zusammenfassung

Im Schlussteil sollten Sie alle Schlüsselthemen aufführen, an welche sich der Zuhörer nach dem Vortrag erinnern können soll. Fassen Sie die Punkte auf maximal zwei bis drei Folien zusammen.

Wenn Sie auf dem Foliensatz oder extra auf einem Flipchart die Gliederung aufgeführt haben, sollten Sie diese zum Abschluss noch einmal durchgehen. Dabei sollten Sie wirklich nur die Titel in einen groben Kontext bringen. Fügen Sie dem Vortrag auf keinen Fall neue Informationen hinzu. Dann können Sie überleiten zur ersten Abschlussfolie. Weisen Sie abschließend noch einmal auf die mitgegebenen Unterlagen hin.

Machen Sie dem Publikum ebenfalls eine Kontaktmöglichkeit zugänglich. Am besten eignen sich dafür das Handout und eine Visitenkarte, die an dieses geheftet wird. Nach der Besprechung der letzten Folie und allen strukturellen Anmerkungen sollten Sie sich beim Publikum für die Aufmerksamkeit bedanken.

Kontakt anbieten

Informationen ausarbeiten

Steht das Konzept, sollten Sie dieses auf kleinen Handzetteln notieren. Dabei können Sie Computerausdrucke auf A5-Karten kleben oder direkt auf entsprechende Karteikarten drucken. Notieren Sie auf den Karten nicht nur den Präsentationstext in Form von Stichpunkten, sondern vermerken Sie auch aktive Pausen, Hinweiszeichen auf Gestik und Mimik und den allgemeinen Ablauf der Präsentation. Das Zusammenstellen der Karten ist schon die erste empfehlenswerte Vorbereitung für die Präsentation, ganz nach dem Motto „Die beste Klausurvorbereitung ist das Schreiben eines Spickzettels".

Präsentieren mit Karteikarten

In manchen Unternehmen gibt es strikte Präsentationsregeln, welche besagen, dass niemals mehr gesagt werden darf, als auf einer Folie steht. Diese Methode hat ihre Vor- und Nachteile. Meistens wird diese Vorgehensweise durch weitere Auflagen ergänzt. In solchen Fällen müssen Sie diesen Anweisungen folgen.

Medieneinsatz planen

Sie sollten als Vortragender das Publikum stets an der Präsentation beteiligen, denn Beteiligung bringt Aufmerksamkeit und Verständnis. Erreichen können Sie diese Beteiligung durch direkte Ansprache, rhetorische Fragen, interaktive Elemente, wie verschiedene Formen von Abfragen und eine schrittweise Erarbeitung einer Visualisierung des Themas.

Publikum einbeziehen – auch bei der Visualisierung

Entscheidend ist dabei die mentale Partizipation. Aus diesem Grund ist es immer besser, Schaubilder und Strukturgrafiken zwar bereits fertig vorbereitet zu haben, diese aber noch einmal live an einer Tafel oder Ähnlichem zu reproduzieren. Dies ermöglicht dem

Publikum, schrittweise mitzugehen und den Prozess bis zum Ergebnis nachzuvollziehen. Werden die einzelnen Bestandteile in einer bestimmten Reihenfolge aufgezeichnet, kann der Zuhörer somit nicht nur jeden Bestandteil einzeln verstehen, sondern auch das Zusammenspiel verschiedener Bestandteile erkennen.

Alternativen zur Standard-Powerpoint-Präsentation

Als Alternative zur Standard-Powerpoint-Präsentation gibt es die Tafel (White Board), Flipchart, Pinnwand, Projektor und Fernseher. Grundsätzlich sollten Sie so viele Reize wie möglich ansprechen, sich jedoch auf ein angemessenes Maß von drei Medien beschränken. Ein Beispiel dafür ist das Flipchart für die Strukturierung, der Beamer für die Hauptinformationen und vielleicht ein zusätzlicher Film.

Jedes der Präsentationsmittel hat seine Vor- und Nachteile, welche nun kurz aufgeführt werden:

Tafel (White Board)

Tafeln sind gut für Moderationen

Die Tafel ist das dynamischste Medium einer Präsentation. Sie eignet sich mehr zur Moderation als zur Präsentation und kann in einer Präsentation nur Teilbereiche abdecken. Auf die Tafel wird häufig zurückgegriffen, wenn ein Flipchart oder eine Pinnwand nicht vorhanden sind. In diesem Falle können Sie auf der Tafel bereits vor dem Vortrag einige Dinge vorbereitend vermerken, um nicht während der Präsentation viel Zeit zu verlieren. Manche Tafeln sind auch magnetisch oder erlauben durch Klemmleisten das Befestigen von weiterem Material. Dies sollten Sie jedoch vorher verifizieren, falls Sie von dieser Möglichkeit Gebrauch machen wollen.

Flipchart

Flexibles Werkzeug für handschriftliche Aufzeichnungen vor und während der Präsentation

Das Flipchart ist eher für Vorträge in kleinen Gruppen geeignet. Handschriftliche Aufzeichnungen können Sie so vor und während der Präsentation fertig stellen und vermitteln so einen direkten Kontakt zwischen Präsentierendem und Publikum. Mit einem Flipchart können Sie einen ganzen Vortrag gestalten. Für Flipchartaufzeichnungen bedarf es zusätzlich einer bestimmte Schreibweise und eines gewissen künstlerischen Talents für Skizzen. Schreiben Sie auf einem Flipchart stets in Blockschrift. Als Farben kommen blau, rot, grün und schwarz infrage. Dabei sind schwarz und blau Schreibfarben und grün und rot Indikationsfarben. Schematisierungen auf einem Flipchart, die Sie eventuell während der Präsentation mit dem Publikum fertig gestellt haben, können Sie auch gut mitnehmen. Nachteil dieses Mediums ist, dass es wie die Tafel recht viel Zeit in Anspruch nimmt. Im Gegensatz zur Tafel können Sie die Präsentation mit dem Flipchart aber recht bequem vorbereiten. Das Flipchart ermöglicht jedoch kaum eine Änderung der Informationen – meist müssen Sie eine neue Seite anfangen. Zudem eignet es sich nicht zur Präsentation vor einer größeren Gruppe.

Pinnwand

Die Pinnwand kommt mehr aus dem Bereich der Moderation, findet jedoch auch in der Präsentation wiederholt Anklang. Sie eignet sich allerdings nur für Teilabschnitte einer Präsentation. Vorteil der Pinnwand ist, dass Sie als Vortragender schnell Veränderungen einarbeiten können. Beispielsweise können Sie einfach eine Umsortierung von Bestandteilen vornehmen. So können Sie auch eine Agenda mit dem Publikum abstimmen. Die vorbereitete Agenda ist an die Pinnwand geheftet und kann je nach Präferenz von Zielgruppe und Präsentierendem umsortiert werden. Auch wenn die Agenda nicht umsortiert wird, steht sie zusätzlich zur Hauptpräsentation so immer im Blickfeld des Zuhörers, welcher sich somit orientieren kann. Außerdem müssen Sie auf diese Weise die Strukturierung beispielsweise nicht mühselig in alle Powerpoint-Folien einarbeiten.

Projektor

Mit dem Projektor lassen sich schnell vorgefertigte Unterlagen in großflächigem Format präsentieren. Diese Folien sind im Gegensatz zum Fernsehmedium leicht und preisgünstig zu erstellen und bedürfen während der Präsentation im Gegensatz zur Pinnwand und Tafel keinen weiteren Aufwand als sie aufzulegen oder anzuklicken. Mit einer Projektorpräsentation können Sie grundsätzlich alle Bereiche abdecken. Es gibt einmal den Overhead-Projektor und den Computer-Beamer, wobei inzwischen eher der Computer-Beamer das Standardmedium ist. Wer einen Beamer verwendet, sollte aber wegen der Möglichkeit des Versagens der Technik auch

Schnelle und günstige Präsentation vorbereiteter Inhalte

immer einen Overhead-Projektor in der Nähe haben. Ein Ausdruck der Präsentation auf Folienpapier sichert somit Computer- und Beamerprobleme ab.

Gestaltungstipps für Computerpräsentationen

Für Powerpoint-Präsentationen gelten als Grundsätze für Textformatierung und Folienaufbau: Schriftgröße nicht kleiner als zwölf Punkt wählen und nicht mehr als fünf Hauptaspekte auf einer Folie aufführen. Schrift und Hintergrund sollten sich gut voneinander absetzen. Dies ist für Overhead-Projektionen noch wichtiger, denn ist der Tag etwas sonniger, kann sonst das Publikum ab Reihe zwei gar nichts mehr erkennen. Als Sicherheit können Sie für Overhead-Folien immer einen leeren Hintergrund beibehalten und mit schwarzer Schrift die Inhalte darstellen. Manche Präsentationsvorlagen bieten Platz, um auf jeder Folie die Gliederung und den aktuellen Vortragspunkt einzuzeichnen. Diese Option sollte immer genutzt werden, wenn trotzdem genügend Platz für die Inhalte bleibt, nicht das Gesamtbild kaputt gemacht wird und Sie die Struktur nicht eventuell extern, beispielsweise auf einer Pinwand, darstellen wollen. Die Folien eines Vortrages sollten inhaltlich und von der Formatierung alle gleich aufgebaut sein.

Ergänzungen und Erweiterungen während des Vortrags problematisch

Nachteil der Verwendung dieser Folien ist, dass Sie nicht ohne weiteres während des Vortrages Erweiterungen vornehmen können. So müssen Sie beispielsweise die Powerpoint-Präsentation abbrechen, um vom Publikum angeregte Aspekte mit einzubringen. Außerdem ist besonders die Beamer-Präsentation sehr unpersönlich und anonym.

Fernseher

Besonders zur Präsentation von Praxisbeispielen geeignet

Der Fernseher ist ein beliebtes Medium, da die Aufnahme der Informationen über einen Fernseher für das Publikum äußerst bequem ist. Es ist ein schnelles Medium, mit welchem viele Informationen gebündelt übertragen werden können. Besonders für Praxisbeispiele kommt dem Film große Bedeutung zu. Im Gegensatz zu Computerbildern scheinen Fernsehfilme realitätsnäher zu sein. Nachteil ist der Aufwand der Erstellung von geeignetem Filmmaterial und die meist komplizierte Einbindung in den Vortrag. Einen Film können Sie beim Ausfall des Fernsehers kaum mit alternativen Medien ersetzen.

Handout

Zum Thema Handout ist zu sagen, dass vor jeder Präsentation ein Handout ausgegeben werden sollte, in das die Zuhörer eigene Notizen machen können. Die Angst, die Aufmerksamkeit aufgrund der frühzeitigen Ausgabe des Handouts zu verlieren, ist verständlich, aber bei richtiger Präsentationstechnik unbegründet. Wenn sich einzelne Personen aus dem Publikum dennoch durch das Handout ablenken lassen, so ist das vertretbar, da sie sich ja mit dem Inhalt der Päsentation beschäftigen, während sie sich Notizen machen. Wird ein Handout aus irgendwelchen Gründen erst nach der Präsentation ausgegeben, sollte wenigstens schon anfangs erwähnt werden, dass es ein Handout gibt.

Handouts im Vorfeld ausgeben

Durchführung

Wenn die Präsentation anhand einer sorgfältigen Organisation erstellt wurde, ist der Präsentierende bereits gut vorbereitet und alle Materialien sowie Mittel stehen parat. Die konkrete Durchführung einer Präsentation hat viel mit Ihrer rhetorischen Sicherheit zu tun, demnach sollten Sie alle Punkte des Kapitels „Rhetorik" beherzigen. Versichern Sie sich vor der Präsentation insbesondere, ob alle erwünschten Materialien vorhanden und die Medien voll funktionsfähig sind. Hat der Drucker eventuell Folie 34 beim Ausdruck auf dem Folienpapier verschmiert? Liegt ein alternativer Plan zur Präsentation ohne das gewünschte Medium vor? Sind genügend Stühle vorhanden, steht etwas Wasser zum Trinken bereit und sind die Assistenten eingewiesen?

Verhaltenstipps aus dem Bereich der Rhetorik nutzen

Während des Vortrags selbst sollte Ihnen der Rücken freigehalten werden, entweder durch einen Assistenten oder durch anderweitiges Personal. Damit vermeiden Sie, dass Sie durch Nebensächlichkeiten gestört oder verwirrt werden.

Während der Präsentation kann es zu Zwischenfällen kommen, auf welche Sie eingehen sollten. Wenn Sie Unverständnis auf einem Gesicht ablesen können, sprechen Sie dies als Vortragender nicht unmittelbar offensiv an, sondern formulieren den Absatz noch einmal neu oder verwenden noch eine andere Darstellung. Bleibt der zögerliche Gesichtsausdruck, können Sie, ohne angreifend zu wirken, die Person bitten, ihre Frage zu stellen. Größte Gefahr ist

Umgang mit offensichtlichem Unverständnis

es, die Person bloßzustellen und damit Abneigung, wenn nicht sogar Aggression, auszulösen und damit für den Rest der Präsentation den Kontakt zum Publikum zu verlieren.

Reaktion auf Unvorhergesehenes

Flexibler Umgang mit Unvorhergesehenem

In fast jeder Präsentation geschieht etwas Unvorhergesehenes. Unerträglich oder unangenehm wird dieses Unvorhergesehene jedoch erst, wenn es destruktiv stört oder Sie als Präsentierenden unvorbereitet trifft. Möglicherweise klingelt das Mobiltelefon oder der Chef muss gehen, um einen wichtigen Anruf entgegenzunehmen – dies kann passieren und bedarf flexiblen Umgangs mit der Situation. Anhand von Beispielen zeigen wir Ihnen im Folgenden exemplarisch typische Störsituationen und bieten Ihnen sinnvolle Reaktionsmuster an.

Eine wichtige Person erscheint nicht

Auf Nachzügler warten?

Je nach Zusammensetzung des restlichen Publikums sollten Sie mit diesem die weitere Verfahrensweise abklären. Machen Sie deutlich, dass Sie zehn Minuten später anfangen, um auf die Person zu warten. In dieser Zeit sollten Sie dann umgehend versuchen, die Person zu erreichen, unter Umständen über das Mobiltelefon. Die Absprache mit dem Publikum soll vermeiden, dass dieses nicht weiß, wie lange Sie vorhaben zu warten, und Ungewissheit und Unruhe entstehen. So können die Teilnehmenden selbst entscheiden, ob sie sich beispielsweise noch einen Kaffee holen.

Erscheint eine Person nicht, sollte die Präsentation nur angefangen werden, wenn diese fehlende Person verzichtbar ist. Ist diese Person sehr bedeutend für die Präsentation, sollten Sie einen neuen Termin ausmachen. Bei einer Präsentation, welche mit einer längeren Anreise des Publikums verbunden ist, müssen Sie den Vortrag trotzdem halten oder können ihn höchstens auf eine spätere Uhrzeit am gleichen Tag verschieben. Schon vor einer Präsentation können Sie abklären, welche Personen unerlässlich an dem Vortrag teilnehmen müssen, und was getan werden soll, wenn eine dieser Personen nicht anwesend ist.

Eine Person kommt zu spät

Eine beträchtliche Störung eines Nachzüglers können Sie vermeiden, indem Sie das Setting gut konstruieren. Am besten ist die Tür hinter dem Publikum lokalisiert und ein Sitzplatz so zu erreichen, dass die anderen Zuhörer durch den Nachzügler nicht gestört werden. Kommt eine wichtige Person zu spät oder ist es ein besonders kleiner Kreis, wird der bisherige Ablauf noch einmal bündig resümiert. Die Tiefe dieses Resümees hängt von der Person ab, welche den Anfang der Präsentation nicht mitbekommen hat. Erfahrungsgemäß kommen Personen, welche auf Pünktlichkeit nicht so einen großen Wert legen, mit einem geräuschvollen Auftritt hinzu. Anstatt sich bescheiden hinzusetzen, grüßen sie laut und probieren, die ganze Aufmerksamkeit auf sich zu lenken und damit weg vom Thema der Präsentation. Dem können Sie entgegenwirken, indem Sie die Person sofort in Ihren Redefluss integrieren.

Sinnvolles Setting für Nachzügler

Unterlassen Sie es aber nachzufragen, was der Grund des Zeitverzuges ist, oder eine Floskel loszuwerden, wie „Schön, dass Sie auch noch zu uns stoßen", ohne direkt und aktiv zur Präsentation zurückzukommen. Ansonsten verlieren Sie eventuell die Gesprächsführung. Ein besseres Beispiel ist dieses:

Vorsicht vor angreifenden Fragen oder Sarkasmus

„Guten Tag. Schade, dass Sie erst jetzt kommen können. Wir haben schon mit der Präsentation begonnen, aber nehmen Sie bitte Platz. Ich habe mich schon vorgestellt; ich bin André Moritz. Ich habe in den letzten fünf Minuten kurz das Produkt an sich vorgestellt. Diese Informationen können Sie im Handout, das auf Ihrem Platz bereitliegt, genau nachlesen."

Damit bleibt der Rest des Publikums beim Thema. Vermeiden sollten Sie abwertende oder andere flotte Kommentare, dies verschreckt nicht nur den Nachzügler, sondern auch alle anderen Personen im Publikum.

Klingelndes Mobiltelefon

Mobiltelefone sind ein Muss für den Geschäftsmann. Es sollte zwar nicht passieren, kann aber vorkommen, dass jemand vergisst, das Telefon vor der Präsentation auf stumm zu schalten und angerufen wird. Das Klingeln stört den Vortragenden und das Publi-

Handyklingeln stört umso mehr, je kleiner die Gruppe ist

kum, wobei diese Störung umso größer ausfällt, je kleiner die Gruppe ist.

Wird der Gesprächsfluss und das Zuhören nicht durch eine laute Melodie gestört, sollten Sie einfach weitervortragen. Die Lautstärke Ihrer Stimme wird erhöht und der Anruf ignoriert. Stört das Klingeln den Gesprächsfluss oder die Konzentration des Publikums, unterbrechen Sie einfach wortlos kurz den Vortrag. Die angerufene Person wird sich entschuldigen, dies wird ohne großes Drama angenommen und der Vortrag fortgesetzt. Vor allen Dingen sollten Sie keinen großen Kommentar dazu äußern. Ein professionelles Nicken ist eher angebracht als ein „Ist doch kein Problem" oder „Passiert jedem einmal", denn diese Unachtsamkeit gehört sich einfach nicht.

Eine Folie fehlt

Das darf Ihnen nicht passieren! Das Fehlen von Informationen kommuniziert eine schlechte Organisation Ihrer Veranstaltung. Zugleich suggerieren fehlende Materialien dem Publikum fehlende Qualität des Inhalts.

Material über Handzettel an Tafel oder Projektor reproduzieren

Fehlt Ihnen dennoch Darstellungsmaterial, versuchen Sie, dieses mithilfe Ihrer Handzettel oder des Handouts an der Tafel oder über den Overhead-Projektor zu reproduzieren. Fehlt ein Film, eine Animation oder eine Grafik, sollten Sie Ihren Ersatzplan für fehlende Medien ausspielen. Vielleicht können Sie alternative Themen vorziehen, während der Assistent die fehlende Information zusammensucht.

Ein Medium fällt aus

Souverän auf Technikausfall reagieren

Nichts kommt besser an, wenn trotz kaputtem Beamer die Präsentation fließend weitergeht. Welch gute Möglichkeit Ihre Qualifikation zu propagieren – „Die Technik streikt, aber der Mensch ist immer noch zu schlau". Stellen Sie den Beamer beiseite oder rollen Sie den Fernseher weg, rücken Sie den Overhead-Projektor heran und legen Sie die passende Folie auf. Wenn alle Stricke reißen, wird das Handout durchgegangen und Seite für Seite erklärt.

Die gekonnte Reaktion bedarf selbstverständlich der aktiven Vorbereitung auf diese Situation. Ein wiederholtes Durchlesen des

Handouts und die Unterstreichung von Stichwörtern schafft eine ausreichend gute Vorbereitung. Ist der Fortgang der Präsentation nicht mehr möglich, brechen Sie frühzeitig ab und warten Sie nicht darauf, dass eine Person aus dem Publikum um eine Unterbrechung bittet. Versuchen Sie, auch bei einer solchen Panne stets die Kontrolle zu behalten und proaktiv zu agieren, als lediglich zu reagieren.

Eine Person muss frühzeitig gehen

Sie können in der Einleitung Ihrer Präsentation erfragen, ob Teilnehmer früher gehen müssen. Ist dies der Fall, dann reicht der Hinweis auf die Kontaktadresse und den Inhalt, welche sich im Handout befinden. Beim frühzeitigen Verlassen reicht dann erneut ein kurzes Nicken vollkommen aus. Wenn sich die Person verabschiedet, bedanken Sie sich trotzdem mit einem Satz für das Erscheinen und kehren zurück zur Präsentation.

Früher gehende Teilnehmer verabschieden

Abschluss und Nachbereitung

Die Nachbereitung können Sie direkt im Präsentationsraum vornehmen. Dies bietet Personen aus dem Publikum auch noch nach fünf Minuten die Möglichkeit, auf Sie als Präsentierenden zuzugehen und Nachfragen zu stellen. Die Nachbereitung ist nicht zeitintensiv und meist steht sogar sowieso noch viel Zeit zur Verfügung, da Sie sich für die Präsentation den ganzen Vor- oder Nachmittag freigehalten haben. Sie sollten mindestens ein Viertel der Präsentationszeit aufwenden, um eine Analyse und Beurteilung durchzuführen. Die Nachbereitung ist dabei nicht nur sinnvoll, wenn die konkrete Präsentation wiederholt werden soll, sondern hat auch allgemeinen Weiterbildungscharakter.

Nachbereitung im Präsentationsraum ermöglicht weitere Nachfragen

Als Erstes sollten Sie notieren, welche konkreten Folgen und Arbeitspläne nun initiiert wurden. Wie weit müssen Personen informiert oder mit Material versorgt werden? Nach diesen organisatorischen Punkten sollte festgehalten werden, wie der Ablauf der Präsentation, besonders der Zeitplan, der Planung entsprach. Gab es Verzerrungen im Zeitplan und sind diese durch zusätzliche Erläuterungn oder durch die Unterschätzung des Inhaltes hervorgerufen? Demnach sollten Sie in Ihrem Zeitplan vermerken, wie viel Zeit Sie wirklich für den reinen Vortrag verwendet haben (zum

Arbeitsergebnisse sichern und Ablauf bewerten

249

Beispiel Foliengeschwindigkeit = zwei Minuten pro Folie). Ist die Verzerrung durch Zwischenfragen entstanden, sollten Sie für die nächste Präsentation zusätzliche Informationen vorbereiten.

Als nächster bedeutender Punkt ist die Auswahl der Medien zu analysieren. War es eine brauchbare Gesamtzusammenstellung? Ist der Übergang gelungen? Welchen Einfluss hatten die Medien und der Medienwechsel auf das Publikum?

Inhaltsanalyse Neben diesen organisatorischen Aspekten ist eine nachhaltige Inhaltsanalyse zweckmäßig. Welche Fragen sind wann aufgetreten? Wo entstanden Unklarheiten, wo überlasteten zu viele Informationen das Publikum? Welche Informationen scheinen angekommen zu sein, welchen Aspekten haben Sie nicht den gewünschten Stellenwert geben können?

All diese Punkte können Sie in die Vorbereitung und Durchführung des nächsten Vortrages als Erfahrung einbringen. Dabei spielt es keine Rolle, ob die Präsentation zu einem anderen oder dem gleichen Thema gehalten wird.

Checkliste: Präsentation, Vortrag oder Rede vorbereiten

1. Thema
Welches Thema?
Warum dieses Thema?
Welche Schwerpunkte gibt es?
Welche Informationen brauche ich zu diesem Thema?
Welche These stelle ich vor? Was gibt es für Argumente?
Welche Antithese gibt es? Was gibt es für Argumente?

2. Zielgruppe
Wer ist die Zielgruppe?
Wie viel Zeit habe ich?
Welchen Bezug hat die Zielgruppe?
Welchen Kenntnisstand hat die Zielgruppe?
Welche Gliederung passt zu der Zielgruppe?

3. Aufbau

Wie läuft meine Einleitung?
Wie weit kennt mich die Zielgruppe?
Gibt es Besonderheiten in der Zielgruppe?
Welche Passagen sind besonders wichtig?
Welche Passagen sind unwichtig?
Wie läuft mein Abschluss?

4. Mittel

Welche Mittel setze ich während des Vortrags ein?
Was bereite ich für die Zielgruppe zum Mitnehmen vor?

5. Vorbereitung

Ist mir der verbale, nonverbale und paraverbale Bereich bekannt?
Habe ich wiederholt geprobt?
Ist der Vortragsort bekannt und überprüft?
Sind alle Mittel komplett und funktionsfähig?

Selbstvermarktung

Tue Gutes und rede darüber!

Die Selbstvermarktung ist heute Schlüssel des beruflichen und gelegentlich auch des privaten Erfolgs. Triftige Gründe dafür sind, dass beständig mehr Personen vergleichbare Qualifikationen aufweisen können und sich der Arbeitsmarkt immer weiter konzentriert. Mithilfe der Selbstvermarktung können Sie sich ausgehend von Ihren Zielen selbst eine gewünschte Positionierung in der Gesellschaft erarbeiten. Es gibt ausreichend Beispiele von Personen, welche fast nur durch effiziente Selbstvermarktung erfolgreich geworden sind und den Weg nicht über fachliche oder soziale Kompetenzen bestritten haben. Selbstvermarktung ist damit also die Kommunikation von Eigenschaften, akademischen sowie beruflichen Erfahrungen und Erfolgen.

Selbstvermarktung als Erfolgsschlüssel

Ein Anlass für Selbstvermarktung kann zum Beispiel die firmeninterne Bewerbung um eine andere Stelle sein. Eine schriftliche Bewerbung und das folgende interne Bewerbungsverfahren sind eine wichtige Herausforderung und für viele Angestellte im Laufe ihres Berufslebens mehrfach zu bewerkstelligen. Aufgrund der Signifikanz von Bewerbungen sollen dazu im nächsten Abschnitt besonders umfangreich Anleitungen und Hinweise gegeben werden. Für die Selbstvermarktung gibt es neben den speziellen Techniken für eine Bewerbung auch allgemeine Methoden, welche zuvor in diesem Kapitel angesprochen werden.

Motivation der Selbstvermarktung

Steigern Sie Ihre Attraktivität bei potenziellen Arbeit- und Auftraggebern

Allgemein ist die Selbstvermarktung eine uralte evolutionäre Eigenschaft, die den Menschen im Trieb der Fortpflanzung schon seit Jahrtausenden begleitet. Nun zwingt uns die in der Marktwirtschaft so bezeichnete „Räumung von Angebot und Nachfrage", auf dem Arbeitsmarkt ebenfalls dem potenziellen Nachfrager unserer Person attraktiv zu erscheinen. Auch wenn Sie nicht gerade aktiv eine neue berufliche Anstellung in einem Unternehmen suchen, ist Ihre Attraktivität (in Form von Kompetenzen) für den Nachfrager entscheidend, um Ihren persönlichen Erfolg als Anbieter zu determinieren. Diese Attraktivität können Sie im beruflichen Kontext durch akademische oder fachliche Kompetenzen und Referenzen einbringen. Dabei ist es nicht nur bedeutend, diese Referenzen und Kompetenzen zu besitzen, sondern besonders wichtig bleibt, diese auch einzubringen und zu kommunizieren.

Von ständig steigenden Standards abheben

Wenn Sie sich beispielsweise unmittelbar nach Ihrem Ausbildungsabschluss auf dem Arbeitsmarkt orientieren, buhlen Sie mit zahlreichen Mitbewerbern um die Gunst eines Arbeitgebers. Dabei ist im Rahmen der Internationalisierung, der Öffnung der Märkte und der guten Ausbildungsmöglichkeiten für Sie ein großer Markt interessant. Gleichzeitig bedeuten aber auch gerade diese Umstände, dass es Hunderte von Personen mit vergleichbaren Kompetenzen und ähnlichen Referenzen für diesen Markt gibt. Ein Diplom-Betriebswirt oder Diplom-Kaufmann mit zwei Praktika, meist einem im Inland und einem im Ausland, zwei Fremdsprachen und einem relativ guten Abschluss hätte früher ohne weiteres einen einträglichen Arbeitsplatz angeboten bekommen – heute jedoch zählen diese Eigenschaften meist als Standard. Sich von dem Standard durch berufliche sowie soziale Kompetenzen oder Referenzen abzuheben, ist nun bleibende Aufgabe für das ganze Berufsleben.

Mit Selbstvermarktung kann jede Person über akademische und berufliche Referenzen hinaus eine individuelle berufliche Persönlichkeit entwickeln. Diese Persönlichkeit setzt sich beispielsweise aus fachlichen und sozialen Kompetenzen, beruflichen und akademischen Referenzen, Erfahrungen und kommunizierten Eigenschaften zusammen. Das Entwickeln einer solchen beruflichen Persönlichkeit ist sehr bedeutend für den weiteren Verlauf des Berufs- sowie des Privatlebens.

Berufliche Persönlichkeit entwickeln

Wenn Sie die Vermarktung Ihrer eigenen Person nicht selbst in die Hand nehmen, wird dies unmittelbar durch eine Fremdpositionierung anderer Personen ersetzt. Demnach werden Sie so oder so vermarktet, nur entweder von Ihnen selbst oder von einer fremden Person. In der Auswahl dieser zwei Möglichkeiten sollten Sie die Vermarktung selbst initiieren, denn keiner kann so gut beschreiben, was Sie wollen, und in Szene rücken, was Sie können, wie Sie selbst. Vergleichbar ist dies mit Fernsehwerbung, welche auch von den Unternehmen selbst und nicht von der Konkurrenz gemacht wird.

Die Selbstvermarktung können Sie durch die eigene Positionierung an Ihren persönlichen Zielen ausrichten. Dadurch gewinnt sie nicht nur einen konkreten persönlichen Mehrwert für die Zukunft, sondern auch langfristige Authentizität.

Methoden der Selbstvermarktung

Bei der Betrachtung der Selbstvermarktung können Sie zwischen dem Was und dem Wie unterscheiden. Demzufolge sollten Sie sich bewusst sein, was Sie generell positionieren können und möchten. Diese Positionierung können Sie anhand bestimmter Methoden erstellen, beispielsweise mit dem DISG-Modell (Kapitel 1.3.). Die Ergebnisse dieser Identifikation kommunizieren und vermarkten Sie dann aktiv. Die eigene Positionierung fängt mit einer gründlichen Selbstbeobachtung an. Diese können Sie in Form eines Selbstbildes und erweiterten Fremdbildes oder einer Stärken- und Schwächenanalyse vorbereiten (Kapitel 1.3.). Zusätzlich zu den identifizierten Punkten in der Positionierung, wie bei-

Ausgangspunkt ist gründliche Selbstbeobachtung

spielsweise Kompetenzen, Werte, Ziele und Interessen, kommen dann die fachlichen Qualifikationen, Referenzen und Erfahrungen hinzu.

Fachliche Qualifikationen und Erfahrungen

Zur fachlichen Qualifikation gehören Schul- und Ausbildungsabschlüsse, Zertifikate, Kurse und alles, was Sie in Form offizieller Dokumente einbringen können. Als Referenzen gelten berufliche und akademische Erfahrungen, welche durch eine konkrete Person bestätigt werden können oder bereits durch ein Arbeitszeugnis bzw. einen Brief bestätigt wurden. Als Erfahrung zählt alle berufliche Erfahrung, demnach neben Praktika und aktiv ausgeführten Berufen auch Zivil-, Sozial- oder Wehrdienst.

Schlüsselkompetenzen anbieten

Zusätzlich sollten Sie noch einmal überprüfen, welche Qualifikationen Sie vielleicht als selbstverständlich erachten, in einer Positionierung aber trotzdem Erwähnung finden können. Dazu gehören zum Beispiel umfassende Computerkenntnisse oder Ihre ausgeprägten Fremdsprachenkenntnisse. In einer folgenden Vermarktung oder einer Bewerbung geht es nicht darum, alles aufzuzeichnen, was Sie jemals gemacht haben, sondern ein Gesamtbild zu erstellen. Demnach müssen einzelne Kompetenzen nicht direkt ausformuliert werden, sondern können in einen anderen Punkt einfließen, um so große Positionierungsfelder zu identifizieren.

Visualisierung Ihres Profils

Ist nun diese ausführliche Liste der Kompetenzen und Qualifikationen abgeschlossen, können Sie diese eventuell grafisch darstellen. Im Endeffekt entsteht dabei eine Erweiterung des Selbstbildes um die berufliche und akademische Vergangenheit. In dieser Grafik können Sie nun durch Gruppierungen und Anordnungen abstrakte Tendenzen identifizieren, welche Sie vermarkten können.

Ganz entscheidend ist bei der Selbstvermarktung, der Positionierung und insbesondere im Lebenslauf ein „roter Faden". Viele Punkte haben möglicherweise keine Berührung und stehen vollkommen allein im Raum. Diese Punkte sollten Sie, wenn Sie diese erwähnen wollen, unbedingt in den Komplex der Positionierung einordnen. Jeder Personalverantwortliche sieht gern, wenn eine Person aktiv ihr Leben plant und ihre Kompetenzen aufbaut. Einzelne Erfolge und Referenzen sehen schnell aus, als wären sie nur zufällig hinzugekommen. Diesen eigenen roten Faden zu entdecken, ist nicht einfach, aber erfahrungsgemäß bedarf es dazu oft nur einer zweckmäßigen Formulierung. Ein Beispiel soll zeigen, wie Sie ein Praktikum im Controlling eines Großkonzerns, ein Praktikum in einem kleinen Unternehmen im Vertrieb und zusätzlich Ihre Computerkompetenz ins rechte Licht rücken:

„Durch verschiedene Praktika habe ich einen guten Einblick in die Geschäftsprozesse eines Betriebes bekommen. Aus erster Nähe zum Kunden habe ich im Vertrieb unserer Softwarelösung die Praxis des operativen Geschäfts kennen gelernt. Dabei hat mir gerade das mittelständische Unternehmen einen besonders praktischen Einblick ermöglicht. In einem ergänzenden Praktikum bei der XYZ AG habe ich dann, genau aus der anderen Perspektive, die Strategie, Planung und Administration solcher operativen Geschäftsabläufe analysiert und bewertet. Dafür war es besonders wertvoll, in einem größeren und internationalen Unternehmen eine Vielzahl von Produkten und Märkten zu beobachten. In beiden Bereichen habe ich es geschafft, meine speziellen Computerkenntnisse einzubringen. Nicht nur direkt im Tagesgeschäft, sondern auch in der Planung konnte ich einige Prozessverbesserungen durch einen effizienteren Einsatz der EDV anregen und selbst umsetzen.“

Zur Formulierung solcher Texte gehört Übung, wenn Sie es aber erst einmal erlernt haben, kann diese Fähigkeit eine unerschöpfliche Quelle für Ihren beruflichen Vorsprung werden. Es ist nichts hinzugedichtet, gelogen oder falsch in diesem Text. Ob Sie nun wirklich geplant hatten, im Tagesgeschäft und in der Administration zu arbeiten, ist fraglich, ob Sie den Zusammenhang zwischen den Prozessen an der Front und der Evaluierung von Prozessen im Controlling gesehen haben, ist ebenfalls vage. Es war Ihnen vielleicht nicht unbedingt bewusst während der Arbeit, aber im Nachhinein ist diesen Zusammenhängen nichts abzusprechen.

Ihre vergangenen Aktivitäten im richtigen Licht präsentieren

Zahlreiche Aussagen und Informationen müssen nur etwas wirksamer aufbereitet oder aktiviert werden; es gibt immer Zusammenhänge, und gerade diese sollten Sie aktiv suchen. Der rote Faden sollte an dem Ziel ausgerichtet werden, welches Sie anstreben.

Richten Sie sich mit Ihrer Positionierung so aus, als hätten Sie schon immer in diese Richtung gewollt, in welche Sie jetzt streben. Wenn Sie selbst evidente Zusammenhänge finden, sind diese auch für andere nachvollziehbar.

Konstanz und Wiedererkennungswert Ihrer Vermarktung

Bis jetzt haben Sie die zu positionierenden Punkte gesammelt und diese aktiviert. Nun gilt es, die konkrete Vermarktung anzustoßen. Vermarktung hat wie ihr Kern, die traditionelle Werbung, zahlreiche Kommunikationsmedien. Eine Vermarktung wie einen einzelnen Werbespot einzublenden, ist jedoch nicht nur ein kostbarer Schuss in den Ofen, sondern vorwiegend sogar ein Schuss in die eigene Richtung. Die eigene Vermarktung und Positionierung muss immer und überall präsent sein – sei es in einer E-Mail-Nachricht, in der Begrüßung vor einem Meeting, beim gemeinsamen Lunch oder bei einer Bewerbung. Warum auch die so mühselig erstellte Positionierung nur einmalig öffentlich machen? Gerade in der wirtschaftswissenschaftlichen Theorie der Vermarktung tauchen immer wieder Schlagwörter wie beispielsweise „Konstanz" oder „Wiedererkennungswert" auf, welche den Erfolg einer langfristigen Vermarktung hauptsächlich determinieren.

Demzufolge sollten Sie eine Vermarktung und die Aspekte, welche es zu vermarkten gilt, konstant kommunizieren. Beispielsweise ist das E-Mail-Rundschreiben eine gute Möglichkeit, Ihre Vermarktung zu perfektionieren. Neuer Job, neuer Arbeitgeber, neues Jahr oder neue Information, dies kann jeweils Grund genug sein, eine neue Runde der Vermarktung zu starten. Genau an dem entwickelten roten Faden ausgerichtet, wird ein bisschen Neues mit ein bisschen alter Information gemischt. Die Informationen können beispielsweise an das oben stehende Beispiel angelehnt so verknüpft werden:

„Meinen Einblick in die Arbeit mit den Kunden und die administrative Arbeit im Controlling wird jetzt durch eine Querschnittsfunktion ergänzt. Im IT-Management ist mir mein Wissen aus beiden Bereichen äußerst hilfreich, und ich kann Lösungen entwerfen, welche beiden Ansprüchen genügen."

Eine E-Mail-Nachricht eignet sich gut, da sie lange vorbereitet und leicht vervielfältigt werden kann. Weitere Hinweise hierzu lesen Sie im Kapitel 4.1.

Es sei erneut erwähnt, dass Sie stets und allerorts Ihre identifizierte Positionierung in einer aktiven Vermarktung kommunizieren sollten. Langfristig wird es sich dabei besonders auszahlen, wenn Sie die eigene Positionierung sehr gründlich konzipiert haben, denn ansonsten können Sie sich aus Versehen für einen größeren Zeitabschnitt in ein falsches, unerwünschtes oder unvorteilhaftes Licht rücken.

Eine langfristig kommunizierte Positionierung sollte wohl durchdacht sein

Bewerbung

Für Sie als Verfasser einer schriftlichen Bewerbung ist dies eine Formalie, die bei gründlicher Präparation jedoch ebenfalls einen umfassenden Einblick in Ihre eigene Persönlichkeitsstruktur und Kompetenz erlaubt. Für die Empfänger der Bewerbung stellen die Bewerbungsunterlagen Information und Arbeitsprobe dar. Um mit Ihrer Bewerbung Interesse zu wecken, sollten Sie sich der Bedürfnisse des Empfängers bewusst werden. Erstens soll dem Leser ein Überblick über Ihre soziale und fachliche Kompetenz gegeben werden. Zusätzlich dient die Bewerbung als Arbeitsprobe und sollte demnach durch Fehlerfreiheit, Vollständigkeit und eine interessante Darstellung überzeugen. Neben der inhaltlichen Ausrichtung an der ausgeschriebenen Stelle, für welche Sie sich bewerben, sind die beiden im folgenden Abschnitt erläuterten Funktionen von besonderer Relevanz.

Die Bewerbung als Arbeitsprobe und Spiegel Ihrer Kompetenz

Absichtlich verlangen Bewerbungen für Elite-Universitäten manchmal bis zu 50 Seiten und eine monatelange Vorbereitung. Dieser Aufwand soll gewährleisten, dass die Bewerber wirklich diese Stelle wollen und sich ihrer Ziele und Kompetenzen bewusst sind. Erfahrungsgemäß stellen gut 50 Prozent aller interessierten Bewerber ihre Bewerbung aufgrund dieses Arbeitsvolumens nicht fertig.

Bewerbung vorbereiten

Sie sollten bei einer aktiven Stellensuche immer mehrere Bewerbungen an verschiedene Unternehmen einplanen. Da Sie unterschiedliche Unternehmen kontaktieren und sich für verschiedene Arbeitsstellen bewerben, sollten Sie die abwechselnden Anforderungen Ihrer Bewerbungsphase gut organisieren.

Klassische Quellen für Stellenangebote

Als Quelle für interessante Stellen bieten sich zahlreiche unterschiedliche Medien an. Eine verlässliche Quelle ist die Samstagszeitung. Die „Frankfurter Allgemeine" und die „Süddeutsche Zeitung" bieten in Deutschland wahrscheinlich die attraktivsten Angebote im Zeitungsmedium an, da sie erstens vermeintlich eine bestimmte Zielgruppe ansprechen und zweitens im ganzen deutschsprachigen Wirtschaftsraum angeboten und gelesen werden.

Wenn Sie nicht unmittelbar an bestimmten Branchen oder einzelnen Bereichen interessiert sind, sondern eher regionale Aspekte berücksichtigen wollen, sollten Sie eine lokale Samstagszeitung beziehen. Für eine konkrete Suche in einer Branche lohnt sich ein Blick in die brancheneigenen Fachzeitschriften, wie zum Beispiel die „Computerwoche" für Berufe in der Technologiebranche.

Stellenangebote auf der Website des Wunschunternehmens

Neben Anzeigen in Zeitungen und Zeitschriften, werden immer öfter offene Stellen über die Internetseiten der einzelnen Unternehmen angeboten. Gerade Großunternehmen wollen sich in Zukunft auf dieses Medium konzentrieren. Vorwiegend laufen die einzelnen Bewerbungen ebenfalls über die Masken der Unternehmenswebseite. Die Personalabteilung eines Unternehmens erkennt bei einer Bewerbung über das Internet ein direkteres Interesse des einzelnen Bewerbers am Unternehmen. In einer Zeitung wird erfahrungsgemäß unternehmensübergreifend nach Angeboten gesucht. Über eine Webseite sucht der Bewerber aber exklusiv eine Stelle bei diesem Unternehmen.

Jobbörsen im Internet

Im Internet gibt es Jobbörsen, die ein immer umfassenderes Angebot und bequemere Bedienungen zur Verfügung stellen. Diese Jobbörsen bedürfen der Anmeldung, sind aber größtenteils kostenlos. Durch integrierte, komplexe Suchmaschinen können Sie attraktive Stellen in unzähligen Angeboten schnell identifizieren und sich meist auch direkt bei dem jeweiligen Unternehmen bewerben. Eine Auswahl von Jobbörsen finden Sie unter:

www.jobpilot.de
www.jobs.de
www.jobscout24.de
www.jobjet.de
www.monster.de
www.stepstone.de
www.worldwidejobs.de

Bewerbungs- und Recruiting- Messen

In größeren Städten finden wiederholt Bewerbungsmessen statt, welche meistens zielgruppen- oder branchenbezogen sind. Diese Messen helfen besonders Studenten und Berufseinsteigern, die Positionierung von Unternehmen und allgemeine Einstiegschancen zu evaluieren. Die bekanntesten Messen finden Sie im Internet unter:

www.access.de (IT-Berufe)
www.iqb.de (Anwaltsberufe)
www.viamedici-kongress.de (Mediziner)
www.career.de (Ingenieure)
www.characters.de (Akademiker)
www.consulting-days.de (Absolventen und Nachwuchskräfte)
www.brassring.de (die Jobmesse der CeBit)

Personalberater und Arbeitsamt

Wer im Internet nicht fündig wird, kann ebenfalls direkt Personalberater konsultieren oder zum Arbeitsamt gehen, um sich Angebote einzuholen. Personalberater sind vorwiegend in Form von Headhuntern für Stellen über einem Jahresgehalt von 100.000 Euro besonders für Manager eine gute Adresse. In Deutschland gibt es dafür große professionelle Anbieter wie beispielsweise Kienbaum Executive Consultants, Heidrick & Stuggles, Mülder & Partner oder Ray & Berndtson Unternehmensberatung. Das Arbeitsamt bietet nicht nur viele Stellenangebote, sondern gegebenenfalls auch die Möglichkeit von (finanziellen) Förderungen an, welche bei Bedarf genutzt werden sollten.

Initiativ- bewerbung

Als letzte Möglichkeit bietet Ihnen die Initiativbewerbung eine Chance auf eine Stelle in einem bestimmten Unternehmen. Besonders Großunternehmen überläuft eine Flut von Bewerbungen auf größtenteils gar nicht vorrätige oder ausgeschriebene Stellen. Demnach haben Initiativbewerbungen meistens keinen Erfolg. Zusätzlich scheinen Initiativbewerbungen Ausdruck von mangelndem Engagement bei der Suche nach konkreten Stellen und einer ungenügenden Zielvorstellung zu sein.

Manchmal kann es sich aber trotzdem lohnen, eine Initiativbewerbung loszuschicken – besonders bei den heutigen Internetanbindungen und den leichten Eingabemasken bietet sich dieses Verfahren an. Sehr aussichtsreich ist solch eine Initiativbewerbung, wenn Sie eine überdurchschnittliche oder außergewöhnliche Kompetenz einbringen können oder auf lange Sicht eine Stelle suchen.

Nach welchen Kriterien wird Ihre Bewerbung analysiert?

Typische Analyseaspekte Ihrer Bewerbung für das Unternehmen sind zum Beispiel:

- Fachkompetenz und Erfahrung
- Arbeitsweise und Führungsverhalten
- Initiative und Tätigkeit
- Beständigkeit und Belastbarkeit
- Arbeitseifer und Arbeitsqualität
- Auftreten und Verhalten
- Kooperation und Networking

Diese Aspekte fließen alle unterschiedlich gewichtet in die primäre Bewertung Ihrer eingesendeten Unterlagen ein. Je professioneller eine Bewerbung begutachtet wird, desto mehr wird auch auf die innere Konsistenz der einzelnen Bestandteile untereinander geachtet. So interessiert zum Beispiel, wie weit Arbeitsschnelligkeit mit Arbeitsqualität oder Erfahrung mit Initiative korrelieren.

Fachkompetenz und Erfahrung

Was bringen Sie bereits an fachlicher Ausbildung und beruflicher Erfahrung mit?

Die fachliche Kompetenz, welche Sie sich durch das Studium oder auf weiteren Bildungswegen angeeignet haben, sowie die konkrete Berufserfahrung sind für den neuen Arbeitgeber primäre Orientierung. Sie gelten häufig als Minimalvoraussetzung zur Untersuchung der anderen erwähnten Aspekte. Demnach sollten Sie in Ihrer Bewerbung einen steten Zusammenhang Ihrer Kompetenzen und praktischen Erfahrungen implementieren. Personalverantwortliche sehen außerordentlich gern einen roten Faden in einer Karriere.

Demnach passen zur Studienrichtung Bankwirtschaft das Praktikum in der Bank und die anschließende Arbeit bei einem Finanzdienstleister. Sie sollten stets probieren, Ihre Kompetenzen wiederholt und in den unterschiedlichsten Bereichen zu positionieren. Zur konkreten Positionierung werden weiter hinten erweiternd konkrete Hinweise gegeben. Bereist erworbene Erfahrungen drängen Sie nicht notwendigerweise immer in dieselbe Richtung beruflicher Weiterentwicklung, sie geben aber dem neuen Arbeitgeber eine Sicherheit, dass Sie zumindest eine konkrete Kompetenz einbringen können.

Initiative und Tätigkeiten

Mit der Frage nach Ihrer Initiative soll herausgefunden werden, wie weit Sie für Ihre Erfolge selbst verantwortlich sind. Wie weit sind Sie sich Ihrer eigenen Verantwortung zum eigenen Wachstum bewusst? Eine bewusste Verantwortung lässt vermuten, dass Sie auch für die Stelle Verantwortung zeigen werden. Initiativen beinhalten vorwiegend Verbesserungsvorschläge oder alternative Ideen, die ein Unternehmen sich weiterentwickeln und wachsen lassen. Ihre beschriebenen Tätigkeiten zeigen, wie weit Sie als initiative Person auch Ihre Ideen verfolgt haben. Welche Rolle nimmt der Bewerber ein? Viele kreative Köpfe werfen Ideen in den Raum, verfolgen sie aber nicht weiter oder besitzen nicht die Kraft, die Idee zu operationalisieren.

Inwieweit verbinden Sie Eigenverantwortung, Initiative und Handeln?

Beständigkeit und Belastbarkeit

Den neuen Arbeitgeber interessiert ebenfalls, wie weit Sie als Mitarbeiter belastbar sind. Leisten Sie auch mit zahlreichen Überstunden und ungeheuerem Stress gründliche und konzentrierte Arbeit? Wirken sich äußere Umstände auf die Arbeitsergebnisse aus? Ebenso fällt die Eigenschaft der Beständigkeit unter die Personenbewertung. Viele Menschen neigen dazu, sich übereilt von Angelegenheiten oder Aktivitäten zu lösen und sie als langweilig abzutun, wenn sie einmal bedacht oder bearbeitet wurden. Diese Eigenschaft sollten Sie nicht aufzeigen, da ein Arbeitgeber auch häufig Routinearbeiten verlangt. Sie sollten sich nicht zu fein sein, auch diese Aufgaben mittelfristig zu bearbeiten.

Wie lange können Sie konzentriert und motiviert bei einer Sache bleiben?

Arbeitseifer und Arbeitsqualität

Neigen Sie dazu, sich zu überarbeiten? Arbeitseifer und Arbeitsqualität haben positive und negative Aspekte. Konkurrierend sind sie dann, wenn der hohe Arbeitseifer und die Suche nach ständig neuen Herausforderungen die Gründlichkeit und Genauigkeit der Arbeitsergebnisse negativ beeinflusst. Wenn der hohe Arbeitseifer sich genau auf die Ergebnisse bezieht, dann ist dies positiv. Jeder Arbeitgeber sieht es außergewöhnlich gern, wenn einem Mitarbeiter scheinbar viel daran gelegen ist, eine hohe Arbeitsqualität zu liefern.

Auftreten und Verhalten

Zeigen Sie professionelles Auftreten und angemessenes Verhalten? Das Auftreten und Verhalten ist neben der kollegialen Zusammenarbeit in vielen Berufen besonders wichtig. Verkäufer müssen beispielsweise ein bestimmtes Verhalten oder Auftreten zeigen, um vom Kunden angenommen und akzeptiert zu werden. Neben dieser Perspektive, welche erfahrungsgemäß durch konkrete Berufserfahrung in diesem Fachgebiet überprüft wird, ist aber auch der Umgang mit Vorgesetzten, Kollegen und Mitarbeitern für eine Bewerbung relevant. Besonders Großunternehmen suchen Personen, welche sich mit ihrem Auftreten und Verhalten in die Unternehmenskultur eingliedern können. Gerade nach außen hin möchten sich diese Unternehmen einheitlich und sicher zeigen.

Kooperation und Networking

Wie ausgeprägt ist Ihre Teamfähigkeit? Teamfähigkeit wird in jedem Unternehmen groß geschrieben. Kommunikation und Kooperation sind Bestandteile der Arbeit und determinieren zu einem großen Anteil die Arbeitsergebnisse. Der Arbeitserfolg hängt auch davon ab, wie weit Arbeitsaufgaben oder Prozesse durch zwischenmenschliche Beziehungen vereinfacht werden können. Der Mitarbeiter führt häufig auch gute zwischenmenschliche Freundschaften mit Kollegen außerhalb des Unternehmens. Dies kann vor-, aber auch nachteilig für die Arbeit sein.

Arbeitsweise und Führungsverhalten

Inwieweit passen Sie in die Unternehmenskultur? Jedes Unternehmen hat eine Unternehmenskultur. Je größer das Unternehmen, desto stärker ist diese Kultur ausgeprägt. Wie bei einer Persönlichkeit bilden sich auch im Unternehmen im Laufe der Zeit Werte und Moralvorstellungen. Zahlreiche Personen haben, geformt durch akademische sowie berufliche Erfahrungen und Bildung, ähnliche Arbeitsweisen oder Arbeitsorganisationen aufgebaut. Diese Arbeitsweisen, ob Sie beispielsweise immer vom Kleinen ins Große oder vom Großen ins Kleine denken, liegen ebenfalls im Interesse der Personalverantwortlichen.

Ihr Führungsverhalten entspricht ebenfalls einer Arbeitsweise. Wie im Kapitel 4.4. beschrieben, gibt es mehrere Führungsstile, welche Sie sich antrainieren können und Ihnen über längere Zeit zu Eigen sind. Ihr Führungsstil muss, wenn es um die aktive Besetzung von Führungspositionen geht, eingeschätzt und mit der Unternehmenskultur abgeglichen werden.

Bewerbungen verfassen

Vor der konkreten Ausformulierung der Bewerbung sollten Sie nun eine Strukturierung und Gewichtung aller Bestandteile Ihrer gewünschten Positionierung anfertigen. Die Positionierung soll klarstellen, wie Sie sich in der ganzen Bewerbung darstellen möchten.

Ist Kreativität beispielsweise eine Ihrer Stärken, sollten Sie dies in die Positionierung aufnehmen. Nun sollten Sie in Anschreiben, Lebenslauf, Referenzen und Aufsätzen diese Kreativität in Einklang mit den anderen Positionierungen bringen. Zum Erstellen der Positionierung lohnt sich ein Selbst- und Fremdbild. Mit der Kenntnis von Stärken und Schwächen, Werten und Zielen sowie Fachkompetenzen können Sie dann die Bewerbung konzipieren.

Ein Bewerbungsschreiben enthält stets mehrere unterschiedliche Bestandteile, wobei sich die Zusammensetzung je nach Bewerbung unterscheidet – zur Standardbewerbung gehören aber das Anschreiben oder auch Motivationsschreiben, ein Lebenslauf mit einem Lichtbild (außer in den USA) und Zeugnisse (Schul-, Studien- oder Arbeitszeugnisse). Zu diesen Bestandteilen können einzelne Aufsätze, Verpflichtungen zu bestimmten Tests und fertige Fragebögen hinzukommen. All diese Bestandteile sollten Sie auf möglichst einheitlichem, hochwertigem weißem Papier zusammenstellen. Ebenfalls lohnt es sich, wenn Sie sich die Mühe machen, ein einheitliches und durchgängiges Design zu erstellen. Die Bewerbung zählt als Arbeitsprobe und suggeriert damit dem Unter-

Bestandteile und Gestaltung der Bewerbung

nehmen, mit welchem Fleiß und welcher Kompetenz Sie an Aufgaben herantreten. Zum Layout von Bewerbungsmappen gibt es viele hilfreiche Tipps im Internet, beispielsweise unter www.bewerbungsmappe.de.

Das Anschreiben verbindet Person, Stelle und Unternehmen

Das Anschreiben gehört auf eine Seite. Es ist die Zusammenfassung aller folgenden Informationen. Es stellt einen direkten Bezug zwischen den Faktoren Person, Stelle und Unternehmen her. Diese drei Faktoren gehören in einer einwandfreien Strukturierung mit übersichtlicher Blattaufteilung auf jedes Anschreiben.

In der Einleitung gehen Sie auf die Quelle des Stellenangebots ein. Sie können ohne Probleme die Floskel „Hiermit bewerbe ich mich auf Ihre Stelle als … aus der Anzeige in der Zeitung … vom … ", verwenden. Sie bietet dem Leser der Bewerbung und Ihnen als Verfasser des Anschreibens eine gute Orientierung, um in den Text hineinzukommen. Allerdings ist diese Einleitung nicht besonders individuell.

Im nächsten Absatz sollten Sie deutlich, aber kurz – in maximal vier bis sechs Sätzen – Ihren Karriereweg beschreiben. Im dritten Teil gehen Sie auf die ausgeschriebene Stelle ein und erwähnen, welchen Beitrag Sie in dieser bestimmten Stelle für das Unternehmen leisten können. Dabei können Sie aktiv Verweise in den Lebenslauf legen, um die ganze Bewerbung zu verbinden. Vor dem eigentlichen Ende kommt noch ein letzter Teil, in welchem Sie beispielsweise Ihre Freude über ein Bewerbungsgespräch ausdrücken können.

Aktive Formulierung von Aktivitäten und Ergebnissen durch Verben

In dem ganzen Anschreiben sowie der kompletten Bewerbung sind Rechtschreib- und Grammatikfehler ein absolutes Tabu. Im Anschreiben und im Lebenslauf sollten Sie aktive Formulierungen verwenden. Demnach klingt „Ich habe als Projektleiter die Balanced Scorecard eingeführt", wesentlich überzeugender als die Formulierung „Ich habe als Projektleiter die Balanced Scorecard-Einführung durchgeführt".

Es sollte in jeder einzelnen erwähnten Aufgabenstellung die eigene Rolle erwähnt werden, welche Sie bezüglich dieser Arbeit gespielt haben – also Praktikant, Assistent, Analyst oder Projektleiter. Bei Führungsrollen oder Gruppenvergleichen sollten Sie unablässig die Anzahl der Personen aufführen, also „Teamleiter Personalweiterbildung (Team von 5 Personen)" oder „Abschluss als Jahrgangsbester (von 90 Studenten)". Diese Beschreibungen beweisen, dass Sie stets alle Erfolge und Arbeiten in einem bestimmten Umfeld bewerten. Meist wird die Rolle eines Teamleiters oder der Abschlusserfolg erst durch die Anzahl der beteiligten Personen interessant.

Das Lichtbild sollte kein einfaches billiges Automatenbild sein, sondern professionell aufgenommen werden. Sie brauchen keine Skrupel zu haben, das Bild am Computer zu bearbeiten und vielleicht die Haut etwas zu glätten oder die Haare zu legen. Ist das Foto nicht direkt im Lebenslauf integriert, gehört auf die Rückseite eines jeden Lichtbildes Ihr Name und das Datum. **Bewerbungsfoto**

Der Lebenslauf listet zeitlich geordnet den Ausbildungsweg, berufliche Stationen und weitere Kompetenzen auf. Für das Layout gibt es viele Vorlagen und Entwürfe, welche im Internet schnell gefunden werden können. Als grobe Gliederung gilt: Ausbildung, Berufserfahrung und Weiteres wie Sprachen, Computerkenntnisse, Interessen, Auszeichnungen oder anderes Erwähnenswertes. **Lebenslauf**

Als Zeugnisse sind grundsätzlich die letzten Ausbildungszeugnisse beizulegen. Dies können Abschlusszeugnisse der Schule oder der Universität, aber auch das des letzten Arbeitgebers sein. Zusätzlich können Sie Beurteilungsschreiben aus vorherigen Stellen, Weiterbildungsbelege und Praktikumsnachweise beilegen. Beurteilungsschreiben der letzten Stelle haben bei diesen Zeugnissen die stärkste Gewichtung, da sie dem neuen Arbeitgeber direkten Einblick in Ihre fachliche und soziale Kompetenz geben. Beachten Sie, dass Sie in Deutschland sogar einen gesetzlichen Anspruch auf ein gutwilliges Bewertungsschreiben haben. Häufig werden Sie von Ihrem bisherigen Vorgesetzten aufgefordert, doch selbst ein erstes Schreiben aufzusetzen, welches er bei grundlegendem Einverständnis einfach unterschreibt. Das ist per se natürlich nicht Sinn der Sache, bietet Ihnen jedoch eine einmalige Chance, sich wie gewünscht darzustellen. **Zeugnisse**

Umfang Ihrer Bewerbungs- unterlagen Eine Bewerbungsmappe kann schnell zum Bewerbungsbuch werden. Dabei sollten Sie auf keinen Fall 15 Seiten überschreiten. Wenn Sie eine sehr große Sammlung von Zertifikaten und Seminarbestätigungen einbringen wollen, können Übersichtsblätter die einzelnen Dokumente ersetzen. Ein solches Übersichtsblatt „Seminar" können Sie dann mit dem Kommentar versehen, dass auf Nachfrage eine Seminarbestätigung nachgereicht werden kann. Im Ganzen sollte der Leser nicht denken, dass Sie nicht wichtige von unwichtigen Dokumenten unterscheiden können oder sogar falsche Seminarbestätigungen angeben.

Nach der Fertigstellung aller Ihrer selbst formulierten Bestandteile sollten Sie diese Satz für Satz erneut beurteilen. Jeder Satz sollte eine zielführende Aussage haben und einen roten Faden bilden. Streichen Sie überflüssige Sätze und überarbeiten Sie gegebenenfalls noch einmal wichtige Passagen.

Bewerbungs- mappen Die Unterlagen müssen nun in einer Mappe arrangiert werden. Dazu bieten sich Fertigmappen mit Einschubfächern an. Entgegen dem allgemeinen Verständnis sind diese Bewerbungsmappen besonders in größeren Unternehmen nicht gern gesehen; in eher kleinen Unternehmen sind sie andererseits sehr praktisch. Große Unternehmen haben vorwiegend eigene Mappen oder Sortierungsprozesse, in welche die Personalverantwortlichen angewiesen sind, die Unterlagen inklusive ihrer Auswertung einzupflegen, und demnach sind ihnen die fertigen Bewerbungsmappen eher hinderlich. Entscheiden Sie sich gegen eine fertige Mappe, heften Sie mit einer Büroklammer die Bestandteile in der Reihenfolge Anschreiben, Lebenslauf, Zeugnisse zusammen.

Einstellungsverfahren

Die Empfangs- bestätigung Ihrer Bewerbung Nach dem Einsenden der schriftlichen Bewerbung kommt es meist zu einer Standardempfangsbestätigung. Dieser folgt dann entweder eine Einladung zu weiteren Einstellungsaktivitäten, eine Nachforderung bestimmter Unterlagen oder eine Absage. Bei einer Absage werden in der Regel die Unterlagen exklusive Anschreiben zurückgesendet.

Die Methoden und Vorgehensweisen von Einstellungsverfahren differieren in den einzelnen Unternehmen. In der Regel sind die Abläufe jedoch weitgehend ähnlich.

Auf das eigentliche Vorstellungsgespräch sollten Sie sehr gut vorbereitet sein. Insbesondere ist eine zeitige Anreise wichtig. Berücksichtigen Sie, dass Sie eventuell die Zielregion nicht gut kennen, lange nach einem Parkplatz suchen müssen, den falschen U-Bahn-Ausgang oder Werkseingang benutzen. Andererseits sollten Sie auch nicht viel zu früh erscheinen. Haben Sie die Örtlichkeit gefunden, warten Sie einfach draußen vor dem Haus bei einem Imbiss oder trinken Sie in Ruhe noch einen Kaffee.

Vorbereitung auf das Bewerbungsgespräch

Kleiden sollten Sie sich natürlich, also passend zu Ihrem eigenen intellektuellen Auftreten. Am besten probieren Sie die Kleidung schon am Tag vor der Einladung und stellen sich eine etwas bessere Kombination zusammen, als Sie an einem ganz normalen Arbeitstag in der Zielfirma tragen würden. Vergessen Sie Ihr Deo nicht (Kapitel 2.2.).

Das Gespräch besteht vorwiegend aus vier Teilen. Erster Teil sind die Selbsteinschätzung der akademischen und beruflichen Referenzen und die beruflichen Erwartungen an die Stelle. Dieser Abstimmung mit Ihrem eingesendeten Lebenslauf folgt zweitens die persönliche und familiäre Situation und welchen Einfluss sie eventuell auf Ihren Beruf haben könnte. Als nächster Aspekte wird drittens über das Unternehmen und die Attraktivität der Stelle gesprochen. Abschließend folgt viertens eine Betrachtung Ihrer mittel- und langfristigen Zukunftspläne.

Die Standardfragen sollten Sie glaubwürdig und flüssig beantworten können. Besonders bedeutend dabei sind Ruhe, Zuversicht und Vertrauenswürdigkeit. Es geht neben der Evaluierung Ihrer Kompetenz auch um die Darstellung Ihrer Persönlichkeit. Es ist unmöglich, eine affektierte Rolle über mehrere Bewerbungsrunden durchzuhalten. Als Grundlage eines erfolgreichen Gespräches sollten Sie jeden Abschnitt Ihrer Bewerbung gut und selbstständig erläutern können. Wichtig für das Gespräch sind neben rhetorischen Fähigkeiten besonders Schlagfertigkeit und Selbstvertrauen.

Beantwortung von Standardfragen

„Erzählen Sie uns doch mal ein bisschen über sich ...“

Zahlreiche Gespräche fangen mit dem Standard „Erzählen Sie uns doch mal ein bisschen über sich" an. Dann sollten Sie selbstständig, dem Lebenslauf entsprechend, auf den Berufs- und Ausbildungsweg eingehen. Dabei ist es von Relevanz, dass die Reihenfolge der Karrierestationen und der einzelnen Aufgabenfelder inhaltlich mit den vorgelegten Informationen der Personalverantwortlichen übereinstimmen.

Sie sollten außerdem umfassend über die Stelle und das Unternehmen Bescheid wissen. Es ist absolut unzeitgemäß, aber nicht unüblich, dass für manche Unternehmen die Unkenntnis von Marktkapitalisierung und Top-Produkten ein Ausschlusskriterium ist. Lesen Sie also aufmerksam die Presse und fordern eventuell über das Internet den aktuellen Geschäftsbericht an. Diese unternehmensspezifischen Kenntnisse sind nur ein passives Wissen, mit welchem Sie nicht prahlen sollten, da die aktuellen Angestellten sicherlich mehr Fakten kennen als Sie als Bewerber. Diese Informationen dienen also explizit nur als Grundlage für kommende Fragen.

Gespräch entlang der Informationen in der Stellenanzeige

Meist enthalten Stellenanzeigen eine Vielzahl von Anforderungen an den Bewerber und geben bestimmte Arbeitsgebiete an. Diese beiden Punkte sollten Sie analysieren und im Gespräch ohne zu zögern darstellen können. Jede dieser einzelnen Anforderungen und Arbeitsgebiete muss individuell in einen Kontext mit Ihren Referenzen gebracht werden können. Warum können Sie diese Aufgabe besonders gut machen und wie können Sie das Fehlen einer bestimmten ausgeschriebenen Qualifikation kompensieren?

Identifikation mit dem Arbeitsgebiet und den Unternehmenszielen

Besonders auf die Punkte der Arbeitsgebiete können Sie im Gegensatz zu den Unternehmensinformationen aktiv eingehen. Dies zeugt von Aufmerksamkeit und wahrem Interesse an der Aufgabe. Der Arbeitgeber möchte sehen, dass Sie genau diese Stelle in genau diesem Unternehmen haben möchten. Sie sollten suggerieren, dass die Unternehmensziele für Sie sehr wichtig sind und Sie sich dieser aktiv annehmen möchten. Sie können nicht nur energisch darauf eingehen, wie Sie dem Unternehmen helfen werden, sondern im Rahmen der bescheidenen Glaubwürdigkeit ebenfalls erwähnen, was diese Stelle Ihnen bringen kann. Ein Arbeitnehmer bleibt nicht motiviert bei einer Arbeit, wenn sie ihm nichts bringt, und demnach sollten Sie auch an den persönlichen Nutzen denken, etwa in diesem Stil:

„Ich sehe in dieser Stelle nicht nur die Chance, meine fundierten Jurakenntnisse einzubringen. Ich glaube, diese Kompetenzen auch erweitern zu können, indem ich in dieser Stelle durch die Beobachtung verschiedener Geschäftsmodelle noch ein besseres Prozessverständnis erlange.“

Bei Späßen und Witzen zählt erst einmal „Machen Sie niemals den ersten Scherz“. Wird vom Personalverantwortlichen versucht, mit einem Scherz das Eis zu brechen, sollten Sie trotzdem maßvoll reagieren. Auch dies möchte der Arbeitgeber testen. Wie weit wird Spaß akzeptiert und mitgemacht und wie schnell wird angenehm zurück zur Arbeit gefunden?

Umgang mit Humor im Bewerbungsgespräch

Beachten sollten Sie stets Distanzzonen und die Begrüßung. In größeren Runden von Bewerbungsgesprächen ist darauf zu achten, dass Sie alle Personen mit Blicken beachten. Auch wenn nur eine Person das Interview führt, Fragen stellt sowie Antworten gibt und die anderen Personen lediglich mit Blicken beobachten, ist deren Anwesenheit von Ihnen zu würdigen (Kapitel 2.2.).

Auch rhetorisch sollten Sie sich an die Stelle und das Unternehmen anpassen. Grundsätzlich sollten Sie nicht nur informierend, sondern auch interessant von sich erzählen. Auswendig gelernte Passagen werden meist sofort als solche identifiziert. Je höher die Position ist, desto mehr wird gerade auf die Ausdrucksweise geachtet. Sie sollten sich je nach Stelle auf den Fachjargon einlassen sowie bei anderen Stellen einen Jargon vermeiden. Ihrem Gegenüber sollten Sie schon aus Höflichkeit nicht ins Wort fallen und dem Gesprächspartner Interesse sowie Respekt zeigen.

Wortwahl und Ausdrucksweise

Während des ganzen Ablaufes sollten Sie sich keine Unaufmerksamkeit erlauben. Wird eine Person vorgestellt, sollten Sie erst einmal den Namen laut wiederholen und dann im Inneren noch viermal aufsagen. Das Nachfragen eines Namens zeugt von Unaufmerksamkeit und wenig Respekt. Auch bestimmte Eigenschaften und Funktionen sollten den einzelnen Personen zugeordnet werden können. Ein aktives Eingehen auf bestimmte Aussagen von einer Person im weiteren Verlauf des Gespräches wird stets sehr positiv aufgenommen. Dabei sollte diese Anmerkung jedoch nicht kritisch sein. In manchen Bewerbungsgesprächen werden Sie aktiv aufgefordert, bereits erwähnte Punkte zu wiederholen.

Fallen, Provokationen und sonstige Tests

Manchmal können Bewerbungsgespräche Fallen enthalten, welche absichtlich von den Personalverantwortlichen gestellt werden. Es wird versucht, Inkonsistenzen in ihrer Argumentation zu finden oder gelegentlich sogar zu entwickeln. Passen Aussagen nicht zu Informationen im Lebenslauf oder eine Aussage nicht zu einer vorherigen, kann sich dies negativ auf den Bewerbungserfolg auswirken. Neben Fallen werden absichtlich, besonders im Consulting, schwierige oder unangenehme Fragen gestellt. Dies zählt als Herausforderung und demnach sollten Sie versuchen, diese ruhig, durchdacht und flüssig zu beantworten. Werden Sie abrupt unterbrochen, ist dies wahrscheinlich ein Test und keine Beleidigung. Wundern Sie sich auch nicht, wenn für ein Teil des Gespräches die Sprache verändert wird. Besonders im internationalen Arbeitsumfeld verläuft das Bewerbungsgespräch zum Teil oder komplett auf Englisch.

Fragen zu bisherigen Arbeitgebern und Kollegen

Bei der Befragung nach gegenwärtigen und ehemaligen Stellen sollten Sie nicht abwertend über die Mitarbeiter und den Arbeitgeber reden. Ein solches Vorgehen wird in der Regel als mangelnde Teamfähigkeit und Suche nach externen Schuldigen statt der Übernahme eigener Verantwortung aufgenommen. Ganz diplomatisch ausgedrückt handelte es sich um „fortgesetzt stärker differierende Meinungen" und „voneinander abweichende Zielvorstellungen", welche konkret mit einem Beispiel dargelegt werden können. Ein Unternehmen wird vorwiegend aufgrund von mangelnden Aufstiegschancen oder Fortbildungsmaßnahmen verlassen.

Im fortgeschrittenen Stadium des Bewerbungsgespräches kommt es wiederholt auch zur Diskussion Ihres Gehaltes. Bei der Gehaltsvorstellung sollten Sie sich im Unternehmen und in der Branche nach den üblichen Einstiegsgehältern erkundigen. Es wird stets eine Jahresbruttosumme genannt.

Zum Ende eines Gespräches haben Sie als Bewerber noch einmal die Möglichkeit Fragen zu stellen. Diese Chance sollten Sie sich nicht nehmen lassen. Gefragt werden kann alles über die Stelle, das Unternehmen und zum weiteren Vorgehen. Vermeiden sollten Sie Warum-Fragen, da sie meist suggerieren, dass Sie Kritikpunkte identifizieren wollen. Dies sollten Sie gerade zu Ende eines eventuell erfolgreichen Gespräches unterlassen. Nutzen Sie besser prozessorientierte Fragen nach dem „Wie". Verlassen Sie sich vor allem nicht darauf, dass Ihnen konkrete Fragen während des Gesprächs einfallen, welche Sie zum Schluss stellen können. Demnach sollten Sie diese bereits vorbereiten und ebenfalls geschickt für Sie einsetzen. Wer-, Wie- und Was-Fragen, zum Beispiel, mit wem Sie denn zusammenarbeiten würden, zeugen von wahrem Interesse an der Stelle.

Nutzen Sie Ihre Chance, Fragen zu stellen

Neben gesetzlich erlaubten Fragen gibt es auch nach dem Arbeitsrecht unerlaubte Fragen, auf welche Sie die Auskunft verweigern dürfen. Die Verweigerung dieser Fragen fällt aber im fortgeschrittenen Gespräch besonders schwer. Erfahrungsgemäß kommen Sie mit etwas Charme viel brillanter aus der Frage heraus, ob Sie beispielsweise homosexuell sind, mit der Gegenfrage, ob dies unbedingte Voraussetzung für die Stelle sei. Grundsätzlich sind Fragen über folgende Aspekte verboten, wobei von Fall zu Fall begründete Ausnahmen existieren:

Welche Fragen der potenzielle Arbeitgeber nicht stellen darf

- Pläne bezüglich Heirat und Scheidung
- Kinderwunsch und Schwangerschaft
- Vermögensverhältnisse
- Religion
- Partei- und Organisationszugehörigkeiten
- Gewerkschaft und Ehrenämter
- Kündigungsgrund

Personalverantwortliche wissen größtenteils haargenau, was sie fragen dürfen und was nicht. Falls Sie trotzdem in die Zwangslage kommen, reagieren Sie bestimmt und höflich:

„Entschuldigen Sie, aber meines Erachtens dürften diese Themen nicht Grundlage eines Bewerbungsgespräches sein. Diese Frage geht mir zu sehr in private Bereiche."

Möglichst alle genannten Punkte sollten Sie gründlich vorbereiten und unter Umständen auch visualisieren. Die Unterlagen, zum Beispiel der eingesendete Lebenslauf und Ihre vorbereiteten Fragen, sollten Sie unbedingt in das Gespräch mitnehmen.

Die Meinung der Personalverantwortlichen entwickelt sich, wie in empirischen Studien bewiesen, meistens bereits in den ersten drei Minuten. Ebenfalls sind die letzten drei Minuten für die konkrete Entscheidung und den bleibenden Eindruck entscheidend. Stellen Sie sich darauf ein, dass Sie gerade in diesen kurzen Zeitspannen konzentriert und clever agieren.

Ein Bewerbungsgespräch und die Vorbereitung darauf dienen auch Ihnen als Bewerber zur Orientierung, ob Sie wirklich mit dieser Stelle die richtige Wahl treffen. Ehrliche Antworten auf Ihre eigenen Fragen können auch eine unglückliche Entscheidung verhindern.

Auswertung und Selbstreflexion Nach einem Bewerbungsgespräch sollten Sie sich die Zeit nehmen, ein Resümee zu ziehen, und Punkte notieren, welche Sie vergessen haben oder eventuell nicht hätten betonen sollen. Dies kann hilfreich für folgende Runden in der Bewerbung, aber auch für andere Bewerbungen sein.

2.3. Emotionale Intelligenz – Ihr Umgang mit Gefühlen und Menschen

Menschliche und emotionale Reife Emotionale Intelligenz ist ein wesentliches Persönlichkeitsmerkmal für beruflichen Erfolg sowie für privates Glück. Gerade in Zeiten, wo Unternehmenspraktiker darüber klagen, von den Universitäten zwar karriereorientierte und relativ gut ausgebildete Diplomanden zu erhalten, diese jedoch weder praktisch denken noch ausgewogen und reif mit Menschen umgehen können, ist Emotionale Intelligenz ein Schlüsselbereich persönlicher Entwicklung.

Der von Daniel Goleman in seinem Buch „EQ. Emotionale Intelligenz" im Jahre 1995 geprägte Begriff umfasst dabei heute eine relativ unscharf abgegrenzte Zusammenstellung sozialer Fähigkeiten und Kompetenzen. Der klassische Intelligenzbegriff zielt primär auf das Vermögen ab, Informationen aufnehmen, einordnen und verstehen zu können, Zusammenhänge zu bilden und Transferleistungen im Sinne von Wissensanwendung zu erbringen. Der Begriff der Emotionalen Intelligenz hingegen hat die klassische Vorstellung von einer einzigen Intelligenz hin zu einem Konzept multipler Intelligenzen verschoben.

Emotionale Intelligenz spiegelt sich im bewussten Umgang mit sich selbst und anderen wieder. Dazu gehört vor allen Dingen die Fähigkeit der empathischen Kommunikation, das heißt, der gefühlvolle und einfühlsame, verständnisvolle, aber auch effektive und effiziente Umgang miteinander. Darüber hinaus gilt es, sich in diesem Zusammenhang mit Fragen der Selbstreflexion („Wer bin ich?", „Was will ich?", „Warum will ich etwas?"), der Selbstkontrolle („Was habe ich richtig oder falsch gemacht?", „Wo muss ich noch etwas lernen?", „Bewege ich mich auf meinem gewünschten Lebensweg?") sowie der Fähigkeit, sich selbst und andere zu motivieren, auseinander zu setzen.

Fähigkeit der empathischen Kommunikation

Kurz und prägnant setzt das Konzept der Emotionalen Intelligenz vor allen Dingen an einer Stelle an: der Wiedervereinigung von Herz und Verstand, die insbesondere in der westlichen Welt vielfach wieder gefordert wird und notwendig scheint.

Selbstreflexion

Ständig nur „auf Achse sein", fortwährend volle Terminkalender haben und Verantwortung sowie Pflichten anderer gegenüber, das alles verhindert effektiv die Auseinandersetzung mit sich selbst. Selbstreflexion – das Spiegeln des eigenen Ichs – ist dabei jedoch die Voraussetzung für persönliches Wachstum. Es ist das primäre Werkzeug zur Selbstbeobachtung und somit eine zwingende Voraussetzung für Selbstentwicklung.

Selbstkenntnis des Einzelnen als Basis der Gruppenentwicklung

Der rote Faden durch dieses Buch – von der Selbstbeobachtung bis hin zur Gruppenentwicklung – macht es deutlich: Ohne Kenntnis und regelmäßige Analyse seiner Selbst ist eine Einordnung der eigenen Person in das Gruppenumfeld und ein gemeinsames Wachsen in der Gruppe kaum möglich.

Selbstreflexion erfordert Ruhe und Konzentration

Selbstreflexion ist dabei grundsätzlich ein sehr individueller Prozess. Es existieren dafür weder standardisierte Werkzeuge noch Methoden oder Vorgehensmodelle. Möglich und sinnvoll ist es hingegen, Ihnen einige Orientierungsfragen mit auf den Weg zu geben. Wo und wie Sie diese Fragen beantworten oder zumindest durchdenken, obliegt Ihren persönlichen Präferenzen.

Einige Leser können über sich, ihre Wünsche und Ziele, ihren Lebensweg, ihre Mitmenschen oder auch ihre Probleme besser bei einem Spaziergang in rauem Herbstwetter an der See nachdenken, während andere dazu die heimische Ruhe und ein Glas Rotwein bevorzugen. Merkmal jeder Zeit- und Ortswahl sollte jedoch eine gewisse Ruhe sein. Um ihren Gedanken freien Lauf lassen zu können, sollten Sie abgeschirmt von jeglicher Ablenkung und Lärmbelästigung sein. Um ungehindert über wesentliche Fragen Ihres Lebens nachdenken zu können, gehören Telefone oder Fernseher möglichst ausgeschaltet und potenzielle Störquellen im Vorfeld eliminiert oder verschoben. Teilen Sie Freunden, Verwandten und Arbeitskollegen mit, wenn Sie einmal Zeit für sich selbst brauchen.

Betrachten Sie Zeiträume der Selbstreflexion als äußerst wichtigen Termin mit sich selbst. Planen Sie dafür im Rahmen Ihres Zeitmanagements feste Zeitfenster ein, in denen Sie nicht erreichbar sind und somit auch nicht gestört werden können. Erklären Sie Familienmitgliedern, Ihrem Partner bzw. Ihrer Partnerin, dass Sie ein wenig Ruhe brauchen, um über einige Dinge nachzudenken (Kapitel 2.1.).

Sich des eigenen Weges bewusst werden

Die Hektik des operativen Arbeitsalltags und die Reihe der Pflichten, Verantwortungen und zu erledigenden Aufgaben des typischen Tagesablaufs lassen solche Ruhephasen mitunter scheinbar nicht zu. Tappen Sie jedoch nicht in die Falle, wichtige Dinge aufzuschieben, bis sie wirklich dringend werden. Nichts ist für Ihre persönliche Entwicklung wichtiger als eine regelmäßige Selbstreflexion.

Das Nachdenken über Dinge, die Sie täglich mit sich herumtragen und unterdrücken, über Dinge, die Sie täglich machen oder machen sollten, über Personen, die Sie umgeben, mit denen Sie arbeiten oder zusammenleben wollen oder müssen – dieses Nachdenken ist essenziell, um sich Ihres eigenen Weges bewusst zu sein. Diese Art der Selbstreflexion hilft Ihnen, Zweifel aus dem Weg zu räumen, Stress abzubauen und die negative Energie durch Stress und Orientierungsverlust wieder in positive und konstruktive Bahnen zu lenken.

Die folgende Auflistung zeigt eine Reihe von Fragen, die Sie durch regelmäßige Selbstreflexionsprozesse leiten können:

Leitfragen zur Selbstreflexion

- Wie würde ich mich für jemanden beschreiben, der mich nicht kennt?
- Was sind meine besonderen Stärken? Was kann ich wirklich gut?
- Was sind meine Schwächen?
- Was sind meine größten Erfolge gewesen?
- Worauf bin ich in meinem Leben richtig stolz und warum?
- Welche verschiedenen Rollen habe ich im Moment in meinem Leben inne?
- Was sind die drei Dinge, die ich am liebsten mache?
- Was wären meine drei berühmten Wünsche an die Fee?
- Was möchte ich, was man später einmal über mich und mein Leben sagt?
- Wer und was hat mich geprägt?
- Was brauche ich? Was sind meine Bedürfnisse?
- Was sind meine Ziele? Was will ich, was erwarte ich?
- Was bestimmt mein Handeln, mein Denken, meine Gefühle?
- Was macht mir Spaß?

Selbstkontrolle

Selbstreflexion geht Hand in Hand einher mit Selbstkontrolle. Verschiedene Fragestellungen, mit denen Sie sich beim Nachdenken über sich und Ihren Weg auseinander setzen, haben zu einem gewissen Teil bereits den Charakter von Kontrolle. Nichtsdestotrotz ist neben der langfristigen Orientierung, dem Planen der persönlichen Weiterentwicklung und der Fokussierung auf Ziele und Fähigkeiten in der Zukunft eine explizite, rückwärts gewandte Betrachtung unabdingbar.

Selbstreflexion und Selbstkontrolle

Diese sollte nicht nur aus einem losen „Philosophieren" bestehen, sondern konkret Maßnahmen, Arbeits- und Lebensweisen und die

Auswirkungen persönlicher Einstellungen und Glaubenssätze auf Ihr Verhalten und Ihre Persönlichkeitsentwicklung messbar machen. Dazu ist es wichtig, bereits im Vorfeld im Rahmen der persönlichen Zielplanung explizit Messgrößen zu definieren, an denen der Erfolg bzw. die Auswirkungen einzelner Tätigkeiten evaluiert werden können. Hier setzen auch die Ratschläge zur Formulierung „wohlgeformter Ziele" an. Nur wenn Sie Ziele, Aktivitäten und Verhalten in gewisser Weise messbar machen, können Sie diese auch objektiv überprüfen.

Eine solche Selbstkontrolle kann bei der sauberen Führung eines Haushaltsbuches beginnen und bis hin zur professionellen Buchführung und Bilanzierung eines Selbstständigen gehen. Einige Menschen führen eine Liste, wie oft sie pro Monat welchen Sport wie lange betrieben haben. Andere wiederum notieren in einer Kontaktliste, wann Sie welche Person das letzte Mal gesehen, angerufen oder angeschrieben haben.

Periodische und tägliche Selbstkontrolle

Selbstkontrolle kann in dieser Form eine periodische Betrachtung sein, das heißt, sie beinhaltet, wie oft Sie eine bestimmte wünschenswerte oder nicht wünschenswerte Tätigkeit innerhalb des letzten Quartals durchgeführt haben. Ebenso wichtig ist jedoch auch die operative, tägliche Selbstkontrolle: Haben Sie die am Vortag gesetzten Ziele für den heutigen Tag erreicht? Wie in Kapitel 2.1. zum Thema Zeitmanagement beschrieben, kann eine selbstdisziplinierte Zielsetzung und Zielkontrolle auf täglicher und wöchentlicher Basis eine Reihe wertvoller Vorteile für Sie bringen: Erstens machen Sie latente Wünsche zu überprüfbaren Zielen, zweitens erreichen Sie Ihre Ziele durchschnittlich schneller, drittens schaffen Sie die Grundlage für eine regelmäßige Selbstkontrolle.

Der Vorteil einer solchen Selbstkontrolle im Kontext Emotionaler Intelligenz liegt auf der Hand: Wer sich messbare Ziele setzt, kann klar erkennen, ob und wann er sie erreicht hat. Dies verhindert negative Stimmungen und Gefühlszustände der Art, dass Sie das Gefühl haben, nicht viel erreicht zu haben, bei einer Aufgabe eigentlich schon weiter sein zu können und so weiter.

Zu guter Letzt impliziert Selbstkontrolle aber nicht nur die objektive Messung Ihrer Zielerreichung, sondern gerade auch im Kontext der Emotionalen Intelligenz die Fähigkeit, sich selbst und seine Gefühle bewusst wahrzunehmen. Dazu gehört zum Beispiel, dass Sie in der Lage sind, Gefühle der Frustration, Wut, Ärger, Lustlosigkeit oder auch übertriebene und unkritische Begeisterung für ein Thema zu identifizieren. Denn bevor Sie aktiv auf diese Gefühle eingehen und diese möglicherweise konstruktiv kanalisieren können, müssen Sie diese erst einmal an sich selbst erkennen können. Die folgenden Abschnitte gehen auf einzelne Aspekte des Umgangs mit Ihren Gefühlen näher ein.

Gefühle bewusst wahrnehmen

Umgang mit eigenen und fremden Fehlern

Emotionale Intelligenz bedeutet, mit Ihren Gefühlen umgehen zu können. Dazu gehört auch, eigene Fehler und Schwächen einzugestehen und vor allen Dingen diese zu akzeptieren. Zufriedenheit im eigenen Leben können Sie nur erreichen, wenn Sie mit sich, Ihrer Seele und Ihrem Körper im Einklang sind.

Das Akzeptieren eigener Fehler hält Sie nicht davon ab, an Schwächen zu arbeiten. Auf der anderen Seite gilt es, blockierende Gefühle wie „Ich kann das sowieso nicht", „Andere sind viel besser als ich" oder Unzufriedenheit mit dem eigenen Körper abzubauen bzw. gar nicht erst zuzulassen. Menschen, welche unzufrieden mit ihrem Äußeren sind, haben meist ein mangelndes Selbstvertrauen. Wer nicht zu sich selbst steht und sich nicht so akzeptiert, wie er ist, kann weder glücklich noch ausgeglichen und gelassen sein. In der Folge gestaltet sich auch ein empathischer, einfühlsamer Umgang mit anderen Menschen meist schwierig. Wer mit sich selbst unzufrieden ist, kann in der Regel auch andere nicht akzeptieren, wie sie sind.

Die fatalen Folgen fehlenden Selbstwertgefühls

Der professionelle bzw. sachlich-konstruktive Umgang mit eigenen Fehlern ist ein klares Merkmal Emotionaler Intelligenz. Wer sich von eigenen Fehlern nicht einschüchtern oder unangemessen verunsichern lässt, kann daran arbeiten und seine Gefühle in konstruktive Bahnen lenken. Nehmen Sie deshalb jedes Ihrer Gefühle als etwas an, das untrennbar zu Ihnen gehört. Registrieren Sie im Alltag, was in Ihnen vorgeht, ohne es zu werten.

Gefühle in konstruktive Bahnen lenken

Umgang mit Ängsten

„Angst ist häufig ein abstraktes Gefühl.
Sie verschwindet oft, wenn wir sie konkretisieren."

Cornelia Topf

Ursprung und Auswirkung von Ängsten Vom lateinischen Wortstamm her ist Angst (angustus = eng) eine Empfindungs- und Verhaltensänderung, die durch Ungewissheit und Furcht vor Schmerz, Verlust oder Strafe hervorgerufen wird. Dabei kann auch objektiv unbegründete Angst, wie beispielsweise Prüfungsangst oder Höhenangst zu Reaktionen wie Zittern, Schweißausbruch, Kribbelgefühl, Herzrasen oder Problemen mit der Blase führen. Zumeist führt Angst zu einem erhöhten Ausstoß von Adrenalin. Dieses Adrenalin führt dazu, dass durch das Warnsignal (Angst) ein Vermeidungsverhalten initiiert werden kann.

Angst haben Sie bereits als Fühlmuster in vorangegangenen Abschnitten kennen gelernt (Kapitel 1.3.). Wie hier erwähnt, sollten Sie primär identifizieren, ob es sich bei Ihrem Gefühl um Realangst oder neurotische Angst handelt. Bei beiden Formen der Angst sind Sie herausgefordert abzugrenzen, aus welchen Quellen sich Ihre Angst entwickelt und welche Auswirkungen das Angstgefühl hat. Damit wird aus dem subjektiven Angstgefühl eine objektive Furcht, welche Sie bekämpfen können. Angst in pathologischer Gestalt, beispielsweise die soziale Phobie, Canophobie (Angst vor Hunden) oder Agoraphobie (Angst vor freien Flächen), ist bereits genügend konkretisiert, um diese mithilfe professioneller psychologischer Unterstützung zu bekämpfen.

Angstquelle identifizieren Um richtig mit Ihren Ängsten umzugehen, identifizieren Sie zuerst die Angstquelle und analysieren anschließend, wie Sie die Angst bzw. eventuell Furcht bekämpfen können. Zumeist entpuppt sich die Angst als objektiv unbegründet, und Sie können beispielsweise durch gute Vorbereitung die Angst vor einer Präsentation senken. Bei der Identifikation von pathologischen Ängsten sollten Sie direkt einen Spezialisten kontaktieren.

Empathie

Empathie ist die Fähigkeit, sich in einen Menschen hineinzuversetzen. Damit wird es möglich, Gefühle zu teilen und das Handeln der anderen Person nachzuvollziehen. Als Kompetenz ist Empathie nicht nur im privaten, sondern auch im beruflichen Umfeld wichtig. Im privaten Bereich müssen Sie als Partner versuchen, auf die Gefühle des anderen einzugehen – dies kann jedoch nur gelingen, wenn Sie diese identifizieren und im Kontext der Person einschätzen können. Im beruflichen Bereich ist Empathie der Schlüssel für den optimalen Umgang mit den Kollegen, Vorgesetzten sowie Mitarbeitern. Dabei kann Empathie auch bedeuten, Mitarbeitern Abstand zu gewähren und zu versuchen, diese nicht emotional anzusprechen.

Sich in andere hineinversetzen

Die Fähigkeit der Empathie scheint durch Nachahmungsverhalten gefördert zu werden, denn Nachahmen setzt eine sehr gute Personenbeobachtung voraus. Das sorgfältige Beobachten von Verhaltensmustern ermöglicht es, auch die Denk- und Gefühlsmuster anderer Personen kennen zu lernen.

Beobachtung und Nachahmungsverhalten

Wenn Sie empathisch arbeiten möchten, müssen Sie immer versuchen, Ihr Verhalten an den Gefühlszustand Ihres Gegenübers anzupassen. Dies impliziert, dass Sie nicht nur darauf eingehen, wie sich die Person gerade fühlt, sondern auch daraus folgern müssen, wie die Person wünscht, dass Sie auf sie eingehen. Der erste Teil dieser Aufgabe ist nach einer längeren beruflichen oder privaten Beziehung meist schnell möglich. Sie können beispielsweise die folgende Aussage fällen: „Er ist enttäuscht, dass er nicht diese Aufgabe zugewiesen bekommen hat. Er fühlt sich dadurch in seiner Kompetenz zurückgestellt." Nun müssen Sie jedoch eine Möglichkeit identifizieren, wie Sie auf diese Person eingehen. Möchte sie neu motiviert werden, möchte sie sich einmal allen Frust von der Seele reden, möchte sie vielleicht einfach nur das Thema ignorieren?

Empathie ist zielgruppenabhängig. Demnach können Sie in einem Umfeld als empathisch angesehen werden und in einem anderen Umfeld vielleicht gar nicht. Es gibt keine allgemeinen Empathiemethoden, welche auf jede Person angewendet werden können. Sie müssen lediglich versuchen, der anderen Person gut zuzuhören

Ihr Einfühlungsvermögen kann schwanken

und herausfinden, was die Person wirklich in einer Situation beeinflusst. Dabei sollten Sie daran denken, dass hinter vielen Sachkonflikten ein Gefühlskonflikt steht. Fragen Sie sich, was Sie an dieser Stelle fühlen würden, seien Sie aber vorsichtig auszuformulieren, was Sie machen würden. Vielleicht möchte diese Person, dass Sie ganz anders auf sie eingehen, als Ratschläge zu geben.

Mit neuen Rollen wächst meist auch das eigene Empathievermögen

Viel an Empathie gewinnen Sie im Verlaufe Ihres Lebens im Rahmen der Familienbildung und sozialen Verantwortungen, welche Sie zu übernehmen haben. Die aktive Suche nach den Denk- und Gefühlsmustern einer anderen Person ist jedoch gleichzeitig die beste Möglichkeit, diesen Lernprozess zu forcieren. Im Endeffekt ist das Kennenlernen anderer Menschen das spannendste, was Sie im Leben tun können. Gleichzeitig lernen Sie in der Auseinandersetzung mit anderen Menschen und ihren Gefühlen auch sehr viel über sich selbst.

Soziale Kompetenz

Was ist soziale Kompetenz?

Was ist nun die viel zitierte und viel diskutierte „soziale Kompetenz"? Letztlich gibt es dafür keine eindeutige Definition. Verschiedene Erklärungsansätze beziehen sich darauf, dass jemand dann sozial kompetent handelt, wenn er eine soziale Situation effektiv meistert, das heißt, mit Menschen in Situationen adäquat umgeht. Oftmals wird soziale Kompetenz auch als Oberbegriff unter anderem für folgende Eigenschaften und Fähigkeiten benutzt:

- Selbstsicherheit, Selbstvertrauen, Selbstbewusstsein
- Kontaktfreudigkeit, Beziehungsfähigkeit
- Komplimente und Kritik geben und annehmen können
- Gespräche beginnen, aufrechterhalten und beenden können
- Teamfähigkeit
- Integrationsbereitschaft und Kompromissbereitschaft
- Gefühle zeigen und erkennen können, Empathie

Eigenschaften für reibungslose Interaktion und Integration

Soziale Kompetenz beinhaltet demnach grundsätzliche Fähigkeiten und Verhaltensweisen, die eine reibungslose Integration des Einzelnen in die Gesellschaft und seine Interaktion ermöglichen und fördern. Dazu zählen Aspekte der Zuverlässigkeit, Freundlichkeit, Höflichkeit, Rücksichtnahme, aber auch Kritik- und Konfliktfähigkeit. Sozial kompetent ist, wer sich wechselnden Umgebungen,

Rollen und Erwartungen anpassen kann. Dazu gehört der empathische Umgang mit Menschen, das heißt, offener, vertrauensvoller, aktiv zuhörender und individuell auf das Gegenüber eingehender Umgang miteinander.

Die Bedeutung Ihrer sozialen Kompetenz wächst dabei mit der Anzahl von gesellschaftlichen Rollen, die Sie in Ihrem Leben einnehmen. Ein Beispiel für die Fähigkeit, sich wechselnden Umfeldern wirkungsvoll anzupassen, ist der Manager, der gleichzeitig Ehemann, Vater, Sohn und Mitglied eines Sportvereins ist. Es leuchtet ein, dass der zwischenmenschliche Umgang im beruflichen Umfeld ein ganz anderer ist oder sein soll, als der im privaten Umfeld gepflegte. In den verschiedenen Kontexten adäquat mit Mitmenschen umzugehen, zeichnet eine sozial kompetente Person aus.

Obwohl grundsätzlich Ihre Werte und Verhaltensweisen über alle Aktionsbereiche und Rollen hinweg konsistent und authentisch sein sollen, gilt es natürlich, Ihrem Kind gegenüber einen anderen Ton anzuschlagen, als beispielsweise in einer professionellen Diskussion mit Geschäftspartnern. Soziale Kompetenz berücksichtigt beim Umgang mit Menschen deren unterschiedliche Erfahrungen, Kenntnisse, Leistungsfähigkeiten, Verhaltensweisen, Wünsche und Probleme.

Soziale Kompetenz ermöglicht individuell angepasstes Verhalten

Soziale Kompetenz ist zu einem großen Teil auch durch Taktgefühl gekennzeichnet. Wer nicht in der Lage ist, einen falschen Moment für eine Anfrage, Bitte oder Präsentation zu spüren, wer unhöflich oder ungefragt „mit der Tür ins Haus fällt", wer in einer bestimmten Situation oder Umgebung absolut unangemessene Aussagen tätigt und damit „ins Fettnäpfchen tritt", ist alles andere als „sozial kompetent".

Taktgefühl

Ergebnis sozialer Kompetenz ist meist ein überdurchschnittlicher Erfolg und eine überdurchschnittliche Beliebtheit. Wer in der Lage ist, individuell und mit Feingefühl auf jeden einzelnen Menschen einzugehen, statt egozentrisch mit der Brechstange Dinge durchsetzen zu wollen, wird von seinen Mitmenschen als angenehme Person empfunden. Wer es schafft, durch die individuelle Behand-

Soziale Kompetenz fördert Sympathie und Beliebtheit

lung seiner Mitmenschen auch die typische Oberflächlichkeit zu verhindern und in den meisten Fällen immer unter Wahrung der Angemessenheit der Mittel zu reagieren, wirkt souverän, ausgewogen, fair und im Ergebnis sympathisch. Wie so oft fügen sich dabei mitunter kleine Details zu einem großen Puzzle zusammen:

- Sie denken an den Geburtstag der Kollegin, Sekretärin oder eines alten Schulfreunds.
- Sie platzieren eine kleine Aufmerksamkeit zum Nikolaus auf dem Schreibtisch Ihres Kollegen.
- Sie erkennen, wann jemand ein aufmunterndes Wort benötigt und geben es.
- Sie geben jemandem in einer Krise die beständige Bestätigung, für ihn da zu sein, wenn er Sie braucht.

Soziale Kompetenz basiert auf persönlicher Authentizität

Um Missverständnissen vorzubeugen: Sozial kompetentes Verhalten basiert ganz eindeutig auf Ehrlichkeit, Authentizität und Souveränität. Ihre Mitmenschen, Familienmitglieder, Kollegen und Freunde merken ganz eindeutig, wenn Sie falsch spielen oder sich nur mit dem Ziel eigener Nutzenmaximierung zuvorkommend verhalten. Zweckbezogene Freundlichkeit, seine Fahne immer nach dem Wind zu richten, je nach Situation ständig seine Ansichten und Standpunkte zu wandeln – das mag zwar eine Zeit lang Erfolg versprechen, ist jedoch nicht sozial kompetent.

Respekt und Toleranz

Gehen Sie Menschen voll Respekt entgegen, lassen Sie Toleranz walten. Soziale Kompetenz geht nicht nur einher mit innerer Ausgeglichenheit und Souveränität. Sie resultiert daraus. Lassen Sie Ihre Mitmenschen Fehler haben. Regen Sie sich nicht darüber auf, tolerieren Sie sie, erleichtern Sie das Miteinander. Gleichzeitig werden Sie lockerer, entspannter und weniger gestresst.

Warum sich über fremdes Verhalten echauffieren? Bringt Ihnen das irgendeinen messbaren Nutzen? Nein, im Gegenteil. Haben Sie sich einmal so verhalten, wird es beim nächsten, ähnlichen Vorfall nur noch schlimmer. Sie beginnen, unangemessenes Reaktionsverhalten zu „lernen" und durch Wiederholung zu verstärken. Sie beginnen, Ihr Unterbewusstsein darauf zu programmieren, dass dieses Fluchen, Schimpfen oder Ausrasten eine typische Reaktions- oder Problemlösungsstrategie darstellt. Bei der nächsten Gelegenheit werden Sie ähnlich reagieren, und, um Ihrem Ärger auch wirklich Luft machen zu können, sogar noch in gesteigerter Form reagieren. Diesen Stress können Sie sich und Ihren Mitmenschen ersparen.

Soziale Kompetenz bedeutet, sich mit Ruhe, Empathie, Selbstbewusstsein und Taktgefühl durch die Gesellschaft, das Berufsleben und die Familie zu bewegen. Respekt, Anstand, Akzeptanz und Toleranz sind hier nicht nur förderliche Grundwerte, sondern zu einem gewissen Grad auch Voraussetzung. Wer in der Lage ist, an Konflikte sachlich, objektiv und konstruktiv heranzugehen, anstatt sich reizen zu lassen, nachtragend und intrigant zu sein, ist sozial kompetent und wird zu einem angenehmen Arbeits- oder Lebenspartner.

2.4. Geistiges Wachstum und intellektueller Ausgleich

Dieses Kapitel thematisiert die Bereiche des geistigen Wachstums und des intellektuellen Ausgleichs. Geistiges Wachstum ist Voraussetzung, um in der dynamischen Konkurrenzgesellschaft Erfolg zu haben. Sie müssen sich kontinuierlich neue Fachkompetenzen aneignen und immer mehr Qualifikationen vorweisen, um auf dem Arbeitsmarkt zu bestehen. Ob Primär- oder Weiterbildung, dieses permanente Fortschreiten ist zeit- und kostenintensiv, und manche Fortbildungen bringen weit weniger als erwartet. Hier gilt es also, gezielt Maßnahmen auszuwählen. Wie Sie Ihre Weiterbildung und Ihr geistiges Wachstum effektiv organisieren und durchführen, wollen wir Ihnen im folgenden Kapitel veranschaulichen.

Intellektuelle Weiterentwicklung und Ausgeglichenheit

Als zweiter wird in diesem Abschnitt der Themenkomplex des intellektuellen Ausgleichs erläutert. Gleichgültig, wie physiologisch oder psychologisch beanspruchend Ihr Arbeitsbereich ist, er bedarf stets eines Ausgleiches in der Nichtarbeitszeit. Manchen Personen ist die Signifikanz dieses Ausgleichs nicht bewusst und einige bestreiten ihre Legitimation sogar. Ausgleich findet aber immer statt, sei es die Heimfahrt im Auto, die Zeit unter der Dusche oder der lange Sonntag.

Intellektueller Ausgleich und seine Bedeutung

Trotz Ausgleich stürzen immer mehr Personen im Strudel immer neuer Herausforderungen in eine „Arbeitsfalle", wie Bärbel Kerber es in ihrem Buch „Arbeitsfalle – und wie man sein Leben zurückgewinnt. Strategien gegen die Selbstausbeutung und für ein wertvolles Leben" nennt. Aus diesem Strudel gilt es, auszubrechen bzw. durch gute Prävention gar nicht erst hineinzufallen. Auch Ausgleich kann zur Anspannung werden, wenn Sie verbissen nach der Arbeit zwischen Fußballplatz, Schwimmbad und Fitnessstudio, noch den Theater- und Konzertbesuch einplanen.

Allgemeinbildung

„Klugheit betrachtet die Wege zur Glückseligkeit,
Weisheit aber betrachtet den Inbegriff der Glückseligkeit selbst."

THOMAS VON AQUIN

Die Bedeutung von Allgemeinbildung seit der Aufklärung

Die Allgemeinbildung bezeichnet einen Bereich von Bildungsinhalten, welche im System der Schulen in alle Bevölkerungskreise implementiert werden sollen. Dabei gibt es seit der Französischen Revolution den Ansatz, dass Menschen nicht mehr primär nach ihrer späteren Profession auszubilden sind, sondern dass man ihnen ein ganzheitliches Bild vermitteln sollte. Gesellschaftsphilosophische Ansätze finden sich dabei bei Jean-Jacques Rousseau (1712 bis 1778) und Johann Heinrich Pestalozzi (1746 bis 1827). Ebenfalls in dieser Zeit änderte sich die Quelle und Verantwortung der Bildung von einer kirchlichen in eine öffentliche Aufgabe. Johann Gottlieb Fichte (1762 bis 1814) und Wilhelm von Humboldt (1767 bis 1835) gründeten ihre Thesen auf der Verantwortung des Staates für Bildung und differenzierten erstmals zwischen Allgemein- und Berufsbildung.

Ein breites Allgemeinwissen macht Sie fit für das Auftreten in höheren sozialen Schichten

In diesem Kapitel geht es speziell um die Allgemeinbildung, welche Sie im Beruf neben Ihrem Fachwissen benötigen, um mit zunehmender Hierarchie auch an beruflich initiierten gesellschaftlichen Veranstaltungen sicher teilnehmen zu können. Dabei geht es vor allem darum, auf gesellschaftlichem Parkett sicher auftreten zu können und zum Beispiel beim Smalltalk auf einem Empfang, einer Vernissage oder einer gemeinsamen Dienstreise auch in verschiedenen Themenbereichen mitreden zu können.

Bei der Allgemeinbildung existiert wie auch im Bereich der fachlichen Ausbildung ein Problem für den Lernenden: Seit einigen Jahren verdoppelt sich alle zwei Jahre die Menge an dokumentiertem Wissen, mit steigender Geschwindigkeit. Dem logisch folgend ist eine immer weitere Konzentrierung auf Fachgebiete nötig. Jede Position in Forschung und Wirtschaft wird von Jahr zu Jahr komplexer. Demnach stehen Sie vor dem Problem, Ihre Allgemeinbildung nicht in alle möglichen Bereich ausdehnen zu können bzw. oder besonders tiefen Einblick zu erlangen. Dabei sollten Sie Allgemeinbildung nicht als konkrete Weiterbildung erachten. Allgemeinbildung ist nicht zweckgebunden wie Weiterbildung; es geht weder um Wissensperfektion noch um Wissensdiversifikation oder Schlüsselkompetenzen. Vielmehr soll Ihnen Ihre Allgemeinbildung ermöglichen, einen aktuellen Bezug und eine soziale Einordnung Ihres professionellen Wissens vorzunehmen.

Bereiche der Allgemeinbildung

Was heute alles zur Allgemeinbildung gehört, können Sie in Deutschland schnell an einem Inhaltsverzeichnis der Magazine „Stern" oder „Spiegel", manchmal auch einer umfassenden Tageszeitung ablesen. Zur Allgemeinbildung zählen Politik, Länder, Sport, Wirtschaft, Musik und Kultur. Für diese Bereiche sollen im Folgenden einige besonders wissenswerte Punkte herausgearbeitet werden. Ebenfalls sind auf dem Büchermarkt zahlreiche Bücher zur Allgemeinbildung aufgetaucht.

Politik

Politik ist erfahrungsgemäß kein Thema, über welches bei der Arbeit gesprochen wird. Dies heißt aber nicht, dass es nicht zur Allgemeinbildung gehört (Kapitel 4.3.). Politik bezeichnet ganz allgemein die öffentlichen Angelegenheiten. Dieser pauschalen Definition folgt eine spezifischere Differenzierung von Politik auf mehrere Gebiete. Es ist zwischen regionaler, nationaler und internationaler Politik zu unterscheiden. Als weitere Abgrenzung können Sie die einzelnen Politikbereiche wie beispielsweise Sozial-, Außen-, Innen-, Wirtschafts- und Bildungspolitik voneinander trennen.

Informationen über die regionale Politik In der regionalen Politik sollten Sie die dominanten Parteien und Führungspersonen namentlich kennen und identifizieren und die Themen und Aspekte abgrenzen können, in welchen die Aussagen oder Orientierungen dieser Personen voneinander abweichen. Auch ist es hilfreich, aktuelle sowie historische Entscheidungen zeitnah einbringen zu können. Die brisantesten Punkte in der regionalen Politik sind kulturelle Belange wie Bildung, Schule und Kultur.

Kenntnisse der nationalen Politik In der nationalen Politik sollten Sie neben einer grundlegenden historischen Betrachtung gegenwärtige Entwicklungen einordnen können. Die historische Betrachtung sollte im Gros bis zum Ende des 2. Weltkrieges zurückreichen. Zudem ist es förderlich, neben geschichtlichen Gesichtspunkten auch Personen, beispielsweise die Bundeskanzler und Bundespräsidenten, einordnen zu können. Gerade die regierenden Kanzler der Entstehungsjahre der Bundesrepublik tauchen thematisch immer und überall in Diskussionen wieder auf, demnach ist die Einordnung dieser in die Epochen und deren politische Orientierung von Interesse. Zur aktuellen Situation sollten Sie die führenden Parteien und Parteispitzen namentlich kennen. Ebenso sollten Ihnen die Namen aller Bundesminister, des Bundespräsidenten und des Bundeskanzlers bekannt sein. Außerdem gehören zur Betrachtung der Bundesebene die Gewerkschaften. Die Gewerkschaften haben jeweils mindestens einen Vorsitzenden, welcher eine große Rolle in der Wirtschaftspolitik spielt. Die Hauptthemengebiete der Bundespolitik sind Gesundheits-, Innen-, Außen- und Finanzpolitik. Die Abgrenzung von Bundeskanzler und Bundespräsident, Bundestag, Landtag und Bundesrat, Bundesminister und Landesminister sollten Ihnen bekannt sein.

Tabelle 10: Bundeskanzler der Bundesrepublik Deutschland

Bundeskanzler	Partei	Regierungszeit
Konrad Adenauer	CDU	1949 – 1963
Ludwig Erhard	CDU	1963 – 1966
Kurt Georg Kiesinger	CDU	1966 – 1969
Willy Brandt	SPD	1969 – 1974
Helmut Schmidt	SPD	1974 – 1982
Helmut Kohl	CDU	1982 – 1998
Gerhard Schröder	SPD	1998 – 2005

Tabelle 11: Bundespräsidenten der Bundesrepublik Deutschland

Bundespräsidenten	Partei	Regierungszeit
Theodor Heuss	FDP	1949 – 1959
Heinrich Lübke	CDU	1959 – 1969
Gustav Heinemann	SPD	1969 – 1974
Walter Scheel	FDP	1974 – 1979
Karl Carstens	CDU	1979 – 1984
Richard von Weizsäcker	CDU	1984 – 1994
Roman Herzog	CDU	1994 – 1999
Johannes Rau	SPD	1999 – 2004
Horst Köhler	CDU	seit 2004

Die europäische Politik ist geprägt durch die Europäische Union. Diese besteht aus dem Rat der EU (Ministerrat), der Kommission, dem Europäischen Parlament, dem Europäischen Gerichtshof sowie der Europäischen Zentralbank. Verschiedene Mitgliedstaaten nehmen bereits bestimmte Rollen in dieser Gemeinschaft ein (beispielsweise das Präsidialamt der Kommission), und eine Anzahl von Beitrittsländern sind erst dabei, ihren EU-Beitritt zu organisieren. Neben den Personalien, wie den Kommissionsvorsitzenden, sollten Sie über die aktuellen Entwicklungen, Themen oder Aspekte und über die schematische Entscheidungsfindung der Europäischen Union Bescheid wissen. **Europäische Politik**

Die Organisation „Vereinte Nationen" (UNO = United Nation Organization) hat in ihrer Präambel mehre Aufgaben manifestiert. Sie soll den Weltfrieden und die internationale Sicherheit wahren, freundschaftliche internationale Beziehungen entwickeln und die Menschenrechte und Grundfreiheiten für alle Menschen fördern und festigen. Als Hauptelemente gibt es die General- oder Vollversammlung, den Sicherheitsrat, den Wirtschafts- und Sozialrat, den internationalen Gerichtshof, das Generalsekretariat und den Treuhandrat. **Vereinte Nationen**

Gerade in der Diskussion um politische Themen sollten Sie, obwohl Sie selbst eventuell politisch aktiv sind oder immer wieder eine klare Wahlentscheidung fällen, eher neutral und sachlich diskutieren. Das Unterstützen von Aussagen einer Partei führt schnell dazu, dass andere Ansätze dieser Partei auf Sie übertragen werden, obwohl sie gar nicht zur Diskussion standen und Sie damit mit Klischees behaftet werden.

Länderkunde

Die auf geografische Gebiete bezogene Allgemeinbildung können Sie in vier Ebenen unterteilen, und auf jeder dieser Ebenen gibt es Wissen, welches Sie in der normalen und alltäglichen Diskussion einbringen können.

Lokale Ebene Die erste Ebene ist die lokale Ebene. Dies kann der Bezirk einer größeren Stadt oder ein kleiner Landkreis sein. Neben guter Ortskenntnis der interessanten Möglichkeiten der Umgebung sollten Sie auch Personen aus der Politik anführen können. Bürgermeister und ein paar historische Personen aus der Gemeinde sollten Sie ebenfalls kennen. Gerade für Besucher sollten Sie ungefähres Alter, Einwohnerzahl und die Geschichte der Umgebung kennen.

Regionale Ebene Die zweite Ebene ist die regionale Umgebung. Dies können die ganze Großstadt, der Bundesstaat oder auch internationale Gebiete wie beispielsweise Südtirol oder die Nordseeküste sein. Ebenfalls sollten Sie sich mit den Politikern und historischen Persönlichkeiten auseinander setzen. Es klingt fast etwas abwegig, aber auch in der Region sollten Sie historisch oder aktuell interessante Orte kennen. Beispielsweise, welche Schlösser und Landhäuser es gibt oder welche Seen und Wälder besonders durch ihre Schönheit bestechen. Regional gibt es auch typische Kulturen, Traditionen und Sitten, welche interessant einzubringen sind, jedoch nicht nachgelebt werden müssen, aber unmittelbar gekannt werden sollten. Regional ist auch die wirtschaftliche Perspektive von Bedeutung. In welcher Branche sind die meisten Personen angestellt, welche haben den größten Einfluss auf die Region und welches sind die neuesten und ältesten Unternehmen?

Nationale Ebene Die nationale Umgebung umfasst beispielsweise in Deutschland die ganze Bundesrepublik. Die Betrachtung der Bundesrepublik umfasst die Bundesländer, aber auch viele andere geografische Wissensfelder. Machen Sie sich mit den bekanntesten Flüssen und

Kanälen, Seen, Gebirgen, Industriestandpunkten, Kulturstädten, Rohstoffen und Religionen bekannt. Es lohnt sich, all die großen deutschen Städte einmal besucht zu haben. Dafür können Sie sehr gut jeweils ein Wochenende investieren.

Neben den schon erwähnten politischen Bildungsfaktoren sind die Wirtschaftszweige interessant. Die deutsche Großindustrie wird im deutschen Aktienindex abgebildet. Die Mitglieder dieses Indexes ändern sich von Zeit zu Zeit, es bleiben jedoch stets 30 Unternehmen.

International sollten Sie die EU-Mitgliedstaaten und die direkten Nachbarländer Deutschlands inklusive ihrer Hauptstädte und Regierungsvorsitzenden anführen können.

Internationale Ebene

Sport

Sport wird überwiegend durch Veranstaltungen und Personalien geprägt. Traditionelle deutsche Sportveranstaltungen sind die German Open im Tennis, die Formel-1 am Hockenheimring, die Deutsche Fußballmeisterschaft und der Fußballpokal. Die deutschen Sportsysteme (Fußball, Hockey, Handball, Basketball) bestehen aus einzelnen Ligen. Von Bezirks- und Verbandsligen wird über die Regionalliga die Bundesliga abgegrenzt. Deutschland hat einige bekannt Sportler hervorgebracht, aber auch international sollten Sie einige große Namen kennen. Die wichtigsten internationalen Sportveranstaltungen sind die Olympischen Sommer- und Winterspiele (jeweils alle 4 Jahre), die Fußball-Weltmeisterschaften und die Formel-1.

Veranstaltungen und Personen

Viele Länder sind in bestimmten Sportarten dominierend. Gleichzeitig gibt es sogar ausgesprochene Nationalsportarten, wie beispielsweise Football in den USA, das Eishockey in Kanada, das Sumo-Ringen in Japan, das Hockey in Pakistan, Rugby in Südafrika und Fußball in Deutschland.

Wirtschaft

Die Allgemeinbildung im Bereich Wirtschaft beinhaltet Wissen über die Welt-, Volks-, Privat- und Betriebswirtschaft. Volkswirtschaft beschreibt dabei das Zusammenwirken einzelner Betriebswirt-

Welt-, Volks-, Privat- und Betriebswirtschaft

schaften auf einem Markt. Der Begriff Privatwirtschaft ist eine Abgrenzung zum staatlichen (öffentlichen) Wirken. In der internationalen Wirtschaft differenziert man vorwiegend zwischen den einzelnen Branchen Industrie (Beispiel: Automobile), Finanzen (Beispiel: Banken), Konsum (Beispiel: Lebensmittel) und Verkehr (Beispiel: Luftfahrt).

Die größten Volkswirtschaften sind die USA, Japan, Deutschland und England. Mehrere Staaten haben zusammen einen größeren Binnenmarkt gebildet, wie beispielsweise North American Free Trade Association (NAFTA), Europäische Union (EU) oder Association of Southeast Asian Nations (ASEAN).

Indizes für den Ländervergleich Länder werden meist über ihr Bruttoinlandsprodukt pro Kopf verglichen. Ebenfalls interessante Indizies sind die Inflationsrate, der Verschuldungsgrad und das Zinsniveau einer Volkswirtschaft. Neben Entwicklungsländern und Industriestaaten werden die vier kleinen asiatischen Tigerstaaten (Hongkong, Singapur, Südkorea und Taiwan) abgegrenzt. Seit den 1980er-Jahren werden auch Indonesien, Malaysia, Philippinen, Thailand, China und Vietnam als große Tiger bezeichnet, welchen aufgrund der historischen Unterentwicklung, des wirtschaftlichen Aufschwungs der letzten Jahre und der Marktgröße großes Wirtschaftswachstum vorausgesagt wird.

Wirtschaftssysteme Staatlich manifestierte Rahmenbedingungen beeinflussen die nationale Wirtschaft. Die größten beiden Wirtschaftssysteme sind Marktwirtschaft und die Zentralverwaltungs- oder Planwirtschaft, welche noch weiter untergliedert werden können. In Deutschland herrscht so beispielsweise die soziale Marktwirtschaft.

Wichtige Finanzplätze Wichtigste Finanzplätze der Welt sind New York (New York Stock Exchange, NYSE), Tokio (Nikkei-Index), Chicago (Terminbörse) und London (FTSE-Index). Wichtigste deutsche Finanzstadt ist Frankfurt, wo an der Deutschen Börse der Deutsche Aktienindex (DAX) gehandelt wird. Die wichtigsten weltweiten Aktienindizes sind der Dow Jones (amerikanische sowie internationale Großunternehmen), Nasdaq (Technologieindex der USA), EuroStoxx (Europäische Großunternehmen) und der Nikkei (japanische

Großunternehmen). Weltdevisen sind der Dollar, der Euro und der Yen. Die wichtigsten Terminprodukte sind Gold und Öl.

Musik

Zur Allgemeinbildung in der Musik gehören die Klassik und die Klassiker. Das Zeitalter der Klassik beschränkt sich rein theoretisch auf die Komponisten von Joseph Haydn (z. B. „Sinfonie mit dem Paukenschlag"), Wolfgang Amadeus Mozart (z. B. „Eine kleine Nachtmusik") und Ludwig van Beethoven (z. B. „5. Symphonie"). Zeitlich kann die musikalische Epoche der Klassik auf die Jahre 1780 bis 1827 eingegrenzt werden. Heute bezeichnet klassische Musik auch musikalische Epochen wie den Barock, Spätbarock, Neoklassik, Sinfonische Klassik, Impressionismus, Romantik, Spätromantik.

Klassik und Klassiker

Zu den Klassikern gehören alte Schlager- und Popmusikerfolge. Einige ausgewählte Interpreten sind Frank Sinatra, Abba, The Doors, The Beatles, Elvis Presley, Bob Dylon, Jimi Hendrix, Tina Turner, U2, Phil Collins und Eric Clapton.

Kulturgeschichte

Die historischen Epochen von Literatur, Musik und Architektur sind namentlich vergleichbar, unterscheiden sich jedoch grundsätzlich in ihren Zeitpunkten. Die Weiterentwicklung einer Epoche ist zum Teil durch strenge und zum anderen durch kontinuierliche Übergänge gekennzeichnet.

Die Antike umfasst die Zeitspanne vom Beginn des griechischen Mittelalters (um 1100 v. Chr.) bis zum Untergang des Römischen Kaiserreichs (476) bzw. bis zur Schließung der platonischen Akademie in Athen durch Kaiser Justinian I. (529). Wichtigste Persönlichkeiten waren Homer, Platon, Aristoteles und Isokrates. Die Kunst beherrschte Phidias. Die Literatur wurde durch Pindar, Aischylos, Sophokles und Euripides geprägt. Die Geschichtsschreibung prägten Herodot und Thukydides und wissenschaftlich engagiert waren Hippokrates und Euklid.

Die Antike

Im Mittelalter, welches vom 4. bis zum 16. Jahrhundert reicht, wird aufgrund der steigenden Lese- und Schreibfähigkeit des Volkes und

Das Mittelalter

dem Verfassen von Werken in Volkssprachen (also nicht mehr nur im Lateinischen) eine Art literarische und künstlerische Aufbruchstimmung eingeläutet. In der Kunst erlaubt man sich, menschliche Emotionen darzustellen. In die Zeit des Mittelalters fällt auch die architektonische Epoche der Romanik, welche sich besonders durch die Rundbögen auszeichnet. Meisterwerke dieser Kunst sind die Kathedrale von Santiago de Compostela oder der Piazza dei Miracoli in Pisa. Immer noch in der Zeit des Mittelalters folgte der Romanik die Gotik, welche sich im Gegensatz zur Romanik eher durch Spitzbögen identifizieren lässt. Diese Spitzbögen sollten den Blick nach oben in die Senkrechte, zu Gott, lenken. Beeindruckende Architektur dieser Zeit sind Notre-Dame in Paris oder der Kölner Dom.

Die Renaissance In der Renaissance, welche Sie zwischen dem 14. und dem 16. Jahrhundert einordnen, erwachte erneut das Interesse an der Kunst und Kultur der Antike. Als Universalgenies sind Personen wie Michelangelo oder der Bildhauer Donatello in die Geschichte eingegangen. Das intellektuelle Resultat war die Ablehnung der christlichen Einteilung der Geschichte, wie sie noch im Mittelalter üblich war (Schöpfung, Menschwerdung Christi, Warten auf das Jüngste Gericht).

Barock und Rokoko Der Barock löste im 17. Jahrhundert die Renaissance ab und hielt bis ins 18. Jahrhundert an. Die bekanntesten Maler dieser Zeit sind die Brüder Annibale und Peter Paul Rubens. Die Künstler versuchten, in der Malerei mit Lebendigkeit und Dramatik einen universalen Raum zu kreieren. Die Kunst der Skulptur wurde maßgeblich von Gian Lorenzo Bernini geprägt. Die architektonischen Meisterleistungen von Carlo Maderno können Sie heute noch am Petersdom in Rom erkennen. Ebenfalls aus dieser Zeit sind das Schloss von Versailles und der Zwinger in Dresden.

Das Rokoko, welches dem Barock in der Mitte des 18. Jahrhunderts folgte, kann semantisch auf das Wort „rocaille" (= Muschelwerk) zurückgeführt werden. Das Rokoko zeichnete sich durch feine Ornamentierungen, Kleinteiligkeit und Zierlichkeit aus.

Der Klassizismus nahm antike Vorbilder als Quelle seiner Kunst. Es **Klassizismus**
herrschte Formstrenge im Gegensatz zum verspielten Rokoko.
Zeugnis dieser Epoche ist beispielsweise das Brandenburger Tor in
Berlin sowie die neue Wache oder der Gendarmenmarkt von Schin-
kel. Der Maler Jacques-Louis Davids sollte Ihnen ein Begriff sein
und sein Meisterwerk „Der Schwur der Horatier" vor Augen liegen.
Bekannter Bildhauer war Antonio Canova beispielsweise mit seinem Werk „Amor und Psyche". Die Klassik in der Musik wurde
bereits oben beschrieben. Bekannteste Vertreter sind Joseph Haydn,
Wolfgang Amadeus Mozart und Ludwig van Beethoven.

Der Impressionismus fand in der französischen Beschreibung l'art **Impressionismus**
pour l'art (Kunst um der Kunst willen) eine anerkannte Definition.
Die bekanntesten Maler dieser Zeit sind Edgar Degas, Claude
Monet, Berthe Morisot, Camille Pissarro, Pierre Auguste Renoir
und Alfred Sisley. Musikalische Vertreter dieser Zeit waren Claude
Debussy und Maurice Ravel.

Die Moderne kann in viele Kunstströmungen unterteilt werden. **Die Moderne**
Demnach wird zwischen Fauvismus, Expressionismus, Kubismus,
Futurismus, Konstruktivismus, Surrealismus, Neoplastizismus
und Minimal Art unterschieden. Die bekanntesten Künstler dieser
Epochen sind Pablo Picasso, Henri Matisse, Georges Braque,
Kasimir Malewitsch, Wassily Kandinsky und Marcel Duchamp. In
der Musik prägte die Kunst Arnold Schönbergs mit seiner Zwölf-
tonmusik diese Zeit.

Tanz
Bis heute hat sich eine Vielzahl von Tänzen entwickelt, welche nun
kurz dargestellt werden sollen. Das Tanzen gehört zu vielen Veranstaltungen hinzu. Sie sollten frühzeitig mindestens das Walzer-
tanzen erlernen.

Walzer: Bezeichnung von Musik und Tanz im Dreivierteltakt aus
dem 18. Jahrhundert, welche aus dem österreichischen Raum
kommt. Als Gesellschaftstanz hat er ein festes Schrittmuster. Unterschieden werden schnelle (Wiener Walzer) und langsame Walzer
(Boston, Englischer oder Pariser Walzer).

Polka: Neben dem Walzer der beliebteste Gesellschaftstanz aus Böhmen des mittleren 18. Jahrhunderts. Das Wort Polka heißt im Tschechischen Polin. Die einfachen Schritte werden im Zweivierteltakt getanzt und führen zu einem rasanten Umkreisen der Tanzfläche.

Square Dance: Der Square Dance kommt aus dem Amerika des frühen 19. Jahrhunderts, und wie das Wort „Square" (= Rechteck) andeutet, wird er in einem Quadrat zu viert getanzt. Dabei ist es üblich, dass eine Person vortanzt und die anderen drei folgen.

Stepptanz: Beim Stepptanz oder Tap Dance wird mit an den Fersen und Hacken befestigten Metallplättchen bei einer rhythmischen Bewegung ein Geräusch gemacht. Die Tanzform kommt vom Clog Dance (Tanz in Holzschuhen) in England Mitte des 19. Jahrhunderts.

Foxtrott: Foxtrott besteht aus dem One-Step und dem Ragtime (afroamerikanischer Klavierstil im zerrissenen Takt) und findet seinen Ursprung im Anfang des 20. Jahrhunderts. Es gibt dabei die Ausprägung Slowfox oder Quickstepp. In Deutschland wird unter Foxtrott der Quickstepp verstanden.

Tango: Der Tango ist ein lateinamerikanischer Tanz aus dem Ende des 19. Jahrhunderts. Die elegant erotische Art des Tanzes basiert auf einer Vielzahl von Figuren und Schritten, welche variiert werden können. Es wird im Zwei- oder Viervierteltakt getanzt, wobei dieser Rhythmus stark ausgespielt wird.

Rumba: Rumba kam in den 30er-Jahren des 20. Jahrhunderts von Kuba in die ganze Welt. Im Viervierteltakt wird der afrokubanische Tanz nicht außerordentlich schnell, aber mit ausladenden Hüft- und Beckenbewegungen ausgeschmückt.

Rock 'n' Roll: Tanz der 1950er-Jahre, welcher aus dem Boogie-Woogie entstand. Er zeichnet sich durch hohe Akrobatik aus, welche beispielsweise zahlreiche Flugfiguren von Partner und Partnerin integriert.

Twist: Tanz der 1960er-Jahre, erfunden von Chubby Checker (Lied: „The Twist"). Als erster Tanz, bei welchem sich die Paare nicht mehr berührten, wird er in gekrümmter Haltung getanzt.

Breakdance: Der Breakdance entwickelte sich neben dem Rap in den puertoricanischen und Schwarzenvierteln von New York in den 1970er-Jahren. Zuerst nur mechanische Zuckungen entwickelten sich im Lauf der Zeit akrobatischen Drehbewegungen am Boden.

Literatur

Neben der Unterhaltungsliteratur (Trivialliteratur) sollten Sie ein profundes Wissen der klassischen Literatur beweisen. Für die Allgemeinbildung sind im deutschsprachigen Raum beispielsweise Autoren wie Goethe, Schiller, Wieland, Herder, Hölderlin, Lessing, Borchert, Shakespeare, Milton, Poe, Böll, Mann, Fontane und Klopstock von größter Bedeutung.

Grundwissen über klassische Literatur

Historische Ereignisse

Historische Ereignisse haben in der Allgemeinbildung einen hohen Stellenwert. So mancher Management-Guru hat schon über die Signifikanz und das Fehlen dieser Kenntnisse seine Scherze auf Kosten seiner Kollegen gemacht. Neben deutschen historischen Ereignissen sollten Sie auch internationale Ereignisse einordnen können.

Deutsche und internationale Geschichte

Aneignung von Allgemeinwissen & Quellen

Die identifizierten Wissensfelder sind wie oben dargestellt also Politik, Länderkunde, Sport, Wirtschaft, Musik, Kulturgeschichte, Tanz, Literatur und Historie. Auf diesen Gebieten gibt es sehr viel Wissen, das zu erwerben Spaß machen kann und das produktiv in den privaten und beruflichen Alltag eingebracht werden kann. Zur Aneignung dieser vielen Fakten können Sie unterschiedliche Ansätze verfolgen. Der erste Ansatz ist die direkte oder konkrete Aneignung. Die zweite Möglichkeit ist eine stetige oder indirekte Aneignung.

Bei der direkten oder konkreten Aneignung versuchen Sie, sich dem Thema durch Lesen eines Fachbuches oder den Besuch von speziellen Kursen zu nähern. Um Ihre Allgemeinbildung so spezifisch

Direkte und gezielte Aneignung

zu verbessern, muss erst einmal das Gebiet identifi-ziert werden, auf dem Sie sich fortbilden möchten. Haben Sie beispielsweise das Thema Politik gewählt, erscheint das Lesen eines Fachbuches als eine geeignete Maßnahme. Möchten Sie gesellschaftssicherer werden, planen Sie vielleicht den Besuch eines Tanzkurses.

Die direkte Aneignung kann im Urlaub, am Wochenende oder generell abends stattfinden. Das Problem bei dieser Vorgehensweise ist jedoch, dass sie außerordentlich zeitaufwendig ist und manchmal auch nicht besonders viel Spaß macht. Die Alternativen dürfen aber nicht darüber hinwegtäuschen, dass diese konkrete Aneignung die beste Wirkung hat. Das Durcharbeiten einer Einführung in die Literaturgeschichte und die aktive Beschäftigung mit dem Stoff hat beispielsweise die beträchtlichsten Erfolge.

Indirekte, stetige Aneignung Als empfehlenswerte Ergänzung zu den gewählten einzelnen Aneignungsmaßnahmen bieten die stetigen Maßnahmen eine freizeitlichere Möglichkeit der Allgemeinbildung. Durch das Lesen von Zeitschriften, Zeitungen und Magazinen können Sie stets einen guten Überblick über zahlreiche allgemeinbildende Bereiche bekommen. Besonders gut geeignet sind dabei neben der Tages- oder Wochenzeitung auch der „Spiegel", „Stern" oder „Focus." Diese Zeitschriften bilden in jeder Ausgabe ein breites Spektrum an Informationen ab, und die Texte und Darstellungen sind leserfreundlich aufbereitet. Ein Abonnement verschafft die Möglichkeit, sich jede Woche ein bisschen zu bilden – quasi nebenbei.

Lesen Sie diese Zeitschriften und Zeitungen kritisch, da sie häufig politisch vorgeprägt sind. Auch das Fernsehen bietet ein großes Angebot von Möglichkeiten, Ihr Wissen zu vergrößern. Neben den Nachrichten werden täglich interessante Länder- und Fachreportagen angeboten. Auch bei den Fernsehsendungen sowie bei allen schriftlichen Werken dürfen Sie nicht die Augen davor verschließen, dass diese Ausdruck und Meinung von individuellen Personengruppen wiedergeben. Besonders die Zeitungen und Zeitschriften sind politisch polarisiert. Dies muss aber nicht unbedingt negativ sein, wenn Sie kritisch zu lesen wissen.

Als letztes aktives Mittel zur Steigerung der Allgemeinbildung kann der Besuch von Veranstaltungen gelten. In jeder Stadt gibt es Vorträge, Vorlesungen und Vorführungen von Universitäten, Künstlern und Wissenschaftlern zu allen möglichen Themen.

Besuch von Vorträgen, Vorlesungen und Vorführungen

Einmal angeeignetes Wissen wird leider außergewöhnlich schnell wieder vergessen, da Sie es im Gegensatz zu beruflichem Fachwissen nicht fortwährend anwenden. Demnach sollten Sie nach jeder konkreten Maßnahme Folgemaßnahmen einleiten, um das wertvolle Wissen nicht gleich wieder zu vergessen. Ein Beispiel dafür könnte ein Treffen mit einem alten Freund sein, dem Sie das erworbene Wissen weitergeben.

Intellektueller Ausgleich

„Die Kunst ist das Gewissen der Menschheit."

F. HEBBEL

Arbeit kann physiologisch und psychologisch belasten, und auch ein angenehmer Job bedarf eines bewussten Ausgleichs. Intellektueller Ausgleich bedeutet die mentale Beschäftigung mit anderen Bereichen als mit beruflichen Themen. Erfahrungsgemäß entwickelt jede Person irgendwann ein Gefühl dafür, wann für sie die „Zeit für sich" anfängt. Für manche beginnt diese bereits auf dem Heimweg im Auto oder möglicherweise erst, wenn die Arbeitskleidung abgelegt ist.

Intellektueller Ausgleich ist die Abwechslung von der beruflichen Beschäftigung in dieser „Zeit für sich". Diese aktive Abwechslung brauchen Sie, um sich erstens nicht als pures Arbeitstier zu fühlen, zweitens, um Stress und seine Folgen zu vermeiden, und, um drittens eine ganzheitliche und abgerundete Persönlichkeit bilden zu können. Abwechslung kann und muss sogar individuell gestaltet werden und kann vom heimischen und bequemen Faulenzen bis zum spektakulären Opernbesuch in Paris gehen.

„Zeit für sich"

Besonders im Rahmen des geistigen Wachstums sollte Ihrer aktiven Freizeitgestaltung etwas Struktur unterliegen. Dabei ist zu beachten, dass für viele Personen Freizeit gerade etwas ist, was nicht geplant

Aktive und strukturierte Freizeitgestaltung

ist, und diese können und wollen ihre Freizeit nicht strukturieren. Es gibt jedoch Methoden, um so genannte „weiche Pläne" aufzustellen, wobei es darauf ankommt, dass durch eine flexible Formulierung der Aktivität genug Freiheit erhalten bleibt.

Bereiche des intellektuellen Ausgleichs

Die Bereiche des intellektuellen Ausgleiches sind einfach aufzugliedern. Es sind fast alle Künste, also Musik, Literatur, bildende Künste (Malerei, Bildhauerei, Skulptur) und die darstellende Kunst (Theater, Tanz, Film).

Ausgleich durch Musik
Wer nicht selbst ein Musikinstrument spielt, kann in Konzerten oder der Oper an dieser Kunst teilhaben. Musik überzeugt durch ihre vermeintliche Anspruchslosigkeit, da die konzentrierte Aufnahme äußerst entspannend ist. Genau das Gegenteil ist jedoch bewiesen: Besonders klassische Musik ist durch ihre Komplexität von Tonalität und Struktur außergewöhnlich fördernd für die Hirnstruktur und damit die Intelligenz. Neben diesen unterbewussten Entwicklungen steht jedoch der Entspannungswert besonders von klassischer Musik an erster Stelle.

Ausgleich durch Literatur
Zur Literatur zählen nicht nur die Klassiker, sondern auch die Unterhaltungs- und Trivialliteratur in Form der Belletristik, der „schöngeistigen Literatur". Klassiker können Sie nicht nur lesen, sondern auch in Theatern und Vorlesungen anhören und ansehen. Neben der intellektuellen Herausforderung klassischer Dramen vergrößert sich beispielsweise Ihr Sprachschatz, Sie werden sicherer im Lesen und Verstehen von komplizierten Satzstrukturen, und die Allgemeinbildung wird gestärkt. Überaus häufig raten Rhetoriktrainer klassische Werke (laut) zu lesen, um eine bessere Rhetorik aufzubauen. Als intellektueller Ausgleich im Bereich Literatur zählt nicht nur das Lesen an sich, sondern auch das eigene Schreiben. Ein Wochen- oder Tagebuch ist eine angenehme Möglichkeit, intellektuell etwas zu leisten und Erfahrungen für den Rest seines Lebens aufzubewahren.

Ausgleich durch bildende Kunst
Die bildenden Künste geben Ihnen die Zeit, in Ruhe durch die Geschichte und Ihre eigenen Gedanken zu wandeln. Ein Museumsbesuch bietet die Möglichkeit, einmal ganz entspannt einige Zeit

mit sich selbst zu verbringen. Nicht nur das Betrachten von Gemälden oder Skulpturen macht Spaß, sondern auch das eigene schöpferische Tun. Warum malen oder zeichnen Sie nicht einmal etwas?

„Das Vergnügen ist so nötig als die Arbeit."

GOTTHOLD EPHRAIM LESSING

Planung

Die Zeitplanung des intellektuellen Ausgleichs muss je nach Bedürfnissen und Rahmenbedingungen unterschiedlich vorgenommen werden. Da jede Person einen individuellen Wochenablauf hat und Freizeitgestaltungen an Wochentagen und am Wochenende unterschiedlichen Möglichkeiten unterliegen, ist eine pauschale Herangehensweise nach einem vorgefertigten Muster nicht möglich.

Elementar ist eine angemessene Einbindung des intellektuellen Ausgleichs in den Alltag. Demnach sollten Sie sich an Wochentagen Zeitabschnitte einräumen, um sich auch Ihren Interessen hingeben zu können. Am Wochenende können Sie den intellektuellen Ausgleich bequem mit Entspannung verknüpfen. Die Verbindung mit anderen Aktivitäten ist eine der beträchtlichsten Optimierungsstrategien der Zeitplanung. Es gibt in einer Woche zahllose Aktivitäten, die Sie gern machen möchten (beispielsweise ins Fitnessstudio zu gehen), die Sie endlich einmal machen sollten (beispielsweise aufzuräumen) und welche generell anfallen und gemacht werden müssen (beispielsweise mit dem Hund um den Block zu gehen).

Wenn nicht jetzt, wann dann?

Von diesen Tätigkeiten können Sie meist zwei miteinander verbinden. Zum Beispiel gehen Sie zusammen mit einer Gruppe alter Freunde in ein klassisches Konzert. Das Konzert bringt intellektuelle Herausforderung und steigert Ihre allgemeine Bildung. Die Zeit vor, nach dem Konzert und in der Pause bietet Ihnen gleichzeitig die Möglichkeit, sich mit Ihren Freunden auszutauschen. Fürchten Sie, dass Sie keinen ausreichenden Gesprächsstoff oder keine Diskussionsgrundlage haben, bietet vielleicht das Konzert reichliche Themen der Diskussion. Im Nachhinein haben Sie wieder Zeit mit Ihren Freunden verbracht und sich gleichzeitig intellektuell ausgeglichen.

Persönliche Aktivitäten noch vor Arbeitsbeginn erledigen

In den meisten Fällen kann man das Wochenende und auch die Wochentage besser nutzen, als man das bisher getan hat. In den meisten Unternehmen wird der Arbeitsbeginn langsam auf 9 Uhr verschoben. Dies gibt Ihnen die Möglichkeit, vor der Arbeit beispielsweise noch ausgiebig die Tageszeitung zu lesen. Am Wochenende wird meistens zwei bis drei Stunden länger geschlafen als an Wochentagen. Diese Zeit können Sie um eine Stunde verkürzen. Wenn Sie abends zur gleichen Zeit ins Bett gehen wie in der Woche, verschafft Ihnen eine Stunde mehr Schlaf am Morgen eine gute und ausreichende Erholung. Die eingesparte Zeit bietet Raum, um zu lesen, Musik zu hören oder der eigenen künstlerischen Betätigung nachzugehen. Das zielorientierte Anschauen von Reportagen und Berichten im Fernsehen ist außergewöhnlich Zeit sparend; sie müssen aber die Disziplin beweisen, sich nicht von alternativen Programmen verleiten zu lassen oder zu viel Zeit vor dem Fernseher zu verbringen.

Sparpotenziale durch Abonnements

Der Fernseher ist eines der preiswertesten, aber auch gefährlichsten Medien. Für Zeitschriften- oder Zeitungsabonnements lohnen sich die Studenten- und Schülerabonnements, auf die erfahrungsgemäß die eigenen Kinder rechtmäßig Anspruch haben. Ein Abonnement von Theater- oder Konzertkarten sollte auf jeden Fall genutzt werden. Wird ein Tag dieser Eintrittskartenabonnements von Ihnen nicht genutzt, sollten Sie die Karten an andere Personen verkaufen oder Freunden sowie Bekannten eine Freude machen und die Karten an sie verschenken.

Gerade im Kontext des intellektuellen Ausgleichs gilt im Gegensatz zur Allgemeinbildung, dass Sie sich Ihren eigenen Präferenzen hingeben sollen. Wenn Ihnen ein Bereich weniger Spaß bereitet, haben Sie mehr Zeit für ein anderes intellektuelles Ausgleichsgebiet.

Weiterbildung

Weiterbildung ist ein bedeutender Schlüssel zum Erfolg. Nahezu in jedem Beruf wird nicht nur die Teilnahme an Weiterbildungsmaßnahmen gefordert, sondern auch auf das individuelle Engagement um Kompetenzerweiterung gesetzt. Weiterbildung ist ein Hebel, welcher Ihnen erlaubt, sich immer wieder neue Chancen auf dem hart umkämpften Arbeitsmarkt zu ermöglichen.

Der Weiterbildungsmarkt in Deutschland, in Europa sowie der ganzen westlichen Wirtschaftswelt boomt. Immer häufiger lassen sich Personen mehr oder minder professionell in den Bereichen der harten Fachkompetenz oder der Soft Skills weiterbilden und individuell coachen. Meist ist der erste Effekt von Weiterbildungsmaßnahmen, dass Sie erkennen, wie ineffizient Sie zuvor gearbeitet haben. Speziell im informationstechnologischen Bereich haben mangelnde Kenntnisse einen immensen Effizienzverlust zur Folge, und dieser wird Ihnen erst nach der Weiterbildung bewusst.

Weiterbildung boomt beständig

Motivation zur Weiterbildung

Lernen ist wie Rudern gegen die Strömung.
Wer damit aufhört, fällt zurück.

Es gibt unzählige Argumente, sich nicht nur punktuell, sondern auch kontinuierlich weiterzubilden. Erstens werden die Anforderungen an einen Mitarbeiter am hart umkämpften Arbeitsmarkt fortwährend höher und damit besteht für unterqualifizierte Personen kaum eine reelle Chance auf einen eigenständigen und ausreichenden Unterhaltserhalt. Als zweites Argument für Weiterbildung ist anzuführen, dass Sie nur mithilfe dieser Weiterbildung alternative oder ergänzende Interessenfelder im beruflichen Rahmen identifizieren und eventuell nutzen können. Noch ein Motiv für Weiterbildung ist die eigene Karriereplanung und der Wille zur Erreichung von Zielen. Neue Aufgabenfelder und neue Verantwortung können Sie meist nur mit neuen Kompetenzen akquirieren.

Weiterbildung sichert Existenz und Auskommen und fördert neue Karrierechancen

Bereiche und Strategien der Weiterbildung

Das Angebot von Weiterbildungsmaßnahmen ist vielfältig. Einen geeigneten Kurs, ein Seminar oder eine Veranstaltung sollten Sie nicht nur nach dem Preis und dem Zeitpunkt auswählen. Vielmehr ist eine strategische Zusammensetzung und Durchführung von Weiterbildungsmaßnahmen notwendig, wenn Sie damit nachhaltigen Erfolg erzielen wollen. Als konkrete Weiterbildungsstrategie werden hier drei Methoden vorgestellt:

Strategische Auswahl und Durchführung Ihrer Weiterbildung

- Wissensperfektion
- Wissensdiversifikation
- Schlüsselkompetenzerweiterung

Bei jeder dieser Methoden müssen die tatsächlichen Maßnahmen mit der beruflichen und privaten Zieldefinition übereinstimmen.

Wissen perfektionieren

Stärken ausbauen

Die erste Möglichkeit der Weiterbildung besteht darin, dass Sie Ihr bestehendes Wissen perfektionieren. Dies bedeutet, Ihre Kompetenzen in Bereichen, in welchen Sie bereits arbeiten oder sich bereits Wissen angeeignet haben, zu verbessern. Das hat den offensichtlichen Vorteil der innerbetrieblichen Karrierechance durch kurzfristig bessere Arbeitsergebnisse, jedoch den Nachteil der mangelnden Wissensdifferenzierung und eines eingeschränkten Wirkungsbereiches.

Sie sollten sich vorab gründlich informieren, ob ein anvisierter Weiterbildungskurs auch Ihren Ansprüchen genügen kann und Sie nicht unterfordert. Ebenfalls sollte der Kurs Sie auch nicht physisch oder psychologisch überfordern. Wie bei allen finanziellen Belastungen zur beruflichen Weiterbildung, sollten Sie den Arbeitgeber um Unterstützung bitten. Für Personen, die keine Anstellung haben, lohnt sich die Konsultation des Arbeitsamtes. Ein offizielles Zertifikat ist bei dieser Art von Weiterbildung besonders wichtig, um den Vorgesetzten und Personalverantwortlichen den konkreten Mehrwert zu beweisen, den Sie nach dem Besuch des Kurses einbringen können.

Wissensdiversifizierung

Wirkungsbereich erweitern

Die zweite Strategie ist die Wissensdiversifizierung. Dabei besuchen Sie bewusst Kompetenzerweiterungskurse oder eignen sich auf anderen Wegen alternatives Wissen an. Der eklatante Unterschied zur ersten Strategie ist die konkrete Entfaltung in Wissensbreite und nicht in die Wissenstiefe. Der Vorteil dieser Strategie ist, dass individuelle Kompetenzen abgerundet werden, als Nachteil bleibt die geringe reale Umsetzbarkeit der neuen Erkenntnisse in der Praxis. Die Diversifikationsstrategie gibt es in zwei Abstufungen. Die weite Wissensdiversifizierung ist beispielsweise das Erlernen von medizinischen Kenntnissen für einen Buchhalter. Zweitens kann im Rahmen der nahen Wissensdiversifizierung beispielhaft ein Buchhalter ein Controller-Zertifikat erwerben. Als allgemeines Schema dieser nahen Wissensdiversifikation können Sie die Qualifikationen der vorgelagerten und nachgelagerten Prozesse Ihrer Arbeit erlernen oder sich Qualifikationen von Personen, mit denen Sie beruflich viel zu tun haben, aneignen.

Aneignung von Schlüsselqualifikationen und Methodenkompetenz

Dritte Hauptstrategie ist die Verbesserung oder Aneignung von allgemeinen Schlüsselkompetenzen. Dazu gehören zum Beispiel Sprachen. Englischkenntnisse werden in nahezu jedem Bereich gern gesehen. Bessere Rede-, Schreib- oder Lesekenntnisse in einer Sprache können Sie demnach fast überall einbringen – bei Bewerbungen oder als Grund der Beförderung. In diesen Bereich fallen grundsätzlich auch alle Trainings Ihrer Soft Skills, zum Beispiel Methodenkompetenzen im Bereich der Präsentation, Moderation, Verhandlung sowie kommunikative Kompetenzen im Kontext von Rhetorik, Gesprächsführung und so weiter.

Training von Soft Skills und Schlüsselqualifikationen

Möglichkeiten der Weiterbildung

Je nach Bereich und Tiefe des Wissens, welches Sie sich aneignen möchten, gibt es drei verschiedene Möglichkeiten der konkreten Wissensakquisition. Diese drei Möglichkeiten sind:

- Vollzeitige Weiterbildung
- Vollzeitige Weiterbildung in einem kurzen Zeitraum
- Berufsbegleitende Weiterbildung

Die erste Möglichkeit ist die vollzeitige Weiterbildung. Für diese Art der Weiterbildung eignen sich ein Studium (Universität, Fachhochschule, Berufsakademie) oder einer Ausbildung (Lehre). Im Bereich des Studiums bieten sich nach dem Grund- und Hauptstudium, die mit einem Diplom oder Bachelor abgeschlossen werden, Zusatzkurse und Prüfungen wie zum Beispiel ein Doktortitel oder Master an. Im Fachbereich Wirtschaft ist der MBA (Master of Business Administration) äußerst begehrt. Die Nachteile aller dieser vollzeitigen Programme sind die Zeit- und Kostenintensität. Auf der anderen Seite ergeben sie aber die rentabelsten langfristigen Erfolge und zahlen sich finanziell schnell aus. Besonders im betriebswirtschaftlichen Bereich haben seit einiger Zeit Personen mit so genannten Doppelqualifikationen (zum Beispiel Medizin- und

Vollzeitige Weiterbildung

303

Betriebswirtschaftsstudium) die höchsten Aufstiegschancen im Unternehmen. Die Berufsakademie und die Fachhochschulen erlauben neben der Studienzeit eine feste Anstellung in einem Unternehmen. Bei einem Studium an einer Universität ist dies nur in den Semesterferien möglich. Zusatzqualifikationen, wie der Master, JD (Juris Doctor – „Doktor im Bereich Jura") oder PhD (Philosophiae Doctor – „Doktor der Wissenschaften") sind zwar international äußerst anerkannt, finden aber in Deutschland noch kaum Akzeptanz.

Vollzeitige Weiterbildung für einen kurzen Zeitraum

Als zweite Möglichkeit von Weiterbildung sind ganztägige oder ganzwöchige Kurse und Seminare zu nennen. Diese Veranstaltungen werden von privaten Weiterbildungsinstituten oder manchmal auch an den Universitäten während der Semesterferien durchgeführt. Diese Kurse haben den Vorteil, dass Sie nicht vollständig aus dem Tagesgeschäft des Betriebes ausscheiden müssen, um an ihnen teilzunehmen. Außerordentlich häufig stehen Ihrem Arbeitgeber auch finanzielle Mittel zur Unterstützung solcher Kurse zur Verfügung – Sie müssen nur selbstbewusst und fordernd genug danach fragen.

Berufsbegleitende Weiterbildung

Drittens werden im Bereich der Weiterbildung viele berufsbegleitende Kurse und Seminare angeboten. So bietet sich die Möglichkeit, an Volkshochschulen Ihr Englisch aufzubessern oder am Wochenende noch einmal die Grundfertigkeiten in Microsoft Powerpoint zu festigen. Sogar ganze Studiengänge können Sie berufsbegleitend an Fernuniversitäten absolvieren. Fernuniversitäten haben den Vorteil, dass Sie einen Abschluss (vollwertiges Diplom oder einen Master) ohne dauerhaften Vorlesungsbesuch erwerben können. Bis auf wenige Ausnahmen müssen Sie die Materialien, welche Sie gegen eine geringe Gebühr zugesendet bekommen, bearbeiten und anschließend Klausuren schreiben.

Im Folgenden sollen die bekanntesten Bildungsinstitutionen und Ausbildungswege voneinander abgegrenzt werden. Da die rechtliche Grundlage des Bildungswesens landeshoheitlich verwaltet wird, kann es in den einzelnen Regionen in Deutschland zu größeren Unterschieden kommen. Diese Abweichungen können im Rahmen dieses Buches nicht diskutiert werden.

Universität

Der Begriff Universität ist eine Abkürzung des lateinischen „universitas magistrorum et scholarium" und heißt so viel wie „Vereinigung Lehrender und Schüler". Zur Aufnahme an eine Universität benötigen Sie eine Fachhochschulreife (beispielsweise Abitur). An deutschen Universitäten wurde früher je nach Studiengang nach mindestens acht Semestern (vier Jahre) ein Diplom verliehen. Die Diplomanden haben direkt nach ihrem Diplom ein Promotions- oder Habilitationsrecht. Inzwischen verschieben sich die Abschlüsse immer mehr hin zum internationalen System aus Bachelor- und Mastertitel, das heißt, ein Student kann zum Beispiel nach drei bis vier Studienjahren einen Bachelor-Titel erwerben und durch ein anschließendes Master-Studium mit einer Dauer von ein bis zwei Jahren noch den Master-Titel erwerben.

Universitas magistrorum et scholarium

Viele Personalverantwortliche in Deutschland stehen den unterschiedlichen Universitäten und ihren Ansprüchen an die Studenten ziemlich gleichgültig gegenüber. Seien Sie sich bewusst, dass Sie an einer härteren Universität vielleicht mehr lernen, aber Sie dies nur besonders selten als Referenz anbringen können. Erwarten Sie nicht, dass die Personalabteilungen, nicht einmal von großen Unternehmen, die ständigen Universitätsrankings nachvollziehen, ihnen Glauben schenken und Ihre eventuell etwas schlechteren Notenergebnisse gegen den besseren Namen der Universität abwägen. Dies gilt allerdings nicht für die weltweiten Spitzenuniversitäten.

In Deutschland spielt der Name der Universität eine geringe Rolle

Als Universitätsabsolvent müssen Sie sich schon ab dem ersten Semester um praktische Erfahrung kümmern. Als Absolvent ohne Berufserfahrung bieten Sie dem Arbeitsmarkt keine Attraktivität und haben in der aktuellen Arbeitsmarktsituation eine außergewöhnlich schlechte Chance, einen herausfordernden und interessanten Job zu bekommen. Die zahlreichen und langen Semesterferien bieten genügend Zeit für eine ausgewählte Zusammenstellung von Praktika im In- und Ausland. Viele Unternehmen bieten Stellen als Werksstudenten an – dies heißt, beispielsweise zwei Tage jede Woche über die ganze Studienzeit, vorwiegend nach dem Vordiplom, im Unternehmen zu arbeiten.

Universitätsstudenten benötigen dringend Praktika

Fachhochschule

Praxisorientierung
an Fachhochschulen

Fachhochschulen sind im Gegensatz zu Universitäten nicht akademisch, sondern praxisorientiert. Zur Aufnahme an einer Fachhochschule benötigen Sie ebenfalls eine Fachhochschulreife (beispielsweise Abitur). Das Studium dauert in der Regel acht Semester und beinhaltet ein mehrmonatiges betriebliches Praktikum. Demnach beträgt die komplette Studienzeit mindestens viereinhalb Jahre. Das Fachhochschulabschluss-Diplom ist zwar in der Wirtschaft gut anerkannt, der Diplomand hat aber in den meisten Bundesländern noch kein Promotions- oder Habilitationsrecht. Einige Unternehmen haben die Einstellung von Fachhochschulstudenten ausgesetzt. Auch hier gilt, dass die klassischen Diplome immer seltener vergeben und zunehmend die internationalen Bachelorabschlüsse verliehen werden. Dies bietet dann die Möglichkeit, durch ein Anschlussstudium von ein bis zwei Jahren einen Master zu machen.

Fachhochschulen gibt es mit vielen Spezifikationen wie beispielsweise wirtschafts- oder sozialwissenschaftlicher, technischer oder landwirtschaftlicher Ausrichtung.

Berufsakademie

Dualer Studiengang in drei Jahren

Die Berufsakademie bietet in einem dualen Studiengang – mit Praxis und Theorie – eine praxisorientierte Ausbildung. Die Positionierung der Berufsakademie wird seit einiger Zeit in den einzelnen Bundesländern überarbeitet. Beispielsweise wird die Berufsakademie in Berlin als Zweig den dortigen Fachhochschulen untergeordnet, in anderen Bundesländern ist sie noch selbstständig. Fachhochschule und Berufsakademie unterscheiden sich aber immer noch grundsätzlich im Aufbau. Der Berufsakademiestudent ist während der dreijährigen Studienzeit an der Akademie bei einem Unternehmen fest angestellt. An der Berufsakademie werden die Studenten sehr praxisorientiert in einer Art Schulklasse unterrichtet. Diese Klassen bestehen aus maximal 30 Personen, welche ebenfalls fast alle Kurse gemeinsam absolvieren. Im Gegensatz zur Fachhochschule ist nicht nur ein praktisches Semester vorgesehen, sondern insgesamt bis zu sechs. Dabei wird in einem Abstand von drei Monaten immer zwischen der Berufsakademie und einem praktischen Einsatz gewechselt. Es wird also sechs Mal drei

Monate an der Akademie studiert und dazwischen sechs Mal drei Monate gearbeitet.

Der Berufsakademieabschluss ist in der Wirtschaft sehr gut angesehen, da die Absolventen nicht nur theoretisches Wissen, sondern auch viel praktische Erfahrung mitbringen und für ihre Zielstrebigkeit bekannt sind. Vorteil für den Studenten ist, dass dieser während der ganzen drei Jahre nach dem Auszubildendentarif vergütet wird. Nachteil ist die mangelnde nationale und internationale Anerkennung im Vergleich zu anderen Bildungswegen. Ein Absolvent mit Berufsakademieabschluss kann zurzeit nicht promovieren. Gleichzeitig wird gerade bei zahlreichen Unternehmen (beispielsweise McKinsey oder Roland Berger) der Berufsakademieabschluss immer noch gar nicht anerkannt und damit nicht zur Bewerbung zugelassen.

Als Berufsakademieabsolvent haben Sie eine sehr gute Chanc, sofort nach dem Diplom bzw. Bachelor im Unternehmen weiterzuarbeiten, in welchem Sie ausgebildet wurden. Allerdings ist es meist nur den Spitzenschülern der Gymnasien vorbehalten, eine Ausbildungsstelle bei großen Unternehmen für die Berufsakademie zu bekommen. Zusätzlich ist eine frühzeitige und gute Bewerbung nötig.

Berufsakademie-absolventen werden oft übernommen

Private Hochschulen

Private Hochschulen glänzen durch hervorragende Ausstattung, einen straffen Lehrplan, welcher zügig zu einem Diplom führt, und durch den engen Kontakt von Professoren, Studenten und Mitgliedern aus der Wirtschaft. Auf der anderen Seite sind die immensen Studienkosten dieser Institute eher abschreckend. Gelegentlich werden die Privatuniversitäten als Sprungbrett in das deutsche Management angesehen, jedoch sind sie leider mitunter ihr Geld nicht wert. Neben den überzogenen finanziellen Belastungen gelten die Hochschulen verschiedentlich in der deutschen Wirtschaft nur als primitive Kopie der US-amerikanischen Privathochschulen. In Deutschlands Personalabteilungen gelten die privaten Hochschulen als nichts Besonderes; die Abschlüsse werden meist mit ganz gewöhnlichen Universitätsabschlüssen gleichgesetzt. Dies soll nicht heißen, dass es nicht zahlreiche sehr gute private Hoch-

Teuer studieren mit guter Ausstattung

schulen in Deutschland gibt. Sie sollten sich aber bewusst sein, dass dieser Abschluss niemals mit einem Abschluss an einer amerikanischen Privatschule zu vergleichen ist und der Mehrwert dieser Studiengänge nicht schon, wie in den USA, allein vom Namen der Schule abzuleiten ist.

Sinnvoll sind diese Hochschulen besonders für technische und forschende Studien, da aufgrund der finanziellen Ausstattung der Institute neben gutem Equipment auch gute Professoren und Projekte zur Verfügung stehen. Ebenfalls ist es Ihnen möglich, ein beachtliches Netzwerk aufzubauen (Kapitel 4.1.).

Volkshochschule

Zweiter Bildungsweg für Breitenbildung

Die Volkshochschule ist die im Deutschen Volkshochschul-Verband e.V. (DVV) organisierte öffentliche Einrichtung, die die außerschulische Jugend- und Erwachsenenbildung anbietet. Von den Kommunen getragen, zielt dieser zweite Bildungsweg auf Breitenbildung ab. Das umfangreiche Kursangebot wird mit Zertifikaten abgeschlossen und ist nur mit einem geringen finanziellen Aufwand verbunden. Die Kurse sind zeitlich so arrangiert, dass Sie diese parallel zu einer Anstellung besuchen können.

Private Unternehmen

Direkte Ausbildung im Unternehmen

Private Unternehmen zeigen zunehmend mehr Initiative, qualifizierte Mitarbeiter selbst auszubilden. Neben den Möglichkeiten als Berufsakademie- oder Fachhochschulstudent angestellt zu sein und als normaler Student ein Praktikum zu machen, wurden in fast allen großen Unternehmen Trainee-Programme entwickelt. Diese Trainee-Programme sehen meist einen ein- bis zweijährigen Rundlauf in einem Unternehmen vor, in welchem Sie das Geschäft in zahlreichen verschiedenen Fachbereichen kennen lernen sollen. In Projektarbeit werden in dieser Ausbildungszeit vier bis sechs Abteilungen durchlaufen und andauernd neue Aufgaben bearbeitet. Bis jetzt sind diese Trainee-Programme den besten Hochschulabsolventen vorbehalten. Neben einer angenehmen Vergütung, nicht als Auszubildender, sondern als fest angestellter Mitarbeiter, genießen Sie als Trainee außerordentlich häufig einen „lebenslang" guten Ruf im Unternehmen und Ihnen eröffnen sich aufgrund des großen Netzwerkes sowie firmenpolitischer Entscheidungen viele

Möglichkeiten. Andererseits werden von einigen Theoretikern und Unternehmen diese Programme nur belächelt und dienen ihnen als Beweis, dass die Unternehmen immer orientierungsloser seien in Bezug darauf, wo und wie sie ihre Absolventen in das Unternehmen eingliedern sollen.

Berufsausbildung

In einer Berufsausbildung wird man in kaufmännischen, handwerklichen, haus- oder landwirtschaftlichen Betrieben von einem Ausbilder („Meister") für die konkrete Arbeit in diesem Bereich ausgebildet. Ein Absolvent der Gesellenprüfung wird vom Auszubildenden (früher Lehrling) zum Gesellen. Eine Meisterprüfung kann anschließend abgelegt werden. Neben praktischer Arbeit wird vorwiegend auch eine Berufsschule besucht, wo fachtheoretische Kompetenzen erworben werden. Die Berufsausbildung dauert in der Regel drei Jahre.

Klassische Berufsausbildung in Kooperation mit Berufsschulen

Zeit- und kostensparende Weiterbildung

Problem und Hindernis von geistigem Wachstum und Weiterbildungsmaßnahmen ist erfahrungsgemäß, dass diese entweder zeit- oder kostenaufwendig, meist sogar beides sind. Dies erscheint hinnehmbar, wenn Sie beispielsweise die Zertifizierung von bestimmten Fähigkeiten suchen. Zahlreiche Kompetenzen erfordern jedoch gar keine zusätzlichen Zertifikate, wie zum Beispiel die Englischkenntnisse oder Computerfähigkeiten.

Zeit- und Geldaufwand sorgfältig abwägen und planen

In diesem Abschnitt soll anhand von Beispielen konkret Zeit und Kosten sparende Weiterbildung angeregt werden, mit der Sie verhindern, überflüssig zu investieren.

Sprachen lernen

Sehr häufig befindet sich Ihre Sprachkompetenz in einem Zustand, dass Sie noch Grundlagen einer Sprache beherrschen, aber das Vokabular und der Redefluss stark eingeschränkt sind. Für einen Auslandsaufenthalt oder eine Sprachschule findet sich weder Zeit noch Geld und oft auch keine Lust. Um Ihr Englisch langsam wieder aufzupolieren, müssen Sie als Erstes neues Vokabular lernen und die Sprache hören. Vorwiegend ist es die ungewohnte Situation, in einer Fremdsprache kommunizieren zu müssen, die uns

Wenn die ungewohnte Situation die Worte raubt

beispielsweise bei der englischen Unterhaltung die Vokabeln raubt. Sie sollten sich daran gewöhnen, etwas Englisches zu hören, sich darauf zu konzentrieren sowie längeren und komplexen Sätzen zu folgen. Dazu bietet das deutsche Fernsehen immerhin zwei Möglichkeiten: „CNN" und „BBC" senden rund um die Uhr ein englisches Programm. Schauen Sie regelmäßig die Nachrichten nicht mehr auf Deutsch, sondern wechseln Sie einfach das Programm und sehen Sie sie auf Englisch. Dafür sollten Sie sich jeden Tag eine halbe Stunde Zeit nehmen. Es bedarf keines Aufwandes, da für eine Person mit einem Fernseher keine Kosten entstehen und die Zeit meist sowieso für das Schauen der Nachrichten aufgewendet worden wäre. Ebenfalls gibt es internationale Radioprogramme, wie beispielsweise „Radio BFBS" oder „BBC World Service". Auch das Internet bietet fremdsprachiges Radio, zum Beispiel „Webradio", an.

Schnelle Erfolge beim Auffrischen von Sprachen

Etwas schwierig erscheint dabei die erste Woche der Übung, aber bereits nach zehn Tagen erkennen Sie, wie sich Ihr Sprachverständnis verbessert hat. Der Vorteil von Fernsehnachrichten ist die Visualisierung, die vorwiegend den ganzen Inhalt begleitet und so auch ohne ein volles Textverständnis der Inhalt nachvollzogen werden kann. So werden Vokabeln, die Sie selbst einmal gelernt haben, aufgefrischt und in aktiver Anwendung beobachtet. Für die französische Sprache bietet TV5 in vielen Teilen Deutschlands gutes pädagogisches Fernsehen. Oft ist ein französischer oder deutscher Untertext eingeblendet. So können Sie beim französischen Untertitel gleich noch das Schriftbild mitlesen und beim Deutschen bekommen Sie prompt die Übersetzung mitgeliefert – alles unentgeltlich auf das Sofa im Wohnzimmer. Andere Sprachen gibt es bedauerlicherweise im öffentlichen und alltäglichen Fernsehen nicht, sondern nur in den Grenzgebieten, wie beispielsweise dänisches oder holländisches Fernsehen, oder per Satellit. In vielen Ländern hat das ausländische Fernsehen einen großen Anteil an der Sprachkompetenz der Bürger. Nutzen auch Sie die Gelegenheit, Kinofilme oder Videos in Originalsprache zu sehen.

Denken in einer fremden Sprache kostet nichts

Die zweite Methode zum Festigen einer Fremdsprache ist besonders unkompliziert und funktioniert bei ausnahmslos allen Sprachen: Denken Sie einfach in einer Fremdsprache. Wenn Sie zum Beispiel unter der Dusche stehen oder in der U-Bahn und über Ihre Ein-

kaufsliste nachdenken oder grübeln, ob es wohl schönes Wetter
geben wird, – tun Sie dies einfach auf Englisch. Selbstverständlich
beschummeln Sie sich in solchen Übungen sehr rasch selbst und Sie
verwenden schnell doch ein deutsches Wort, aber das ist okay.

Gebrauchen Sie beide Techniken – Fernsehen und in der Fremdsprache zu denken – zusammen. Dann ist nach einem Monat schon
ein starker Fortschritt zu erkennen und dies alles, ohne extra Zeit
und Geld zu investieren.

Ein bisschen Investition beinhaltet der nächste Tipp: Lesen Sie
Lektüre auf Englisch. Kaufen oder abonnieren Sie sich eine Zeitschrift, Zeitung, ein Buch oder surfen Sie auf englischen Internetseiten. Dies hat Freizeitwert und hilft parallel immens, die Sprache
zu verbessern.

Zeitschriften, Zeitungen und Bücher in einer Fremdsprache

Zuletzt möchten wir aber auch darauf hinweisen, wie wertvoll
und zielführend Sprachkurse sind, besonders in sehr frühen Lern-
stadien.

Computerkenntnisse

Das wirklich Außergewöhnliche an einem Computer ist, dass er so
viel kann – ungünstig bleibt, dass Sie in vielen Fällen nicht wissen,
wie es geht. Zwei Tipps sollen hier produktiven Mehrwert leisten.
Erstens gibt es immer ausgereiftere Hilfen und Tutorials, welche
schnell, kostenlos und unkompliziert viele Fähigkeiten vermitteln.
Diese Tutorials sind, wenn nicht bereits auf dem Rechner installiert,
ebenso schnell und unkompliziert aus dem Internet herunterzula-
den. Bücher zum Thema und alle Vorgehensweisen, die ohne die
aktive Arbeit am Computer durchgeführt werden, sind neben den
beträchtlichen Kosten auch häufig ineffizient. Nehmen Sie sich einfach eine leere Datei in Word, Excel oder Powerpoint und probieren Sie mal alle Funktionen dieser Tools aus. Jede Funktion hat
einen Namen, welchen Sie im Hilfemenü nachschlagen können.
Dieses Arbeiten oder Ausprobieren sollten Sie regelmäßig tun, denn
nur so können Sie im Bedarfsfall auf diese Kenntnisse zurückgreifen. Auch die Weiterentwicklung Ihrer Fähigkeiten in einem Programm können Sie so aktiv angehen. Ihnen wird kein Chef ver-
übeln, dass sie pro Tag eine Viertelstunde verwenden, um besser

Nutzen Sie gezielt Hilfen und Tutorials

mit Word, Excel oder Powerpoint umzugehen. Sie sollten aber vermeiden, an Originaldateien herumzuspielen, damit aus der Übungszeit nicht eine kleine Katastrophe wird, die dann natürlich nur unzureichend gerechtfertigt werden kann.

Internet-Rechereche Ein weiterer Tipp ist von grundsätzlicher Natur und besagt, dass unser Zeitalter sich dadurch auszeichnet, dass es nahezu jede Information und jedes Hilfsmittel schon irgendwo gibt – meist auch noch im Internet vollkommen kostenlos. Verwenden Sie Zeit, das Internet zu durchsuchen, bevor Sie mit der eigenen Aufgabenlösung beginnen. Diese Zeit zählt nicht zum freizeitlichen Surfen im Internet, sondern zum professionellen Research.

Einsatz von Vorlagen Für die tägliche Arbeit sind außerdem Vorlagen hilfreich, so genannte Templates. Mit diesen Vorlagen lassen sich schnell hochwertige Dokumente erstellen, ohne dass Sie endlose Zeit mit der Formatierung verschwenden, welche Sie im Endeffekt oft sowieso nicht so hinbekommen, dass Sie damit zufrieden sind. Eine weitere Grundregel am Computer sollte sein, dass Sie nichts, was Sie selbst nicht können, von anderen Personen machen lassen. Dies soll nicht heißen, dass Sie keine Arbeit delegieren dürfen. Doch falls Sie etwas für unlösbar halten, eine andere Person aber die Lösung kennt, dann lassen Sie sich diese präzise erklären und probieren Sie es selbst aus. Lassen Sie sich helfen! Jeder Mitarbeiter oder Computerfachmann ist erfreut, wenn Sie Interesse an seinem Wissen zeigen – auch in der Hoffnung, dass beim nächsten Mal nicht noch einmal die gleiche Frage auftaucht.

Spiritualität

Das Wort Spiritualität lässt sich auf das Lateinische zurückführen und bedeutet so viel wie geistlich. Zumeist wird Spiritualität mit Frömmigkeit oder Religion gleichgesetzt. Frömmigkeit beschreibt dabei die subjektive Sicht des Individuums in Bezug auf Religion und ist damit der Schlüssel zur Gnade Gottes.

Abbau egoistischer Bedürfnisse Religiosität ist das Bedürfnis, sich zu einer höheren Instanz in Beziehung zu setzen. Neben den Charakteristika von Spiritualität von Martin Luther (sola scriptura, sola fide, sola christe, sola gratia) zielen neue Ansätze auf eine extrovertierte Form der Spiritualität. Sie verlangt die Akzeptanz aller Lebewesen als etwas Göttliches und deren gegenseitige Akzeptanz sowie den Respekt zur Koexistenz. Spiritualität ist demnach eine geistige Haltung der Gleichberechtigung und Gleichwertigkeit aller. Die spirituelle Praxis reicht von stiller Meditation bis zu dynamischen Alltagsübungen und zielt auf den Abbau von egoistischen Bedürfnissen.

2.5. Regeneration & Freizeit

Das Gewöhnliche von heute
ist das außergewöhnliche Gestern von Morgen.

Regeneration ist die geistige und körperliche Erholung vom Stress des Alltags, der Arbeit sowie bestimmter psychologischer oder physiologischer Anstrengungen. Dabei gibt es präventive Maßnahmen, welche notwendige Erholungsphasen verkürzen, sowie die aktive Erholung an Wochentagen, am Wochenende oder im Urlaub. Gesundheit, Ernährung und die aktive Bekämpfung von Stress sind dabei ebenso entscheidend wie gesundes Arbeiten an sich. Gerade im Bereich Regeneration und Wellness entstehen seit einigen Jahren beständig neue Möglichkeiten und Angebote, sich intellektuell oder physiologisch zu entspannen. Neben diesen Möglichkeiten steigt allerdings auch das Risiko, Ihr Geld oder Ihre Zeit irgendwo unnütz zu investieren.

Regeneration als präventive Maßnahme

Der Weg von der „freien Zeit" zur „Freizeit" ist lang. Zudem herrscht oft ein Zielkonflikt zwischen Freizeitorganisation und der Flexibilität von Freizeit an sich. Freizeit besteht aus der Zeit vor und nach der Arbeit. Wie Sie diese Zeit organisieren können, ohne den Charakter der Freizeit zu zerstören, lesen Sie in den folgenden Abschnitten. Vergleichen Sie dazu auch den Abschnitt „Zeitmanagement" im Kapitel 2.1.

Der menschliche Körper unterliegt generell zwei Einschränkungen: der physiologischen und der psychologischen Grenze. Um die physiologische Grenze nicht zu überschreiten, benötigt der Mensch beispielsweise Schlaf. Aufseiten der Psychologie hat Schlaf zudem die Aufgabe, komplizierte Gehirnvorgänge zu verarbeiten und

Physiologische und psychologische Grenzen

Stress abzubauen. Regeneration und Wellness müssen organisiert werden, denn nachhaltige Wirkung auf Gesundheit und Wohlbefinden haben erfahrungsgemäß nur wiederholte und regelmäßige Aktivitäten. Dies fängt bei einer regelmäßigen, ausgeglichenen Tagesorganisation an.

Ausgeglichene Tagesorganisation

Ein ganz normaler Alltag besteht aus drei Phasen: der Zeit vor der Arbeit, aus der Zeit während der Arbeit und der Zeit nach der Arbeit. Ohne Ausnahme können Sie in jeder dieser Phasen etwas für Ihr Wohlbefinden und Ihre Gesundheit tun.

Arbeiten mit Rücksicht auf Ihre Gesundheit

Gesund zu arbeiten hat viel mit der konkreten Aufgabe zu tun, welche Sie im Tagesverlauf zu bewerkstelligen haben. Doch egal, ob nun physiologisch oder psychologisch fordernd, die Arbeit sollte konsequent gesundheitsbewusst durchgeführt werden. Andernfalls bleiben häufig Schäden, etwa von einer falschen Arbeitshaltung, ein Leben lang bestehen und erzwingen den Besuch von Kuren und Zwangsurlaube.

Gesund zu arbeiten heißt nicht nur, eine gute Sitzposition einzunehmen, viel zu trinken und das Büro regelmäßig zu lüften, sondern es beinhaltet auch, den ganzen Tag aktiv zu gestalten. Die meisten Probleme, die ihren Ursprung in der Arbeit haben, können Sie durch freizeitliche Aktivitäten vor oder nach der Arbeit verhindern oder kompensieren. Diese Zeiten konkret durchzuplanen, bedeutet vielleicht zusätzlich Stress sowie Inflexibilität und bietet demnach eventuell keinen Mehrwert für Sie. Sie sollten folglich keine minutiösen Pläne aufstellen, sondern eher vor der Arbeit und nach der Arbeit sowie in die Arbeit selbst einige wichtige Dinge integrieren. Welche Punkte dies sind, wird in den folgenden Abschnitten erläutert.

Verbesserungsvorschläge für gesunde Arbeit

Für Verbesserungsvorschläge zur gesunden Arbeit im Büro an sich ist nahezu jedes Unternehmen sensibilisiert. Daher werden diese Anregungen erfahrungsgemäß nicht nur sehr dankbar aufgenommen, sondern sofern möglich oft auch direkt umgesetzt.

Übernehmen Sie die Verantwortung, Ihren Tag mit dem zu füllen, was Sie für Ihren eigenen Komfort und Ihr Wohlbefinden benötigen. Dies erhöht nicht nur Ihre Gesundheit, sondern auch den langfristigen Lebenserfolg.

Vor der Arbeit

Die Zeit vor der Arbeit, auch wenn sie recht früh beginnt, können Sie gut für Freizeit, Weiterbildung und Gesundheit nutzen. Morgens eine Runde zu joggen und dabei eine Sprachkassette zu hören, hat neben der Funktion, den Kreislauf in Schwung zu bringen, auch pädagogischen Wert. Ebenfalls wird diese Zeit größtenteils psychologisch als Freizeit interpretiert und ist damit schon einmal Gegengewicht zur Arbeit. Für einen angenehmen Morgen gibt es aber noch zahlreiche weitere Möglichkeiten, welche den Start in den Tag vervollkommnen. Der physiologische und psychologische Wert dieser Punkte wird nun anhand konkreter Beispiele dargestellt.

Das Aufstehen

Stehen Sie einfach zehn Minuten früher auf, als Sie eigentlich müssten und nutzen Sie diese Zeit, um irgendetwas produktiv zu machen. Räumen Sie den Geschirrspüler aus, lüften Sie die Wohnung, saugen Sie oder gießen Sie die Pflanzen. All dies sind Aufgaben, die Sie nach der Arbeit abhalten, direkt in die Freizeit zu fallen. Diese zehn Minuten ändern nichts an dem Zustand der Müdigkeit, welche Sie beim Aufstehen empfinden; Sie werden genauso müde sein, wie vorher. Jedoch die bereits vollbrachten Aufgaben ermöglichen Ihnen, entlasteter zurück nach Hause zu kommen. Probieren Sie, kleine Besorgungen auf den Morgen zu verlegen; dort haben Sie Zeit und erfahrungsgemäß auch noch viel mehr Muße, all dies zu tun.

Kleine Dinge schon vor der Arbeit erledigt zu haben, steigert die Laune

Das Frühstück

Das morgendliche Frühstück wird oft entweder sehr verkürzt oder auf den Weg zur Arbeit verschoben. Dass Sie morgens eventuell keinen Hunger haben, ist eine reine Angewohnheit und entspricht nicht der Normalität. Das Frühstück ist und bleibt die wichtigste Mahlzeit des Tages. Sie sollten sich mindestens 20 Minuten Zeit nehmen, um etwas zu trinken und zu essen. Dabei bietet sich leichte Kost an, um den Magen noch nicht so früh zu belasten. Sie sollten ebenfalls etwas Obst zu sich nehmen, vielleicht nicht unbedingt

Frühstück ist die wichtigste Mahlzeit am Tag

in reiner Form, sondern eventuell im Müsli oder im Joghurt. Sie können auch einmal morgens einen Toast oder ein Brötchen essen, dies sollte jedoch nicht zu einem täglichen Ritual werden. Erfahrungsgemäß bilden sich Frühstücksrituale: Sie stecken einen Toast in den Toaster, holen in der Zeit die Butter und die Marmelade aus dem Kühlschrank und schenken sich einen Kaffee ein, und wenn Sie damit fertig sind, hüpft auch schon der Toast aus dem Toaster. Diese Rituale sind gut, um Zeit zu sparen, aber nicht für ein Frühstück. Sie sollten maximal zweimal hintereinander einen Toast essen, danach sollten Sie zu einem anderen, möglichst gesünderen Frühstück wechseln. Konkret eignen sich Brot, Müsli, Joghurt, Marmelade, Eier, Beeren, Milch und Tee. Im Abschnitt „Ernährung" wird genauer auf die Getränke- und Speisenwahl eingegangen.

Aktivitäten am Morgen

Nutzen Sie nicht nur den Tag, sondern auch den Morgen

Die meisten Arbeitszeiten in der Wirtschaft fangen heute etwas später an. Nutzen Sie diese Zeit. An den ersten beiden Tagen sind Sie möglicherweise noch müde, aber spätestens dann haben Sie sich an den neuen Zeitrhythmus gewöhnt. Gehen Sie doch jeden Morgen oder zumindest einmal in der Woche morgens schwimmen, joggen oder Tennis spielen. Wie im Eingangsbeispiel erwähnt, können Sie auch die Zeit gleichzeitig mit etwas Weiterbildung verbinden. Sie können beispielsweise unter Umständen einfach einmal mit der Sprachkassette durch den Park joggen. Auch lassen sich Einkäufe oder Hausarbeiten schon vor der Arbeit erledigen. Alle diese Möglichkeiten fallen unter den Bereich Regeneration und Wellness, da sie das ganze Wohlbefinden über den Tag hinweg steigern. Dabei bieten die Morgenstunden sehr häufig genau die Zeit, welche einem am Tage fehlt, um dringende Angelegenheiten aus dem Kopf zu bekommen.

Während der Arbeit

Wenn Arbeit den Alltag prägt, gestalten Sie sie freudig

Arbeit ist integraler Bestandteil unseres Lebens und hat nicht nur den Zweck, die Freizeit zu finanzieren. Arbeit füllt etwa 60 Prozent unserer Tageszeit und sollte demnach ebenso erfüllend sein wie Spaß machen.

Die Gesundheit am Arbeitsplatz wird seit einiger Zeit von den meisten Unternehmen enorm groß geschrieben. Dies ist Folge der Entwicklung, dass ein Großteil der Mitarbeiter keinerlei körperliche Betätigung nach oder vor der Arbeit leistet und wiederholt aufgrund von Krankheit ausfällt.

Als Erstes sollen Techniken zur passiven Erholung und Gesundheit dargestellt werden. Dazu gehören die Arbeitsplatz- und Arbeitsgestaltung. Um sich erst einmal grundsätzlich am Arbeitsplatz wohl zu fühlen, können Sie sich eine kleine Palme, einen Bonsai oder Kaktus für den Schreibtisch kaufen, ein Bild aufhängen oder ein Foto von Ihrer Tochter oder Ihrem Sohn neben dem Computer aufstellen. Als nächsten Faktor betrachten Sie Ihre Sitz- und Standposition. Probieren Sie, ohne Hohlkreuz gerade zu sitzen und ihre Schultern leicht nach hinten zu drehen. Dabei sollte der ganze Rücken die Lehne berühren. Lehnen von Bürostühlen sind größtenteils so geformt, dass sie der optimalen Sitzposition Halt geben. Wenn vor einem Bildschirm gearbeitet wird, sollte dieser auf einer Höhe stehen, dass sich Ihr Kinn nicht unter- oder oberhalb der Bildfläche befindet. Zusätzlich sollten Sie auf eine gute Schreibtischorganisation achten. Nehmen Sie sich die Zeit, Unterlagen in Ordnern zu sortieren oder in Heftern zu arrangieren. Bei telefonintensiven Berufen lohnt sich eventuell die Verwendung eines Headsets. Neben diesen organisatorischen Maßnahmen sollten Sie darauf achten, dass Sie den Raum gut belüftet halten und regelmäßig etwas trinken. Nehmen Sie sich ein großes Glas von zu Hause mit, das Sie vor und nach der Mittagspause mit frischem Wasser auffüllen und versuchen es jeweils bis zur Mittagspause oder dem Feierabend auszutrinken.

Arbeits- und Arbeitsplatzgestaltung

Es gibt des Weiteren aktive Regenerationsmaßnahmen direkt für die Arbeit am Schreibtisch, aber auch für die Pausen jenseits des Arbeitsplatzes. Als aktive Maßnahme direkt am Arbeitsplatz gilt der Grundsatz, nie länger als zwei Stunden unbewegt zu sitzen. Dies ist vielleicht in einem Meeting nicht möglich, bei der normalen Arbeit bietet sich jedoch immer einmal die Möglichkeit aufzustehen, um etwas zu holen. Pro Stunde sollten alle Gliedmaßen aktiv bewegt werden. Dies können Sie ganz strukturiert angehen: Erst einmal Fenster aufmachen, dann dreimal auf die Zehenspitzen stellen (Fuß- und Wadenbewegung), dann die Beine mehrmals anziehen (Bein und Knie), dann einmal mit festem Stand mit der

Kreislauf in Schwung halten

Hüfte nach links und rechts drehen (Hüfte und Oberkörper), jeden Arm nach oben, hinten und zur Seite strecken (Brust, Rücken und Arme), Schultern anziehen und mit dem Kopf zweimal in beide Richtungen kreisen. Diese Übung gibt dem Kreislauf neuen Schwung, erhöht ein wenig die Atmung sowie den Herzschlag und bringt ein bisschen Sauerstoff in Ihre Adern.

Die Mittagspause kann die Energiequelle für den restlichen Tag sein

Als aktive Maßnahme jenseits des Arbeitsplatzes bietet die Mittagspause zahlreiche Möglichkeiten der Regeneration. Das Mittagessen ist leider vorwiegend ein plattes Ritual, vergleichbar zum Frühstück. Dabei ist die Mittagspause eine optimale Regenerationsmöglichkeit, welche Sie aktiv nutzen können und müssen. Verzichten Sie nur im Notfall auf Ihre Pause, denn sie entlastet Sie und steigert Ihre Produktivität am Nachmittag. Eine optimale Mittagspause enthält einen Lunch, etwas zu trinken, ein Gespräch über alternative und nicht berufsbezogene Themen, einen zehnminütigen Spaziergang und frische Luft. All diese Bestandteile sollten Sie in Ihrer Mittagspause aktiv suchen. Sie können nach dem Essen am Tisch weiterplaudern, können jedoch auch bei einem kleinen Spaziergang ein Gespräch fortsetzen. Kleinigkeiten in der Mittagspause zu erledigen, kann für Ihr persönliches Zeitmanagement von Vorteil sein. Manche Arbeitgeber sehen dies allerdings nicht gern. Die Besorgungen sollten nicht länger als zehn Minuten dauern oder sich mit einem gemütlichen Spaziergang verbinden lassen. Sie sollten sich in der Mittagspause auf keinen Fall dem Stress aussetzen, den es mit sich bringt, irgendwo hinzufahren oder etwas abzuholen.

Nach der Arbeit

Ihr Leben beginnt nicht erst nach Feierabend

Die Aktivität nach der Arbeit wird von den meisten Personen erst als richtiges Leben erachtet. Auch wenn diese Einstellung eher fragwürdig ist, sollten Sie diese Zeit nach der Arbeit besonders aktiv nutzen. Nutzen heißt dabei, dem nachzugehen, was Sie gern machen möchten. Dies kann auch Zeit sein, um sich einmal gemütlich zu Hause vor den Fernseher zu setzen, wenn dies für Sie eine angenehme Erholung ist.

Sie sollten sich bewusst werden, wann „nach der Arbeit" für Sie beginnt. Für manche fängt die freie Zeit erst an, wenn sie zu Hause sind. Die Freizeit beginnt aber bereits, wenn Sie die Arbeitsstelle verlassen haben. Dieser Unterschied, welcher rein mental wirkt, verschafft Ihnen pro Tag zwischen einer halben und einer ganzen Stunde mehr Freizeit. Die freie Zeit wird erst zur Freizeit, wenn Sie sich ihrer bewusst werden und sie nutzen. Dies ist problematisch, wenn Sie noch im Anzug im Bus sitzen oder auf die Straßenbahn warten, aber oft bieten gerade diese Wege große Zeitpotenziale. Auto fahren lässt sich oft nicht vermeiden. Generell ist aber davon abzuraten. Benutzen Sie öffentliche Verkehrsmittel! Die Bahn ist besonders im Winter erfahrungsgemäß unabhängiger vom Straßenverkehr, öffentliche Verkehrsmittel sind vorwiegend nicht nur schneller, sondern hochgerechnet sogar noch preisgünstiger als das Auto. Die 30 Minuten morgens und abends im Auto sind stressig und ineffizient. In der Bahn können Sie lesen, schreiben oder etwas essen. Verschenken Sie diese Zeit nicht!

Die Nachmittags- oder Abendgestaltung hängt beträchtlich von der familiären Situation ab. Müssen Sie sich beispielsweise um Kinder kümmern, sollten Ihre Gedanken primär ihnen gelten, vor allem wenn sie jünger als 15 Jahre alt sind. Besonders bei der Beschäftigung und Planung von Aktivitäten mit den Kindern sollten Sie diese auch über Ihre Pläne informieren. Denn Kinder freuen sich auf Aktivitäten oft im Vorhinein.

Orientierung über die geplante Nachmittags- und Abendgestaltung

Neben der Zeit für Kinder und Partner gibt es jedoch zahlreiche Möglichkeiten der Abendgestaltung, welche nicht nur intellektuell fordern, sondern auch entspannen und damit das Lebensgefühl steigern. Überaus oft können Sie in diese Aktivitäten auch den Lebenspartner oder Freunde einbinden und dies mit anderen Pflichten vereinbaren. Diese Aktivitäten können soziale Kontaktpflege, Entspannung, Sport und Kultur abdecken. Alle vier Punkte können innerhalb einer Woche Platz finden, und die meisten lassen sich mit jedem der anderen verbinden. Beispielsweise können Sie mit einem guten Freund ein Theaterstück besuchen oder mit diesem Freund joggen gehen. Oft werden zu viele dieser Aktivitäten auf das Wochenende verschoben und so werden sie zu stressigen Faktoren. Sie sollten versuchen, regelmäßige Aktivitäten in die Woche zu verschieben, um sich die Flexibilität für das Wochenende zu erhalten.

Kombinieren von Freizeitaktivitäten

Freizeit mit Freunden verbringen

Freunde sind der Schlüssel zum Leben. Freunde haben Sie über Jahre gefunden, und allzu oft merken Sie erst in bestimmten Situationen, wie wichtig sie sind. Geben Sie Freunden und Verwandten sowie Eltern oder erwachsenen Kindern das Gefühl, dass Sie an sie denken. Es ist lohnend, frühzeitig eine Verabredung zu planen und sich dann an einem Wochentag oder am Wochenende zu treffen. Auch einfach mal abends bei Freunden vorbeizuschauen oder sich mit ihnen in einem kleinen Café zu treffen, erhält die Freundschaft. Falls Ihnen die Motivation fehlt, können Sie auch den praktischen Zweck betrachten, nämlich die Aufnahme von alternativen Erfahrungen und Ideen. Oft können Sie nicht nur Tipps zu eigenen Problemen oder Situationen erhalten, sondern auch neue Ideen diskutieren.

Nutzen Sie das lokale Kulturangebot

Besonders zur oft zu kurz kommenden intellektuellen Regeneration bietet das lokale Kulturangebot Möglichkeiten, sich weiterzubilden, herauszufordern, aber auch zu entspannen. Theater, Vorlesungen, Oper, Konzerte und Vorträge lassen sich gut mit anderen sozialen Verpflichtungen oder Wünschen verbinden. So können Sie beispielsweise mit den Schulfreunden jeden Donnerstagabend mit einem Abonnement in ein Konzert gehen. Damit haben Sie Zeit, mit Ihren alten Freunden zusammenzukommen und können nebenbei noch die kulturellen Angebote der Stadt genießen. Außerordentlich oft werden aus den kulturellen Angeboten und Besuchen Pflichtbesuche und der Besuch des Theaters zu einer Belastung. Dies ist eine Einstellungssache und sollte von Ihnen aktiv verhindert und angegangen werden.

Wie viel Schlaf sollten Sie sich wirklich gönnen?

Bevor der finale Tagesabschluss, der Schlaf, angesprochen wird, soll der einfachen Entspannung ebenfalls eine Daseinsberechtigung gegeben werden. Einfache Entspannung am Abend vor dem Fernseher, Kamin, auf der Terrasse oder am Fenster kann ebenfalls Zeit eingeräumt werden. Betrachten Sie es nicht als Zeitverschwendung.

Am Abend findet die wertvollste und wichtigste Art der Regeneration statt. Um Ihre physiologischen und psychologischen Grenzen nicht zu überschreiten, brauchen Sie ausreichend viel Schlaf. Der Mensch benötigt Schlaf, um die Synthese großer Moleküle wie Proteine und Ribonukleinsäure Ihrer Ernährung zu forcieren.

Erholung und Schlaf haben ebenfalls die Aufgabe, beanspruchte Muskeln zu entspannen und Knochen sowie Gelenke zu entlasten. Auch für die Augen wird eine Erholung nach einigen Stunden Anstrengung nötig. Psychologisch hat Schlaf die Aufgabe, komplizierte Gehirnvorgänge zu bearbeiten und eventuell Stress abzubauen.

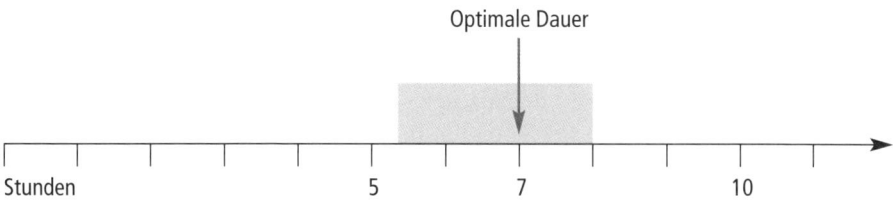

Abbildung 41: Die optimale Schlafdauer liegt bei ungefähr sieben Stunden täglich

Schlaf ist einer der wichtigsten Aspekte von Regeneration. Wissenschaftlichen Untersuchungen zufolge ist eine Schlafdauer von sieben Stunden optimal. Ein Baby schläft bis zu 18 Stunden pro Tag und senkt dies im Laufe seines Lebens auf etwa sieben Stunden. Tendenziell brauchen Sie im höheren Alter immer weniger Schlaf. Vier bis fünf Stunden Schlaf sollten jedoch nicht unterschritten werden. Interessanterweise haben Personen, welche täglich länger als sieben Stunden schlafen, erwiesenermaßen eine geringere Lebenserwartung.

Das Schlafbedürfnis hängt vom Alter ab

Schlaf ist nur erholsam, wenn Sie ausgestreckt liegen können und ein angenehmer Untergrund geboten ist. Dieser sollte je nach Präferenz weder zu hart noch zu weich sein. Obwohl der Schlaf ein durchgängiger Prozess ist, kann er in zwei Abschnitte unterteilt werden. Der erste Teil ist der REM-Schlaf (REM = Rapid Eye Movement, schnelle Augenbewegung), welchem nach kurzer Zeit der Tiefschlaf folgt. Der REM-Schlaf besteht noch einmal aus vier einzelnen Phasen, wobei das erste Stadium der leichte Schlaf ist, welchem nach wenigen Minuten das zweite, dritte und vierte Stadium der großen Gehirnaktivität folgt. Dieser REM-Schlaf dauert insgesamt 90 Minuten.

Wie wär's mit einem Mittagsschlaf? Ein Mittagsschlaf ist Gewöhnungssache und kann bei manchen Personen die Aufnahmefähigkeit steigern, wenn er kurz genug ist, dass Sie nicht in den Tiefschlaf fallen. Vor dem Schlaf sollten Sie daran denken, eventuell durch ein gekipptes Fenster für genügend Frischluft zu sorgen.

Stressbewältigung

Alarmreaktion, Widerstandsphase, Erschöpfung Stress ist ein ganzkörperlicher Zustand der Spannung. Der Zustand besteht nach dem kanadischen Stressforscher Hans Selye aus drei Phasen: der Alarmreaktion, der Widerstandsphase und der Phase der Erschöpfung. In der Alarmphase erkennt der Körper die Stressquelle und bereitet sich auf die Konfrontation mit dieser vor. Diese Bereitschaft scheint ein genetisches Überbleibsel aus der Urzeit des Menschen zu sein, in der man sich in Situationen der Gefahr durch hohe Aufmerksamkeit und Kraft aus dieser Notlage befreien musste. In dieser Phase wird die Atem- und Herzschlagfrequenz erhöht, die Magen-Darm-Tätigkeit reduziert, Sie schwitzen und die Pupillen weiten sich. Schon in der Widerstandsphase probiert der Körper, die ausgeschütteten Stresshormone abzubauen. Trotzdem beginnt gerade diese Phase mit der höchsten körperlichen Anspannung und Anstrengung. Die dritte Phase, die Phase der Erschöpfung, führt bei anhaltender Stresssituation zu stressbedingten Gesundheitsstörungen. Krankheiten, welche durch Stress verursacht werden, können hoher Blutdruck, Hypertonie, vegetativer Tremor (Körperzittern), Magenprobleme (Geschwüre, Magersucht), Asthma oder Depressionen sein.

Prävention vor Therapie Die Bewältigung des Alltagsstresses können Sie durch präventive Maßnahmen vereinfachen. Trotz einer umsichtigen Prävention kommt es zu Situationen, in welchen Sie von Stress geplagt werden und diesen abbauen möchten. Entsprechend werden in diesem Abschnitt beide Bereiche der Stressbewältigung angesprochen, Prävention und Beseitigung.

Stressprävention

Aktive Vermeidungsstrategien Die aktive Bewältigung von Stress beginnt mit diversen Methoden, deren Ziel es ist, sich den Ursachen der physiologischen und psychologischen Belastung zu entziehen. Diese Vermeidungsprozeduren sollten Sie in das Alltagsleben integrieren, um nicht nachträglich Zeit und Aufwand in die Beseitigung von Stress investieren zu müssen.

Für eine wirksame Stressprävention ist es besonders wichtig, individuelle Stressfaktoren zu identifizieren und zu bewerten. Dies heißt, sie müssen sich zunächst fragen, welche Einflüsse und welche Situationen bei Ihnen welches Maß an Stress auslösen. Aus diesen identifizierten Punkten können Sie dann konkret Gegenmaßnahmen entwickeln. Eine direkte Gegensteuerung zum Einflussfaktor erscheint gegebenenfalls als nahe liegender Ansatzpunkt, ist aber in den häufigsten Fällen weder realisierbar noch erforderlich. Beispielsweise muss der Stressursache „viel Arbeit" nicht unbedingt mit „weniger Arbeit" begegnet werden. Vermutlich ist es vollkommen ausreichend, wenn Sie durch eine feste Zeremonie täglich die Arbeit pünktlich beenden und Ihre Freizeit effektiver nutzen. Auf die Möglichkeiten, eine massive Anspannung schon im Tagesablauf zu vermeiden, haben wir bereits zuvor hingewiesen. All diese aufgeführten Punkte helfen Ihnen, sich schon während des Tages ausgeglichen zu fühlen und Stress zu vermeiden.

Die häufigsten Stressquellen sind: zu viel Arbeit, Probleme mit der Arbeit, Probleme zu Hause, viele parallele Aufgaben, scheinbar unlösbare Aufgaben, Ungewissheit, Hektik oder Orientierungslosigkeit.

Die häufigsten Stressquellen

Nun geht es darum, diese Stressquellen zu bearbeiten. Dabei wird vorausgesetzt, dass noch kein Stress vorliegt – der Stressabbau soll nicht mit der Stressvermeidung vermischt werden und wird erst im folgenden Abschnitt besprochen. Beruflicher oder familiärer Stress entsteht, wenn einer dieser beiden Bereiche sprunghaft mehr Zeit als gewöhnlich vereinnahmt. Kündigt beispielsweise ein Mitarbeiter oder gibt es einen Pflegefall in der Familie, bedarf es eines zeitlichen und emotionalen Mehraufwands. Es bildet sich eine potenzielle Stressquelle. Solche Vorfälle oder Entwicklungen vorauszusehen und einzuplanen ist oft unmöglich. Folglich ist eine Prävention solcher Sachverhalte nicht direkt möglich. Die indirekte präventive Beeinflussungsmöglichkeit bedarf langfristiger Organisation. Schon im Alltag sollten Sie beispielsweise viele familiäre Gemeinsamkeiten pflegen und sich mindestens einmal in der Woche zu einer Aktivität im Kreise der Verwandten verabreden. Durch ein gutes Verhältnis zu den Angehörigen schaffen Sie eine Basis für eine ausgeglichene Kooperation in Notfällen.

Effektives Zeitmanagement am Arbeitsplatz

Überarbeitung am Arbeitsplatz ist häufig Grund zur Klage – es gibt zahllose Erzählungen davon und ebenso viele verschiedene Wahrheiten. Über 100 Arbeitsstunden pro Woche und großer persönlicher sowie emotionaler Einsatz sind direkte Quellen für Stress – häufig aber auch für selbstverursachten Stress. Die Hälfte der substanziell guten Manager geht allerdings pünktlich mit einem guten Gewissen nach Hause. Nicht weil sie außerordentliches Glück mit ihrer konkreten Aufgabe haben, sondern weil sie vielmehr ein effektives Zeitmanagement beherrschen (Kapitel 2.1.) und gut ihre individuellen Prioritäten gesetzt haben. Kaum eine erfolgreiche Person glänzt durch viel Arbeitszeit, sie bestechen durch erstklassige Ergebnisse, welche nicht unmittelbar mit einem höheren Zeiteinsatz verbunden sind, sondern meistens viel eher mit einer guten Arbeitsorganisation.

Wer viel arbeitet, arbeitet nicht automatisch gut

Besonders am Anfang einer Karriere herrscht aber – besonders auch bei deutschen Vorgesetzten – der Glaube, wer viel Zeit am Arbeitsplatz verbringt, arbeite auch viel und gut. Obgleich die Diskussion über Richtig oder Falsch solcher Aussagen mühselig ist, können Sie sich im Endeffekt der Verpflichtung, mehr zu arbeiten, als Sie aushalten können oder möchten, oft nicht entziehen.

Wenn die Arbeit bedrückend wird, probieren Sie, sich sofort effektiver in der Freizeit zu regenerieren. Wird die Arbeit zu unangenehm, sprechen Sie unverzüglich mit Ihrem Vorgesetzten. Konkretisieren Sie den Zustand und erarbeiten Sie mit Ihrem Chef eine Problemlösung. Entscheidend für dieses Gespräch ist die einwandfreie Vorbereitung, um Ihrem Vorgesetzten zur gleichen Zeit nicht nur den Mangel, sondern auch eine Alternative aufzeigen zu können. Dies zeigt dem Vorgesetzten, dass Sie nicht nur weniger arbeiten möchten, sondern dass Ihnen daran gelegen ist, die Situation tatkräftig zu verbessern.

Um Ungewissheit und Orientierungslosigkeit entgegenzuwirken, helfen das regelmäßige Aufstellen eines Selbst- und Fremdbildes (Kapitel 1.4.), die Zielformulierung (Kapitel 1.2.), die Aufgabenstrukturierung bzw. Aufgabendarstellung sowie die konzentrierte Aufgabenbearbeitung. Um sich den vielen Aufgaben stellen zu können, welche Sie in der Zukunft bedrücken könnten, sollten Sie stets einen Tages-, Wochen- und/oder Monatsplan entwerfen. In diesen Plänen konkretisieren Sie jede Aufgabenstellung, welche Sie zu bearbeiten haben. Auch für die Arbeit an sich können Sie so genannte „To do"-Listen aufstellen. Dies hilft nicht nur- Ihre Zeit besser zu strukturieren und einzusetzen, sondern ist meist auch psychologisch sehr förderlich. Sie haben nun auf einer Liste die Aufgaben strukturiert zusammengestellt, die Sie sonst ständig im Kopf haben mussten, um Sie nicht zu vergessen. Selbst wenn der Aufgabenkatalog zuerst belastend lang erscheint, sollten Sie auf eine „To do"-Liste nicht verzichten. Aufgaben werden visualisiert sowie abgelegt; in jeder freien Zeit können Sie prompt zu einem anderen Punkt der Liste springen, um weitere Fortschritte zu machen.

Planung entlastet, auch wenn die Arbeitsmenge gleich bleibt

Der jeden Stadtmenschen umgebenden Hektik und Unruhe können Sie durch eine gute Tagesplanung entgegenwirken. Dabei können Sie viele Punkte der aktiven Tagesplanung als Ergänzung zum alltäglichen Ablauf einbringen. Zahlreichen Personen hilft es, nach der Arbeit kurz spazieren zu gehen. Dies heißt nicht, von der Arbeit nach Hause zu laufen, sondern, da die Freizeit bei den meisten Menschen erst anfängt, wenn sie schon einmal zu Hause waren, zu Hause die Arbeitssachen abzulegen und dann erneut für 10 bis 15 Minuten an die frische Luft zu gehen. Dabei sollten Sie möglichst nicht auf der Straße bleiben, sondern einen Park oder Wald aufsuchen. Auch im Winter tut dieser kurze Spaziergang trotz Kälte sehr gut und hilft, von der Hektik des Alltages Abstand zu gewinnen.

Ein Spaziergang zum Feierabend wirkt Wunder

Stressbeseitigung

Sind Sie trotz Prävention in einem gestressten Zustand, können Sie auch diesen strukturiert bearbeiten und auflösen. Initialschritt ist dabei erneut die Identifikation der belastenden Faktoren. Erfahrungsgemäß besteht der Stress aus der Ungewissheit, was alles um einen herum geschieht. Daher bietet es sich als erste Aktion an, auf

Stress strukturiert bearbeiten

einem weißen Blatt Papier alle Einflussfaktoren zu notieren. Führen Sie dabei so viele Punkte auf, wie Ihnen beim besten Willen einfallen. Haben Sie genügend Faktoren gesammelt, strukturieren Sie diese und überlegen Sie, ob noch Einflussfelder oder konkrete Aspekte fehlen.

Wie essen Sie einen Elefanten? Diese erste Phase sollten Sie äußerst gründlich bearbeiten, da die Ergebnisse dieser Zusammenstellung die Grundlage zur Lösungsidentifikation bilden. Ist ein Problem strukturiert und erklärt, handelt es sich nicht mehr um ein Problem, sondern nur noch um eine Aufgabe. Diese Aufgabe muss nun gelöst werden. Doch: „Wie essen Sie einen Elefanten?" Die Antwort lautet. „Stück für Stück für Stück!"

In den meisten Fällen steht auf der Liste der Stressfaktoren Arbeit sehr weit oben. Arbeit ist der Grund, warum wir meist mehr als die Hälfte des Tages fest an einen Ort und mit unseren Gedanken gebunden sind. Hier heißt es, Ihre Arbeit so effizient wie möglich zu strukturieren, Aufgaben möglichst mit anderen Mitarbeitern zu teilen und nur bedingt zielführende, aber zeitintensive Aktivitäten zu meiden. Sprechen Sie mit Ihrem Chef darüber, wie Sie Ihre Überstunden abbauen können, und gehen Sie eine Woche lang eine Stunde früher nach Hause. Bei der Begründung dem Vorgesetzten und Ihren Kollegen gegenüber sprechen Sie ehrlich den Sachverhalt an. Erklären Sie den Personen, dass Sie entweder die ganze Zeit, aber dann nur zu 70 Prozent leistungsfähig oder 70 Prozent der Zeit voll leistungsfähig sind. Ehrlichkeit mit Logik verkettet wird von fast keiner Person negativ aufgenommen.

Stress entsteht durch verschobene Entscheidungen und unklar definierte Aufgaben Ein Großteil des Stresses, welcher in der Familie entsteht, entsteht durch das Verzögern von Aktivitäten. Sie müssen sich öfter bei den Eltern blicken lassen, die Oma wird ein Pflegefall, die Tochter braucht einen Kindergartenplatz, der Sohn Nachhilfe und der Ehepartner hat sich beim Sport den Fuß gebrochen. Viele dieser Punkte scheinen belastend zu sein, Sie können sie aber meistern, vor allem wenn Sie sie organisiert angehen. Wichtig ist, festzustellen und zu akzeptieren, dass Sie sich dieser Punkte annehmen müssen, auch wenn Sie nicht immer Lust dazu haben: Jeden Samstag gehen Sie vormittags mit Ihren Eltern die Oma besuchen. Für die

Tochter werden die drei bis vier alternativen Kindergärten auf dem Heimweg von der Arbeit besucht und sich am Wochenende für einen entschieden. Der Sohn bekommt Nachhilfe (Quellen für Lehrer gibt es im Internet), und den Rest der Zeit genießen Sie faul auf dem Sofa bei der Pflege Ihres Ehepartners. Dies ist selbstverständlich übertrieben und lange nicht so leicht umzusetzen wie beschrieben, aber seien Sie sich bewusst, dass es stets Menschen gibt, welche vor viel größeren und existenzielleren Problemen stehen als Sie. Ausschlaggebend ist, einen Arbeitsplan zu entwerfen, ihn zu verfolgen und Entscheidungen zu treffen. Sehr viel Stress entsteht durch verschobene Entscheidungen und unklar definierte Aufgaben und Ziele.

Neben den zahlreichen psychologischen Faktoren bietet gerade Sport einen tollen Ansatzpunkt, um Stress zu beseitigen. Gehen Sie in den Wald joggen und powern Sie sich richtig aus. Dafür gehen Sie nicht in ein Fitnessstudio, sondern absichtlich nach draußen. Im Fitnessstudio kommt Sport einer organisierten und verpflichtenden Aktivität gleich, doch draußen – das ist Freiheit und Freizeit! Den Kreislauf mal wieder richtig in Schwung zu bringen, tief Luft zu holen und zu schwitzen, befreit den ganzen Körper. Die Lunge wird wieder voll mit guter Luft durchströmt und die im Büro versteiften Gelenke werden wieder bewegt. Eine bessere Kondition und ein guter Kreislauf helfen, den ganzen Tag besser zu überstehen, kleine notwendige Bewegungen sind nicht mehr so anstrengend, und die erhöhte Anzahl der roten Blutkörperchen führt zu einer besseren Sauerstoffversorgung des Hirnes und aller Organe.

Sport gegen Stress

Gesundheit

Die Weltgesundheitsorganisation hat 1948 folgende Definition für Gesundheit erklärt: Gesundheit ist der „Zustand vollkommenen physischen, psychischen und sozialen Wohlbefindens und nicht allein das Fehlen von Krankheiten und Gebrechen".

Was ist Gesundheit?

In diesem Abschnitt wird ausführlich auf zwei Themenkomplexe, Sport und Ernährung, eingegangen. Basis eines gesunden Menschen ist eine gute Ernährung. Neben einer ausgeglichenen Ernährung sollen dabei auch Trends wie Diäten, Trennkost oder die Ernährungsweisen eines Vegetariers angesprochen werden. Sport hält den Körper fit, macht Spaß, bringt Abwechslung und fördert die Gesundheit. Sport ist die beste Ergänzung zu einer guten Ernährung.

Sport

Sport und Vergnügen Das Wort Sport findet seinen Ursprung im Lateinischen und heißt „sich vergnügen". Sport ist bedeutend für Gesundheit und Wohlbefinden. Nicht selten wird sportliche Betätigung auch in Bewerbungsgesprächen angesprochen, wobei dabei der allgemeine Gesundheitszustand erfragt werden soll. Von einigen Management-Professoren wird die Meinung vertreten, dass Mannschaftssportler bessere Voraussetzungen für eine Führungsrolle in einem Team haben als nicht sportlich aktive Personen. Sport birgt andererseits leider auch gesundheitliche Gefahren, welche einen Arbeitgeber befürchten lassen müssen, dass die Person eventuell für längere Zeit ausfällt. Demnach kann in einer Bewerbung ein Hobby-Schwimmer sehr gut und ein Hobby-Rugbyspieler äußerst schlecht aufgenommen werden. Besonders Leistungssport ist gegebenenfalls ein berufliches Hindernis.

Individual- und Mannschaftssport Sport können Sie individuell oder in der Gruppe durchführen. Dabei fördert der Mannschaftssport soziale Kompetenz und schafft von Zeit zu Zeit elementare Erfahrungen und Fertigkeiten in der Gruppenarbeit. Sie können im Spiel Führungsrollen einnehmen und zahlreiche Gruppenprozesse aus dieser Position heraus auf die Berufswelt übertragen. Mannschaftssport hat den Nachteil, dass Sie fortwährend eine Gruppe zusammenbekommen müssen, um den Sport auszuführen. Dies kann vermutlich durch Vereine gewährleistet werden, aber Sie verlieren auf jeden Fall etwas Flexibilität. Besonders im Kindesalter sind Mannschaftssportarten grundlegend, um ein selbstbewusstes Gruppengefühl aufzubauen und andere Kinder sowie die Interaktion untereinander kennen zu lernen.

Bei der Wahl des passenden Sports können Sie fünf Faktoren oder Perspektiven betrachten, die in Abbildung 42 visualisiert sind.

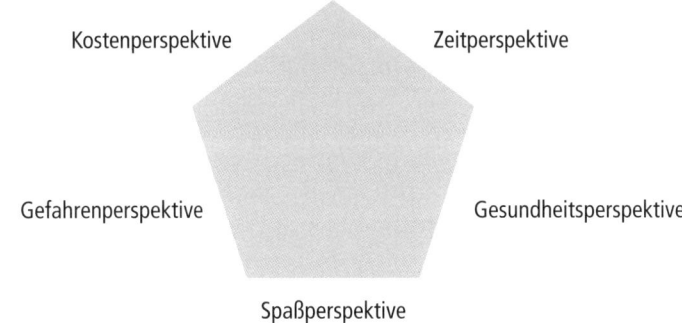

Kostenperspektive · Zeitperspektive

Gefahrenperspektive · Gesundheitsperspektive

Spaßperspektive

Abbildung 42: Bewertungsperspektiven bei der Auswahl einer Sportart

Zeitperspektive

Manche Sportarten sind mehr, manche weniger zeitintensiv. Dies **Zeitbedarf** hängt einmal davon ab, ob für die Ausübung des Sports ein be- **von Sportarten** stimmtes Umfeld notwendig ist, zum Beispiel beim Segeln und Golfen. In diesen Fällen ist in der Regel auch eine längere An- und Heimfahrt notwendig. Zeitintensive Sportarten sind auch Reiten, Tauchen und Drachenfliegen. Zu den weniger zeitintensiven Sportarten gehören Joggen, Rad fahren, Fitnesstraining, Tennis, Fußball oder Inlineskating.

Die zeitintensiven Sportarten sollten in den Morgenstunden des Wochenendes begonnen werden. Damit haben Sie genügend Zeit zur Ausübung und können am Nachmittag oder am Abend gegebenenfalls noch etwas anderes tun. Stehen Sie freiwillig für Ihr sportliches Vergnügen samstags oder sonntags etwas früher auf, spüren Sie erfahrungsgemäß nicht so eine unangenehme Müdigkeit wie an Wochentagen oder bei unfreiwilligen Aktivitäten. Nicht so zeitintensive Sportarten sollten Sie aktiv in kleinen Lücken, beispielsweise am Morgen, unterbringen. Sie können zum Beispiel morgens vor der Arbeit oder direkt nach der Arbeit eine dreiviertel Stunde joggen bzw. Fahrrad fahren. Vor der Arbeit hat dies eine belebende Funktion und eine gute Initialwirkung, da der Tag schon mit einer privaten oder selbstbestimmten Aktivität beginnt. Die Bewegung nach der Arbeit hilft, Ihren Körper und Geist wieder rein und frisch zu machen.

Regelmäßiger Sport mit festen Terminen oder flexible Betätigung

Oft wird Sport im normalen Wochenablauf eingeplant und Feierabende oder das Wochenende sind schon fest mit den Terminen versehen. Diese starre Planung kann positive sowie negative Effekte haben. Einige Menschen brauchen den festen Terminplan. Anderen Personen ist der feste Sporttermin ein Hindernis in ihrer Freiheit. Dabei werden vorwiegend Wochenendveranstaltungen negativ betrachtet, da jedes Wochenende von vornherein nicht voll für freizeitliche Alternativen genutzt werden kann. Diese Punkte sollten Sie individuell berücksichtigen und Ihre Planung behutsam und geordnet vornehmen. Da regelmäßige Termine besser organisiert werden können, weil Sie diese stets im Kopf haben und nicht extra Zeitfenster in der normalen Planung finden müssen, sollten Sie trotz des Verlustes von Flexibilität einen festen Termin reservieren. Diese fixen Termine sollten Sie vorzugsweise nicht für das Wochenende einplanen. Gerade in der Woche lockert ein bisschen Sport den Alltag auf. Wenn der Sport nur aus gesundheitlichen Gesichtspunkten gemacht wird und nicht direkt Spaß macht, sollten Sie diesem einen besonders guten Zeitpunkt geben, da er erfahrungsgemäß belastet. Für solche Aktivitäten eignet sich der Freitagnachmittag.

Kostenperspektive

Sport als Wirtschaftsfaktor und Budget-Posten

Die meisten modernen Sportarten sind mit zum Teil relativ hohen Kosten verbunden. Sport ist ein Wirtschaftsfaktor geworden, welcher von Sportherstellern und der allgemeinen Privatwirtschaft genutzt wird. Nicht nur die passende Ausrüstung, sondern auch die Vereine und Klubs werden beständig teurer. Eine Mitgliedschaft lohnt sich erst ab einem regelmäßigen Besuch über mehrere Monate. Besonders Anfänger sollten Probestunden und Leihausrüstung in Anspruch nehmen. Etwa 80 Prozent aller sportlichen Aktivität wird nicht länger als fünf Monate betrieben. Auch für ein halbes Jahr lohnt es sich nicht unbedingt, eine komplette Ausrüstung zu kaufen. Wird dies trotzdem getan, sollten Sie sie nach dem Beenden der Sportart wieder verkaufen. Besonders größere Ausrüstungen (beispielsweise für Golf oder das Tauchen) sollten Sie auch nicht unmittelbar neu kaufen. Für eine Golfausrüstung können Sie beispielsweise sehr preisgünstig bei Internetauktionshäusern einen kompletten Schlägersatz zu einem sehr attraktiven Preis ersteigern. Der qualitative Mehrwert einer hochwertigen Ausrüstung wird erfahrungsgemäß sowieso erst nach einigen Jahren Spielerfahrung wirksam.

Kostenintensive Sportarten sind Segeln, Golfen, Reiten, Drachenfliegen, Tauchen, Surfen und Polo. Nicht kostenintensive Sportarten sind: Joggen, Inlineskating, Schwimmen und Rad fahren.

Gefahrenperspektive

Ein Leistungssportler muss durchschnittlich alle zwei Jahre mit einer Verletzung rechnen. Je nach Sportart kann beim Breitensport aber die durchschnittliche Verletzungshäufigkeit über, glücklicherweise meist aber unter diesem Wert liegen. Im Gegensatz zu gewöhnlichen Verletzungen sind Sportunfälle häufig von schwerer Art. Knochenbrüche, Bänderrisse, Bandscheibenprobleme oder noch folgenschwerere Vorfälle können in annähernd jeder Sportart auftreten. Die häufigsten Verletzungsarten sind Knochenbrüche oder Prellungen (Fuß, Bein, Arm, Hand, Nase), Bänderüberdehnungen oder Risse (meistens am Fuß), Knieverletzungen (Meniskus) und Bandscheibenvorfälle. Häufig geschehen diese Unglücke gerade aus Unachtsamkeit oder Leichtfertigkeit gegenüber der Verletzungsgefahr. So ist zum Beispiel Badminton eine auf den ersten Blick ungefährliche Sportart; sie birgt aber aufgrund der Schnelligkeit des Spieles und der Härte des Untergrundes ein relativ hohes Verletzungsrisiko.

Sportverletzungen und wie Sie sich davor schützen sollten

Auch nach längerer Trainings- oder Spielerfahrung sollten Sie auf Schutzvorrichtungen nie verzichten. Tragen Sie für die gegebenen Sportarten Knie- und Ellenbogenschoner, Handschoner oder Handschuhe sowie Unterleibs- und Mundschutz. Schutzausrüstung sollte stets zu Ihren Sportaktivitäten dazugehören. Es gibt viele Personen, die aufgrund von eigener oder elterlicher Unachtsamkeit sich in ihrer Jugend schon so unglücklich verletz haben, dass sie ihr ganzes Leben beeinträchtigt sind.

Gesundheitsperspektive

Sie können aus sportmedizinischer Sicht zwischen isotonischen und isometrischen körperlichen Übungen differenzieren. Isometrische Körperbewegungen sind dabei die impulsiven und kraftvollen Muskelbeanspruchungen. Diese Übungen dienen zum Muskel-

Sport aus gesundheitlicher Sicht

331

aufbau und sollten unter fachlich professioneller Aufsicht durchgeführt werden, da sie sehr schnell gesundheitsschädlich werden können. Isotonische Übungen sind hingegen fließendere Muskelkontraktionen über einen ausgedehnten Zeitraum hinweg. Mit dieser Trainingsmethode trainieren Sie Herz und Kreislauf. Dabei werden neben dem Muskelaufbau die Pumpkapazität des Herzens vergrößert und die kleinen Blutgefäße, welche den Sauerstoff transportieren, vermehrt. Dies bedeutet, dass Sie sich Kondition antrainieren, um sich bei alltäglicher körperlicher Aktivität weniger anstrengen zu müssen. Isotonisches und isometrisches Training führen beide zu dickeren Muskelfasern (der Muskel wird also voluminöser), welche den muskelbewegenden Stoff Glykogen speichern können. Gesundheitlich betrachtet ist eine isotonische Trainingsmethode wesentlich besser. Isotonische Sportarten sind beispielsweise Joggen, Schwimmen und Rad fahren. Isometrische Sportarten sind allgemein Kraftsport, besonders Gewichtheben, Kugelstoßen und Speerwurf.

Es sei noch einmal explizit erwähnt: Falsch ausgeübter Breitensport und unkontrollierter Leistungssport können trotz kurzer Durchführung zu lebenslangen Schädigungen führen. Demnach sollten Sie sich auch als Breitensportler mindestens alle zwei Jahre sportärztlich untersuchen lassen.

Spaßperspektive

Sportliche Betätigung soll Spaß machen

Wie in der Einleitung angeführt bedeutet das Wort Sport „sich vergnügen". Ferner ist die Spaßperspektive neben gesundheitlichen Gesichtspunkten einer der ersten Beweggründe für Sport. Besonders Sport an Wochentagen sollte Ihnen Spaß machen. Sport, welcher aus gesundheitlichen Gründen gemacht werden muss, sollte zu einem Zeitpunkt ausgeübt werden, in welchem Sie die zusätzliche Belastung gut verkraften können. Dafür eignen sich die Morgenstunden des Wochenendes oder der Freitagnachmittag.

Ernährung

Die Herausforderung einer ausgeglichenen Ernährung

Bis heute sind die Prozesse der Nahrungsverarbeitung im menschlichen Körper nicht vollständig geklärt. Besonders die Beeinflussung der unterschiedlichen Nährstoffe untereinander, deren Aufspaltung in die einzelnen Bestandteile und der Einfluss auf die

Gesundheit unterliegen vielen Vermutungen. Obwohl nicht alle Prozesse genau erklärt werden können, ist zu erkennen, dass bestimmte Personengruppen einer fahrlässigen Fehlernährung unterliegen und manch andere aufgrund ihrer Sensibilität sorgfältig auf ihre Essgewohnheiten achten bzw. achten sollten. Zu diesen Gruppen gehören beispielsweise Kinder oder Senioren.

Auffallend viele Zivilisationskrankheiten wie Bluthochdruck, Herz-Kreislauf-Krankheiten, Fettsucht, Gicht, Diabetes, Karies und sogar einige Krebsarten sind gegebenenfalls auf schlechte Ernährung zurückzuführen.

Ernährungs-richtlinien der WHO

Obwohl der Nährstoff- und Energieverbrauch von Person zu Person unterschiedlich ist, gibt es internationale Richtlinien, so beispielsweise zum Mindestkalorienbedarf die „Ernährungsricht-linie der Weltgesundheitsorganisation", welche aufgrund von medizinischen Untersuchungen die benötigte Menge der einzelnen Nährstoffe für jeden Menschen definiert.

Täglich sollten Sie etwa 400 Gramm Obst oder Gemüse essen. Sie enthalten Ballaststoffe, Vitamine und Mineralstoffe. Die Ernäh-rungskampagne „5 am Tag" der Deutschen Krebsgesellschaft pro-pagiert fünf verschiede Obst- oder Gemüsearten pro Tag zu essen, um somit das Risiko von Krebs um 30 Prozent zu senken.

Zu einer ausgewogenen Ernährung gehören Brot und Getreide, Hülsenfrüchte, Knollenfrüchte, Wurzelgemüse, Blattgemüse und Obst, Fleisch, Fisch und Eier, Milch und Milchprodukte, Fette und Öle sowie Zucker, Honig, Sirup und Marmelade.

Trinken Sie genug?

Trinken sollten Sie als Erwachsener etwa 2,5 Liter pro Tag. Der Be-darf von Kindern liegt zwischen 0,8 und 0,9 Litern. Alkohol enthält auch Energie, welche aber erst in der Leber durch die Umwandlung in Fett entsteht. In kleinen Mengen ist Alkohol nicht gesundheits-schädlich, kann sogar positive Wirkungen haben, wie geringe Mengen regelmäßigen Rotweinkonsums.

Primär sollten Sie versuchen, sich ausgeglichen zu ernähren. Eine ausgewogene Ernährung heißt, dass Sie genügend Kohlenhydrate

(Kalorien), Fette, Proteine, Vitamine und Mineralstoffe zu sich nehmen. Diese Bestandteile der Nahrung werden nun im Einzelnen erläutert.

Kohlenhydrate

Stärke und Zucker

Kohlenhydrate lassen sich unterscheiden in Stärke und Zucker. Stärke finden Sie in Getreide oder Hülsenfrüchten, Zucker in Früchten. Stärke wird im Körper größtenteils in Glykogen umgewandelt und in der Leber gespeichert. Dieses Glykogen kann bei Bedarf in Zucker umgewandelt werden. Zucker dient in Form von Glukose als Brennstoff des Körpers. Neben der Funktion als Energiequelle sind Kohlenhydrate ein wichtiger Baustein für den Körperbau.

Fett

Ungesättigte und gesättigte Fette

Fette ergeben doppelt so viel Energie wie Kohlenhydrate. Fette werden im Körper gespeichert und bei Bedarf abgebaut. Dieser Mechanismus ist bei unterernährten Menschen zum Teil überlebensnotwendig; in den Industrieländern führt die Speicherung ohne einen Abbau meist zu Übergewicht. Einfach und mehrfach ungesättigte Fettsäuren werden vorwiegend aus Keimölen produziert, gesättigte Fettsäuren sind größtenteils tierischen Ursprungs. Gesättigte Fettsäuren heben und ungesättigte Fettsäuren senken den Cholesterinspiegel.

Proteine

Tierische und pflanzliche Proteine

Aus Proteinen wird hauptsächlich Körpergewebe gebildet. Es gibt tierische und pflanzliche Proteine, welche jeweils aus maximal 20 Aminosäuren bestehen. Acht „essenzielle" Aminosäuren müssen dem menschlichen Körper aktiv von außen hinzugefügt werden, da sie nicht vom Körper selbst produziert werden können. Dabei enthält tierisches Protein leider nicht alle der 20 Aminosäuren, welche in pflanzlichen Proteinen enthalten sind. Demnach ist pflanzliches Protein, wie es beispielsweise in Pflanzensamen enthalten ist, tierischen Proteinen vorzuziehen. Die optimalen Mengen sind 0,8 bis 1 Gramm pro Kilo Körpergewicht pro Tag und bei Sport oder Schwangerschaft 1,5 Gramm. Ist nicht genügend Protein im Körper eingelagert, kann Körpergewebe abgebaut werden, um die benötigte Energie zu liefern.

Vitamine

Vitamine sind an zahlreichen menschlichen Prozessen beteiligt, so beispielsweise der Bildung von Blutzellen, Hormonen, chemischen Stoffen des Nervensystems und genetischem Material. Vitamine sind entweder fett- oder wasserlöslich. Dies heißt, dass sie ohne diese Lösungselemente für den Körper wertlos sind, da sie nicht aufgespalten werden können. Fettlöslich sind Vitamin A, D, E und K, wasserlöslich sind C- oder einige B-Vitamine.

Vitamin A ist wichtig für das Wachstum und die Sehfähigkeit und wird aus Karotin gebildet. Es ist enthalten in Gemüsen wie Karotten, Spinat und Brokkoli oder tierischen Nahrungsmitteln wie Milch, Butter und Käse.

Der Vitamin-B-Komplex, welcher aus vielen Provitaminen besteht, ist wichtig für den Kohlenhydratstoffwechsel. Vitamin B1 ist in Nüssen, B2 und B12 in Milch, B3 in Geflügel und B6 in Spinat vorhanden. Eine große Quelle für Vitamine sind auch Innereien oder Leber.

Vitamin C ist wichtig für die Bildung von Proteinen, um den Körper aufzubauen. Sie sollten pro Tag 100 Milligramm Vitamin C aufnehmen. Vitamin-C-Quellen sind beispielsweise Zitrusfrüchte.

Vitamin D reguliert die Aufnahme von Calcium und Phosphor. Es wird unmittelbar zur Bildung der Knochen benötigt. Vitamin D ist in Milch und Eigelb vorhanden.

Täglich sollten Sie ebenfalls 15 Milligramm Vitamin E zu sich nehmen. Es ist an der Bildung roter Blutkörperchen beteiligt. Sie können Vitamin E durch Pflanzenöle aufnehmen. Eine Überdosis Vitamin E hat toxische Auswirkungen.

Vitamin K ist nötig für die Blutgerinnung und ist in Eigelb und Sojabohnenöl vorhanden.

Mineralstoffe

Anorganische Mineralnährstoffe werden für den strukturellen Aufbau harter und weicher Körpergewebe benötigt. Mineralstoffe

Lebenswichtige Vitamine

Mineralstoffe und Spurenelemente

können in zwei Gruppen eingeteilt werden: in die Hauptelemente (Calcium, Magnesium, Jod, Phosphor oder Eisen) und die Spurenelemente (Kupfer, Zink, Fluorid, Kobalt, Mangan).

Calcium ist gut für die Knochen sowie für die Zähne und in Milch enthalten. Phosphor ist bedeutend für den Energiestoffwechsel und ist ebenfalls in Milch vorhanden. Natrium übernimmt regulative Aufgaben im Gewebeflüssigkeitshaushalt, und Sie können es durch alle salzigen Speisen aufnehmen. Magnesium ist für die Aufrechterhaltung des elektrischen Potenzials von Nerven- und Muskelzellen verantwortlich und in nahezu jeder Speise enthalten. Eisen wird zur Bildung der roten Blutkörperchen benötigt. Aufgrund des Blutverlustes während der Menstruation benötigen Frauen täglich die doppelte Menge Eisen wie Männer. Eisen sollten Sie jedoch nicht im Überfluss künstlich aufnehmen. Jod wird zur Hormonherstellung in den Schilddrüsen verwendet. Spurenelemente wie beispielsweise Kupfer sind Schlüsselelemente zur Herstellung von Hämoglobin durch Eisen. Zink hat Einfluss auf das Wachstum und die Enzymbildung. Fluor ist wichtig für den Knochenaufbau und die Zähne.

Ballaststoffe

Sättigungsgefühl durch Ballaststoffe

Ballaststoffe sind unverdauliche Ernährungsstoffe und haben keinen Nährwert. Es gibt unlösliche und wasserlösliche Ballaststoffe. Sie geben ein erhöhtes Sättigungsgefühl und dienen zur Vorbeugung von Fettsucht, Verstopfung, eines hohen Cholesterinspiegels und übernehmen grundlegende Darmfunktionen.

Trennkost

Trennkost gegen Zivilisationskrankheiten

Trennkost ist eine Ernährungsform, welche von einem amerikanischen Arzt namens Howard Hay in den 30er-Jahren des 20. Jahrhunderts entwickelt wurde. Diese Ernährungsform nimmt sich der Zivilisationskrankheit an, welche aus dem Zusammenspiel von gleichzeitiger Kohlenhydrat- und Proteinaufnahme resultiert. Werden dem Körper in konzentrierter Form Kohlenhydrate und Proteine verabreicht, kommt es zu einer Übersäuerung des Körpers. Um das Problem der Übersäuerung zu vermeiden, sollten Sie in der Trennkost eine ausgeglichene Ernährung aus 80 Prozent Basenbildnern und 20 Prozent Säurebildnern zusammensetzen. Basenbildner sind dabei Milch, Butter, Joghurt, sowie Obst und viele Gemüsearten; Säurebildner sind Nudeln, Brot, Kartoffeln, Fisch, Fleisch und Käse. Als dritte Klasse ergänzen neutrale Stoffe, wie zum Beispiel Nüsse, Gewürze oder viele Arten von Gemüse, mit welchen dann jeweils die kohlenhydrathaltigen Lebensmittel kombiniert werden, diese Nahrungsgruppen. Zusätzlich zu dieser Nahrungszusammensetzung aus Basen- und Säurebildnern wird die gleichzeitige Aufnahme von Kohlenhydraten und Proteinen vermieden. Diese Stoffe werden also getrennt, daher der Name „Trennkost", um beispielsweise die Verdauung nicht einzuschränken. Zwischen der Einnahme von Kohlenhydraten und Proteinen sollten Sie eine Pause von vier Stunden einhalten. Anzumerken ist, dass allerdings bis heute noch nicht geklärt ist, ob die Kohlenhydrat- und Proteinaufnahme tatsächlich unvereinbar sind.

Diät

Mit einer Diät wird versucht, den Stoffwechsel zu beeinflussen und aktiv Organe anzusprechen. Dabei ist die Diät primär eine Krankenernährung. In der Krankenbehandlung der Diätetik wird eine quantitative und qualitative Veränderung der Ernährung vorgenommen. Neben Mastkuren, bei der die Nahrung auf die konzentrierte Aufnahme von Fetten, Ölen und Kohlenhydraten umgestellt wird, wird in Abmagerungsdiäten die Kalorienzufuhr auf eine Minimalgrenze von nur etwa 4000 Kilojoule gesenkt. Nulldiäten werden unter ärztlicher Betreuung durchgeführt und im Rahmen von zwei bis drei Wochen bei Leber-, Herz, Nieren- und Darmerkrankungen vorgenommen. Bei Fettsucht ist eine Diät meist unumgänglich.

Stoffwechselbeeinflussung durch Diäten

Die qualitative Anpassung der Nahrung wird bei Stoffwechselstörungen durch bestimmte Nahrungsbestandteile durchgeführt. Es werden beispielsweise Proteine, Kohlenhydrate, Fette oder Salze vermieden, um Krankheiten wie Gicht und Diabetes zu bekämpfen. Neben den eher homöopathischen Herangehensweisen, wie die Schaukeldiät, wird auch in der praktischen Medizin beispielsweise nach Darmoperationen schlackenarme Kost verordnet.

Qualitative und quantitative Anpassung der Nahrung

Generell können Sie qualitative und leicht quantitative (kein starker Nahrungsentzug) Diäten selbst durchführen. Elementarer Punkt bei der Durchführung dieser Ernährungsveränderung ist die Fragestellung, wie weit die Diät immer noch zu einer gesunden, ausgeglichenen Ernährung führt. Besonders in der Schwangerschaft oder anderen sensitiven Lebensabschnitten sollten Sie auf Ernährungsexperimente verzichten. Bei den meisten Diäten, welche Gewichtsprobleme anbelangen, kommt es zum so genannten Jojo-Effekt. Dabei wird nach der Diät, in welcher sich der Körper auf weniger Nahrung eingestellt hat, sofort wieder das Gewicht erhöht, wenn Sie die Nahrungsmenge wieder auf Ihr gewohntes Niveau steigern: Der Körper benötigt die zusätzlichen Kalorien nicht und lagert sie ein. Demnach sollten Sie eine Diät immer als langfristige Umstellungsphase auffassen, welche in eine andere beständige Ernährung mündet.

Vegetarier und Veganer

Ohne Fleisch Vegetarier verzehren bei der Ernährung zum Teil oder ausschließlich pflanzliche Produkte. Vegetarismus ist kein augenblicklicher Trend, sondern es gibt ihn schon seit langer Zeit. In manchen Glaubensrichtungen, beispielsweise dem Hinduismus oder Buddhismus, gelten viele Tiere als heilig und dürfen demnach nicht verspeist werden. In der westlichen Welt wird derzeit vorwiegend, neben allgemeinen moralischen Aspekten, aus ökologischen und gesundheitlichen Gesichtspunkten auf Fleisch verzichtet. Der moralische Aspekt beklagt dabei den Akt des Tötens von Tieren und die unsachgemäße Haltung in Mastzuchten. Außerdem würde eine Konzentration auf die Herstellung von pflanzlichen Produkten die Zahl der unter Hunger leidenden Menschen senken. Eher fraglich ist die regelmäßig vorgebrachte Argumentation, welche besagt, dass Fleisch nachteilig für den menschlichen Körper ist.

Veganer verzichten bei der Ernährung auf alle tierischen Produkte, also zusätzlich auf Milch, Eier und Käse. Vegane Ernährung kann zu einem gefährlichen Mangel an Mineralstoffen, Vitaminen sowie Eiweiß führen. Daher werden von zahlreichen Vegetariern diese Produkte weiterhin gegessen.

Speziell Kinder sollten bei fleischloser Ernährung auf jeden Fall neben Obst und Gemüse viel Milch, Eier und Fisch zu sich nehmen, damit ihre Entwicklungsprozesse nicht gestört werden.

Wellness

Wellness boomt – inzwischen auch immer mehr in Deutschland. Eine Vielzahl neuer Angebote und Möglichkeiten eröffnet sich Ihnen, um es „sich so richtig gut gehen zu lassen". So gesehen bilden gezielte Wellnessaktivitäten einen Schlüsselbaustein in Ihrem Regenerations- und Freizeitkonzept. Dabei handelt es bei vielen Angeboten mit dem Etikett „Wellness" meist nur um alten Wein in neuen Schläuchen. Die folgenden Abschnitte stellen Ihnen gängige Wellnessaktivitäten und ihre Vorteile vor.

Wellness – alter Wein in neuen Schläuchen?

Sauna

Durch die Sauna, dem heißen Dampfbad aus Finnland, wird der Körper durch Schwitzen entschlackt und entgiftet; außerdem tritt dabei auch eine Entspannung ein. In einer Sauna werden Sie auf den oberen Stufen einer größeren Hitze ausgesetzt, da der heiße Dampf, welcher durch das Aufgießen von Wasser über einen heißen Stein entsteht, nach oben zieht. Zur Vorbereitung wird unter einem harten Wasserstrahl geduscht. Ganz traditionell wird der Körper nach dem Duschen mit Birkenreisig geschlagen. Man vermutet, dass sogar Endorphine ausgeschüttet werden, wenn Sie das Hitzebad mit einer Abkühlung in kaltem Wasser verbinden.

Den Körper durch Schweiß entschlacken

Hydrotherapie

Die Hydrotherapie ist eine Behandlung durch warmes oder kaltes Wasser. Dabei löst warmes Wasser Krämpfe und ist hilfreich gegen Muskelzerrungen und Verstauchungen, Muskelüberanstrengungen und Rückenschmerzen. Diese Technik wird oft mit Massagen verbunden. Kaltes Wasser regt den Kreislauf an. Ebenfalls werden in Form der hydrotherapeutischen Behandlung Bewegungsübungen im Wasser ausgeführt, um bestimmte Körperpartien nicht belasten zu müssen.

Kreislauf anregen und Muskelbeschwerden lindern

Massage

Die Massage ist die physiotherapeutische Behandlung des Körpers, welche durch Kneten, Klopfen, Reiben und Streichen der Haut bzw. der Muskeln das körperliche und geistige Wohlbefinden steigert. Dabei werden direkt die Haut und auch die Muskulatur bearbeitet und der Behandlung folgend beides besser durchblutet. Es werden durch die mechanische Bearbeitung der Körperpartien auch der

Professionelle Massage fördert Durchblutung und Wohlbefinden

Kreislauf und der Stoffwechsel angeregt. Besondere Techniken der Massage sind die Reflexzonenmassage, Bindegewebsmassage, Bürstenmassage und Unterwassermassage.

Akupunktur

Alte Heilkunst aus China

In der alten chinesischen Heilkunst werden kleine Nadeln unter die Haut gestochen. An 361 unterschiedlichen Hauptakupunkturstellen und insgesamt 1011 Punkten hat die Haut einen veränderten Widerstand. Diese Punkte nennt man Meridiane. Diese sind vermeintlich mit einzelnen Organen verbunden. In diesen Meridianen fließt der Theorie nach die „Lebensenergie". Bei einer Unterbrechung einer dieser Meridiane entstehen Krankheiten. Das Einstechen der Nadeln befreit in solchen Situationen diese unterbrochenen Bahnen wieder. Die Nadeln werden dabei gelegentlich gedreht und auch unter Strom gesetzt. Akupunktur hilft zur Schmerzlinderung bei Operationen und rheumatischen Problemen. In China werden nach der Statistik bis zu 30 Prozent der zu operierenden Personen mit Akupunktur narkotisiert. Obgleich diese Zahl unwahrscheinlich klingt, erscheint besonders bei Operationen am Hirn diese Methode geeignet, um es nicht durch zu starke Betäubungen zu schädigen.

Der konkrete Effekt einer Akupunktur ist bis heute nicht geklärt. Es wird vermutet, dass das Einstechen der Nadeln Enkephaline und Endorphine freisetzt, welche als natürliche Schmerzhemmer verhindern, dass Schmerzsignale über das Rückmark transportiert werden können.

Akupressur

Die Alternative zur Akupunktur

Die Akupressur ist eine Abwandlung der Akupunktur und versucht, durch stumpfe Nadeln oder den Daumen (Akupressurmassage) eine Vielzahl von Auslösepunkten zu bearbeiten. Der schmerzlindernde und erholende Aspekt ist dabei vergleichbar mit dem der Akupunktur.

Infrarot, Ultraschall, Wärmebehandlung, Diathermie

Diese Behandlungen haben alle den Zweck, Körperteile zu erwärmen und ihnen dadurch die Erholung oder Regeneration zu erleichtern.

3. Gruppen-beobachtung

Herzlichen Glückwunsch! Sie haben auf dem Pfad durch dieses Buch nun bereits die ersten beiden Teile „Selbstbeobachtung" und „Selbstentwicklung" durchlaufen. Diese bilden die Basis für erfolgreiches Agieren und Reagieren in Gruppen. Stephen R. Covey, der Autor des Weltbestsellers „The Seven Principles of Highly Effective People", hat dies treffend beschrieben: „Private victory precedes public victory", zu Deutsch: „Der Sieg über sich selbst steht öffentlichen Erfolgen voran." Seine Botschaft ist plausibel. Wer nicht mit sich selbst klarkommt, kann nur in den seltensten Fällen langfristigen Erfolg innerhalb einer Gesellschaft realisieren. Wer sich selbst gut versteht, kann meist auch andere gut verstehen, und gegenseitiges Verständnis ist die Grundlage für einen erfolgreichen Umgang miteinander. Ein solches Verständnis fußt dabei immer auf einer gewissen Analyse, sei es unbewusst durch Instinkte, Intuition, Erfahrung oder Schubladendenken, sei es durch aktives Beobachten, Auswerten und Nachdenken.

Der dritte Abschnitt des Buches leitet Sie durch den Prozess der Gruppenbeobachtung. Dieses Kapitel unterstützt Sie im Verständnis Ihrer Beobachtungen, indem wir Ihnen die fundamentalen Ansichten, Erkenntnisse und Paradigmen vorstellen, welche die Wahrnehmung und die Auswertung des Wahrgenommenen beeinflussen. Dazu gehören grundlegende Kenntnisse von Motivation, Motiven und Bedürfnissen, Theorien zu gruppendynamischen Prozessen, wie der Teambildung und der Teaminteraktion, Besonderheiten interkultureller Gruppen sowie allgemeine Strategien zur Evaluierung von Gruppen und Gruppenmitgliedern. Wir wünschen Ihnen viel Spaß und viele Erkenntnisse im dritten Abschnitt des Buches, der Gruppenbeobachtung.

Schnellübersicht: Was erwartet mich in diesem Kapitel?

1) Im ersten Abschnitt **„Motive & Bedürfnisse – Grundlagen der Gruppenentwicklung"** erfahren Sie Grundlagen der Motive und Bedürfnisse von Gruppen und Gruppenmitgliedern. Als handfeste Modelle lernen Sie, zwischen extrinsischer und intrinsischer Motivation zu differenzieren. Das Konzept von Bedürfnishierarchien erlaubt des Weiteren, diesem schwer fassbaren Komplex etwas Struktur zu geben.

2) Um Gruppen nun beobachten und im Nachhinein objektiv bewerten zu können, lernen Sie im Abschnitt **„Gruppentheorie – Dynamik von Teams"**, welche Arten von Gruppen es gibt und welche Rollen Sie beobachten sowie managen können. Die Gruppeneigenschaften sowie die Gruppenbildung werden in abgrenzbare Aspekte zerlegt und aufbereitet.

3) Um im internationalen Umfeld konstruktiv arbeiten zu können, bedarf es interkultureller Kompetenz. In dem Abschnitt **„Interkultur – Ihr Verhalten in internationalen Gruppen"** betrachten Sie die beiden größten Einflussfelder zur Berücksichtigung internationaler Aspekte in einem Team: den Mensch an sich und die Kultur. In einer kleinen Länderkunde lesen Sie über spezifische Eigenheiten einzelner Regionen.

4) Die **„Evaluierung von Gruppen und Personen"** sowie Gruppenprozessen ist eine der schwierigsten Aufgaben eines Managers. Dabei baut eine Gruppenevaluierung auf der Personenbeobachtung auf. Die Person kann dabei als Einzelperson sowie als Mitglied einer Gruppe analysiert werden. Im Rahmen der Bewertung lernen Sie, zwischen fachlichen und sozialen, absoluten und relativen sowie freistehenden und stellenbezogenen Perspektiven zu unterscheiden. Abschließend erfahren Sie, wie Sie professionell Stellen ausschreiben können und den weiteren Prozess steuern. Die Einstellung von Mitarbeitern endet dabei nicht bei der Unterzeichnung eines Vertrages, sondern erst bei einer erfolgreichen Integration in das Unternehmen.

3.1. Motive & Bedürfnisse – Grundlagen der Gruppenentwicklung

Menschen sind anreizgesteuert – dies ist mitunter ernüchternd, lässt sich aber weder theoretisch noch praktisch abstreiten. Niemand macht etwas, wenn er darin keinen Sinn sieht, seine Handlung nicht auf etwas abzielt oder keinen bestimmten Nutzen verspricht. Ohne Anreiz und Nutzen wären wir stets untätig. Um zu verstehen, was Personen zu einem bestimmten Verhalten bewegt, müssen Sie sich also grundsätzlich immer der zugrunde liegenden Motive bewusst werden. Es verspricht in fast allen Fällen einen bedeutenden Erkenntnisgewinn zu überlegen, warum eine Person etwas macht, als das Verhalten nur zu beobachten und gegebenenfalls sogar unreflektiert zu kritisieren.

Nutzen und Anreize motivieren Handlungen

Die Beobachtung von Gruppen setzt eine grundlegende Menschenkenntnis voraus. Das Verhalten einzelner Gruppenmitglieder basiert immer auf individuellen Motivationen. Gleichzeitig ist in Gruppen eine eigene Dynamik zu beobachten, welche weiter unten näher dargestellt wird.

Extrinsische und intrinsische Motivation

Bei der Analyse von Motiven und Beweggründen ist grundsätzlich zwischen extrinsischer und intrinsischer Motivation zu unterscheiden. Dabei bestehen zwischen beiden eklatante Unterschiede. Extrinsische Motivation ist Motivation von außen. Dazu zählen Anreizleistungen wie Gehälter, Löhne, Prämien oder Geld allgemein, die Aussicht auf Titel, Positionen, Ämter und Statussymbole, wie Autos oder teurer Schmuck. Extrinsische Motivation ist durchaus erfolgreich, um Menschen zu Handlungen anzuregen, insbesondere in materiell orientierten Gesellschaften bzw. Gesellschaftsschichten.

Materielle Anreize

Dennoch basieren Spitzenleistungen fast immer auf intrinsischer Motivation. Gemeint ist damit die „innere" Motivation, das heißt, der Antrieb aus dem Inneren heraus. Eine solche Motivation ist aus zahlreichen Gründen stärker und intensiver als eine äußere Anreizsteuerung, da der oder die Betroffene fester davon überzeugt ist, etwas zu wollen, dass etwas richtig ist oder dass etwas unbedingt

Intrinsische Motivation ist der Motor für Spitzenleistungen

343

realisiert werden muss. Menschen, die intrinsisch motiviert sind, bestimmte Dinge zu tun, können in der Regel deutlich mehr Ausdauer, Konzentration und Freude für eine Tätigkeit aufbringen, auch wenn diese anstrengend und zeitintensiv ist.

Ob jemand eher extrinsisch oder intrinsisch motiviert ist, hängt vor allem von drei Dingen ab:

- Werte, Ziele, Glaubenssätze
- Materielle Sicherheit und Stabilität des Umfeldes
- Persönliche Reife

Intrinsisch motivierte Menschen sind meist sehr starke Persönlichkeiten mit einer sehr genauen Vorstellung davon, was ihnen wichtig ist, was sie wollen und welche Dinge sie selbst für gut und richtig halten. Im Gegensatz dazu werden extrinsisch motivierte Menschen häufig durch soziale Erwartungshaltungen und ein stärker materialistisch ausgeprägtes Wertesystem zu Handlungen angeregt und sind damit tendenziell fremd gesteuert. Zwei simplifizierte Beispiele:

Klischeebild des extrinsisch, materiell motivierten Angestellten	*Wer einem großen Auto, einem großen Haus, teuren Fernreisen und teurem Schmuck hinterherhängt, wird sein Handeln primär auf die Aktivitäten ausrichten, die von der Gesellschaft vor allen Dingen aus wirtschaftlichen Gesichtspunkten gefordert werden, da diese auch durch den Markt als Entlohnungssystem der Gesellschaft belohnt werden. Eine extrinsisch motivierte Person macht ihre Handlungen also davon abhängig, was andere, zum Beispiel Führungskräfte, von ihr verlangen und langfristig materiell belohnt werden. Sie fixiert ihre Kräfte auf Karriere und materiellen Erfolg, verliert dabei jedoch häufig soziale Aspekte aus den Augen.*
Klischeebild des intrinsisch motivierten, selbstständigen Denkers oder Visionärs	*Wer hingegen auf materielle Aspekte, zum Beispiel Statussymbole, weniger Wert legt, arbeitet meist nicht des Geldes und der materiellen Belohnung wegen, sondern wird durch Ideen, Ideale, soziale Beziehungen und seine eigenen Werte motiviert. Eine intrinsisch motivierte Person setzt sich Ziele in der Regel selbst anhand Ihrer Ideale und Moralvorstellungen. Eine solche Person kann dazu neigen, zum Beispiel die Welt verbessern zu wollen, obwohl die Welt gar nicht verbessert werden will. Intrinsisch motivierte Menschen können auf der*

einen Seite enorme Spitzenleistungen und auch Innovationen erbringen, laufen aber auch Gefahr, in einem idealistischen Weltbild zum Beispiel wirtschaftliche Sachzwänge außer Acht zu lassen.

Wie jemand tendenziell motiviert ist und motiviert werden kann, hängt auch von seiner aktuellen materiellen Situation und seinem Umfeld ab. Jemand der bereits wirtschaftlich abgesichert ist, kann eher seinen Ideen und Idealen folgen als jemand, der durch wirtschaftliche Sachzwänge genötigt ist, zum Beispiel jeden verfügbaren Job anzunehmen, um sein und das Auskommen seiner Familie zu sichern. Dies entspricht dem im folgenden Abschnitt dargestellten Modell der Maslow'schen Bedürfnispyramide.

Materielle Absicherung als Grundlage intrinsisch und ideell motivierter Handlungen

Als weiterer Einflussfaktor hängt die individuelle Motivierung auch von der persönlichen Reife ab. Dies impliziert sowohl Lebenserfahrung, soziales Verantwortungsbewusstsein, psychologische Reife und intellektuelle Kapazität. In vielen Fällen steigt der Anteil intrinsisch motivierter Menschen mit deren Intellektualität. Dichter, Denker, Künstler, Politiker und Unternehmer sind meist komplexere Persönlichkeiten als der einfache Arbeiter und fallen tendenziell in die Kategorie „intellektuell". Diese Personenkreise entdecken durch Wissen, Denken und ihren Intellekt oft früher oder später, dass die Lebensqualität und Zufriedenheit sich entscheidend steigern lässt, wenn man tatsächlich eigene Ziele und Ideen verfolgt und verfolgen kann, statt nur den Rufen von Massenmedien zu folgen und sich durch das beeinflussen zu lassen, was angeblich richtig oder schick ist. Dies ist meist ein entscheidender Wendepunkt hin zu einer selbstbewussteren, aktiven Lebenssteuerung und einem Handeln aus intrinsischer Motivation. Allerdings, und das sei nochmals betont, ist genau diese Art des Handelns und der Lebensführung natürlich primär denen vorbehalten, die bereits Ihre grundlegende Existenz abgesichert haben oder absichern können. Auch dies entspricht dem folgenden Modell der Bedürfnishierarchien.

Bedürfnishierarchien

Am populärsten unter den vielen Modellen und Theorien zur Motivation von Individuen und Gruppen ist wahrscheinlich das Modell der Maslow'schen Bedürfnispyramide. Abraham Harold

Die Maslow'sche Bedürfnispyramide

Maslow (1908 bis 1970) hat versucht, in diesem Modell zu erläutern, dass individuelle Bedürfnisse einer gewissen Hierarchie folgen. Ausgehend von physiologischen Grundbedürfnissen wie Nahrung, Schlaf, Wärme und Sicherheitsbedürfnissen strebt der Mensch nach Maslow nach sozialen Bedürfnissen wie Kontakten, Freundschaft und Familienzugehörigkeit. Sind auch diese Bedürfnisse befriedigt, zählen „höhere Ideale" wie das Bedürfnis nach Wertschätzung und letztlich der Drang zu Selbstverwirklichung.

Abbildung 1: Hierarchie der Bedürfnisse nach Abraham Maslow

3.2. Gruppentheorie – Dynamik von Teams

Vor Ihrer erfolgreichen Interaktion in Gruppen, insbesondere ihrer Steuerung und Führung, steht das grundlegende Verständnis von Gruppenprozessen und Gruppeneigenschaften. Um effektiv und effizient in Gruppen mitzuarbeiten und um die Bildung erfolgreicher Gruppen zu fördern, müssen Sie wissen, welche Prozesse im Ablauf einer Gruppenbildung vollzogen werden. Dazu gehört die Kenntnis, welche Rollen einzelne Personen innerhalb einer Gruppe einnehmen können und wie Konflikte in Organisationen entstehen.

Gruppeneigenschaften

Jede Gruppe zeichnet sich durch eine Vielzahl individueller Eigenheiten aus. Fundamentale Prozesse und Eigenschaften lassen sich zwar in allen sozialen Gebilden gleichermaßen wahrnehmen, letztlich sind es aber die spezifischen Besonderheiten, über die sich eine Gruppe definiert und von anderen sozialen Einheiten abgrenzt. In erster Linie ist im Rahmen jeder Gruppenbeobachtung zu klären, welche Motive ursprünglich zur Gruppenbildung geführt haben. So entstehen und existieren Freundeskreise oder jugendliche „Cliquen" unter ganz anderen Rahmenbedingungen als beispielsweise die „Gruppe" der Familie. Das Team des Sportvereins folgt anderen Motivationen als das berufliche Team im Arbeitsleben. Analysieren Sie, ob es ein konkretes und messbares Gruppenziel gibt und wie dieses im Detail aussieht. Versuchen Sie zu erkennen, ob die jeweilige Gruppe sich freiwillig und flexibel formiert oder ob sie durch äußere Sachzwänge entstanden ist und erhalten wird. Dies ermöglicht erste Erkenntnisse über den potenziellen Zusammenhalt bzw. die Motivationen und Einstellungen der einzelnen Gruppenmitglieder.

Motive der Gruppenbildung

Schätzen Sie die Größe der Gruppe ab und ermitteln Sie, ob der Gruppenumfang durch äußere Umstände kurz-, mittel- oder langfristig begrenzt ist oder sich dynamisch verändert. Analysieren Sie die Gruppenzusammensetzung. Besteht eine einheitliche, homogene Zusammenstellung mit ähnlichen Menschen, ähnlicher Herkunft, Bildung oder Motivation? Sind die einzelnen Gruppenmitglieder vom Alter, sozialen Status und Ziel der Gruppenteilnahme her eher unterschiedlich? Suchen Sie dazu gezielt nach Gemeinsamkeiten und Unterschieden der einzelnen Teammitglieder untereinander.

Gruppenzusammensetzung analysieren

Der Erfolg von Gruppen hängt von einer Reihe harter und weicher Faktoren ab. Harte und messbare Faktoren sind beispielsweise die Zahl der Gruppenmitglieder, deren formale Ausbildung, die materielle (finanzielle und technische) Ausstattung sowie gesetzte Rahmenbedingungen. Darunter fällt je nach Gruppe das Umfeld, zum Beispiel der Lebensraum oder das Arbeitsumfeld. Gleichzeitig fallen gesetzliche Regelungen, gesellschaftliche Strukturen und Einrichtungen (Stichwort Sozialstaat oder Fördermittel) sowie der ökonomische Zustand von Unternehmen und der Gesamtwirtschaft in den Kontext dieser Rahmenbedingungen.

Weiche Faktoren sind die im Rahmen des gesamten Buches dargestellten „Soft Skills", das heißt, die soziale, emotionale und kommunikative Kompetenz der einzelnen Gruppenmitglieder, das Führungsverhalten und die Führungskompetenz eines offiziellen oder inoffiziellen Gruppenleiters. Ausgewählte Einzelaspekte sind in diesem Zusammenhang die individuelle Motivation der Teammitglieder (im Sinne von „tatsächlich etwas tun wollen", nicht lediglich einer Zweckorientierung), die Bereitschaft und Fähigkeit zu echter Kooperation sowie der empathische Umgang und die empathische Kommunikation untereinander.

Identifikation der Gruppenmitglieder mit einem gemeinsamen Ziel

Um den potenziellen Erfolg der betrachteten Gruppe evaluieren zu können, haben Sie mit der Klärung von Motiven und Zielen erst den ersten Schritt getan. Setzen Sie sich in einem zweiten Schritt intensiv damit auseinander, wie weit sich die einzelnen Gruppenmitglieder mit dem Gruppenziel identifizieren. Suchen Sie im Folgenden nach der Quelle des Mehrwerts in der Gruppe, um die Motivation hinter dem Gruppenzusammenhalt zu finden. Ein Ziel kann auch die Sozialisierung sein, das heißt im einfachsten Fall, also lediglich das gesellige Beisammensein.

Versprechen sich die Mitglieder der Gruppe geistige Bereicherung durch den Austausch von Ideen, Erfahrungen und Wissen? Finden sich die Gruppenmitglieder zur Realisierung eines bestimmten Projekts zusammen? Wenn ja, ist dieses eine eigene Idee (Stichwort intrinsische Motivation) oder im Rahmen des Arbeitsumfeldes eine fremd vorgegebene Aufgabe? Liegt der Mehrwert der Gruppe in Spezialisierung und Arbeitsteilung im professionellen oder im gesellschaftlich-familiären Umfeld, zum Beispiel durch Bildung von Wohngemeinschaften? Ermöglicht die Gruppe in diesem Sinn individuelle Ersparnisse durch Mengenrabatte, Kostenteilung und gemeinsame Nutzung von Gütern? Liegt ein Synergieeffekt vor und worin manifestiert er sich?

Man mag nach erster Betrachtung einwenden, dass nicht jede Gruppe nach wirtschaftlicher Betrachtungsweise „sich rechnen" muss. Ausgehend von der Überzeugung, dass Menschen jedoch anreizgesteuert sind, ist in jeder Gruppe meist ein klarer Nutzen und Mehrwert für das Gruppenmitglied begründet. Achten Sie auch darauf, wie sich der erkennbare Mehrwert der Gruppe auf die Gruppenmitglieder verteilt. Ist der Nutzen gleichmäßig verteilt oder werden einzelne Gruppenmitglieder einseitig übervorteilt? Haben einzelne Gruppenmitglieder einen messbar materiellen Nutzen, während andere mit der Gruppenaktivität eher soziale Bedürfnisse decken?

Nicht immer ist der Nutzen und Mehrwert der Gruppe unmittelbar messbar. Häufig basieren Gruppen auf langfristigen Vorstellungen, Werten und Überzeugungen. So gesehen können Sie nicht immer einen konkreten Nutzen identifizieren, wohl aber die von den Gruppenmitgliedern unterstellten Chancen herausarbeiten. Wie so oft ist es hilfreich, sich in die Lage der einzelnen Teammitglieder hineinzuversetzen. Welche Chancen sehen Sie in der jeweiligen Rolle? Welche Risiken scheinen vom jeweiligen Standpunkt existent? Führen Sie danach die Einzelbeobachtungen zu einem aggregierten Bild zusammen, um ein übergreifendes Chancen- und Risikenprofil aus Gruppensicht zu erstellen. Auch dies ist als Analyseergebnis ein entscheidender Beitrag zum Verständnis der Gruppe.

Werte und Überzeugungen in der Gruppe

Gruppenbildung

Elementar für Ihre Arbeit in Gruppen sowie deren gezielte Bildung und Steuerung ist ein fundiertes Verständnis des Gruppenbildungsprozesses. In der Literatur besteht dabei weitgehend Konsens, den Gruppenbildungsprozess in fünf Phasen einzuteilen. Dieses Modell geht auf Tuckman und Jensen zurück. Die einzelnen Phasen sind in ihrer englischen Benennung recht einprägsam:

Vier typische Phasen der Gruppenbildung

- Forming
- Storming
- Norming
- Performing
- Adjourning

1. Forming – Formierungsphase

Phase der Findung

In dieser Phase der formellen Teambildung und Findung herrscht bei den Beteiligten noch große Unsicherheit über die persönliche Einordnung und Rolle im Team. Man lernt sich kennen und tauscht sich rege aus. Meinungen, Erfahrungen und Wünsche werden miteinander verglichen, um Gemeinsamkeiten und Unterschiede zu identifizieren. Jede Person versucht herauszufinden, welches Verhalten akzeptiert wird. Die anfängliche Freundlichkeit und Zugänglichkeit ist dabei zweckgebunden und deshalb oft brüchig.

2. Storming – Konfliktphase

Phase der Grenzziehung

Ist eine grobe Orientierung zwischen den Teammitgliedern gegeben, wird getestet, wo Nähe angenehm und Distanz angebracht ist. Der Austausch und Umgang miteinander wird zielgerichteter. Zurückhaltung weicht dem Impuls einiger Teammitglieder, die eigene Machtstellung in der Gruppe zu erproben und sich zu „profilieren".

3. Norming – Normierungsphase

Phase der Kooperation

Es bildet sich gegenseitiger Respekt und ein Zugehörigkeitsgefühl aus. Die Dialoge werden konstruktiver, auf die gemeinsame Arbeit orientiert. Machtgeplänkel und Beschnuppern weichen Harmoniebestreben. Das Team hat interne Regeln und Lösungsstrategien entwickelt.

4. Performing – Arbeitsphase

Phase des Handelns

In dieser Phase hat jeder seinen Platz im Team gefunden, die Zusammenarbeit und der Umgang sind zwanglos und natürlich. Es herrscht ein Teamgefühl, die Teammitglieder fühlen sich aufgehoben in der Gruppe und achten die Beiträge des anderen. Auf diese Weise können sie konstruktiv arbeiten.

5. Adjourning – Auflösung

Phase der Auflösung

Dies ist die letzte Phase einer jeden Gruppe, die Auflösung. Sofern gemeinsame Gruppenziele erreicht wurden und/oder kein Grund mehr für den Zusammenhalt und die Existenz einer Gruppe besteht, wird diese offiziell aufgelöst oder zerfällt langsam.

Rollen

In einer Gruppe gibt es eine begrenzte Anzahl von Rollen. Das Verhalten dieser Rollen wird dabei durch die Persönlichkeit, Erfahrungen, Wertvorstellungen, intellektuelle Fähigkeiten sowie durch die direkte Umwelt determiniert. Der Erfolg eines Teams basiert oft entscheidend auf einer optimalen Gruppenstruktur der unterschiedlichen Rollenvertreter. Ihre eigene Teamrolle können Sie über psychometrische Tests, zum Beispiel im Rahmen der Selbstbeobachtung, identifizieren. Eine Rolle ist dabei keine starre Eigenschaft, sondern kann in unterschiedlichen Zusammenhängen anders ausgeprägt sein. Gleichzeitig kann eine nichtnatürliche Rolle auch erlernt werden.

Rollen können gezielt gelernt und eingenommen werden

Im folgenden Abschnitt werden kurz einige Rollen vorgestellt und mit typischen Eigenschaften, Stärken und Schwächen beschrieben.

Umsetzer

Der Umsetzer ist ein meist pflichtbewusster, konservativer und auch berechenbarer Typ. Seine Stärken sind sein persönlicher Einsatz mit harter Arbeit sowie seine Selbstdisziplin bei der Umsetzung von Ideen. Gleichzeitig ist er aber auch etwas steif, unflexibel und nicht besonders offen für alternative Ansätze.

Jede Rolle hat Stärken und Schwächen

Integrator

Der Integrator oder auch Koordinator ist eine Vertrauensperson und tritt meist sehr selbstsicher auf. Er konzentriert sich sehr auf die persönlichen Aspekte anderer Personen und identifiziert sowie setzt deren Stärken gezielt konstruktiv ein. Der Integrator ist leider nicht besonders kreativ und auch für besonders schwierige Aufgaben ist er meist ungeeignet. – In einigen Rollentheorien wird die Rolle des Wegbereiters oder Weichenstellers noch einmal abgegrenzt. Da diese Rolle jedoch von den typischen Eigenschaften als auch von den Stärken und Schwächen sehr ähnlich zum Integrator ist, soll sie hier nicht explizit schematisiert werden.

Macher

Der Macher strotzt vor Dynamik und Stärke. Er ist zwar aufgeschlossen, aber auch angespannt. Der Macher sorgt für den Antrieb einer Gruppe und bekämpft damit unbewusst die einsetzende

Trägheit und Ineffizienz in der Aufgabenlösung. Er ist selbstzufrieden und übt manchmal direkten Druck auf andere Personen aus. Dies führt zu Provokationen und bei der Konfrontation mit anderen Teammitgliedern auch zu stärkeren Irritationen.

Erfinder

Der Erfinder ist zwar meist ernst und unorthodox, dabei aber individualistisch und vor allem kreativ. In seiner Genialität erdenkt er neue Möglichkeiten und alternative Ansätze. Dies führt gleichzeitig zu der Gefahr, dass er sich nicht auf einzelne Themen konzentrieren kann oder sich in einem Extrem verläuft.

Erfinder und Perfektionisten können den Gesamtprozess blockieren

Perfektionist

Der Perfektionist ist sorgfältig und ängstlich. Durch diese Ordentlichkeit kann er die vollkommene Lösung von Aufgaben erarbeiten, also Produkte oder Ideen bis zur Perfektion durchdenken, entwerfen oder umsetzen. Wie auch der Erfinder neigt er dazu, sich an Kleinigkeiten zu stören und den Gesamtprozess zu blockieren.

Teammitarbeiter

Der Teammitarbeiter ist die gute Seele einer Arbeitsgruppe. Er ist empfindsam und kann dadurch besonders gut auf die anderen Mitglieder eingehen. Er kann die unterschiedlichsten Situationen und gerade auch Konflikte sehr gut analysieren und auflösen. Gleichzeitig fördert diese Rolle das Teamgefühl. Die Konzentration auf die Persönlichkeitsaspekte und das Teamgefühl können dazu führen, dass Teammitarbeiter in kritischen Situationen das Durchhaltevermögen verlieren.

Beobachter

Abschließend hat jede Gruppe meist einen Analytiker, genannt Beobachter. Es ist besonnen und denkt strategisch. Mit seinem Scharfsinn besticht er durch seine Urteilsfähigkeit und Nüchternheit. Positiv sowie negativ fällt seine Diskretion auf. Gerade der Mangel an Partizipation kann nur durch einen starken Teammitarbeiter kompensiert werden.

Ein erfolgreiches Team bündelt nicht nur fachliche Kompetenz, sondern vereint auch unterschiedliche Persönlichkeiten zu einer konstruktiven Arbeitseinheit. Dabei ist der Mehrwert der Gruppenarbeit für einige Arbeitsfelder unersetzbar. Gerade die Vorteile der Gruppen- und Teamarbeit wurden in den letzten Jahren stark von Wissenschaft und Arbeitswelt propagiert. Gleichzeitig sollten Sie aber der Gruppenarbeit möglichst objektiv gegenübertreten und auch die Situationen identifizieren, in denen Teamarbeit kontraproduktiv oder schädlich sein kann.

Eine heterogene Gruppe glänzt gerade in der Ideenfindung durch die Quantität von neuen Ideen, meist aber nicht durch die Qualität. Die Qualität eines gemeinsamen Brainstormings entwickelt sich oft erst nach einiger Zeit der Zusammenarbeit oder einer gemeinsamen Grundlage (Arbeitsfeld, Wissensbereich, Wissensstand). Gleichzeitig tendieren Gruppen zu einer Homogenisierung – dies heißt, dass nicht nur die Ideen immer ähnlicher werden, sondern auch die Leistungen der Einzelpersonen sich dem Durchschnitt anpassen. Dies ist gut bei Personen mit geringer Arbeitsleistung, da diese durch die anderen in ihrer Leistungsfähigkeit gesteigert werden. Gleichzeitig werden aber Leistungsträger nicht gefordert und bauen ihre Leistungsfähigkeit ab. Gerade Personen in der Rolle des Erfinders verlieren schnell ihre Motivation in einer Umgebung, in welcher sie nicht ihre Kreativität einbringen können.

Ein Blick in die Historie lässt erkennen, dass gerade Spitzenleistungen, bahnbrechende Erfindungen und große Erfolge nicht auf Gruppen, sondern meist auf Einzelpersonen zurückzuführen sind.

Spitzenleistungen waren oft auch Einzelleistungen

3.3. Interkultur – Ihr Verhalten in internationalen Gruppen

Mit der sich ausbreitenden Globalisierung und dem Zusammenwachsen von Europa nimmt der Anteil interkultureller Arbeit und Geschäftsbeziehungen immer weiter zu. Dies gilt nicht mehr nur für internationale Großkonzerne, auch in mittelständischen Unternehmen wächst der Anteil von interkultureller Zusammenarbeit. Um den Informationsaustausch zwischen ausländischen Mitarbeitern und Kunden und die interkulturelle Kooperation dabei effektiv zu gestalten, wird die so genannte „interkulturelle Kompetenz" ein Qualifikationsmerkmal steigender Bedeutung.

Aneignung von „interkultureller Kompetenz"

Diese Kompetenz wird zum großen Teil in der Kindesphase durch die Bildung von Werten und Kommunikationseigenschaften geprägt, kann aber auch später noch erlernt werden. Neben dem Lernen durch die Anwendung in der Praxis gibt es auch theoretische Methoden, um die Analyse, das Verständnis und die Behandlung mehrerer Kulturen in einer Gruppe zu vereinfachen und einen messbaren Mehrwert zu induzieren. Die in diesem Abschnitt erwähnten kulturellen Eigenschaften einzelner Gesellschaften können im Rahmen dieses Buches lediglich sehr oberflächlich dargestellt werden, erleichtern Ihnen aber, trotz alledem Konflikte zu vermeiden, aufgetretene Konflikte zu schlichten und auch einen menschlichen Wissenszuwachs zu generieren.

Abgrenzung von interkulturell und multikulturell

Definitorisch möchten wir den Begriff „interkulturell" von „multikulturell" und „plurikulturell" abgrenzen. Im Gegensatz zu multi- und plurikulturell geht es bei interkultureller Kompetenz nicht um das Nebeneinander mehrerer Kulturen, sondern um das aktive Miteinander. Die Interkultur folgt dem Ansatz, Kulturen zu verbinden und dadurch eine neue Kultur zu bilden. Die Multikultur besteht nur aus Parallelkulturen ohne direkt kooperative Aspekte.

Kulturelle Einflussfaktoren auf individuelles Verhalten

Bei der Betrachtung einer Person oder einer Gruppe müssen Sie die kulturelle Prägung exakt ermitteln, bevor Sie Schlüsse aus auftretenden Situationen ziehen können. Bedeutenden Einfluss hat dabei die Herkunft der Familie, Ort der schulischen Ausbildung, Ort der Berufsausbildung oder des Studiums, Ort der Berufserfahrung und Orte, an denen längere Lebensabschnitte verbracht wurden. Demnach kann eine Person in Frankreich aufgewachsen, in den Niederlanden zur Schule gegangen sein, in Amerika studiert haben und abschließend in Asien arbeiten. Fanden jedoch alle diese Lebensabschnitte im Einfluss einer stark christlich orientierten Familie statt, kann eine Person mit solch internationalem Lebenslauf dennoch Schwierigkeiten haben, sich in unterschiedlichen Kulturen zurechtzufinden.

Mensch

Jede Person ist durch das soziale Umfeld und die Kultur der Region, in der sie aufgewachsen ist, geprägt. Zusätzlich zu diesen Einflussfeldern spielt aber auch eine Vielzahl von individuellen Aspekten eine entscheidende Rolle.

Kulturelle Prägung und individuelle Erfahrungen

Bei der Betrachtung von zwischenmenschlicher Kommunikation und Kooperation sind die Punkte „Wertvorstellungen" sowie „Bildung und Qualifikation" von großer Bedeutung. Die Wertvorstellung von Arbeit und Privatleben ist international sehr unterschiedlich, und das gegenseitige Verständnis dieser Aspekte ist essenziell für eine effektive und entspannte Zusammenarbeit. Auch der Faktor Bildung unterliegt gerade nach der propagierten internationalen Vergleichbarkeit von akademischen Abschlüssen einer gesonderten Betrachtung.

Machen Sie sich bewusst, dass tatsächlich jede Person für eine Handlung einen Grund hat – nur, ob wir diese Begründung als solche akzeptieren, hängt von der eigenen Moralvorstellung ab. Das Missverstehen von Teammitgliedern führt im besten Fall nur zur Ineffizienz; in weitaus schlimmeren Fällen kommt es aber auch zu persönlich-emotionalen Schwierigkeiten. Daher ist es die erste und wichtigste Aufgabe eines Teammitgliedes oder des Teamleiters einer internationalen Arbeitsgruppe dafür zu sorgen, dass eine kooperative Kommunikationsstruktur im Rahmen gegenseitigen individuellen Verständnisses aufgebaut wird.

Wertvorstellungen

Tradition, Geschichte und Religion beeinflussen die Wertvorstellung einer ganzen Gesellschaft. Die Werte, Normen, Basisannahmen und Präferenzen einer Einzelperson sind jedoch individuell ausgeprägt. Generell sollten Sie die Wertvorstellungen anderer Kulturen nicht nur akzeptieren, sondern auch zu schätzen lernen. Wenn Sie andere Personen lediglich akzeptieren, werden Sie sich immer fühlen, als würden Sie ineffizient arbeiten. Lernen Sie die Wertvorstellung anderer Menschen schätzen, kristallisieren Sie schnell die Vorteile der interkulturellen Kooperation heraus.

Materielle, familiäre, traditionelle Wertvorstellungen

Ganz allgemein gilt, dass in Nordamerika und Westeuropa eher eine materielle, in Süd- und Mittelamerika eher familiäre und in Asien meist traditionelle Wertvorstellung dominieren. Neben diesen pauschalen Aussagen lässt sich jedoch kaum eine weitere regionale Differenzierung von Wertvorstellungen vornehmen. In der Betrachtung von interkulturellen Gruppen (also bestehend aus Personen unterschiedlicher Gesellschaften) ist die Wertvorstellung nicht durch die Kultur, sondern tendenziell individuell ausgeprägt.

Vorsicht mit Kritik von Wertvorstellungen

Wertvorstellungen sollten Sie nie angreifen. Besonders als Ausländer ist dies ein Tabu. Eine vorschnelle Bewertung eines Ausländers über die lokale Kultur und Moralvorstellung führt sonst möglicherweise zu großem Unverständnis und Abneigung, welche meist nicht mehr abgebaut werden können. Viele andere Länder kennen nicht die deutsche Kritikkultur und sehen in Kritik nur eine Beleidigung.

Nicht nur als Mitarbeiter, sondern auch als Kollege nach Dienstschluss, sollten Sie sich diesen Wertvorstellungen anpassen. Dies heißt nicht, dass Sie jede Sitte übernehmen müssen. Es erfordert jedoch primär eine Identifikation mit den bestehenden Wertvorstellungen, um mit kulturfremden Personen problemlos umgehen zu können.

Bildung und Qualifikation

Zusammenarbeit aus fachlicher und sozialer Perspektive

Die Arbeit im Team besteht immer aus fachlicher sowie sozialer Zusammenarbeit. Dabei bezogen sich alle bisher erwähnten Aspekte der interkulturellen Zusammenarbeit auf die soziale Perspektive. Genauso müssen Sie aber gerade in einem internationalen Team die konkrete Qualifikation der Teammitglieder einschätzen können, damit Sie mit jedem Gruppenmitglied konstruktiv arbeiten bzw. die einzelnen Personen effizient einsetzen können. Die fachliche Qualifikation setzt sich aus akademischen und beruflichen Erfahrungen zusammen. Besonders bei den akademischen und den ersten beruflichen Erfahrungen müssen Sie international differenzieren, um nicht falsche Annahmen zu treffen.

Die Bildungssysteme in Europa sind für die grundlegende Hochschulausbildung vergleichbar (Kapitel 2.4.). In Frankreich sowie England oder Deutschland wird eine Person in der Universität auf die Arbeit, welche sie nach den Studien beginnt, vorbereitet. Dafür gibt es rein theoretische Herangehensweisen (Universität) und praktisch-orientierte Modelle (Fachhochschulen oder Berufsakademien). In den meisten Fällen arbeitet der Absolvent nach seinem Studiengang in dem Bereich, in welchem er seinen Abschluss gemacht hat. In Nordamerika werden die Studenten entweder sehr wissenschaftlich, meist aber außergewöhnlich praxisorientiert ausgebildet. Diese Ausbildungs- und Studiengänge sind mehr oder minder genau an den zukünftigen Aufgaben einer Stelle ausgerichtet.

Praxisorientierte Ausbildung in Nordamerika

In Asien gibt es zwar ebenfalls die allgemein bildenden Oberschulen, dafür ist aber der Studiengang und Berufseinstieg nicht mit anderen Systemen zu vergleichen. Kaum ein Student arbeitet nach dem Abschluss in dem Gebiet, in welchem er seine Studien durchgeführt hat. Das vollzeitige und abgeschlossene Studium an sich fordert meistens eine folgende Ausbildung in einem Fachbereich eines Unternehmens. Demnach sind die Absolventen nicht wie beispielsweise in Deutschland in drei bis sechs Monaten einzuarbeiten, sondern meist erst einmal auszubilden. Die Geschichte der akademischen Höchstleistung von Japanern oder Indern bezieht sich auf eine sehr kleine Elite einiger Privathochschulen oder auf eine verschobene Darstellung. Die meisten gut qualifizierten Asiaten befinden sich in internationalen Förderprogrammen, studieren an einer Hand voll Elite-Privatuniversitäten oder im Ausland. An den geschätzten privaten Universitäten werden in Asien die Gebühren für fast alle Studenten von der Wirtschaft oder vom Staat getragen.

Allgemeines Studium und anschließende fachspezifische Ausbildung in Asien

Die Studienabschlüsse sollen durch internationale Bezeichnungen vergleichbar gemacht werden. Einen Ansatz für solche internationalen Standardabschlüsse bilden die Bachelor- und Master-Titel. Auch bei diesen vereinheitlichten Namen gibt es jedoch beträchtliche Unterschiede. Ein Bachelor kann in drei oder in vier Jahren erworben werden. Für manche Länder sind internationale Inhalte für einen Bachelor eine signifikante Voraussetzung, in manchen

International standardisierte Abschlüsse

Regionen wird er jedoch auch ohne diese Elemente verliehen. Auch Masterprogramme gibt es in unterschiedlicher Dauer und Konzentration. Ein deutsches Diplom steht ein wenig über dem internationalen Bachelor und wird häufig direkt mit dem Master gleichgesetzt. Nicht nur von der Qualifikation, sondern auch von der Erwartung der Privatwirtschaft her steht aber ein internationaler Master in der Einschätzung vieler über dem deutschen Diplom. Der Master ist im Gegensatz zum deutschen Doktor ein extra Studiengang mit einem regelmäßigen Kursbesuch, welcher mindestens ein Jahr dauert. Der internationale Titel für den Doktorabschluss heißt PhD („philosophiae doctor", „Doctor of Philosophy") und setzt in der Regel einen Masterabschluss voraus.

Trotz der Bemühungen um standardisierte Ausbildungswege sollten Sie sich nicht auf eine Vergleichbarkeit von Abschlüssen der einzelnen Länder verlassen. Fallstudien und Arbeitsproben sind demnach besonders für internationale Bewerbungen von großer Hilfe.

MBA, M.Sc, M.A. International sind im Bereich Wirtschaft die Abschlüsse von Business Schools weit verbreitet. Meistens wird an diesen Business Schools in zwei bis drei Jahren ein MBA (Master of Business Administration) verliehen. Weitere Abschlüsse sind der „Master of Science" oder „Master of Arts". Die Wertigkeit solcher Abschlüsse hängt nicht nur von der konkreten Abschlussnote, sondern vielmehr von der Business School an sich ab. Internationale Vergleiche der Business Schools finden Sie im Internet.

Kultur

Die Kultur einer Gesellschaft prägt den sozialen Umgang Die Kultur einer Gesellschaft hat neben den persönlichen Faktoren den größten Einfluss auf die Arbeit und den Umgang in einer interkulturellen Arbeitsgruppe. Prägende Elemente einer Kultur sind vor allem Tradition, Geschichte und Religion. Zusätzlich haben sich in allen Regionen unterschiedliche Arbeitskulturen entwickelt, die im Folgenden ebenfalls betrachtet werden. Die Kenntnis der Arbeitskultur der Herkunftsregion einer Person oder einer Gruppe erleichtert Ihnen, sich auf die Kooperation einzustellen. Im vorliegenden Abschnitt „Kultur" wird nur in kurzen Beispielen und

Hinweise auf spezifische Länder eingegangen. Hier geht es vor allem um den Menschen in seinem kulturellen Umfeld.

Tradition

Personen und Gesellschaften können Sie danach unterscheiden, welchen Stellenwert für sie Tradition einnimmt und welche einzelne Ausprägung diese Tradition konkret hat. Neben Sitten und Bräuchen meint Tradition auch Meinungen, Erfahrungen und Kenntnisse, besonders bezogen auf Werte und Normen. Neben der Familie, welche als primäre Quelle von Traditionen für eine Person aufgeführt werden kann, haben die Schule und das eventuell folgende Studium bzw. die Ausbildung einen prägenden Einfluss auf die Verankerung von Traditionen.

Traditionen entwickeln sich zu standardisierten Verhaltensmustern (Kapitel 1.3.), und gerade deswegen ist der Umgang mit ihnen schwierig, da viele Aktivitäten oder Argumentationen für eine Person normal erscheinen, aber nicht im Einzelnen klar erläutert werden können. Die individuellen Ausprägungen und Eigenheiten einzelner Traditionen folgen im Rahmen der Länderanalyse weiter hinten.

Wie können und sollten Sie mit Traditionen von Teammitgliedern umgehen? Allgemein sollten Sie die kulturelle und traditionelle Vielfalt genießen und aktiv in die Gruppe einfließen lassen, denn gerade sie ist ein sozialer Mehrwert von Globalisierung. Kommt es zu fachlichen oder sozialen Komplikationen aufgrund von Traditionen, empfiehlt es sich, nicht grundsätzlich gegen oder für eine Tradition zu diskutieren. Traditionen werden über das ganze Leben in die Persönlichkeit aufgenommen und sind individuell stets aufs Neue als richtig evaluiert worden. Wenn Sie versuchen, diese Traditionen infrage zu stellen, stellen Sie gleichzeitig das ganze Leben einer Person infrage.

Die einzige richtige Herangehensweise ist, stets einen guten Kompromiss zu finden. Wird beispielsweise generell kein Schweinefleisch gegessen, sollte der Person kommuniziert werden, dass sie im Notfall mit einem einfachen Nudelgericht zufrieden sein muss. Warum nicht auch mal selbst koscher essen? Sehen Sie die schein-

Stellenwert von Tradition

Traditionen entwickeln sich zu Verhaltensmustern

Toleranz und Kompromisse statt Kritik

baren Einschränkungen als Chance, etwas Alternatives oder Neues auszuprobieren.

Manche Traditionen können im Rahmen einer internationalen Arbeit verworfen werden, andere sind jedoch unabänderbar. Einen gläubigen Moslem zu zwingen, nicht zu den gegebenen Zeiten zu beten, sollten Sie vermeiden, aber beispielsweise einen Spanier von der ihm eigenen zweistündigen Mittagspause auf nur eine zu reduzieren, ist gut möglich. Nutzen Sie einfach Ihren gesunden Menschenverstand, um die einzelnen Fälle einzuschätzen. Merken sollten Sie sich, dass kaum eine Person auf irgendwelche Ansprüche beharrt, nur weil sie Sie oder andere Personen damit ärgern möchte, sondern meistens nur, weil sie für sie ganz normal erscheinen.

Unsicherheit gegenüber Traditionen und Sitten

Besonders im mittleren und fernen Osten stehen Sie häufig Traditionen gegenüber, welche Sie wahrscheinlich schwer einschätzen können. Müssen die Schuhe bei Betreten des Restaurants oder Zimmers ausgezogen werden? Welche Rolle kann und darf eine Frau in der Organisation spielen? Müssen alle Personen einem Vorschlag zustimmen, um ein Thema abzuschließen? Müssen alle Personen im Rahmen propagierter Gleichheit ebenfalls gleich vergütet werden?

Seien Sie sich bei jeder Handlung bewusst, dass Sie sich in die Tradition einmischen, Sie eventuell dagegen verstoßen und damit negativ auffallen. Sie müssen abwägen, welche Konsequenz der Verstoß lang- oder mittelfristig gegenüber dem Vorteil des Einhaltens der Tradition hat. Vorwiegend lohnt es sich, keine Unruhe zu stiften, der Tradition etwas Gutes abzugewinnen und langfristig eine angenehme Kommunikation aufzubauen. Sehr häufig bauen sich gute Kommunikationsnetze auf, wenn gerade ein Fremder nicht nur die Tradition beachtet, sondern ihr auch im angemessenen Maße mit Freude und Sicherheit nachgeht.

Kulturell bedingte Rollenkonflikte zwischen Mann und Frau

In vielen Ländern sind Sie besonders auch mit einer größeren Differenzierung zwischen Mann und Frau konfrontiert. Treten Sie als Mann den einheimischen Frauen mit Höflichkeit und Respekt gegenüber, wird dies akzeptiert. Bei der Delegation von Verantwortlichkeiten an Frauen müssen Sie in diesen Ländern jedoch meist vorsichtig sein, dass Sie nicht zu stark gegen religiöse Gesichtspunkte verstoßen. Als Frau selbst werden Sie im Ausland meistens mit Respekt behandelt. Falls Sie trotzdem im Ausland mit Diskriminierung konfrontiert werden, bleiben Sie professionell und überzeugen Sie Ihre Verhandlungspartner und Mitarbeiter mit Ihrer Kompetenz.

Geschichte
Die Geschichte einer Gesellschaft sagt viel über die Mentalität ihrer Mitglieder aus. Die Betrachtung der Geschichte beinhaltet folgende Faktoren:

Geschichte prägt Mentalität

- Alter einer Gesellschaft
- Herkunft einer Gesellschaft
- Isolation
- Durchmischung der Gesellschaft
- Politische Strömungen, auch aktuelle Entwicklungen
- Historische Ereignisse wie Konflikte oder Probleme

Alter der Gesellschaft
Viele alte Gesellschaften der Welt sind sehr traditionsbewusst. Aus Lokalpatriotismus wird die Tradition von Generation zu Generation weitergetragen und als wichtiger Bestandteil der Bildung in den Alltag implementiert. In der Wirtschaftswelt finden sich beispielsweise die alte Wirtschafts- und Handelskultur der Chinesen und die durch Einwanderung im 19. und 20. Jahrhundert geformte junge Wirtschaftsgesellschaft der Australier. Dabei ist das chinesische Kooperations- und Kommunikationsverständnis wesentlich traditionsbewusster als beispielsweise das der Australier.

Herkunft der Gesellschaft
Die Herkunft einer Gesellschaft ist stark mit ihrem Alter verknüpft. Die Herkunft determiniert häufig auch die Sprache sowie die Religion und ist damit eine beträchtliche Grundlage für Gemeinsamkeiten und Unterschiede. So besteht die wirtschaftsrelevante Gesellschaft in Kolumbien und Venezuela aus vielen Spaniern, die Gesellschaft in Brasilien aus Portugiesen und die Gesellschaft der USA aus vielen Engländern. Demnach herrscht beispielsweise ein großer Unterschied zwischen den Menschen aus den USA und Kolumbien, ein etwas kleinerer Unterschied zwischen Kolum-

Herkunft und Alter sind verknüpft

bien und Argentinien und ein ganz kleiner Unterschied zwischen Kolumbien und Venezuela.

Räumliche Isolation von Gesellschaften

Die Isolation von manchen Gesellschaften, besonders alten Inselgesellschaften, führt in vielen Ländern zu interessanten Differenzen zwischen Aus- und Inländern. Beispielsweise ist die alte Gesellschaft von Japan aufgrund der Inseleigenschaft kaum ethisch durchmischt, und viele Ausländer zählen noch heute als Fremdkörper. So werden beispielsweise Personen mit heller Augenfarbe in einem der größten Wirtschaftsländer von vielen Einheimischen noch immer mit großem Staunen betrachtet.

Durchmischung der Gesellschaft

Ethnische Vielfalt hat Einfluss

Die Durchmischung der Gesellschaft mit unterschiedlichen ethischen Gruppen, beispielsweise in den USA oder Kanada, hat ebenfalls Einfluss auf deren Mitglieder. Erfahrungsgemäß kommt es zu einer Traditions- und Geschichtsgleichgültigkeit oder sogar zur Ignoranz. Spezifische geschichtliche Aspekte werden nur mangelhaft in der Gesellschaft manifestiert.

Politische Strömungen

In der historischen Betrachtung der Geschichte eines Landes und besonders auch in der Analyse des aktuellen Zustandes gibt es politische Strömungen, welche einen bedeutenden Einfluss auf ihre Mitglieder haben. Sei es Demokratie oder Sozialismus, Markt- oder Planwirtschaft: Das zugrunde liegende Wertegefühl wird über die Jahre hinweg adaptiert. Auch aktuelle Entwicklungen sollten Sie bei der Kooperation in einer interkulturellen Gruppe zu berücksichtigen wissen. Durch neue Wahlen oder politische Veränderungen wird eventuell ein externer Einfluss auf die betrachtete Person ausgeübt.

Historische Ereignisse

Geschichte beeinflusst das ganze Wertesystem

Historische Ereignisse haben im Laufe der Zeit zu den unterschiedlichsten Einstellungen und Vorurteilen geführt. So sind beispielsweise Deutsche stets durch das Schuldverhältnis der Weltkriege und Amerikaner durch ihre scheinbar heldenhaften, weltweiten Interventionen in ihrer Kommunikation und Kooperation geprägt. Dies sind Gedanken, Emotionen und Wissen, welche neben dem alltäglichen Gespräch das ganze Wertgefühl beeinflussen. Als wissenswerte historische Ereignisse gelten besonders die gesellschaftlichen und internationalen Konflikte, seien es Revolutionen, Bürgerkriege oder internationale Verhältnisse. Für diese Ereignisse sind besonders die Abfolge, Gründe und Folgen von Relevanz.

Religion

Ein menschliches Grundbedürfnis scheint die Suche nach Ursprung und Sinn des menschlichen Lebens zu sein. Daher haben sich seit Bestehen der Menschheit Systeme entwickelt, die versuchen, durch Mythologie und Philosophie Menschen eine Orientierung zu geben. Dabei bestehen fast alle Religionen aus Religionsbegründern, Gläubigen und Artefakten. Religionen sprechen Göttern zu, die Welt eingerichtet zu haben, und hoffen auf ihre Fähigkeit, dieses Konstrukt weiterhin zu beeinflussen.

Mythologie, Philosophie, Religion

Gerade das letzte Jahrhundert, das durch Naturwissenschaft ein rationales Weltbild geprägt und durch fortschreitende Bildung und Freiheitspostulate eine Abkehr von den moralischen Normen der Religion initiiert hat, führte zu einer immer größeren Abkehr von der traditionellen Religion. Auf der anderen Seite werden immer mehr spezifische Untergruppen und Sekten gebildet.

Das Glauben an nur einen Gott wird als Monotheismus, der Glaube an mehrere Götter als Polytheismus bezeichnet. Monotheistischen Weltreligionen wie das Judentum, Christentum und der Islam sowie der eher philosophisch strukturierte Buddhismus, werden im Folgenden einzeln dargestellt und knapp ihre individuellen Riten, Traditionen und Tabus erläutert.

Monotheismus und Polytheismus

Christentum

Mit zwei Milliarden Gläubigen ist diese Richtung die größte Religion. Sie wurde um das Jahr 0 in Palästina gegründet und im 4. Jahrhundert Staatsreligion im Römischen Reich. Christen sind durch die historische Kolonialisierung und gezielte Missionierung überall auf der Welt verstreut, hauptsächlich in Europa, Amerika, Australien und Afrika. Es handelt sich beim Christentum um eine monotheistische Religion. Der Name leitet sich von Jesus Christus von

Das Christentum als weltgrößte Religion

363

Nazareth, der zentralen Person der Religion, ab. Die Bibel besteht aus dem Alten und dem Neuen Testament. In dieser tritt Gott in drei Formen auf: als Vater, als Sohn und als Heiliger Geist.

Grundlegend haben die Menschen nach dem Christentum über die Erbsünde von Adam und Eva das Paradies durch Christus wieder geschenkt bekommen.

Ausprägungen des Christentums

Im Laufe der Zeit haben sich verschiedene Ausprägungen des Christentums kristallisiert. Der römisch-katholischen Kirche sind 50 Prozent aller christlichen Religionen, der protestantischen ca. 15 Prozent, der anglikanischen 10 Prozent und der orthodoxen 9 Prozent zugeordnet. Eine mittlerweile sehr bedeutende Ausprägung entspringt der so genannten charismatischen Erneuerung, der vor allem viele Afrikaner angehören und die laut Schätzungen bald die Hälfte der Christenheit ausmachen wird.

Die zehn Gebote

Die höchsten Normen der Christen sind die zehn Gebote (Dekalog), welche zwar unterschiedliche Formulierungen, nicht aber unterschiedlichen Sinn postulieren:

- Verbot, eine andere Gottheit außer Gott zu verehren
- Verbot der Götzenanbetung
- Verbot, den Namen Gottes leichtfertig auszusprechen
- Beachtung des Sabbats
- Ehrung von Vater und Mutter
- Verbot zu töten
- Verbot des Ehebruches
- Verbot zu stehlen
- Verbot, falsches Zeugnis abzulegen
- Verbot, den Besitz oder die Frau eines Nachbarn zu begehren

Die Sünde ist ein Verstoß gegen diese geheiligten und göttlichen Gesetze.

Sakramente und Heiligtümer

Besonders wichtig sind Christen Taufe, Firmung, Eucharistie (Abendmahl), Buße, Krankensalbung, Weihe und Ehe, wobei Taufe, Firmung und Weihe nicht wiederholt werden können. Die wichtigsten Feiertage sind Christi Geburt (Weihnachten), die Auferstehung Jesu an Ostern, die Herabkunft des Heiligen Geistes auf die Apostel (Pfingsten) sowie Aschermittwoch (Start der Buß- und Fastenzeit).

Judentum

Das Judentum ist als Quelle von Christentum und Islam die älteste der drei monotheistischen Weltreligionen und Religion des Volkes Israel. Der Begriff geht auf „Jehudi", den Einwohner Judäas im Süden von Palästina zurück. Das Judentum hat Gebote („Mizwot"), welche den Umgang zwischen Mensch und Gott regeln. Dabei besteht ein direkter Kontakt zu Gott – nicht erst über Priester oder Traditionen wie Beichte oder Sakramente im christlichen Glauben. Die Freiheit ist prägendes Element des Judentums und fordert eine stetige Entscheidung zwischen gutem Trieb („Jezer ha Tow") und dem bösen Trieb („Jezer ha Ra").

Thora

Das Studium der Thora, den fünf Büchern Moses oder Pentateuch, ist ein Dienst an Gott. Schriftgelehrte (Rabbiner) zählen als Spezialisten in der jüdischen Tradition und deren Gesetzen. An den meisten Synagogen steht geschrieben „Ich habe den Herrn allezeit vor Augen", was bedeutet, dass die Religion eine lebenslange Aufgabe ist. Dabei muss dreimal am Tag gebetet werden („schacharit", „mincha", „maarib"). Als Zeichen des Respekts wird dabei eine „Kippa" getragen. Orthodoxe Juden tragen diese auch außerhalb der Synagoge.

Traditionell wird kein Schweinefleisch oder Fisch ohne Flossen oder Schuppen gegessen. Koschere jüdische Speisen sind vollkommen blutfrei. Fleisch und Milch dürfen nicht zusammen zu sich genommen werden. Manchmal wird auch das Geschirr zur Abgrenzung dieser Nahrungsbestandteile getrennt.

Der jüdische Kalender und jüdische Feste

Der jüdische Kalender weicht stark vom christlichen ab. 1998 war beispielsweise das jüdische Jahr 5759. Die wichtigsten Feste sind „Passah" (Frühlingsfest, Wanderung durch Ägypten), „Schawuot" (Fest der Schnitternte, Übergabe der zehn Gebote), „Sukkot" (Laubhüttenfest), „Rosch Haschana" (Neujahrsfeier), „Jom Kippur" (Versöhnungstag), „Chanukka" (Tempelweihfest) und „Purim" (Befreiung der persischen Juden).

Mit 13 Jahren hat der männliche Gläubige seine „Bar-Mizwa" (gesetzliche und religiöse Mündigkeit), das Mädchen bereits mit 12 Jahren. Das „Kidduschin" ist die Hochzeit eines Juden und ist mit sechs Segnungen verbunden.

Islam

Der Islam wurde im 7. Jahrhundert von Mohammed gegründet und zählt heute als zweitgrößte Religion. 70 Prozent der über eine Milliarde Gläubigen leben in Asien, 25 Prozent in Afrika und nur 3 Prozent in Europa. Der Begründer des Islam, Mohammed, wurde in Mekka geboren und gab sich dem Handel und seiner Familie hin, bis er die erste Offenbarung erhielt. Im Koran werden die von Mohammed empfangenen Worte Gottes aufbewahrt. 20 Jahre nach Mohammeds Tod hat Kalif Othman den Koran schreiben und ihn in Mekka, Medina, Damaskus und Basra hinterlegen lassen.

Der Koran Der Koran besteht aus 114 Suren (Abschnitten), welche von Mohammed in Mekka und Medina empfangen wurden. Die erst später hinzugefügten Titel der Hauptteile des Korans sind die Einzigkeit und Barmherzigkeit Gottes, die Pflichten der Muslime, biblische Gestalten wie Adam, Abraham, Moses, auch Jesus und seine Mutter Maria sowie Gericht, Hölle und Paradies.

Für einen Gläubigen bestellt der Islam fünf Pflichten, welche als die fünf Säulen des Islams bezeichnet werden. Diese sind erstens das „Kalima" oder „Shahada" (Aufsagen des Glaubensbekenntnisses), zweitens „Salat" (Gebet fünfmal täglich ab dem 12. Lebensjahr), drittens das „Saum" (Fasten während des Monats „Ramadan"), viertens das „Zakat" (Zahlen der Almosensteuer), fünftens der „Hadsch" (Pilgerfahrt nach Mekka). Als 6. Säule des Islam wird manchmal der „Jahid" übersetzt als „Heiliger Krieg" postuliert. Die richtige Übersetzung für diesen Begriff lautet jedoch „mit Gut und Leben für die Sache Gottes" und unterliegt in dieser Form unterschiedlicher Interpretation.

Die Moschee Das Gebet wird in einer Moschee (arabisch „Masjid": „Ort, wo man sich niederwirft") durchgeführt. 90 Prozent der Muslime sind Sunniten, 10 Prozent sind Schiiten. Die Muslime lehnen den ihnen manchmal auferlegten Namen Mohammedaner ab. Ein Muslim darf generell keinen Alkohol trinken und kein Schweinefleisch essen.

Buddhismus

Der Buddhismus ist unter den vier großen Religionen die kleinste, aber älteste Religion. Im 5. Jahrhundert v. Chr. wurde sie von Buddha Siddharta Gautama gegründet und benannt. 6 Prozent der Weltbevölkerung sind Buddhisten – hauptsächlich in Tibet, Butan, Thailand, Sri Lanka, Laos und Kambodscha. Unterscheiden können Sie noch die größten Untergruppen des Buddhismus „Hinayana" und „Mahayana".

Der Buddhismus beeinflusst alle Lebensbereiche und ist damit nicht nur Religion, sondern gleichzeitig auch Philosophie. Wiederholt man die „dreifache Zuflucht" („Ich nehme Zuflucht zum Buddha, ich nehme Zuflucht zur Lehre (‚Dharma'), ich nehme Zuflucht zur Gemeinschaft (‚Sangha')".) dreimal, wird man zum Buddhisten. Der Begriff Buddha wird parallel für den Begründer der Religion und für einen erleuchteten Gläubigen verwendet. Höchster Vertreter des Buddhismus ist der Dalai-Lama.

In der buddhistischen Lehre gibt es vier edle Wahrheiten. Die erste Wahrheit beschreibt, dass alles Irdische oder Materielle Leiden verursacht. Die zweite Wahrheit bezeichnet die Aufdeckung der Ursache dieses Sachverhalts, die Wahrheit von der Entstehung des Leidens. Die dritte Wahrheit sagt aus, dass dieses Leiden überwunden werden kann. Die Überwindung dieses Leids führt über den edlen achtfachen Weg zum „Nirwana" (4. Weisheit).

Vier edle Wahrheiten und acht Pfade

Die acht Pfade beinhalten alle das Wort „Samyak", welches mit Recht übersetzt werden kann. Die Pfade werden alle gleichzeitig beschritten und lauten übersetzt:
- Ganzheitliche Anschauung
- Ungeteilter Entschluss
- Untadelige Rede
- Vollkommenes Handeln
- Ganzheitliche Lebensführung
- Gleichgewichtige Anstrengung

- Unablässige Achtsamkeit
- Ganzheitliche Einswerdung

Als Richtlinien gelten zudem fünf Postulate: der Gewaltverzicht, der Verzicht auf Materielles, keine Begierden, Wahrhaftigkeit und keine Rauschmittel.

Nirvana als höchstes Ziel

Das Ende des Leidens und das höchste Ziel des Buddhisten ist das „Nirvana". Es ist die endgültige Vernichtung von Verlangen und Passion. Das „Sangha", die Gemeinschaft, besteht aus vier Gruppen: Mönche („Bhikshu"), Nonnen („Bhikshuni"), Laienanhänger („Upasaka") und Laienanhängerinnen („Upasika"). Die Ethik der Buddhisten ist das „Maitri" (Freundlichkeit), die Güte, Milde und „Karuna" (die Hinwendung zu allen Lebewesen). In Form der Meditation versinken Buddhisten im Bewusstsein.

Arbeit

Die Arbeit einer interkulturellen Gruppe oder einer einzelnen ausländischen Person hängt beträchtlich von kulturellen Gesichtspunkten ab. Allgemein wird in der Wirtschaftswelt zwischen zwei unterschiedlichen Arbeitskulturen unterschieden: die amerikanische und die japanische Arbeitskultur. Diese beiden Arbeitskulturen sind durch außergewöhnliche Gegensätze geprägt. Eine von beiden Kulturen können Sie auf annähernd jedes Land übertragen.

Amerikanisches Leistungs- und Effizienzparadigma

In der amerikanischen Arbeitskultur geht es um Leistung und Effizienz. Die Person ist ein Produktionsfaktor, welcher optimal und effizient eingesetzt wird. Fortschritte in der Karriere machen Personen mit herausragenden Kompetenzen und Erfolgen. Mitarbeiter mit unzureichenden fachlichen oder sozialen Fähigkeiten werden früher oder später gekündigt. Die Märkte, damit auch der Arbeitsmarkt, sind frei und unterliegen ständig dem Gesetz von Angebot und Nachfrage. Ein insolventes Unternehmen geht nach dem Gläubigerschutz in die sofortige Auflösung.

Arbeitsparadigma nach japanischem Modell

Die japanische oder chinesische Arbeitskultur ist durch einen sehr traditionellen Umgang mit den Arbeitnehmern und Vorgesetzten geprägt. Die Mitarbeiter sind meist ein Leben lang bei der gleichen

Firma angestellt und steigen durch ihre Betriebszugehörigkeit auf. Alle Mitarbeiter und Kunden müssen gleich behandelt werden. Eine Einigung in der Diskussion darf keine Meinung einer Einzelperson oder kleineren Gruppe überstimmen. Arbeitnehmer werden traditionell nicht freigesetzt. Insolvente Unternehmen werden staatlich unterstützt. Das Geschäft unterliegt der strengen Etikette von Hierarchie.

Jedes Land und jede Region hat eine Ausprägung, die zwischen **Arbeitskulturen** diesen beiden Arbeitskulturen liegt. Europa und Nordamerika sind dabei eher amerikanisch und der asiatische Raum eher japanisch. Sie sollten in interkulturellen Teams die Wirkung der gewohnten Arbeitskulturen einschätzen und sich auf mögliche Konflikte, aber auch einhergehende Chancen einstellen.

Länderkunde

In dem folgenden Abschnitt lernen Sie mehr über regionsspezifische **Regionale,** Aspekte der interkulturellen Zusammenarbeit. Selbstverständlich **kulturelle** kann dies nicht mit dem Anspruch der Vollständigkeit geschehen, **Besonderheiten** da dies den Rahmen des Buches sprengen würde. Da im deutschsprachigen Raum Auslandseinsätze von Mitarbeitern außerhalb Europas zum größten Teil in Richtung Nord-, Mittel- und Südamerika sowie zunehmend Asien erfolgen, konzentrieren wir uns hier auf diese Regionen. In diesem Kapitel können Sie sich also mit wesentlichen Grundlagen und Unterschieden dieser Kulturräume vertraut machen.

Nordamerika
NAFTA

Der Wirtschaftsraum in Nordamerika bezieht sich auf die Vereinigten Staaten von Amerika und Kanada. Obwohl Mexiko auch zur NAFTA („North American Free Trade Agreement") gehört, wird es aufgrund von Kultur, Sprache und Tradition in die Region Süd- und Mittelamerika eingeordnet. Obgleich in Nordamerika in einigen Regionen neben Englisch auch Französisch gesprochen wird und zum Teil unterschiedliche Traditionen sowie Abgrenzungen propagiert werden, ist die Gesellschaft der Region Nordamerika relativ homogen.

Dezidierte Abgrenzung von Amerikanern und Kanadiern

Amerikaner und Kanadier grenzen sich gern voneinander ab und sind besonders stolz darauf, nicht zu den jeweils anderen zu gehören. Im Gegensatz zu Kanada, welches heute immer noch ein Einwanderungsland für primär Franzosen und Briten, daneben Deutsche, Italiener, Polen und Holländer ist, sind die meisten US-Amerikaner zusätzlich außerordentlich stolz, überhaupt anders als der Rest der Welt zu sein.

Patriotismus wird an jeder amerikanischen Highschool groß geschrieben. Amerikaner lernen die Rolle Amerikas als Weltbeherrscher und Retter in der Schule und nehmen diese Propaganda gern auf. Kritisches Denken und internationale Bildung wird auf fast allen öffentlichen Schulen nur unzureichend vermittelt. Sprach-, Geografie- und kultureller Unterricht kommen in den ersten zwölf Jahren Schule viel zu kurz und vorwiegend fehlt sogar ein generelles Grundverständnis für anderes und andere. Der Geschichts- und Politikunterricht ist in vielen Bereichen relativ einseitig. In den Bereichen der Naturwissenschaften sowie Mathematik wird äußerst fortschrittlich und damit erfahrungsgemäß bedeutend besser als in Europa unterrichtet. Einen großen Wert wird auf Sport und berufliche Bildung schon im Jugendalter gelegt. Meistens werden schon in der 8. Klasse konzentrierte Wirtschafts-, naturwissenschaftliche oder Ingenieurkurse belegt. Es ist klar zu erkennen, dass in den Vereinigten Staaten direkt Fachbildung vermittelt wird und nicht wie beispielsweise in Deutschland auf eine gute Allgemeinbildung gebaut wird.

Das durch Großbritannien geprägte Kanada baut etwas mehr auf Allgemeinbildung, fängt aber auch früh damit an, die Jugendlichen auf den Beruf vorzubereiten.

Wehrpflicht und Studienbeginn

In Kanada sowie in den USA gibt es keine Wehrpflicht, demnach kommen die Jungen zwei Jahre und die Mädchen ein Jahr eher als in Deutschland direkt nach der 12. Klasse an die Universität und sind den deutschen Studenten meist zeitlich etwas voraus. Die Qualität der Universität ist in ganz Nordamerika aufgrund der starken privatwirtschaftlichen Förderung besonders in den Naturwissenschaften wesentlich besser als in Europa. Der finanzielle

Aspekt und Möglichkeiten zur kostenintensiven Forschung ziehen die besten Studenten und Professoren in die USA.

In Nordamerika wird sehr freundschaftlich gearbeitet. Direkte Vorgesetzte werden vorwiegend mit dem Vornamen angesprochen. Bei wesentlich höheren Führungskräften wird jedoch ebenfalls mit einem Mister oder Miss die Stellung geehrt. Der Arbeitsmarkt ist hart, Kündigungen sind sofort wirksam und die Wirtschaft ist äußerst dynamisch. All dies hindert aber nicht daran, mal eben einen Smalltalk über das letzte Football- oder Baseballspiel zu halten. Freundschaftlichkeit wird in vielen Unternehmen groß geschrieben. Im Gegensatz zu Deutschland steigen Vorgesetzte eher durch soziale und Management-Kompetenzen auf und nicht nur aus fachlichen und zeitlichen Gesichtspunkten. In Amerika gibt es eher Führungskräfte und Manager, in Deutschland eher Vorgesetzte und Chefs. Ein interessanter Unterschied ist ebenfalls, dass nicht wie in Deutschland das Gehalt des Vorstandsvorsitzenden Anlass zur Diskussion über die Ungerechtigkeit der Welt ist, sondern, dass die Höchstgehälter Anreiz für die Mitarbeiter bieten und die Mitarbeiter stolz sind, dass ihr Vorstandsvorsitzender so viel verdient.

Freundliche Arbeitsatmosphäre

Nordamerika kompensiert die Unterdrückung von Minderheiten und Probleme der Gesellschaft durch Gesetze und Vorschriften. Eine Bewerbung hat ohne persönliches Foto zu bleiben, damit eine Person nicht aufgrund ihrer Hautfarbe ausgesondert wird. In Fahrstühlen haben interessanterweise die Männer nach oben und die Frauen nach unten zu gucken. Jeder neue Mitarbeiter wird zur Integration in das Unternehmen mit einem stundenlangen Bericht über sexuelle Belästigung am Arbeitsplatz aufgeklärt. Als weitere Auffälligkeit hat sich inzwischen ein mitunter übermäßiges Entschuldigen eingeschlichen. Personen, welche Sie nicht einmal bemerkt hätten, wenn sie sich nicht so lautstark bei Ihnen entschuldigen würden, machen auf sich aufmerksam, wenn sie an Ihnen vorbeilaufen. Beim Einsteigen in einen fast vollkommen leeren Fahrstuhl, entschuldigt man sich. Diese Manier treffen Sie ebenso in Asien wieder.

Umfassende Regelungen gegen Diskriminierung

371

3. Gruppenbeobachtung

Vorurteile und Charakteristika einer „Weltnation"

Als Ausländer sind Sie in Amerika vielen Vorurteilen ausgesetzt. Neben zahlreichen positiven Vorurteilen, zum Beispiel über gutes Bier, die Autobahn und Mercedes, kann dies bis zu einem morgendlichen Hitlergruß zur Begrüßung führen. Sie sollten sich darauf beschränken, nur grobes Missverhalten zu korrigieren, um den Amerikaner an sich nicht zu diskreditieren. Auf keinen Fall sollten Sie amerikanische politische Entscheidungen oder Strukturen infrage stellen. Aus ihrer eigenen Sicht heraus machen Amerikaner politisch alles richtig, ihr Wirtschaftssystem ist am besten und der Rest der Welt ist kleiner, unwichtiger und schlechter. Dies klingt hart, aber nehmen Sie es in einer Kommunikation im nordamerikanischen Kreise mit einem höflichen Lächeln hin.

Ohne Englisch und gegebenenfalls Französisch geht es nicht

Ohne Englisch oder in Teilen Kanadas ohne Französisch werden Sie in Nordamerika auf Schwierigkeiten stoßen. Selbst ein schwaches Englisch wird jedoch gleich mit großer Begeisterung aufgenommen, und der Amerikaner freut sich darüber, dass der Fremde seine Sprache gelernt hat. Ab einem bestimmten wirtschaftlichen Niveau kann eine Formulierungsschwäche aber auch ausgenutzt werden. Verträge sollten immer von einer professionellen internationalen Anwaltskanzlei überprüft werden.

Geschäftliche Einladungen finden oft auch im Freien statt. Es wird liebend gern geschäftlich golfen gegangen, gesegelt oder gefischt. Obwohl diese Aktivitäten in einer legeren Umgebung stattfinden, sollten Sie aber nicht den Ernst der Lage unterschätzen. Nordamerikaner sind gewohnt, auch in freizeitlicher Stimmung große Geschäfte zu machen bzw. ernst zu nehmen.

Bedeutung von Show und Wirkung von Stil

Beeindrucken können Sie Amerikaner mit Stil. Dieser kann durch Auftreten, Mode oder Präsentation gezeigt werden. In der Wirtschaft sind Amerikaner besonders modebewusst und geben mitunter gern vor, einen echten Boss- oder einen falschen Armani-Anzug erkennen zu könnten. Europa ist in den Bereichen der Mode en vogue. Amerikaner protzen gern; Limousinen und große Auftritte beeindrucken sie stark. Aufgrund der frühen und gründlichen IT-Bildung wird es Ihnen schwer fallen, sie durch eine animierte und bunte Präsentation zu beeindrucken. Ein schlichtes Format mit einem großen Firmennamen beeindruckt mehr.

Ansonsten laden Amerikaner gern Gäste aus dem Ausland zu irgendwelchen privaten Veranstaltungen ein. Nicht alle dieser Einladungen sind wirklich ernst gemeint. Herauszufinden, ob nun eine Einladung ernst gemeint wurde oder nicht, ist jedoch ohne tiefere Kenntnis der englischen Sprache und Kultur kaum möglich. Der Besuch einer solchen Veranstaltung kann aber sehr nett werden. Bei kleineren Veranstaltungen müssen Sie damit rechnen, der Mittelpunkt der Feier zu sein, bei größeren Veranstaltungen stehen Sie vorwiegend allein herum.

Private Einladungen

Süd- und Mittelamerika

In Süd- und Mittelamerika wird größtenteils Spanisch und Portugiesisch gesprochen. Viele der südamerikanischen Fühl-, Denk- und Verhaltensmuster haben ihren Ursprung in Südwesteuropa. In Südwesteuropa wie in Mittelamerika findet aufgrund des guten Wetters ein Großteil aller Aktivitäten im Freien statt. Über Jahrhunderte haben diese Kulturen nicht alleine in Haus und Wohnung, sondern unter und mit vielen anderen Menschen gelebt. Diese ständige Präsenz von Mitmenschen hat diese Region besonders geprägt.

Süd- und Mittelamerika besteht aus ehemals kolonialisierten Ländern, in welchen die Urbevölkerung über die Zeit hinweg und zum Teil heute noch durch direkte Gewalt unterdrückt und manchmal sogar verfolgt wurde. Gleichzeitig gehören gerade diese traditionellen Kulturen zu den ältesten der Welt und sind Quelle für kulturellen Stolz und wirtschaftlichen Wohlstand. Ein Großteil aller Länder dieser Region lebt ausschließlich vom ausländischen Tourismus.

Im Kreise der größeren Unternehmen in dieser Region befinden Sie sich in einem sehr internationalen Umfeld. Nicht nur die Produkte, sondern besonders das Personal kommt aus den unterschiedlichsten Ländern. Als eines der ersten Billiglohngebiete haben besonders die Großindustrien ihre Produktionsstandorte in diese Region verlegt. Schon seit Jahrzehnten produzieren auch deutsche Großunternehmen, beispielsweise Volkswagen oder Daimler Chrysler, in Mexiko. Obwohl das Arbeitsleben äußerst international ist, bleibt die spanische oder portugiesische Sprache grundlegend für die Arbeit eines Ausländers.

Spanisch und Portugiesisch sind bedeutsam für die Arbeit

Die allgemeine schulische Ausbildung ist nicht so umfassend, dass viele Menschen englisch sprechen können. Aus diesem Grund ist besonders die Kommunikation auf der Straße oder in Einkaufsläden oft nur in den lokalen Sprachen möglich. Die allgemeine Schulpflicht dieser Region ist recht kurz, beispielsweise in Brasilien mit acht Jahren, Mexiko mit nur sechs Jahren, Argentinien mit zehn Jahren, Chile und Bolivien mit acht Jahren und Peru mit sechs Jahren. Die Alphabetisierungsquote liegt meist nach der Statistik über 90 Prozent, aber diese Zahlen sind trügerisch. Außer in den Großstädten ist die Bildung zum Teil verglichen mit europäischen Maßstäben sehr schlecht. Die ganze Region ist vorwiegend römisch-katholisch (Brasilien 88 Prozent, Mexiko 89 Prozent, Argentinien 91 Prozent, Chile 77 Prozent, Peru und Bolivien 90 Prozent).

Politisch sind einige Regionen noch nicht stabil, und einzelne Gebiete sollten Sie möglichst nicht allein bereisen. Ansonsten handelt es sich in Südamerika hauptsächlich um föderative Präsidialdemokratien oder präsidiale Bundesrepubliken.

Herzlichkeit, Temperament und Neugierde

Die Menschen in Süd- und Mittelamerika sind außerordentlich herzlich. Ausländer werden nicht abwertend als hilflos angesehen, sondern mit warmherziger Menschenliebe aufgenommen. Zur Begrüßung wird sich umarmt und geküsst – auch häufig bei Personen, die man kaum kennt. Ebenfalls gehört zu jeder Kommunikation ein ausgiebiger Smalltalk. Besonders Ausländer können viel erzählen und die Berichte, wie Sie denn das fremde Land finden, interessieren jeden Einheimischen brennend.

Was die Arbeitsweise angeht, ist diese Region eher ungezwungen. Mitunter werden einzelne Länder als „Pais de mañana" (Land von morgen) bezeichnet. Dies spiegelt für die Einheimischen die Bedeutung des wirtschaftlichen Aufstrebens dieser Region wieder. International wird damit eher der Hintergedanke verbunden, dass die Arbeit an sich in dieser Region nicht sofort fertig gestellt, sondern lieber auf morgen verschoben wird. Freundlichkeit und Ablauf von Arbeit sind ebenso grundsätzlich wichtig wie das Ergebnis an sich. Besonders bei den internationalen Großunternehmen wird häufig ein amerikanischer Führungsstil gepflegt.

Asien

Asiens wirtschaftliche Gesellschaft ist zweigeteilt. Die eine große Hälfte ist die traditionelle aus der Zeit, in der die komplette Wirtschaft in den Händen von einem Dutzend Personen lag. Diese Hälfte ist sehr konservativ und entspricht allen Klischees und Traditionen der Asiaten. Die zweite Hälfte bildet sich um Unternehmen der Finanzbranche und der exportierenden Industrien. In diesen wird mit einer einmaligen Effizienz gearbeitet und kommuniziert, sodass sie stets aufs Neue als weltweites Vorbild für Prozessmanagement und Kosteneffizienz aufgeführt werden.

Eine wirtschaftlich gespaltene Gesellschaft

Die asiatische Schule ist hart und liegt vom Lernniveau sowie den Anforderungen an die Absolventen weit aus höher als in Europa oder Amerika. Diese harte Schulzeit dient zur Vorbereitung auf die Aufnahmetests der Universitäten. In Asien werden die Studenten nicht auf einen Beruf vorbereitet, sondern oberflächlich und nach veralteten Methoden ausgebildet. Ein Diplomand einer normalen Universität braucht meist eine langjährige Einarbeitung in ein Unternehmen. Wundern Sie sich nicht, wenn asiatische Marketingfachleute Jura oder Literatur studiert haben. Auf der anderen Seite werden in einigen Gebieten konkret Fachkräfte ausgebildet, wie beispielsweise in Indien oder Pakistan. Diese Fachkräfte zeichnen sich jedoch meistens auch nicht durch eine besonders große Qualifikation, sondern eher durch die immens niedrigen Löhne aus. Die Studienplätze an den asiatischen Eliteschulen sind aufgrund der immensen Bewerberzahl einer sehr kleinen Gruppe vorbehalten. Die Absolventen dieser Schulen sind hoch qualifiziert und motiviert.

Ausbildung und Studium

Auf der höheren asiatischen Managerebene finden Sie seltener fachlich qualifizierte Personen als in der westlichen Geschäftswelt. Asiatische Manager konzentrieren sich dagegen mehr als ihre europäischen und amerikanischen Kollegen darauf, die zwischenmenschliche Beziehung von Unternehmen und Geschäftspartnern einzuschätzen und zu entwickeln. Die fachlichen Aspekte liegen weniger in ihrer Kompetenz.

Umgang mit Ausländern Ausländer werden in den asiatischen Städten meist nicht begrüßt oder angesprochen. Die Schüchternheit und das schwache Englisch erscheinen vielen Asiaten als zu großes Hindernis, sich interkulturell auszutauschen. Dieses Hindernis wird oft auch nach längerer Zusammenarbeit nicht überschritten. Werden Veranstaltungen im freizeitlichen Rahmen durchgeführt, werden Asiaten, da sie kaum Alkohol vertragen, sehr schnell sehr lustig und offen – am nächsten Tag wird aber sofort wieder zurückgeschaltet. Erst wenn ein Asiat ein gutes Selbstvertrauen in seine Sprachkenntnisse entwickelt hat, traut er sich, sich den Ausländern anzunähern.

„Das Gesicht wahren" Besonders auf Japan bezogen, aber auch auf die meisten anderen ostasiatischen Länder, lernen Sie in jedem interkulturellen Training, dass das Schlimmste für einen Japaner ist, sein Gesicht zu verlieren. Japaner kennen keine Fehler oder Lügen und wenn welche offensichtlich sind, werden sie auf keinen Fall angesprochen. Das Wort Lüge gibt es in dieser Bedeutung im Japanischen erst gar nicht. Dieses Klischee ist wahr – aber nur zur Hälfte. Die notwendige Erweiterung zu „das Gesicht nicht verlieren" ist folgendes Sprichwort: „Japaner stehen jeden Tag mit einem neuen Gesicht auf."

Sollten Sie einmal in der Rolle einer Führungskraft in Asien Arbeiten delegieren, sollten Sie sich stets auf nur ein Thema je Delegationsvorgang konzentrieren. Werden mehrere Aufgaben an die gleiche Person übertragen, steht diese häufig vor einem unlösbaren Koordinationsproblem. Asiaten sind in der Regel weniger gewohnt, kreative Aufgaben zu lösen. Zur Lösung komplexer Problemstellungen werden regelmäßig externe Berater konsultiert. Asiaten ziehen es vor, konkrete Arbeitsanweisungen zu bekommen, welche sie ausführen können. In dieser Ausführung sind sie besonders schnell und gründlich.

Vorstellungsprozeduren Ein geschäftliches Treffen beginnt stets mit einer Vorstellungsprozedur. Das Austauschen einer Visitenkarte ist ein Schauspiel. Sie empfangen die Visitenkarte und sind verpflichtet, diese genauestens zu mustern. Einem Ausländer ist zu raten, sich einfach die ganze Karte dreimal durchzulesen, um so zumindest vorzugeben, er hätte sich einen angemessenen Zeitraum mit der Karte auseinander gesetzt. Die meisten Karten haben zwei Seiten, eine in den heimischen Schriftzeichen und eine in lateinischen Buchstaben. In den meisten asiatischen Ländern verbeugt man sich, anstatt sich die Hand zu geben. Ausländer stellen sich bei dieser Tradition in vielen Fällen unbeholfen an. Dies macht nichts, denn die einheimischen Geschäftsleute sehen dabei kein bisschen anders aus. Zahlreiche asiatische Geschäftsleute sind aber so selbstbewusst, dass sie die europäisch-amerikanischen Sitten kennen und strecken Ihnen selbstbewusst die Hand entgegen. Gehen Sie mit einem Lächeln der Ihnen entgegengebrachten Begrüßungsweise nach.

Asiaten gehen dem in Westeuropa üblichen Smalltalk tendenziell seltener nach. Zu fragen, wie es einem geht, ist unüblich. Gezeigtes Interesse an der Umgebung und der hiesigen Kultur wird aber stets mit viel Entgegenkommen aufgenommen.

Smalltalk

3.4. Evaluierung von Gruppen und Personen

Mit dem Wachsen Ihrer Aufgabenbereiche müssen Sie auch lernen, Arbeitsergebnisse und Arbeitsverhalten von anderen Personen zu evaluieren. Zur präzisen und umfassenden Bewertung von einer Person, Gruppenmitgliedern oder ganzen Gruppen bedarf es einer sorgfältigen Beobachtung. Diese Beobachtung kann in den unterschiedlichsten Situationen vorgenommen werden und zahlreiche verschiedene Bereiche abdecken. Der strukturierten Beobachtung folgt dann die Bewertung der beobachteten Aspekte. Neben fachlichen Perspektiven wird dabei auch die Bewertung von sozialen Kompetenzen vorgenommen.

Die Bedeutung, Menschen aufmerksam beobachten und einschätzen zu können

Zur Beobachtung und Bewertung von Gesamteindrücken werden in diesem Abschnitt konkrete Vorgehensweisen beschrieben und erläutert. Für spezielle Situationen wie beispielsweise die Beobachtung und Bewertung während eines Bewerbungsverfahrens wird eine besondere Herangehensweise vorgestellt.

Auf der anderen Seite steht im Jahreszyklus eines mittelgroßen Unternehmens häufig eine Personalbeurteilung auf dem Plan. Ständige Personalbeurteilungen scheinen vorläufig für das Unterneh-

Regelmäßige Personalgespräche

men keinen Mehrwert zu haben; bei der Betrachtung des Vorteiles müssen Sie aber primär auf die Seite des Beurteilten blicken. Für ihn sind diese Gespräche und die formulierten Hinweise Motivationsquelle und damit Leistungsquelle für das Unternehmen, wenn er sich anhand der Einschätzung durch seinen Vorgesetzten gut weiterentwickeln kann. Dies kann jedoch nur geschehen, wenn Sie wissen, wie Sie eine Personenbeurteilung durchführen und diese kommunizieren.

Personenbeobachtung

Die Personenbeobachtung ist eine konkrete Untersuchungsmethode und reicht damit von der passiven Registrierung von Eigenschaften bis zu Beobachtungen in einer explizit und präzise aufgebauten Testumgebung. Eine objektive Beobachtung vorzunehmen, ist sehr schwierig, da Sie als der Beobachter bei der aktiven Beobachtung größtenteils selbst im Beobachtungsraum stehen. Den Methoden, welche diese Partizipation und damit verbundene Subjektivität vermeiden wollen, steht das Konzept der „Effektivität teilnehmender Beobachtung" entgegen. Bronislav Kasper Malinowsik (1884 bis 1942) zeigte in diesem Modell, wie man sich besonders in fremdartigen Gruppen persönlich annähern muss, um einen Kreis von Personen gut beobachten zu können.

Verhalten in Einzel- und Gruppensituationen

Die Eigenschaften von Personen können in zwei grundverschiedenen Situationen beobachtet werden: in einer Einzelsituation und einer Gruppensituation. Eine Person verhält sich in einer Gruppe erfahrungsgemäß anders, als sie individuell auftritt. Eigenschaften wie beispielsweise Dominanz oder Selbstbewusstsein erscheinen in erster Linie konstant, können aber in Gruppen- und Einzelübungen unterschiedlich ausfallen.

Viele Punkte, die möglicherweise der Personenbetrachtung zugeordnet werden, sind erst im Teilabschnitt der Personenbewertung aufgeführt. In den Abschnitten der Personenbeobachtung geht es noch nicht um die Prüfung einzelner Mimiken, Gestiken und Aussagen in Form von Informationen, sondern es wird vor allem auf eine Sensibilisierung Wert gelegt, was und wie beobachtet werden kann.

Einzelpersonen

Die Beobachtung von Einzelpersonen auf beruflicher Basis erfolgt in konkreter Absicht, wie beispielsweise bei der Auswahl neuer Mitarbeiter, sowie auch in der normalen operativen Arbeit. In diesem Abschnitt werden beiden Formen erläutert.

In einer Bewerbung versuchen Sie als verantwortliche Person, einen flüchtigen Einblick in die fachliche und soziale Kompetenz des Bewerbers zu erlangen. Dies kann anhand von einfachen Interviews, aber auch in Rollenspielen oder Arbeitsproben geschehen. Prägendes Element all dieser Möglichkeiten ist die Offensichtlichkeit für Getesteten und Tester, dass es sich um eine künstlich dargestellte Situation handelt. Dieses Verständnis sollten Sie bei jeder Beobachtung und speziell später in der Beurteilung berücksichtigen. Wenn Sie Personen besonders in einer bestimmten Konstellation analysieren möchten, ist es hilfreich, vor der Durchführung eine Übersicht zu erstellen, was Sie beobachten und worauf Sie dabei besonders achten wollen.

Offensichtliche Beobachtung im Kontext einer Bewerbung

Bei Einzelpersonen können Sie in jedem Gespräch oder in einer Übung das Zusammenspiel von Körper und Geist beobachten. Beim angestrengten Denken gehen die Augen nach oben, bei Freizeit- und Zukunftsthemen schweift der Blick durch den Raum oder hinaus aus dem Fenster, bei Verunsicherung weicht die Person leicht nach hinten, bei Missverständnissen oder starkem Interesse beugt sich die Person meist nach vorne. Auch Handbewegungen können Sie aufs Genaueste aufnehmen und interpretieren.

Körpersprache verstehen

Die ersten Beobachtungen finden bereits bei der Begrüßung statt. Wem gibt die Person die Hand? Wie stark drückt sie die Hand? Wie lange schaut die Person wem in die Augen? Lächelt die Person oder schaut sie eher ernst? Welche Form des Gesprächs wird initiiert? Auf welche Themen geht sie besonders ein?

Im Gespräch ist außerdem aufschlussreich, wie die Person Fragen aufnimmt, die sich auf die Vergangenheit oder die Zukunft konzentrieren. Bei welchem Thema verweilt der Bewerber automatisch länger? Aus welchem Bereich erzählt er zuerst, wenn über Erfolge und Misserfolge, Stärken und Schwächen gesprochen wird? Wie

Inhaltliche Reaktion auf Fragen

reagiert die Person auf sehr komplizierte Fragen? Wie auf Fragen, welche sie nicht beantworten kann? Wie auf Fragen, welche eventuell schon einmal gefragt wurden? All dies können Sie aktiv ausprobieren, um ein Bild Ihres Gegenübers zu bekommen. Bei der thematischen Beobachtung kann bemerkt werden, auf welche Themen der Bewerber von alleine zu sprechen kommt, von welchen er wegführt und auf welche er aktiv gestoßen werden muss. Interessant ist, ob von der beruflichen Vergangenheit in der Wir- oder Ich-Form gesprochen wird. Wie steht es mit Selbstkritik und Selbstlob?

Während des Gespräches in und vor einer Gruppe ist bedeutend, ob die Person alle Mitglieder durch Blickkontakt würdigt oder ob die Person sich nur auf den Redner konzentriert. Sehr häufig wird in Bewerbungsgesprächen aufgrund der Nervosität nicht auf die eventuell anwesenden stillen Beisitzer geachtet.

Struktur des Gesprächs Die intuitive Strukturierung oder auch fehlende Strukturierung des Gesprächsablaufs kann schnell erkannt werden, wenn Sie explizit darauf achten. Müssen einzelne Themen vonseiten der Durchführenden verknüpft werden oder übernimmt der Bewerber selbst die aktive Verknüpfung der Inhalte. Welche Rolle probiert die Person, im Interview einzunehmen?

Neigt sich das Gespräch dem Ende, stellt sich die Frage, wie sich die Person verhält. Initiiert die Person ein Resümee, fragt sie aktiv nach Folgeprozessen, zeigt sie zusätzliches Interesse oder erscheint sie froh, die Stresssituation zu beenden? Erscheint sie optimistisch oder pessimistisch gegenüber dem Gesprächsverlauf? Wie verabschiedet sich die Person? Wird allen Personen die gleiche Verabschiedung zuteil oder wird der Durchführende den stillen Beobachtern vorgezogen?

All diese Punkte können beobachtet werden und sind erweiternde Grundlagen für die folgende Bewertung. Eine Beobachtung und konsequente Verwendung dieser Beobachtungen wird vorwiegend aufgrund mangelnder Kompetenz nicht einmal in Großunternehmen durchgeführt, obwohl der Mehrwert den Aufwand deutlich übersteigt. Sie sollten einfach eine Person als stummen Beisitzer in das Interview mitnehmen, die etwas Erfahrung in dieser Art von Gesprächen hat und alle Beobachtungen notieren kann.

Speziell Berufseinsteiger bedürfen in den ersten Jahren einer sorgfältigen Beobachtung, um sie grundlegend und umfassend bewerten und weiterentwickeln zu können. Diese Bewertung ist in diesem Stadium des Mitarbeiters besonders wichtig, da er noch eine starke Orientierung benötigt. Aufgrund der Signifikanz der Personalentwicklung sollte diese Bewertung aber tatsächlich auch auf zahlreichen beobachteten Fakten beruhen. **Berufsanfänger**

Personen in der Gruppe

Das Verhalten einer Person in einer Gruppe ist meist fundamental unterschiedlich zu der Beobachtung, die Sie eventuell in einem individuellen Zusammenhang machen. Leider verzerrt dabei gerade die Übungssituation in Gruppenspielen in Assessment-Centern die Realität häufig sehr. In einem nicht eingespielten Team werden oftmals Rollen eingenommen, die die Person vermutet, einnehmen zu müssen, um einen größeren Bewerbungserfolg zu haben. Gerade in einer inhomogenen Übungsgruppe kann eine Person dabei eine Vielzahl von Qualitäten nicht positionieren oder eigene Eigenschaften nicht präsentieren und damit den objektiven Blick verzerren. Dennoch lohnt sich eine Gruppenübung stets, um die Einschätzung einer Person abzurunden. Um die Probleme der aktiven oder passiven Maskerade zu verringern, sollten Sie versuchen, mehrere Durchgänge unterschiedlicher Übungen in verschieden zusammengesetzten Gruppen durchzuführen. **Individuelles und Gruppenverhalten**

Die Beobachtung von einer Person in einer Gruppe beginnt bereits sehr zeitig. Gerade die Begrüßung der Person in der Gruppe offenbart zahlreiche Eigenschaften: **Beobachtungen aus den Begrüßungs- und Kennenlernvorgängen**
- Wie werden andere Personen begrüßt?
- Welcher Unterschied wird zwischen Mitstreitern und Bewertenden gemacht?
- Wird zwischen Frauen und Männern unterschieden?
- Werden die neuen Gesichter mit Unruhe und Argwohn oder mit Freude und Offenheit begrüßt?

- Wie werden Hinzukommende behandelt, welche Floskeln und gesprächseinleitende Sätze werden verwendet?
- Über was und wie wird gesprochen?
- Fixiert sich die Person direkt auf eine andere?

Diese sozialen Kompetenzen sowie Kompetenzen von Kommunikation und Kooperation werden am effektivsten in Gruppenübungen beobachtet. Dabei sind besonders die Gruppenrollen von großem Interesse.

Versuchen Sie zu identifizieren, wie die Person mit dem Gruppenleiter sowie mit konkreten Rivalen umgeht:
- Welche Solidaritäten baut die Person auf?
- Wann wird die Person initiativ, wie geht sie mit Initiativen anderer Gruppenmitglieder um?
- Wie reagiert die Person auf die eigene und die Isolation anderer?
- Wie geht die Person mit starken Veränderungen und mit Spannungen sowie Konflikten um?

In der fachlichen Perspektive können Sie analysieren, wie die Person sich Aufgaben nähert:
- Arbeitet die Person im Kollektiv oder eher individuell?
- Neigt die Person vielleicht dazu, Untergruppen zu unterstützen oder eventuell sogar selber welche zu gründen?

Notizen machen Diese vielen Einzelaspekte müssen bereits während der Personenbeobachtung notiert werden. Dafür sollten Sie ein Formular erstellen, in welchem Sie alle Beobachtungen schnell und einfach einordnen können. Versuchen Sie, das Verhalten noch nicht zu bewerten, sondern konzentrieren Sie sich auf die Beobachtung. Diese starke Abgrenzung erlaubt Ihnen eine objektivere Bewertung im Nachhinein. Die erstellten Unterlagen der Personenbeobachtung sind im Folgenden die Grundlage der Personenbewertung.

Personenbewertung

Drei Perspektiven der Bewertung Neben der Personenbeobachtung müssen Sie als Personalverantwortlicher die Person nun bewerten. Ohne eine sorgfältige Beobachtung von Eigenschaften, Arbeitsergebnissen und Verhaltensweisen wird die Bewertung subjektiv. Um eine Person ausgiebig einzuschätzen, sollten Sie die Analyse von den individuellen auf die kooperativen Gesichtspunkte ausweiten. Die Personenbewertung nutzt häufig drei Perspektiven: Erstens enthält eine Bewertung fachliche und soziale Komponenten. Zweitens kann die Bewertung jeweils absolut oder relativ vorgenommen werden. Als Drittes kann eine Bewertung freistehend oder stellenbezogen orientiert sein. Diese Perspektiven werden nun etwas genauer abgegrenzt und dargestellt. Dabei wird in diesem Kapitel nur auf die Fremdbewertung eingegangen. Antworten zu Fragen der Selbstbewertung finden Sie im Kapitel 1.

Fachliche und soziale Perspektiven

Eine Personenbewertung kann je nach Hintergrund der Bewertung unterschiedlich ausfallen. So werden erfahrungsgemäß nur kleine Bestandteile aus der ganzen Menge des Beobacht- und Bewertbaren evaluiert. In einer umfassenden Bewertung werden anfangs die fachlichen Kompetenzen beurteilt. Diese fachlichen Kompetenzen können Sie in akademische und praktische Kompetenz aufgliedern. Ersteres ist dabei die Betrachtung der Ausbildung, beginnend bei der Oberschule, über Studium oder Ausbildung bis hin zu zusätzlichen Kursen, Zertifikaten und Besuchen von Seminaren. Als Nächstes ergänzen Sie diese Punkte durch die Berufserfahrung. Dabei untersuchen Sie jeweils die Entwicklung der Einzelheiten und die konkreten Inhalte von alten und aktuellen Arbeitsverhältnissen.

Die fachliche Qualifikation

Nicht als Alternative, sondern als erweiterte Ausprägung, wird die soziale Perspektive durchleuchtet. Dabei werden die in diesem Buch dargestellten Soft Skills bewertet. Diese Soft Skills werden dabei, je nach hierarchischer Position der zu bewertenden Person unterschiedlich differenziert ausgelegt. Bei Sachbearbeitern werden Punkte wie Initiative, Kommunikation und Kooperation überprüft. Bei Führungskräften wird diese Liste zu einem immer umfangreicheren Katalog ausgebaut. Dabei wird auch die Evaluierung von zukunftsorientierten Elementen, wie zum Beispiel die individuellen Ziele und Visionen, dem sozialen Bereich zugeordnet. Demnach deckt die fachliche Perspektive stets nur die Bewertung der Vergangenheit ab, die soziale Perspektive betrachtet jedoch auch die zukünftige Entwicklung.

Die Soft Skills

Absolute und relative Perspektive

Unabhängige oder vergleichende Bewertung

Eine absolute Betrachtung wird beispielsweise bei der Überprüfung der Zielvereinbarung vorgenommen, eine relative Bewertung findet vorwiegend in Bewerbungen statt. Der Unterschied dieser beiden Perspektiven ist einfach zu verdeutlichen. Der relative Aspekt bewertet eine Person im Kontext anderer Personen. So werden zum Beispiel die besten oder der beste Bewerber aus einer Gruppe von Bewerbern ausgesucht. Dabei sind nicht nur die individuellen Eigenschaften zu betrachten, sondern diese werden im Vergleich zu den Eigenschaften anderer Personen messbar gemacht. Es geht nicht darum, ob eine Person perfekt Englisch oder die Buchhaltung führen kann, sondern vielmehr, welche Person es am besten kann oder welche Person besser für die Stelle geeignet ist.

Die absolute Bewertung probiert, gerade diese Vergleiche zu vermeiden. Erfahrungsgemäß gelingt der Versuch einer 100-prozentigen absoluten Bewertung nicht, da jede Führungsperson Qualitäten und Kompetenzen nur im Vergleich zu anderen Mitarbeitern einschätzen kann. Im Ergebnis wird immerfort bei der Bewertung ein Vergleich zwischen der Person an sich und anderen Personen gezogen.

Freistehende oder stellenbezogene Bewertung

Eine stellenorientierte Bewertung prüft eine Person anhand eines vorgegebenen Anforderungsprofils auf ihre Tauglichkeit. Mit dieser Vorgehensweise können Personen im Prozess der Bewerbungen gezielt herausgefiltert werden. Bei der Einstellung, Arbeit und Beförderung ist der Vergleich von Qualifikation und Stelle stets Grundlage der Entscheidung. Eine freistehende Bewertung findet beispielsweise bei der Erstellung eines Fremdbildes statt. Dabei wird meist vollkommen gelöst von Absichten und Ansprüchen eine Bewertung vorgenommen.

Bewertung aus fachlicher Perspektive

Besonders in Deutschland ist die fachliche Kompetenz das bedeutsamste Merkmal für ein berufliches Weiterkommen. Dabei wird neben den akademischen Erfolgen auch die Berufserfahrung in einen größeren Kontext gerückt.

Bei der Bewertung der fachlichen Kompetenzen gibt es neben einer Vielzahl einzelner Methoden eine allgemeine Strukturierung. Diese Strukturierung sieht vor, sich dem Komplex zuerst über eine retrospektive Betrachtung anzunähern. Dabei werden die Abschlüsse, die Ausbildung und Entwicklungen vor der Arbeitsaufnahme bewertet. Als nächster Schritt wird dann der Status quo beleuchtet. Dabei wird auf Genauigkeit und Fehlerfreiheit sowie Initiativen und Zielverfolgung geblickt. Um die Analyse der Fachkompetenz abzuschließen, wird die Entwicklung dieser Qualitäten bewertet. Dabei soll die Frage beantwortet werden, wie sich die Person im aktuellen Beruf fachlich weiterentwickelt hat. Diese Information soll Aufschluss geben, wie die weitere Entwicklung der Person aussehen wird.

Drei Kernaspekte der Bewertung der fachlichen Kompetenz

In einigen Personalgesprächen können diese drei Abschnitte im Potenzialentwicklungsgespräch noch um die Perspektive der Zukunft erweitert werden. Dabei wird eingeschätzt, wie weit eine Person in der Zukunft bestimmte Führungsrollen einnehmen könnte. Sie sollten sich bewusst werden, dass je höher die Position der Person ist, umso mehr neben fachlicher Qualifikation auch organisatorische Fähigkeiten, wie zum Beispiel Zeitmanagement, eine große Rolle spielen.

Zukunftsperspektive

Retrospektive

Die Bewertung der fachlichen Kompetenz hängt von der Stelle ab, für die die Eignung einer Person überprüft werden soll. Handelt es sich um die Einstellung eines Abiturienten zu einer Ausbildung, wird die fachliche Kompetenz in einem anderen Ausmaß beurteilt als in der Rekrutierung oder Bewertung eines Top-Managers. Da die Bewertung im kleinen Maße eine Teilmenge der umfassenden Einschätzung ist, werden im Folgenden alle Aspekte einer komplexen Einschätzung aufgeführt. Die unterschiedlichen Darstellungen von absoluter und relativer oder freistehender und stellenbezogener Bewertung werden in den einzelnen Bereichen angesprochen.

Die retrospektive Personenbewertung bewertet akademische, berufliche und zusätzliche Erfahrungen. Es werden dabei alle Punkte abgedeckt, welche auch für eine Bewerbung relevant sind. Die akademischen Erfahrungen bestehen aus den besuchten Ober-

Wertung des bisherigen Lebenslaufs

schulen und der folgenden Ausbildung. Für den Schulbesuch sind der konkrete Abschluss, die Ausrichtung der Schule, Dauer des Schulbesuchs, Vertiefungs- oder Leistungskurse, Abschlussnoten und Notenentwicklung von besonderem Interesse. Hinsichtlich Ausbildung oder Studium interessieren neben dem konkreten Abschluss auch die Vertiefungsrichtungen, Präferenzen, Thema und Anspruch der Abschluss- bzw. Diplomarbeit. Ebenfalls können Sie eine Notenentwicklung (positiv, konstant, negativ) von der Schule bis hin zum Ausbildungsabschluss identifizieren. Neben den harten Fakten sind auch die persönlichen Meinungen über die Zeit der Ausbildung, Präferenzen und Abneigungen aufschlussreich.

Zur beruflichen Historie zählt die ganze Berufserfahrung, welche eventuellen Wehrdienst bzw. zivile oder soziale Dienste mit einbezieht. Von bedeutendem Interesse sind dabei die konkreten Aufgaben, verbunden mit Verantwortlichkeit und Führungsposition, die Dauer dieser Aktivitäten und gegebenenfalls die Unternehmensgröße sowie die Branche.

Weiterbildungen und Zusatzqualifikationen Zu den Kompetenzen, die eine Person hat, gehören außerdem absolvierte Weiterbildungsmaßnahmen, Seminare, Kurse und Zertifikate. Dabei interessiert besonders der konkrete Mehrwert, welcher sich bietet, wie und warum man diese Aktivitäten angestoßen hat und welche Konsequenzen es für die Berufserfahrungen hatte. Als weitere große Zusatzqualifikation zählt die Fremdsprachenkompetenz. Hier sollten Sie den aktuellen Status der Kenntnisse und wie die Person sich diesen angeeignet hat erfragen.

Außerdem gehören Erfolge und Misserfolge in eine Personenbewertung. Bei der Betrachtung dieser Aspekte ist neben dem Sachverhalt an sich besonders die persönliche Konsequenz von Bedeutung, welche die zu bewertende Person aus diesen Erfahrungen gezogen hat. Fehler und Misserfolge sind respektabel, solange man aus diesen aktiv lernt.

Kontinuität und „roter Faden" Für die relative Betrachtung einer Person ist besonders der Ablauf der akademischen, beruflichen und zusätzlichen Erfahrungen von Interesse. Wenn ein roter Faden oder eine Kontinuität zu erkennen ist, können Sie diesen eventuell weiterführen und einen direkten Schluss auf die Zukunft des Bewerbers ziehen.

Status quo

Die Betrachtung dcs Status quo erfragt, wie die Person im aktuellen Arbeitsleben mit den Aufgabenstellungen umgeht und welche Selbstverständlichkeiten sie entwickelt hat. Dabei sind vor allem Aufgaben, Verantwortungen und Zielvereinbarungen von Interesse. Anhand dieser Rahmenbedingungen können Sie die jetzige Arbeitsleistung konkret bewerten. Nach der fachlichen Bewertung erfolgt weiter unten die Bewertung der Soft Skills.

Für die Betrachtung einer Person ohne Führungsverantwortung und konkrete Zielvereinbarungen ist die Aufteilung Arbeitsverhalten, Arbeitsergebnisse und Kommunikation zum Standard geworden. Diese Struktur enthält aber ein unübersichtliches Gemisch aus fachlichen und sozialen Perspektiven. Bei einer Person, welche schon länger im Unternehmen ist, wird die Führungsrolle irgendwann zur fachlichen Kompetenz und ist deswegen hier mit aufgeführt.

Bedeutende Fragen zur Bewertung des Status quo sind:

- Wie weit wird die Aufgabe, für die die Person zuständig ist, bearbeitet?
- Welche Qualität haben Problemlösungen und mit welcher Schnelligkeit folgen die Ergebnisse?
- Wie weit deckt die Person alle Verantwortungsbereiche ab?
- Wird die Rolle als Führungskraft von allen Mitarbeitern akzeptiert und fühlen sich die direkten Teammitglieder individuell anerkannt?
- Wird die Person als Manager oder nur als Vorgesetzter betrachtet?
- Wie schnell identifiziert die Führungskraft Probleme von Mitarbeitern?
- Wie geht sie auf diese Personen ein und ermöglicht ihnen durch qualitative Hilfestellung die Problemlösung?

Orientierungsfragen zur Ermittlung des Status quo in der fachlichen Perspektive

Zusätzlich zur konkreten Aufgabe haben viele Unternehmen Zielvereinbarungen, in welchen ganze Arbeitspakte formuliert worden sind. Diese Zielvereinbarungen sind eine weitere gewichtige Quelle für eine Bewertung der fachlichen Kompetenz zu einem bestimmten Zeitpunkt.

Weitere Aspekte zur Bewertung des Status quo, wie beispielsweise Problemlösungsdenken, Aufgabenstrukturierung, aber auch Kommunikation, Kooperation und die Arbeitsunabhängigkeit, werden im übernächsten Abschnitt „Bewertung aus sozialer Perspektive" dargestellt.

Entwicklung der Qualifikation

Wie haben sich Qualifikation und Leistungen entwickelt? Die letzte Perspektive der Fachkompetenzbewertung ist eine Analyse der Entwicklung der Leistungen. In der Vergangenheit hat sich die Person bestimmte Kompetenzen aufgebaut und diese im operativen Geschäft umgesetzt. Eine wichtige Frage ist nun, wie sich die Person konkret weiterentwickelt hat. Haben sich direkte Fachkompetenzen verbessert? Hat im Laufe der Zeit eine Veränderung in Genauigkeit oder Schnelligkeit stattgefunden? Bei dieser Betrachtung werden alle Punkte aus dem Bereich des Status quo und der Retrospektive auf eine Entwicklung hin bewertet. Bei einer Person, die noch nicht lange oder noch gar nicht im Unternehmen beschäftigt ist, können Sie dazu eine Verknüpfung von historischen Referenzen mit der aktuellen Situation vornehmen. Meistens ist ein bestimmter Karriereweg oder ein roter Faden in der Entwicklung zu beobachten, der erlaubt, einen Blick in die Zukunft der Person zu wagen. Wurden beispielsweise die Genauigkeit und Schnelligkeit der Arbeitsergebnisse gesteigert, wird sich dies sehr wahrscheinlich auch in der Zukunft weiterentwickeln.

Dynamische Vergleiche Obwohl diese Einschätzung schon in die Richtung der Potenzialanalyse reicht, kann sie im Rahmen der Beurteilung vergangener Entwicklungen sehr hilfreich sein und eine Beurteilung auch im Kontext der ganzen Karriere darstellen. Eine Person, deren Leistungen bereits nachlassen, die aber immer noch gute Arbeit leistet, wird somit nicht gleich bewertet, wie eine Person, die sich gerade voll entwickelt und gleich bleibend gute Arbeitsergebnisse abliefert. Die zweite Person wird sich wahrscheinlich weiterentwickeln und ihre

Kompetenz noch erweitern können. Der erste Mitarbeiter erscheint schon im Prozess der Rückbildung, und ihm können Sie für die Zukunft nicht mehr so viel Potenzial zutrauen.

Bewertung aus sozialer Perspektive
Eine Bewertung der sozialen Kompetenz findet im Rahmen der Betrachtung der Soft Skills häufig nur im Hinblick auf den beruflichen Aufgabenkreis statt. Die Bewertung privater Eigenschaften und Situationen sollte jedoch erfahrungsgemäß ebenfalls berücksichtigt werden, besonders bei schon bestehendem Arbeitsverhältnis, da private Entwicklungen einen entscheidenden Einfluss auf die beruflichen Leistungen haben können.

Je nach Reichweite der Bewertung können grundsätzlich alle Kompetenzen oder Soft Skills bewertet werden, welche in diesem Buch beschrieben wurden. Neben konkreten methodischen Kompetenzen ist bei einer Bewertung besonders das Verhalten in einer Arbeitsgruppe von Bedeutung. Das Interesse an Teamarbeit, die Kompromissbereitschaft und Motivation anderer Teammitglieder erscheint von primärem Interesse, da diese direkten Einfluss auf die Produktivität und Effizienz des Teams haben.

Ein besonderes Augenmerk liegt meist auf der „sozialen Kompetenz" …

Der Aspekt des Problemlösungsdenkens muss ebenfalls bewertet werden. Die entscheidende Frage ist dabei: Wie kritisch und gründlich bearbeitet die Person Aufgabenstellungen? Sie kann strukturiert oder scheinbar unstrukturiert arbeiten. Diese Bewertung wird durch die Abschätzung der Aufgabenstrukturierung vorgenommen. Als letzten Aspekt können Sie eventuell die Arbeitsunabhängigkeit als eklatante Führungseigenschaft identifizieren.

… und Problemlösungsdenken

Berufliche Aspekte
Heute muss eine Person nicht nur den fachlichen Anforderungen ihrer Stelle entsprechen, sondern sie muss auch noch ein ganzes Bündel von sozialen Kompetenzen und Einstellungen mit- und einbringen. Kommunikative Intelligenz zum aktiven Problemlosen und Einfühlungsvermögen stehen heute äußerst häufig auf der Anforderungsliste von Abteilungsleitern und mittlerem Management. Soziale Kompetenz zeigt sich auch darin, welche Rolle man aktiv für andere Personen annehmen kann. Die Person wird als einzelnes

Individuum und als Gruppenmitglied bewertet. Kernkompetenzen sind dabei Kommunikations- und Kooperationsfähigkeit.

Einschätzung von Soft Skills über Fallstudienbearbeitung und bisherige Arbeitszeugnisse

Das Individuum kann in Arbeitsproben und Fallstudien auf soziale Eigenschaften getestet werden. Als zweite Quelle dient die Beurteilung von ehemaligen oder jetzigen Arbeitgebern. Dabei ist zu bewerten, wie die Person sich mit ihrem individuellen Werte- und Zielsystem in die Arbeit einordnet. Wird nur analytisch oder emotional beurteilt? Welche Werte und Ziele können angepasst und welche müssen beibehalten werden? Dies erlaubt einen direkten Rückschluss auf die Arbeitszufriedenheit der Person. Die Frage, welche beantwortet werden muss, lautet, ob die Person als Mitarbeiter in das Gefüge des Teams und des Unternehmens passt. Es kann aufgrund der Verneinung dieser Frage sein, dass eine scheinbar hoch qualifizierte Person nicht eingestellt wird, da vermutet wird, dass diese nicht die Unternehmenskultur tragen könnte.

Wie interagiert die zu bewertende Person in Gruppen?

In Gruppenübungen werden diese Kompetenzen in einer realitätsnahen Umgebung beobachtet und dann anhand verschiedener Kategorien eingeordnet und ausgewertet, zum Beispiel „Methodenkompetenz", „akademische Erfahrungen" und „berufliche Erfahrungen". Die einzelnen Rollen, welche in einer Gruppe auftreten, werden im Kapitel 3.2. beschrieben. Besonderes Augenmerk sollten Sie auf die Kooperationsfähigkeit der Person in der Gruppe legen:

- Bildet sie sich als Führer heraus und stößt sie alle schwächeren Glieder ab oder probiert sie aktiv, vermeintlich Schwächere mit einzubinden?
- Wie geht die Person mit Rivalen um?
- Werden mutmaßliche Kontrahenten bekämpft oder werden sie als belebende und produktive Konkurrenz angesehen?
- Wie geht sie mit der eigenen und fremden Isolation um?
- Ist Isolation Grund genug, um sie voranzutreiben oder ein Punkt, den es zu bearbeiten gilt?
- Wie reagiert die Person auf fremde Initiativen und auf die Reflexion der eigenen Ideen?
- Wie strukturiert die Person Arbeitspakte und die Gruppe?

Kooperations-, Untergruppen- oder Spannungsverhältnisse haben eventuell die Person als Quelle, gleichzeitig zeigt sie Umgehensweisen mit diesen Situationen. All dies können Sie beobachten und beurteilen. Bei diesen einmaligen Beurteilungen wird allerdings angenommen, dass die Person sich im Unternehmen ähnlich verhalten wird wie in der Fallstudie. Erneut stellt sich die Frage, ob die dargestellten Umgangsformen zur Unternehmenskultur und den Werten des Unternehmens und des Bereiches passen.

Private Aspekte

Wie eingangs diskutiert, wird bei der Bewertung von Personen im beruflichen Kontext die private Dimension häufig gern komplett ausgeblendet. Dies ist vor allem aber im Bereich der Soft Skills und damit bei der Bewertung aus sozialer Perspektive gefährlich, da Soft Skills an sich auch einen stark privaten Hintergrund haben. So kann es für eine zutreffende Bewertung einer Person im beruflichen Rahmen sehr zielführend sein, zu analysieren, wie weit die Person beispielsweise Privat- und Berufsleben verbinden kann und muss.

Soft Skills haben oft privaten Hintergrund

Hier stellen sich vor allem folgende für die berufliche Entwicklung des Kandidaten wichtige Fragen:

- Wie weit erhält die Person Unterstützung für die Arbeit von zu Hause?
- Wie weit ist die Arbeit auch ein gemeinsamer Nenner in der Familie?
- Muss sich der Kandidat um Kinder kümmern oder anderen Verpflichtungen nachgehen?
- Wie weit ist er ein sehr privat orientierter Mensch?
- Welche privaten Bereiche werden aktiv in die Arbeit mit hineingebracht?
- Welchen Einfluss hat die Arbeit auf sein Privatleben?
- In welchem Abschnitt befindet sich die Person in einer Beziehung und welche Ängste und Schuldgefühle können bei zeitintensiven Arbeitseinsätzen entstehen?

Ist die Person schon angestellt, gibt es möglicherweise Erklärungen für Veränderungen von Stimmung, Wohlbefinden oder Arbeitsqualität aufgrund von privaten Aspekten. Auch diese Punkte müssen Sie als Führungsperson einschätzen und Ursache mit Wirkung abwägen. Wie weit beeinflusst ein Schicksalsschlag die Person und wie weit ist der Einfluss für die Arbeitsprozesse tragbar?

Alle diese Fragen sollten Sie in die Bewertung einer Person integrieren. Dabei dürfen Sie aber nicht private Aspekte in den Vordergrund stellen oder überbewerten.

Bewerbungen ausschreiben und Bewerber überprüfen

Personaleinstellung ist ein anspruchsvoller Prozess

Die Vorbereitung und Durchführung einer Personaleinstellung ist eine Aufgabe, welche neben sozialer auch sehr viel fachlicher Kompetenz bedarf. Dabei ist die Planung und Organisation des Ablaufs genauso wichtig wie die folgende konkrete Durchführung. Leider wird sehr häufig ein unpassend gewichteter Ablauf der Stellenausschreibung und Überprüfung der Bewerber gewählt.

Als Erstes müssen Sie ein ausführliches und gründliches Anforderungsprofil der potenziellen Neubesetzung formulieren. Gerade dies wird häufig nur halbherzig angegangen. Ist die Stellenbeschreibung abgeschlossen, können Sie in unterschiedlichen Medien auf die Stelle aufmerksam machen. Abschließend müssen Mitarbeiter aus der Anzahl der Bewerber durch bestimmte Bewerberauswahlprozesse ausgesucht und in das Unternehmen integriert werden. Auch die Integration von Mitarbeitern in ein Unternehmen wird oft unprofessionell gehandhabt.

Neben der konkreten Durchführung in Form von Gesprächen, Assessment-Centern, Fallstudien und Gruppenspielen gibt es auch in den anderen Phasen Methoden und Vorgehensweisen, welche einen erfolgreichen Weg kennzeichnen und leider häufig vergessen werden.

Stellenbeschreibung und Ausschreibung

Was muss ein neuer Mitarbeiter können?

Die Planung einer Stellenausschreibung und der Prüfungsprozesse wird vorwiegend durch eine Person initiiert, welche einen neuen Mitarbeiter benötigt. Mit dieser Person muss ein ausführliches Profil des gesuchten Mitarbeiters erstellt werden. Dabei werden in der Praxis zwar stets Profile erarbeitet, diese sind aber häufig unvollständig oder aus allgemeinen und unkonkreten Aussagen zusammengesetzt. Grundlegende Fragen, welche auch dem Bewerber Gewissheit geben sollen, ob er für die Stelle ausreichend qualifiziert ist, sind akademische Ausbildung, Berufserfahrung, Spezial- und soziale Kompetenzen und sollten von der ausschreibenden Person genauestens spezifiziert werden.

Es wird festgelegt, inwieweit ein Bewerber Studium, Ausbildung oder bestimmte Promotionen angefangen oder abgeschlossen haben muss. Zu unterscheiden ist dabei bei der schulischen Bildung zwischen der Hochschulreife (Bestehen des Abiturs oder des zweiten Bildungsweges), der mittleren Reife (nach erfolgreichem Bestehen der 10. Klasse eines Gymnasiums oder Abschlusses an einer Realschule) oder des (erweiterten) Sekundarbildungsabschlusses I. Beim Studium wird unterschieden zwischen Universität, Fachhochschule und Berufsakademie sowie Diplom, „180-Credit-Bachelor" und „240-Credit-Bachelor".

Anforderungen an die Ausbildung

Die Betrachtung der beruflichen Erfahrung konzentriert sich darauf, wie viele Jahre in welcher Aufgabe in welchem Bereich Erfahrungen gesammelt worden sein müssen, um der neuen Stelle zu genügen. Beispielsweise kann es heißen: „Mindestens fünf Jahre Erfahrung in der Automobilbranche und drei Jahre im Finanzbereich mit Führungsverantwortlichkeit." Aufgeführte Spezialkompetenzen beschreiben Sprach- und Computerkenntnisse. Ebenso wird für viele Stellen Fachwissen, beispielsweise in Buchhaltung oder Arbeitsrecht, vorausgesetzt.

Die sozialen Kompetenzen werden erfahrungsgemäß in die Ausschreibung mit aufgenommen, finden dann aber erst während den konkreten Auswahlgesprächen ihre Relevanz. Kommunikations- oder Kooperationsfähigkeit, Initiative und Konzentration können kaum durch nichtpersönliche Kommunikation bewiesen und überprüft werden.

Soziale Kompetenzen

Selbst Großunternehmen sind mitunter recht ungeschickt, wenn es beispielsweise um die Formulierung von Internetstellenanzeigen geht. Nehmen Sie sich Zeit, eine adäquate Anforderungsliste zusammenzustellen und alle erwähnten Aspekte so eingehend und individuell wie möglich zu formulieren. Nur so kann garantiert werden, dass sich eine wirkliche passende Person bewirbt und eventuell nach dem Auswahlprozess engestellt wird.

Veröffentlichung der Stellenausschreibung Sind all diese Punkte geklärt, die Stellenbeschreibung abgeschlossen, muss diese veröffentlicht werden. Dafür eignen sich je nach Branche unterschiedliche Medien. Primäre Quelle wird immer mehr das Internet. Hier können Sie eine vakante Stelle auf der eigenen Firmen-Webseite oder auch auf den Seiten von Serviceprovidern platzieren. Ebenfalls sind die Zeitungsannoncen in den großen Tages- und Wochenzeitungen eine gute Positionierung. Dritte effektvolle Positionierung sind Fachzeitschriften für die jeweilige Branche, aus welcher man einen Mitarbeiter sucht.

Hier sollte nun neben den Stellenanforderungen ein konkretes Bild der Stelle, also Aufgabenfelder, Verantwortlichkeit und Status im Unternehmen, angegeben werden. Dabei interessieren den Bewerber wohl am meisten die konkreten Aufgaben an sich. Je interessanter die Stelle ausgeschrieben ist, desto mehr und desto besser qualifizierte Personen bewerben sich bei Ihnen im Unternehmen und können dann als Mitarbeiter ausgewählt werden.

Bewerberauswahl

Die Durchführung der Bewerberauswahl fällt je nach Unternehmen, zu besetzender Stelle und Bewerberanzahl unterschiedlich aus. Es sollen im Rahmen dieses Abschnittes jedoch alle einzelnen Prozesse beschrieben werden, auch wenn sie nicht immer durchgeführt werden. Sie können so je nach Bedarf die einzelnen Module aus dieser Zusammenstellung herausgreifen und bestimmte Prozesse auslassen oder zusammenfassen.

Fünf Phasen der Bewerberauswahl Die Durchführung der Bewerberauswahl besteht aus fünf Phasen, wobei die Phasen 2 bis 5 in einem ein- oder mehrtägigen Assessment-Center zusammengefasst werden können:

- Durchsicht und Bewertung der Bewerbungsunterlagen
- Einstellungstest
- Gruppenübungen
- Fallstudien oder Arbeitsproben
- Abschließendes individuelles Gespräch

Je ausführlicher die Bewerberauswahlverfahren sind, desto teurer wird auch der Prozess. Trotzdem bietet sich an, alle einzelnen Module zu verwenden, denn die Wahrscheinlichkeit die wirklich bestgeeignete Person für die Stelle zu finden, erhöht sich mit jeder einzelnen Phase.

Durchsicht der Bewerbungsunterlagen
Die Durchsicht der Bewerbungsunterlagen ist besonders bei der Ausschreibung von bestimmten Stellen und Unternehmen eine außerordentlich aufwendige Angelegenheit. So bekommen beispielsweise die deutschen Großunternehmen einige Tausend Bewerbungen für ihre Ausbildungsplätze. Aus dieser Vielfalt von Bewerbungen müssen nun ein oder mehrere passende Bewerber herausgefiltert werden, und dies bedarf konzentrierter Arbeit. Schon allein bis zu 40 Prozent aller Bewerber erfüllen erfahrungsgemäß nicht einmal die Anforderungen, mit denen die Stelle ausgeschrieben wurde, und können demnach aussortiert werden.

Die Bearbeitung unzähliger Bewerbungen ist äußerst zeitaufwendig

Als zweite Selektionsstufe wird nun gern nachträglich eine zweite Sammlung von Kriterien zu den bereits ausgeschriebenen angegliedert. Diese sind meist Abschlussnoten, Fremdsprachenkenntnis und Berufserfahrung. Nun werden diejenigen Bewerber aussortiert, welche diese Anforderungen nicht erfüllen. Vor allem wer die zusätzlichen Kriterien nicht erfüllt und dafür nicht mindestens eine außergewöhnliche Kompetenz aufweisen kann, wird aussortiert. So kann zum Beispiel ein 2,4-Diplomand im Kreise der Bewerber bleiben, wenn er noch eine andere besondere Kompetenz einbringen kann, während ein Diplomand mit einem Notendurchschnitt von 2,1 schon aussortiert wird. Diese Vorgehensweise ist vorteilhaft, da heutzutage aufgrund der unterschiedlichen Niveaus der Ausbildungsstätten kaum noch die individuelle Qualifikation über einen pauschalen Notenunterschied abgegrenzt werden kann.

Durch diese erste Runde können Sie bei Bedarf die Bewerberanzahl schon auf etwa 10 Prozent der ursprünglichen Bewerbungseingänge senken und gewinnen dabei einen Kreis von Bewerbern, die genau den Anforderungen entsprechen oder irgendeine außergewöhnliche Kompetenz einbringen können. Falls Sie weitere Stufen, wie Einstellungstest, Assessment-Center und Fallstudien

Einstellungstests, Assessment-Center, Fallstudien

einplanen, sollten Sie bedenken, dass Sie eine genügende Anzahl von Personen für die folgenden Runden benötigen, um realitätsnahe Übungen durchführen zu können. Obwohl von Unternehmen gelegentlich noch Hundertschaften von Bewerbern für die nächsten Phasen eingeladen werden, ist eine Anzahl von maximal zwölf Personen pro Tag ideal. Sollen außergewöhnlich viele Plätze besetzt werden, können Sie die restlichen Phasen mit bis zu vier verschiedenen einzelnen Gruppen durchlaufen. Demnach bildet sich eine natürliche Obergrenze für diese Phase von maximal 40 bis 50 Bewerbern.

Einstellungstests

Organisation und Durchführung von Einstellungstests

Zu einem Einstellungstest wird eine größere Gruppe von Bewerbern ins Unternehmen eingeladen, wobei nicht mehr als zwölf Personen gleichzeitig geprüft werden sollten. Dies gibt den Bewerbern das Gefühl, individuell überprüft und nicht in einer Masse anonymer Mitstreiter abgefertigt zu werden. Einige deutsche Großunternehmen beweisen gerade in diesem Bereich, wie wenig sie von professioneller Personalentwicklung verstehen und sind ein abschreckendes Beispiel. Besonders für viele hoch qualifizierte Bewerber enden die Motivation und das Engagement um die Stelle in einem unprofessionellen Einstellungstest mit 50 anderen Bewerbern in einem großen Besprechungsraum.

Grammatik-, Rechtschreib-, Rechen- und Intelligenztests bilden die unterste Stufe der Einstellungstests, welche vorwiegend zur Einstellung von Berufseinsteigern verwendet werden, um die akademischen Referenzen vergleichbar zu machen. Diesen grundlegenden Übungen können Konzentrations-, Genauigkeits- und Strukturtests folgen. In vielen Einstellungstests werden direkt an diese auch Fallbeispiele geknüpft, welche weiter unten im Bereich „Fallstudien und Arbeitsproben" beschrieben werden.

Die Ergebnisse solcher Tests sind selten eine direkte Entscheidungsgrundlage – sie überprüfen nur die akademische und intellektuelle Leistungsfähigkeit in einer Stresssituation und erlauben einen groben Vergleich mit den zugesendeten Referenzen.

Gruppenübungen

Gruppenübungen können, wenn sie gut moderiert sind, nicht nur den Bewerbern und den Beurteilenden Spaß machen, sondern erlauben auch, ein Gebiet abzuprüfen, welches kaum anderweitig in kurzer Zeit analysierbar ist. In Form einer Gruppenaufgabe, welche gemeinsam gelöst werden muss, können Sie alle Phasen eines Kooperations- und Kommunikationsverhältnisses beobachten.

Beobachtung des Kooperations- und Kommunikationsverhaltens

Dabei werden beispielsweise mehrere Gruppen mit den gleichen Aufgaben betraut, um ein bisschen Wettbewerbsgefühl bei der Aufgabenlösung zu induzieren. Unzählige konkrete Übungen sind in zahlreichen Büchern erläutert. Je nach Bewerberzusammensetzung und Strukturierung des ganzen Bewerbungsszenarios sind vollkommen unterschiedliche Übungen vorteilhaft. Sehr häufig werden auch Gruppendiskussionen zu einem aktuellen Thema durchgeführt.

In den ersten Minuten der Durchführung erkennen Sie, welche Personen die Initiative ergreifen und welche unbemerkt zum „inofficial leader" werden, also ohne organisatorische Absprachen sich zu Führungspersonen der Gruppe entwickeln. Alle Rollen, welche im Abschnitt „3.2. Gruppentheorie" dargestellt werden, können Sie in dieser kleinen Aufgabe identifizieren:

Official/ inofficial leader

- ■ Wie werden die Aufgaben, die Arbeitszeit und die Arbeitsgruppe strukturiert?
- ■ Wer übernimmt welche Aufgaben?
- ■ Wer ist an den Meinungen der anderen interessiert, wen interessiert eher das Vorankommen?

All diese Fragen können in der Übung beobachtet werden und erlauben einen guten Einblick, wie die Mitglieder der Arbeitsgruppe im normalen Arbeitsalltag arbeiten.

Besonders bei einmaligen Gruppenübungen werden sehr oft von den Teilnehmern Rollen eingenommen, welche sie normalerweise nicht einnehmen. Dies hängt mit der Erwartung zusammen, dass bestimmte Rollen vom potenziellen neuen Arbeitgeber eher erwünscht oder unerwünscht sind. Dieser Verzerrung können Sie etwas entgegenwirken, indem Sie mindestens zwei Übungen in

Erwartungskonformes Verhalten verzerrt Beobachtungen

verschiedenen Gruppenzusammensetzungen durchführen. In dieser wiederholten Übung kann überprüft werden, ob sich die Rolle des Bewerbers in der neuen Gruppe und bezüglich der neuen Aufgabe verändert oder nicht.

Fallstudien und Arbeitsproben

Case Studies als praktische Prüfung

Viele Unternehmen setzen verstärkt auf Fallstudien (so genannte Case Studies), um den Bewerber herauszufordern und seine Kompetenz in praktischer Umgebung beurteilen zu können. So sind in der Bewerbung als Consultant bei Unternehmensberatungen Fallstudien nicht mehr wegzudenken. Auch das Studium an den amerikanischen Elite-Wirtschaftsschulen wird auf der Grundlage von Case Studies doziert. In diesen Fallstudien muss ein Problem, welches eine konkrete Arbeitssituation darstellt, gelöst werden. In mehreren oder nur einer Stufe muss der Bewerber eine Lösung erarbeiten und präsentieren.

Ebenfalls kann eine beliebte Arbeitsprobe sein, den Bewerber eine Entlassung oder Versetzung eines Mitarbeiters durchspielen zu lassen. Dabei spielt eine Person den zu Entlassenden, welchem der Bewerber die Nachricht überbringen muss.

Konkrete Hinweise auf Arbeitsweise

Fallstudien und Arbeitsproben finden größtenteils auf höheren Arbeitsebenen statt. Sie kontrollieren normalerweise nicht grundlegende Fachkompetenzen, sondern eher die allgemeine Organisation der Herangehensweise an umfassende Aufgaben, so genannte Denkstrukturen. Strukturierung und Übersicht sind in diesen Übungen erheblich wichtiger als eine fachlich umfassende Antwort. Es gilt der Leitspruch „Ist ein Problem erkannt, ist es schon halb gelöst". Fallstudien und Arbeitsproben geben dem Unternehmen einen konkreten Hinweis auf die Arbeitsweise des Bewerbers. Sie können erkennen, wie er Aufgaben angeht, was die Summe von Erfahrung und fachlicher Bildung darstellt. Dies repräsentiert damit die Eignung des Bewerbers für die Stelle.

Fallstudien werden oft positiv aufgenommen und geben dem Bewerber Einblick in die aktive Arbeit im Unternehmen. Positiver Nebeneffekt ist, dass die Bewerber nicht nur etwas während der Bewerbung lernen, sondern dass die Fallstudie an sich auch noch

Spaß macht. Negativ an dieser Übungsform ist vor allem der Zeitaufwand der konkreten Durchführung.

Gespräch

Das Gespräch ist die bewährteste Möglichkeit, nach persönlicher Motivation und individuellen Zielvorstellungen zu fragen, ohne eine durch die Gruppenpräsenz beeinflusste Antwort zu erhalten. In einem ganzen Bewerbungsprozess ist das Gespräch vorwiegend die letzte Stufe vor der konkreten Einstellung und gleichzeitig eine Phase, welche im Gegensatz zu allen anderen Einheiten nicht weggelassen werden darf.

Persönliche Motivation und Zielvorstellungen ermitteln

Das Bewerbungsgespräch kann noch am Tag des Assessment-Centers durchgeführt oder auf einen anderen Termin, nach der letzten Selektionsstufe aller Bewerber, verschoben werden. Somit wissen alle Beteiligten des Gesprächs, dass eine Einstellung nun außerordentlich wahrscheinlich ist. Das Gespräch kann je nach den vorangegangenen Prozessen unterschiedlich strukturiert sein. Im Grunde werden trotz aller personalpolitischer Raffinesse stets identische Informationen erfragt und vergleichbare Methoden verwendet.

Die Informationen, welche im Mittelpunkt des Gespräches stehen, sind Kompetenzen, Erfahrungen und Zielvorstellungen. Dem Lebenslauf folgend wird gemeinsam der bisherige Karriereweg betrachtet. Dabei ist von Bedeutung, ob sich die akademische und berufliche Historie an einem roten Faden orientieren, der Bewerber diesen aktiv artikulieren kann oder ob die Referenzen eine zufällige Aneinanderreihung von Ereignissen sind, welche im Lebenslauf zu einer Historie zusammengesetzt wurden. Nach diesen Informationen interessiert nun, welche Gründe und Motivation der Bewerber erwähnt, die ihn dazu gebracht haben, sich gerade bei diesem Unternehmen gerade für diese Stelle zu bewerben. Ebenfalls interessiert, wie sich der Bewerber seine Arbeitszeit vorstellt, welche Pläne er für seine Zukunft hat und wie er sich seiner längerfristigenberuflichen Planung annähern möchte. Demnach folgt dieses Gespräch dem groben Muster Vergangenheit, Gegenwart und Zukunft. Auf diese Teilbereiche soll nun ausführlicher eingegangen werden.

Kompetenzen, Erfahrungen und Zielvorstellungen sind Hauptaspekte

Sorgfältige Vorbereitung

Das Gespräch sollte einer guten Struktur und gründlicher Vorbereitung unterliegen. Es sollten stets ein Stellenkundiger und ein Personalverantwortlicher an dem Gespräch partizipieren, um auf Einzelheiten des Unternehmens, der Personalentwicklung und Einstellung sowie auf fachliche Angelegenheiten eingehen zu können. Erfahrungsgemäß ist eine dritte Person hilfreich, die als stiller Beobachter bestimmte Eigenschaften analysiert und festhält.

Das Warm-up am Anfang des Gesprächs

Eingangs werden diese Personen vorgestellt, wobei die Rolle des stillen Beobachters nicht konkret ausformuliert und erläutert werden muss. Nach dem Vorstellen werden allgemeine Fragen gestellt, wie der Bewerber zum Beispiel das Assessment-Center aufgenommen hat oder wie die Anfahrt war. Als Führungsperson sollten Sie dem Bewerber diese Zeit gönnen, um die anfängliche Nervosität und den Stress abzubauen. Ebenfalls können Sie eine kurze Einführung geben, welche Aufgaben Sie im Unternehmen einnehmen, um ein wenig Zeit zu schinden und den Puls des Bewerbers zu senken.

Als erster informativer Teil des Gespräches wird dann die Historie des Bewerbers besprochen. Dies wird genutzt, um zu hören, wie die Person frei sprechen kann und ihre eigene Vergangenheit strukturiert. Dieses freie Sprechen ist gerade bei diesem Thema zumutbar. Fordern Sie den Bewerber auf, von den letzten drei großen Stationen seiner akademischen und beruflichen Laufbahn zu berichten. Dafür sollten Sie dem Bewerber mindestens fünf Minuten einräumen und nur, wenn es zu sehr unangenehmen Pausen kommt, weiterführende Fragen stellen oder eingreifen. In dieser Zeit können Sie nicht nur den Lebenslauf überprüfen, sondern auch die persönliche Gewichtung des Bewerbers erkennen und später interpretieren.

Diskussion über die konkrete Stelle

Dem folgt eine kurze Einführung in die genauen Aufgabenbereiche der Stelle. Als nächster Schritt wird konkret das Interesse des Bewerbers an dieser Stelle erfragt. Häufig gehen dieser Phase keine Informationen über die Stelle voraus, da zuerst vom Bewerber die Vorstellungen von der zu besetzenden Stelle evaluiert werden sollen. Dieses Verfahren ist bei der Einstellung von Schülern oder Absolventen interessant, ansonsten jedoch nur unprofessionelle Schikane. Sie sollten davon ausgehen, dass sich der Bewerber die

Stelle gewissenhaft angeguckt hat. Trotz Ihrer Einführung ist es in diesem Teil möglich, die Vorstellungen, wie sich der Bewerber den Arbeitstag bei dem Unternehmen vorstellt, zu kristallisieren. Während dieser aktiven Phase gibt es eine Vielzahl von Möglichkeiten, den Bewerber herauszufordern und zu analysieren. Die diesen Herausforderungen folgenden Beobachtungen können einen tiefen Einblick in die Persönlichkeit des Bewerbers geben.

Sie können aktiv durch auffällig leichte oder wiederholte Fragen Verwirrungen, Herausforderungen oder Spannungen stiften. Mit schwierigen oder unlösbaren Fragen können Sie abschätzen, wie der Bewerber mit solchen Situationen umgeht. Unterbrechen Sie den Bewerber doch einmal grob. Zahlreiche Eigenschaften wie Schwächen, Fehler, Rückschläge sind dem Bewerber unangenehm, für den potenziellen Arbeitgeber aber wertvoll zu erfragen. Damit will man nicht den Bewerber bloßstellen, sondern überprüfen, wie er diese Situationen bewältigt hat und was er angibt, gelernt zu haben.

Bewusste Konfrontationen durch geschicktes Fragen

Danach sollten Sie unbedingt noch etwas Zeit für Rückfragen des Bewerbers einplanen. Ist auch dieser Teil abgeschlossen, kommt es zur Absprache des weiteren Vorgehens. Gibt es keine sofortige Auswertung, ist es wichtig zu organisieren, wer sich wann bei wem meldet.

Ist das Gespräch schon im fortgeschrittenen Stadium, können auch schon konkrete Gehalts- und Zielvereinbarungen getroffen werden. Dabei kann der Bewerber seine Gehaltsvorstellung zuerst begründen. Auch dies kann schikanös wirken, da es in den meisten Firmen sowieso außergewöhnlich enge Gehaltsbänder gibt und kaum ein großer Toleranzbereich besteht. Die erweiterte Formulierung, „Welches Gehalt erwarten Sie sich von dieser Stelle und warum nicht mehr und nicht weniger?", ist eine gute Möglichkeit, um die unangenehme Frage etwas zu öffnen. 40 Prozent der Vertragsverhandlungen scheitern aber immer noch an unterschiedlichen Gehaltsvorstellungen. Je nach Geschäftspolitik können Sie nach den ersten Begründungen und Vorstellungen des Bewerbers anhand der benötigten Schlüsselqualifikationen und der Gehaltsbänder weiterverhandeln. Leider müssen Sie in der Regel die Vorstellungen nach

Das schwierige Thema der Gehaltsverhandlung

unten drücken, da der Bewerber aufgrund der bewussten Verhandlungen absichtlich seine Vorstellung recht hoch ansetzt. Diese Reduzierung können Sie mit einer ausführlichen Erläuterung der Gehaltsstrukturierung, Aufstiegs- und damit Gehaltssteigerungschancen und fehlenden Qualifikationen begründen. Ebenso ist es förderlich, auf die Vergünstigungen, Weiterbildungsmöglichkeiten und Chancen im Unternehmen zu verweisen. Größtenteils ist das Einstiegsgehalt wesentlich geringer als der tatsächliche Wert des Bewerbers. Diese Unterbewertung wirkt sich aber sehr schnell nach Eintritt in das Unternehmen auf das Gehalt aus.

Integration ins Unternehmen

Aktive Betreuung von neuen Mitarbeitern
Die aktive Integration des Mitarbeiters ist ein entscheidender Schritt für die schnelle und effiziente Einarbeitung. Der Aufwand für die Planung sowie Durchführung der gründlichen Einführung eines neuen Mitarbeiters in ein Unternehmen erscheint dabei beträchtlich hoch. Doch gerade in dieser Integrationszeit können viele dringenden Fragen zur Einarbeitung geklärt werden. Die Unklarheiten am Beginn eines neuen Berufs können vom Neuling schlecht kommuniziert werden und meist traut sich dieser auch nicht, gleich in den ersten Wochen aktiv Fragen zu stellen oder bestimmte Führungspersonen anzusprechen. Demnach wird der Aufwand einer aktiven Einführungszeit sehr schnell durch bessere Arbeitsergebnisse und Kommunikation zwischen dem Neuling und den übrigen Mitarbeitern kompensiert.

Konkrete Einführungszeit von bis zu zwei Wochen
Die fachliche Tiefe und zeitliche Dauer einer solchen Einführungszeit hängt von der konkreten Stelle ab. Eine konkret geplante Einführungszeit sollte nicht drei Tage unter- und zwei Wochen überschreiten. In dieser Zeit können dann viele einzelne Veranstaltungen und Meetings organisiert werden, welche thematisch und zeitlich aufeinander abgestimmt sind.

Pro Tag sollten maximal drei Veranstaltungen festgelegt werden. Als Erstes sollte eine Einführung in die Abteilung und ihre Aufgaben durch den direkten Vorgesetzten stattfinden. Dabei werden der Zeitplan der Integrationszeit vorgestellt, die Positionierung der Abteilung im Unternehmen sowie der Aufbau der Abteilung und abschließend die Kernaufgaben der Abteilung im Rahmen des ganzen Unternehmens erläutert. Als Grundlage der gesamten Einführungszeit können Sie dem neuen Mitarbeiter eine Informationsmappe zusammenstellen und zu diesem Zeitpunkt überreichen. Meist sind alle Informationen sowieso schon dokumentiert und gelegentlich bereits in Form einer Abteilungspräsentation aufbereitet. Diese Mappe enthält neben der Organisationsstruktur auch Kontaktpersonen für Probleme mit dem Computer, dem Schlüssel oder für den Bedarf an Büromaterial. Ebenfalls sollte ein Sitzplan hinzugefügt werden, wenn er existiert. Sie sollten dem Neuling nicht gleich in den ersten Stunden zumuten, alle wichtigen Informationen selbst herausfinden und mitschreiben zu müssen.

Als Zweites kommt eine Gang mit dem Vorgesetzten durch die Abteilung. Dabei wird auch der Arbeitsplatz an sich vorgeführt und erklärt, wie man an zusätzliches Material, wie beispielsweise Ordner oder Druckerpatronen, kommt. Der Rundgang durch die benachbarten Abteilungen sollte erst am zweiten oder dritten Tag stattfinden.

Rundgang mit dem Vorgesetzten durch den eigenen Bereich

Es folgt eine halbe Stunde bis Stunde Zeit, in der man der Person eine Pause gönnt. Nach den einleitenden Informationen und dem Rundgang hat der Neuling erst einmal genug geleistet. Zeigen Sie ihm noch, wo man einen Kaffee oder ein Wasser bekommt, lassen Sie ihm die Möglichkeit, etwas zu entspannen und einen Blick in die Einführungsmappe zu werfen. Die weitere Zeit der Integration wird dann so geplant, dass er jede Person der Abteilung in einem längeren Gespräch kennen lernen kann. Jede Person im Team oder der Abteilung hat bestimmte Aufgaben zu erfüllen und einige Zusatzqualifikationen. Entweder sind diese Aufgaben in einem einheitlichen Prozess angeordnet oder jede Person ist für einen anderen eigenständigen Bereich zuständig. All diese Aufgaben werden ausführlich vorgestellt. Rechtzeitig sollte der direkte Vorgesetzte ebenfalls dem Neuling seine konkrete Aufgabe in dieser Struktur erläutern, damit sich dieser in den Gesprächen mit seinen neuen Kollegen abstimmen und schon Informationswege erfragen kann. Am zweiten oder dritten Tag folgt ein Rundgang durch die benachbarten Abteilungen, mit denen zusammengearbeitet wird. Dies sollte nach einer primären Erläuterung der Aufgaben der jeweiligen Abteilung mit dem Abteilungsleiter zusammen durchgeführt werden. Gerade in den ersten Tagen sollten Sie auch Lunchtermine für den Neuling organisieren. Ist eine Schulung vorgesehen, kann diese halbtags am zweiten oder dritten Tag anfangen.

Fragen des Neulings zu Beginn der zweiten Woche

Wenn die Einführungszeit wie empfohlen offiziell zwei Wochen lang ist, sollten Sie am Freitag der ersten Woche ankündigen, dass sich der Neuling für Montagmittag vier bis fünf Punkte auf die Agenda schreiben soll, die dann im Gespräch geklärt werden können. Die gründliche Verarbeitung der vielen neuen Informationen findet meist am ersten Wochenende statt und die ersten Nachfragen und Lücken werden identifiziert. Für eine ausführliche Klärung werden in der zweiten Woche der Donnerstag und Freitag so gut wie möglich freigehalten. Dieses Feedback ist äußerst wichtig für den neuen Mitarbeiter und die Abteilung.

In der ganzen Planung sollten dem neuen Mitarbeiter pro Tag mindestens drei Stunden zur eigenen Rekapitulation der Informationen gelassen werden. In den meisten Fällen möchte der Mitarbeiter auch noch andere Sachen erledigen, beispielsweise seine neue E-Mail-Adresse kommunizieren, sich den Arbeitsplatz einrichten, Schlüssel und Mitarbeiterausweis besorgen und benötigte Daten in den Computer einspielen.

Vorteile einer professionell geplanten Einführung

Ein solcher Einstieg wird, wie zuvor beschrieben, von dem neuen Mitarbeiter in aller Regel außerordentlich gut aufgenommen, da er ihm suggeriert, dass er ernst genommen wird und dass Sie sich in der Abteilung Zeit füreinander freihalten, um Fragen zu klären. Eine solche Zeit der offenen Fragen und Einführungen verdeutlicht, dass stets offen kooperiert werden kann und Sie sich hilfsbereit unterstützen. Gleichzeitig bekommen alle Mitarbeiter die Chance, den neuen Kollegen mit seinen Aufgabenbereichen und Kompetenzen kennen zu lernen. Erneut sei erwähnt, dass solch eine Integrationszeit recht unüblich ist. Ein Unternehmen oder eine Abteilung, welche sich trotzdem für eine aktive Einführung Zeit nimmt, beweist Professionalität und sollte diese Strategie weiterkommunizieren.

4. Gruppenentwicklung

Herzlichen Glückwunsch! Sie haben nun bereits drei der vier Buchabschnitte erfolgreich hinter sich gebracht, von der „Selbstbeobachtung" über die „Selbstentwicklung" hin zur „Gruppenbeobachtung". Nun sind Sie im letzten Teil angelangt, der sich mit der „Gruppenentwicklung" beschäftigt. Dieses Kapitel führt die bisherigen Erkenntnisse, Erfahrungen und Tipps aus den Bereichen Selbstbeobachtung, Selbstentwicklung und Gruppenbeobachtung zusammen und ergänzt diese. Schwerpunkte sind dabei Grundlagen, Methoden und Tipps zur Gruppeninteraktion und Gruppensteuerung. Aufbauend auf dem Wissen aus den vorherigen Abschnitten erwerben Sie hier Methodenkompetenz zum Verhalten in und vor Gruppen.

Während Sie sich im Bereich „Selbstentwicklung" vor allen Dingen mit der Verbesserung persönlicher Arbeitstechniken, mit Ihrer Selbstdarstellung und Ausstrahlung sowie individuellen Fragen der Gesundheit, Wellness und des geistigen Wachstums auseinander gesetzt haben, geht es nun auf breiter Ebene um Ihren öffentlichen Auftritt und Ihr öffentliches Handeln. Nicht zuletzt ist es Ihre Kür, aus einfachen Gruppen zusammenhaltende Teams zu machen, in denen es Spaß macht, etwas gemeinsam zu erreichen.

Schnellübersicht: Was erwartet mich in diesem Kapitel?

1) Im ersten Abschnitt „**Networking – soziale Beziehungen aufbauen und nutzen**" setzen Sie sich mit der Rolle und Bedeutung Ihres individuellen, sozialen und beruflichen Netzwerkes auseinander. Sie erfahren, wie Sie gezielt „Networking" betreiben, das heißt, Kontakte aufbauen, pflegen und im Bedarfsfall auch sinnvoll nutzen.

2) Im zweiten Abschnitt „**Partnerschaft, Familie und Freundschaft**" ordnen und differenzieren Sie diese Erkenntnisse in Bezug auf Ihre

Partnerschaft, Familie und Freunde. Sie erfahren, wo Gemeinsamkeiten und Unterschiede im beruflichen Networking und der Entwicklung der engsten sozialen Bande liegen. Wo ist es sinnvoll, Kontakte der einzelnen Bereiche zu trennen, wo können Sie Bereiche zusammenführen?

3) Der Abschnitt **„Kommunikation in und vor Gruppen"** bildet den Hauptteil des vierten Kapitels. Hier erwerben Sie die grundlegende Methodenkompetenz für die Moderation und Diskussionsleitung von Besprechungen und das Führen von Verhandlungen. Sie lernen typische Manipulationstechniken kennen, um sich gegen Manipulationsversuche zu wehren oder diese im Zweifel selbst einzusetzen. Der Abschnitt zum Thema Smalltalk führt Sie ein in die Kunst der kleinen und wichtigen Gespräche nebenbei. Dabei wird deutlich, dass Smalltalk alles andere als „leeres Gewäsch" ist, sondern ein wesentlicher Erfolgsfaktor für die Gruppenentwicklung und Ihre persönliche Karriere. Es folgen Tipps und Hintergrundinformationen zum Thema Kommunikationsstörungen und Möglichkeiten zu deren Behebung. Abgeschlossen wird dieser Abschnitt durch nützliche Schlagfertigkeitstechniken samt Beispielen situationsgerechter Konter.

4) Im vierten Abschnitt **„Teams und Mitarbeiter führen"** lernen Sie schließlich wichtige Grundlagen zum Führen von Teams und Mitarbeitern. Dies bildet die Basis für jede proaktive, das heißt, von Ihnen initiierte und gesteuerte Entwicklung von Gruppen. Dabei beschäftigen Sie sich mit der effektiven Organisation von Gruppen, der Delegation von Aufgaben innerhalb von Gruppen, der Motivierung, dem Mentoring und Coaching von Mitarbeitern, Mitarbeitergesprächen sowie Techniken des Konfliktmanagements. Der letzte Abschnitt soll Sie in die Lage versetzen, im Zuge einer erfolgreichen Laufbahn das von Ihnen in diesem Buch erworbene Handlungswissen als Führungskraft aktiv an andere weiterzugeben. So können Sie die Prozessabfolge „Selbstbeobachtung – Selbstentwicklung – Gruppenbeobachtung – Gruppenentwicklung" von neuem bei anderen Menschen anstoßen.

4.1. Networking – soziale Beziehungen aufbauen und nutzen

„Erfahrungsaustausch ist die billigste Investition."

BRUNO MORITZ

Zwischenmenschliche Beziehungen und Kooperationen sind existenzieller Bestandteil der menschlichen Entwicklung. Gegenseitiges Helfen, die Weitergabe von Wissen, gemeinsames Erforschen und Zusammenarbeit bei großen Aufgaben haben den wirtschaftlichen und kulturellen Fortschritt bis heute maßgeblich begleitet. Dennoch haben viele Menschen unterschwellig eine Antipathie gegen den Begriff „Networking" oder „Beziehungen". Oftmals wird der Verwendung von Kontakten für berufliche Zwecke gar der anrüchige Hauch von Bestechung und Korruption unterstellt, wenn zum Beispiel die Besetzung einer offenen Stelle im Unternehmen durch Fürsprache gewichtiger Personen erfolgt. Wenn dies von anderen Beteiligten sarkastisch als „Vitamin B" (für Beziehung) kommentiert wird, spielt sicherlich mitunter auch der Neid der Machtlosen oder Benachteiligten eine bedeutende Rolle. Global gesehen gilt jedoch für die meisten Fälle, dass das gegenseitige Helfen und Beraten keinem Vertreter der Gesellschaft schadet – es rückt nur die Person in den Schatten, welche sich aus dieser Symbiose zu lösen versucht. Der Volksmund behauptet deshalb: „Beziehungen schaden nur dem, der keine hat."

Beziehungen schaden nur dem, der keine hat

Hinter jeder erfolgreichen Person steht eine ganze Gruppe anderer erfolgreicher Personen. Die Ansicht, allein durch fachlich gute Arbeit beruflich aufzusteigen und aufgestiegen zu sein, ist in den meisten Fällen als idealistische Illusion über Bord zu werfen. In vielen Bereichen gilt: Der Arbeitsmarkt stellt genügend sehr gut qualifizierte Arbeitnehmer zur Verfügung, welche ohne weiteres eine Stelle übernehmen können. Daher kommt es darauf an, nicht nur fachlich gut zu sein, sondern auch die richtigen Leute zu kennen, die zum Beispiel über eine Beförderung oder Stellenbesetzung entscheiden. Ebenso gilt es, zur richtigen Zeit am richtigen Platz zu sein.

Man muss auch die richtigen Leute kennen

Know-how und „Know-who"

Wissen ist nicht zuletzt durch das Internet immer leichter beschaffbar geworden. Gleichzeitig hat sich eine Entwicklung vom Knowhow zum „Know-who" vollzogen. Es gibt immer Personen, die bessere Fähigkeiten und Kenntnisse in einem Bereich haben als Sie selbst. Solche Personen zu kennen und zu erreichen ist „Knowwho". Am Verwenden von „Vitamin B" ist nichts Verwerfliches zu sehen – im Gegenteil, es ist sogar doppelt hilfreich. Das Zurückgreifen auf Kontakte und zwischenmenschliche Beziehungen spricht für die Professionalität des Aufgestiegenen. Karriere durch „Vitamin B" zeigt nicht nur, dass die Person ausgezeichnete Kontakte hat, sondern, dass sie diese auch im Bedarfsfall sinnvoll einsetzen kann.

Kontakt bauen Sie grundsätzlich zwar recht schnell auf. Diese Kontakte müssen Sie jedoch zu produktiven Beziehungen entwickeln. Sie bedürfen der umsichtigen Pflege, um sie in einem entscheidenden Moment im richtigen Rahmen tatsächlich verwenden zu können. In den folgenden Abschnitten wird daher auf die verschiedenen Stufen des Networkings eingegangen, die Entwicklung, Pflege und Verwendung.

Entwicklung von Netzwerken

Networking in Schule, Ausbildung und Studium

Nicht immer ist es einfach, interessante und hilfreiche Kontakte zu finden und aufzubauen. In einem normalen Arbeits- und Privatleben hält sich die Zahl neuer Bekanntschaften normalerweise in Grenzen. Doch gerade das Kennenlernen von neuen Menschen spielt für die Entwicklung eines Netzwerks eine entscheidende Rolle. Sie können die Zahl Ihrer Kontakte und Bekanntschaften in kurzer Zeit erhöhen, wenn Sie bestimmte Methoden der Kontaktaquisition kennen und in Ihrem Alltag auch nutzen. Diese Methoden werden anhand einiger Beispiele im Folgenden dargestellt. Das Knüpfen bedeutungsvoller Kontakte fängt schon während der Ausbildung an. Schul- und Studienkameraden bergen enormes Potenzial für diversifizierte Beziehungen. Nach dem Abschluss verbreiten sie sich auf dem Markt und bieten später direkten Zugriff auf unterschiedliche Branchen und Unternehmen.

Im Studium lassen sich leicht Kontakte zu Dozenten und Professoren aufbauen. Bereits der Besuch der Sprechstunde eines Dozenten mit einer alternativen Frage zum Thema beweist Ihr weitergehendes Interesse. Sie erwerben zusätzliches Fachwissen und bauen bei wiederholtem Kontakt eine erste Beziehung auf. Sie werden auf einmal gegrüßt, und eventuell schlägt der Dozent dem interessierten Studenten eine kleine Extraherausforderung vor. Diese frühen Kontakte aus Ausbildung und Studium reichen in zahlreiche verschiedene Unternehmensbranchen hinein. Mitunter gelingt auch der Berufseinstieg durch Professoren mit Wirtschaftskontakten oder ehemalige Kommilitonen, die sich bereits in verschiedenen Unternehmen positioniert haben.

Als Angestellter bietet das eigene Unternehmen bereits ein großes Potenzial für den Aufbau eines professionellen Netzwerks. Hat Ihr Arbeitgeber weniger als 50 Arbeitnehmer, kennen Sie zwar möglicherweise alle Ihre Kollegen – aber stehen Sie auch in Kontakt zu allen? Nutzen Sie gezielt Gelegenheiten wie das Mittagessen in der Kantine oder die Teeküche, um mehr über bisher nur entfernt bekannte Kollegen zu erfahren. Versuchen Sie zu erfahren, was eine andere Abteilung für Aufgaben bearbeitet, welche Zusammenhänge und Probleme es dort gibt. Die meisten Menschen sind sehr erfreut, wenn ihnen jemand ehrliches Interesse entgegenbringt und zuhört. Gleichzeitig bauen Sie auf diese Weise wieder einen neuen Kontakt auf. Und ein entwickeltes Netzwerk innerhalb des Unternehmens fördert nicht nur die Karriere, sondern auch den Spaß am Arbeitsalltag. Durch die bessere Informationsversorgung beeinflusst es in der Regel auch direkt die Qualität der Arbeitsergebnisse.

Networking im Unternehmen

Ein Quell neuer Kontakte sind auch Seminare und Weiterbildungsveranstaltungen: Der Besuch eines Seminars kostet zwar vielleicht einige Euro, bringt aber neben neuem Wissen und vielleicht einem Zertifikat für den Lebenslauf auch massenhaft neue Kontakte.

Seminare und organisierte Netzwerke

Nutzen Sie auch die Vorteile bereits organisierter Netzwerke: Verbände sind ein typisches Beispiel dafür. Solchen professionellen Netzwerken müssen Sie nur noch beitreten. Für nahezu alle Berufs- und Interessengruppen gibt es solche Vereinigungen, zum Beispiel den VDI (Verein Deutscher Ingenieure), BDVB (Bundesverband Deutscher Volks- und Betriebswirte), BDVT (Berufsverband Deutscher Verkaufsförderer und Trainer) oder die verschiedenen Vereinigungen für Existenzgründer. Solche Organisationen sind größtenteils auf ein Themen- oder Berufsgebiet konzentriert und bündeln damit Personen mit einem gemeinsamen Nenner. Durch aktive Teilnahme in diesen Gruppen, meist in Form der Aufnahme in diesen Verein und regelmäßigen Besuchen der Veranstaltungen, wird eine große Quelle von Kontakten hinzugewonnen.

Haben Sie aktiv eine Zahl neuer Kontakte erschlossen, müssen Sie diese für sich interessieren, um eine längerfristige Beziehung einzuleiten, die Sie später ebenso aktiv pflegen. Wie Sie dabei erfolgreich vorgehen, zeigt der folgende Abschnitt.

Interesse wecken

Die richtige Selbstpräsentation
Bei jeder Begegnung finden innerhalb von Sekunden Prozesse der Evaluierung und Kategorisierung der aufeinander treffenden Personen statt. In diesen wenigen Sekunden liegt es an Ihnen, ein Bild zu hinterlassen, an das sich Ihr Gegenüber erinnern kann und möchte. Dies heißt nicht, um jeden Preis aufzufallen. Vielmehr gilt es, Interesse zu wecken, sodass die Person gegenüber nach dem ersten Gespräch mehr von Ihnen wissen möchte. Eine Selbstpräsentation wie „Ich arbeite in einem großen internationalen Automobilkonzern" erzeugt dabei relativ wenig Neugierde, ebenso wenig wie „Ich bin Computerfachmann in einem kleinen Softwareunternehmen". Worte wie „Fachmann" sowie unkonkrete Aussagen zu Branche, Unternehmen und Arbeitsbereich zeugen von Informationszurückhaltung und möglicherweise gar geringer Selbstwertschätzung.

Um Neugierde zu wecken, nutzen Sie eher konkrete Aussagen wie zum Beispiel „Ich bin Designspezialist und Webdesigner bei XYZ. Kennen Sie die Webseite … Die ist von uns". Selbst aus dem möglicherweise langweiligen Buchhalterjob wird durch ein wenig rhetorische Begabung ein spannendes Unterhaltungsfeld: „Haben Sie die schlechten Quartalszahlen von XYZ gelesen. Genau diese Bilanz hab ich miterstellt."

Informationen in Reserve halten
Das geweckte Interesse muss durch den folgenden Dialog nicht unbedingt gesättigt werden. Es lohnt vielmehr, noch einiges in Reserve zu haben. Langfristig sollten Sie das Interesse permanent

am Leben halten. Probieren Sie deshalb keinesfalls, die Person in kurzer Zeit beeindrucken zu wollen, und wirken Sie am besten auch nicht so, als hätten Sie dies vor. Kommunizieren Sie Ihre Kompetenz in Bescheidenheit – dies macht Sie unheimlich attraktiv und weckt mit höherer Wahrscheinlichkeit bei Ihrem Gegenüber das Interesse, mehr von Ihnen erfahren zu wollen, als wenn Sie sich gleich angeberisch profilieren wollen.

360°-Kontaktentwicklung

Beziehungen und Kontakte werden nicht nur in der Berufswelt benötigt. Der Übergang von Hilfestellung im beruflichen oder privaten Bereich ist sehr fließend. Im Zweifel ist grundsätzlich davon abzuraten, private Kontakte beruflich und berufliche Kontakte privat zu nutzen. Demnach ist es entscheidend, nicht nur beruflich ein attraktives Netzwerk einzurichten, sondern auch privat brauchbare Beziehungen aufzubauen und diese dann später gründlich zu pflegen. Dieser Erkenntnis folgt das Modell der 360°-Kontaktentwicklung. Dieses Modell ist nicht zu verwechseln mit dem 360°-Feedback zur Fremdbildentwicklung, da sich Letzteres größtenteils auf berufliche Anspruchsgruppen beschränkt und die 360°-Kontaktentwicklung gerade das Gegenteil forciert. Hier geht es darum, stets im ganzen Umkreis Kontakte zu suchen. Dies heißt, beruflich zu Vorgesetzten, Mitarbeitern, Kollegen und Kunden, aber auch an privaten Kontakten zu Freunden, Vereinsmitgliedern, Sportkameraden, Nachbarn und Familie aktiv zu arbeiten. Ein möglicherweise zunächst unmaßgeblicher Kontakt über den Nachbar zu einem Blumengroßhändler birgt eventuell eines Tages den Kontakt zu einer preisgünstigen Speditionsfirma oder wenigstens zu günstigen Blumen.

Aufbau eines ausgewogenen Netzwerks

Bei der Kontaktentwicklung sind je nach Bezugsgruppe des Kontaktakquirierenden unterschiedliche Herangehensweisen zu wählen. Diese sollen im Folgenden ausführlicher beschrieben werden.

Networking mit höheren Hierarchieebenen

Professionelle Beziehungen zu höheren Hierarchieebenen sind für Ihre berufliche Entwicklung von exzeptioneller Bedeutung. Wie machen Sie aber andere Personen auf sich aufmerksam? Eine in vielen Fällen wirkungsvolle Strategie ist es, neue Vorschläge in eine Diskussion einzubringen. Da Veränderungen und Verbesserungen in den meisten Fällen immer von einer höheren Instanz im Unter-

411

nehmen entschieden werden, machen Sie so regelmäßig auf sich aufmerksam – selbst wenn viele Ihrer Anregungen nicht umgesetzt werden.

Ein Beispiel: Sie schlagen eine Zusammenarbeit mit einer anderen Abteilung in einem bestimmten Bereich vor, beispielsweise eine direktere Kooperation von Controlling und Buchhaltung. Entweder können Sie dies nur bei Ihrem Chef direkt anbringen oder Sie können es direkt mit dem Abteilungsleiter der anderen Abteilung auf Machbarkeit hin überprüfen – gleichgültig welches Szenario Sie wählen, auf jeden Fall kommen Sie ins Gespräch mit der höheren Führungsebene.

Networking auf der eigenen Hierarchieebene Eine andere Bezugsgruppe für das Networking bildet die eigene Hierarchieebene: Die Beziehung zu den eigenen Kollegen ist für eine karrierebewusste Person dabei nicht immer unkompliziert. Sie können meist nur durch einwandfreie Kooperation mit den Kollegen fachlich gute Ergebnisse abliefern, müssen sich jedoch gleichzeitig von den anderen abgrenzen, um die Aufmerksamkeit auf sich zu lenken und das nächste Angebot zum Aufstieg angeboten zu bekommen. Demnach ist die Beziehung zu Kollegen kontinuierlich auf einem professionellen Niveau zu handhaben.

Im Großen und Ganzen sollten Sie permanent entgegenkommend, unterstützend und freundlich sein. Ein schlechtes Verhältnis zu Kollegen schließt ansonsten jede spätere Hilfeleistung weitgehend aus. Sie sollten probieren, sich je nach Positionierungswunsch unter den Kollegen auszurichten, jedoch Ihre Karriere nicht nur durch die Abgrenzung zu diesen aufbauen zu wollen. Andernfalls führt Ihre Abgrenzung und Profilierung langfristig zu einem Punkt, an dem Ihnen möglicherweise mangelnde Kooperation mit den Kollegen vorgehalten wird.

Entgegenkommend auch im privaten Umfeld Auch im privaten Umfeld erweist es sich langfristig als weiterbringend, in der nächsten Umgebung entgegenkommend, unterstützend und freundlich zu sein. Das mag trivial klingen – Sie sollten sich diesen Grundsatz „guten Benehmens" jedoch explizit im Kontext des Networkings bewusst machen. Zum Beispiel können Sie den Nachbarn einfach einmal damit erfreuen, dass Sie seine kleinen

Bäumchen mit bewässern, welche ja so schrecklich trocken aussehen, oder eventuell einmal seinen Gehweg fegen. Diese Aufmerksamkeiten bedürfen kaum Aufwand, haben aber erfahrungsgemäß außerordentliche Wirkung. Vor eigenen Urlauben können Sie dann leicht nach Gefälligkeiten fragen, wie zum Beispiel, ob der Nachbar Ihre Post aus dem Briefkasten nehmen oder die Blumen gießen kann. Eine gute Nachbarschaftsbeziehung spart so zum Beispiel den Verwandten eine längere Anreise für diese Tätigkeiten.

Mitgliedschaft in Vereinen

Die einfachste Möglichkeit zur Akquisition neuer Beziehungen sind professionelle Kontaktorganisationen wie Vereine. Besuchen Sie doch einfach mal einen Monat die Landesvertretung einer politischen Organisation oder ihre Fachvorträge, welche in vielen Städten angeboten werden. Kontaktorganisationen zu Ihren Interessengebieten können Sie auch leicht im Internet über eine Suchmaschine wie www.google.de finden.

Auch Sportvereine bieten neue Kontakte und Erkenntnisse: Erfahrungsgemäß bleibt es unentdeckt, was die anderen Mannschaftskollegen wirklich so beruflich machen. Ein einfaches Treffen in kleinerer Runde bringt mitunter Aufschlussreiches. Und auch hier gilt, dass ehrliches Interesse und konkrete Fragen häufig der Schlüssel für neue Kontakte sind. Fast jeder Mensch ist erfreut, wenn andere Mitmenschen über die übliche Oberflächlichkeit hinaus Interesse an der Person zeigen.

Networking mit anderen Organisationen und Unternehmen

Um den Kreis der beruflichen Kontakte zu vergrößern, können Sie auch Kooperationen und gemeinsame Aktivitäten mit anderen Unternehmen und Organisationen vorschlagen. So können Sie zum Beispiel als Beamter des örtlichen Rathauses im Rahmen des Informationsaustausches mit der Nachbargemeinde einen Seminartag oder einen Ausflug vorschlagen und organisieren. Meist werden diese Initiativen gern aufgenommen, wenn Sie nicht einen direkten Mehraufwand für den Entscheidungsträger implizieren.

Ist eine offizielle Verbindung dieser Art nicht möglich oder gewollt, können Sie einfach einmal zum Telefonhörer greifen und die Person anrufen, welche die gleichen Aufgaben wie Sie im benachbarten Rathaus hat und in etwa Folgendes loswerden:

„Guten Tag, ich bin Herr Müller. Nach meinen Informationen mache ich genau das Gleiche wie Sie, nur hier im Kreis Wesel. Ich wollte mich mal kurz melden, um zu sagen, dass ich gern bereit bin, mich mit Ihnen über einzelne Arbeitstechniken auszutauschen. Also immer, wenn Sie oder ich eine gute Idee haben, können wir uns doch zusammentun. Vielleicht tauschen wir einfach mal unsere Kontaktdaten …"

Gespräch im richtigen Moment beenden

Tauschen Sie die Telefonnummer und E-Mail-Adresse aus und verabschieden Sie sich umgehend. Sie sollten nicht riskieren, sich gleich nichts mehr zu sagen zu haben. Beenden Sie das Gespräch entsprechend, bevor es dazu kommen kann. In der Privatwirtschaft kann diese Art von Kontaktakquisition etwas schwieriger sein, da Sie im Gegensatz zum öffentlichen Sektor schlecht zu Konkurrenten oder fremden Firmen Kontakte aufbauen können.

Das Internet als Kontaktquelle

Als ergiebige Quelle für Kontakte bietet auch das Internet zahllose Austauschmöglichkeiten. In thematisch geordneten Foren können Sie sich fachlich bilden, diskutieren und andere Meinungen sowie ihre Meinungsträger kennen lernen. Solche Bekanntschaften sollten nach einer gewissen Zeit jedoch über das Medium Internet hinausgehen. Dies gelingt mit etwas Fantasie aber meist sehr einfach. Recherchieren Sie zum Beispiel einen relevanten Artikel aus einer Zeitung oder Zeitschrift und senden Sie einfach den folgenden Beitrag ein:

„Ich habe einen interessanten alternativen Artikel zu diesem Thema eingescannt. Ich kann ihn Ihnen zusenden, wenn Sie mir Ihre E-Mail-Adresse senden. Schreiben Sie mir einfach unter ich@provider.de."

Über die vorgestellten Möglichkeiten können und sollten Sie sich ein Netzwerk aufbauen, welches in alle Bereiche Ausläufer hat. Herausforderungen werden häufig zu Problemen, wenn Sie im jeweiligen Bereich keine Ahnung oder keine Ansprechperson haben. Mit Freunden und Bekannten aus den verschiedensten Bereichen haben Sie jedoch immer einen Wettbewerbsvorteil im Job und zudem ein interessanteres Leben.

Vom Kontakt zur Beziehung

Kontakte lassen sich in der Regel schnell knüpfen. Leider entwickelt sich daraus nicht oft eine produktive Beziehung. Dabei ist in jedem Fall zu berücksichtigen, dass der Aufbau einer Beziehung erst einmal eine Bringschuld ist. Das heißt, es liegt an Ihnen, proaktiv einen Kontakt zu einer nachhaltigen Beziehung auszubauen.

Kontakte pflegen

Melden Sie sich deshalb regelmäßig bei interessanten Kontakten, sei es auch nur in Form von kurzen E-Mails. Lassen Sie sich nicht verunsichern oder deprimieren, wenn diese nicht beantwortet werden oder keine Kommunikationsversuche Ihres Gegenübers erfolgen. Nur durch einen regelmäßigen Kontakt können Sie die gewünschte Beziehung aufbauen.

Berufsexternen Kontakten sollten Sie innerhalb von 72-Stunden nachgehen. Ein späterer Kontakt kann schon verlorener Einsatz sein. Als erneuter Kontaktgrund eignen sich besonders Themen, welche Sie zur Zeit der Kontaktaufnahme behandelt haben. Gesendet werden kann ein Artikel, ein Buchtipp oder ein weiterer Hinweis, der sich auf das Gesprächsthema, Hobby oder Interesse Ihres Gegenübers bezieht.

Innerhalb von 72-Stunden

Pflege

Die Pflege eines Kontaktes ist unmittelbare Folge und Notwendigkeit der Kontaktakquisition. Dabei kann die Pflege zum Teil durch standardisierte und einfache Methoden vorgenommen werden, sich andererseits jedoch als äußerst kompliziert herausstellen. Eine hervorragende Pflege der Beziehungen setzt zuerst eine gründliche Informationsarchivierung in einer Kontaktdatenbank voraus. Sie sollten sich alle aus einem Kontakt oder einer Beziehung ergebenden Informationen merken bzw. speichern. Dazu gehören zum Beispiel Vorlieben, Aktivitäten, Hobbys und Karriereverläufe der kennen gelernten Personen. Diese Informationen sind für die Pflege, aber auch konkrete Nutzung der Beziehung zu einem späteren Zeitpunkt unerlässlich.

Informationsarchivierung in einer Kontaktdatenbank

Die Pflege Ihrer Beziehungen im Rahmen des Networkings unterliegt drei Grundsätzen, die im Folgenden dargestellt werden: Periodizität, Mäßigkeit und Konstanz.

Drei Grundsätze des Networking

Periodizität

Als erste Notwendigkeit der Kontakt- oder Beziehungspflege ist die Regelmäßigkeit und Wiederkehr zu erwähnen. Ein beruflicher Kontakt, welcher länger als ein Jahr ohne Kommunikation ruht, kann als tot bezeichnet werden. Er kann unter Umständen wiederbelebt werden. Dies bedarf aber meist besonderer Anstrengung.

Periodizität bedeutet, sich mindestens zweimal im Jahr bei seinem Kontakt zu melden. Dabei sollten Sie nicht auf die typischen Ereignisse wie Weihnachten oder Neujahr warten. In dieser Zeit herrscht bereits viel Kommunikation, und eine Nachricht oder ein Gespräch wird schnell vergessen oder geht in der Vielzahl der guten Wünsche, Postkarten und Formbriefe einfach unter.

Es ist sinnvoll, sich aktiv im Kalender zwei Zeitpunkte zu vermerken und sich an diesen mit der Pflege Ihrer Kontakte zu beschäftigen. Beachten Sie beim Timing Ihrer Netzwerkpflege allerdings die Beziehungen Ihrer Kontaktpersonen untereinander. Senden Sie nur einmal im Jahr eine Mail und diese dann noch mit annähernd gleichen Informationen an zwei Personen, die direkt zusammenarbeiten, kann dies unter Umständen negativ aufgenommen werden. Demnach sollten Sie zusammenhängende Personenkreise zu unterschiedlichen Zeiträumen kontaktieren.

Mäßigkeit

Als zweiter Grundsatz gilt, es mit der Kontaktpflege oder Herzlichkeit der Grüße nicht zu übertreiben. Eine Person, zu der man freundschaftlicheren Kontakt pflegt, kann schon bis zu viermal pro Jahr per E-Mail angeschrieben werden, aber das reicht in der Regel. Das übermäßige Verfassen von E-Mails kann die Person in unerwünschten Zugzwang bringen. Besonders wenn Sie selbst aufgrund von internationaler Projektpartizipation viel unterwegs sind und viel zu berichten haben, besteht die Gefahr, bei „alten Bekannten" Minderwertigkeitskomplexe oder den Eindruck hervorzurufen, Sie wollten sich über die Maßen profilieren.

Konstanz

Als dritte und letzte Notwendigkeit ist die Konstanz anzusprechen. Sie sollten versuchen, in allen Nachrichten einen roten Faden sichtbar zu machen. Gerade dafür ist die fast unbeschränkte E-Mail-Speichermöglichkeit eines Computers hilfreich. Schauen Sie sich an, was Sie das letzte Mal geschrieben haben. So können Sie sich durch die wiederholte Kommunikation genau so bei einer Kontaktperson positionieren, wie Sie das gezielt wünschen. Die Kommunikation im Rahmen der Festigung des Netzwerkes ist vergleichbar mit einem mehrmals wiederholten Bewerbungsschreiben. Sie geben dem Kontakt Stück für Stück ein Bild von sich selbst, wobei die einzelnen Nachrichten und Eindrücke über die Zeit hinweg kongruent und authentisch sein sollten.

Mittel

In der beruflichen Laufbahn kann ein Netzwerk unterschiedlichster Kontakte außerordentlich umfangreich werden. Es werden Hunderte von Kontakten zu Kunden und Auftraggebern geknüpft und gerade in großen Unternehmen unzählige Mitarbeiter kennen gelernt. Die für Sie wichtigsten Verbindungen müssen Sie nun aktiv aufrechterhalten. Für die Pflege der Kontakte gibt es neben zahlreichen Medien, welche zur Kommunikation manchmal mehr und manchmal weniger geeignet sind, auch strategische oder planerische Schritte, die Sie umzusetzen haben.

Wichtige Verbindungen aktiv aufrechterhalten

Ein Netzwerk können Sie nur zu Personen aufbauen, welche Sie kennen. Gerade dieser Begriff des „Kennens" unterliegt dabei einer starken Interpretation. Zwei Rundmails im Jahr erfüllen, wenn es dazwischen nicht zu intensiveren Kontakten wie direkten Treffen kommt, kaum den Anspruch des „Kennens".

Um Kontakte aktiv zu managen, sollten Sie sich eine Kartei anlegen. Dafür eignen sich die ganz normalen Adressverwaltungsdateien eines Computer oder Handhelds. Neben Daten wie Arbeitgeber und Geburtsdatum können Sie hier in der Regel in weiteren Feldern zusätzliche Informationen sammeln. Diese Felder sollten Sie aktiv füllen. Es erscheint manchmal etwas wie Spionage oder Informationsbeschaffung, aber nach jedem Treffen sollten Sie die Informationen auffüllen und aktualisieren. Aufschlussreich ist alles, was die Person gemacht hat, gerade macht und machen will, sei es privat oder beruflich. Dazu kommen Eigenschaften, Aussagen oder Lebens- und Arbeitsverhältnisse. Dieses Wissen kann dann vor jeder

Kontaktkartei

Kommunikation genutzt werden, um sich besser auf die Person einzustellen, sie individuell anzusprechen und um der Person den Eindruck zu geben, dass Sie sich die vorangegangenen Unterhaltungen gemerkt haben. Entsprechend können Sie als einsteigende Fragen stellen, wie denn der Urlaub war, den die andere Person gerade geplant hatte, als Sie sich das letzte Mal getroffen haben, oder wie ein bestimmtes Projekt weitergelaufen ist.

Disziplin und Zeitaufwand Eine solche Kartei erfordert starke Disziplin und einen gewissen Zeitaufwand, aber der Mehrwert wird nach einigen Monaten oder Jahren offensichtlich. Wollen Sie auf Kontakte zurückgreifen, welche schon außergewöhnlich lange nicht mehr aktiviert wurden? In solch einer Situation ist es ungeheuer hilfreich, entsprechende Ansatzpunkte zu finden, um eine Bitte zu äußern oder den Kontakt überhaupt wiederherzustellen. Auf der Grundlage einer Kartei können Sie systematisch Ihr Netzwerk pflegen. Für diese aktive Pflege gibt es mehrere Möglichkeiten. Die einzelnen Medien unterscheiden sich vorwiegend im Zeitaufwand und der Persönlichkeit der Kommunikation.

Kontaktpflege per E-Mail Als einfachstes Medium der Pflege großer Netzwerke erweist sich augenblicklich die E-Mail. E-Mails können Sie schnell fertig stellen und problemlos vervielfältigen. Allerdings sind sie erfahrungsgemäß etwas unpersönlich. Vor allem sollten Sie darauf achten, dass Sie nicht zu offensichtlich eine Rundmail senden. Rundmails sind zum Beispiel sinnvoll für die Planung von Veranstaltungen, wenn Sie allen Beteiligten kundgeben möchten, wer noch informiert wurde. Sie sollten einen längeren Text vorschreiben und diesen dann im E-Mail-Programm jeweils durch ein paar persönliche Zeilen aus Ihrer Informationsdatenbank ergänzen. So können Sie lange E-Mails an viele Personen versenden, sie trotzdem aber individuell ausrichten.

Der große Vorteil von E-Mails ist gleichzeitig ihr Nachteil: der Phasenverzug der Kommunikation. Das Problem bei E-Mail-Nachrichten ist, dass Sie nicht unmittelbar eine Antwort erzwingen können. Im Gegensatz initiieren Sie beispielsweise in einem Telefonat auf jeden Fall einen direkten Dialog. Zusätzlich kann es sein, dass eine E-Mail-Adresse nicht mehr aktuell ist und nicht mehr verwendet wird, was Sie möglicherweise gar nicht bemerken. Existiert eine Adresse offiziell nicht mehr, erhalten Sie vom jeweiligen Mailserver eine entsprechende Nachricht „User unknown". Lässt jemand jedoch seine E-Mail-Adresse bestehen, nutzt aktiv jedoch eine andere und ruft die Nachrichten auf der alten nicht mehr ab, bekommen Sie das in der Regel nicht oder erst sehr spät mit. Dies kann dazu führen, dass Sie frustriert oder böse auf jemanden sind, weil dieser Ihnen nicht antwortet. De facto hat Ihre Nachricht diesen aber gar nicht erreicht.

Ein Anruf ist daher eine der besten Optionen für die Netzwerkpflege. Anrufe sind nicht besonders zeitaufwendig, besitzen aber im Gegensatz zur E-Mail einen stark persönlichen Charakter. Es reicht ein Blick in die Kartei auf die persönlichen Informationen, und schon können Sie die Nummer wählen. Ein Anruf ist auffällig persönlich und demnach sollten Sie sich auch nur bei Kontakten melden, welchen Sie dies zumuten können. Sich durch zu viel Offenheit und Penetranz aufzuzwängen, hat schnell negative Konsequenzen.

Kontaktpflege per Telefon

Beginnen sollten Sie den Anruf gelassen mit Sätzen wie diesem: „Ich wollte nur mal hören, wie es so läuft bei Ihnen!" Eine ausgedachte Geschichte bringt einen nur in Verlegenheit und hat nicht mehr Wert als die Wahrheit. Außerdem entsteht zum Ende des Telefonats immer noch ein Zwang der Äußerung einer konkreten Frage, was Sie denn eigentlich wollten. Wenn Sie ankündigen, dass Sie nur etwas plauschen wollen, können Sie den Anruf ohne Probleme jederzeit beenden.

Im folgenden Gespräch haben Sie durch die Kartei genügend Aspekte, welchen Sie nachgehen können. Sie sollten nicht probieren, die Telefonate in die Länge zu ziehen. In solch einem Moment merkt das Gegenüber, dass Sie sich vielleicht gar nicht mehr besonders viel zu sagen haben. Demnach ruhig pünktlich das Gespräch abbrechen: „Tut mir Leid, aber ich muss jetzt noch ganz schnell zum Chef. Schön mit Ihnen gesprochen zu haben."

Wie auch bei der E-Mail-Adresse gibt es das Problem, dass sich Telefonnummern ebenfalls ändern. Der Vorteil bei Telefonnummern ist jedoch, dass Sie in vielen Fällen eine Nachricht über die neue Telefonnummer unter der alten Telefonnummer erhalten können. Dies ist bei einer E-Mail-Anschrift leider vorwiegend nicht der Fall.

Persönliche Treffen Als intensivste Form des Networking gilt das persönliche Treffen. Diese Option sollten Sie wirklich nur eingehen, wenn Sie von Anfang an wissen, dass genügend Gesprächsstoff vorhanden ist. Ohne eine flüssige Kommunikation kann nach einem dieser Treffen, welche dann erfahrungsgemäß als unangenehm empfunden werden, schnell der Kontakt abbrechen. Ein reines Network-Treffen sollten Sie nicht zu Hause durchführen, außer Sie bezwecken explizit eine stärkere Bindung zu der Person. Am empfehlenswertesten sind Cafés und Bars, da dort schnell und unproblematisch nach einer Stunde ein Ende gefunden werden kann. Dieses bequeme Ende ist in privater Umgebung meist viel komplizierter.

Wenn Sie planen, einen Kontakt fester zu binden, kann aber gerade die Einladung nach Hause eine außerordentliche Möglichkeit sein, eine persönliche Bindung zu vertiefen. Dabei sollten Sie darauf achten, dass Sie gerade in Gruppen unterschiedlichen Geschlechts nichts Falsches suggerieren. Könnten solche Gedanken entstehen, ist auf jeden Fall ein neutralerer Ort zu wählen.

Da die Kontakte nicht unbedingt in einer erreichbaren Nähe wohnen, ist ein persönliches Treffen oft nicht oder nur schwer zu realisieren. Weitere Nachteile sind, dass man einen expliziten Anlass für das Treffen finden muss und dass solche Verabredungen durchaus zeitintensiv sind.

Visualisierung

Netzwerk durch Visualisierung veranschaulichen Menschen denken nicht nur strukturiert, sondern, noch viel wichtiger, Sie erinnern sich wesentlich besser an strukturierte Informationen. Visualisierungen tragen diesem Aspekt Rechnung. Jede Visualisierung, egal in welchem Bereich, hat etwas mit der Strukturierung von einer Menge von Informationen zu tun.

Die Visualisierung des eigenen Kontaktnetzwerkes erscheint möglicherweise in erster Linie als großer Aufwand mit nur bescheidenem Nutzen. Doch die produktive Nutzung der Visualisierungen birgt im Laufe der weiteren Entwicklung einen relativ großen Mehrwert. In diesem Kapitel soll daher nicht nur die Visualisierung an sich, sondern auch die aktive Arbeit mit dem entstandenen Bild beschrieben werden.

Beziehungen können Sie grundsätzlich und für die Visualisierung in mehrere Kategorien einsortieren. Es gibt als Erstes die Kategorie des Beziehungsursprungs. Dieser kann privat oder beruflich sein. Konkret können Beziehungen zum Beispiel in folgenden Bereichen entstanden sein:

Beziehungsursprung

- Schule
- Ausbildung/Studium
- Aktueller oder ehemaliger Arbeitsplatz
- Sport
- Familie
- Urlaube
- Seminare
- Weiterbildungen
- Organisationen
- Veranstaltungen

Die nächste Kategorie bezeichnet den eigentlichen Bereich der Beziehung. Erneut können Sie zwischen privat und beruflich differenzieren. So können Sie eine Person zwar über den Beruf kennen gelernt, aber trotzdem nur eine private Beziehung aufgebaut haben. Andersherum können Sie eine Person kennen lernen, beispielsweise im Tennisklub, die sich später im Beruf an einer für Sie entscheidenden Position wiederfindet.

Bereich der Beziehung

Es empfiehlt sich, als erste Grobstruktur der Grafik die Bereiche private oder berufliche Kontakte zu differenzieren. Leiten Sie dazu einfach von einer Hauptblase „Kontakte" zwei Blasen „Privat" und „Beruflich" ab. Als Nächstes können Sie diese Kontakte in ihre Einflussfelder aufteilen, wie beispielsweise regionale Politik, internationale Finanzwirtschaft, Kindererziehung oder Hausmedizin. Es sollten möglichst viele Kategorien dargestellt werden, auch wenn sie bei Ihnen (noch) leer sind, also keine Beziehung zu einer Person in diesem Bereich herrscht. Ein gutes Netzwerk erfordert nicht nur

Private und berufliche Kontakte

starke Kontakte in einigen der Gebiete, sondern starke Kontakte in allen Einflussfeldern.

Politik
Manfred Müller

Medizin

Sprachen
Heinrich Stein (Engl.) •
Manfred Müller (Franz.)

Steuern

Recht
Heinrich Stein •
Susi Müller

Reisen
Petra Licht •

Abbildung 44: In welchen Einflussfeldern und Bereichen haben Sie Kontakte?

Häufig sind in den einzelnen Bereichen gleich mehrere Kontakte vorhanden. Dann macht es Sinn, diese Kontakte in einer gewissen Form zu ordnen und zu strukturieren. Markieren Sie die für Sie wichtigste Person in jedem Bereich farbig und finden Sie eine entsprechende Reihenfolge der Namen.

Strukturierung nach Beziehungsursprung

Auf diese Weise ist bereits ein erstes strukturiertes Bild entstanden, mit dem Sie nun arbeiten können. Als Erstes können Sie nun Ihre Beziehungsquellen darstellen. Dabei werden alle Kontakte, welche im Privatleben durch freizeitliche Aktivitäten gesammelt wurden, einfach mit einem kleinen farbigen Punkt markiert. Sind nur wenige Kontakte mit einem Punkt versehen, also nur wenige Kontakte in der Freizeit akquiriert worden, sollten Sie um mehr Kontakte zu gewinnen, mehr Aktivitäten im gesellschaftlichen Kreis durchführen. Ist der Großteil der Kontakte privaten Ursprungs, gilt es, sich aktiv Gedanken zu machen und Strategien zu entwickeln, wie

Sie beruflich mehr Kontakte aufbauen können. Die Herangehensweise und Möglichkeiten hängen dabei natürlich stark vom jeweiligen Unternehmen und Ihrer konkreten Position dort ab. Die vorangegangenen Ausführungen sollten Ihnen jedoch bereits wichtige Anregungen zum Kontaktaufbau mitgegeben haben.

Das nächste Merkmal, das strukturiert werden kann, ist der Einflussbereich. Erfahrungsgemäß sind nicht in allen Einflussbereichen Beziehungen verfügbar. Diese Bereiche können Sie aufgrund der Grafik problemlos identifizieren. Die Akquisition von Kontakten oder Beziehungen aus diesen einzelnen Bereichen ist mitunter schwierig aktiv anzugehen. Als Hilfsmittel kann Ihnen aber die Grafik dazu dienen, Ihrer Umgebung etwas sensibler zuzuhören und gegebenenfalls eine Person weitergehend anzusprechen, wenn diese etwas aus einem bestimmten Bereich erzählt.

Strukturierung nach Einflussbereichen

Gelegentlich macht gerade die Vergrößerung des Kontaktnetzwerkes in bisher unbekannte Einflussfelder etwas Unbehagen. Sie haben sich ja ausdrücklich Ihrem Interesse folgend einem anderen Gebiet gewidmet, dort weiterentwickelt und praktische Erfahrungen gesammelt. Aber neben der Relevanz von weitreichenden Beziehungen hat die Akquisition in unbekannten Gefilden noch andere einträgliche Gesichtspunkte: Sie fördert beispielsweise die Allgemeinbildung und forciert die Entwicklung eines abgerundeten Weltbildes. Es ist inspirierend zu hören, was andere Menschen machen und wofür sie sich begeistern können. Andere Kreise haben mitunter ganz andere und alternative Ideen der Freizeit-, Urlaubs- oder Arbeitsgestaltung.

Es ist eine Grunderkenntnis des Networkings, dass es sich lohnt, möglichst nicht nur unter sich zu bleiben. Probieren Sie stets den Mehrwert aus vielen Erfahrungen aus vielen anderen Gebieten aufzunehmen.

Verwendung

Die Verwendung von Kontakten ist ebenso anspruchsvoll wie die Entwicklung. Besonders, wenn Sie sich die Möglichkeit offen halten möchten, den Kontakt ohne schlechtes Gewissen erneut um eine Hilfestellung zu bitten, erfordert es etwas Geschick und Feingefühl.

Auf einen Kontakt zurückgreifen

Auf der anderen Seite sollten Sie auch auf jeden Fall Ihre Kontakte aktiv nutzen, wenn sich dadurch Probleme besser lösen oder Chancen realisieren lassen.

Ein Kontakt ist etwas Zweiseitiges, demnach hilft die eine Person der anderen gern weiter, in der Erwartung irgendwann einmal selbst Hilfe zu bekommen oder wenigstens „einen Gut zu haben". Kontakte zu hohen Vorgesetzten oder Personen in anderen Firmen beruhen vorwiegend auf einer voraussichtlich langfristig einseitigen Hilfestellung. Doch gerade die Personen, welche nicht mehr auf Ihre Hilfe angewiesen sind, helfen gern. Auch sie sind vorher oft mit hilfreichen und helfenden Kontakten in diese Position aufgestiegen.

Ein Anliegen angemessen vortragen Voraussetzung zum Vortragen einer Bitte um Hilfestellung ist die angemessene und gründliche Kontaktpflege. Ein gut gepflegter Kontakt erlaubt es stets, offener und direkter nach einer Gefälligkeit zu fragen. Sie sollten die erhoffte Hilfestellung auch als solche kommunizieren und nicht stillschweigend als Selbstverständlichkeit oder berufliche Kooperation erwarten. Dabei sollten Sie vor allem nicht auf vergangene Aktionen oder eventuelle Hilfestellungen Ihrerseits aufmerksam machen. Phrasen wie: „Ich habe Ihnen auch schon einmal geholfen", „Wir verstehen uns doch so gut" oder „Ich habe Ihnen doch auch immer eine Nachricht zukommen lassen" werden in der Regel vom Angesprochenen schlecht aufgenommen. Die jeweilige Situation weiß Ihr Ansprechpartner selbst zu beurteilen. Eine Rechtfertigung kann zwar die einmalige Forderung erleichtern, verschließt aber wahrscheinlich den Kontakt für spätere Male. Es entsteht der Eindruck, Hilfestellungen würden eins zu eins abgegolten – was mit der einmaligen Hilfe dann auch der Fall wäre.

Wie weit Sie bei einer Bitte gehen können, hängt von der Stellung der Person und Ihrer Beziehung zu ihr sowie der konkreten Situation Ihres Anliegens ab. Die Chance der Erfüllung einer Ihrer Bitten ist größer, wenn daraus keine signifikanten Konsequenzen für Ihren Hilfesteller erwachsen.

Nach erfolgter Hilfestellung ist es wichtig, entsprechendes Feedback zu geben. Egal, ob Sie einen Erfolg oder Misserfolg hatten, es reicht ein kurzer Anruf, um sich für die Hilfe zu bedanken. Erfahrungsgemäß ist dies schon der erste Schritt, um sich nach dem Nutzen der Beziehung wieder anzunähern. Die helfende Person wird eventuell mit Stolz erfüllt, die Macht zu haben, jemandem das zu verschaffen, was er haben möchte. Bei einem möglichen Fehlschlag hilft der um Unterstützung Gebetene das nächste Mal möglicherweise umso motivierter.

Feedback und Dank

Zur aktiven Verwendung Ihrer Beziehungen ist abschließend zusammenzufassen: Bitten Sie aktiv um Hilfe, verwenden Sie keinen Vergangenheitsbezug, rechtfertigen Sie sich nicht übermäßig und geben Sie abschließend ein dankbares Feedback.

Übung 4.1

(A) Was bedeutet für Sie Networking?

_____

_____

_____

_____

_____

(B) Welche drei Kriterien sollten Sie bei der Pflege Ihrer Kontakte bezüglich Zeit, Umfang und inhaltlicher Bezugnahme sinnvollerweise beachten?

1. _____

2. _____

3. _____

425

(C) Überprüfen Sie Ihre persönliche Organisation von Kontaktdaten. Halten Sie alle Kontaktdaten an einer zentralen Stelle konsistent? Gleichen Sie inkonsistente Bestände von Adressen und Telefonnummern zwischen Handy, Festnetztelefon, E-Mail-Programm(en), PDA/Handheld, Visitenkarten und Notizbuch ab. Nimmt diese Aktivität für den Moment absehbar zu viel Zeit in Anspruch, definieren Sie jetzt einen festen Termin, an dem Sie die Kontaktdaten konsolidieren.

(D) Erkundigen Sie sich bei einem Experten oder recherchieren Sie im Internet, welche Möglichkeiten der automatischen Synchronisation von Kontaktdaten es für die von Ihnen eingesetzten Geräte und Anwendungen gibt. Konsultieren Sie gegebenenfalls das Handbuch Ihres Telefons oder PDAs. Die meisten Geräte bieten die Möglichkeit, Kontaktdaten zwischen Mobiltelefon, PDA, Laptop und PC via Kabel, Infrarot, Bluetooth o.Ä. zu synchronisieren, so dass Sie auf allen Geräten den gleichen, aktuellen und konsistenten Datenbestand haben.

(E) Nehmen Sie ein Blatt Papier und beginnen Sie, Ihre Freunde, Bekannten und beruflichen Kontakte miteinander in Bezug zu setzen. Identifizieren Sie Gemeinsamkeiten, Schnittmengen und Schlüsselpersonen.

(F) Recherchieren Sie im Internet, welche Organisationen und Vereine in Ihrem beruflichen Gebiet existieren und was diese besonders kennzeichnet. Notieren Sie hier drei besonders relevante Organisationen. Schreiben Sie dahinter, welchen Vorteil diese Institutionen Ihnen bieten können:

1. _____

2. _____

3. _____

4.2. Partnerschaft, Familie und Freundschaft

Ganzheitliche Persönlichkeitsentwicklung, Selbstbewusstsein, Ausgeglichenheit und Souveränität sollen im Idealfall gleichmäßig in allen Lebensbereichen zu beobachten sein, das heißt, im Berufsleben wie im Privatleben. Nichtsdestotrotz lassen sich über breite Gesellschaftsschichten hinweg Menschen beobachten, deren Leben äußerst unausgewogen ist und deren soziale Kompetenz in verschiedenen Rollen sich stark zu widersprechen scheint.

Der harte, aber gerechte Manager, der im Berufsleben professionell, seriös auftritt und Erfolg hat, zu Hause aber schreit, schlägt und seine Unausgeglichenheit durch Alkohol und Fremdgehen zu kompensieren sucht, ist ein spitzes, aber durchaus anzutreffendes Beispiel für mangelhafte Balance im Leben.

Mangelnde Balance im Leben

Gruppenentwicklung ist als solche also nicht nur auf das berufliche Umfeld und professionelle Gruppen beschränkt, sondern beinhaltet ebenso Partnerschaft, Familie und Freundschaften. Diesen wichtigen Aspekten in einem harmonischen und ausgeglichenen Leben und der entsprechenden Lebensplanung widmet sich der folgende Abschnitt. Er soll Ihnen bewusst machen, dass Sie Ihre außerberuflichen Beziehungen genauso professionell planen, pflegen und entwickeln müssen, wie Sie dies für die Entwicklung Ihrer Karriere tun.

Partnerschaft

Partnerschaft als kleinstmögliche Form von „Gruppe" überhaupt ist in unserer Gesellschaft neben der Arbeit einer der wichtigsten Entwicklungspole im Leben. Die Betonung auf dem Wort „Entwicklung" ist jedoch bei weitem nicht allen Paaren bewusst oder wird mitunter im Laufe einer Beziehung fast vergessen. Ein Klassiker zu diesem Thema ist das Buch „Die Kunst des Liebens" des Psychoanalytikers Erich Fromm. Er beschreibt wunderbar zutreffend klassische Meinungen, Erwartungshaltungen und Missverständnisse im Bereich der „Liebe". Kombiniert mit einem zweiten Werk von ihm, „Haben oder Sein", wird dem Leser intensiv verdeutlicht, dass Lieben, aber auch Leben und letztlich Sein ein Entwicklungsprozess sind.

Partnerschaft als kleinste Form der Gruppe

Liebe oder lieben? Ein besonders erhellendes Beispiel findet sich in einem sprachlichen Vergleich zwischen dem Deutschen und dem Englischen: In der englischen Sprache gibt es nur das Wort „love", das gleichermaßen für das Verb „lieben" und das Substantiv „Liebe" steht. Die Trennung im Deutschen auf zwei unterschiedliche Wörter spiegelt die grundlegende Haltung und das daraus resultierende Verhalten vieler Menschen wieder. All zu oft, insbesondere bei jüngeren, unerfahrenen oder aber weniger intellektuellen Menschen existiert die Erwartungshaltung, Liebe sei ein Zustand, der sich einstelle oder nicht. Ebenso fällt in diesem Kontext das Gefühl, die Liebe verginge nach einer Weile.

Reifer ist das Bewusstsein, dass Liebe eine Tätigkeit ist, ein Handeln. Liebe ist kein Zustand oder Status. Es ist vielmehr ein Gefühl, das aus der bewussten Entscheidung von Menschen füreinander und proaktivem Handeln resultiert. Es ist die Entscheidung von zwei Menschen, füreinander da zu sein, sich zu helfen, sich gegenseitig aktiv zuzuhören, Verständnis zu zeigen, gemeinsam Zeit zu verbringen. Es ist die Entscheidung von zwei Menschen, einen Weg gemeinsam zu gehen und diesen Weg gemeinsam zu gestalten. Es ist die Entscheidung von zwei Menschen, sich zu lieben. Die daraus resultierende Partnerschaft ist ein kontinuierlicher Entwicklungsprozess. Sie ordnet sich damit in den übergreifenden Kontext der Gruppenentwicklung ein.

Lieben heißt ein Wir zu schaffen, ohne dass ein Ich zerstört wird.

Liebe ist kein Zustand Menschen, die glauben, Liebe sei ein Zustand, werden überdurchschnittlich oft enttäuscht vom Leben und der Liebe, weil sie nicht verstanden haben, dass Liebe lieben bedarf und Lieben aktives Handeln voraussetzt. Sie konstatieren irgendwann, die Liebe wäre vergangen. Das Aufsuchen von Partnerberatungen ist zwar in diesem Fall noch ein aktiver Schritt, letztlich aber eher ein reaktiver als ein proaktiver. Wie an vielen Stellen in diesem Buch verdeutlicht, tritt auch hier wieder das Gegenspiel von Vorsorge und Therapie zutage. Keine Partnerberatung kann den Zustand der Liebe „wiederherstellen", wenn die ehrliche und proaktive Entscheidung jedes Partners, einander zu lieben, fehlt.

In der Konsequenz gilt es daher, der Entwicklung einer Partnerschaft in Balance ebenso viel Aufmerksamkeit, Zuwendung und Anstrengung zu widmen, wie Sie dies für Ihr berufliches Fortkommen tun.

Wenn Sie für die Erweiterung Ihres beruflichen Wissens, für eine verbesserte Qualifikation Bücher lesen und Seminare besuchen – lesen Sie auch ebenso viele Bücher zur Entwicklung Ihrer engsten Beziehung, Ihrer Partnerschaft? Besuchen Sie ebenso viele und qualitative Seminare mit Bezug zu Ihrer Partnerschaft? – Wenn nein, warum nicht? Lesen Sie Bücher über professionelle und effektive Kommunikation im Berufsleben, hören aber Ihrem Partner zu Hause doch nicht so aktiv und aufmerksam zu, wie Sie es zuvor gelesen haben? – Diese Fragen mögen im ersten Moment provozieren. Es lohnt sich jedoch, über sie nachzudenken.

Weiterbildung in der Partnerschaft

Sie haben im Laufe Ihrer Ausbildung so viel Zeit dafür aufgewendet, Ihre heutige Allgemeinbildung zu erwerben, sich mit Naturwissenschaften auseinander zu setzen und Rechtschreibung und Sprachen zu lernen. Ohne diesen Aufwand könnten Sie heute keine Briefe schreiben oder zum Beispiel englisch sprechen. Im sozialen Umgang miteinander, in Partnerschaften, aber auch in Familie und im Freundeskreis erwarten wir hingegen häufig, die notwendigen Dinge naturgegeben zu wissen und zu können. Sicher machen wir manche Dinge instinktiv richtig, und Fehler werden im privaten Umfeld eher gebilligt als im Berufsleben. Auf der anderen Seite sollten Sie sich jedoch permanent bewusst sein, dass auch Partnerschaft einen Lernprozess erfordert und ein beständiges Wachsen darstellt. Wenn Ihnen Ihre Beziehung, Ihre Partnerschaft genauso wichtig ist wie Ihre berufliche Entwicklung, sollten Sie darin auch ebenso viel Zeit und Mühe investieren.

Auch Partnerschaft erfordert einen Lernprozess

Ebenso wie Sie aus Fachbüchern zu Ihrem beruflichen Aktionsspielraum neue Erkenntnisse gewinnen und Ihre Entwicklung fördern können, können dies auch Bücher mit Bezug zu Ihrer Partnerschaft leisten. Der Kauf von Ratgebern zu Beziehungen, Beziehungsproblemen oder Sexualität muss nicht mit gesenktem Kopf erfolgen, weil derartige Literatur angeblich vorwiegend von Leuten mit gescheiterten Ehen und unbefriedigendem Sexleben gekauft

Beziehungsratgeber

wird. Seien Sie stolz darauf, aktiv etwas für Ihre Beziehung zu tun. Sie bilden sich nicht nur in Zeiten von Arbeitslosigkeit, sondern mehr oder minder beständig beruflich weiter, weil Sie sich davon neue Chancen und Perspektiven versprechen? Analog sind Beziehungsratgeber nicht nur Heilmaßnahmen, sondern ebenso Vorbeugung. Sie bieten die Möglichkeit, die eigene Beziehung durch neue Perspektiven zu bereichern.

Proaktives Wachstum statt reaktiver Therapie

Dabei sollten Sie sich den Komfort Ihrer Situation vor Augen halten, wenn Sie derartige Bücher zur Bereicherung lesen. Statt erst zu handeln, wenn Ihre Beziehung permanent kriselt, können Sie entspannt lesen, was andere Menschen für Erfahrungen gemacht haben und welche Konsequenzen und Ratschläge sich daraus für Sie persönlich oder die Gesellschaft insgesamt ergeben. Sie agieren, statt zu reagieren, und das ist ein gutes Gefühl!

Versuchen Sie, Ideen und Anregungen für Ihre gemeinsame Entwicklung zu finden, ohne diese Suche zum Dogma zu machen. Entspannen Sie sich, lächeln Sie. Machen Sie sich Ihr Glück bewusst, führen Sie sich vor Augen, woraus dieses Glück resultiert. Es ist kein „Haben", es ist in den meisten Fällen ein „Sein" und vor allem auch ein „Tätigsein".

„Viele glauben, man redet nicht mehr miteinander,
weil man sich auseinander gelebt hat. Das Gegenteil ist der Fall:
Man hat sich auseinander gelebt, weil man nicht mehr
miteinander redet."

CORNELIA TOPF

Zu diesem Tätigsein gehört zur Entwicklung Ihrer Partnerschaft insbesondere das Miteinanderreden. Das Zitat von Cornelia Topf beschreibt treffend einen Punkt, an den viele Paare nach Jahren ihrer Beziehung gelangen. Um eine Stagnation oder Krise Ihrer Partnerschaft zu verhindern, heißt es also, sich regelmäßig zu erzählen, was einen betrifft. Das bedingt vom jeweiligen Gegenüber jedoch auch die Fähigkeit, aktiv und empathisch zuzuhören. Zu diesem Aspekt kehren wir weiter hinten im Abschnitt „4.3. Kommunikation in und vor Gruppen" an verschiedenen Stellen zurück.

Familie

Viele der Ausführungen zur Partnerschaft gelten analog für die soziale Interaktion innerhalb der Familie, da sie Grundwerte menschlichen Umgangs und Miteinanders manifestieren. Darüber hinaus gibt es Spezifika, die vorwiegend für das Leben in der Familie relevant sind. Dazu gehören zum Beispiel alle Fragen des Umgangs der Generationen miteinander.

Die Familie als Gruppe

Die gesamte Gesellschaft konstituiert sich aus verschiedenen Generationen – nirgends jedoch ist der Umgang miteinander so nah und praktisch greifbar wie in der Familie. Im besten Fall besteht eine Familie aus fünf Generationen, beispielhaft Ururoma (87), Uroma (67), Oma (49), Mutter (22), Tochter (2). Diese fünf Generationen bieten in der Summe eine enorme Lebenserfahrung.

Diese Lebenserfahrung auszutauschen, läge auf der Hand. Allerdings findet dieser Erfahrungsaustausch in vielen Familien eben nicht statt – oftmals aus vielfältigen Gründen. Natürlich wird die Mutter sich nicht permanent von Oma und Uroma „vorschreiben" lassen wollen, wie der oder die Familienjüngste doch zu pflegen, zu erziehen und generell zu behandeln sei. Gleichzeitig zeugt es jedoch von Reife, die Erfahrungen Älterer gelten zu lassen und Ratschläge Erfahrenerer zu akzeptieren. Problematisch ist dabei in den meisten Fällen gar nicht das Verhältnis der Generationen unter sich bzw. der Altersunterschied – problematisch ist meist die Art und Weise, wie Ratschläge gegeben werden. Ein Hinweis mag objektiv richtig und nützlich sein. Kommt er jedoch unerbeten, verfrüht, besserwisserisch formuliert und bevormundend daher, führt er nur zu Reaktanz und Trotzverhalten beim Empfangenden.

Ratschläge versus Bevormundung

Die Familie als Gruppe und ihre Entwicklung lebt von der vorherrschenden Atmosphäre, in welcher der Umgang miteinander erfolgt. Ziel ist ein offenes, hilfsbereites und nicht bevormundendes Verhältnis zueinander. Die Älteren sollten bemüht sein, ihr Wissen und ihre Erfahrungen jederzeit mit den Jüngeren zu teilen, wenn diese darum bitten. Unerwünschte Ratschläge sind zur Reaktanzvermeidung möglichst zu unterlassen. Dies erfordert seitens der Älteren zugegebenermaßen eine relativ hohe Fehlertoleranz. Es ist verständlich, wenn Ältere aus ihrer Lebenserfahrung heraus die Jün-

Gemeinsam wachsen

geren vor Fehlern bewahren wollen. Wie jedoch der Volksmund regelmäßig aus der Distanz feststellt, muss jeder Mensch bestimmte Fehler selbst machen, um wahrlich aus ihnen lernen zu können. Gleichzeitig erfordert eine produktive Atmosphäre jedoch auch eine gewisse Reife und Rückgrat von den Jüngeren, „die Alten" nicht als hoffnungslos konservativ und realitätsfern zu betrachten. Statt jeglichen Rat zu negieren, ist eine Haltung gefragt, aus der heraus im Bedarfsfall aktiv um Hilfe, Unterstützung und Rat gebeten werden kann. Gelingt es in der Familie, eine solche Atmosphäre zu schaffen, steht gemeinsamem Wachstum ein bedeutender Stein weniger im Wege.

Dabei muss diese Atmosphäre nicht einmal von allen Familienmitgliedern mitgetragen werden. Jeder Einzelne zählt in der Gruppe, und so zählen seine Aktivitäten und sein Verhalten. Auch wenn der Opa unverbesserlich stur ist und auf „die Jugend von heute" schimpft, hindert das die Jugend wenig daran, Oma um einen Rat zu bitten. Ebenso kann Oma der Jugend durch beständige Liebe und Bestätigung vermitteln, im Zweifel immer als Ansprechpartner oder Zufluchtsstätte da zu sein. Hier zählt der erfreuliche Grundsatz, jeder Einzelne mache einen Unterschied.

„Der einzige Grund dafür, dass das Leben sich scheinbar
gegen Sie richtet, ist Ihr Denken über das Leben."
WERNER TIKI KÜSTENMACHER, LOTHAR J. SEIWERT

Familiäre Konflikte Jede Gruppenentwicklung wird von Konflikten begleitet, so auch in der Familie und zwischen den Generationen. Dabei hilft es, wenn sich alle Beteiligten bewusst machen, dass zwischen der Realität, wie sie ist, und der Realität, wie der Einzelne sie wahrnimmt, ein großer Unterschied bestehen kann. In diesem Kontext hilft es, eigene Einstellungen und Glaubenssätze regelmäßig zu hinterfragen.

Viel zu oft sind gestörte Familienverhältnisse auch nur Resultat einer oder mehrerer kumulierter, unausgesprochener oder ungeklärter Meinungsverschiedenheiten. Statt im Sinne eines professionellen und von gegenseitiger Reife zeugenden Konfliktmanagements einen derartigen Dissens zu lösen, werden Geschwister oder

Oma und Opa plötzlich dauerhaft als Feind angesehen. Auch hier können die Ausführungen aus den weiter hinten folgenden Abschnitten „Kommunikationsstörungen" und „Konfliktmanagement" verschiedene Lösungsmöglichkeiten aufzeigen, zum Beispiel die oft in Konflikten völlig ausgeblendete Trennung von Sache und Person.

Auch das klassische Feindbild „Schwiegermutter" ist häufig nur das Resultat fragwürdiger Vorurteile und Grundhaltungen. Wer gar kein gutes Verhältnis will und nicht gewillt ist, die gegenseitige Beziehung für ein harmonischeres Familienleben durch beständiges Bemühen oder eine klare Aussprache zu verbessern, wird diese Haltung auch unter einer oberflächlich höflichen Fassade subtil durch seine Körpersprache ausstrahlen. Eine solche Ausstrahlung wiederum führt in den meisten Fällen zu einer entsprechend kühlen Reaktion oder gar Antipathie. Wer eigentlich keine Lust hatte, am Sonntagnachmittag zu den Schwiegereltern zu fahren, wird diese Unlust bereits bei der Begrüßung an der Haustür und beim Kaffee durch entsprechende Kühle vermitteln. Durch solches Verhalten können nicht nur der gesamte Familienfrieden und die Harmonie des Familienlebens leiden; im schlimmsten Fall tut ein so Handelnder anderen Mitmenschen mit seinem Verhalten wirklich weh und Unrecht.

Feindbild „Schwiegermutter"

Es gilt, gegebenenfalls eine Haltung zu entwickeln und auch anderen zu vermitteln, die Verwandten nicht als Feind zu sehen, sondern als liebenswerte Familienmitglieder, die Schwächen haben mögen, aber trotzdem Teil einer zusammenhaltenden Familie sind. Sicher können Sie verschlossene Mitmenschen, scheinbare „Miesepeter" und beispielhaft den muffeligen Opa nicht im Handumdrehen zu freundlichen und fröhlichen Wortführern am Kaffeetisch machen. Doch in der Regel hat jeder Mensch gewissen Vorlieben, Hobbys oder bestimmte Erfahrungen, auf die angesprochen er sich zumindest ein wenig öffnet. Auch ehrliches Interesse an einem Rat oder Fragen nach Erfahrungen sind ein solcher Eisbrecher. Kaum jemand weist einen um Rat bittenden Mitmenschen ab, da sich hier eine Chance der Selbstbestätigung und Hilfe bietet. Auf ein individuelles Fachgebiet angesprochen, auf dem sich der weiter als Beispiel dienende, verschlossene und muffelige Opa bestens

Das Eis brechen

auskennt, wird dieser kaum eine Hilfe oder einen Rat verweigern. Dies ist auch eine typische Beobachtung der Transaktionsanalyse, wenn Fragen aus dem Kind-Ich heraus an das Eltern-Ich gestellt werden: In kaum einer Situation können Sie Ihre Macht, Ihr Wissen und Ihr Ich besser beweisen und zur Schau stellen, als einem hilflosen, um Rat suchenden Mitmenschen Hinweise aus dem eigenen Erfahrungsschatz zu geben. Bietet sich eine solche Möglichkeit, mit ehrlichem Interesse ein solches Thema anzusprechen, kann ein erster Schritt zu einer freundlicheren Atmosphäre gelingen.

Gemeinsames Grundverständnis von Werten und Normen

Letztlich lebt eine glückliche Familie, in der jeder Einzelne wachsen und sich entwickeln kann und sich in der Summe und im Zusammenspiel auch die ganze Familie entwickelt, von einem gemeinsamen Grundverständnis von Werten und Normen. Dies resultiert meist schon aus der Erziehung der jeweils jüngeren Generationen durch die ältere. Eine gewisse Weitergabe von Werten und Normen ist dabei immanent, auch wenn sich die Konkretisierung einzelner Wertvorstellung sicherlich von Generation zu Generation wandelt. Statt den angeblichen „Werteverfall" bei den Jüngeren zu bejammern und den Konservatismus der Älteren zu geißeln, ist hier vor allem gegenseitige Toleranz gefragt.

Erziehung und Entwicklung

Es ist natürlich immer eine Frage der individuellen Perspektive, ob eine weniger strenge Erziehung im Vergleich zur Vorgeneration ein Gewinn des Fortschritts oder ein Werteverfall ist. Letztlich lässt sich darüber so vortrefflich und sinnlos streiten, dass es am Ende wohl nur eine harmonische Lösung gibt: ein gesundes Maß an Toleranz und Gelassenheit. Der Tatendrang und Lebensstil der Jugendlichen und ein Mindestmaß an Reaktanz oder „Rebellion" im Sinne der Selbstfindung geben sich mit zunehmender Reife in der Regel automatisch. Die Sorgen der Älteren hätten hier von Anfang an einer gelasseneren Grundhaltung weichen können. Eine solche Grundhaltung, zusammen mit dem optimistischen Glauben in die Jüngeren, sie würden es schon ganz sicher schaffen, weckt durch Vertrauen auch Selbstvertrauen in diesen. Auf der anderen Seite wird der anfangs vielleicht grundsätzlich abgewiesene Rat der Älteren und der Eltern mit zunehmender Reife vom Nachwuchs als doch gar nicht immer so falsch erkannt.

Diese Grundeinstellung ist eine Mentalitätsfrage, vor allem aber auch eine Frage der Bildung und des Intellekts. Wer Grundkenntnisse in Psychologie und Pädagogik hat, kann bestimmte Prozesse innerhalb der Familie viel leichter identifizieren, verstehen und angemessen reagieren. Das mag im Einzelfall adäquates Reagieren, im anderen Fall entspanntes, lächelndes Zurücklehnen und Abwarten sein. Für viele Dinge des täglichen Familienlebens und die Familienentwicklung über die Jahre hinweg bedarf es jedoch nicht einmal wissenschaftlicher Kenntnisse, sondern einfach nur Lebenserfahrung und Menschenkenntnis.

Rollen und Rollenkonflikte in der Familie

Auch das Verständnis von Rollen, Rollenkonflikten und allgemein gruppendynamischen Prozessen erleichtert und entspannt den gegenseitigen Umgang miteinander. Statt über die Oma zu schimpfen, die immer alles zu gut meint und sich über alles zu viele Sorgen macht, geht es auch anders: Versteht man Oma nicht nur als Person, sondern auch als klassische Rolle in der Familie („Dafür sind Omas schließlich da …"), lebt es sich mit einem Augenzwinkern viel entspannter. Und letztlich dürfen sich die Jüngeren glücklich schätzen, die noch nicht den Verlust der älteren Generation beklagen müssen, – auch wenn diese Erkenntnis häufig zu spät kommt.

Rituale, Traditionen und Familienfeiern

Familienharmonie und Entwicklung des Familienlebens im Sinne eines beständigen Wachstumsprozesses fußt neben gemeinsamen Grundwerten auch auf gemeinsamen Zielen und familientypischen Ritualen. Bestimmte Rituale, welche die Kinder von kleinauf miterleben, sorgen für ein Gefühl der Geborgenheit, Sicherheit und Wärme in der Familie. Sie charakterisieren die Familie als etwas Individuelles und unterscheiden sie von anderen Familien und der allgemeinen Gesellschaft. Wissenschaftlich gesehen bringen die Familienrituale und die Familientraditionen einen gleichen Bindungs- und Identifikationseffekt wie die USP (Unique Selling Proposition) im Rahmen der Marketingstrategie eines Unternehmens. Diese USP, auch Alleinstellungsmerkmal genannt, unterstützt die Kundenbindung und Identifikation mit dem Unternehmen.

Identifikation mit der Familie basiert aber auch auf der Kenntnis ihrer Wurzeln, denn nur so lassen sich Traditionen in einen verständlichen Kontext einordnen und greifbar machen. Aus diesem Grund versuchen viele Menschen, durch intensive Recherche ihren Stammbaum zu rekonstruieren.

Jeder ist mal jung gewesen

Auch das Zelebrieren von Familienfeiern und das gemeinsame Anschauen von Videofilmen und Fotos vergangener Zeiten kann, sofern es nicht zu einer turnusmäßigen Veranstaltung verkommt, Zusammengehörigkeitsgefühl und schöne Erinnerungen wecken. Gleichzeitig fördert es auch das Sich-näher-Kennenlernen von Jung und Alt. Gerade die Enkel wissen häufig wenig über das Leben ihrer Großeltern und teilweise auch wenig über die Jugend ihrer Eltern. Das gemeinsame Anschauen von alten Videoaufzeichnungen kann hier zu lustiger Unterhaltung und netten Aha-Effekten aller Seiten führen. Auch lässt es die Jüngeren erkennen, dass viele Dinge sich im Laufe der Generationen relativ wenig ändern. So wird die Weisheit, jeder ist mal jung gewesen, auch für den Nachwuchs plastisch. Gleichzeitig öffnet sich vielleicht auch das Verhältnis innerhalb der Familie für Fragen der Form „Wie war das denn bei Euch damals …“. Schätzen Sie sich glücklich, wenn Sie Teil einer solchen Familie sind. Individuelle Entwicklung und gemeinsames Wachstum in der Familie stehen dann unter einem guten Stern.

Organisation von Familienaktivitäten

Ausgehend vom Bewusstsein der gemeinsamen Wurzeln, dem gemeinsamen Zelebrieren von Familienritualen bilden gemeinsame Aktivitäten und gemeinsame Ziele weitere Schlüsselelemente des Wachstums und der Entwicklung. Auf professioneller Ebene schickt man dazu Führungskräfte über das Wochenende in ein Survival-Camp oder Ähnliches, um sich dort durch gemeinsame Bewältigung von Problemen und kollektive Aktivitäten besser kennen zu lernen. Familienaktivitäten bieten ein ähnliches Potenzial. Statt sich nur bei den Pflichtbesuchen an Geburtstag, Ostern und Weihnachten zu treffen, können weniger offizielle Anlässe wie der gemeinsame Besuch eines Fußballspiels, Konzerts oder generell sportliche Aktivitäten zu einem erfüllenden Familienleben beitragen. Die Organisation solcher Aktivitäten sollte dabei abwechselnd von unterschiedlichen Familienmitgliedern realisiert werden. Wenn jedes Familienmitglied einmal einen Vorschlag für eine Aktivität unterbreitet und diese organisiert, wird der Aufwand gleichmäßig verteilt und alle profitieren vom Prinzip der Arbeitsteilung.

Oft lässt sich auch das Gute mit dem Nützlichen verbinden: Übertragen Sie die Organisation einer Aktivität doch einmal an den Nachwuchs, gegebenenfalls sogar gemeinschaftlich an die Geschwister oder Cousin und Cousine. Sie erziehen diese damit zu Selbstständigkeit und zeigen gleichzeitig, dass Sie Vertrauen haben. Kombinieren Sie so Erziehung mit den Vorteilen von Delegation. Entgegengebrachtes Vertrauen bringt Lebenszuversicht und fördert das Selbstvertrauen der Jüngeren.

Das Gute mit dem Nützlichen verbinden

Freunde und Freundschaft

Freunde machen Freude, Freude macht Freunde.

Gruppenentwicklung kennt abseits von beruflichem „Team Development" und der Familie noch eine weitere Dimension: Freundschaft, Ihre Freunde, Ihren Freundeskreis. Auch hier gelten die gleichen Grundsätze, wie sie bereits zuvor für die Lebensbereiche Partnerschaft und Familie diskutiert wurden. Freundschaften bilden sich und entwickeln sich wie Ihre Partnerschaft in einem beständigen Wachstumsprozess. Sie erfordern genauso viel Engagement und Initiative wie Ihre berufliche Entwicklung, Ihre Partnerschaft und Ihre Familie.

Der Freundeskreis als Gruppe

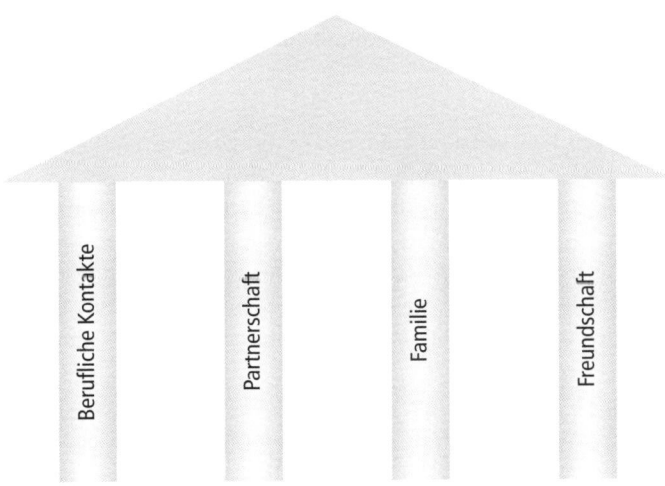

Abbildung 45: Vier Säulen eines ausgewogenen sozialen Netzwerks

Freundschaften fürs Leben wollen lebenslang gepflegt werden

Freunde fürs Leben gibt es ganz sicher – zum Glück. Aber sie erfordern auch das lebenslange Pflegen einer Freundschaft. Hier ist es mit zweimal anrufen im Jahr ganz sicher nicht getan. Im Gegensatz zu zweckgebundenem Networking im Berufsleben leben Freundschaften von einer gewissen Tiefe und Intensität der Beziehung zueinander und der Nicht-Zweckgebundenheit dieser Beziehung. Pflegen Sie „Freundschaften" hingegen nur, weil bestimmte Leute für bestimmte Anlässe, Situationen oder Probleme „nützlich" sind, handelt es sich hier um nichts anderes als eben dieses zweckorientierte Networking. Wer hier von Freundschaft und Freunden spricht, begeht Selbstbetrug und wird früher oder später bitter realisieren, dass die vermeintlichen Freunde im Ernstfall nicht mehr da sind.

Soziale, empathische und kommunikative Kompetenz

Um Freundschaften nicht nur am Leben zu erhalten, sondern im Sinne einer aktiven Gruppenentwicklung wachsen zu lassen, gilt es, ihnen das angemessene Maß an Zeit und Zuwendung zu widmen. Gleichzeitig erfordern Freundschaften im weitaus höheren Maße als der rein professionelle Umgang mit Kollegen eine ausgeprägte soziale, empathische und kommunikative Kompetenz. Hier ist nicht nur das Verständnis fachlicher Zusammenhänge und beruflicher Sachzwänge gefordert, sondern menschliches Einfühlungsvermögen für Ideen, Sorgen und Alltägliches gefragt. Damit steigen auch die Anforderungen an Ihre Menschenkenntnis und Ihr analytisches Know-how. Je intensiver eine zwischenmenschliche Beziehung, umso intensiver ist die gegenseitige Kenntnis und die Fähigkeit gegenseitigen Verstehens.

Möchten Sie Ihre Freundschaften intensivieren und wachsen lassen, gilt es in Analogie zur Partnerschaft und Familie, die individuelle Herkunft, gemeinsame Grundwerte, gemeinsame Ideale, Wertvorstellungen und Glaubenssätze zu identifizieren. Jedes individuelle Ritual zwischen zwei oder mehreren Freunden und Freundinnen führt zu einer Intensivierung der Beziehung durch Individualisierung.

Die individuelle Basis einer Freundschaft suchen und pflegen

Jede Freundschaft, die auf einer individuellen, spezifischen Gemeinsamkeit basiert, hat eine innere Bindungskraft und Energie. Viele Leser werden diese Erfahrung aus Zeiten der Schulbildung, Berufsausbildung und des Studiums mitgenommen haben, wo der tägliche Kontakt zwischen Mitschülern und Kommilitonen häufig zu einem freundschaftlichen Verhältnis geführt hat, das sich aber nur in Einzelfällen zu einer dauerhaften und später noch wachsenden Freundschaft weiterentwickelt hat. Die Freundschaft oder der freundschaftliche Umgang resultieren in solchen Situationen mehr aus einer Zwecksozialisierung. Treiber dieser Entwicklung sind zum Beispiel das gleiche Umfeld, der tägliche Umgang, gemeinsame, aber absehbar begrenzte Ziele und Wege.

Gleichzeitig lassen sich die Grundhaltungen zum Thema Liebe und Lieben auch auf diesen Bereich und Phasen der Freundschaft übertragen: Freundschaft ist kein statischer Zustand, sondern das dynamische Ergebnis stetigen Handelns, Füreinanderdaseins, tiefer Vertrauenswürdigkeit und einem vertrauensvollen Umgang. Letztlich bedingt Freundschaft damit proaktives Handeln, Tätigsein sowie bewusstes und stetiges Commitment. Dieses Commitment im Sinne gegenseitiger Bestätigung erfolgt dabei selten direkt („Ich bin froh, dich als Freund zu haben"), sondern meist indirekt durch konkludentes Handeln.

Analog zu allen intensiven sozialen Beziehungen gilt: Freundschaft basiert darauf, sich gegenseitig zuzuhören, um Rat fragen zu können und aufgrund des intensiven Sich-Kennens auch Rat geben zu können. Dies wird bei intensiver Freundschaft umrahmt von nahezu uneingeschränktem Vertrauen. Eben dieses Vertrauen macht den Qualitätsunterschied zwischen Networking, Bekannten, echten Freunden und auch Partnern. **Rat holen und geben**

Um einen bestehenden Freundeskreis aktiv zu fördern und Ihre Freundschaften zu intensivieren und wachsen zu lassen, gibt es fünf wesentliche Aktionsbereiche: **Fünf Schritte für das Wachstum von Freundschaften**

- ◼ 1. Gemeinsamkeiten finden und schaffen
- ◼ 2. Gemeinsamkeiten und Rituale pflegen und leben
- ◼ 3. Ihre emotionale, kommunikative und soziale Kompetenz schärfen
- ◼ 4. Ausgewogenheit zwischen Geben und Nehmen pflegen, Win-Win-Situationen etablieren
- ◼ 5. Zeit miteinander verbringen

Die Notwendigkeit und Bedeutung von Gemeinsamkeiten ergibt sich bereits aus den vorangegangenen Ausführungen. Gleichzeitig verhilft das Bewusstsein dieses Aktionsbereiches dazu, auch hier gezielt Gemeinsamkeiten aufzubauen und zu pflegen. Gehen Sie mit einem Kreis kulturell latent interessierter Freunde einfach regelmäßig ins Theater oder in die Oper. Mag Ihre Initiative anfänglich auch überwiegen, stellt sich im positiven Fall nach einer Weile ein Gleichgewicht ein, und auch andere Freunde bringen Vorschläge zu Veranstaltungen in die Gruppe ein, auf die Sie möglicherweise gar nicht gestoßen wären. So kann sich aus latentem Kulturinteresse mit der Zeit eine echte Gemeinsamkeit mit hohem Unterhaltungs- und auch Bildungswert entwickeln.

Rituale im Freundeskreis
Damit verbinden sich bereits die Aktionsbereiche 1 und 2, denn das Finden und Schaffen von Gemeinsamkeiten verspricht nur ein gemeinsames Wachstum, wenn diese Gemeinsamkeiten mitsamt den etablierten Ritualen auch regelmäßig gelebt werden. Derartige Rituale können ein freundeskreisübergreifendes Weihnachtsessen sein, bei dem jeder eine individuelle Spezialität kocht und mitbringt. Auch ein gemeinsamer Jahresrückblick und eine Vorschau auf das anstehende Jahr im engsten Freundeskreis in vertrauensvoller, gemütlicher Atmosphäre bei einem Glas Rotwein kann ein solch individuelles Ritual sein.

Rituale dieser Art ermöglichen die individuelle Identifikation mit dem Freundeskreis („Das sind wir, das macht uns aus", „Das haben wir anderen voraus") und bieten eine Aktivität, von der eine Freundschaft über eine lange Zeit, zum Beispiel über das laufende Jahr hinweg, zehren kann.

Selbst wenn es keine gemeinsamen Ziele oder Projekte für das neue Jahr gibt, kann allein die Kenntnis der Ziele der engsten Freunde und das Gefühl, sich die eigenen Ziele in entsprechender Atmosphäre gegenseitig anvertrauen zu können, die Freundschaft intensivieren und auf Dauer wachsen lassen.

Übung 4.2

(A) Was bedeutet für Sie Partnerschaft?

_____

_____

_____

(B) Was bedeutet für Sie Freundschaft?

_____

_____

_____

(C) Welche Menschen können Sie als „wirkliche Freunde" bezeichnen?

_____

_____

_____

(D) Welche Personen würden Sie persönlich als „wirklichen Freund" bezeichnen?

_____

_____

_____

(E) Wenn es Unterschiede zwischen (C) und (D) gibt, woran liegt das Ihrer Meinung nach? Müssten Ihrer Meinung nach die Ergebnisse von (C) und (D) kongruent sein und warum/warum nicht?

_____

_____

_____

(F) Definieren Sie hier eine Aktivität, mit der Sie möglichst viele Familienmitglieder zusammenbekommen. Nutzen Sie die Grundsätze für Zielformulierungen aus Abschnitt 1.2. „Ziele & Visionen – Ihre Zukunftsausrichtung".

_____

_____

_____

_____

4.3. Kommunikation in und vor Gruppen

„Es genügt nicht, dass man zur Sache spricht:
Man muss zu den Menschen sprechen."

STANISLAW JERZY LEC

Bedeutung von Kommunikationskompetenz für Ihren sozialen Erfolg

Kommunikation ist eine der wesentlichen Aktivitäten in unserem alltäglichen Leben – ob am Frühstückstisch mit dem Partner und den Kindern, in der Arbeit mit Kunden, Kollegen und Vorgesetzten, abends mit Freunden in der Kneipe oder am Wochenende bei Verwandten oder im Kegelverein.

Im Kapitel 1.3. „Persönlichkeit & Ausstrahlung" haben Sie sich bereits mit wesentlichen Grundlagen der Rhetorik, Körpersprache, Präsentation und Selbstvermarktung auseinander gesetzt. Im folgenden Kapitel vertiefen Sie nun wichtige Spezifika der Kommunikation in und vor Gruppen. Dazu gehören die Diskussionsleitung und Moderation, überzeugendes Verhandeln, Manipulations- und Argumentationstechniken, Schlagfertigkeit und der Umgang mit typischen Kommunikationsstörungen. Im letzten Abschnitt erfahren Sie, wie sehr Konfliktmanagement von der richtigen Kommunikation abhängt und erwerben nützliches Grundwissen, um Konflikte diplomatisch und verbal geschickt zu entschärfen.

Diskussionsleitung und Moderation

In vielen Berufen gehören Besprechungen und Meetings zum Alltag. Ob es sich um die Kick-off-Veranstaltung eines neuen Projekts handelt, die wöchentliche Abteilungssitzung oder ein Teammeeting zur Besprechung und Koordination der nächsten Schritte zur Lösung eines Problems: Immer soll in möglichst kurzer Zeit ein gewünschtes Ergebnis realisiert werden. Statt ziellos und durcheinander zu reden, sollen Resultate erzielt werden. Hier kommt Diskussionsleitung und Moderation ins Spiel. „Kommunikation in und vor Gruppen" beinhaltet einerseits, dass Sie als Teilnehmer konstruktiv in Besprechungen mitarbeiten und zielführende Beiträge einbringen. Andererseits macht es in offiziellen Meetings Sinn, dass ein Teilnehmer die Sitzung aktiv moderiert. Diese Aufgabe fällt oft formal an den Teamleiter oder Projektleiter. Gerade bei spontanen Besprechungen der Teammitglieder untereinander wird diese Rolle jedoch nicht formal vergeben, sondern häufig aktiv von einem der Teilnehmenden eingenommen. So die Situation es zulässt, sollten Sie hier jederzeit die Chance nutzen und die Moderatorenrolle ergreifen. Nutzen Sie in diesen Fällen die Möglichkeit, eine Gruppenbesprechung aktiv in Ihrem und im gemeinsamen Interesse zu steuern.

Gruppengespräche aktiv steuern

Der folgende Abschnitt setzt drei Schwerpunkte: Zuerst soll geklärt werden, welche Aufgaben ein Moderator typischerweise übernimmt. Dies ist wichtig für das Verständnis der Rolle, welche Sie spielen, wenn Sie aktiv das Wort in einer Gruppenbesprechung ergreifen. Als Zweites setzen Sie sich mit der konkreten Methodik der Leitung einer Besprechung auseinander. Lesen Sie, welche Schritte Sie von der Planung über die Durchführung bis zur Auswertung eines Meetings typischerweise durchlaufen, für das Sie die

Aufgaben des Moderators, Moderationsmethodik, Fragetechniken

Moderation übernommen haben. Den dritten Schwerpunkt bilden Fragetechniken – dieser Bereich hat sich in vielen Fällen als besonders wichtig erwiesen, wie die alte Managementweisheit „Wer fragt, führt" veranschaulicht.

Aufgaben eines Moderators

Fünf Kernaufgaben jedes Moderators

Als Moderator haben Sie mindestens fünf Kernaufgaben:

- 1. Besprechung eröffnen
- 2. Einhaltung der Agenda überwachen
- 3. Wortmeldungen aufnehmen, Beitragsreihenfolge und Redezeiten festlegen
- 4. Auf Sachlichkeit der Beiträge achten, in Konflikten vermitteln
- 5. Ergebnissicherung (Protokollierung)

Besprechungen leiten

Phasen einer Moderation

Sind Sie sich der Rolle und Aufgaben eines Moderators bewusst, können Sie diese Rolle gezielt einnehmen. Mit dem Wissen, was die Teilnehmer eines Meetings von Ihnen als Moderator erwarten, können Sie wesentlich selbstbewusster an die Leitung des Meetings herangehen. Ähnlich wie Präsentationen kann eine Besprechungsmoderation in drei Hauptphasen eingeteilt werden:

- 1. Vorbereitung
- 2. Durchführung
- 3. Nachbereitung

Die Vorbereitung

Die Vorbereitung einer moderierten Besprechung

Zur Vorbereitung gehört an erster Stelle die selbstkritische Fragestellung, ob das geplante Meeting überhaupt notwendig ist. Die meisten Angestellten und Führungskräfte kennen das frustrierende Gefühl, die eigene Zeit in Besprechungen zu vergeuden, die viel zu lange dauern, ohne ein konstruktives Ergebnis zu generieren.

Ziele fixieren und Teilnehmerkreis definieren

Um dies zu vermeiden, benötigen Sie erstens ein oder mehrere konkrete Ziele für das Meeting. Nur so ist klar, wozu eine Besprechungsrunde dienen soll, und nur so kann sichergestellt werden, dass alle zielführend mitarbeiten. Fixieren Sie also an erster Stelle Anlass und Ziel der Besprechung. Klären Sie als Zweites, wer alles an der Besprechung teilnehmen soll und wo diese stattfindet. Wägen Sie klar ab, wer tatsächlich anwesend sein muss, und wer nur pro forma eingeladen wird, um nicht übergangen zu werden. Im Einzelfall müssen Sie einen individuellen Kompromiss zwischen zwei Zielen finden: Sie wollen einerseits möglichst alle Beteiligten am Tisch haben, um Fragen oder Meinungsverschiedenheiten direkt zu klären und allen Beteiligten den gleichen Informationsstand zu ermöglichen. Auf der anderen Seite kosten Meetings eine Menge Zeit. Vermeiden Sie daher, dass nur indirekt vom Thema Betroffene mehrere Stunden in Ihren Meetings „absitzen" – schließlich gibt es für offizielle Sitzungen immer auch ein Protokoll, das im Nachgang einen Schnellüberblick über die Themen und Entscheidungen bietet.

Behalten Sie bei der Auswahl der Teilnehmer die Gruppengröße im Auge. Zu viele Mitglieder verlängern häufig Diskussionen und verzögern Entscheidungen. Fehlen jedoch notwendige Entscheidungsträger oder Fachexperten, können Entscheidungen an Ort und Stelle nicht getroffen werden. Der Grundsatz für die Zusammenstellung der Teilnehmer lautet wie so häufig: so viele wie nötig, so wenige wie möglich. Als Faustregel dient auch die +/-7-Regel, die für die optimale Teamgröße definiert wurde. Demnach sollte eine effektive und effiziente Arbeitsgruppe aus fünf bis maximal zwölf Personen bestehen.

Gruppengröße

Suchen Sie einen passenden Ort für die Besprechung aus. In kleineren Unternehmen erfolgt die Ankündigung, einen Konferenzraum für die gewünschte Zeit zu belegen, in der Regel auf Zuruf zur Sekretärin. In Großunternehmen sind die einzelnen Konferenzräume meist über die lokale Groupware (Software für Mail und Terminkalender) buchbar. Hier können Sie einen Termin an alle Gäste mitsamt der Angabe eines Raumes schicken. Die Software prüft automatisch, ob der Raum zur gegebenen Zeit frei ist und bucht diesen danach als belegt.

Besprechungsort

Sind Sie der Meinung, alle relevanten Personen eingeladen zu haben, klären Sie im Rahmen einer kurzen Adressatenanalyse deren Charakteristika ab:

Adressatenanalyse und Tagesordnung

- Woher kommen die einzelnen Personen, welchen Hintergrund haben sie?

- Welche Interessen haben oder vertreten die einzelnen Teilnehmer?
- Gibt es eine bestimmte Rangfolge – müssen Sie sich auf einen besonders „hohen Gast" einstellen?

Sind Zielstellung und teilnehmende Personen fixiert, erstellen oder prüfen Sie die Tagesordnung:

- Welche Tagesordnungspunkte (TOPs) existieren?
- In welcher Reihenfolge sollen diese abgearbeitet werden?
- Wie viel Zeit ist für jeden TOP vorgesehen?

Die Tagesordnung ist Ihr konkreter Arbeitsplan und daher für eine zügige und zielorientierte Durchführung der Besprechung essenziell. Bevor Sie später mit dem tatsächlichen Meeting beginnen, sollten Sie sich die Tagesordnung von allen Teilnehmern absegnen lassen. Meist ist die Frage, ob alle Gruppenmitglieder damit einverstanden sind, eine reine Formalie; Sie erreichen damit jedoch den psychologischen Effekt, dass jeder Einzelne sich mehr für die gemeinsame Abarbeitung der TOPs und die Erzielung der vereinbarten Ergebnisse verantwortlich fühlt. Eine gemeinsam beschlossene Tagesordnung – selbst wenn Sie vom Teamleiter vorgegeben und lediglich abgenickt wurde – erzeugt eine höhere Motivierung, als wenn die Tagesordnung vom Moderator stillschweigend als unabänderbar abgearbeitet wird.

Die richtigen Medien aussuchen   Planen Sie anschließend in Ihrer Rolle als Moderator die für die einzelnen TOPs benötigten Medien ein (Kapitel 2.2.). Brauchen Sie für einzelne Diskussionen zum Beispiel ein Flipchart und entsprechende Stifte? Benötigten Sie einen Beamer mitsamt Laptop, um eine Präsentation durchzuführen? Wie sieht es mit dem Netzwerkzugang zum Firmenintranet und Internet im gewählten Raum aus? Besteht dieser Zugang nicht, müssen Sie notwendige Dateien vorher lokal auf Ihrem Laptop speichern und mit in das Meeting nehmen. Sorgen Sie kurz vor Beginn des Meetings dafür, dass im Besprechungsraum alles vorhanden, eingerichtet und bereitgestellt ist. Das beinhaltet die notwendige Technik, die Bereitstellung von Getränken und gegebenenfalls kleinen Snacks, die ausreichende Bestuhlung sowie dass der Raum aufgeräumt und gelüftet ist.

Auch wenn Ihnen die Zeit davonzulaufen scheint: Nehmen Sie sich ein oder zwei Minuten, um sich vor einem wichtigen Meeting in einen positiven mentalen Zustand zu versetzen. Ignorieren Sie für einen Moment alles um sie herum, halten Sie die Welt bildlich einfach einmal an. Machen Sie sich das vor Ihnen liegende Meeting bewusst, die Teilnehmer im Raum, die Ziele der Veranstaltung. Lächeln Sie! Es ist ganz normal, dass Sie vor jeder halbwegs wichtigen Veranstaltung aufgeregt sind. Stellen Sie sich vor, wie es sich anfühlt, wenn Sie die Besprechung erst erfolgreich geleitet und moderiert haben. – Ein tolles Gefühl! – Lächeln Sie einfach, atmen Sie ein paar Mal langsam und tief durch. Beides wird Sie entspannen und lockern – und nun kann es endlich losgehen!

Zwei Minuten für die mentale Vorbereitung

Durchführung

Als Moderator ist es Ihre Aufgabe, das Meeting zu eröffnen. Dazu gehören die Begrüßung der Teilnehmer, einige einleitende Worte zu Anlass und Thema der Veranstaltung sowie die Vorstellung des Ziels bzw. der Ziele.

Teilnehmer, Ziele, Regeln bekannt machen

Sofern sich die einzelnen Teilnehmer noch nicht kennen und sich kurz vor der Besprechung auch noch nicht bekannt machen konnten, holen Sie dies vor dem Übergang zur Tagesordnung nach. Stellen Sie die einzelnen Personen kurz vor und erläutern Sie knapp, warum die jeweilige Person heute an der Besprechung teilnimmt. Ziel der Vorstellung und Einleitung insgesamt ist es, Unklarheiten und Unsicherheiten der Teilnehmer zu beseitigen und so eine konstruktive Atmosphäre zu schaffen. Jeder Einzelne muss sich am Tisch und in der Runde sicher und wohl fühlen, wenn Sie von ihm konstruktive Beiträge und Ergebnisse erwarten. So lange sich einzelne Teilnehmer über die Rolle und Bedeutung eines fremden Teilnehmers nicht sicher sind, werden sie mit Beiträgen eher reserviert und zurückhaltend sein. Hier liegt es an Ihnen als Moderator, aus den einzelnen Teilnehmern eine arbeitswillige, kooperative und konstruktive Gruppe zu machen.

Teilnehmer einander vorstellen

Handelt es sich bei den Teilnehmenden um Mitarbeiter der gleichen Abteilung, die Sie als Teamleiter zu einer Besprechung gerufen haben, ist die gegenseitige Vorstellung natürlich nicht nötig. Der

Die richtige Atmosphäre schaffen

Grundsatz, eine konstruktive „Wohlfühlatmosphäre" zu schaffen, gilt jedoch auch hier: Wenn Ihnen als Teamleiter bewusst ist, dass gewisse Konflikte zwischen Kollegen oder fachliche Ungereimtheiten latent in der Luft liegen, sollten Sie als Moderator diese mit einem oder zwei Sätzen ausblenden, zum Beispiel so:

„Herr Rimbach, Herr Moritz, ich weiß, dass es im Migrationsprojekt einige Probleme gibt und Sie heute Nachmittag noch mit den Leuten von IBM einen Termin diesbezüglich haben. Im Moment benötige ich dennoch Ihre ganze Aufmerksamkeit und Ihren vollen Beitrag. Ich schlage Ihnen vor, direkt im Anschluss an dieses Meeting kurz die Einzelheiten und die weitere Vorgehensweise bezüglich der Probleme zu besprechen. Dann können wir uns für diesen Moment voll auf das heutige Thema konzentrieren und die Unstimmigkeiten nachher klären. Sind Sie einverstanden?"

Methoden und Kommunikationsregeln klären Haben Sie die Teilnehmer vorgestellt und auf das Ziel sensibilisiert, gilt es, noch den kommunikativen und methodischen Rahmen abzustecken, bevor Sie mit der Themenbearbeitung beginnen. Dies können Sie bei kleineren oder wiederkehrenden Meetings zwar auch weglassen – häufig hat es sich aber als sinnvoll erwiesen, vorher Rollen und Moderationstechniken zu klären und gemeinsame Kommunikationsregeln aufzustellen. Legen Sie auch kurz dar, warum Sie gegebenenfalls gebeten wurden, die heutige Sitzung zu moderieren, und was Sie darunter verstehen. Klären Sie gegebenenfalls auch ab, ob die Teilnehmer damit einverstanden und bereit sind, Ihre Rolle als Moderator zu akzeptieren. Klären Sie ebenso eventuelle Erwartungen der Teilnehmer an Sie in dieser Rolle ab, zum Beispiel so:

„Ich wurde gebeten, diese Sitzung in Vertretung des Teamleiters heute zu moderieren. Ich werde mich sachlich zurückhalten und als neutraler Moderator auftreten. Wenn Sie damit einverstanden sind, konzentriere ich mich darauf, die Einhaltung der Tagesordnung zu überwachen, die Reihenfolge der Redebeiträge aufzunehmen und Redezeiten zuzuweisen. Ich werde die Besprechung unterbrechen, wenn sich jemand unsachlich, unfair verhält oder wir uns verzetteln. Sind Sie damit einverstanden?"

Tagesordnung und Arbeitsplan

Herrscht Einigkeit über Ihre Rolle, können Sie die Tagesordnung vorstellen und darlegen, welche Arbeitstechniken und Moderationstechniken Sie für die einzelnen TOPs einsetzen wollen. Damit geben Sie einen Ausblick über den Ablauf des Meetings und die Arbeitsweise in den einzelnen Phasen. Auch dies trägt dazu bei, die Unsicherheit der Anwesenden zu reduzieren, die ungern auf Unvorbereitetes stoßen oder mit unerwarteten Aufgaben und Fragen konfrontiert werden.

Wägen Sie je nach Gruppenzusammensetzung und Gruppengröße ab, ob es sich im gegebenen Rahmen lohnt, offizielle Kommunikationsregeln aufzustellen. Bei einer Besprechung von drei oder vier Verantwortlichen ist eine angemessene Kommunikation häufig von allein gegeben bzw. regulieren sich die Teilnehmer im kleinen Rahmen oft selbst. Bei größeren Runden und kontroversen Diskussionen macht es sich hingegen oft bezahlt, wenn sich die Teilnehmer im Voraus auf einige Kommunikationsgrundsätze einigen. Diese können an einer Wand im Meetingraum angepinnt werden, sodass sie dauerhaft präsent sind und sich Teilnehmer gegebenenfalls direkt darauf berufen können. Solche Regeln können beispielsweise so aussehen:

Offizielle Kommunikationsregeln

„Wir lassen uns ausreden."
„Keine Killerphrasen!"
„Keine Pauschalisierungen!"
„Der Moderator hat das Recht, Redner beim Überschreiten der Redezeit zu unterbrechen."

Sind die Regeln, Rollen und Ziele klar, beginnen Sie mit der Abarbeitung der einzelnen Tagesordnungspunkte. Als Moderator ist es nun Ihre Aufgabe darüber zu wachen, dass die Teilnehmer auf die Lösung fokussiert bleiben, nicht vom Thema abgleiten, die vereinbarten Regeln einhalten und zu einem Ergebnis kommen.

Aktiv oder passiv moderieren?

Je nach Zusammensetzung der Gruppe können Sie als Moderator einerseits passiv in den Hintergrund treten. In diesem Fall nehmen Sie lediglich Wortmeldungen auf und bestimmen die Reihenfolge der Redebeiträge. Sie verbinden die einzelnen Beiträge, indem Sie das jeweils Gesagte zusammenfassen und in den Kontext der zu erzielenden Lösung einordnen. Dann übergeben Sie das Wort dem nächsten Teilnehmer.

Aktive Steuerung der Besprechung Ist die Gruppe wenig kreativ oder scheint sich die Diskussion festzufahren, übernehmen Sie als Moderator eine aktive Rolle:

■ Bitten Sie zurückhaltende Teilnehmer gezielt um ihre Meinung zum Thema.

■ Stellen Sie Gemeinsamkeiten bisher artikulierter Standpunkte heraus, um den Teilnehmern die Ausgangslage für das nächste Teilergebnis zu verdeutlichen.

■ Versuchen Sie, Meinungsverschiedenheiten auf den Grund zu gehen, indem Sie nach Interessen, Motivationen und Zusammenhängen fragen.

Beginnen Sie die Diskussion durch geschickte Fragestellungen zu steuern. Versuchen Sie, allgemeine Aussagen durch gezieltes Erfragen von Details zu konkretisieren.

Nützliche Formulierungsansätze für Ihre Rolle als Moderator sind dabei vor allem:

„Herr Rimbach und Herr Moritz sind sich nach meinem Verständnis auf jeden Fall in den Punkten zur Redundanz und Sicherung einig. Wichtig ist jetzt, dass wir …"
„Was wir bisher erreicht haben, ist …"
„Herr Moritz, mir bleibt noch unklar, wie Sie sich das im Detail vorstellen. Können Sie das vielleicht für unser aller Verständnis an einem Beispiel noch einmal konkretisieren?"
„Was verstehen Sie darunter?", „Wozu dient das?", „Warum präferieren Sie diese Lösung?"
„Was müsste getan werden, damit Sie mit dem Vorschlag von Herrn Rimbach konform gehen?"
„Bisher haben wir folgende Punkte geklärt: … – Nun bleibt noch offen, ob …/wie …, wann …/wer …"

Für gleichmäßige Redebeiträge sorgen

Moderieren ist vom lateinischen Wort „moderare" für „mäßigen, zügeln, in Schranken halten" abgeleitet. Als Moderator ist es dementsprechend auch Ihre Aufgabe, für ein Gleichgewicht der Redebeiträge zu sorgen. Sie sind einerseits verantwortlich, Teilnehmer zu zügeln, die sich durch überlange Argumentationen in den Vordergrund drängen wollen. Auf der anderen Seite ist es Ihre Aufgabe, zurückhaltende Teilnehmer zu Beiträgen zu ermuntern. Hilfreich ist dabei häufig eine Ansprache, mit der Sie dem schweigenden Teilnehmer einen gewissen Expertenstatus innerhalb der Gruppe zuweisen:

„Herr Moritz, Sie als unser Experte für Data Warehouses – was sagen Sie denn dazu? Halten Sie den Vorschlag ebenso für problematisch?"

„Vielen Dank, Herr Rimbach, für diese ausführlichen Darlegungen. Wenn ich Sie richtig verstanden habe und das kurz zusammenfassen darf, geht es vor allem um die Datenbankenkonsolidierung. Um heute zu einer verbindlichen Entscheidung zu kommen, haben wir auch die Vertreter von den Tochterfirmen eingeladen. – Herr Moritz, wie sieht der Sachverhalt denn aus Ihrer Sicht aus?"

Auf diese Weise direkt angesprochen, sind nun auch zuvor stille Teilnehmer gefordert, sich aktiv einzubringen. Dabei liegt es an Ihnen, mit einer gewissen Hartnäckigkeit sicherzustellen, dass sich der zurückhaltende Teilnehmer nicht mit einem oder zwei Sätzen doch seiner Verantwortung entzieht.

Moderationstechniken und Kreativitätstechniken initiieren

Neben Ihrer Rolle als kommunikativer Vermittler bestimmen Sie als Moderator außerdem den Zeitpunkt und die Auswahl effektiver Arbeitstechniken. So liegt es in Ihrer Hand, bei stockenden Beiträgen oder fehlenden Lösungsideen zum Beispiel den Einsatz passender Kreativitätstechniken zu initiieren. Zum Einsatz kommen hier häufig das klassische Brainstorming, die 635-Technik oder Mind Mapping (Kapitel 2.1.). Oft genügt jedoch auch eine einfache Pro/Kontra-Gegenüberstellung auf dem Flipchart. Welche Methoden Sie hier konkret einsetzen, hängt vom Anwendungsfall und Ihrer Methodenkompetenz ab. Gerade deshalb ist besonders für

Auf Ausgewogenheit der Beiträge achten

Kreativitätstechniken

451

Moderatoren, Verhandlungsführer und Präsentierende kommunikative und methodische Kompetenz so bedeutsam. Vergessen Sie in keinem Fall, dass Sie als Moderator in Ihrer Arbeit zu jedem Zeitpunkt auf das Einverständnis und die Akzeptanz durch alle Teilnehmer angewiesen sind. Sie können eine Kreativitätstechnik vorschlagen und erklären und die Arbeit der Gruppe dadurch effizienter machen. Holen Sie jedoch vor jeder neuen Technik das Einverständnis der Teilnehmer ein, auf diese Weise zu arbeiten.

Umgang mit Störungen

Auf Störungen souverän reagieren — Wie bei Präsentationen müssen Sie immer mit Störungen während der Veranstaltung rechnen. Als Schlüsselperson der Veranstaltung liegt die Reaktion auf Störungen bei Ihnen. Ein Patentrezept für den Umgang mit Störungen gibt es dabei nicht, auch wenn in Literatur oder Seminaren einzelne Autoren und Trainern gern eine bestimmte Verhaltensweise präferieren. So wird gelegentlich der Grundsatz artikuliert, Störungen hätten immer Vorrang und es müsse sofort auf sie eingegangen werden. Dies hat den Vorteil, dass das Meeting nicht durch eine Vielzahl von Privatgesprächen oder Teildiskussionen aus dem Ruder läuft. Auch erhalten Sie so Ihre Autorität vor den Anwesenden aufrecht, indem Sie klar zeigen, dass Sie bestimmte Störungen nicht akzeptieren.

Auf der anderen Seite kann es sinnvoll und im Einzelfall auch taktvoll sein, nicht auf jede Störung zu reagieren. Wie im Kapitel zum Thema Präsentieren beschrieben, sollten bestimmte Störungen wie eingehende Telefonanrufe, hereintretende Sekretärinnen oder Assistenten nicht automatisch zu einer Unterbrechung der Argumentation eines Teilnehmenden führen (Kapitel 2.2.). So kann in einer größeren Runde problemlos fortgefahren werden, wenn ein Teilnehmer dezent im Hintergrund einen besonders wichtigen Anruf entgegennimmt oder von seinem Assistenten mit wichtigen Informationen versorgt wird. Handeln Sie in solchen Situationen lieber mit Fingerspitzengefühl, als sich auf feste Regeln im Format „Keine Störungen in meinem Meetings!" zu versteifen.

Verspätete Gäste — Besonders abwägen müssen Sie Ihre Reaktion bei verspätet eintreffenden Gästen. Handelt es sich um eine sehr wichtige Person, unterbrechen Sie kurz und grüßen den verspäteten Gast. Sofern Ihnen der Verspätungsgrund bekannt ist, können Sie diesen kurz anführen und somit den Gast aktiv entschuldigen bzw. in Schutz nehmen. Geben Sie ihm gegebenenfalls kurz die Möglichkeit, einen Satz zu seiner Verspätung zu sagen; häufig wird sich der Teilnehmer jedoch still am Besprechungstisch einreihen.

Zusammenfassen und Erfolge sichtbar machen
Haben Sie trotz eventueller Störungen alle Tagesordnungspunkte erfolgreich abgearbeitet, gilt es, diesen Erfolg auch als solchen herauszustellen. Ebenso wie Sie für eine positive Grundstimmung am Anfang gesorgt haben, sollten Sie jetzt noch einmal positiv resümieren, was erreicht wurde. Dazu beziehen sich noch einmal kurz auf das Ziel der Veranstaltung und fassen die realisierten Ergebnisse und getroffenen Entscheidungen zusammen. Kommunizieren Sie noch einmal den beschlossenen Maßnahmenplan („Wer macht was mit wem bis wann"), den Sie im Anschluss der Besprechung allen Beteiligten per E-Mail oder in Papierform noch einmal zukommen lassen.

Ergebnisse und Erfolge positiv herausstellen

Tabelle 12: Ergebnissicherung von Meetings:
Wer macht was mit wem bis wann?

Wer?	Macht was?	Mit wem?	Bis wann?	Bemerkungen
Moritz	Überarbeitung Moderations- kapitel	Rimbach	31.10.	Abbildungen einfügen
Moritz	Titelbild entwerfen	Grafik- abteilung	11.11.	Rücksprache Vertrieb

Bedanken Sie sich bei allen Teilnehmern, stellen Sie die Produktivität und Konstruktivität der Beteiligten und ihrer Beiträge heraus und schließen Sie das Meeting damit. Getreu dem Motto „Der erste Eindruck entscheidet, der letzte Eindruck bleibt" ist es wichtig, dass die Teilnehmer gerade auch nach schwierigen oder langwierigen Besprechungen den Sitzungssaal mit einer positiven Stimmung verlassen.

Nachbereitung

Nachbereitung ermöglicht kontinuierliche Verbesserung

Wenn alle den Raum verlassen haben, ist Ihre Arbeit als Moderator noch nicht beendet. Häufig vergessen, gehört die Nachbereitung von Präsentationen, Meetings und Projekten zu den wesentlichen Erfolgsfaktoren einer kontinuierlichen Verbesserung. An erster Stelle gilt es dabei, noch einmal die Ergebnisse zu sichten und das Protokoll zu überarbeiten, sofern dieses nicht von einer dritten Person erstellt wurde und noch überarbeitet wird. Stellen Sie alle relevanten Unterlagen zusammen und übersenden Sie sie an die Teilnehmer. Als unabhängiger Moderator, zum Beispiel im Sinne eines Schlichters, sind Sie damit offiziell erst einmal fertig.

Kontrolle der Maßnahmenumsetzung planen

Als Teamleiter, der eine Besprechung mit seinen direkten Mitarbeitern moderiert hat, sind Sie hingegen weitergehend für die Ergebnissicherung verantwortlich. Nun heißt es, den beschlossenen Maßnahmenplan zu überwachen. Je nach Umfang, Komplexität und Zahl paralleler Aktivitäten und Projekte macht es Sinn, sich die Termine der einzelnen Aufgabenpakete als Erinnerung im persönlichen Kalender zu hinterlegen. So stellen Sie sicher, keine Termine zu verpassen, an denen Mitarbeiter Ihre Arbeitsergebnisse bei Ihnen abliefern sollten.

Selbstreflexion der eigenen Moderationskompetenz

Neben diesem organisatorischen Aspekt der Informationsverteilung und der Frage der Führung Ihrer Mitarbeiter sollte es im Rahmen der Nachbereitung auch in Ihrem Interesse liegen, Ihr Moderationsvermögen zu evaluieren. Reflektieren Sie dazu noch einmal selbstkritisch den gesamten Prozess, von der Zielstellung des Meetings, der Vorbereitung, der Durchführung bis hin zu den Ergebnissen. Folgende Fragen dienen Ihnen dabei als Orientierung:

- Was ist gut gelaufen?
- Was ist nicht so gut gelaufen und was könnten Sie beim nächsten Mal besser machen?
- Waren die eingesetzten Techniken effektiv und effizient?
- An welchen Stellen sind Sie und die Gruppe im Meeting hängen geblieben?
- War die Zahl der Teilnehmer sinnvoll? Hat jemand gefehlt? Hätten Sie auf jemanden verzichten können?
- Waren die Redebeiträge ausgewogen? Wenn nein, warum nicht?

■ Wurden die aufgestellten Kommunikationsregeln eingehalten? Wenn nein, warum nicht bzw. haben Sie etwas falsch gemacht?
■ Waren die Regeln sinnvoll und richtig?
■ War die Zielstellung sinnvoll und richtig formuliert?
■ Haben Sie direkt oder indirekt Feedback von den Beteiligten erhalten? Wollen Sie dieses gegebenenfalls im Nachgang noch erbitten?

Versuchen Sie, aus jeder Moderation eine neue Erkenntnis mitzunehmen. Idealerweise sind Sie auf ein Problem oder eine Situation gestoßen, aus der Sie etwas gelernt haben. Nach einem solchen Meeting sind Sie darüber hinaus immer wieder sensibilisiert, an Ihrer eigenen Methodenkompetenz als Moderator zu arbeiten.

An der eigenen Methodenkompetenz arbeiten

Moderations- und Fragetechniken

In Ihrer Rolle als Moderator sollten Sie im besten Fall zur Sache neutral eingestellt sein. Ein optimaler Moderator diskutiert nicht mit, sondern sorgt lediglich durch Einsatz passender Methoden und Techniken dafür, dass die gewünschten Ziele möglichst schnell, im echten Konsens und zum Verständnis aller realisiert werden. Je umfangreicher Ihre Methodenkenntnis als Moderator, umso flexibler und situationsgerechter können Sie passende Vorgehensweisen vorschlagen und leiten. Die Methodenkenntnis fängt beim Beherrschen der richtigen Fragetechniken im Sinne von Kommunikation und Rhetorik an und geht gleitend in die als Moderationstechniken bekannten Konzepte, wie zum Beispiel die Kartenabfrage, über.

Der Moderator als Fragensteller

Der Nutzen von Fragetechniken in der Moderation liegt in zwei Dimensionen: Einerseits verwenden Sie Fragen, um schlicht und einfach Informationen einzuholen. Andererseits haben richtig gestellte Fragen an der richtigen Stelle ein enormes Potenzial, eine Besprechung in die gewünschte Richtung zu lenken oder die Teilnehmer gar unbemerkt zu manipulieren.

Der Grundsatz „Wer fragt, der führt" kann je nach Ausprägung und Zielen des Moderators also positiv zu verstehen sein oder auch einen leicht negativen Beigeschmack tragen. Grundsätzlich sollten Fragen niemals bevormunden, das heißt, im Sinne suggestiver Fra-

Keine suggestiven Fragen stellen

gen dem Angesprochenen etwas in den Mund legen und ihn manipulieren, wie zum Beispiel bei diesen Fragen:

*„Herr Rimbach, finden Sie nicht, dass wir das alte System dringend
ablösen sollten?"*
*„Herr Moritz, so wie ich Sie kenne, kann ich mich doch sicher darauf
verlassen, dass Sie da meiner Meinung sind, oder?"*

Vermeiden Sie es, mit Fragen und der Art und Weise, wie Sie die Fragen stellen, andere dominieren zu wollen oder bloßzustellen. Es mag
zwar eine kurzfristige Genugtuung sein, einen Diskussionspartner
öffentlich auflaufen zu lassen, dessen Argumentation sich im Laufe
einer Besprechung immer offensichtlicher widerspricht. Für eine
längerfristige und erfolgreiche Zusammenarbeit hingegen macht
ein wenig Diplomatie jedoch weit mehr Sinn. Hier lohnt es sich,
sich an fernöstlichen Kulturen zu orientieren, die mitunter Hunderte diplomatische und umschreibende Ausdrücke kennen, um
ein „Nein" zu sagen und doch nicht direkt auszusprechen.

Fragen ja, aber kein Verhör! Auch darf Ihr Frageanspruch als Moderator nicht dazu führen, dass
sich einzelne Teilnehmer verhört und ausgehorcht fühlen. Wenn Sie
ehrliche und weiterbringende Antworten wünschen, müssen Sie für
die richtige Atmosphäre und das notwendige Vertrauen unter den
Anwesenden sorgen. Um einen Verhörcharakter zu vermeiden und
Unklarheiten strukturiert zu klären, sollten Sie außerdem nur eine
Frage auf einmal stellen. So verhindern Sie, dass sich der Befragte zu
sehr unter Druck gesetzt fühlt und Antworten vermischt werden
oder Teilaspekte untergehen.

Machen Sie sich zu guter Letzt als Grundsatz bewusst, dass richtiges Fragen auch immer mit richtigem Zuhören einhergeht. Was
nützt Ihnen die beste Frage, wenn Sie danach nicht richtig auf die
Antwort hören? Auch in der Rolle als Moderator liegt der Schlüssel
zu erfolgreicher Kommunikation unter anderem im aktiven
Zuhören.

Fragen Sie „Was/wie?" statt „Warum/weshalb?"

Die richtigen W-Fragen stellen Häufig wird in Meetings, Projektsitzungen und Diskussionsrunden
viel Energie darauf verwendet, das Problem zu beschreiben, zu ver-

anschaulichen und darzulegen, warum etwas nicht funktioniert. Das ist für das Verständnis des Problems notwendig und in gewissem Maß auch sinnvoll. Nimmt dieses Verhalten jedoch überhand, dreht sich die Besprechung nur noch im Kreis. Frustrierte Teilnehmer sind die logische Folge.

Hier ist es wieder Ihre Aufgabe als Moderators durch beharrliches Zusammenfassen, Anregen neuer Aspekte und Ideen und Nachfragen immer wieder die Lösung in den Fokus zu rücken. Konzentrieren Sie sich dabei auf Fragen zum „Was" und „Wie". Diese Fragewörter leiten hin zu Aktivitäten, zu Möglichkeiten und zu Lösungen, zum Beispiel so:

„Was könnten wir machen?"
„Wie könnten wir das ändern?"
„Was müsste noch getan werden, um das Problem zu beseitigen?"
„Was kann Herr Müller noch für Sie tun, um das Problem zukünftig zu verhindern?"

Vermeiden Sie Fragen zum „Warum" und „Weshalb". Diese Fragen fördern zwar das Verstehen der Zusammenhänge, fördern aber keineswegs den Fortschritt hin zur Lösung. Sie provozieren hauptsächlich, dass der Befragte sich für Situationen, Argumente und Meinungen rechtfertigt. Rechtfertigungen bringen Sie in der Regel jedoch kaum dem Ziel näher, wie die beiden folgenden Beispiele zeigen:

„Warum?" und „Weshalb?" provozieren primär unfruchtbare Rechtfertigungen

„Warum haben Sie das nicht früher angesprochen?"
„Weshalb wird das nicht vorher geprüft?"

Konstruktive Moderation lebt ebenso wie konstruktives Konfliktmanagement von Ziel- und Lösungsorientierung. Statt also Ursachen und Schuldverhältnisse zu diskutieren, sollten Ihre Fragen die Lösung in den Fokus rücken. Mit zu vielen Warum- und Weshalb-Fragen riskieren Sie, dass sich die Atmosphäre hin zu Aggressivität oder Verteidigungshaltung verschlechtert. Um das zu vermeiden, konzentrieren Sie sich als zielorientierter Moderator auf Was- und Wie-Fragen.

Führen einer Offene-Punkte-Liste

Vielen Besprechungen ist es eigen, dass statt Lösungen häufig nur noch mehr Fragen zutage treten. Solche Situationen zu strukturieren, ist Ihre Herausforderung als Moderator. Dazu ist es vor allen Dingen notwendig, Wichtiges von Unwichtigem zu trennen, Prioritäten zu setzen und Dringlichkeiten einschätzen zu können (Kapitel 2.1.).

Offene Punkte notieren

Eine einfache und effektive Technik, das Abgleiten der Diskussion zu vermeiden, ist das Führen einer Liste offener Punkte. Schreiben Sie alle Fragen, Gedanken und Unklarheiten nieder, die zwischendurch aufgeworfen werden. Damit erreichen Sie, dass diese nicht vergessen werden. Außerdem genügt es den meisten Teilnehmern für den jeweiligen Moment, einen Einwand notiert zu wissen. So können Sie problemlos und konzentriert am gerade diskutierten Aspekt weiterarbeiten.

Wichtig an der Liste offener Punkte ist, dass diese tatsächlich schriftlich und sichtbar für alle geführt wird. Im Einzelfall mögen Sie als Moderator geneigt sein, sich die offenen Punkte im Kopf merken zu wollen. Das Aufschreiben hat jedoch eine psychologisch bedeutsame Funktion für Sie selbst und für die anderen. Erstens entlastet es Ihr Gedächtnis und Ihre Konzentration bleibt für die aktuelle Aufgabe reserviert. Zweitens hat für die meisten Menschen Schriftliches mental eine höhere Verbindlichkeit. Wer etwas schriftlich fixiert, hat somit eine größere Ruhe und kann den jeweiligen Aspekt eher für den Moment ausblenden. Genau das benötigen Sie, da sonst die Gefahr droht, dass sich die Teilnehmer in der Diskussion verzetteln!

Zuruf-Abfrage

Alle Teilnehmer müssen öffentlich Stellung beziehen

Die einfachste Form, als Moderator von jedem Teilnehmenden einen Beitrag aufzunehmen, ist die Zuruf-Abfrage. Dabei stellen Sie eine Frage an die Teilnehmer als Ganzes und erbitten reihum von jedem Teilnehmer eine kurze Wertung, eine Idee oder ein Stichwort. Vorteile der Zuruf-Abfrage sind, dass alle Teilnehmer mit in die Arbeit einbezogen werden. Da jeder Teilnehmer nur eine Stimme hat, werden dominante Redner eingeschränkt, und es wird zumindest sichergestellt, dass jeder Teilnehmer mindestens einen Beitrag leistet.

Die Nachteile sind, dass das Vorgehen sehr mechanistisch wirkt; einige Teilnehmer äußern möglicherweise den Eindruck, „sie wären im Kindergarten". Auch fehlt in kritischen Situationen die Anonymität. Sie erhalten möglicherweise nicht von allen Teilnehmern die gleiche bzw. ehrliche Antwort, als wenn die entsprechenden Äußerungen unter vorgehaltener Hand oder anonym gemacht werden könnten.

Karten-Abfrage

Eine klassische Moderationstechnik ist die Kartenabfrage. Statt Fragen an einzelne Teilnehmer oder die gesamte Runde zu stellen, erheben Sie Meinungen, Ideen und Vorschläge schriftlich. Jeder Teilnehmer schreibt seine Antwort dabei auf eine oder mehrere kleine Karten. Solche Karten sind im einfachsten Fall als Karteikarten im Schreibwarenladen oder Büromaterialfachhandel erhältlich. In professioneller Form liegen sie in verschiedenen Farben jedem Moderationskoffern bei. Jede Karte enthält eine kurze Antwort, ein Stichwort oder eine Idee. Die Karten werden nach maximal fünf Minuten eingesammelt und geordnet an einer Pinnwand befestigt. Dabei können ähnliche Aspekte zu thematischen Clustern gruppiert werden.

Schriftliche Erhebung von Ideen, Meinungen und Vorschlägen

Gegenüber der mündlichen Variante hat die Kartenabfrage einige entscheidende Vorteile:

- Sie erhalten viele Beiträge in kurzer Zeit.
- Beiträge können weitgehend anonym erfolgen.
- Jeder Teilnehmer ist gefordert, seinen Beitrag zu leisten.
- Dominante Teilnehmer können sich nur schwer in den Vordergrund drängen.
- Alle Beteiligten erarbeiten aktiv Lösungen und Vorschläge, statt einem Redner zuzuhören.
- Mögliche Mehrfachnennungen manifestieren die Bedeutung des jeweiligen Aspekts und zeigen Trends.

Je nach Anwendungsfall können Sie die Kartenabfrage variieren. So kann es sinnvoll sein, zum Beispiel für eine klassische SWOT-Analyse (strengths, weaknesses, opportunities, threats) jedem Teilnehmer vier unterschiedlich farbige Karten zu geben. So können alle grünen Karten beispielsweise für Stärken stehen, rote Karten für

Kartenabfrage für SWOT-Brainstorming

459

Schwächen, gelbe Karten für Chancen und violette Karten für Risiken. Auf diese Weise kann die anschließende Visualisierung des Gruppenergebnisses leichter an der Pinnwand vollzogen werden.

Mehrfachnennungen, das heißt, Karten mit gleichen oder sehr ähnlichen Stichworten werden nur einmal an der Pinnwand befestigt. Sie können jedoch auf der angebrachten Karte mittels Strichliste die Anzahl der Nennungen notieren.

Perspektivenwechsel

Als Moderator sind Sie einerseits Leiter eines Meetings und für die ergebnisorientierte Führung der Besprechung verantwortlich. Nicht immer laufen diese Besprechungen jedoch völlig konfliktfrei ab – im Gegenteil. In hitzigen und kontroversen Situationen sind Sie damit als Moderator gleichzeitig auch Schlichter. Damit ist es Ihre Aufgabe, gegensätzliche Standpunkte so sinnvoll wie möglich zu vereinigen und Kompromisse zu fördern. Häufig ist es dafür erforderlich, die Kontrahenten dazu zu motivieren, die Perspektive des anderen einzunehmen.

Denkhüte und Denkstühle Dafür steht Ihnen einerseits die Kreativitätstechnik der sechs Denkhüte von Edward de Bono bzw. der drei Denkstühle von Walt Disney zur Verfügung (Kapitel 2.1.). Weisen Sie einzelnen Teilnehmern ganz gezielt spezifische Rollen zu, zum Beispiel die des Befürworters, des Kritikers, des Träumers oder des Realisten. Damit geben Sie dem jeweiligen Teilnehmer die Möglichkeit, gefahrlos die eigene Perspektive zu wechseln. Unter dem psychologischen Schutz des Denkhutes und der zugewiesenen Rolle kann jeder Teilnehmer andere Argumente vortragen, ohne das eigene Gesicht zu verlieren und die eigene Meinung scheinbar aufzugeben.

Noch konkreter auf zwei Kontrahenten bezogen ist der Positionstausch. Fordern Sie die beiden Diskussionspartner auf, innerhalb des Meetings die Plätze zu tauschen. Da dies häufig auf vehementen Widerstand stößt („Das ist doch lächerlich …"), müssen Sie den Teilnehmern diese Aktion gut verkaufen. Hilfreich erweist sich oft der Appell an die geistige Flexibilität, den Mut und die Vorstellungskraft, sich auf ungewohnte Dinge einzulassen, zum Beispiel so:

„Herr Moritz und Herr Rimbach, ich appelliere an Ihre Mobilität und geistige Flexibilität. Ich fordere Sie auf, jetzt einmal Ihre Plätze zu tauschen. Ich möchte nicht nur, dass jeder von Ihnen einmal versucht, die Perspektive des anderen einzunehmen. Ich möchte auch, dass das durch einen physischen Wechsel Ihrer Position unterstützt wird."

Die Einnahme des Stuhls des Kontrahenten löst in beiden Teilnehmern mitunter ein unsicheres, ungewohntes Gefühl aus, das die Kreativität und die Fähigkeit, einmal die eigene Perspektive zu wechseln, sehr wohl fördern kann.

Eine dritte Methode, mit der Sie als Moderator zwei Teilnehmer zum Perspektivenwechsel anregen können, ist die „Gegnerargumentation", auch bekannt als „kontrollierter Dialog". Der Ablauf folgt folgendem Muster: Herr Moritz trägt die Argumente von Herrn Rimbach so lange mit eigenen Worten vor, bis Herr Rimbach die vollständige Erfassung und Wiedergabe seines Standpunktes bestätigt. Nun präsentiert Herr Rimbach die Argumente von Herrn Moritz, bis auch dieser mit der Argumentation vollständig einverstanden ist.

Gegnerargumentation

Dieser erzwungene Perspektivenwechsel stellt nicht nur sicher, dass sich beide Teilnehmer und ihre gegenseitigen Argumentationen formal verstehen. Gleichzeitig wird ersichtlich, in welcher Wortwahl für den anderen argumentiert werden muss. Dies ist insofern relevant, als inhaltlicher Dissens häufig allein durch sprachliche Unschärfen und eine ungünstige Wortwahl entsteht. Dies passiert insbesondere, wenn die verschiedenen Teilnehmer einzelnen Begriffen unterschiedliche Bedeutungen zumessen.

Konzentrische Kreise

Viele Meetings nutzen die Kreativitätstechnik des Brainstormings, um zu Beginn der Besprechung schnell eine Vielzahl von Ideen, Problemen und Lösungsvorschlägen zu sammeln. Um diese im Anschluss daran verwerten zu können, müssen die einzelnen Aspekte geordnet und bewertet werden.

Um in dieser Situation Wichtiges von weniger Wichtigem zu unterscheiden und Prioritäten zu setzen, ist der Einsatz der „konzentri-

Prioritäten setzen

schen Kreise" eine hilfreiche Methode. Dabei zeichnen Sie auf einer Tafel oder einem Flipchart drei verschachtelte Kreise. Im inneren Kreis notieren Sie die wichtigsten Aspekte (oder platzieren entsprechende Karten). Im mittleren Kreis positionieren Sie die weniger kritischen Probleme oder weniger nützlichen Ideen. In den äußeren Kreis kommen die Themen, mit denen Sie sich vorerst nicht befassen. Dieses Prinzip lässt sich flexibel anpassen. So können Sie im Rahmen einer Ursachenanalyse die gesammelten Aspekte zum Beispiel in die Kreise „unmittelbarer Einfluss", „mittelbarer Einfluss" und „entfernter Einfluss" einteilen und die entsprechende Einordnung vornehmen.

ABC-Priorisierung

Alternativ lassen sich statt drei Kreise auch drei Spalten oder die Prioritäten A, B und C nutzen. Kernpunkt ist lediglich, dass Sie eine Struktur definieren und nutzen, Wichtiges von weniger Wichtigem zu selektieren und sich im Laufe der weiteren Sitzung auf die wichtigsten und gegebenenfalls dringendsten Aspekte konzentrieren.

Mehrpunktabfrage

Demokratische Auswahl von Alternativen mit der Mehrpunktabfrage

Ein weiteres Verfahren, um eine Reihe von Ideen und Vorschlägen zu priorisieren, ist die so genannte Mehrpunktabfrage. Dabei werden alle Vorschläge an einer Pinnwand aufgelistet. Jeder Teilnehmer erhält eine feste Anzahl Klebepunkte, wie sie in gut sortierten Moderationskoffern enthalten sind. Danach positioniert jeder Teilnehmer seine beispielsweise drei Klebepunkte hinter den drei Vorschlägen, die er persönlich für zielführend oder sinnvoll hält. So bekommen Sie als Moderator innerhalb kürzester Zeit ein Stimmungsbild der Gruppe und können direkt die relevanten Punkte identifizieren.

Bevor Sie jedoch mit der Bearbeitung dieser Aspekte beginnen, sollten Sie klären, wie mit den restlichen Ideen, Vorschlägen und Aspekten umgegangen werden soll. Je nach Situation kann es sinnvoll sein, die restlichen Punkte im Protokoll zu vermerken und gegebenenfalls zu einem späteren Zeitpunkt noch einmal aufzugreifen.

Einpunktabfrage

Die Einpunktabfrage dient in Anlehnung an die Mehrpunktabfrage dazu, von jedem Teilnehmer eines Meetings eine einzelne Meinung zu einem Sachverhalt zu bekommen. Häufig wird dafür an der Pinnwand ein Koordinatenkreuz vorbereitet, dessen Achsenbeschriftung von der jeweiligen Fragestellung abhängt. So ist denkbar, dass jeder Teilnehmer beim Gang in die Pause seine Wertung der bisherigen Sitzung durch Setzen eines Klebepunktes auf dem Flipchart markiert. Eine mögliche Achsenbeschriftung ist in diesem Fall „Ergebnisfortschritt" und „Arbeitsatmosphäre". Durch die Platzierung der einzelnen Punkte erhalten Sie ein schnelles Stimmungsbild der Gruppe. Nachteil dieser Methode ist, dass Sie zwar eventuelle Defizite und eine schlechte Stimmung identifizieren können, nicht jedoch deren Ursachen.

Bewertung eines Einzelaspekts per Einpunktabfrage

Zustimmungsabfrage

Eine nützliche Methode, um als Moderator den Konsens der Gruppe zu beliebigen Zwischenpunkten zu überprüfen, ist die Zustimmungsabfrage. Dabei soll jeder Teilnehmer auf einer Skala von mindestens 1 bis höchstens 5 bewerten, wie hoch seine Zustimmung zur bisherigen Lösung ist oder wie hoch sein Glaube an die Zielerreichung ist.

Wenn durch dieses formale Vorgehen jeder aufgefordert ist, seine aktuelle Meinung bzw. Einschätzung zum vorliegenden Problem zu geben, können Sie auf einfache Weise lokalisieren, ob und wo Einwande und Widerstande vorliegen. So können Sie als Moderator auch überprüfen, inwieweit das gemeinsame Ziel und das bisherige Ergebnis von allen mitgetragen werden. Jeder Teilnehmer, dessen Glaube an die Zielerreichung geringer als 5 ist, hat noch Einwände vorliegen. Nun ist es in der Regel allerdings nicht praktikabel, unbedingt jeden Einwand jedes Teilnehmers im Meeting und in der Diskussion zu berücksichtigen. Häufig sind Sie unter Zeitdruck gezwungen, eine Entscheidung zu treffen, auch wenn sich bisher kein absoluter Konsens schaffen ließ.

Nicht immer lässt sich ein Konsens erreichen

Behalten Sie jedoch im Bewusstsein, dass jede schlechtere Einschätzung als 5 auf möglicherweise berechtigte Einwände hinweist. Im Sinne eines aktiven Risikomanagements sollte es in Ihrem Interes-

Fehlende Zustimmung als Frühindikator

se sein, diese Einwände aufzunehmen und möglichst auch zu bearbeiten. Dies wird auch durch die klassische Fehlerbeseitigungskostenkurve unterstützt. Nach dieser ist es weitaus billiger, Fehler, Einwände und Probleme gleich zu Beginn eines Projekts zu klären und zu beseitigen. Werden diese zu Beginn aus Zeitgründen ausgeblendet und tauchen sie später als konkrete Probleme, Hindernisse und Fehler wieder auf, kostet die Beseitigung ein Vielfaches an Geld, Zeit und Nerven.

In diesem Sinne sollten Sie die positive Absicht hinter jedem Einwand wahrnehmen. Bitten Sie die Skeptiker um Konkretisierung ihrer Einwände. Wenn Sie diese auch nicht sofort bearbeiten und klären können, sollten Sie die einzelnen Aspekte in jedem Fall auf die Liste der offenen Punkte übernehmen. Denn auch hier gilt: Häufig genügt bereits die Aufmerksamkeit, das ehrliche Bemühen um den einzelnen Teilnehmer und die Aufnahme seiner Bedenken, um diesen vorerst zu beruhigen und im Weiteren seine konstruktive Mitarbeit zu fördern. Geben Sie jedem Einzelnen das Gefühl, seine individuellen Bedenken ernst zu nehmen. Das Setzen auf die Liste der offenen Punkte manifestiert dies öffentlich und hilft allen Beteiligten, die Übersicht und einen klaren Kopf zu behalten.

Überzeugend verhandeln

Psychologie und Kommunikation in Verhandlungen

Neben der Diskussionsleitung und Moderation bildet die Verhandlungsführung eine zweite wichtige Aufgabe, deren Erfolg maßgeblich von der richtigen Kommunikation abhängt. Setzt man die Sach- und Fachkenntnis der Verhandlungspartner als vorhanden und die Rahmenbedingung der Verhandlung als weitgehend fixiert voraus, entscheidet häufig allein der psychologisch richtige, kommunikative Umgang miteinander über den Erfolg einer Verhandlung. Hier entscheidet sich, wie die in einem Geschäft liegenden Vorteile verteilt werden, ob überhaupt ein Geschäft bzw. eine Einigung zustande kommt und ob beide Verhandlungsparteien ihre Interessen in der Verhandlung wahren und vertreten konnten. Bevor Sie jedoch kommunikativ überzeugen können, will jede Verhandlung sorgfältig vorbereitet sein.

Verhandlungspartner wollen nicht überredet,
sie wollen überzeugt werden.

Vorbereitung der Verhandlung

Die gewissenhafte Vorbereitung einer Verhandlung beginnt mit dem Klären der Rahmenbedingungen. Unabhängig davon, ob Sie einem Kunden ein greifbares Produkt oder eine Dienstleistung verkaufen wollen, ob Sie als Angestellter oder Arbeitgeber eine Gehaltsverhandlung führen oder im politischen Bereich einen Antrag durchsetzen wollen – in jedem Fall benötigen Sie für Ihr Vorhaben eine klare Zieldefinition. Was also wollen Sie konkret am Ende der Verhandlung erreicht haben? Fixieren Sie dieses Ziel schriftlich! Achten Sie bei der Zieldefinition darauf, dass das Ziel messbar, terminiert, realistisch, positiv und aktivierend formuliert und im besten Fall anschaulich greifbar visualisiert ist (Kapitel 1.2.).

Rahmenbedingungen klären

Charakteristisch für Verhandlungen ist ein gewisser Verhandlungsspielraum. Wenn Sie nur ein „Take it or leave it"-Angebot haben, erübrigt sich jede Verhandlung. Wie hoch Ihr Verhandlungsspielraum ist, gilt es unbedingt vor jeder Verhandlung abzuklären. Gehen Sie in keine Verhandlung, ohne vorher Ihren maximalen Verhandlungsspielraum ausgelotet zu haben. Fixieren Sie den Verhandlungsspielraum ebenso schriftlich wie die Zieldefinition, um die Verbindlichkeit und Kontrollierbarkeit zu garantieren. Ein vor der Verhandlung niedergeschriebenes Ziel mit einem schriftlich fixierten maximalen Verhandlungsspielraum bewahrt Sie davor, in Verhandlungen möglicherweise den Kopf zu verlieren. So verhindern Sie, Abschlüsse zu machen oder Vereinbarungen zu treffen, die sich nachher als inakzeptabel herausstellen. So gesehen können Sie in der Verhandlungsvorbereitung sogar drei Ziele festlegen: das Optimalziel, das wünschenswerte oder akzeptable Kompromiss-Ziel und das „Worst case"-Ziel, zu dessen Bedingungen Sie einen Vertrag oder eine Vereinbarung gerade noch abschließen würden. Damit haben Sie automatisch Ihren Verhandlungsspielraum abgesteckt. Im folgenden Beispiel haben Sie ausgehend von einem Einstiegsangebot von 2500 € einen maximalen Spielraum nach oben in Höhe von 900 € festgelegt.

Verhandlungsspielraum vorab schriftlich fixieren

Verhandlungsziel: „*Ich bin heute Abend Besitzer eines ‚Flying-Cruiser'-Segelbootes, mit dem ich nächsten Sonntag in See stechen kann.*"

Optimaler Preis: *„Ich würde dafür im optimalen Fall 2500 € zahlen.“*
Akzeptabler Kompromiss: *„Bei der Preisverhandlung könnte ich mich auf 3000 € hoch handeln lassen.“*
Maximaler Preis: *„Allerhöchstens aber will ich dafür 3400 € zahlen.“*

Verhandlungs-partner analysieren

Sind Verhandlungsziel und Verhandlungsspielraum geklärt, gilt es sich in der Vorbereitung den Verhandlungspartnern zu widmen. Geht es um eine Verhandlung im Kleinen in der Familie, zum Bei-spiel um die Ausgehzeiten der Tochter, ist eine solche Analyse in der Regel weitgehend obsolet. Handelt es sich jedoch um eine profes-sionelle Verhandlung, möglicherweise mit ausländischen Geschäfts-partnern, zum Abschluss eines bedeutenden Vertrages, ist eine sorg-fältige Vorbereitung und Einstellung auf die Verhandlungspartner essenziell (Kapitel 3.3.).

Klären Sie dazu Herkunft und Hintergrund der bereits namentlich bekannten oder potenziellen Gesprächspartner. Für große Projekte und langwierige, schwierige Verhandlungen ist eine intensive Ana-lyse des kulturellen und fachlichen Hintergrunds Ihres Gegenübers unbedingt nötig. Das beinhaltet vor allem die formale Ebene der Verhaltens- und Vorgehensweisen, die kulturell stark differieren können. Welche Höflichkeitsrituale gibt es bei den jeweiligen Ver-handlungspartnern zur Begrüßung und zur Eröffnung der Ver-handlung? Ist eine straffe und zielorientierte Verhandlungsführung erwünscht oder wäre ein direkter Einstieg ohne „aufwärmenden Smalltalk“ ein symbolischer Schlag ins Gesicht? Derartige Fragen sind im Vorfeld zu klären, um gröbere Faux pas, den möglichen Abbruch der Verhandlung und dauerhaft gestörte Beziehungen zu internationalen Geschäftspartnern zu verhindern.

Motive, Sachzwänge und Abhängigkeiten der Verhand-lungspartner klären

Aber auch bei Verhandlungen „unter seines Gleichen“, sei es im Job innerhalb der eigenen Abteilung, zu Hause in der Familie oder für eine Verhandlung mit dem Bankberater um einen Kredit, gilt: Klären Sie die Beweggründe und Motive, Sachzwänge und Ab-hängigkeiten Ihrer Verhandlungspartner, um deren Standpunkt zu verstehen. Ist Ihr Verhandlungspartner nur ein Abgesandter, der gar nicht selbst entscheiden kann und unter hohem Druck seines Vorgesetzten nur eine Marionette am Verhandlungstisch ist? Liegt der wahre Grund für einen vorgetragenen Wunsch Ihrer Kinder eigentlich an ganz anderer Stelle, als die erste Argumentation vermuten lässt? Steht Ihr Verhandlungspartner unter Zeitdruck oder anderen Zwängen, die ihn von einer ruhigen, konstruktiven und geregelten Verhandlung abhalten?

Die Analyse und Kenntnis solcher Sachzwänge und Rahmenbedingungen hilft Ihnen in doppelter Weise: Erstens können Sie so konkrete Ansatzpunkte für Ihre Argumentation finden, sozusagen den „schwachen Punkt" bei Ihrem Gegenüber bereits im Vorfeld identifizieren und die Verhandlungsführung darauf ausrichten. Zweitens ermöglicht das Bewusstsein bestimmter Rahmenbedingungen und Umstände eine konfliktfreiere Verhandlung. Missverständnisse und Verärgerungen lassen sich vermeiden, wenn klar ist, warum jemand besonders auf die Zeit drängt oder in einem bestimmten Punkt unverständlich stur ist.

Gleichzeitig ermöglicht die gezielte Recherche bezüglich der Verhandlungspartner, einzelne Personen bereits im Vorfeld gezielt anzusprechen und positiv zu beeinflussen. So können Sie zum Beispiel bereits mit der Einladung oder Korrespondenz vor der Verhandlung eine positive Verhandlungsatmosphäre schaffen:

„Wir freuen uns auf das Treffen und die Verhandlung. Sie sind ja dafür bekannt, ein sehr konstruktiver Verhandlungspartner zu sein."

Unterstellen Sie, dass die meisten Menschen um Konsistenz in Ihrem Verhalten und Ihrer Ausstrahlung nach außen bemüht sind, öffnet sich hier eine subtile Manipulation zu beiderseitigem Vorteil.

Haben Sie ein Bild von den Verhandlungszielen, Ihrem Verhandlungsspielraum, den Verhandlungspartnern und deren Hintergründen, können Sie sich organisatorischen Aspekten der Vorbereitung widmen. Stellen Sie alle benötigten Unterlagen und Materialien zusammen, so weit die Art der Verhandlung das erfordert. Dazu gehören zum Beispiel Prospekte, Materialproben und Präsentationsunterlagen (Hand-outs). Überprüfen Sie, ob Sie im Rahmen der Verhandlung technische Hilfsmittel zur Präsentation wie Overheadprojektor, Beamer, TV- und Video-Gerät oder Ähn-

Organisatorische Vorbereitungen der Verhandlung

liches benötigen. Stellen Sie diese Geräte bei Bedarf bereit oder delegieren Sie diese Vorbereitung, sodass zum gewünschten Zeitpunkt alle Hilfsmittel am Verhandlungsort vorhanden sind.

Achten Sie darauf, dass der Verhandlungsraum für den gewünschten Zeitrahmen zur Verfügung steht. Häufig sind Konferenzräume in Unternehmen knapp und über Groupware-Software im Voraus zu buchen, sodass der Raum für andere Kollegen zum gewählten Zeitpunkt ersichtlich blockiert ist.

Essen und Trinken Sorgen Sie zu guter Letzt für etwas zu trinken und etwas zu essen während der Verhandlung – in größeren Unternehmen werden Sie die Bereitstellung von Kaffee, Tee, Keksen oder Sandwichs an das Sekretariat oder den hauseigenen Cateringservice delegieren.

Führen Sie Verhandlungen in kleinerem Rahmen oder privat durch? Achten Sie auch hier auf ein angemessenes Umfeld für das Gespräch. Je kritischer und strittiger der Verhandlungspunkt ist, umso wichtiger ist es, für ein förderliches Umfeld zu sorgen. Schalten Sie Mobiltelefone aus und ein normales Telefon auf besetzt oder Anrufbeantworter. Unterdrücken Sie andere potenzielle Stör- und Lärmquellen so weit wie möglich. – Im Grunde gelten für viele Arten der Verhandlungen die grundsätzlichen Überlegungen zu Präsentationen ebenso uneingeschränkt (Kapitel 2.2.).

Eine Verhandlung nimmt immer so viel Zeit in Anspruch,
wie zur Verfügung steht.

Realistische Achten Sie darauf, einen realistischen Zeitrahmen für die Verhand-
Zeitplanung für lung einzuplanen, um nicht durch Folgetermine zusätzlich unter
Verhandlungen Druck gesetzt zu werden. Fast alle Verhandlungen dauern länger als zunächst veranschlagt. Gleichzeitig bleibt die alte Zeitmanagementweisheit gültig, dass eine Aktivität tendenziell immer so viel Zeit in Anspruch nimmt, wie zur Verfügung steht. Um dies so weit wie möglich einzugrenzen und zumindest eine gewisse Strukturierung in Ihre Verhandlung zu bringen, sollten Sie vorher einen Verhandlungsplan aufstellen bzw. als Teilnehmer möglichst auf einen Zeitplan bestehen. In diesem Zeitplan ist festzuhalten, wie lange die Verhandlung angesetzt ist, welche Pausen geplant sind und welche

Etappen sich daraus ergeben. Die Zeitplanung sollte nicht nur möglichst realistisch sein, sondern auch Pufferzeiten einplanen. Die Erkenntnisse aus dem Zeitmanagement zur „lohnenden Pause", der Vermeidung von typischen Zeitfressern, Priorisierung und der Konzentration auf die wesentlichen Aspekte gemäß des Pareto-Prinzips gelten für die Verhandlungsführung analog und sollten bei der Vorbereitung bedacht werden (Kapitel 2.1.).

Verhandlung einleiten

Der Einstieg in eine Verhandlung hängt für Sie davon ab, welche Rolle Sie einnehmen, und ob die Verhandlung tatsächlich offizieller Art ist und im Voraus geplant wurde. Als Moderator oder Schlichter einer Verhandlung werden Sie die Veranstaltung mit einigen einleitenden Worten und der gegenseitigen Vorstellung der Verhandlungspartner beginnen. Sind Sie ein einfacher Verhandlungsteilnehmer und die Vorstellung der Beteiligten wird nicht durch eine neutrale Person initiiert, stellen Sie sich proaktiv selbst vor.

Nicht mit der Tür ins Haus fallen

Spontane Verhandlungen innerhalb der Familie oder im Büro lassen sich in der Einleitung häufig darauf beschränken, die Gesprächspartner um einen Moment Aufmerksamkeit zu bitten. Diese Kleinigkeit wird im zwischenmenschlichen Umgang leider meist vergessen und stattdessen „direkt mit der Tür ins Haus gefallen". Dies sollte Ihnen im Sinne einer guten Verhandlungsatmosphäre nicht passieren.

Es gibt keine zweite Chance, einen ersten Eindruck zu machen.

Unabhängig davon, ob Sie Moderator oder Vertreter einer Verhandlungspartei sind – achten Sie bereits bei Ihrem ersten Beitrag auf Ihre Ausstrahlung und Wirkung gegenüber den Anwesenden. Das hat bereits bei der gegenseitigen Begrüßung und Bekanntmachung begonnen, ist aber insbesondere für die ersten Fachbeiträge wichtig. Zeigen Sie Selbstbewusstsein durch eine klare, offene und deutliche Sprache. Sprechen Sie nicht zu leise, schauen Sie in die Runde und jeden Ihrer Gesprächspartner aktiv an.

Deutliche Sprache

Verhandlung erfolgreich durchführen

Nicht so viele Fremdwörter und Anglizismen verwenden

Bleiben Sie während der Verhandlung freundlich und zurückhaltend, aber nicht schüchtern. Sach- und Fachkenntnis können Sie in Ihren Beiträgen durch qualitative Aussagen beweisen, nicht durch affektierte, abgehobene Sprache voller Fremdwörter und Anglizismen. Denken Sie daran, dass Sie ein Verhandlungsziel erreichen und nicht Eindruck schinden wollen.

„Ein redlich' Wort macht Eindruck, schlicht gesagt."

SHAKESPEARE

Zielgruppenorientiert und zielorientiert

Sprechen Sie dazu entsprechend zielgruppenorientiert. Eine Verhandlung ist keine Selbstdarstellung, sondern zweckgebundene Kommunikation. Kommunizieren Sie so, dass der Empfänger Sie versteht. Alles andere führt zu Missverständnissen und verlängert die Verhandlungen unnötig. Schließlich wollen Sie nicht nur ein Verhandlungsergebnis erreichen, sondern dieses auch mit möglichst wenig Zeitaufwand und Kosten erzielen. Gute Verhandlungsstrategen sind effektiv und effizient. Versuchen Sie entsprechend, in Ihrer Argumentation stets zielorientiert zu bleiben. Die vorherige Zieldefinition und Abklärung Ihres Verhandlungsspielraumes gibt Ihnen während der Verhandlung permanent Orientierung. Lassen Sie sich nicht auf Auseinandersetzungen auf Nebenkriegsschauplätzen ein. Sie wollen ein bestimmtes Ziel erreichen, das Sie permanent im Auge behalten. Verzetteln Sie sich daher nicht in kleinlichen Streitigkeiten um Details.

Aktives Zuhören in der Verhandlung

Hören Sie der Argumentation Ihrer Verhandlungspartner aufmerksam und aktiv zu. Hören Sie bis zum Ende zu! Fangen Sie nicht bereits während der Ausführungen Ihres Gegenübers an, sich eine Gegenargumentation zurechtzulegen. Unterdrücken Sie den Zwang, Ihrem Gegenüber mit einem ungeduldigen „Ja, aber …" ins Wort fallen zu wollen. Gutes Zuhören ist der Schlüssel zu erfolgreichen Verhandlungen, weil Sie so wesentliche Informationen über Ihren Verhandlungspartner und seine Motive erfahren. Geben Sie Ihrem Gegenüber das Gefühl, tatsächlich zuzuhören und sich auch mit seinen Standpunkten und Argumenten wirklich auseinander zu setzen.

Wenn Sie wollen, dass Ihr Gegenüber auch Ihrer Argumentation aufmerksam folgt, zeigen Sie die Größe, selbst durch aktives Zuhören und Verstehenwollen in Vorleistung zu gehen. Das psychologische Gesetz der Reziprozität (im Volksmund: „Wie man in den Wald ruft, schallt es zurück") belohnt Sie in fast allen Fällen durch ebenso entgegenkommendes Verhalten Ihrer Verhandlungspartner.

Diplomatisches Geschick

Sind die grundlegenden Verhandlungspositionen abgesteckt, nutzen Sie gezielte Fragen, um Details zu klären und zu diskutieren. Bleiben Sie dabei jederzeit höflich, sachlich und ruhig. Formulieren Sie möglichst diplomatisch. Verhandlungen sind ein typisches Aktionsgebiet der Diplomatie. Achten Sie also darauf, dass jeder Verhandlungspartner im Laufe der Diskussionen und auch am Ende bezogen auf das Ergebnis sein Gesicht wahren kann. Nutzen Sie neben verständlicher Sprache und logischer Argumentation Beispiele und Visualisierungen, um Zusammenhänge zu veranschaulichen. Zeigen Sie, führen Sie vor. Listen Sie Vorteile auf, stellen Sie Aspekte gegenüber. Wiederholen Sie und fassen Sie zusammen.

Verhandlungspartner statt Verhandlungsgegner

Versuchen Sie, Ihr Gegenüber tatsächlich als Verhandlungspartner und nicht als Gegner zu verstehen. Die Wortwahl in diesem Buch orientiert sich bewusst an diesem Prinzip. Es geht nicht darum, einen Gegner zu besiegen. Langfristiger Erfolg basiert in den meisten Fällen auf langfristigen Beziehungen. Langfristige Beziehungen wiederum entstehen nicht durch einseitige Übervorteilung. Beide Seiten sollten aus einem Geschäft Nutzen und Mehrwert ziehen können, wenn Sie auch in Zukunft Geschäfte abschließen wollen. Suchen Sie daher Kompromisse, Lösungen und Verträge, von denen beide Seiten profitieren. Suchen Sie nach so genannten Win-Win-Lösungen.

Win-Win-Mentalität

Bedeutsam für eine gute Verhandlungsatmosphäre ist dabei nicht nur die Tatsache, dass Sie ehrlich einer Win-Win-Mentalität folgen, sondern dass Sie dies den Verhandlungspartnern auch kommunizieren und glaubwürdig machen. Verdeutlichen Sie Ihrem Gegenüber, dass Ihnen an einer dauerhaften Zusammenarbeit, einem harmonischen Zusammenleben oder an langfristigen Geschäftsbeziehungen liegt. Stehen Sie entsprechend dafür ein, dass Sie deshalb keine kurzfristigen Siege und einseitigen Gewinne, sondern faire und für beide Seiten zufrieden stellende Lösungen und Synergien suchen. Die Frage im Anschluss daran, ob die andere Partei das auch so sähe, wird in den wenigsten Fällen verneint werden. Das aus einem „Ja" resultierende Commitment Ihrer Verhandlungspartner zur Win-Win-Strategie wird allen Beteiligten im Laufe der Verhandlung zu einer fruchtbareren und konstruktiven Atmosphäre verhelfen.

In dieser grundsätzlich positiven Atmosphäre können Sie nun gezielt über die Sache verhandeln. Die nützlichsten Argumentationstechniken, aber auch das notwendige Wissen, um Manipulationsversuche zu erkennen und abzuwehren, finden Sie im sich anschließenden, separaten Abschnitt „Manipulationstechniken und Argumentation".

Person von der Sache trennen

Abseits von der konkreten Argumentation sollten Sie während der gesamten Verhandlung darauf achten, diese nicht zu emotionalisieren. Dazu gehört wie bei allen Streitgesprächen und im Konfliktmanagement die wichtige Fähigkeit, die Person von der Sache zu trennen.

Ihr Verhandlungspartner verfolgt ein bestimmtes Ziel und argumentiert danach. Verdeutlichen Sie sich: Die Argumente dienen der Zielerreichung und sind nicht auf Sie direkt gemünzt. Es geht um die Sache, Situation, Meinung oder ein Geschäft. Nehmen Sie Äußerungen innerhalb der Diskussion und Verhandlung deshalb nicht zu persönlich, es sei denn, Sie werden ganz direkt angegriffen. Doch auch hier gilt es, jede Emotionalisierung zu vermeiden. Antworten Sie freundlich, ruhig, sachlich und bestimmt, dass Sie sich beleidigt fühlen. Fordern Sie den Gesprächspartner auf, zur Sachebene zurückzukehren, und bieten Sie einen inhaltlichen Ansatzpunkt, von dem aus Sie und die Verhandlungsparteien mit der Verhandlung fortfahren können.

Aus festgefahrenen Situationen herauskommen

Sollte die Verhandlung emotional überschäumen oder sie scheinbar in eine Sackgasse geraten, ziehen Sie die Notbremse. Schlagen Sie eine Pause vor, in der alle Beteiligten etwas Abstand gewinnen können. Häufig genügt eine kurze Unterbrechung mit etwas frischer Luft und einer Stärkung für den Magen, die emotionalisierte Diskussion wieder auf die Sachebene zurückzubringen. Wie so oft lässt sich auch an dieser Stelle die Wirkung des Prinzips der „lohnenden Pause" beobachten. Die scheinbar „verlorene" Zeit wird im Handumdrehen wieder aufgeholt, da die Verhandlung wieder konstruktiver verläuft. Der kurze Abstand hat den Teilnehmern geholfen, sich das Ziel, ihre Standpunkte und Verhandlungsspielräume wieder bewusst zu machen. Gegebenenfalls konnte eine Verhandlungspartei in der Pause auch Rücksprache mit Entscheidern im Hintergrund halten und so mit einem neuen Verhandlungsspielraum zurückkehren. Typisches Beispiel: Der Repräsentant einer Verhandlungspartei hat in der Pause seinen Chef über den Verhandlungsablauf informiert und neue Anweisungen erhalten, die nach der Pause in die Verhandlung einfließen können. Aber auch ohne neue Anweisungen kann allein das Überdenken der bisherigen Verhandlung, das Resümieren und Zusammenfassen für jemand anderen bereits helfen, die in der Hitze des Gefechts aufgewühlten Emotionen und Gedanken zu ordnen und zur Sache zurückzufinden.

Der Einstieg nach Verhandlungspausen

Nach der Pause sollte der Moderator die bisherigen Ergebnisse zusammenfassen und von den Beteiligten bestätigen lassen. Die Zusammenfassung nach einer Verhandlungspause hat vor allem die Aufgabe, für eine positive Grundstimmung in der nächsten Verhandlungsrunde zu sorgen. Achten Sie darauf, dass entweder während der Verhandlung fortlaufend alle Punkte protokolliert werden, über die Konsens besteht. Alternativ lassen Sie vor oder nach jeder Pause die bisherigen Ergebnisse zusammengefasst dem Protokoll hinzufügen. Dieses Protokoll dient der Vorbereitung des Verhandlungsabschlusses und wird am Ende von allen Beteiligten unterzeichnet.

Das beste Geschäft Ihres Lebens kann das sein,
das Sie nicht angenommen haben.

Souverän reagieren in festgefahrenen Verhandlungen

Doch nicht immer lässt sich eine festgefahrene Verhandlung durch eine „lohnende Pause" voranbringen. Ist an eine Weiterführung der Verhandlung zum aktuellen Zeitpunkt aus Zeitgründen oder aufgrund der emotionalen Aufgewühltheit der Teilnehmer nicht zu denken, brechen Sie die Verhandlung ab und vertagen sie auf einen neuen Termin. Dies ermöglicht jeder Verhandlungspartei, bisherige Ergebnisse, Streitpunkte und Unklarheiten zu ordnen und Abstand zu gewinnen. An dieser Stelle gilt der alte Grundsatz, über schwierige Entscheidungen noch einmal „eine Nacht zu schlafen". Mit dem dadurch gewonnenen Abstand lässt sich zu einem späteren Zeitpunkt wieder weitaus sachlicher weiterdiskutieren.

Schlichter anrufen Ist eine Einigung dennoch auch bei späteren Treffen nicht in Sicht, sollten Sie einen Schlichter einbeziehen. Dieser sollte im Sinne der Ausführungen zur Moderation weiter oben neutral und von allen Verhandlungsparteien akzeptiert sein, um seine Rolle wirkungsvoll gestalten zu können.

Im schlimmsten Fall helfen ein gesunder Pragmatismus und eine souveräne, gelassene Einstellung, sich emotional und geistig von gescheiterten Verhandlungen zu trennen. Brechen Sie die Verhandlungen ab. Bieten Sie dem Verhandlungspartner gegebenenfalls noch eine Brücke, dass Sie unter bestimmten Umständen bereit sind, über den Gegenstand der Verhandlung weiterzudiskutieren, zum aktuellen Zeitpunkt jedoch keine Chance auf eine Einigung mehr sehen. Damit zeigen Sie, dass Sie souverän eine sich im Kreis drehende Verhandlung abbrechen können, aber dennoch die Größe besitzen, sich nicht eingeschnappt davonzuschleichen, sondern der anderen Verhandlungspartei dennoch eine Brücke zur Wiederaufnahme der Verhandlungen geben.

Worst-case-Szenario zurechtlegen Damit Sie bei zukünftigen Verhandlungen auch in der Lage sind, die schwer wiegende Entscheidung eines Verhandlungsabbruchs zu treffen, hilft ein einfacher Trick: Machen Sie sich für die Zukunft zu Eigen, vor jeder Verhandlung ein Worst-case-Szenario aufzustellen:
- Was passiert, wenn mein Antrag scheitert?
- Was passiert, wenn wir keine Einigung erzielen?
- Was ist das Schlimmste, was tatsächlich passieren kann?

Denken Sie dabei nicht nur eine Stufe weit, sondern weiter und weiter. Häufig genügt schon die erste Erkenntnis, dass auch im schlimmsten Fall „nicht die Welt untergeht". Aber selbst, wenn die eintretenden Konsequenzen einer Nichteinigung tatsächlich schlimm scheinen, kommen Sie fast immer zu einer weniger beängstigenden Entwicklung, wenn Sie weiterdenken. Plötzlich ergeben sich andere Möglichkeiten oder es wird erkennbar, dass Sie auch mit dem „worst case" leben und darauf reagieren können.

Wenn Sie sich für den „worst case" bereits eine konkrete Reaktionsstrategie zurechtlegen („Was wäre, wenn …"), können Sie innerhalb der Verhandlung weitaus ruhiger agieren und zudem auch einen Totalabbruch der Verhandlung verkraften. Darüber hinaus bewahrt Sie ein sorgfältiges Vordenken der Ziele, Spielräume und Konsequenzen möglicher Ergebnisse davor, im Eifer des Gefechtes in der Verhandlung Zugeständnisse zu machen, die Sie später bereuen könnten. Ein Totalabbruch der Verhandlung wirkt weniger bedrohlich, wenn Sie die Konsequenzen und daraus resultierende Maßnahmen und Strategien bereits durchdacht haben.

Was wäre, wenn …

Letztlich bleibt möglicherweise später auch die Erkenntnis, dass ein nicht angenommenes Geschäft oder eine nicht getroffene Vereinbarung vielleicht die beste Entscheidung Ihres Lebens war. Viel zu oft haben sich Unternehmer durch schlecht kalkulierte und verhandelte Verträge nahe an den oder tatsächlich in den Ruin getrieben. In diesem Fall ist es besser, eine Verhandlung rechtzeitig abzubrechen, als nicht tragbare Kompromisse auszuhandeln und sich vorher nicht gewollte Zugeständnisse abringen zu lassen.

Sind Sie auf diese Weise mental und taktisch auf mögliche Verhandlungsabbrüche vorbereitet, können Sie wesentlich souveräner innerhalb der Verhandlung auftreten. Sie kennen den worst case ja bereits! Zum Glück bleibt der Totalabbruch von Verhandlungen insgesamt allerdings die Ausnahme, da in den meisten Fällen beide Seiten an einer Einigung und einem zeitnahen Verhandlungsabschluss interessiert sind.

Einwandbehandlung

In jeder Diskussion gibt es Themen, in welchen sich die Gesprächspartner uneinig sind. Der offene Meinungsaustausch ist häufig gut, um qualitativ erstklassige Arbeitsergebnisse zu entwickeln. Zuweilen ist er jedoch auch behindernd und beabsichtigt kontra-

Einwandbehandlungstechniken sind essenziell

produktiv. Wiederholt gibt es in Verhandlungsgesprächen Personen, die absichtlich nur die Rede der Gegenpartei stören oder durch Einwände aus dem Konzept bringen sollen.

Arten von Einwänden

Fünf gängige Einordnungen für Einwände

Um Ihre Fähigkeit zu optimieren, in Diskussionen souverän und professionell auf Einwände reagieren zu können, ist es sinnvoll, die verschiedenen Einwandsarten trennen und identifizieren zu können. Gängige Arten von Einwänden sind:

- Unausgesprochener Einwand
- Subjektiver Einwand
- Scheineinwand
- Boshafter Einwand
- Objektiver Einwand

1. Unausgesprochener Einwand

Fehlende Verbalisierung von offensichtlichem Dissens

Dies ist die schlimmste Form des Einwandes, da der Diskussionspartner seine Bedenken nicht direkt verbalisiert, sondern ihm sein fehlendes Einverständnis und seine fehlende Zustimmung nur durch Mimik und Körpersprache angesehen werden kann. Hier gilt es, das Gegenüber vorsichtig darauf anzusprechen und den Einwand öffentlich zu machen. Vorsichtig sollten Sie dabei deshalb sein, um beim Angesprochenen nicht den Eindruck zu erwecken, er würde angegriffen. In jedem Fall ist es wichtig, unausgesprochene Einwände zu erkennen und aussprechen zu lassen. Andernfalls laufen Sie Gefahr, dass Ihre Gesprächspartner eine innere Oppositionshaltung aufbauen und verfestigen.

2. Subjektiver Einwand

Kontroverse Standpunkte im Ergebnis unterschiedlicher Wissensstände, Erfahrungen und Weltbilder

Ein subjektiver Einwand wird von jemandem vorgetragen, der mit dem diskutierten Aspekt entweder andere Erfahrungen als Sie gemacht hat, die ihn zu einer Ablehnung Ihrer Aussage führen. Alternativ handelt es sich um Einwände aufgrund eines unterschiedlichen Wissensstandes, das heißt, der andere ist nicht oder nur unzureichend informiert und vorbereitet. Die Subjektivität des Einwandes ergibt sich aus der Annahme, dass Ihre Argumentation bzw. die Fakten objektiv so, wie dargestellt sind. Ihrem Gegenüber scheinen sie jedoch aus der individuellen Perspektive als nicht richtig.

3. Scheineinwand

Ein Scheineinwand liegt vor, wenn Ihr Gesprächspartner an sich zwar mit Ihren Standpunkten konform ist, allerdings Spaß und Genuss an der Diskussion findet und Sie möglicherweise testen will. Auch können Scheineinwände gezielt genutzt werden, um eine aus persönlicher oder Gruppensicht schlüssige Argumentation dennoch durch einen aktiv provozierten Perspektivenwechsel zu hinterfragen.

Künstliche oder durch aktiven Perspektivenwechsel provozierte Einwände

4. Boshafter Einwand

Ein boshafter Einwand ist objektiv und inhaltlich kaum gerechtfertigt. Er dient vielmehr dazu, Sie persönlich anzugreifen und Ihre Präsentation oder Argumentation zu stören. Boshafte Einwände sind daher selten konstruktiv, sondern destruktive Störmanöver.

5. Objektiver Einwand

Ein objektiver Einwand ist eine berechtigte Einrede in Ihre Argumentation, zum Beispiel, wenn Ihr Gesprächspartner einen tatsächlichen, inhaltlichen Schwachpunkt in Ihrer Argumentation oder eine Argumentationslücke entdeckt hat. Diese Einwände sind wichtig, da sie als konstruktive Interventionen einen echten Mehrwert der Diskussion schaffen, nämlich die Verbesserung des Arbeitsergebnisses.

Sachlich vollkommen berechtigte Einwände

Auf Einwände reagieren

Auf Einwände können Sie eingehen oder sie abwehren. Dazu gibt es mehrere Herangehensweisen bzw. Methoden, wovon an dieser Stelle acht vorgestellt werden:
- 1. Vorwegnahme-Methode
- 2. „Ja, aber"-Methode
- 3. Zurückstellungsmethode
- 4. Divisionsmethode
- 5. Rückfrage-Technik
- 6. Reframing-Methode
- 7. Referenz-Methode
- 8. Plus-Minus-Methode

1. Vorwegnahme-Methode

Gegnerische Argumente im Vorfeld aufnehmen und entkräften

Wie der Name schon andeutet, geht es hier im Gegensatz zu den folgenden Reaktionsmethoden eher um eine Methode zum präventiven Agieren. Hier versuchen Sie geschickt, zu erwartende Einwände gezielt im Voraus aufzunehmen und zu entkräften. Damit nehmen Sie Diskussionspartner den Wind aus den Segeln. Zudem wirken Sie halbwegs objektiv und deutlich souveräner, weil Sie Einwände selbst ansprechen. Beispiel:

„Sie werden mir jetzt sicherlich gleich sagen, dass das sowieso nicht funktioniert, weil wir das schon mehrfach probiert haben. In dieser Situation haben wir jedoch nicht nur eine neue Technik, sondern auch äußerst günstige Rahmenbedingungen, zum Beispiel …"

„Sie werden vielleicht einwenden, dass dieses System nicht günstiger als die bisherige Lösung ist. Der Vorteil liegt aber darin, dass wir durch die neue Technik bei gleich bleibenden Kosten eine deutlich höhere Qualität erzielen können, indem …"

2. „Ja, aber"-Methode

Zwischen „Ja" und „aber" muss eine ausreichend positive Wertschätzung liegen

Eine nützliche, jedoch gekonnt durchzuführende Technik der Einwandbehandlung ist die „Ja, aber"-Methode. Die Betonung liegt deshalb auf „gekonnt durchzuführen", weil die gängige Einwandbehandlung nach diesem Muster meist im Gesprächspartner nur Widerstand (Reaktanz) erzeugt. Entscheidend ist, die Entgegnung definitiv mit „ja" anfangen zu lassen und die Aussage des Gegenübers inhaltlich wiederzugeben und wertzuschätzen. Die Kunst liegt darin, dem Gegenüber und seinem Einwand so viel wie möglich Akzeptanz, Wertschätzung und Verständnis zwischen dem „Ja" und dem „aber" zu kommunizieren. Bleibt eine entsprechende, ausreichend positive Rückmeldung hingegen aus, verstärken Sie den Einwand, statt ihn in Ihrem Sinne aufzunehmen und zu bearbeiten. Eine gekonnte Reaktion nach der „Ja, aber"-Methode sieht so aus:

„Ja, Sie sprechen da zwei wichtige Aspekte an, zum Beispiel, dass die Qualitätssteigerung ja nur begrenzt messbar ist. Bedenken Sie aber bitte auch, dass wir in der Vergangenheit mit unserer Balanced Scorecard erfolgreich ein Instrument genutzt haben, um auch qualitative Ziele durch adäquate Kennzahlen messbar zu machen."

3. Zurückstellungsmethode

Die Zurückstellungstechnik nimmt den Protest dankend auf, stellt ihn jedoch „nur für kurze Zeit" zurück. Dies gelingt insbesondere dann sehr gut, wenn Einwände zu Details vorgebracht werden, obwohl das grobe Konzept auf höherer Ebene noch gar nicht steht. Sie können bei der Zurückstellungsmethode später entscheiden, ob Sie den Einwand noch einmal aufgreifen und behandeln, oder so weit wie möglich unter den Tisch fallen lassen. Die Zurückstellung funktioniert insbesondere dann sehr gut, wenn Sie über den Aspekt des Einwandes noch einen größeren Aspekt stellen können und anschließend diesen in größerem Rahmen diskutieren, zum Beispiel so:

Einwände zurückstellen

„Ihre Frage zum kurzfristigen Investitionsbedarf nehme ich gern auf, möchte die Antwort aber verschieben. Lassen Sie uns zuerst noch den Abschnitt der Gesamtkosten beenden."

„Herr Rimbach, diese Frage zielt auf einen sicher wichtigen Detailaspekt. Lassen Sie uns bitte jedoch erst die grobe Struktur absprechen, dann komme ich gern noch einmal auf Ihre Frage zum Risikoplan zurück."

4. Divisionsmethode

Die Divisionsmethode versucht, den Einwand zu zerteilen und Schritt für Schritt zu widerlegen. Diese Vorgehensweise entspricht der so genannten „Salami-Taktik" und ermöglicht es, bedrohlich wirkende, schwer fassbare Gegenargumente gezielt zu entkräften. Dies gilt vor allen Dingen auch für pauschale Einwände:

Einwände in geeignete Aspekte zerlegen

„Ja, Herr Moritz, das ist insgesamt ein berechtigter Einwand, dass sich Soft Skills schwer messen lassen. Besprechen wir das doch an ganz konkreten Punkten. Ich schlage vor, wir beginnen mit dem Stichwort Teamfähigkeit. Hier gibt es folgende Ansätze …"

5. Rückfrage-Technik

Die Rückfrage-Technik ist eine außergewöhnlich offensive Technik der Einwandbehandlung. Dabei versuchen Sie, den Einwand durch ausgefeilte Fragen zu entkräften oder zumindest zusätzliche Informationen über die Motivation des Einwands zu erhalten.

Einwänden mit Zurückfragen begegnen

479

Beispiele:

„Herr Rimbach, wenn ich Sie richtig verstehe, glauben Sie also nicht, dass wir die Motivation unserer Mitarbeiter in einer Kennzahl messbar machen können. Wie sind Sie denn bisher bei der Einschätzung Ihrer Mitarbeiter in den Jahresgesprächen vorgegangen?"

„Ich verstehe Ihren Einwand, aber woher wissen Sie, dass das nicht funktioniert. Welche konkreten Erfahrungen veranlassen Sie zu diesem Glauben? Geht es nicht eher darum, dass Sie ...?"

In beiden Beispielen wird deutlich, wie Sie nach einem Einwand den Ball zurückspielen. Im ersten Fall gewinnen Sie Zeit, sich eine passende Argumentation zurechtzulegen und erfahren nebenbei möglicherweise genauer, wo der Gesprächspartner bisher Probleme hatte und warum er mit Ihrem Vorschlag nicht einverstanden ist. Im zweiten Beispiel deutet sich an, dass die Rückfrage natürlich je nach Situation und Taktgefühl auch in einer tendenziell aggressiven Entgegnung münden kann. Hier gilt es allerdings, eine Gratwanderung zwischen der Abwehr unberechtigter Pauschalvorwürfe und der Behandlung objektiver Einwände zu meistern.

6. Reframing-Methode

Die Kunst des effektiven Umdeutens

Eine fortgeschrittene Kunst der Einwandbehandlung liegt im Umdeuten oder dem so genannten „Reframing". Diese auch aus dem Neurolinguistischen Programmieren (NLP) bekannte Methode zielt darauf ab, weniger wünschenswerte Aspekte, Nachteile oder Einwände gezielt in einem anderen Kontext darzustellen, sodass diese entkräft oder positiv werden.

Eine passende Strategie dazu ist es, Schwächen als Stärken darzustellen. In diesen Bereich fallen auch die „Gerade, weil"-Technik und die „Bumerang"-Methode. Unabhängig des Namens zielen alle diese Techniken darauf ab, etwas Negatives in etwas Positives umzudeuten. Damit entkräften Sie einen Einwand nicht nur, sondern nutzen ihn auch noch als aktives Element Ihrer Argumentation. Beispiel:

„Herr Rimbach, also ich sehe es als Vorteil, dass ich so jung bin. Gerade, weil ich so jung bin, kann ich mich besser in die Bedürfnisse und Ängste vieler Young Professionals hineinversetzen.“

„Natürlich sind wir teurer als der Marktdurchschnitt, aber das ist gerade Teil des Konzepts, gezielt das Hochpreissegment zu bedienen.“

7. Referenz-Methode

Eine Möglichkeit, in wirklich schwierigen Diskussionen Einwänden zu begegnen, ist die Referenz-Methode. Sie ist vom Charakter jedoch schon ziemlich manipulativ und ähnelt nicht umsonst der Manipulationstechnik „Autoritäts-, Experten- und Präzisionsfalle". Hier geht es vor allem darum, einen Einwand dadurch zu entkräften, dass Sie einen passenden Vergleich anführen, wobei die Vergleichbarkeit nicht immer gegeben sein muss. Besonders wirkungsvoll ist in diesem Zusammenhang auch das Zitieren passender Redewendungen oder der konkrete Bezug auf einen echten oder angeblichen Experten. Sollten Sie selbst in einer solchen Situation eine relative Autorität besitzen, können Sie auch diese in die Waagschale werfen. Ein Angriff auf Ihre Aussage ist dann ein Angriff auf Ihre Persönlichkeit, was nicht jeder Diskussionsteilnehmer wünscht oder sich traut. Beispiele:

> **Fast eine Manipulationstechnik**

„Ich kann Ihnen versichern …“
„Wie hat der berühmte Kurt Lewin einmal gesagt: ‚Nichts ist so nützlich wie eine gute Theorie'"
„In der aktuellen Studie vom Deutschen Industrie- und Handelskammertag heißt es, …“

8. Plus-Minus-Methode

Eine letzte Methode der Einwandbehandlung ist die Plus-Minus-Methode. Sie entkräftet oder diskutiert einen Einwand zwar nicht effektiv, hat aber einen anderen Vorteil: Sie nehmen dabei den Einwand Ihres Gesprächspartners wie auch alle anderen Einwände auf, und schreiben diese tabellarisch auf ein Flipchart oder Ähnliches. Den Einwänden stellen Sie Ihre Argumente und Vorteile gegenüber. Auf diese Weise erreichen Sie, dass der Einwand aufgenommen wird, jedoch an dieser Stelle noch nicht diskutiert werden muss. Der Gesprächspartner bekommt damit in den meisten Fällen erst ein-

> **Einwände wertschätzend aufnehmen, ohne die eigene Argumentation zu zerstreuen**

mal ein ausreichend positives Feedback, nämlich dass seine Kritik aufgenommen, wertgeschätzt und notiert wurde. Das hat den schlagenden Vorteil, dass der Kritiker innerlich zur Ruhe kommt und eine sich verfestigende innere Oppositionshaltung erfolgreich verhindert wird. Der Kritiker hat so die Möglichkeit, konzentriert bei der Sache zu bleiben und erst einmal Ihren weiteren Argumenten zu folgen.

So gesehen haben Sie den Einwand (noch) nicht entkräftet, jedoch „behandelt". Statt durch eine sofortige Diskussion des Einwandes Ihre gesamte Argumentation zu schwächen, gewinnen Sie so Souveränität und Akzeptanz, um weiter wie geplant zu Ende zu argumentieren.

Verhandlung abschließen und Ergebnisse sichern

Verhandlungen erfolgreich abschließen
Sind alle inhaltlichen Fragen geklärt und eine Einigung in Sicht, scheint der Abschluss lediglich eine Formalie. Mitunter haben Sie damit jedoch unrecht, denn auch der Abschluss einer Verhandlung erfordert ebenso viel Sorgfalt, wie Sie der Vorbereitung und der Verhandlungsführung an sich gewidmet haben. Häufig sind Sie mit so genannten Abschlusswiderständen konfrontiert, das heißt, obwohl für Sie alles klar scheint, zögert Ihr Gegenüber. Hier gilt es geschickt und mit Takt zu agieren.

Unterliegen Sie nicht der Versuchung, durch psychologische Tricks, Manipulationstechniken oder Ausübung von Druck jetzt die Verhandlung zwanghaft zum verdienten Ende zu bringen. Versuchen Sie stattdessen, durch empathisches Zuhören die wahren Beweggründe für die Zögerlichkeit zu ermitteln.

■ Liegt es an Entscheidungsangst Ihres Gegenübers und wenn ja, worin ist diese begründet?

■ Muss der Verhandlungspartner erst noch einmal Rücksprache mit seinem Chef halten, weil Sie ihm Zugeständnisse abgerungen haben, die noch nicht genehmigt sind?

■ Gibt es im Unternehmen des Verhandlungspartners interne Prozesse, die ihn an einer sofortigen Unterschrift hindern? Wenn ja, welche sind dies und wie können Sie Ihren Verhandlungspartner diesbezüglich optimal unterstützen?

▓ Fühlt sich Ihr Verhandlungspartner überredet statt überzeugt und zögert deshalb, die Vereinbarung zu unterzeichnen?

Fragen Sie offen und ehrlich nach den Gründen, warum der Verhandlungspartner zögert. Betonen Sie, dass Ihnen an einer für beide Seiten befriedigenden Lösung gelegen ist, und zeigen Sie Ihre Bereitschaft, alles dafür zu tun. Lassen Sie sich allerdings nicht mit vagen Argumenten und Hinhaltetaktiken abspeisen. Behalten Sie die Initiative und schlagen Sie konkrete Maßnahmen und Termine vor, um die nächsten Schritte bzw. den Abschluss in verbindlicher Nähe zu halten. Lassen Sie sich nicht auf ein „Wir melden uns bei Ihnen" ein, sondern gehen Sie zielorientiert und konkret vor: „Wenn Sie jetzt nicht unterschreiben möchten, wie wäre es am Mittwoch? Oder passt Ihnen Ende der Woche besser?" Dabei ist viel Taktgefühl nötig, um den goldenen Mittelweg zu finden, bestimmt aufzutreten, ohne unter Druck zu setzen. Wichtig ist jedoch, eine hohe Verbindlichkeit sicherzustellen, damit Ihnen ein Geschäft nach langer Verhandlung nicht langsam entgleitet.

Bestimmt auftreten, ohne unter Druck zu setzen

Strahlen Sie gerade am Ende der Verhandlung Zuversicht und Ruhe aus. Nervosität bestärkt jeden Kommunikationspartner in Zweifeln. Wenn Sie zum Abschluss der Verhandlung auf die Zeit drängen und Druck ausüben, forciert dies das Gefühl beim Verhandlungspartner, über den Tisch gezogen zu werden. Eine gute Einigung folgt in der Regel nicht dem Druckmuster „Take it now or leave it". Reden Sie also langsam und überlegt, gegebenenfalls sogar leiser. Alle Beteiligten sollen spüren, dass Sie ein überzeugendes Ergebnis erzielt haben und einem positiven Verhandlungsabschluss hier und jetzt nichts mehr entgegensteht.

Zuversicht und Ruhe ausstrahlen

Haben Sie die Verhandlung erfolgreich abgeschlossen, gebietet die Höflichkeit und Business-Etikette, diese durch Handschlag zu besiegeln und sich für die gute Verhandlung und das Geschäft zu bedanken. Nun bleibt nur die Selbstverständlichkeit der einwandfreien Auftragsabwicklung und Leistung. Hier erweist es sich für die langfristigen Geschäftsbeziehungen und im Sinne der Kunden-

Der Handschlag

orientierung als förderlich, dem Verhandlungspartner die vollste Unterstützung zuzusichern. Auch wenn die Erfüllung der Vereinbarung nicht direkt von Ihnen abhängt, sondern die Leistung zum Beispiel durch eine andere Stelle erbracht wird: Versichern Sie Ihrem Gegenüber, dass er sich bei allen Problemen oder Fragen an Sie wenden kann, und Sie alles in Ihrer Macht stehende tun werden, sein Anliegen oder Problem zu klären. So schaffen Sie eine vertrauensvolle Atmosphäre für weitere, spätere Verhandlungen und fördern Ihr Image als guter Verhandlungspartner.

Manipulationstechniken und Argumentation

Fähigkeit zuzuhören, Kompromissbereitschaft, Durchsetzungsvermögen

Verhandlungen erfordern einerseits die Fähigkeit, aufmerksam zuzuhören, andererseits Kompromissbereitschaft und nicht zuletzt auch Durchsetzungsvermögen. Jede erfolgreiche Verhandlung ist eine Kombination dieser drei Faktoren. Um Ihre Interessen in Verhandlungen durchsetzen zu können und in Diskussionen und Streitgesprächen erfolgreich Ihre Meinung zu vertreten, benötigen Sie stichhaltige Argumente und eine insgesamt überzeugende Argumentation. Dies können Sie trainieren, und zwar nicht nur die Methodik des inhaltlichen Aufbaus einer Argumentation, sondern auch die nicht minder wichtigen Begleitaspekte. Argumentation bedeutet für viele Menschen primär die Präsentation reiner Fakten. In fast allen Fällen spielen jedoch Emotionen, subjektive Meinungen, Vorurteile und verschiedene Arten von Manipulation in einer Diskussion oder Verhandlung eine gewichtige Rolle.

Techniken der Argumentation und Manipulation erkennen und anwenden können

Die Kenntnis der zugrunde liegenden Manipulationstechniken ist für Sie dabei von doppelter Bedeutung: Einerseits sollten Sie typische, manipulierende Argumentationen aufdecken, entlarven und entsprechend darauf reagieren können. Andererseits sollten Sie selbst einige grundlegende Argumentations- und Manipulationstechniken kennen, um diese auch selbst anwenden zu können, wenn heftig gestritten wird. Dazu dient das folgende Kapitel.

Typische Arten von Manipulationsstrategien

Vier typische Manipulationsstrategien

Bevor Sie sich mit einzelnen, konkreten Manipulationstechniken auseinander setzen, sollten Sie die grundlegenden Strategien hinter Manipulationsversuchen kennen und erkennen können. Typischerweise lassen sich folgende Strategien differenzieren:

- Blockadestrategien
- Durchsetzungsstrategien
- Sabotage im Gespräch
- Sabotage nach dem Gespräch

Beispiele für Blockadestrategien sind die Traditionstaktik oder Prinzipienfalle („Das haben wir schon immer so gemacht"), die Perfektionsfalle (etwas ablehnen, weil es nicht perfekt ist) und die Irrelevanztechnik (Ablenkungsmanöver, Einwurf von Trivialitäten). Durchsetzungsstrategien dagegen nutzen die Berufung auf eine Autorität, zum Beispiel auf (angebliche) Experten. Hier versprechen und garantieren Manipulatoren und nutzen emotionale Appelle oder emotional gefärbte Begriffe, zum Beispiel Euphemismen (Beschönigungen).

Sabotage im Gespräch erfolgt regelmäßig durch das Infragestellen und Unglaubwürdigmachen von Streitpartnern, durch Angriffe auf die Unparteilichkeit des Argumentierenden oder durch Ablenkungsmanöver. Auch Verallgemeinerungen, Übertreibungen, Vereinfachungen oder Verdrehen von Aussagen sabotieren auf klassische Art und Weise ein faires Streitgespräch. Einfachste Variante: Der Manipulator zitiert eine Aussage, lässt aber bestimmte Einschränkungen und Nuancen weg, die der Gegner artikuliert hat. Aus „vielen Menschen …" werden dann sehr schnell „alle Menschen …" – und die Aussage haltlos.

Sabotage im und nach dem Gespräch

Möchte Ihr Gegenüber Sie nach dem Gespräch sabotieren, wird er regelmäßig Geäußertes oder Vereinbartes missverstehen bzw. uminterpretieren. Ein typisches Beispiel ist das manipulierende Zitieren, wenn Aussagen aus dem Zusammenhang gerissen und an anderer Stelle missbräuchlich verwendet werden.

Häufig zeigen Diskussionspartner ein relativ gleich bleibendes Muster von Manipulationsversuchen. Wenn Sie also aus Erfahrung wissen, dass jemand immer auf die gleiche Art und Weise zu manipulieren versucht, können Sie bereits im Vorfeld eine passende Gegenstrategie planen und entwickeln.

Konkrete Techniken

Schlagen Sie
den Manipulator
mit seinen
eigenen Mitteln!
Mitunter ist es sinnvoll, den Manipulierenden mit seinen eigenen Mitteln zu schlagen, das heißt, zum Beispiel einen notorisch übertreibenden Diskussionspartner mit entsprechend ebenso übertriebenen Argumenten zu konfrontieren. Andererseits genügt es oft bereits, einen Manipulationsversuch beim Namen zu nennen. Häufig gelingt es Ihnen damit, den Manipulator vor der Gruppe zu diskreditieren und zumindest für diesen Moment zu punkten.

Auf den folgenden Seiten lernen Sie dazu die gängigsten Manipulationstechniken mitsamt Beispielen und Reaktionsmöglichkeiten kennen:

- Entweder-Oder-Illusion
- Künstliches Dilemma
- Fehlschluss der falschen Alternative
- Hinkender Vergleich oder Analogiefalle
- Manipulativer Pessimismus oder Schwarzfärberei
- Autoritäts-, Experten- und Präzisionsfalle
- Prinzip der sozialen Bewährtheit
- Knappheit
- Commitment und Konsistenz
- Emotionale Appelle
- Brunnenvergiftung, Evidenztaktik und Tabuisierung
- Strohmanntaktik
- Reziprozität
- Sympathie

Entweder-Oder-Illusion

Nur zwei
Alternativen
Die Entweder-Oder-Illusion ist ein häufig gebrauchtes Manipulationsinstrument, das sich einen scheinbaren Entweder-Oder-Zwang zunutze macht. Argumentationen werden so geführt, als gäbe es nur zwei Alternativen, was jedoch meist nicht stimmt. Diese Technik wird auch als Schwarz-Weiß-Malerei bezeichnet. Sie kann zum Beispiel so aussehen:

„Entweder wir schenken ihm die CD oder wir kaufen das teure Buch."

„Entweder du holst es dir morgen ab oder wir kommen am Wochenende vorbei."

„Wenn wir nicht Plan A realisieren, müssen wir Plan B umsetzen."

Der Manipulator stellt zwei Optionen gegenüber, von denen er weiß, dass eine für den Gesprächspartner inakzeptabel ist. Wenn dieser den Manipulationsversuch nicht durchschaut und nicht erkennt, dass es möglicherweise noch andere Alternativen gibt, reagiert er mit der Wahl des „geringeren Übels".

Wehren können Sie sich gegen solche plumpen, aber im Alltag erstaunlich oft auftretenden Manipulationsversuche, indem Sie die Absolution der beiden Optionen infrage stellen:

„Du tust ja so, als ob es nur diese beiden Alternativen gäbe. Welche Möglichkeiten haben wir denn noch?"

„Es tut mir Leid, aber ich bin mit deinen beiden Vorschlägen nicht einverstanden. Ich werde nach einer anderen Möglichkeit suchen."

Die Erwiderung, ob es nicht auch andere Alternativen gäbe, bringt den Manipulator in den Zugzwang einer Begründung. Antwortet der Manipulator mit einem schlichten „Nein", haken Sie automatisch mit der Frage „Warum nicht?" nach. Auf diese Weise machen Sie dem Manipulator über kurz oder lang deutlich, dass Sie nicht bereit sind, seinem Schwarz-Weiß-Denken zu folgen, sondern für Sie auch sinnvolle Grautöne existieren.

Künstliches Dilemma

Eine Steigerung der Schwarz-Weiß-Malerei liegt vor, wenn der Manipulator ein so genanntes „künstliches Dilemma" konstruiert. Dabei werden für alle oder für bestimmte Optionen inakzeptable Konsequenzen dargelegt. Das folgende Beispiel zeigt die Diskussion um die Verkehrsmittelwahl, um Ostern die Schwiegereltern zu besuchen:

Gibt es nur Lösungsalternativen mit inakzeptablen Konsequenzen?

„Wir können Ostern nach Köln mit dem Auto fahren, dann stehen wir mit Sicherheit im Stau. Für diese Strecke jedoch den Flieger zu nehmen, macht keinen Sinn, weil die Fahrt zum und vom Flughafen viel zu lange dauert. Entweder wir stehen ewig im Stau oder wir hängen für diese kurze Strecke im Flughafen-Prozedere."

Schnell wird klar, dass hier alle Alternativen schlecht geredet werden sollen, um jemanden von einem Vorhaben insgesamt abzubringen. Das Beispiel macht gleichzeitig aber auch die Schwäche einer solchen Manipulation deutlich:

■ Die Konsequenz des Staus ist zwar möglich, aber lange nicht sicher.

■ Es bestehen mehr Transportalternativen als Auto und Flugzeug, namentlich zum Beispiel die Bahn.

Auf andere Optionen hinweisen

Werden Sie auf diese Weise manipuliert, fragen Sie konkret nach, woher Ihr Gegenüber denn die Sicherheit nähme, dass genau die dargestellten Konsequenzen eintreten und keine anderen. Weisen Sie gleichzeitig darauf hin, dass möglicherweise weitere Optionen zur Auswahl stehen:

„Wieso bist du denn so sicher, dass wir im Stau stehen. Wenn du deine Überstunden abfeierstst, können wir auch schon einen Tag früher fahren."

„Nun ja, wir haben ja auch noch andere Alternativen, als du hier darstellst. Wie wär's, wenn wir dieses Jahr einfach einmal mit der Bahn fahren?!"

Je nach Situation und Verhältnis der Gesprächspartner können Sie Ihre Reaktion auf eine solche Manipulation auch verschärfen. Nennen Sie die Manipulationstechnik konkret beim Namen und fragen Sie freundlich, aber bestimmt, warum Ihr Diskussionspartner bewusst Alternativen ausklammert und mit nicht bewiesenen Annahmen über mögliche Konsequenzen die Diskussion zu manipulieren versucht:

„Felix, ich habe den Eindruck, dass du die Situation bewusst verzerrst und manipulierst. Erstens müssen wir nicht zwangsläufig in den Stau kommen, wenn wir rechtzeitig losfahren. Zweitens gibt es auch noch andere Transportmittel – wie wäre es mit der Bahn? Ich habe den Eindruck, dass du hier ein künstliches Dilemma aufbaust, weil du keine Lust hast, Ostern meine Eltern zu besuchen!"

Im Handumdrehen beginnt Ihr Gegenüber sich zu rechtfertigen und gelangt in eine Schwächeposition. Dies gibt Ihnen die Initiative in einer Verhandlung oder Diskussion wieder zurück in die Hand.

Fehlschluss der falschen Alternative
Ähnlich wie die Schwarz-Weiß-Malerei und das künstliche Dilemma funktioniert die Technik des Fehlschlusses der falschen Alternative. Auch hier wird suggeriert, es gäbe nur eine feste Anzahl von Optionen. Dabei wird negiert, dass nach weiterem Nachdenken oder weiterführender Analyse in der Regel eine Vielzahl weitere Möglichkeiten offen stehen.

Alle unerwünschten Alternativen als inakzeptabel hinstellen

Der Manipulator kombiniert mehrere Optionen, die alle – bis auf eine – inakzeptabel scheinen oder tatsächlich sind. Mit vermeintlich zwingender Logik ist daher die verbleibende Alternative zu wählen, in etwa so:

„Wir haben drei Möglichkeiten: Entweder wir stellen Herrn Schultze ein – der ist viel zu teuer. Oder wir nehmen diesen Herrn Grün – der kann jedoch erst zu Jahresbeginn anfangen. Oder wir nehmen wieder jemanden von dieser Zeitarbeitsfirma.“

Schwachpunkt einer solchen Argumentation ist nicht nur, dass es möglicherweise mehr Alternativen gibt als dargestellt. Entscheidend ist vor allen Dingen folgender Umstand: Nur dadurch, dass die anderen Optionen inakzeptabel sind, wird die verbleibende Alternative nicht gleichzeitig akzeptabel, gut und zielführend!

Werden Sie auf diese Weise manipuliert, weisen Sie auf genau diesen Schwachpunkt mit Nachdruck und Vehemenz hin:

„Herr Moritz, Sie versuchen, uns zu manipulieren. Nur weil Herr Schultze und Herr Grün aus heutiger Sicht keine optimalen Kandidaten sind, ist Ihre Empfehlung mit der Zeitarbeitsfirma nicht automatisch eine gute Lösung. Wir sind der Meinung, dass wir auch noch auf anderem Weg eine passende Person finden.“

Hinkender Vergleich oder Analogiefalle

Manipulation über angebliche Vergleichbarkeit von Situationen

Eine in den Händen eloquenter Manipulatoren geschickte Waffe sind hinkende Vergleiche. Diese Technik ist auch als Analogiefalle bekannt. Der Manipulator stellt dabei einen nicht oder nur beschränkt existierenden Zusammenhang zwischen zwei Situationen her, um eine bestimmte Entscheidung oder Maßnahme als richtig oder ungeeignet darzustellen, weil sie irgendwann mal auch richtig oder ungeeignet war. Beispiel:

„Beim letzten Nachfragerückgang von 10 Prozent haben wir die Werbeausgaben erhöht und damit den Umsatz wieder gesteigert. Entsprechend sollten wir auch dieses Mal wieder mehr Werbung machen."

„Schauen Sie, das ist wie beim Reiten. Wenn Ihnen die Kontrolle zu entgleiten scheint, müssen Sie die Zügel etwas straffer ziehen."

Der Trick dabei

Der Trick ist, dass der Manipulator einen Zusammenhang zu einer anderen Situation herstellt, bei der eine Aktion richtig war. Daran ist in der Regel nichts zu diskutieren oder zu zweifeln, weil das Ergebnis bereits vorliegt und nachweisbar ist. Gelingt es dem Manipulator, eine Situation mit einer neuen in einen glaubhaften Zusammenhang zu bringen, scheint es logisch, dass die Maßnahmen in beiden Situationen vergleichbar oder identisch sein sollten.

In der Hitze des Gefechts übersieht man jedoch leicht, dass der aufgebaute Zusammenhang bzw. die behauptete Ähnlichkeit der zwei Situationen tatsächlich gar nicht existent ist. Weisen Sie beharrlich darauf hin, wenn Sie auf diese Weise manipuliert werden:

„Herr Rimbach, ich glaube nicht, dass Sie unsere Situation mit einem durchgehenden oder ungehorsamen Pferd vergleichen können. Die Logik dieser Analogie mag auf den ersten Blick überzeugend sein, aber der Vergleich hinkt. Was wir in der vorliegenden Situation brauchen, ist vielmehr eine offene Fehlerkultur sowie mehr Einfühlungsvermögen – keine strafferen Zügel."

Darüber hinaus können Sie sich wehren, indem Sie dem Manipulator klarmachen, dass selbst bei ähnlichen Situationen nicht automatisch die gleichen Handlungsmuster Erfolg versprechen. Auch wenn die Logik uns scheinbar zu dieser Annahme verleitet, kann Ihnen der Manipulator das nicht beweisen – schon haben Sie ihn in die Rolle des sich Rechtfertigenden gedrängt, eine schwache Rolle.

Manipulativer Pessimismus oder Schwarzfärberei

Die Schwarzfärberei verzerrt eine Situation oder Argumentation, indem überzogene Gegenargumente oder Beschreibungen genutzt werden. Diese Technik ist nicht zu verwechseln mit der Schwarz-Weiß-Malerei, wo ein Manipulator unterstellt, es gäbe nur zwei Alternativen. Schwarzfärberei hingegen zielt mehr auf die emotionale Ebene: Wer sich von negativen oder positiven Übertreibungen beeindrucken lässt, kommt schnell von einer objektiven Analyse der Umstände ab. Stattdessen wird emotional „aus dem Bauch heraus" entschieden. Genau dazu will der Manipulator Sie verleiten!

Konsequenzen werden bewusst überzogen dargestellt

Gern greifen Manipulatoren zwar offiziell die Position ihres Diskussionsgegners auf, dichten ihr jedoch völlig überzogene, düstere Konsequenzen an. Das dargestellte Szenario steht dann erst einmal im Raum. Der Diskussionsgegner muss sich zunächst rechtfertigen und verteidigen. Also wird er aufzeigen, dass die angesprochenen Konsequenzen nicht oder nur mit geringer Wahrscheinlichkeit zu erwarten sind und überzogen dargestellt wurden. Diese Rechtfertigungs- und Verteidigungshaltung schwächt jedoch bereits seine Position. Dazu kommt, dass der Manipulator auf den Hinweis „nur mit geringer Wahrscheinlichkeit" direkt mit einem Konter reagiert:

Der Gegner wird in eine Rechtfertigungshaltung gedrängt

„Sehen Sie, Sie müssen aber eingestehen, dass es grundsätzlich dazu kommen könnte."

Die Schwarzfärberei versucht in diesem Sinne, den Gegner dadurch zu schwächen und von seiner Position abzubringen, dass mögliche Konsequenzen seines Vorschlags so drastisch und inakzeptabel scheinen, dass von dem Vorschlag abgesehen werden muss:

„Jemanden aus einer Zeitarbeitsfirma einzustellen, bringt doch wieder nichts als Ärger. Nachher erwischen wir wieder so einen Nichtsnutz, der, nachdem wir ihn eingearbeitet haben, ständig krank ist. Sie haben da bei der Personalauswahl ja nicht so ein glückliches Händchen,

*und eine solche Katastrophe wie beim letzten Mal möchte ich hier nicht
noch mal erleben ..."*

Sachlich auf Manipulationsversuche reagieren

Eine Reaktion auf diese Manipulation ist aus den dargestellten Gründen schwierig. Werden Sie auf eine solche Art von Ihrem Gesprächspartner konfrontiert, müssen Sie mit Taktgefühl und Geschick nach einer passenden Entgegnung suchen. Versuchen Sie in einer solchen Situation, Ihre Empörung über die famosen Unterstellungen zu unterdrücken. Die Diskussion oder Verhandlung darf nicht emotionalisiert werden. Erinnern Sie sich an den Grundsatz, die Sache von der Person zu trennen. Erliegen Sie nicht der Versuchung, den Manipulator in eingeschnappter und aggressiver Weise zu beschimpfen, seine Fachkenntnis, Gesprächshaltung oder Diskussionsart und -weise abzuwerten. Dies bringt Ihnen in der Regel mehr Minuspunkte als alles andere, weil Sie als „eingeschnappte Leberwurst" dastehen. Sie wirken bei einer solchen Reaktion schwach, weil Sie sich rechtfertigen und hilflos verbal um sich schlagen. Das Publikum oder der Diskussionspartner haben den Eindruck, dass an den Vorwürfen oder Darstellungen des Manipulators etwas dran sein müsste, wenn Sie derartig emotional reagieren. Verweisen Sie stattdessen auf die übertriebene Dramatisierung der Aussage Ihres Gesprächspartners. Rufen Sie zu Sachlichkeit auf und wiederholen Sie Ihre Argumente, in etwa so:

„Herr Rimbach, ich finde Sie übertreiben. Der letzte Mann von der Zeitarbeitsfirma war zugegebenermaßen ein Reinfall. Das aber jetzt derart zu verallgemeinern, halte ich für Schwarzfärberei. Ich sage noch einmal: Der angebotene Mitarbeiter ist für die Stelle aufgrund seiner Berufserfahrung und Branchenkenntnis optimal für den Job qualifiziert. Zudem sind die Konditionen weiterhin sehr günstig. Ich bitte Sie deshalb, die Unterlagen zu prüfen und dann zu entscheiden."

Rutschbahntaktik als verschärfte Schwarzmalerei

Einige Manipulatoren steigern die Schwarzfärberei hin zur so genannten Rutschbahntaktik. Hier wird, von einem Vorschlag ausgehend, nicht nur eine unerwünschte Konsequenz unterstellt, sondern eine ganze Reihe von unerwünschten Folgen dargestellt. Die durchschlagende Wirkung basiert auf einer völlig übertrieben dramatisierten Ursache-Wirkungs-Kette. Dazu ein Beispiel:

„Wenn du das Auto auf Kredit kaufst und arbeitslos wirst, kannst du die Rate nicht mehr bezahlen. Dann verkauft die Bank dein Auto und du hast hohe Restschulden. Ohne Auto findest du schlechter einen Arbeitsplatz. Dann kommst du in einen Schuldenteufelskreislauf, man pfändet deine Wohnung und du sitzt auf der Straße.“

Das Beispiel verdeutlicht, wie hier versucht wird, durch die Konstruktion einer negativen Ursache-Wirkungskette den Gesprächspartner vom Kauf eines Autos auf Ratenzahlung abzubringen. Obwohl die dargestellten Konsequenzen zum Teil möglich und denkbar sind, wird an dieser Stelle doch übertrieben dramatisiert und in diesem Sinne manipuliert.

Die Abwehr einer solchen Motivation erfolgt durch konkretisierendes Fragen. Es ist zu bezweifeln, ob die dargestellten Konsequenzen tatsächlich eintreffen. Ebenso ist sachlich zu hinterfragen, mit welcher Wahrscheinlichkeit mit dem Eintreffen bzw. dem Zusammenhang einzelner Auswirkungen zu rechnen ist.

Stellen sie die negative Ursache-Wirkungskette infrage!

„Maria, ich finde, du übertreibst. Was du dort darstellst, ist sicherlich möglich, aber eine Aneinanderreihung von Worst-case-Szenarien. Ob alle diese Folgen und Zusammenhänge tatsächlich eintreten, halte ich für sehr fraglich. Abgesehen davon ist mein Job bei der Stadtverwaltung überdurchschnittlich sicher. Ich finde, du dramatisierst das Ganze.“

Autoritäts-, Experten- und Präzisionsfalle

Die meisten Menschen sind auf zwei Weisen sehr einfach zu manipulieren: Erstens fördert die „Expertenhörigkeit" eine hohe Glaubwürdigkeit beliebiger Aussagen und Argumente, wenn sie durch einen anscheinenden „Experten" vorgetragen werden. Zweitens unterliegen die meisten Menschen dem scheinbar blinden Glauben an absolute Zahlen oder Prozentangaben. Besonders gute Manipulatoren verbinden beide Aspekte wirkungsvoll miteinander. Beispiele:

Expertenhörigkeit und Zahlenglauben machen manipulierbar

„Es gilt doch als sicher, dass 80 Prozent des Lagerschwunds von den ausländischen Billigarbeitern verursacht werden.“

„Die Kosten für die Arbeitsplatzgestaltung eines durchschnittlichen Programmierers umfassen 6 bis 16 Prozent seiner Gesamtpersonalkosten."

„Es gibt eine Vielzahl von Expertenstudien, die darauf hinweisen, dass durch Einsatz dieser Technik die Schadstoffbelastung um mindestens 3 Prozent gesenkt werden könnte."

Grundsätzlich ist bei einer solchen Manipulation zu unterscheiden, ob der Manipulator sich selbst als Experten profiliert oder nur andere Experten zitiert. Insbesondere im ersten Fall ist es eine Frage der Autorität des Manipulators, ob die Gesprächspartner direkt nach Belegen für die jeweilige Behauptung fragen. Hat der Manipulator eine angesehene Stellung inne und genießt besonderen Respekt, ist er mit seiner Manipulation oft sehr erfolgreich, weil sich keiner ihm entgegenzustellen traut. Seine Autorität führt dazu, dass nicht er selbst im Zugzwang der Rechtfertigung und des Beweises steht. Stattdessen gelten seine Aussagen als richtig, so lange nicht das Gegenteil bewiesen wurde.

Das Infragestellen einer Expertenaussage stellt gleichzeitig den Experten infrage

Angesichts einer gesetzten Autorität wagen es zum Beispiel viele Mitarbeiter nicht, eine Behauptung infrage zu stellen. Sie befürchten zu Recht, damit auch die entsprechende Person in ihrer Autorität infrage zu stellen, wenn sie Zweifel an deren Aussagen artikulieren. Diesen Zwiespalt machen sich Manipulatoren zunutze. Einem Gegeneinwurf „Wer sagt das?", antwortet der Manipulator selbstbewusst mit „Ich". Wer dann weiter zweifelt, stellt ganz offensiv die Autorität des Gegenübers infrage. Die propagierte Trennung zwischen Person und Sache fällt in diesen Situationen schwer.

Handelt es sich in einer konkreten Runde um eine knallharte Verhandlung, bei der es ausschließlich um die Sache geht, lässt man es in der Regel bei einer fragwürdigen Aussage eines Experten oder einer Autorität nicht bewenden. Gerade aber im beruflichen Alltag, wo es um soziale Faktoren und ein langfristig kooperatives Zusammenarbeiten geht, lässt sich mithilfe der Autoritätsfalle ein subtiles Überzeugungswerkzeug nutzen.

Auf der anderen Seite verhilft die typische Expertenfalle ebenso dazu, Menschen zum Beispiel im Rahmen von Werbung, in Diskussionen und Talkshows manipulativ zu überzeugen. Die „Zahnarztfrau" in der Fernsehwerbung für Dentalprodukte wie Zahnpasta, Zahnbürsten, Mundwasser oder Zahnseide ist das typische Beispiel dafür: Die Mehrzahl der Zuschauer ist unbewusst dazu geneigt, der „Zahnarztfrau" eher zu glauben, dass ein bestimmtes Produkt gut ist, als wenn eine „neutrale" Person den gleichen Text sprechen würde. Dass es sich bei der „Zahnarztfrau" jedoch mit hoher Wahrscheinlichkeit nur um eine normale Schauspielerin handelt und wir uns durch die Autoritätswirkung des „weißen Kittels" ihres Mannes unbewusst psychologisch beeinflussen lassen, wird uns erst bewusst, wenn man uns dafür sensibilisiert.

Expertenfalle in der Werbung

Denken Sie weiter über diese subtile Manipulation nach, wird sogar klar, dass die Frau eines Zahnarztes nicht automatisch dazu geeignet ist, Ratschläge für die Wahl von Dentalprodukten zu geben. Denn Zahnarztfrau heißt nicht „Frau Doktor", ebenso wie „Frau Doktor" nicht zwingend bedeutet, dass die Dame selbst Medizinerin ist, sondern möglicherweise nur mit einem Doktor verheiratet. Alles in allem ist die vermeintliche Expertin kaum mehr als ein manipulativer Trugschluss. Trotzdem strahlt die „Zahnarztfrau" insgesamt eine höhere Autorität und Glaubwürdigkeit für die Werbung aus. Besser kann Manipulation nicht wirken. Seien Sie also vorsichtig bei vermeintlichen Experten, Autoritäten oder nicht belegten Zahlen in Argumentationen!

Prinzip der sozialen Bewährtheit

Viele Überzeugungsstrategen nutzen in ihren Argumentationen, Verhandlungen und Streitgesprächen das Prinzip der sozialen Bewährtheit, um Gesprächspartner von etwas zu überzeugen. Typische Beispiele dafür sind etwa Anzeigen im Format „20 Millionen Kunden können nicht irren" oder „Von Hausfrauen auf der ganzen Welt empfohlen". Hier wird suggeriert, dass die Menge der Fürsprecher sozusagen für die Qualität und Richtigkeit einer Sache bürgt. Das ist aber ganz und gar nicht automatisch der Fall. Da es schwer ist, sich als Einzelner oder Minderheit gegen eine echte oder vermeintliche Mehrheit zu stellen, hat das Prinzip in der Praxis so viel Manipulations- und Überzeugungsmacht. Es erfordert sehr viel

Die Menge der Fürsprecher als Garant für Richtigkeit und Qualität

Reife und Selbstbewusstsein, um sich aktiv gegen eine scheinbar oder tatsächlich vorherrschende Meinung zu stellen.

Soziale Bewährtheit wirkt besonders bei einer ungreifbaren Masse von Menschen. Beispiele dafür finden sich in vielen Werbeaussagen:

„Die Mehrheit der Bundesbürger"
„20 Millionen Kunden"
„Hausfrauen schwören darauf"

Verallgemeinerung und Verstärkung der sozialen Bewährtheit durch das Wort „man"

Der aus sozialer Bewährtheit resultierende Druck kann jedoch direkt greifbar und konkret sein. Nehmen Sie das Beispiel, dass alle Omas und Mütter in einer Familie eine Speise auf eine bestimmte Art zubereiten und die Tochter es anders macht oder machen will. Unabhängig davon, ob beide Arten funktionieren, neigen die Älteren zum Einsatz „sozialer Bewährtheit" und argumentieren, „das mache man so nicht" oder „das müsse man auf folgende Art und Weise machen". Das unbestimmte Wort „man" wird hier als Druckmittel der allgemeinen, breiten Masse genutzt – so funktioniert das Überzeugungs- und Manipulationsmittel „soziale Bewährtheit" auch zu Hause.

Knappheit

Knappheit baut Entscheidungsdruck auf

Eine weitere Manipulationstechnik nutzt das Konzept der Knappheit. Diese Technik wird insbesondere als Überzeugungswaffe im Verkauf von Gütern eingesetzt. Die Manipulation erfolgt dann, wenn Knappheit entweder als suggerierter Mangel oder als tatsächliche, aber künstliche Verknappung eingesetzt wird. In jedem Fall reagiert der durchschnittliche Konsument auf Verknappung mit hoher Aufmerksamkeit und neigt zur „Kurzschlussreaktion". Wenn etwas knapp ist, kaufen es vermutlich sehr viele Leute. Und wenn es viele Leute kaufen, ist es wohl gut. Die durchschnittliche Reaktion auf diese Erkenntnis ist der Wunsch, das jeweilige Gut auch schnellstmöglich zu erwerben, bevor es noch knapper wird und möglicherweise nicht mehr erhältlich ist.

Da Knappheit innerhalb von Marktwirtschaften in der Regel gleichzeitig einen Preisanstieg auslöst, kommt zu dieser Reaktion das typische „Teuer ist gleich gut"-Muster hinzu. Die Begründung für diese Wahrnehmung deckt sich mit der oben dargestellten Denkweise, dass viele Käufer für ein gutes Produkt sprechen und gleichzeitig den Preis nach oben treiben, wenn das Gut nicht unbegrenzt vorhanden ist. Dazu kommt die Erfahrung vieler Menschen, dass teurere Produkte im Durchschnitt tatsächlich oft besser sind als billigere Pendants.

Selbst wenn Sie nicht den Preis als Betrachtungsdimension nehmen, sondern den wahrgenommenen Wert, funktioniert das Muster ebenso: Dinge, die knapp sind, „die nicht jeder hat oder haben kann", steigen unweigerlich im psychologischen Wert und damit der Wertwahrnehmung und Wertschätzung. Ohne dass sich am Grundnutzen eines Gegenstands oder einer Vereinbarung etwas geändert hat, ist jemand plötzlich viel eher zu einem Kauf oder einer Zustimmung zu einem Vertrag bereit.

Preis versus subjektiver Wert

Knappheit kann in jeder Form als wirksames Überzeugungs- und Manipulationsmittel eingesetzt werden, weil es Aktionszwang auslöst. Wenn etwas knapp ist, müssen Sie schnell entscheiden. Ein Manipulator nutzt diesen Zwang und Zeitdruck dazu, vorschnelle Entschlüsse bzw. Spontankäufe auszulösen.

Commitment und Konsistenz

Commitment und Konsistenz sind nach dem amerikanischen Psychologieprofessor Robert B. Cialdini ein weiteres typisches Verhaltensmuster, das gezielt zur Manipulation und Überzeugung von Menschen ausgenutzt wird. Grundlage dieser Behauptung ist die Beobachtung, dass die meisten Menschen versuchen, in ihrem Verhalten konsistent zu sein. Konsistenz bedeutet in diesem Zusammenhang, dass Menschen verlässlich, im positiven Sinne berechenbar, vertrauenswürdig, stabil, ausgeglichen sind – oder zumindest scheinen. Der Wunsch nach einem konsistenten Außeneindruck resultiert aus der Beobachtung, dass gerade erfolgreiche und angesehene Menschen genau diese Eigenschaften aufweisen. Viele Menschen adaptieren daher dieses Verhalten und diese Eigenschaften in der Annahme oder der Hoffnung, dadurch ebenso erfolgreich zu werden.

Konsistenz als Persönlichkeitsmerkmal

Eigenschaften erfolgreicher Menschen sind nicht unbedingt Ursachen von Erfolg

Tatsächlich ist konsistentes Verhalten meist förderlich für den Erfolg und die Anerkennung einer Person. Es darf jedoch nicht vergessen werden, dass das Nachahmen der Eigenschaften und Begleitmerkmale des Erfolgs nicht automatisch zum Erfolg führt. Die Beobachtung bzw. der Zusammenhang funktioniert nur in eine Richtung: Erfolgreiche Menschen sind in aller Regel verlässlich, stabil, zielbewusst etc. – andersherum sind verlässliche, stabile und zielbewusste Menschen nicht zwingend erfolgreich. Dies dürfen Sie bei allen Anstrengungen, Ihre Kompetenz, Ihr Methodenwissen und Auftreten zu optimieren, in keiner Situation vergessen!

Wichtig für die Auseinandersetzung mit Manipulation ist an dieser Stelle die Erkenntnis, dass Menschen in der Regel versuchen, halbwegs stabilen Verhaltensmustern zu folgen. In der Mehrzahl der Fälle kann unterstellt werden, dass Leute versuchen, sich in der Zukunft entsprechend früher gemachter Aussagen zu verhalten. Ein typisches Beispiel sind einmal gefasste Meinungen: Wer einmal öffentlich geäußert hat, mit einem bestimmten Menschen nicht klarzukommen, tut sich in der Regel schwer, seine Meinung zumindest offiziell zu ändern.

Was ist Commitment?

Wer im Freundes- oder Familienkreis einmal persönliche Pläne geäußert hat, wird diese Pläne weniger schnell aufgeben, als wenn er sich zu diesen Plänen noch nicht offiziell geäußert hätte. Die öffentliche Äußerung, das Bekenntnis zu einer Person oder Aktivität, wird auch im deutschsprachigen Raum immer häufiger als „Commitment" bezeichnet.

Manipulatoren machen sich den engen Zusammenhang zwischen Commitment und Konsistenz zunutze. Sie nutzen das Bestreben ihrer Mitmenschen, sich konsistent zu früheren Äußerungen und Handlungsweisen zu verhalten. Der Trick: Durch geschickte Rhetorik, Verhandlungs- und Überzeugungskünste wird jemand dazu gebracht, ein Commitment für eine Sache zu äußern. Ist dieses Commitment „errungen", hat der Manipulator halb gewonnen. Er kann das Konsistenzbestreben seines Gegenübers gezielt für sich arbeiten lassen.

Ein Commitment wirkt dabei umso effektiver, je mehr Leuten gegenüber es abgegeben wurde. Ein offizielles Bekenntnis, zum Beispiel, ein bestimmtes Projekt für gut und förderungswürdig zu erachten, macht es dem Äußernden schwer, später seine Beteiligung oder materielle Unterstützung abzulehnen.

Die Kraft öffentlicher Commitments

Viele Haustürverkäufer und insbesondere Spendensammler nutzen diese Technik – manchmal unbewusst, manchmal schamlos bewusst. Sie versuchen, dem Angesprochenen zuerst ein Commitment zum Beispiel folgender Formen abzuringen:

„Sie mögen doch auch Tiere, oder?"
„Halten Sie Umweltschutz für eine individuelle Aufgabe jedes Einzelnen?"
„Bitte unterschreiben Sie hier, wenn Sie auch gegen Tierversuche sind."
„Bemühen Sie sich um kulturelle Bildung, das heißt, gehen Sie öfter mal ins Theater oder die Oper?"
„Lesen Sie Belletristik oder Fachbücher?"

Die Beispiele lassen erahnen, wie ein so angefangenes Gespräch vermutlich weitergeführt wird: Einmal zugegeben, dass Sie ein Herz für Tiere haben, werden Sie den Tierschützer nicht mit zwei Worten wieder los. Wer äußert schon, Tiere zu mögen, um dann hartherzig Informationen zum Tierschutz mit „kein Interesse" abzuwiegeln. Sind Sie aber erst einmal in ein unverbindliches Informationsgespräch über Tierschutzmaßnahmen des jeweiligen Vereins verwickelt, erhöht sich Ihr bereits geleistetes Commitment. Schließlich haben Sie nicht nur geäußert, Tiere zu mögen, sondern Sie informieren sich sogar aktiv oder lassen sich zumindest darüber informieren. Wenn nun um eine kleine Spende oder eine Unterschrift gegen Tierversuche gebeten wird, fühlt man sich in der Zwickmühle. Jetzt das Gespräch mit „kein Interesse" oder einem ähnlichen Gesprächskiller abzubrechen, widerspräche dem bisherigen, freundlichen und aufgeschlossenen Verhalten. So möchten die meisten Menschen in der Öffentlichkeit nicht dastehen. Es würde komisch wirken, wenn jemand sich aufgeschlossen beraten und informieren lässt, um sich dann, wenn es um konkrete Aktionen und Hilfsmaßnahmen geht, mit gesenktem Haupt aus der Situation herauszukomplimentieren.

Commitment steigert sich mit jedem konsistenten Verhalten

Sich überredet zu fühlen, ist ein sicheres Indiz für Manipulation

Auf der anderen Seite hatten Sie vermutlich nie die Absicht gehabt, für den jeweiligen Verein zu spenden, Mitglied zu werden oder eine Zeitschrift zu abonnieren. Die Erfolgswahrscheinlichkeit, Sie für eben eine solche Aktion zu motivieren, ist dennoch und gegen Ihren Willen gestiegen. Sie wurden manipuliert!

Ebenso geschickt lassen sich Commitment und Konsistenz, gepaart mit sozialen Zwängen, im Rahmen der anderen, oben genannten Beispiele nutzen. Wenn Sie bejaht haben, Umweltschutz für eine individuelle Aufgabe zu halten, wird man Sie direkt mit Ihrem eigenen Commitment konfrontieren:

„Was tun Sie persönlich dann dafür?"

Möglicherweise werden Sie nun etwas stockend nach Worten ringen, um ein Beispiel zu finden, das Ihr Umweltbewusstsein durch praktisches Verhalten belegt. Ein geschickter Manipulator wird Ihnen dennoch belegen, dass Ihre jeweilige Handlung und Ihr Verhalten bei weitem nicht reichen. Um Ihnen jedoch auf den richtigen Pfad zu helfen, wird er Ihnen eine passende Lösung präsentieren, zum Beispiel eine Mitgliedschaft, den Kauf eines Produktes mit Spendenanteil oder etwas Ähnliches.

Möglicherweise können Sie auch gar keine individuelle praktische Betätigung für den Umweltschutz nennen, obwohl Sie diesen als Aufgabe jedes Einzelnen anerkannt haben. Nun wird man Ihnen ebenso schonungslos die Diskrepanz zwischen Ihren öffentlichen Aussagen und Ihrem tatsächlichen Verhalten vorführen. – Möglicherweise sind Sie am Ende froh, aus dem Gespräch zu kommen und lediglich Ihren Namen und Ihre Anschrift hinterlassen zu haben, um einen Mitgliedsantrag und regelmäßige Informationen zugeschickt zu bekommen. Alles in allem sehen Sie sich jedoch mit dem Ergebnis einer Manipulation konfrontiert, denn vermutlich wollten Sie Ihre Adresse nie in der Fußgängerpassage an Leute geben, die für irgendwelche Vereine werben.

Commitment zu sozial bewährtem Verhalten

Am wirkungsvollsten ist diese Art der Manipulation, wenn man Ihnen ein Commitment zu sozial bewährtem Verhalten abringt. Wer übertreibt nicht gelegentlich auf eine harmlos wirkende Frage, ob man denn lese oder kulturelle Veranstaltungen besuche? Wird die Frage auch noch subtil unterstellend geäußert – „Sie finden Bildung doch auch wichtig, oder?" – tappen noch mehr Leute in die Falle einer beginnenden Manipulation.

Kaum jemand wird sich öffentlich gegen Bildung äußern, insbesondere bei harmlos wirkenden Fragestellungen. Eine solche Entgegnung würde vermutlich in einem Streitgespräch münden, weil man ja Position gegen sozial bewährte Standpunkte bezieht. Da sie die ungebetenen Gesprächspartner in der Fußgängerzone jedoch meist schnell wieder loswerden möchten, lassen sich die meisten Leute bei Fragen dieser Art eher zu einer oberflächlichen Flunkerei hinreißen, die im Folgenden jedoch verhängnisvoll werden kann. Um sich entsprechend seiner Äußerung konsistent zu verhalten, werden Sie möglicherweise in Dinge einwilligen, die Sie eigentlich gar nicht wollen oder wollten.

Emotionale Appelle

Ein vielseitiges und wirkungsvolles Manipulationsinstrument ist das Appellieren an Gefühle. Fast jeder Mensch ist für bestimmte Gefühle besonders empfänglich – und damit besonders beeinflussbar, wenn der Manipulator diese Gefühle erkennt. Typische Emotionen sind dabei das Gefühl der Solidarität, der Fairness, des Mitleids, des Verständnisses, der Maßhaltung und der Angst. Häufig versuchen Manipulatoren zum Beispiel, Widerwillige durch Herstellung eines Wir-Gefühls zu beeinflussen. Dazu werden Gemeinsamkeiten gesucht und betont. Beispiele für appellierende Formulierungen sind:

An traditionelle Gefühle appellieren

„Wir sitzen doch alle im selben Boot ..."
„In dieser Situation müssen wir zusammenhalten und gemeinsam eine Lösung entwickeln."
„Wenn wir Erfolg haben wollen, müssen wir gemeinsam hinter der Lösung stehen."
„Sie und ich, wir haben doch dasselbe Problem."
„Da geht es mir genau wie Ihnen."
„Oh je, das kann ich voll nachvollziehen. Wir sollten ..."
„Das Team ist mehrheitlich der Meinung, dass ..."

Ein tatsächliches oder suggeriertes Wir-Gefühl ermöglicht geschickte Manipulation

Gerade der letzte Beispielsatz zeigt, dass durch das Appellieren an das Wir-Gefühl auch sozialer Druck aufgebaut werden kann. Wer widersetzt sich schon gern der Teammehrheit? Unbeachtet bleibt dabei oft, dass auch die Mehrheit irren kann. Das Einverständnis oder Fürsprechen einer großen Anzahl Menschen ist kein Garant für die Richtigkeit und Sinnhaftigkeit einer bestimmten Sache.

Das Prinzip des sozialen Drucks lässt sich auch an anderen Beispielen illustrieren: Vermutlich können auch Sie sich schwerer einer Bitte oder Argumentation entziehen, wenn dabei an Ihr Gefühl für Fairness, Gerechtigkeit oder Ihre Kompromissbereitschaft appelliert wird. Ganz im Sinne der obigen Darstellungen zu Commitment und Konsistenz bemühen sich die meisten Menschen darum, in der Öffentlichkeit nicht als unfair, ungerecht, verständnislos oder stur dazustehen. Stattdessen ist es sozial angemessen, sich genau gegenteilig zu verhalten. Darauf setzt der Manipulator und hat in der Regel Erfolg. Seien Sie also wachsam, wenn in einem Gespräch Ihre Gefühle in diese Richtung aktiviert werden sollen. Die folgenden Beispielsätze sensibilisieren dafür zusätzlich:

„Im Interesse aller sollten auch Sie an dieser Stelle Zugeständnisse machen."
„Sie geben doch sicher zu, dass dies derzeit ungerecht und unangemessen ist."
„Wir alle profitieren von einem fairen Umgang miteinander. Auch Sie sollten in diesem Sinne …"

Manipulation durch das Spiel mit der Angst

Ein von Manipulatoren häufig genutztes Gefühl ist Angst. Man appelliert an Ihre Angst, Ihre Furcht, an Unsicherheit und mögliche negative Konsequenzen. Gerade, wenn der Manipulator weiß, dass Sie für ein bestimmtes Angstgefühl empfänglich sind, hat er auf diese Weise gute Chancen, Sie zu beeinflussen. Dabei kann sowohl befürwortend für eine Sache argumentiert werden als auch durch Ausmalung schlimmster Konsequenzen von einer Sache vehement und wirkungsvoll abgeraten werden. Beispiele:

„Im schlimmsten Fall würden Sie nicht nur degradiert, sondern gleich entlassen werden."

„Wenn Sie dem zustimmen, werden wir in Kürze ein heilloses Chaos in der Abteilung haben, für das Sie verantwortlich sind."
„Andrea hat erzählt, der Film wäre gruselig. Wir sollten deshalb den Liebesfilm schauen, weil du dich doch so vor Gruselfilmen fürchtest."

Um sich gegen manipulative emotionale Appelle zu schützen, sollten Sie sich Ihrer Gefühle jederzeit bewusst sein. Ihre viel beschworene „Emotionale Intelligenz" ist gefragt. Achten Sie darauf, wann und warum Sie erregt, verärgert oder spontan begeistert sind. Reflektieren Sie regelmäßig, inwieweit Sie in einem sachorientierten Gespräch wie einer Verhandlung plötzlich emotionalisiert und aufgewühlt sind. Orientieren Sie sich wie gehabt an einer konsequenten Trennung von Sache und Person. So erschweren Sie jedem Manipulator das Spiel mit Ihren Gefühlen.

Seine Gefühle zu kennen bewahrt davor, emotional manipuliert zu werden

Brunnenvergiftung, Evidenztaktik und Tabuisierung
Aktive Manipulation betreiben auch Diskussionspartner, die im Laufe einer Diskussion bereits Standpunkte widerlegen, die noch gar nicht bezogen wurden. Diese so genannte Taktik der Brunnenvergiftung wird gern in Talkshows und politischen Streitgesprächen verwendet. Der Manipulator „vergiftet" dabei bereits im Vorfeld bestimmte Argumente und Positionen, indem er sie einfach und dreist als „Schwachsinn", „Quatsch" oder Ähnliches darstellt und tabuisiert. Beispiele:

Argumente und Standpunkte „vergiften", bevor sie überhaupt genannt wurden

„Kein vernünftiger Mensch wird doch bei der aktuellen Umweltverschmutzung und Haushaltslage ernsthaft die Senkung der Mineralölsteuer fordern."
„Wer sorgfältig die Fakten recherchiert hat, wird folgende Punkte bereits von vornherein als inakzeptabel und nicht durchführbar verworfen haben …"

Die Brunnenvergiftung kann dabei nicht nur in der Form erfolgen, dass konkrete Argumente im Vorfeld entwertet und schlecht gemacht werden. Es lässt sich auch eine komplette Argumentationsrichtung oder -herkunft diskreditieren. So kann ein Manipulator bestimmte Argumentationen als nicht objektiv, da von bestimmten, einseitigen Interessen getrieben, darstellen, bevor sie überhaupt geäußert wurden.

Wer andere als subjektiv kritisiert, erweckt den Eindruck, selbst objektiver zu sein

Wem es gelingt, andere Positionen als unglaubwürdig und subjektiv zu diffamieren, der schafft es auf geradezu erstaunliche Weise, seine Person und Argumentation als objektiv oder zumindest „objektiver" zu präsentieren. Ein gängiges Beispiel: Wem es in gesellschaftspolitischen und wirtschaftlichen Diskussionen gelingt, bestimmte Argumentationen als „typisch Gewerkschaft" oder „typisch Unternehmervertretung" abzuwerten, hat gute Chancen, mit einer Argumentation auf einem scheinbaren Mittelweg als objektiv dazustehen. Bemerkenswert ist dabei Folgendes: Der Hinweis auf die mangelnde Objektivität der anderen Parteien oder Schwachpunkte in deren Argumentation lässt noch lange keinen Rückschluss auf die Richtigkeit und Glaubwürdigkeit des eigenen Standpunktes zu. Trotzdem scheint nach der Vergiftung der gegnerischen Positionen nun der eigene Standpunkt in einem viel positiveren Licht. Hier spielt vor allen Dingen die Neigung der meisten Menschen zu relativer und vergleichender Bewertung von Dingen eine Rolle: Wenn bei drei Optionen zwei als schlecht dargestellt wurden, erscheint die Dritte als gut, selbst wenn sie objektiv nur minimal besser oder insgesamt trotzdem keine gute Lösung ist.

„Angriff ist die beste Verteidigung."

Die Brunnenvergiftung ist somit eine sehr subtile Technik, die Positionen seiner Diskussionspartner zu untergraben, bevor sie überhaupt bezogen wurden. Fühlen Sie sich selbst mit einer solchen Situation konfrontiert, hilft nur das Selbstbewusstsein, seine Position dennoch zu vertreten und auf die Manipulation an sich hinzuweisen. Das kann in etwa so aussehen:

„Herr Moritz, ich finde es schön, dass Sie hier bereits Argumente im Vorfeld kritisieren, die weder ich noch Herr Rimbach vorgetragen haben. Es scheint mir, Sie hätten Angst, dass diese sehr wohl berechtigten Argumente in die Diskussion eingebracht werden. – Und ja, auch wenn Sie mich damit als Schwachkopf darstellen wollen, genau das halte ich für richtig, dass wir die Mittel von der Bibliothek auf das Forschungslabor umlagern. Dafür spricht vor allem ..."

Kritik als Versuch der Ablenkung von eigenen Fehlern

Häufig wird die Technik der Brunnenvergiftung insbesondere verwendet, wenn die eigene Position alles andere als standfest ist. Schwache Argumentationsketten, nicht vollständig oder glaubwürdig belegbare Argumente, sachliche Fehler oder noch ungeklärte Aspekte sollen durch Schwächung des Gegners überdeckt werden – im Sinne des Grundsatzes „Angriff ist die beste Verteidigung".

Suchen Sie aktiv den Schwachpunkt des Manipulators bzw. seiner Darstellungen. Versucht Ihr Streitpartner, durch sein aggressives Vorgehen und Entschärfen möglicher Gegenpositionen von der Schwäche seiner eigenen Argumentation abzulenken? Wenn ja, wo liegt diese Schwäche? – Selbst wenn Sie den Schwachpunkt noch nicht identifizieren können, ist ein entsprechender Konter häufig schon wirkungsvoll:

Gegnerische Schwachpunkte identifizieren

„Wovon wollen Sie ablenken, wenn Sie so aggressiv auf noch gar nicht bezogenen Standpunkten und Argumenten herumreiten? Machen Sie lieber glaubhaft, warum Ihre Darstellung die tatsächlichen Umstände widerspiegelt!"
„Möchten Sie durch Ihre haltlosen Vorwürfe von Ihren eigenen Argumenten ablenken?"

Eine solche Entgegnung macht so manchen Manipulator für einen Moment sprachlos. Während er nach einer Rechtfertigung oder passenden Entgegnung sucht, können Sie bereits verbal nachlegen. Möglicherweise entgleitet dem Manipulator sein Argumentationsfaden, und Sie haben ihn aus dem Konzept gebracht. Das ist Ihre Chance, ein durch Manipulation getriebenes Gespräch wieder in Ihnen zuträgliche und sachliche Bahnen zu bringen. Fahren Sie mit Ihrer eigenen Argumentation fort. Seien Sie aber auch darauf gefasst, von einem schlagfertigen Manipulator eine knackige Entgegnung zu bekommen und diesen dann fortfahren zu sehen. Ein Konter vom Format „Nein, gehen Sie üblicherweise so vor?", darf Sie in dieser Situation nicht aus dem Konzept bringen. Andernfalls hätte der Manipulator doppelt gepunktet.

Eine Spielart der Brunnenvergiftung ist die Evidenztaktik. Hier stellt der Manipulator im Vorfeld bestimmte Aussagen und Argumente als völlig klar, richtig und selbstverständlich dar. Auch hier kann durch geschickte Formulierungen sozialer Druck aufgebaut werden, um der Gegenpartei das Beziehen gegensätzlicher Positionen zu erschweren. Die folgenden Beispiele illustrieren, wie

Evidenztaktik als Spielart der Brunnenvergiftung

versucht wird, etwas als evident und absolut klar und unanfechtbar darzustellen:

„Meine Damen und Herren, jedes kleine Kind weiß doch, dass ...“
„Es dürfte ja wohl jedem der hier Anwesenden klar sein, dass ...“
„Ohne Frage ist der von den Beratern vorgeschlagene Weg die einzige gangbare Lösung unter den aktuellen Rahmenbedingungen.“

Tabuisierungs-taktik Eine weitere Spielart ist die Tabuisierungstaktik. Hier wird von einer Autorität bereits im Vorfeld eine bestimmte Fragestellung oder Option als „inakzeptabel“ oder „indiskutabel“ abgestempelt. Der Manipulator baut dabei auf seine Autorität, dass seine Beurteilung eines Arguments oder Vorschlags als „indiskutabel“ von anderen nicht angegriffen wird, da dies auch ein Angriff auf seine Autorität wäre, zum Beispiel als Abteilungsleiter. Ein solches Vorgehen lässt sich jedoch auch auf privater Ebene beobachten, etwa bei überforderten und gestressten Eltern:

„Nein, Maria, darüber diskutiere ich nicht mit dir.“ – Wieso denn nicht?“ – „Weil ich es sage.“

„Wir sind heute zusammengekommen, um Lösungsmöglichkeiten für die Probleme mit der Systemverfügbarkeit zu eruieren. Folgende Optionen wurden bereits im Vorfeld diskutiert ... Damit das bereits vorher klar ist: Die Vorschläge 3 und 4 sind für mich völlig inakzeptabel. Darüber werde ich mit Ihnen nicht diskutieren.“

Schnell wird ersichtlich, dass die Brunnenvergiftung, Evidenztaktik und Tabuisierung alle drei prinzipiell gleich wirken: Wer eine der im Voraus diffamierten Positionen bezieht oder bereits als evident dargestellte Aspekte infrage stellt, steht plötzlich „als kleines Kind“, „unvernünftig“ oder als jemand da, der nicht „sorgfältig recherchiert hat“.

Eine „vergiftete“ Position beziehen Der Bezug einer solchen vergifteten Position ist unangenehm und erfordert entsprechend viel Selbstbewusstsein. Sich gegen eine solche Manipulation zu wehren, ist vor allem dann schwer, wenn die „Brunnenvergiftung“ noch mit der Autoritäts- oder Expertentaktik kombiniert wurde. Ein von einer Autorität vergifteter Brunnen oder ein von einem Experten als „völlig klar" dargestellter Zusammenhang ist in der Gruppeninteraktion umso schwieriger infrage zu stellen. Hier bleibt Ihnen nur, mit Taktgefühl zu reagieren und abzuschätzen, inwieweit Sie sich einen Angriff auf die Autorität in der vorliegenden Situation leisten können. Hilfreich ist dabei vor allem der vorweg angebrachte Hinweis, mit der eigenen Aussage ganz klar Sache und Person trennen zu wollen, und vor allen Dingen Ich-Botschaften zu senden. Beispiel:

„Herr Rimbach, ich möchte Ihre Fachkenntnis als Experte auf keinen Fall anzweifeln. Mir gibt nur zu denken, dass wir mit der vorgeschlagenen Lösung die Symptome, nicht jedoch die Ursachen des Problems bekämpfen. Vor allen Dingen kann ich mir nicht vorstellen, wie Sie die Migration der Systeme im laufenden Betrieb in diesem Zeitrahmen umsetzen wollen. Daher erscheint mir die Alternative von Herrn Moritz einfacher und mit weniger Risiko behaftet."

Strohmanntaktik
Eine ebenso subtile wie unfaire Manipulation ermöglicht die Strohmanntaktik. Sie wird gern von Politikern in Debatten und Talkshows angewandt. Die Strohmanntaktik verdankt ihren Namen dem virtuell aufgebauten „Strohmann" einer Person oder Position, der in der dargestellten Form gar nicht existent ist.

Ein virtuelles Feindbild aufbauen und gegenargumentieren

Der Trick dabei ist, dass der Manipulator die Position und Argumente seines Gegners aufnimmt und sie durch Abwandlung so abschwächt, dass ihre argumentative Bekämpfung einfach wird. Dies lässt sich in der Regel vor allen Dingen dadurch erreichen, dass gegnerische Aussagen unzulässig verallgemeinert, übertrieben oder ins Absolute erhoben werden. Dem Manipulator gelingt dies in vielen Fällen bereits dadurch, dass er unscheinbare Füllwörter weglässt, die aber inhaltlich essenzielle Einschränkungen darstellen. Wer Nuancen wie „einige", „manchmal", „häufig" oder „oftmals" weglässt, gibt einer Aussage damit einen absoluten Wert, der vom Gegner bewusst nicht gewollt ist, wie die folgenden Beispiele zeigen:

Herr Moritz: „Es macht aus meiner Sicht keinen Sinn, unreflektiert alle Führungskräfte mit den gleichen Notebooks auszustatten. Dafür sind die Anforderungen zu unterschiedlich."

Herr Rimbach: „Herr Moritz ist ja eindeutig gegen eine einheitliche und konsistente IT-Infrastruktur. Ich frage mich nur, wie wir dann jemals unsere IT-Kosten in den Griff bekommen wollen, wenn wir nicht endlich eine konsequente Standardisierung im Unternehmen in den Prozessen und der Ausstattung einführen."

Die Motivation hinter einer verallgemeinerten und undifferenzierten Darstellung ist offensichtlich: Eine solche Position lässt sich viel leichter diffamieren und verbal bekämpfen als eine durchdacht differenzierte Darstellung.

Das Prinzip funktioniert deshalb so gut, weil die meisten Aussagen nur unter bestimmten Einschränkungen gültig sind. Für fast jeden Standpunkt und jede Regel gibt es Ausnahmen. Diesen Einzelfällen wird rhetorisch mit Einschüben wie „häufig", „in der Regel" etc. Rechnung getragen. Werden sie weggelassen, kann fast jede ins Absolute getriebene Darstellung scheinbar in ihrer Gesamtheit widerlegt werden, indem nur ein einziges Gegenbeispiel gefunden wird.

Zusammenhangloses Zitieren und abgewandelte Zitate

Eine ähnliche Wirkung kann durch bewusst falsches oder manipulatives Zitieren realisiert werden: Werden Sätze aus dem Zusammenhang gerissen und möglicherweise in anderem Kontext eingebaut, können sie plötzlich einen völlig anderen Sinn haben. Das Zitat an sich ist nicht falsch, ebenso nicht die Behauptung, die zitierte Person hätte das Zitierte gesagt. Manipuliert wird hier durch das selektive Zitieren und die Verwendung in anderen Kontexten. Für das obige Beispiel lässt sich dies leicht veranschaulichen: Die Aussage von Herrn Moritz lässt sich sehr leicht insofern verzerren, als dass er sich gegen eine standardisierte IT-Umgebung im Unternehmen stellt. Dabei hat er lediglich zu bedenken gegeben, dass es möglicherweise nicht sinnvoll oder wirtschaftlich ist, für alle Führungskräfte die gleichen Notebooks zu kaufen, weil diese viel zu unterschiedliche Anforderungen erfüllen müssen. Herr Rimbach hat diese Aussage jedoch geschickt dazu benutzt, Herrn Moritz als Gegner der Standardisierung hochzustilisieren: Herr Rimbach hat ein tatsächlich gar nicht existentes Feindbild – einen Strohmann – aufgebaut, gegen den er im Anschluss sehr leicht argumentieren kann.

Die Strohmanntaktik arbeitet insgesamt also mit der Idee, scheinbare Positionen zu konstruieren, die der Gegner effektiv jedoch gar nicht vertritt. Durch geschickte Formulierungen und Entgegnungen können ihm so Positionen unterstellt werden, die sich aus den vertretenen Meinungen und Argumenten gar nicht ergeben. Ein weiteres Beispiel:

Unterstellungen mit der Strohmanntaktik etablieren

Mutter: „Wir müssen unbedingt das Wohnzimmer renovieren."
Vater: „Also, die Kinder und ich sind der Meinung, dass wir erst einmal den Pool reparieren sollten."

Die Entgegnung des Vaters hat mit der Feststellung der Mutter an sich gar nichts zu tun. Er äußert zwar eine Priorisierung, sagt aber über seine Zustimmung zu einer Renovierung inhaltlich nichts aus. Problematisch ist jedoch die immanente Unterstellung, die Mutter wäre gegen die Reparatur des Pools, was sie wiederum nicht gesagt hat. Wenn sie jedoch nicht zeitnah korrigiert, dass auch sie die Reparatur des Pools befürwortet, heißt es bald gegenüber den Kindern, Mutter wolle erst das Wohnzimmer renovieren. Der konstruierte Strohmann ließe sich vom Vater im Beisein der Kinder wirkungsvoll nutzen: Weil Mutter das Wohnzimmer renoviert haben will, gibt es diesen Sommer keinen Pool – ein Ursache-Wirkungs-Zusammenhang, der sich objektiv gar nicht aus dem Dialog ergibt.

Insgesamt heißt es für Sie also, sehr genau darauf zu achten, dass Ihnen nicht Standpunkte unterstellt werden, die Sie gar nicht bezogen haben oder beziehen wollen. Andernfalls finden Sie sich gegenüber einem geschickten Manipulator schnell in der Situation, dass Ihnen „die Worte im Mund umgedreht wurden" und Sie gegenüber anderen auf einen Standpunkt gestellt wurden, der gar nicht der Ihre ist.

Vorsicht vor „Wortverdrehern"

Reziprozität

Ein von geschickten Überzeugungsstrategen genutztes Prinzip ist das gesellschaftliche Gesetz der Reziprozität. Dahinter verbirgt sich das typische Bestreben der Leute, sich für einen Gefallen oder eine Leistung revanchieren zu wollen. Es ist demnach nicht nur eine Geste der Freundlichkeit, sich für Geschenke, Unterstützung und Hilfe zu bedanken, sondern sich bei Gelegenheit auch „erkenntlich"

Reziprozität – das Gesetz des Gebens und Nehmens

zu zeigen. Vielmehr wird dies – vielleicht nicht in jedem Einzelfall – stillschweigend erwartet. Ob bewusst oder unbewusst – die Gesellschaft funktioniert nach dem Prinzip des Gebens und Nehmens, dem Gesetz der Reziprozität. Kaum jemand würde je etwas schenken oder anderen Menschen helfen, wenn er nicht im Gegenzug damit rechnen könnte, auch von anderen Menschen im Bedarfsfall einmal Hilfe zu bekommen. So erwartet fast jeder stillschweigend ein Mindestmaß an Solidarität in der Gesellschaft oder seinem Umfeld.

Sie können das Prinzip der Reziprozität auch an sich selbst beobachten: Wäre es Ihnen nicht auch unangenehm, zu einer Feier als Einziger ohne Geschenk zu kommen? Oder zu Weihnachten von jemandem ein Geschenk oder eine Aufmerksamkeit zu erhalten, ohne selbst für denjenigen etwas parat zu haben und ihm nun mit leeren Händen gegenüberzustehen? – Das Gesetz der Reziprozität übt aufgrund der stillschweigenden Anerkennung einen enormen sozialen Druck aus: „Was werden die anderen jetzt von mir denken, wenn ich als Einziger kein Geschenk mitgebracht habe?"

Sie sind leichter zu manipulieren, als Sie denken Manipulatoren, Überzeugungskünstler und letztlich auch Verkäufer nutzen dieses Verhaltensmuster gezielt aus. Erstaunlich dabei ist, dass bei vielen Menschen selbst die plumpsten Vorgehensweisen funktionieren: Der typische Rosenkavalier, welcher der Frau beim Spaziergang durch die Altstadt eine Rose in die Hand drückt und danach den Mann um eine kleine „Gefälligkeit" bittet, ist ein klassisches Beispiel. Auf gleiche Weise versuchen die geliebt-gehassten Vertreter oder zum Beispiel Vereine in Fußgängerzonen ihr Glück: Man drückt Ihnen eine kleine Aufmerksamkeit in die Hand, und Sie bedanken sich. Prompt sehen Sie sich mit der Bitte konfrontiert, doch an einer Unterschriftensammlung teilzunehmen, ein bestimmtes Informationsmaterial mitzunehmen oder das aktuelle Magazin eines Hilfsvereins zu erwerben.

Sie fühlen sich unwohl, eine Bitte nach vorausgehender Aufmerksamkeit abzuweisen. Möglicherweise geben Sie Ihr Einverständnis zu etwas oder kaufen etwas, das Sie ursprünglich nicht gewollt haben. Die erhaltene Aufmerksamkeit ist ein schwacher Trost, denn diese wollten Sie eigentlich auch nicht – sie wurde Ihnen förmlich aufgedrängt. Diese Erkenntnis machen sich gerade auch die typischen „Touristenfänger" zunutze. Sie überrumpeln ahnungslose Urlauber mit ungefragten Leistungen und Produkten, um danach horrende Preise oder zumindest anderweitige Gegenleistungen zu erbitten.

Dabei muss diese Art der Manipulation nicht einmal böswillig und bewusst erfolgen, sondern kann in der Kultur begründet sein. So weiß zum Beispiel jeder türkische Teppichhändler, dass er seine Verkaufschancen vervielfachen kann, wenn er Passanten auf einen Tee in seinen Laden bittet. Einmal hineinkomplimentiert bietet sich die Möglichkeit eines freundlichen Dialogs, in aller Regel gepaart mit einem Verkaufsgespräch. Die Freundlichkeit und das Anbieten eines kostenlosen Tees wecken wiederum bei aller Freude über den netten Plausch im Kunden das unwohle Gefühl, sich irgendwie für diese Freundlichkeit erkenntlich zeigen zu müssen. Es lässt sich natürlich empirisch nicht belegen, wie viele Teppichkäufe tatsächlich dadurch motiviert sind. Fakt ist jedoch, dass eine Reihe von Verlegenheitskäufen darauf zurückzuführen ist.

Die Manipulation muss nicht immer böswillig sein

Subtil angewandt ist diese Methode insbesondere, wenn nach der Präsentation eines überteuerten Produkts, das eigentlich gar nicht verkauft werden sollte, noch eine andere Kleinigkeit zum Kauf angeboten wird. Der zum Tee in das Geschäft hineinkomplimentierte Passant wird mitunter dankbar zum dargereichten Strohhalm greifen, „wenigstens die Kleinigkeit kaufen" und nach Verlassen des Geschäfts froh sein, „so billig davongekommen zu sein". Wie gesagt – es ist nicht grundsätzlich böswillige Manipulation zu unterstellen – die manipulative Wirkung ist jedoch augenfällig.

Das Prinzip der Reziprozität wirkt wie ein ungeschriebenes Gesetz. Es basiert auf einer gesellschaftlichen Erwartungshaltung, die zu enttäuschen Gesellschaftsmitgliedern eher früher als später Probleme bringt. Dass Sie sich aber selbst gegenüber unerwünschten Aufmerksamkeiten zu Entgegenkommen verpflichtet fühlen und den Drang haben, sich zu revanchieren, macht Sie manipulierbar. Behalten Sie die Erkenntnisse aus dem obigen Abschnitt im Kopf, um rechtzeitig für entsprechende Situationen sensibilisiert zu sein. Die Erkenntnis, manipuliert zu werden oder manipuliert worden zu

Wollen Sie sich tatsächlich revanchieren oder fühlen Sie sich nur dazu verpflichtet?

sein, hilft Ihnen in der jeweiligen Situation, auch einmal nicht den scheinbaren sozialen Erwartungshaltungen gerecht zu werden und selbstbewusst entsprechend zu handeln.

Sympathie

Sympathische Manipulatoren

Sympathie ist eine ebenso einfache wie gefährliche Manipulations- und Überzeugungswaffe. Wer sympathisch ist, hat scheinbar automatisch eine höhere Glaubwürdigkeit und damit größere Argumentationskraft. Sich dem zu entziehen, erfordert eine ausgeprägte Fähigkeit, Person und Sache zu trennen. Da ein Mindestmaß an Emotion jedoch bei jeder Kommunikation, insbesondere bei Streitgesprächen, Diskussionen und Verhandlungen, im Spiel ist, ist Sympathie ein omnipräsenter Begleiter.

Wodurch wird Sympathie ausgelöst?

Spitzenverkäufer, Politiker und allgemein Überzeugungskünstler nutzen den Sympathiebonus gezielt zur Unterstützung Ihrer Sachargumentation. Um Sympathie zu schaffen oder zumindest zu fördern, benötigen Sie einige Schlüsseleigenschaften, aus denen Sympathie im Allgemeinen resultiert. Ein bedeutendes Merkmal ist dabei Ähnlichkeit. Möchten Sie als Autoverkäufer einem Kunden sympathisch sein, benötigen Sie neben Freundlichkeit, gepflegtem Auftreten und bewusster Kundenorientierung vor allem etwas, das Sie mit dem Kunden verbindet. Ein geschickter Verkäufer versucht daher, durch aktives Fragen und Zuhören die einzelnen Vorlieben, Eigenschaften, Rahmenbedingungen und Motive seiner Kunden zu identifizieren.

So kann ein Autoverkäufer einem potenziellen Kunden, der nach Dachgepäckträgern für den Skiurlaub fragt, schnell sympathisch erscheinen, wenn er selbst von seiner Vorliebe fürs Skifahren erzählt. Die Manipulation beginnt dort, wo diese Vorliebe jedoch nur gespielt ist. Sie sollten daher immer wachsam bleiben, wenn Ihnen zum Beispiel ein Verkäufer oder Verhandlungspartner unerwartet sympathisch scheint.

Abwehr und Umgang mit Manipulation

Angemessen auf Manipulationen reagieren

Ihr Diskussions- oder Verhandlungspartner versucht permanent, Sie oder die ganze Gruppe zu manipulieren. Wie reagieren Sie angemessen? – Bei der Vorstellung der einzelnen Manipulationstechniken sind Sie bereits auf zwei effektive Reaktionsmöglichkeiten gestoßen: erstens Manipulation ansprechen und zweitens Aussagen beharrlich hinterfragen. So können Sie eine identifizierte Manipulationstechnik beim Namen nennen und den Manipulator damit vor allen Anwesenden bloßstellen. Dies wirkt insbesondere, wenn Ihr Gegenüber die Manipulationstechnik nur unbewusst eingesetzt hat, zum Beispiel, weil er von Natur aus zu pessimistischer Skepsis, Übertreibung und Schwarzmalerei neigt:

„Herr Moritz, ich glaube, Sie nutzen hier gezielt die Manipulationstechnik des künstlichen Dilemmas, um uns zu manipulieren. Ich denke, das findet niemand im Raum hier besonders fair und konstruktiv.“

Sie können aber auch den Manipulator permanent in einen Rechtfertigungszwang bringen, wenn Sie seine Behauptungen beharrlich hinterfragen. Das bringt Sie zwar inhaltlich meist nur begrenzt weiter, nimmt jedoch einer manipulativen Argumentation zumindest den Wind aus den Segeln. Typische Rückfragen dieser Art:

„Ist das tatsächlich so?“
„Wie kommen Sie darauf, dass das so ist?“
„Inwieweit können Sie überhaupt belegen, dass …?“

Neben provokativen Rückfragen, aus denen Ihre Skepsis bereits offen herausklingt, können Sie natürlich auch konstruktiv inhaltliche Fragen stellen, um in der Diskussion voranzukommen. Typische Formulierungen sind in dieser Situation:

Konstruktive Rückfragen

„Was müsste denn passieren, damit die von Ihnen geschilderte Situation nicht eintritt?“
„Wenn wir dieses Problem lösen, was fehlt Ihnen sonst noch, um dem Vorschlag zuzustimmen?“
„Welche Lösung sehen Sie denn für die von Ihnen geschilderte Problematik?“

Diese Beispiele machen deutlich, dass eine Rückfrage den Manipulator nicht unbedingt in eine Rechtfertigung drängen, sondern zielorientiert das Gespräch inhaltlich weiterbringen soll.

„Präzisions-
trichter" durch
W-Fragen

Da die meisten Manipulationen im Alltag auf Verallgemeinerungen und Emotionalisierungen basieren, sollte eine konstruktive Reaktion Ihrerseits vor allem darauf abzielen, die Aussagen Ihres Diskussionspartners zu konkretisieren und zu versachlichen. Ein einprägsamer Begriff dafür ist der so genannte „Präzisionstrichter". Dieser Trichter führt dazu, dass Sie durch gezielten Einsatz von W-Fragen eine Pauschalisierung auf eine greifbare Aussage zuspitzen können. Auf eine solche konkretisierte, sachliche Aussage können Sie dann in Ihrer eigenen Gegenrede auch substanziell reagieren. Die W-Fragen können so lauten:

„Wie genau stellen Sie sich das vor?"
„Wer genau soll das Ihrer Meinung nach übernehmen?"
„Wann genau könnten Sie das Konzept liefern?"
„Was genau ist der Grund für die gesunkene Systemverfügbarkeit?"

Gar nicht
reagieren

Ein sehr souveränes Verhalten gegenüber Manipulationsversuchen ist darüber hinaus, gar nicht aktiv auf einen Manipulationsversuch zu reagieren. Indem Sie gelassen und ruhig bleiben und dem Manipulator aufmerksam zuhören, wirken Sie selbstsicher und eben souverän. Sie lassen sich nicht aus der Ruhe bringen und warten ab. Oftmals lohnt es sich nicht, überhaupt zu reagieren, weil viele fehlerhafte Argumentationen in sich selbst zusammenbrechen, wenn der Redner sie bis zum Ende durchdacht und artikuliert hat.

Im Zweifel sprechen Sie aber jeden Manipulationsversuch gezielt an, erheben Einspruch und argumentieren selbst sachlich weiter.

Smalltalk

Erfolgsfaktor
Smalltalk

Kommunikation in und vor Gruppen besteht nicht nur aus professioneller und formaler Kommunikation im Sinne von Präsentationen, Verhandlungen und Moderation, sondern ebenso aus den informellen Gesprächen zwischendurch, dem Smalltalk.

Ob Sie kommunikativ sind, wird in den meisten Fällen nicht daran festgemacht, ob Sie vor vielen Menschen überzeugend sprechen können. Vielmehr zählt für die Interaktion in Gruppen, ob Sie mit anderen Gruppenmitgliedern zwanglos und flexibel in verschiedenen Situationen über verschiedene Themen kommunizieren können. Smalltalk und der Fähigkeit zum Smalltalk kommt in der Praxis eine weitaus größere Bedeutung zu, als diesem mitunter leicht negativ gefärbten Begriff häufig zugestanden wird. Vor allen Dingen ist professioneller Smalltalk alles andere als belangloses Plauschen. Welche handfesten Funktionen, Vorteile und auch Regeln Smalltalk aufweist, erfahren Sie in diesem Kapitel.

Bedeutung von Smalltalk für die Gruppenentwicklung
Smalltalk ist das zunächst absichtslose Kommunizieren zur Überbrückung von Pausen, zur Sozialisierung und zur Entspannung. Diese Art der Kommunikation ist nicht sachbezogen, sondern beziehungsorientiert. Es geht nicht um das „Was" im Sinne eines Themas, sondern vielmehr um Kommunikation der Kommunikation willen.

Smalltalk ist beziehungsorientierte Kommunikation

Vielen Menschen ist Stille im Beisein von anderen Menschen unangenehm, sie empfinden diesen Zustand als peinlich oder unhöflich, zumindest aber als unangenehm. Die „eisige Kälte" in einem Wartesaal, in dem niemand spricht und alle auf den Boden schauen, oder das peinliche Schweigen im Fahrstuhl gehören zu diesen typischen Situationen. Jeder wünscht sich, jemand möge doch die Anspannung brechen und etwas sagen. Ein scheinbar belangloser Plausch soll also die Stille und vor allem die zwischenmenschliche Distanz überbrücken. Smalltalk kann eine Situation unter Fremden entspannen helfen.

Smalltalk überbrückt peinliche Stille und Anspannungen

Innerhalb einer Gruppe sich bekannter Menschen bewirkt geschickter Smalltalk jedoch deutlich mehr: Er fördert Sympathie, indem sich Leute auf informelle und ungezwungene Art austauschen und etwas übereinander erfahren können. Smalltalk ermöglicht so die Entwicklung eines Wir-Gefühls, indem jedes Gruppenmitglied andere Gruppenmitglieder abseits von rein professionellen Angelegenheiten näher kennen lernen kann. Dies ist insbesondere im Teambildungsprozess von essenzieller Bedeutung, namentlich in der Forming-Phase (Kapitel 3.2.).

Gleichzeitig bieten Gespräche in der Sitzungspause oder bei Warte- und Wegezeiten zwischen Meetings dem Einzelnen die Möglichkeit, sich auch über das Fachliche hinaus innerhalb der Gruppe zu profilieren. Eine solche Profilierung durch das Kommunizieren von Interessen, Hobbys, privaten Aktivitäten und Meinungen zu sachfremden Themen gibt dem Einzelnen eine klare Position in der Gruppe. Sie fördert so die Stärkung eines ausgewogenen Teams, in dem jeder seine und die Position der anderen Gruppenangehörigen kennt.

Smalltalk öffnet kurze, informelle Wege der Problemlösung Für die Gruppenentwicklung ist Smalltalk darüber hinaus insofern wichtig, weil der informelle Plausch in vielen Fällen eine schnellere Problemlösung ermöglicht, als dies über offizielle und formelle Kanäle der Fall wäre. Fast jeder hat dies in seinem Berufsleben live erfahren: Ein kurzer Plausch in der Teeküche, zwischen „Tür und Angel" oder das Gespräch am Mittagstisch genügen mitunter, um Unklarheiten und kleinere Probleme ganz nebenbei aus der Welt zu schaffen.

Smalltalk als Konfliktprävention Smalltalk ist die natürlichste und ungezwungenste Form von „Miteinander reden" und damit ein bedeutendes Werkzeug der Konfliktprävention. Ob in der Partnerschaft, in der Familie, im Freundeskreis oder im Arbeitsleben: Aktives „Miteinander reden" ist einer der wirkungsvollsten Wege, Konflikte gar nicht erst aufkommen zu lassen. In diesem Sinne dürfen Sie Smalltalk nicht als Zeitverschwendung abtun, sondern sollten diesen als aktives Werkzeug sozialer Interaktion betrachten. Gruppen, die nicht nur konzentriert an der Lösung von Aufgaben arbeiten, sondern sich auch Zeit für den sozialen Plausch nebenbei nehmen, sind häufig insgesamt deutlich effektiver und effizienter.

Was durch Gespräche zwischendurch an Zeit „verloren" wird, zahlt sich später durch reibungslosere Zusammenarbeit, kürzere Wege und geringere Fehlerquoten aus. Das zugrunde liegende Prinzip ähnelt der „lohnenden Pause" (Kapitel 2.1.) und wirkt gleich doppelt: Erstens entstehen die oben genannten Vorteile des informellen Austauschs, zweitens hilft Smalltalk den einzelnen Gruppenmitgliedern, zwischendurch auch einmal zu entspannen – eine wichtige Voraussetzung, um dauerhaft hohe Leistung zu erbringen.

Indem Smalltalk soziale Barrieren und psychologische Hemmschwellen zwischen einzelnen Gruppenmitgliedern abbaut, macht dieser den Weg frei für Effizienzsteigerungen in der Gruppenarbeit. Nicht umsonst finden sich in so gut wie allen Unternehmen Teeküchen, Raucherecken oder Sitzgelegenheiten im Foyer und auf den Gängen. Auch die Betriebskantine erfüllt neben ihrem primären Zweck der Versorgung von Grundbedürfnissen der Mitarbeiter ein weiteres Ziel: den informellen Austausch zwischen Mitarbeitern und Führungskräften zu ermöglichen und ein gesundes Betriebsklima zu fördern. Verschiedene Studien belegen, dass mehr als zwei Drittel des Wissens eines Arbeitnehmers über seine Firma und seinen Arbeitsplatz durch informelle Plaudereien in der Teeküche, beim Mittagessen oder auf ähnlichem Wege erworben werden. Auch wenn die aufgewendete Zeit dem Unternehmen als entlohnte Arbeitszeit Kosten verursacht, ist der scheinbar harmlose Smalltalk in dieser Rolle deutlich effektiver als manch teuer bezahltes Mitarbeitermagazin, Unternehmensfernsehen oder Mitarbeiterportal im Intranet.

Insgesamt ist Smalltalk zu einem Karrierefaktor steigender Bedeutung geworden. Immer wieder zeigt sich, dass ein kurzes und freundliches Gespräch mit einem Höhergestellten effektiver als wochenlange harte Arbeit im stillen Kämmerlein sein kann. Gelingt es Ihnen, im Rahmen des Smalltalks als kompetent, redegewandt und selbstbewusst zu wirken, bleiben Sie damit mitunter besser im Gedächtnis einer Führungskraft haften als durch Einreichung einer sauberen und fehlerfreien Arbeit, die jedoch kein „Gesicht" für den Manager hat.

Befördert wird, wen man sieht und hört

Es darf im Rahmen dieses Buches an keiner Stelle missverstanden werden, dass letztlich qualitativ hochwertige Arbeit der Erfolgstreiber jeder persönlichen Weiterentwicklung ist. Metawissen, Methodenkompetenz und Know-how sind professionelle Begleitkompetenzen Ihrer Entwicklung, jedoch allein und ohne fundiertes Fachwissen und tatsächliche Ergebnisse wirkungslos. Es bleibt allerdings die Erkenntnis, wie bedeutsam beispielsweise geschicktes Smalltalking für Ihre Karriere sein kann. Es hilft Ihnen, bei Verantwortlichen und Kollegen einen positiven Eindruck zu hinterlassen und zu pflegen. Wie viele Ihrer Verhaltensweisen hat auch Ihre Art von Smalltalk Einfluss auf das Fremdbild, das Sie bei Ihren Interaktionspartnern erzeugen.

Effektive Kommunikation Ihrer fachlichen Leistungen

517

Gleichzeitig ist Smalltalk ein aktiv einsetzbares Hilfsmittel, Kontakte zu anderen Menschen aufzubauen. Damit gilt es als wesentliches Werkzeug im Sinne des Networking (Kapitel 4.1.) und der Gruppenentwicklung. Kompetente „Smalltalker" sind gern gesehene Leute, ob als Teammitglied oder Gast auf einer Veranstaltung. Kommunikative und nette Menschen lädt man gern (wieder) ein oder arbeitet gern mit ihnen zusammen. Das ist Ihr Vorteil und Ihre Chance. Nutzen Sie sie durch geschicktes Smalltalking!

Den richtigen Einstieg finden

Einen Smalltalk beginnen

Einige Menschen sind Naturtalente, was Smalltalk angeht. Sie sind von Natur aus kommunikativ und gehen offen auf andere Menschen zu. Für andere ist der Einstieg in einen Smalltalk das Schwerste an der Sache überhaupt. Wer sich unsicher ist, ob und wie er ein Gespräch mit Fremden, Höhergestellten oder auch Kollegen abseits beruflicher Aspekte anfangen soll, hat häufig Angst, ein falsches Thema anzuschneiden oder als nicht kompetenter Gesprächspartner zu wirken. Hier hilft die Kenntnis von Tabuthemen und typischen Faux pas, wie Sie weiter unten beschrieben werden.

Kein Grund zur Schüchternheit

Das größte Problem beim Smalltalk sind jedoch nicht mögliche Fettnäpfchen, sondern die Angst, überhaupt ein Gespräch anzufangen. Diese Angst wirkt einmal kommunikationshemmend, andererseits provoziert sie geradezu entsprechendes Fehlverhalten: Wer Angst davor hat, gegenüber fremden Menschen oder Arbeitskollegen und Chefs sprachlos zu sein, wird in vielen Situationen auch tatsächlich sprachlos sein und keinen Anfang finden. Das sich unnötige Unterdrucksetzen wirkt dann wie eine Blockade.

„Tue, was du fürchtest, und die Furcht wird dir fremd."

JAPANISCHES SPRICHWORT

Leiden Sie generell unter Redeangst und überzogenem Respekt vor hierarchisch Höhergestellten? Ein einfacher, aber immer wieder wirkungsvoller Trick: Machen Sie sich bewusst, dass alle potenziellen Gesprächspartner auch nur Menschen sind. – Angst ist ein sehr abstraktes Gefühl, häufig gar nur ein Gedankenkonstrukt. Auch wenn der oft gegebene Rat für die Betroffenen in mancher Situation wie blanker Hohn klingt: Persönliche Ängste und Hemmungen werden am leichtesten und nachhaltigsten durch aktives Tun des Gefürchteten überwunden. Das japanische Sprichwort illustriert dies mit aller Weisheit. Arbeiten Sie an Ihrer Einstellung. „Positive thinking" ist keine Theorie, sondern führt empirisch bewiesen zu besseren Resultaten. Sehen Sie Chancen statt Gefahren, Risiken und Problemen.

Eine große Hilfe kann das gedankliche Konstruieren eines Worst-case-Szenarios sein: Was würde im schlimmsten Fall passieren, wenn Sie ein Gespräch im Fahrstuhl, beim Mittagessen oder im Taxi „vergeigen"? Stellen Sie sich folgende Fragen:

„Was würde aus dieser Konsequenz folgen?"
„Wäre diese Folge tatsächlich so schlimm, wie Sie ursprünglich dachten?"
„Gibt es dann nicht auch weitere Alternativen?"

Wenn Sie Redeangst oder Angst vor dem Einstieg in einen Smalltalk mit Fremden oder Höhergestellten haben, machen Sie sich bewusst, dass es hier nur um beziehungsorientierte Plauderei, nicht jedoch eine perfekte Produktpräsentation oder Ähnliches geht. Besänftigen Sie Ihren inneren Kritiker! Wenn Sie zum Beispiel bei der betrieblichen Weihnachtsfeier bei der Platzverlosung neben Ihren Chef gelost wurden und nun Bedenken haben, kein Thema zu finden oder den Chef mit „Ihrem Gerede" zu langweilen: Machen Sie sich bewusst, dass letztlich Ihr Gesprächspartner urteilt, nicht Ihr innerer Kritiker. Seien Sie selbstbewusst.

Ein zwangloser Einstieg ergibt sich in vielen Fällen bereits durch ein Lächeln, freundliches Grüßen, das Anreden mit Namen und gegebenenfalls Titel sowie die Frage nach der Befindlichkeit. Häufig erhält man auf eine freundliche Begrüßung bereits mehr Informationen als erwartet:

Die Frage nach der Befindlichkeit

„Hallo, Herr Meier, schön Sie zu sehen, wie läuft's?"
„Ach, Herr Moritz, wir haben wieder richtig viel Stress. Nächste Woche ist doch die Aufsichtsratssitzung und wir müssen noch die Präsentation machen und die Einladungen rausschicken. Es ist aber immer noch unklar, ob …"

Ob Sie das befürworten oder nicht – viele Menschen fangen auf die Frage „Wie geht's?" direkt mit dem Lamentieren über unerfreuliche Zustände oder Sachzwänge an. Wie die Antwort auch ausfällt – in den meisten Fällen können Sie daraus bereits einen Aufhänger für ein kurzes Gespräch ableiten. Nicht umsonst findet sich die oftmals oberflächliche Frage „Wie geht's?", „How are you?"/„How do you do?", „Ça va?" oder „Qué tal?" in fast allen Ländern als Standardzusatz zur Begrüßung.

Oberflächliches Plaudern, intensives Zuhören

Wichtig für alle Phasen eines Smalltalks: Smalltalk mag zwar oberflächlich belangloses Geplauder sein – verfallen Sie jedoch nicht in eine Einstellung, einem solchen Gespräch oberflächlich zu folgen. Wie bei allen Kommunikationsprozessen sind Sie auch hier gefordert, aufmerksam und aktiv zuzuhören. Nichts kommt auf Dauer negativer an, als wenn Sie Ihre Kollegen, Mitarbeiter oder Bekannte danach fragen, wie es ihnen geht, ohne dann tatsächlich zuzuhören.

„Interesse überwindet jede Sprachbarriere."

CORNELIA TOPF

Neugierde als Schlüssel erfolgreichen Smalltalks

Die Schwierigkeit im Beginn eines Smalltalks liegt meistens darin, einen Aufhänger und ein passendes Thema zu finden. Ein grundsätzliches Mittel gegen diese Schwierigkeit ist so einfach wie überraschend: Neugierde! Wenn Sie aktiv Ihre Umgebung und Ihre Mitmenschen beobachten, finden Sie eine Vielzahl von Aspekten, zu denen Sie eine Aussage machen oder Ihre Mitmenschen befragen können. Suchen Sie anhand vorhandener Signale nach Gemeinsamkeiten mit einem potenziellen Gesprächspartner und machen Sie diese Gemeinsamkeiten zum Thema. Unzählige Beispiele und Situationen lassen sich finden: Sie suchen eine neue Wohnung, und bei der Besichtigung hängt eine Diplomurkunde zum Golf-Professional an der Wand des Vormieters. Sie haben gerade am letzten Sonntag Ihre Platzreifeprüfung absolviert. Ein wunderbares Thema, um sofort einen Draht zueinander und Sympathie aufzubauen. Oder: Sie sind auf einer Feier eingeladen und möchten in Kontakt mit einer bestimmten Person kommen, ohne einen passenden Gesprächseinstieg zu finden? Lassen Sie sich vom Gastgeber gegenseitig vorstellen – kaum ein Gastgeber wird Ihnen diesen Wunsch verweigern, schließlich ist jeder Gastgeber daran interessiert, dass seine Gäste in Kontakt kommen und sich unterhalten.

Nehmen Sie eine neugierige, wissbegierige Grundhaltung ein. Fangen Sie an zu fragen. Die alte Kommunikations- und Managementweisheit „Wer fragt, führt" kleidet die Beobachtung in Worte, dass Sie durch Fragen Initiative, Leitung und Verantwortung übernehmen, damit es vorwärts geht. Dies gilt auch für Smalltalk. Wer den kommunikativen Austausch sucht und ein Gespräch durch interessiertes Fragen eröffnet, wirkt nicht nur aufgeschlossen, sondern übernimmt auch aktiv die Steuerung des Gesprächs. Statt selbst angesprochen zu werden und reagieren zu müssen, können Sie durch proaktives Handeln nun selbst mit Ihrer Frage bestimmen, wo es langgeht. Dadurch können Sie ein Thema wählen, in dem Sie sich sicher fühlen, statt zum Beispiel vom Chef in ein Gespräch über das Segeln verwickelt zu werden, wovon Sie möglicherweise gar keine Ahnung haben.

„Wer fragt, der führt"

Wenn Sie sich in einer potenziellen Smalltalksituation mit Höhergestellten befinden und das Anreden eines „hohen Tiers" scheuen – machen Sie sich bewusst, dass auch diese Menschen eben nur Menschen sind, Ihren Tee mit Wasser kochen und insgesamt meist zugänglicher und freundlicher sind als manch anderer Kollege. Stellen Sie sich proaktiv selbst vor und wirken Sie dabei freundlich, machen Sie nicht nur einen guten und kommunikativen Eindruck, sondern finden sich in vielen Fällen schnell in einem netten Gespräch mit einer gebildeten und interessanten Person wieder. Lassen Sie Ihre Neugierde die Angst überwinden. Die Erfolgserlebnisse werden Ihnen Recht geben und Sie weiter motivieren, den kommunikativen Austausch mit den Menschen um Sie herum zu forcieren.

Smalltalk mit Höhergestellten

Beim erwähnten Gespräch mit dem Chef über das Segeln auf der Weihnachtsfeier gilt aber auch: Eine Wissenslücke ist kein Hinderungsgrund für einen Smalltalk mit höher Qualifizierten. Häufig gilt sogar das Gegenteil. Sie befinden sich nicht in einem fachlich-technischen Disput, sondern praktizieren soziale Kommunikation. Machen Sie gegebenenfalls Ihre Unkenntnis auf einem Gebiet zum

Thema eines Smalltalks an sich. Fragen Sie einfach, was Sie nicht wissen. Die meisten Experten fühlen sich geschmeichelt, wenn man sie um ihren Rat und ihre Erfahrungen fragt. Hier liegt gemäß dem Konzept der Transaktionsanalyse eine typische Kommunikationssituation „Eltern-Ich zu Kind-Ich" vor. Die meisten Menschen mögen derartige Gelegenheiten, ihre Fachkenntnis, Erfahrung und Lebensweisheit zum Besten zu geben und sich auf diese Weise zu profilieren. Angenehme Nebeneffekte sind, dass Sie erstens etwas dazulernen und zweitens, dass Sie in den meisten Fällen sympathisch wirken, wenn sich jemand Ihnen gegenüber profilieren kann.

Professionelle Smalltalker stellen sich gelegentlich bewusst naiv

Der so Befragte genießt es, sein Selbstbewusstsein an einer tatsächlich oder scheinbar unwissenden Person zu stärken. Dieses Wohlgefühl überträgt sich im Unterbewusstsein in eine subtile Form der Sympathie. Professionelle Smalltalker nutzen dies geschickt aus und stellen sich besonders naiv, damit der andere sich zu seiner Freude ungehindert profilieren kann. Diese Feinheiten des Smalltalks sind zugegebenermaßen schon manipulativer Natur.

Universal-Eröffnungen: Fragen nach Job, Studium, Freizeit

Wer sich nicht verstellen mag und unbeschwerten und tatsächlich absichtslosen Smalltalk sucht, dem gelingt mit einigen Universal-Eröffnungen in den meisten Fällen ein problemloser Gesprächseinstieg. Solche Universal-Eröffnungen können bei privaten Zusammentreffen die Frage nach der beruflichen Betätigung, dem Studium oder nach Freizeitaktivitäten sein. Im beruflichen Umfeld ist Letzteres ebenso ein praktischer Einstieg: Fragen Sie Kollegen und Teammitglieder in der Kaffeepause, was Sie denn neben dem Beruf sonst in ihrer Freizeit machen. Sofern Sie nicht einen sehr verschlossenen Gesprächspartner vor sich haben, ergibt sich aus diesen Fragen bereits ein Gesprächspotenzial, das weit über den Rahmen eines Smalltalks hinausgeht.

Geeignete Themen und Techniken

„Do's and Dont's" beim Smalltalking

Smalltalk mag zwar dem Grund nach zwanglose Kommunikation sein. Verschiedene „Do's and Dont's" existieren jedoch trotzdem, was die Themenwahl und eingesetzte Gesprächstechniken angeht. So bieten sich einige Themen aufgrund ihrer Unverfänglichkeit mehr an als andere. Bestimmte Themen wiederum sollten Sie grundsätzlich meiden, um Fettnäpfchen und Konflikten vorzubeugen.

Tabelle 13: Geeignete und ungeeignete Themen für Smalltalk

Geeignete Themen für Smalltalk	Ungeeignete Themen für Smalltalk
▧ Wetter	▧ Kritik
▧ Positive Erlebnisse, Beobachtungen	▧ Konflikte
▧ Eigener Urlaub oder Urlaub des anderen	▧ Private und familiäre Probleme
▧ Meinungen und Erlebnisse des anderen	▧ Politik
▧ Aktuelles Tagesgeschehen	▧ Geld
▧ Sport	▧ Religion

Warum das Wetter so gut für Smalltalk geeignet ist

Das typische Vorurteil gegenüber den Briten, ständig und immerzu über das Wetter zu reden, hat seine Bewandtnis: Das Wetter ist ein Allerweltsthema, das bei nahezu jeder Gelegenheit passt und einen unverfänglichen Einstieg bietet. Dabei kann es sowohl die Freude über das gute Wetter als auch das verhaltene Fluchen über die Kälte, den Regen oder den Schnee auf den Straßen oder allgemein das „Hundewetter" da draußen sein. Vorteil: In den meisten Fällen herrscht unproblematischer Konsens über das Wetter, sodass Sie sich durch entsprechende Äußerungen relativ leicht mit Ihrem Gegenüber sozialisieren können. Ganz nach dem Motto „Wir leiden ja alle darunter …".

Smalltalken Sie positiv!

Prinzipiell sind bei der Themenwahl für den Smalltalk positive Aspekte, Beobachtungen und positive Erlebnisse zu präferieren. Jemand der positiv redet, wird allgemein als angenehmer und freundlicher Mensch empfunden. Das Schimpfen, Fluchen oder verhaltene Lamentieren mag zwar im Fall der Fälle kurzfristig Sympathie und gegenseitige Sozialisierung fördern. Langfristig stehen Sie unbewusst jedoch eher als Miesepeter und meist übel gelaunter Mensch da.

Ein schöner Urlaub kann ein Aufhänger sein, besser ist jedoch, nicht über sich zu reden, sondern Ihr Gegenüber reden zu lassen. Dazu gibt es nur eine Technik: Fragen, fragen, fragen! Bieten Sie Ihrem Gegenüber die Möglichkeit, sich zu präsentieren, von sich zu erzählen, sich zu profilieren.

„Smalltalk ist weniger eine Frage der Gesprächstechnik,
als der geistigen Haltung."

CORNELIA TOPF

Was Sie selbst erzählen, kennen Sie doch schon!

Die meisten Menschen erzählen lieber von sich selbst, ihren Erlebnissen, Problem und Wünschen, als anderen Menschen zuzuhören. Wer jedoch den anderen erzählen lässt, gilt allgemein als angenehmer Zeitgenosse, „mit dem man sich gut unterhalten kann". Nutzen Sie das! In den meisten Fällen bringt es Ihnen sowieso mehr, von anderen Erlebnissen, Erfahrungen und Erkenntnissen zu lernen, als sich selbst zu präsentieren und zu profilieren. Wenn Sie dazu neigen, sich gern in der Öffentlichkeit darzustellen: Schalten Sie einen Gang zurück, treten Sie in den Hintergrund und genießen Sie die Unterhaltung und das Schauspiel, das die meisten Menschen Ihnen bieten.

Offene Fragen halten das Gespräch am Laufen

Wie bei jedem Gespräch helfen Ihnen Fragen, die Konversation am Laufen zu halten. Besonders wirkungsvoll sind Fragen nach dem Grund, nach Ursachen, Zusammenhängen und Motiven. Die typischen Fragewörter dafür sind „warum", „weshalb", „wieso" und „wozu". Diese Fragewörter leiten offene Fragen ein, und offene Fragen fördern den Gesprächsfluss. Geschlossene Fragen, die Ihr Gegenüber nur mit einem kurzen „Ja" oder „Nein" beantworten kann, würgen hingegen jeden Smalltalk mit hoher Wahrscheinlichkeit ab. Gute Beispiele sind demnach:

„Und wie kam es dazu?"
„Warum hatten Sie sich gerade für Südafrika entschieden?"
„Wozu dient eigentlich diese Mitgliedschaft im BDVT? Was haben Sie davon?"

Bleiben Sie Sie selbst!

Fühlen Sie sich dennoch unwohl beim Smalltalk auf unbekanntem Parkett, zum Beispiel bei Ihrer ersten Vernissage oder Ihrer ersten Kongressteilnahme? – Das Beherzigen einfacher Grundsätze hilft Ihnen, diese Situationen souverän zu meistern: Zeigen Sie Ihrem Gegenüber Aufmerksamkeit, Respekt und Interesse. Vermeiden Sie, sich zu verstellen. Smalltalk soll zwanglos sein, demzufolge bleiben Sie Sie selbst, auch wenn Sie sich in möglicherweise ungewohntem Umfeld unwohl und fremd fühlen. Nutzen Sie die Methoden empathischer Kommunikation, wie Sie auch in anderen Situationen angebracht sind. Achten Sie auf die Körpersprache Ihres Gegenübers und setzen Sie Ihre eigene gezielt ein (Kapitel 2.2.).

Spiegeln Sie die Haltung und die Emotionen Ihres Gegenübers. Halten Sie Blickkontakt. Der Anstand gebietet es, selbst bei zwanglosen Konversationen maximal eine Hand in der Hosentasche zu haben. Achten Sie auf Ihre Ausstrahlung und vermeiden Sie es, an Schmuck oder Kleidung herumzuspielen. Bleiben Sie authentisch und machen Sie sich bewusst, dass Smalltalk eine beziehungsfördernde Kommunikationsform ist, jedoch kein Assessment-Center für eine Bewerbung oder Ähnliches. Entkrampfen Sie mögliche Anspannung. Und nicht zuletzt: Lächeln Sie! Das macht Sie sympathischer, entspannter und hat eine positive Rückkopplung über Ihr Nervensystem und Gehirn auf Ihre tatsächliche Stimmung. Wenn Sie jetzt noch darauf achten, nicht im Umfeld von Tabuthemen zu „smalltalken", steht einer erfolgreichen Kommunikation nichts mehr im Wege.

Lächeln Sie!

Tabus, typische Fehler und Gesprächskiller
Erfahrungsgemäß sollten Sie beim Smalltalk bestimmte Themen meiden, um Konflikten, Fettnäpfchen und Missverständnissen aus dem Weg zu gehen. Tabuthemen für Smalltalk sind im Allgemeinen Politik, Geld, Geschäftliches, aber auch Schwächen, Fehler und Neurosen der eigenen und anderer Personen. Auch ist auf die Angemessenheit eines jeden Smalltalks zu achten. Nutzen Sie Ihr Taktgefühl und menschliches Einfühlungsvermögen, um unangemessene Situationen zu identifizieren. Wer verärgert, wütend oder in Trauer ist, wird kaum ein Ohr für einen gemütlichen Plausch zu zweit haben. Meiden Sie wiederum, selbst diese Gefühle zum Thema eines Smalltalks zu machen.

Tabuthemen im Smalltalk

Private Probleme, Familienprobleme, Konflikte mit Kollegen oder Verwandten, aber auch generelle Antipathien und Vorurteile haben im Smalltalk nichts zu suchen. Meiden Sie Gespräche, in denen es um Fehler und Inkompetenzen anderer, gleich welcher Art, geht. Kurzfristig können Sie sich vielleicht mit Kollegen oder Verwandten solidarisieren, indem Sie gemeinsam über andere Kollegen, Chefs oder Familienmitglieder herziehen. Langfristig erweist sich

Klatsch und Lamentieren sind häufig ein Bumerang

dieses Verhalten jedoch fast immer als verhängnisvoll: Sie laufen Gefahr, sich den Ruf einzuhandeln, als ewiger Zyniker an allem und jeden herumzukritisieren und immer das Negative in Dingen und Personen zu sehen. Niemand mag jedoch notorische Pessimisten, weil sie ihre Mitmenschen in der Entwicklung behindern und meist wenig konstruktiv sind, was die Lösung von Problemen und Aufgaben angeht. Im schlimmsten Fall jedoch führt Ihr kurzfristig orientiertes Verhalten nach einer Weile dazu, dass andere Menschen Abstand von Ihnen nehmen. Wer ständig schlecht über andere redet, so sagt sich mancher, wird dies in meiner Abwesenheit wohl auch über mich tun.

Auch die Unternehmens- und Gruppenkultur leidet unter Klatsch

Aufrichtige, ehrliche und authentische Menschen sprechen nicht schlecht über Abwesende. So einfach es sich in vielen Fällen auch realisieren lässt: Unterliegen Sie nicht der Versuchung, sich durch sarkastisch-ironische, kritisierende Bemerkungen bei anderen Menschen beliebt zu machen. Was kurzfristig im Rahmen des Smalltalks Erfolg verspricht, kann auf lange Sicht nach hinten losgehen. Gemeinsames Lästern oder Jammern mag kurzfristig die Sozialisierung und das „Wir"-Gefühl fördern, hat langfristig jedoch negative Implikationen auf die Wahrnehmung Ihrer persönlichen Integrität durch andere. Auch die Unternehmens- und Gruppenkultur leidet unter einer Jammer- und Lästeratmosphäre.

Vorsicht mit ungebetenen Ratschlägen

Vermeiden Sie neben Tabuthemen auch typische Gesprächsstörer und Gesprächskiller: Achten Sie darauf, nicht als ungebeter Ratgeber, Rechthaber oder Besserwisser aufzutreten. Ebenso wichtig ist die Ausgewogenheit zwischen Ihrer Redezeit und der Zeit, die Sie dem aktiven Zuhören Ihrer Gesprächspartner widmen. Wer nur von sich selbst erzählt, führt einen Monolog, jedoch kein Gespräch. Verzichten Sie deshalb darauf, sich minutenlang in der Gruppe zu profilieren. Lassen Sie auch die anderen zu Wort kommen. Nichts ist unangenehmer, als einen Smalltalk in der Form ausarten zu sehen, dass Ihr Gegenüber Ihnen seine ganze Lebensgeschichte erzählt und sein Herz mit allen Sorgen, Nöten und Problemen ausschüttet. Niemand mag Endlos-Erzähler und Quasselstrippen. Projizieren Sie diese Erkenntnis auf sich selbst und halten Sie Maß, wenn Sie von und über sich erzählen.

Smalltalk kann ein Instrument wirksamen Networkings sein (Kapitel 4.1.). Um ein Netzwerk zu erhalten und zu pflegen, müssen Sie jedoch auch das Interesse der Mitmenschen an Ihnen und einer Beziehung zu Ihnen erhalten. Der Zusammenhalt eines Beziehungsnetzwerks resultiert primär aus dem gegenseitigen Nutzen im Sinne eines Win-Win-Verhältnisses. Gleichzeitig müssen Sie aber auch als Mensch sympathisch sein und interessant bleiben. Wenn Sie bereits im kleinen Rahmen von Smalltalk versuchen, alles über sich zu erzählen, handeln Sie kontraproduktiv. Erhalten Sie stattdessen die Spannung, das Interesse und die Neugierde am Leben, um sich auch beim nächsten Treffen noch gegenseitig etwas erzählen zu können.

Als typische Gesprächskiller sind beim Smalltalk übermäßige Ironie, Sarkasmus sowie jeder Form von Kritik und Vorwürfen zu vermeiden. Ersteres kann verletzend wirken und dem anderen das Gefühl geben, dass Sie ihn nicht für voll nehmen. Auch hinterlassen Sie so tendenziell einen arroganten und überheblichen Eindruck. Kritik und Vorwürfe hingegen provozieren fast immer Rechtfertigungen, Entschuldigungen oder allgemein Reaktanz. Wie Sie mit Gesprächsstörungen dieser Art umgehen, lesen Sie im weiter hinten folgenden Abschnitt „Kommunikationsstörungen". Auf jeden Fall haben diese Elemente im Smalltalk nichts zu suchen, ebenso wie Ärger, Wut oder ähnlich intensive und vor allen Dingen negative Emotionen.

Kritik, Ironie und Sarkasmus vermeiden

Vermeiden Sie den Fehler, sich durch andere provozieren zu lassen oder aber bei Angriffen in die Defensive zu gehen. Rechtfertigungen und Verteidigung spitzen eine Situation meist zu und führen vom Hundertsten ins Tausendste, was insbesondere beim Smalltalk keinen Sinn macht. Statt eines zwanglosen Austauschs bewegen Sie sich schnell in einem Streit auf Nebenkriegsschauplätzen. Sind Sie mit einer Aussage oder einem angeschnittenen Thema in ein Fettnäpfchen getreten, entschuldigen Sie sich sachlich dafür. Haben Sie einen inhaltlichen Fehler begangen, bedanken Sie sich bei Ihrem Gesprächspartner für den Hinweis.

Machen Sie aus einem Smalltalk keine Diskussion

Entspannen Sie sich zu guter Letzt und verabschieden Sie sich von der Vorstellung, eine Gesprächspause wäre eine Katastrophe. Natürlich soll Smalltalk ungezwungen fließen, doch eine Pause ist kein Beinbruch. Ebenso wie beim Finden eines geschickten Einstiegs in den Smalltalk gilt auch in dieser Situation: Setzen Sie sich nicht unter Druck. Fragen Sie sich nicht zwanghaft, was Sie noch sagen könnten. Nutzen Sie vielmehr wiederum die Neugierde, um das Gespräch wieder in Gang zu bringen: Was interessiert Sie noch? Oftmals reicht eine Frage, um sofort wieder im Gespräch zu sein. Im Zweifelsfall nehmen Sie es mit Humor und nutzen Sie das Schweigen selbst oder ein Fettnäpfchen als Aufhänger für den Wiedereinstieg.

Positiver Abschluss und zukünftiger Aufhänger

Einen gekonnten Ausstieg aus dem Gespräch finden

Für Smalltalk gilt allgemein: Halten Sie die Konversation kurz, lassen Sie das Gespräch nicht zu lang werden. In den meisten Fällen ist es besser, sich gekonnt und proaktiv aus einer Konversation zu verabschieden, als sich in einer Gesprächspause fortzuschleichen, weil Sie „sich nichts mehr zu erzählen haben".

Der geschickte Abschluss eines Smalltalks ist situationsgebunden, es gibt kein grundsätzliches Schema. Gerade aber, wenn Ihnen die begonnene Konversation zu viel wird, Sie beispielsweise einem Endlos-Erzähler aufgesessen sind, hilft das aktive Senden von Schlusssignalen. Dies können bei einem Gespräch am Schreibtisch das Ordnen und Zusammenpacken der Unterlagen sein, mehrere nervöse Blicke auf die Uhr, das Aufstehen oder das Vorrutschen auf die Vorderkante der Stuhlsitzfläche. Reagiert Ihr Gegenüber trotzdem nicht, werden Sie direkt und machen klar, dass Sie das Gespräch gefreut hat und Sie leider nun einen Termin haben.

Der erste Eindruck entscheidet, der letzte Eindruck bleibt.

Schaffen Sie einen Aufhänger für das nächste Mal

Wichtig ist in jedem Fall ein positives Feedback und ein positiver Ausklang, um die gruppen- und beziehungsfördernde Funktion des Smalltalks wirken zu lassen. Gleichzeitig sollten Sie Ihrem Gesprächspartner einen Anknüpfungspunkt für das nächste Mal geben oder zumindest betonen, sich auf ein Wiedersehen oder einen späteren, weiteren Plausch zu freuen. Passende Schlussformulierungen sind zum Beispiel:

„Es hat mich gefreut, Sie wieder gesehen zu haben/Sie kennen gelernt zu haben."

„Darüber müssen wir beim nächsten Mal unbedingt sprechen. Jetzt muss ich leider zu einem Termin."

„Bis zum nächsten Mal."

„Das ist wirklich ein spannendes Thema. Ich bin beeindruckt, Sie kennen sich da ja richtig aus. Ich muss jetzt leider weg/wieder an die Arbeit, aber erzählen Sie mir nachher, wie die Sache ausgegangen ist."

Kommunikationsstörungen

Professionelles Kommunizieren besteht nicht nur darin, grundlegende Techniken der Gesprächsführung wie Fragetechniken, aktives Zuhören, Moderation sowie Verhandlungstechniken zu beherrschen und anzuwenden. Professionelles Kommunizieren setzt auch voraus, dass Sie mit Kommunikationsstörungen geschickt umgehen können. Dazu gehört das Erkennen von Konflikten und Kommunikationsstörungen, das Analysieren und Verstehen von Ursachen, Motivationen und Rollen im Kommunikationsprozess sowie das bewusste Anwenden von Lösungsstrategien, um Störungen und Konflikte zu beseitigen sowie zukünftig präventiv zu verhindern.

Umgang mit Kommunikationsstörungen

Der vorliegende Abschnitt vermittelt Ihnen dazu die wesentlichen Störfaktoren zwischenmenschlicher Kommunikation. Es erwarten Sie Grundlagen in der Transaktionsanalyse, das heißt der Auseinandersetzung mit unterschiedlichen Rollen und Haltungen bei der Kommunikation zwischen Menschen. Im Anschluss daran werden Sie sich mit typischen Formen des Widerstands beim Gesprächspartner sowie mit konkreten Ausprägungen dieser so genannten Reaktanz auseinander setzen. Mit diesem Wissen im Hintergrund lernen Sie danach, welche typischen Gesprächsstörer und Verhaltensweisen Reaktanz provozieren und zu guter Letzt, wie Sie am besten an die Lösung von Kommunikationsstörungen herangehen.

Kommunikationsrollen identifizieren mittels Transaktionsanalyse

Die Transaktionsanalyse wurde von Thomas A. Harris und Eric Berne wissenschaftlich begründet. Sie bietet ein Rollenmodell, um typische Abläufe zwischenmenschlicher Kommunikation und charakteristische Gesprächshaltungen besser zu verstehen. Das Modell formuliert drei Rollen oder Ich-Formen, die eine Person im Gespräch einnehmen kann:

- 1. Kind-Ich
- 2. Eltern-Ich
- 3. Erwachsenen-Ich

Die Charakterisierung dieser Rollen mitsamt ihrer Eigenschaften, Gedanken, Gefühlen, typischen Verhaltensweisen und Beziehungen zueinander erläutert klassische Reaktionen von Gesprächspartnern. Die Transaktionsanalyse leistet somit einen bedeutenden Beitrag zum Verständnis, wodurch Kommunikation gestört und Widerstandsverhalten wie zum Beispiel Trotz, Auflehnung, Starrsinnigkeit, Bockigkeit oder Ungehorsam provoziert wird. Das Wissen darüber erleichtert Ihnen eine reibungslosere Kommunikation und Interaktion innerhalb von Gruppen und fördert damit aktiv jede Gruppenentwicklung.

Kind-Ich

Das Kind-Ich als spontane, intuitive und unbeeinflusste Rolle

Das Kind-Ich ist die erste Kommunikationsrolle, die wir einnehmen können und im Leben auch tatsächlich einnehmen. Es ist in seiner Grundform das spontane, intuitive, echte (im Sinne von weitgehend unbeeinflusste) Ich. Das Kind-Ich wird mit wachsendem Alter nicht abgelegt, sondern kommt in vielen Situationen zutage, zum Beispiel, wenn Sie etwas spontan wollen, mit etwas gefühlsmäßig absolut nicht einverstanden sind oder wenn Sie unkontrolliert und ungeprüft Dinge äußern oder tun.

Das Kind-Ich wird durch Erziehung gemaßregelt und „sozial angepasst"

Das typische Kind-Ich wird bereits in jüngstem Alter durch den Einfluss der Eltern und der Gesellschaft (Verwandte, Ärzte, später Kindergärtner, Lehrer etc.) angepasst. Ziel dabei ist die Assimilierung in der Gesellschaft und die Anpassung an gesellschaftliche Normen, Standards, Verhaltensweisen, Werte und Moralvorstellungen. Diese Anpassung wird mehr oder weniger in Form von „Erziehung" aufgezwungen. Dies führt in den verschiedenen Entwicklungsphasen eines Kindes, Jugendlichen und Erwachsenen zu verschiedenen Formen des Trotzes, der Verweigerung und des Widerstands. Ein solches Verhalten wird allgemein als Reaktanz bezeichnet. Aus dem spontanen Kind-Ich entwickeln sich in der Folge das angepasste und das trotzige Kind-Ich. Letzteres nimmt eine entscheidende Stellung bei vielen Kommunikationsstörungen ein, wie die folgenden Abschnitte verdeutlichen.

Wichtig im Rahmen der Transaktionsanalyse ist die Erkenntnis, dass das Kind-Ich tatsächlich und authentisch vorliegen kann, aber auch eine freiwillig angenommene Rolle sein kann. Als Erwachsener zeitweilig freiwillig in die Rolle des Kind-Ichs zu schlüpfen, hat handfeste Vorteile: Die meisten Menschen haben in ihrem Leben die Erfahrung gemacht, dass es beim Bedarf von Hilfe mitunter eine effektive Strategie ist, sich klein, schwach und hilflos zu gebärden. In vielen Fällen bewegen Sie auf diesem Weg einen Menschen am schnellsten dazu, Ihnen zu helfen. Der Grund: Die demonstrierte Hilflosigkeit bietet dem Helfenden die Möglichkeit, in der Rolle des helfenden Eltern-Ichs die eigene Überlegenheit und Macht voll auszuleben, ohne dabei Widerstand zu provozieren. Dies verdeutlicht die Betrachtung des Eltern-Ichs. Beispiele für Aussagen aus dem Kind-Ich:

Das Kind-Ich kann eine authentische, aber auch eine freiwillig angenommene Rolle sein

„Ich will das unbedingt haben – das ist toll!"
„Ich habe überhaupt keine Ahnung, wie das geht."

Eltern-Ich

Das Eltern-Ich nimmt in der Transaktionsanalyse und in der Analyse und Behebung von Kommunikationsstörungen die Schlüsselrolle ein. Obwohl es viele negative Eigenschaften und Merkmale vereint, die zu Konflikten, sozialen Spannungen und Missverständnissen führen, kommunizieren die meisten Menschen relativ oft aus dem Eltern-Ich heraus – und dies nicht unbedingt nur Kindern gegenüber.

Das Eltern-Ich repräsentiert in gewisser Weise das soziale Gewissen unserer Selbst und der Gesellschaft. Es verkörpert Werte, Normen, Gebote und Verbote und artikuliert, was man besser tun und besser sein lassen sollte. Ist diese Funktion auf der einen Seite zu begrüßen, ist die Art und Weise der Kommunikation aus dem Eltern-Ich heraus auf der anderen Seite problematisch: Die Rolle des Eltern-Ichs verursacht mit Abstand die meisten Kommunikationsstörungen. Das Eltern-Ich ist wertend und urteilend, kritisch,

Das Eltern-Ich als soziales und moralisches Gewissen der Gesellschaft

mahnend, häufig bevormundend, moralisierend, besserwisserisch und gelegentlich autoritär. Obwohl das, was wir aus unserem Eltern-Ich heraus artikulieren, häufig gut gemeint ist und helfen soll, ist es selten erwünscht. Das Wohlmeinende verliert sein positives Potenzial genau dann, wenn es den Gesprächspartner bevormundet und ihn durch eine anscheinende Vorauswahl von „gut" und „richtig" in seiner individuellen Wahlfreiheit einschränkt. Bestes Beispiel ist ein gut gemeinter, aber (noch) nicht gewünschter Rat oder der Versuch, Trost zu spenden, wenn nur Verständnis gefragt ist.

Das besserwisserische Eltern-Ich provoziert Reaktanz

Der Ratgebende mag ehrlich helfen wollen, erwirkt aber durch vorzeitiges Urteilen und unerwünschtes „Belehren" eher das Gegenteil, nämlich Widerstand. Der Grund wird anhand typischer Gesprächsstörer im Folgenden klar. Allgemein liegt das Problem in vielen Fällen darin, dass das Eltern-Ich mit seinen Äußerungen beim Gesprächspartner den Eindruck erweckt, nicht „für voll genommen", nicht respektiert und vor allen Dingen nicht wertgeschätzt und verstanden zu werden.

Das Eltern-Ich als Standardrolle von erziehenden Bezugspersonen

Das Eltern-Ich ist in der Alltagskommunikation so verbreitit und wird so gern bei jeder sich bietenden Gelegenheit genutzt, weil es eine Position der Stärke, Macht und Überlegenheit manifestiert. Ohne die folgenden Rollen in ein negatives Licht zu rücken, steht es in vielen Funktionen und Eigenschaften stellvertretend für Erziehungsberechtigte, Kindergärtner, Lehrer oder anderweitig erziehende Bezugspersonen. Unbewusst verfallen Menschen in das Eltern-Ich, weil es ihnen eine einzigartige Form des Wohlgefühls und der Selbstbestätigung gibt: Wer im Eltern-Ich kommuniziert, stärkt sein Selbstbewusstsein, auch wenn diese Kommunikation häufig besserwisserisch, gering schätzend, barsch und vorwurfsvoll ist. Fast alle der weiter hinten dargestellten Gesprächsstörer entstammen dem Eltern-Ich. Beispiele für Aussagen aus dem Eltern-Ich:

„Du solltest erst die Hausaufgaben machen, bevor du wieder ewig im Internet surfst!"

„Das machen Sie am besten, indem Sie zuerst die Tabelle erstellen und diese dann im Dokument einfügen. Ansonsten bringt das Programm meinen ganzen Text durcheinander."

Erwachsenen-Ich

Das Erwachsenen-Ich stellt die dritte und reife Kommunikations-rolle im Sinne der Transaktionsanalyse dar. Sie ist die weitgehend objektive Ich-Ausprägung, wie sie zum Beispiel insbesondere bei Managern und Wissenschaftlern anzutreffen ist.

Erwachsenen-Ich als reife Kommunikations-rolle

Im Erwachsenen-Ich kommunizieren wir sachlich-nüchtern mit Bedacht und Vernunft. Aussagen aus dem Eltern-Ich heraus sind im Regelfall das Ergebnis sorgfältiger Abwägung. Im Gegensatz zum spontan-naiven Kind-Ich sind wir im Erwachsenen-Ich in der Lage, Dinge objektiv zu analysieren, Folgen abzuschätzen und komplexe Ursache-Wirkungszusammenhänge in Entscheidungsprozesse zu integrieren. Entscheidungen erfolgen somit zweckrational und nach eingehender Prüfung. Das Erwachsenen-Ich kommuniziert und in-teragiert realitätsbezogen, sammelt Tatsachen und wertet diese aus, bevor eine Aussage getroffen oder eine Handlung vollzogen wird. Es kalkuliert, bewertet und urteilt, dies jedoch auf der Sachebene und in neutraler und konstruktiver Weise. Selbst wenn eine aus dem Erwachsenen-Ich gesendete Botschaft inhaltlich einer Aussage des Eltern-Ichs gleicht, macht der Ton die Musik und den Wirkungs-unterschied. Das Erwachsenen-Ich ist weniger bevormundend.

Die sachorientierte und sachliche Kommunikation im Erwachse-nen-Ich ist somit ein Garant für effektive und effiziente Kommuni-kation. Kommunikationsstörungen treten bei dieser Form seltener auf. Entstehende Konflikte sind auf inhaltlichen Dissens oder gene-relle Beziehungsstörungen zurückzuführen, nicht jedoch auf die im Einzelfall konkrete Art und Weise, wie miteinander kommuni-ziert wurde. Das typische Beispiel für Kommunikation im Erwach-senen-Ich ist der Austausch von Informationen, beispielsweise die nüchterne Frage und Antwort nach der Uhrzeit. Beispiele für Aussagen aus dem Erwachsenen-Ich:

Effektive und effiziente Kommunikation erfolgt aus dem Erwachsenen-Ich heraus

„Ich schlage Ihnen vor, das Treffen schon vorzuziehen. Sagen Sie mir bis 14 Uhr Bescheid, ob Ihnen das passt, ansonsten bleibt alles wie besprochen."

„Wenn ich dich richtig verstehe, geht es dir vor allem darum, eine weitere Aussprache zu erreichen. Ich persönlich würde in einer solchen

Situation noch ein paar Tage warten, damit sich die Emotionen ein wenig abkühlen. Aber ich kann auch verstehen, dass du so schnell wie möglich eine Lösung anstrengen möchtest."

Perspektiven einer Nachricht

Sachinhalt

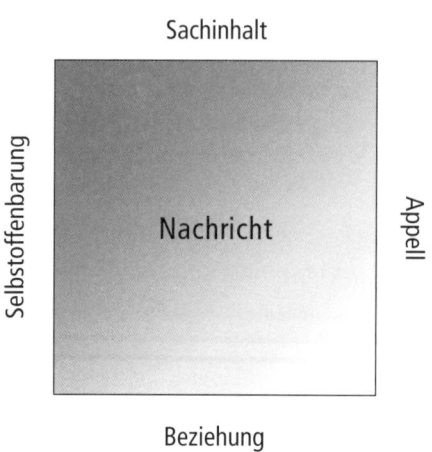

Beziehung

Abbildung 46: Die vier Perspektiven einer Nachricht

Im Kapitel 2.2. zum Thema Rhetorik haben Sie bereits die Dreiteilung von Kommunikationsprozessen in Sender, Empfänger und Sache kennen gelernt. Dieses Konzept und die folgenden „Perspektiven einer Nachricht" ermöglichen Ihnen Orientierung beim Analysieren und Lösen von Kommunikationsstörungen.

Die vier Perspektiven einer Nachricht sind dabei die Sache, die Beziehung, die Selbstoffenbarung und der Appell.

Sache

Welche Sachaussage enthält eine Nachricht? Die Sachebene beinhaltet den rein informativen Teil einer Nachricht. Jede Aussage spiegelt eine Feststellung oder einen Fakt wider, der sachlich-nüchtern ohne Berücksichtigung von Tonfall, Mimik und Gestik oder unterschwellig mitklingenden Aussagen einzeln betrachtet werden kann. Die isolierte Betrachtung der Sachebene kann jedoch irreführen, zum Beispiel, wenn die Sache nur als Vorwand oder Aufhänger genommen wird, jedoch eigentlich etwas ganz anderes kommuniziert werden soll. Scheinbar sachlich geführte Konversationen können dann ihrer Motivation nach beziehungsfokussiert sein, eine Selbstoffenbarung unterstützen oder appellartigen Charakter haben. Die Schwierigkeit liegt beim Interpretieren des Sachinhalts darin, herauszufinden, ob die auf der Sachebene zu identifizierende Information tatsächlich so gemeint war, wie sie beim Analysierenden oder beim Gesprächspartner ankommt.

Beziehung

In der Art und Weise, wie Sie sprechen, in Ihrer gesamten Gesprächshaltung spiegelt sich fast immer auch eine bestimmte Haltung Ihrem Gesprächspartner gegenüber wider. Dies ist die Beziehungsseite einer Nachricht. Wann Sie etwas sagen, wie Sie etwas sagen oder dass Sie das Gesagte überhaupt aussprechen, lässt in fast allen Fällen einen Rückschluss auf Ihre Beziehung zu Ihrem Gesprächspartner zu. Hier zeigen sich Machtverhältnisse, Persönlichkeitsmerkmale und Charakterzüge wie Schüchternheit, Selbstbewusstsein, aber auch freundliche, feindliche, neutrale oder kühle Grundeinstellungen dem Gesprächspartner gegenüber.

Was sagt die Nachricht über Ihre Beziehung zum Gesprächspartner aus?

Selbstoffenbarung

Mit fast jeder Aussage geben Sie neben den reinen Sachinformationen und unterschwelligen Botschaften über die gegenseitige Beziehung auch etwas über sich selbst preis. Ihre Stimmlage und Intonation, ob Sie leise oder laut sprechen und ob und wie Sie etwas betonen, spiegelt etwas über Sie selbst wider. Auf der Selbstoffenbarungsebene senden Sie mit einer Nachricht, ob Sie erfreut, verärgert, erregt, begeistert, überzeugt, zweifelnd oder eher emotionslos sind. Eine sachliche Feststellung an sich genügt in zwischenmenschlicher Interaktion in den wenigsten Fällen – meist benötigt Ihr Gegenüber die weiteren Informationen, die Sie mit Ihrer Botschaft senden, um diese zu interpretieren und adäquat zu reagieren.

Was sagt die Nachricht über Sie selbst und Ihre aktuellen Gefühle aus?

Was Sie also inhaltlich tatsächlich sagen, ist immer nur ein Teil der Botschaft, die Sie senden. Die nonverbalen Signale und Informationen auf den vier Ebenen der Nachricht machen effektive Interaktion und Gruppenzusammenarbeit erst möglich.

Appell

Was wollen Sie mit Ihrer Aussage beim Gegenüber erreichen?

Die vierte Seite einer Nachricht, Mitteilung oder Aussage besteht aus einer Aufforderung. Menschen sind allgemein anreizgesteuert und zielorientiert, das heißt, hinter jeder Handlung und Aussage steckt ein offensichtlicher oder unbewusster Grund. In den meisten Fällen wollen Sie also etwas erreichen, wenn Sie sich zu Wort melden. Die Motivation hinter einer Aussage zu identifizieren, macht es erforderlich, die Appellseite einer Nachricht zu betrachten. Was wollen Sie, oder was will Ihr Gegenüber mit seiner Mitteilung erreichen? Enthält oder ist die Aussage eine direkte Aufforderung, etwas zu tun? – Das wird nur in einem begrenzten Teil der Fall sein. Aber auch in jedem Überzeugungsgespräch, jeder Verhandlung und jeder Erzählung liegt ein Appell. Sie sollen etwas verstehen, glauben, erfahren.

Ein wesentliches Merkmal von Kommunikationskompetenz liegt in der Fähigkeit, nicht nur nach dem „Was" einer Nachricht zu suchen, also der reinen Sachinformation, sondern auch nach dem „Warum" einer Nachricht zu fragen, zum Beispiel nach dem enthaltenen Appell. Gerade die Fälle, in denen Sie auf die Frage „Warum erzählt er mir das?", keine spontane Antwort finden, sind für ein reibungsloses zwischenmenschliches Miteinander besonders wichtig. Denn wie weiter hinten im Abschnitt zu den Gesprächsstörern dargestellt, ist häufig nicht die Sachinformation einer Aussage das Problem bei Konflikten, sondern die Motivation hinter dieser Botschaft.

Widerstand beim Gesprächspartner

Kommunikationsstörungen sind häufig auf so genannte Gesprächsstörer zurückzuführen. Diese Gesprächsstörer provozieren Widerstand beim Gesprächspartner, die so genannte Reaktanz. Christian-Rainer Weisbach stellt in seinem Buch „Professionelle Gesprächsführung" dazu grundlegend vier, im weiteren Sinne fünf Arten der Reaktanz und deren Auslöser vor. Typische Widerstandsarten sind dabei:

- 1. Trotz
- 2. Zuwendung zur verwehrten Alternative

- 3. Indirekte Freiheitswiederherstellung
- 4. Offene Aggression
- 5. Reaktanzkumulation (Nachtragen)

1. Trotz

Trotz ist das typische Verhalten von hilflosen Menschen, gegen etwas zu opponieren, das sie gegen ihren Willen ertragen müssen. Es ist das typische Verhalten von Kindern, die etwas gesagt und angewiesen bekommen, das ihrem Willen oder ihrer Meinung widerspricht, in der gegebenen Situation jedoch für sie trotzdem weitgehend verbindlich ist. Trotz ist eine Widerstandsreaktion, seinen Unmut über etwas verbal oder nonverbal zu äußern. Die ungewünschte Sache muss und wird im Regelfall jedoch trotzdem akzeptiert bzw. durchgeführt. Trotz manifestiert sich im bewussten Überschreiten von Grenzen, zum Beispiel Verhaltensvorschriften, und im bewussten Beharren auf einem Standpunkt. Dieses Beharren erfolgt sogar dann, wenn bereits objektiv klar ist, dass ein Standpunkt unhaltbar, falsch oder anderweitig inakzeptabel ist.

Widerstand trotz besseren Wissens

Trotzverhalten ist für Gruppeninteraktion und die Entwicklung einer funktionierenden Gruppe deshalb gefährlich, weil es erstens in vielen Fällen unberechenbar und zweitens in den meisten Fällen unkonstruktiv ist. Trotzverhalten verhindert und bremst Konfliktlösungen und kann effizienzhemmend wirken.

Trotz ist die typische Widerstandsreaktion auf die Einschränkung persönlicher Freiheiten. Entsprechendes Verhalten ist darin motiviert, sich selbst zu bestätigen und anderen zu zeigen, dass man nicht alles mit sich machen lässt. Wenn Sie also „trotz" eines Verbots in eine Straße fahren, die auferlegte Mülltrennung durch bewusstes Falschplatzieren von Abfällen sabotieren oder unerwünscht auferlegte Aufgaben bewusst warten lassen, handeln Sie trotzig. Auch wenn es Ihnen praktisch in der Regel wenig bringt, zeigen Sie so klar, dass Sie nicht alles mit sich machen lassen, demonstrieren einen Teil der Ihnen noch verbliebenen Macht. Das zugrunde liegende Motto lautet in vielen Fällen „Jetzt erst recht!", „Die können mich mal!" oder „Dem werde ich es zeigen!".

Trotz als Selbstbestätigung in machtlosen Situationen

2. Zuwendung zur verwehrten Alternative

Reaktion auf die Einschränkung der Wahlfreiheit

Die Zuwendung zur verwehrten Alternative ist ein typisches Verhaltensmuster, wenn Sie bei der Auswahl zwischen verschiedenen Optionen zu einer Option gedrängt werden sollen. Auch hier spielt die Tatsache mit, dass Sie sich in Ihrer Wahlfreiheit eingeschränkt und manipuliert fühlen, wenn man Ihnen etwas aktiv, beharrlich und vehement „nahe legt". Typisches Widerstandsverhalten zeichnet sich in dieser Situation dadurch aus, dass vom sonst rational prüfenden und abwägenden Erwachsenen-Ich auf das trotzige Kind-Ich umgeschaltet wird. Dieses empfindet den gegebenen Rat als Bevormundung und lehnt die empfohlene Option daher tendenziell ab. Die vorhandenen Wahlmöglichkeiten werden nicht mehr objektiv bewertet, insbesondere nicht die empfohlene.

Die verwehrte Alternative gewinnt an Attraktivität

Während die Alternative, zu der Sie gedrängt werden sollen, im typischen Reaktanzverhalten an Attraktivität verliert, wirken die anderen Optionen plötzlich besonders interessant. Die Ausprägung dieses Verhaltens lässt sich steigern, indem die anderen Optionen im Laufe des Gesprächs sogar verwehrt werden, das heißt, „nicht empfehlenswert" oder „nicht mehr verfügbar" sind. Die Abwendung von der empfohlenen Lösung und die Hinwendung zur verwehrten Alternative sind das typische Verhaltensmuster, um seinem Gegenüber die eigene Individualität und das Bestehen auf die eigene Wahl(-freiheit) zu demonstrieren. Das Motto lautet: „Das müssen Sie schon mir überlassen" oder „Ich entscheide selbst, und lasse mir nichts in den Mund legen".

3. Indirekte Freiheitswiederherstellung

Heimliche Genugtuung, es hinter dem Rücken doch anders zu machen

Bei der indirekten Freiheitswiederherstellung wird einer Weisung, Maßregelung oder einem „gut gemeinten Rat" vermeintlich Folge geleistet, jedoch heimlich das genaue Gegenteil gemacht. Die Art des Widerstands zielt auf die persönliche Genugtuung, sich nichts vorschreiben zu lassen, ohne jedoch den offenen Konflikt anzutreten. Obwohl Sie einer Weisung oder Empfehlung formal gefolgt sind, führt Ihr Handeln zum gleichem oder ähnlichem Ergebnis, als wenn Sie die Weisung negiert hätten. Beispiel: Sie liegen mit einem Kollegen im Konflikt über die Raumtemperatur, und dieser fordert Sie auf, doch nicht ständig die Heizkörper aufzudrehen, da ihm die Luft im Büro zu warm ist. Sie lassen die Heizung in Ruhe, schließen jedoch heimlich bei jeder Möglichkeit die Fenster, damit es nicht zu kalt wird. Das Ergebnis solchen Verhaltens ist objektiv meist nachteiliger, als einer Weisung nicht nachzukommen. Im Beispiel bleibt die Raumtemperatur weiterhin halbwegs warm, jedoch sinkt der Anteil frischer Luft.

Ebenso anzutreffen ist die indirekte Freiheitswiederherstellung bei Fragebögen mit Pflichtfeldern, zum Beispiel bei der Registrierung für Dienste im Internet. Wer sich mit Angaben zu bestimmten Lebensbereichen konfrontiert sieht, die er nicht machen will, aufgrund der Pflichtfeld-Deklaration jedoch tätigen muss, um die Registrierung abzuschließen, füllt diese in der Regel nicht wahrheitsgemäß aus. Die Deklaration von Feldern in einem Onlineformular als Pflichtfeld erleben wir wieder als Einschränkung unserer Wahlfreiheit – und reagieren entsprechend. Wir folgen also den Sachzwängen, der andere hat jedoch durch seine Forderung nichts gewonnen. Diese Erkenntnis wird als ausreichende Genugtuung empfunden, ohne dass der Konflikt offen ausgetragen werden muss.

Bewusste Fehlangaben in fragwürdigen Formularpflichtfeldern

4. Offene Aggression

Anders sieht es bei der offenen Aggression als vierter Form von Reaktanzverhalten aus. Hier wird Widerstand in klarer Form artikuliert und gegen eine Beeinflussung, Manipulation oder allgemeine Einschränkung der individuellen Freiheit offensiv opponiert. Dieser Widerstand wird in den meisten Fällen verbaler Art sein und sich zum Beispiel darin manifestieren, den anderen durch Ironie und Sarkasmus nicht „für voll zu nehmen". Mangelnder Respekt, Irreführen, Vorführen und „Auflaufen lassen" vor anderen, aber auch das Absprechen von Kompetenz und Berechtigung sind typische Ausprägungen dieser Reaktanzart.

Der Widerstand wird als offener Konflikt ausgetragen

„Herr Moritz, machen Sie sich doch nicht lächerlich. Ich bin nicht gewillt, jetzt jeden Tag die Zahl der getrunkenen Kaffeetassen zu notieren."

„Herr Rimbach, ich glaube, ich weiß selbst, wie ich die entsprechende Rechtsgrundlage ermittle – schließlich habe ich im Gegensatz zu Ihnen studiert und kann mit Büchern umgehen."

Offene Aggression hat in der Betrachtung von Kommunikationsstörungen den Vorteil, dass eine Störung direkt in einen offensichtlichen Konflikt transformiert wird, der mit den Mitteln des Konfliktmanagements aktiv bekämpft werden kann.

5. Reaktanzkumulation und „Nachtragen"

Widerstand und Konflikte unterdrücken, bis „das Fass überläuft"

Anders sieht es bei der fünften Reaktanzform aus: Im Gegensatz
zur offenen Aggression wird hier Widerstand nicht aktiv und mit
nahem Zeitzusammenhang zur Verursachung geleistet, sondern
gesammelt und nachgetragen. Formal und effektiv wird einer
Weisung, einem Rat oder einer Beeinflussung Folge geleistet – der
Gesprächspartner erreicht objektiv sein Sachziel.

Gefährlich ist diese Form unterdrückten bzw. aufgeschobenen
Widerstands, weil der Zeitpunkt des Ausbruchs angestauter Widerstände und Konflikte unberechenbar ist. Zudem fällt eine Reaktion
entsprechend intensiver aus, wenn das Fass abrupt zum Überlaufen
gebracht wurde. In diesem Fall entladen sich alle aufgestauten Emotionen zum Beispiel in einem heftigen Wutausbruch oder handfesten Streit.

Scheinbar fehlender Zusammenhang zwischen Reiz und Reaktion

Verschärfend kommt dann dazu, dass Ihr Gegenüber häufig gar
keinen Zusammenhang zwischen einem Reiz und Ihrer Reaktion
sieht und auch nicht sehen kann. Das Ausbrechen kumulierter
Widerstände zu diesem Zeitpunkt und das Ausmaß der Reaktion
sind für das Gegenüber meist nicht nachvollziehbar. Eine scheinbar völlig überzogene Reaktion liefert in dieser Situation neues
Konfliktpotenzial und verschlimmert die Situation weiter. Wer
nicht erkennt, dass nicht ein konkretes aktuelles Detail Auslöser
einer heftigen Widerstandsreaktion ist, neigt ganz natürlich zu
einer entsprechend „gepfefferten" Reaktion:

*„André, ich weiß gar nicht, was du dich so furchtbar aufregst. Es
stehen gerade einmal zwei schmutzige Teller in der Küche. Das ist
doch kein Grund zum Schreien ..."*

*„Herr Rimbach, Sie tun ja gerade so, als ob ich Sie den ganzen Tag
bevormunden und herumdiktieren würde. Ich habe Sie lediglich
gebeten, diesen Vertrag bis heute Abend fertig zu stellen."*

Eine Kleinigkeit löst eine auf den ersten Blick unangemessene Reaktion aus. Ein anscheinender Angriff auf diese Kleinigkeit im Sinne der Sachebene ist tatsächlich aber ein Angriff auf die Person im Sinne der Beziehungsebene. Wenn jemand zu einem Zeitpunkt seine angestauten Widerstände und Konflikte „entlädt", geht es nicht um die jeweilige Sache im aktuellen Kontext, sondern vielmehr um eine „Abrechnung" mit der jeweiligen Person. – Auch hier hilft das Konzept der Nachrichtenperspektiven mit dem Blick auf die Beziehungsebene einer Botschaft.

Das Unterdrücken von Konflikten ist die häufigste Ursache für Kommunikationsstörungen in Familien und vielen Unternehmen: Weil Probleme nicht rechtzeitig angesprochen, diskutiert und angegangen werden, sondern stattdessen verschluckt und unterdrückt werden, baut sich ein enormes Konfliktpotenzial auf, das irgendwann explodiert. Schon daraus ergibt sich die Notwendigkeit, Probleme, Unklarheiten, Meinungsverschiedenheiten und verschiedene Zielvorstellungen so schnell und klar wie möglich anzusprechen und sich über Konflikte oder einen Dissens zeitnah auszusprechen.

Konflikte zu unterdrücken, führt früher oder später zu noch größeren Problemen

Gesprächsstörer – Was provoziert Reaktanz?
Widerstände in Gesprächen resultieren meist weniger aus dem, was Sie sagen, sondern aus der Art und Weise, wie Sie etwas sagen. Problematisch ist vor allen Dingen die häufige und beständige Verwendung so genannter Gesprächsstörer.

Es gibt eine Vielzahl Reaktanz provozierender Gesprächsstörer – und leider finden wir sie fast ständig in unserer täglichen Kommunikation. Kollegen, Freunde oder Familienmitglieder versuchen, uns in täglichen Gesprächen und Auseinandersetzungen zum Beispiel durch folgende Gesprächsstörer zu beeinflussen:

Viele verschiedene Gesprächsstörer

- Befehlen
- Überreden
- Warnen und drohen
- Vorschnelles bewerten
- Herunterspielen
- Nicht ernst nehmen, ironisieren, verspotten

- Lebensweisheiten zum Besten geben
- Von sich reden
- Ausfragen
- Vorschnell Vorschläge, Lösungen und Ratschläge anbieten

Charakteristische Ursachen von Widerstandverhalten sind die Einschränkung des Verhaltensspielraumes, die Einschränkung von Wahlfreiheiten, die Wahrnehmung mangelnder Wertschätzung, mangelnden Respekts sowie der Versuch der Manipulation und Bevormundung. Der folgende Abschnitt sensibilisiert Sie daher für die typischen Probleme, die aus den genannten Gesprächsstörern und daraus provozierter Reaktanz resultieren.

Befehlen

Befehle als Kommunikation zwischen Eltern-Ich und Kind-Ich

Ein klassisches Beispiel für Kommunikation vom Eltern-Ich an das Kind-Ich ist das Befehlen. Sicherlich gibt es unterschiedliche Führungs- und Erziehungsphilosophien, die allesamt ihre Vor- und Nachteile aufweisen. In der heutigen Gesellschaft besteht jedoch zumindest ein breiter Konsens darüber, dass in den meisten Situationen ein Befehl weder für Führungskräfte noch für Eltern der richtige Weg ist, jemandem eine Aufgabe zu übertragen. Leider findet sich gerade diese Form der Gesprächsstörer noch immer auf der Tagesordnung in genügend Familien und Firmen.

Statt unter Berücksichtigung der Erkenntnisse über Motivierung, den Gesprächspartner durch Darlegung der Gründe, Erfordernisse und Rahmenbedingungen dahin zu bekommen, dass er die zu erledigende Aufgabe mit Überzeugung angeht, wird auf diese Weise im besten Fall stupides Ausführen erreicht. Keine gute Grundlage für Spitzenleistungen, die Unternehmenserfolg und Karrieren ausmachen!

Befehlen reduziert Motivation, Selbstwertgefühl, Eigeninitiative und Eigenverantwortung

Wer sich der Befehlsform bedient, unterbindet jede gleichberechtigte Kommunikation, denn Befehlen ist eine unidirektionale Kommunikation, „den Dienstweg oder die Hierarchie hinunter". Wer in der Firma oder Familie zum reinen Befehlsempfänger degradiert wird, fühlt sich weder akzeptiert und für voll genommen noch wird eine solche Person ehrliches Feedback geben oder Verbesserungsvorschläge und alternative Meinungen darlegen.

Sie unterbinden durch Befehlen mögliches Verbesserungs- und Effizienzsteigerungspotenzial auf der einen Seite und verhindern andererseits zufriedene, kreative und motivierte Mitarbeiter, Freunde oder Familienmitglieder. Eine entsprechende Position und Rolle mit dem dazugehörigen Respekt verhelfen zwar ganz sicher dazu, durch Befehlen das gewünschte Ergebnis formal zu erreichen. Der Zielerreichungsgrad und die Qualität des Ergebnisses werden jedoch maximal Mittelmaß erreichen.

Das Ergebnis eines Befehls „Räum dein Zimmer auf!" an das eigene Kind fällt deutlich bescheidener aus, als wenn das Kind durch entsprechende Erziehung und eine offene und gegenseitig respektierende Kommunikation dazu gebracht wurde, ein aufgeräumtes Zimmer selbst als gut, richtig und notwendig zu erachten. Zwar lässt sich mit dem Befehl „Räum dein Zimmer auf!" aus kurzfristiger Sicht vielleicht schneller und einfacher der gewünschte Zustand herbeiführen. Eine Kommunikation allerdings, die auf gegenseitigem Respekt, gemeinsamer Abstimmung und Einfühlungsvermögen beim gegenseitigen Umgang beruht, wird langfristig jedoch das bessere Resultat erzielen: Statt das Aufräumen des Zimmers jedes Mal von neuem anstoßen zu müssen, ermöglicht eine Kommunikation ohne Befehle, dass ein Kind mit wesentlich höherer Wahrscheinlichkeit das Zimmer auch einmal von allein aufräumt.

Befehle schaffen schnelle Ergebnisse, aber selten nachhaltige Verhaltensänderungen

Kritisch am Befehlen ist meist nicht der Inhalt des Befehls, sondern die bevormundende Art und Weise sowie das Demonstrieren von Macht auf der Beziehungsebene. Niemand wird etwas befehlen, wenn er sich nicht weitgehend sicher ist, dass seine Weisung befolgt wird. Damit zeigt jeder Befehl auf der Beziehungsseite jedoch auch genau dieses Unterstellungsverhältnis. Die Art und Weise, die Unterstellung und generell der Tonfall, in dem befehlsartige Weisungen vorgetragen werden, provoziert mit höchster Wahrscheinlichkeit Reaktanz in einer der oben dargestellten Ausprägungen, zum Beispiel also Trotz oder Zuwendung zur verwehrten Alternative.

Befehlen fördert Bevormundung und demonstriert auf der Beziehungsseite vor allem Macht

Überreden

Ein typischer Kommunikationsstörer ist das Überreden. Die negative Aura, die dieses Wort umgibt, verdeutlicht bereits das zugrunde liegende Problem: Überreden heißt, jemanden zu etwas zu bringen, was er eigentlich nicht will. Ob dies durch gekonnten Einsatz von Manipulationstechniken, geschicktes und beharrliches Aufeinandereinreden oder durch Autorität geschieht – in jedem Fall stört Überreden eine ehrliche, offene und langfristig erfolgreiche Kommunikation und Interaktion. Statt Ihre Energie also auf das Überreden zu konzentrieren, suchen Sie besser die Gründe für die Ablehnung Ihres Gesprächspartners gegenüber einer Sache oder Aktivität. Stellen Sie dann einleuchtende, schlagkräftige und evidente Argumente zusammen, um Ihr Gegenüber zu überzeugen, statt zu überreden. Entscheidend dabei ist, sich in die Lage des anderen zu versetzen und für diese Perspektive zu argumentieren.

Versuche des Überredens treten häufig dann auf, wenn sich Gesprächspartner nicht aufmerksam und lange genug zuhören, sich nicht wirklich für Argumente und Meinungen der Gegenseite interessieren oder gar nicht gewillt und in der Lage sind, die Motivation und Gründe des anderen wirklich zu verstehen.

Beständiges Überreden übermittelt unbewusst den Eindruck, die eigenen Meinungen und Interessen über die des anderen stellen zu wollen. Auch wenn es gut gemeint ist und Sie Ihrem Gegenüber „zu seinem Glück verhelfen" wollen, zeugen penetrante Überredungsversuche von mangelndem Respekt dem Gesprächspartner gegenüber, dessen Meinung, Motivation und Beweggründe zu verstehen zu versuchen oder zumindest zu akzeptieren.

Wissen Sie wirklich besser als der andere, was gut für ihn ist? Im Gegensatz zum Befehlen wird beim Überreden dem Gesprächspartner die Möglichkeit oder zumindest der Eindruck gelassen, selbst zu entscheiden. Reaktanz provozierend ist hier aber die Tatsache, dass man die Entscheidung, was gut bzw. besser wäre, dem Gesprächspartner in bevormundender Weise bereits abgenommen hat. Genau dies führt aber zu Widerstand – Ihr Gesprächspartner hat das berechtigte Gefühl, manipuliert zu werden.

Warnen und Drohen

Die Steigerung von Befehlen und Überreden, häufig sogar Begleiter dieser Gesprächsstörer, ist das Warnen und Drohen. Warnen und Drohen stellt eine weitere Verhaltensweise dar, die jede langfristig offene, ehrliche und erfolgreiche Kommunikation untergräbt. Wer sein Gegenüber durch aggressives Warnen und Drohen zu einer Verhaltensänderung zu bringen versucht, zeigt unmissverständlich, dass ihm der Standpunkt des anderen und dessen Beweggründe egal sind. Die Kommunikation verläuft in dieser Situation einseitig, selbst wenn das Gegenüber noch durch Rechtfertigung oder sachliche Argumentation eine Diskussion zu erhalten und in Richtung eines Konsenses zu lenken versucht. Warnen und Drohen muss dabei nicht nur im aggressiv-bedrohlichen Sinn betrachtet werden. Auch gut gemeinte Warnungen können im Charakter von vorschnellen und unerwünschten Ratschlägen ein bedeutender Kommunikationsstörer sein.

Vorwürfe machen

Ein häufiger Gesprächsstörer im Alltag sind Vorwürfe und unkonstruktive Kritik. Vorschnelle Beschuldigungen und Verdächtigungen unterbinden jede ausgewogene und erfolgreiche Kommunikation, weil der Betroffene sofort in eine Verteidigungshaltung gedrängt wird: Statt wertfrei Ursachen und Konsequenzen eines Problems zu analysieren, neigt der Betroffene ganz automatisch dazu, sich zu rechtfertigen. Dies ruft in der Regel wiederum neue Streitigkeiten und Unstimmigkeiten auf den Plan, die sofort ausdiskutiert werden. Durch vorschnelle Vorwürfe gewinnen ein Gespräch oder eine Diskussion in den meisten Fällen eine ganz andere Richtung, die im Sinne einer konstruktiven Problemlösung oder eines nach Objektivität suchenden Gesprächs völlig unerwünscht ist.

Vorwürfe verhindern konstruktive Dialoge

Der Gesprächsstörer „Vorwürfe machen" ist für eine erfolgreiche Kommunikation deshalb so gefährlich, weil Menschen sehr leicht und häufig dazu neigen, bei Problemen sofort einen Schuldigen zu suchen, um sich selbst vor Vorwürfen und Verantwortung zu schützen. Damit wird aber mit nahezu hundertprozentiger Sicherheit Reaktanz beim Gesprächspartner verursacht. In vielen Fällen verwischt der Vorwurf die Kritik an der Sache mit einer Kritik an der Person. Eine objektive, auf die Sache bezogene Kritik wird dann als Angriff auf die eigene Person wahrgenommen und entsprechend reagiert.

Schuldzuweisungen bringen Sie bei Problemlösungen nicht weiter

Das Artikulieren von Vorwürfen und Schuldzuweisungen ist also in der Regel unkonstruktiv. Wer so handelt, konzentriert sich auf etwas Negatives, das in den meisten Fällen nicht mehr zu ändern ist. Es wird sich an der Vergangenheit aufgehängt, statt Geschehenes als geschehen abzuhaken und vorwärts bzw. zukunftsbezogen zu kommunizieren. Auch haftet notorischem Vorwerfen zwischen Freunden, Verwandten oder Familienmitgliedern auf der Beziehungsebene die Aussage an, der andere wäre nicht okay. Dies impliziert den Wunsch oder die Forderung, der andere müsste sich ändern und dann wäre alles besser. Dass Menschen in der Regel jedoch nur beschränkt änderbar sind und eine solche Haltung die soziale und emotionale Kompetenz eines Erwachsenen-Ichs vermissen lässt, beschreibt Thomas A. Harris in seinem Buch „Ich bin O.K., du bist O.K." sehr eindrucksvoll.

Bewerten

Zuhören ohne zu kommentieren

Nur allzu oft erleben Sie, dass von zwei Personen eine die ganze Zeit spricht, während die andere Person lediglich zuhört. Gerade wenn jemand sich etwas „von der Seele reden" will oder einfach nur jemanden braucht, der ihm zuhört, kann die Kommunikation zwischen den beiden Personen extrem gestört werden, wenn der Zuhörer Gesagtes vorschnell bewertet. Wer vorschnell bewertet, erfährt zudem häufig gar nicht den Hintergrund einer Situation oder das tatsächliche Problem. Wenn Sie dem Erzählenden bei erster Gelegenheit ins Wort fallen und eine persönliche Einschätzung geben, wird sich dieser in vielen Fällen gezwungen sehen, Dinge richtig zu stellen oder zu rechtfertigen. Das bringt ihn von seinem eigentlichen Erzählfaden ab.

Bewerten als subtiler Überlegenheitsbeweis

Bewerten ist zudem eine subtile Form, dem anderen die eigene Überlegenheit zu beweisen. Besonders kritisch wird es, wenn Sie dazu neigen, alles und jeden permanent zu bewerten. Das kann für Ihre Gesprächspartner äußerst nervenraubend sein und nach einer Weile dazu führen, dass man Ihnen bestimmte Dinge nicht mehr erzählt, um sich die entsprechende Bewertung oder zumindest Bemerkung dazu zu ersparen. Besonders problematisch ist das bewertende Unterbrechen im Gespräch, wenn der Einwurf nicht mit dem Wunsch des Helfens geschieht, sondern lediglich Einleitung für die Selbstdarstellung ist:

„Das finde ich auch gut. Ich hatte da mal eine ähnliche Situation, bei der ..."

„Da bin ich mir nicht so sicher. Also, bei meiner letzten Freundin, da ..."

In solchen Situationen ist man gar nicht an echtem Zuhören interessiert, sondern will selbst nur reden oder Dinge loswerden. Auf diese Weise sind ein offenes und respektvolles Gespräch und eine für beide Seiten erfüllende und zufrieden stellende Kommunikation kaum möglich. Gleichzeitig zeugt unterbrechendes Bewerten auch von der anmaßenden Einstellung, das eigene Urteil wäre an der jeweiligen Stelle wichtiger als das, was Ihr Gegenüber fortzusetzen gedachte.

Herunterspielen

Ein häufiger Gesprächsstörer ist das Bagatellisieren oder Herunterspielen von Problemen, Sorgen und Nöten. Wenn Sie zum Beispiel von etwas reden, das Ihnen Angst macht, oder Sie sich schrecklich über einen Fehler ärgern, möchten Sie selten Trost oder Beruhigung, sondern primär, dass man Ihnen erst einmal zuhört. Beginnt Ihr Gegenüber jedoch sofort, die Angelegenheit herunterzuspielen, haben Sie schnell den Eindruck, mit Ihren Problemen gar nicht für voll genommen zu werden. Sprüche wie „Das ist doch aber nicht so schlimm!" oder „Mach dir keinen Sorgen!" liegen uns selbst schnell auf den Lippen, sind aber in einer solchen Situation selten angebracht. Vielmehr möchte der Betroffene spüren, dass auf ihn und seine Gefühle eingegangen wird.

Wer bagatellisiert, nimmt sein Gegenüber und dessen Gefühle nicht ernst

Der Gesprächspartner hat auf der anderen Seite den Eindruck, es wäre richtig, seinem Gegenüber jetzt Trost zu spenden und den Konflikt oder das Problem zu relativieren. Genau damit stört er jedoch die Kommunikation. Das Bagatellisieren und Trösten nimmt dem Betroffenen die Einzigartigkeit und individuelle Bedeutung der Situation oder eines Problems. Verlaufen Gespräche zwischen Eltern und Kindern, Freunden oder Partnern dauerhaft auf diese Weise, führt das früher oder später zu einer resignierenden oder trotzigen Reaktion des Formats „Mich versteht doch eh keiner".

Bagatellisieren nimmt dem Betroffenen die Einzigartigkeit seines Problems

Gefühle ansprechen

Richtig ist es, hier, wie in grundsätzlich allen Gesprächen, genau zuzuhören, sich in die Lage des Erzählenden hineinzuversetzen und dessen Sorgen und mitschwingende Gefühle anzusprechen. Schlecht sind dabei Sätze wie dieser:

„Ach komm schon, ist doch halb so schlimm. Mach dir mal keine Sorgen. Ich hatte das auch schon mal. Damals, als ich …"

Besser klingt:

„Du bist sehr besorgt, weil die Bescheinigung immer noch nicht da ist. Ich kann dir dabei leider nicht wirklich helfen und die Sache auch nicht ändern. Ich kann mir aber vorstellen, dass gerade das Schreiben vom Anwalt dich fertig macht, weil du nicht weißt, ob du das Geld jetzt komplett zurückzahlen musst."

Trost und Hilfe kommt in der Regel aus empathischem, aktivem Zuhören und der Fähigkeit, dem anderen das Gefühl zu geben, wirklich verstanden zu werden.

Ursachen aufzeigen und Hintergründe deuten

Besserwisserische Erklärungsversuche

In die gleiche Kategorie der Gesprächsstörer wie das Bewerten fallen das penetrante Aufzeigen von Ursachen und Hintergründen und der Drang, seinem Gesprächspartner alles besserwisserisch erklären zu müssen. Statt aufmerksam und respektvoll zuzuhören und auf die Aufforderung zu warten, dem Gesprächspartner etwas zu erklären, unterbrechen viele Menschen ihr Gegenüber bei der ersten Möglichkeit. Sie fangen sofort an, ihre psychologischen und anderweitigen Kenntnisse preiszugeben. Typisches Muster:

„Ja, das ist klar, dass du in dieser Situation wütend bist. Du hast das Gefühl, aus dem bevormundenden Eltern-Ich abgefertigt worden zu sein. Jetzt schlüpfst du voll in die Rolle des Kind-Ichs und neigst zu einer trotzigen Gegenreaktion."

Derlei Entgegnungen mögen interessant und richtig sein, zeugen aufgrund ihrer besserwisserischen Art jedoch von mangelndem Respekt dem Gesprächspartner gegenüber. Damit stören sie jede Kommunikation in ihrem natürlichen Ablauf.

Der mangelnde Respekt manifestiert sich vor allem darin, dass jemand nicht die Höflichkeit besitzt, sein Gegenüber alle Gedanken zu Ende entwickeln und aussprechen zu lassen. Andererseits zeugt das besserwisserische Erklären, Ursachen aufzeigen und Hintergründe deuten davon, dass man glaubt, Dinge besser zu wissen, zu kennen und zu verstehen – das ist normalerweise nicht nur ein Mangel an Respekt, sondern häufig auch praktisches Anzeichen von Arroganz und Überheblichkeit. Diese stören in der Konsequenz nicht nur jedes Gespräch, sondern töten es auf kürzestem Wege ab.

Schmaler Grat zu Überheblichkeit und Arroganz

Nicht ernst nehmen, ironisieren und verspotten

Weitere Gesprächsstörer sind das „Nicht-Ernst-Nehmen", Ironisieren und Verspotten. Es ist eine typische Verhaltensweise aus dem Eltern-Ich heraus, die Probleme und Sorgen anderer nicht ernst zu nehmen. Dabei ist zu beachten, dass Kommunikation aus dem Eltern-Ich nicht zwingend das typische Eltern-Kind-Verhältnis meint. Auch unter Gleichaltrigen kann diese Verhaltensweise das Gespräch und die Beziehung zueinander belasten.

Es liegt auf der Hand, dass zwei Gesprächspartner nicht sinnvoll und erfolgreich miteinander kommunizieren können, wenn einer den anderen permanent auf den Arm nimmt oder durch lockere Sprüche „cool" wirken will. Wider besseren Wissens und zum Beispiel dem Wunsch folgend, schlagfertig zu sein, läuft Kommunikation jedoch im Alltag vieler gesellschaftlicher Schichten und Situationen genau so ab. Dies ist vor allem in gruppendynamischen Prozessen augenfällig, wo einzelne Gruppenmitglieder sich durch Ironisieren, Verspotten oder Nicht-Ernst-Nehmen bei der Rollenfindung in der Gruppe profilieren wollen. Wer sich jedoch durch regelmäßige „flotte Sprüche" in der Gruppe zu profilieren versucht, läuft langfristig Gefahr, nur noch oberflächlich zu kommunizieren und tatsächliche Probleme nicht mehr wahrzunehmen. Wer schon nach einem schlagfertigen oder lustigen Konter sucht, während der andere noch spricht, kann sich nicht auf das Zuhören konzentrieren und überhört zum Beispiel unterschwellige Äußerungen, die auf Konflikte schließen lassen.

Schlagfertigkeit und „flotte Sprüche" verführen schnell zu oberflächlicher Kommunikation

Lebensweisheiten zum Besten geben

Für die Gesprächsentwicklung ebenso störend wie das Aufzeigen und Erläutern von Ursachen, Motivationen und Zusammenhängen ist es, wenn der Gesprächspartner lediglich mit Lebensweisheiten reagiert. In der Regel ist dieses Verhalten für den Erzählenden sogar noch weniger hilfreich, als konkretes „Besserwissen". Gleichzeitig ist es eine spezielle Form des Nicht-Ernst-Nehmens. Ganz sicher liegen in Sprichwörtern und Lebensweisheiten eine Menge Erfahrung und Wahrheiten. Diese jedoch im Gespräch zum Besten zu geben, wirkt in der Regel neunmalklug. Statt dem Erzählenden sorgfältig zuzuhören, Dinge nachzufragen und auf Aufforderung auch einen Rat oder Hinweis zu geben, wird der Erzählende mit einer scheinbar trivialen Phrase „abgefertigt". Damit erweckt der Sprecher den (oft zutreffenden) Eindruck, an einem intensiveren Gespräch über das Thema nicht interessiert zu sein.

Selbst wenn die Entgegnung passend und im konkreten Kontext relevant ist, erhält der Erzählende doch das Gefühl, mit seiner Situation und seinen Gefühlen nicht wirklich verstanden worden zu sein. Zudem bagatellisiert eine Lebensweisheit die Individualität des persönlichen Problems. „Die Zeit heilt alle Wunden", hilft zum Beispiel der Tochter oder dem Sohn beim ersten Liebeskummer kein Stück weiter. Es gibt im Gegenteil das Gefühl, man würde nicht wirklich verstehen, wie schlimm das Problem ist und wie schwer man damit zu kämpfen hat. Auch Aussprüche wie „Da muss jeder mal durch" helfen nicht, sie bagatellisieren das individuelle Problem. Damit wird nicht nur jedes Gespräch gestört, sondern langfristig auch die zwischenmenschliche Beziehung, in diesem Fall zwischen Eltern und Kind.

Von sich reden

Viele Menschen besitzen die Eigenart, sich in Gesprächen und Diskussionen gern in den Mittelpunkt zu rücken. Sie erzählen am liebsten selbst, beziehen Aussagen anderer sofort auf die eigene Biografie und fallen ständig ins Wort, um ihrem Gegenüber und/oder allen Anwesenden sofort diesen Biografiebezug mitzuteilen.

Wer allerdings ständig nur von sich erzählt und dafür andere gar in ihren Ausführungen unterbricht, maßt sich an, dass der eigene Beitrag bedeutungsschwerer wäre als alles andere. Eine solche Gesprächshaltung tötet ausgewogene Gespräche ziemlich schnell ab, denn statt einem für beide Seiten fruchtbaren Erfahrungsaustausch spricht am Ende nur noch eine Person. Gespräche sind jedoch Dialoge, keine Monologe. Insofern gilt es, in allen Gesprächen sich selbst zu reflektieren und zu kontrollieren, ob Sie vielleicht zu egozentrisch kommunizieren. Neigt Ihr Gesprächspartner häufig zum Gesprächsstörer „Von sich reden", weisen Sie ihn nach einer Weile freundlich, später mit zunehmender Bestimmtheit darauf hin.

Gespräche sind Dialoge, keine Monologe

Sprechen Sie einmal auf der Meta-Ebene darüber, wie Sie miteinander kommunizieren. Das erfordert ein Grundmaß an sozialer und kommunikativer Kompetenz. Ebenso notwendig ist eine grundsätzlich positive und konstruktive Stimmung, denn wenn Sie bereits mit jemandem in einem Streit liegen, ist ein konstruktiver Austausch über die Art und Weise des Miteinanderredens häufig nicht mehr möglich. Wer jedoch entsprechend kompetent und gewillt ist, seine eigene Kommunikation und die Beziehung zu Ihnen dauerhaft zu erhalten und zu intensivieren, ist für einen konstruktiven Hinweis in aller Regel dankbar.

Auf der Meta-Ebene die gemeinsame Kommunikation reflektieren

Ausfragen

Ausfragen ist ein typischer Gesprächsstörer, für dessen Einsatz es hauptsächlich zwei Motivationen gibt. Eine Kategorie der „Ausfrager" sind Gesprächspartner, die relativ wenig Vertrauen zu ihrem Gegenüber besitzen und daher möglichst alles ertragen wollen. Sie sind insofern unangenehme Gesprächspartner, als das Ausfragen in diesem Sinne einem Verhör gleicht. Das in solchen Situationen latente Misstrauen ist einer harmonischen Partnerschaft mehr als abträglich. Hier sind aktiv und schnell vertrauensbildende Maßnahmen gefordert. Die zweite zu beobachtende Kategorie von gesprächsstörenden „Ausfragern" sind Mitmenschen, die an ihren Kommunikationsfähigkeiten arbeiten wollen, es zu Beginn allerdings übertreiben. So neigen Menschen, die etwas über Fragetechniken und Sentenzen wie „Wer fragt, führt" gehört und gelesen haben, eine gewisse Zeit dazu, andere durch Fragen zum richtigen

Ausfragen im Sinne eines Verhörs

Ergebnis führen zu wollen. Problematisch ist, dass Fragen in solchen Fällen so subtil gestellt werden, dass sie den Erzählenden mitunter in eine andere Richtung lenken, als er aus freien Stücken einschlagen würde.

Zu viele Fragen Ein permanent Fragen stellender Gesprächspartner hört in der Regel nicht richtig zu, ist wenig geduldig und zeigt seinem Gegenüber durch das Ausfragen eine gewisse Respektlosigkeit. Häufig erweckt das Anbringen von Fragen in hoher Frequenz im Erzählenden das Gefühl, sein Gegenüber würde ihm nicht zutrauen, allein und in angemessener Geschwindigkeit zum Punkt zu kommen. Diese Ungeduld und das daraus resultierende mangelhafte Zuhören stören jedoch nicht nur den Gesprächsfluss, sondern machen den Fragenden auf Dauer auch unsympathisch.

Vorschnell Vorschläge, Lösungen und Ratschläge anbieten

Gut gemeint, Ein Gesprächsstörer, der häufig von Älteren gegenüber Jüngeren
doch ungebeten begangen wird, ist das vorschnelle Anbieten von Vorschlägen, Lösungsmöglichkeiten und Ratschlägen. Es ist das typische Kommunikationsverhalten aus dem Eltern-Ich heraus.

„Ratschläge sind auch Schläge."

Selbstzweifel, Wie auch bei den zuvor beschriebenen Gesprächsstörern liegt das
wenn andere Problem nicht im Ratschlag oder Vorschlag an sich, sondern in
sofort die Lösung mangelhaftem Zuhören und Respekt dem Gesprächspartner ge-
parat haben genüber. Zudem haben vorschnelle Lösungsangebote eine psychologische Kehrseite: Wer ein Problem schildert und von seinem Gegenüber im Handumdrehen die Antwort oder Problemlösung aus dem Ärmel geschüttelt bekommt, fühlt sich in der Regel ein wenig bloßgestellt. Die individuelle Bedeutung eines Konflikts, die für den Einzelnen immanente Schwierigkeit und Sorge in einem Problem schwindet bei solcher „Instant-Hilfe".

Der Ratgebende provoziert ungewollt geradezu Reaktanz, denn kaum jemand ist bereit, einen Ratschlag anzunehmen, der leichtfertig und für die individuelle Wahrnehmung zu früh gegeben wurde. Häufig findet sich als Reaktion auf diese Art von Gesprächsstörern klassisches Trotzverhalten, zum Beispiel die Nichtannahme eines sachlich richtigen Ratschlags, das Beharren auf der objektiv falschen Lösung bis hin zur Hinwendung zur verwehrten Alternative.

Wie können Sie Widerstände lösen?

Die obige Darstellung von Gesprächsstörern im Einzelnen implizierte bereits eine Reihe von Do's and Dont's störungsfreier und empathischer Kommunikation. Wenn Sie die genannten Gesprächsstörer vermeiden und anderen abtrainieren, beheben Sie die Mehrzahl von Kommunikationsstörungen oder lassen diese gar nicht entstehen. Im folgenden Abschnitt lesen Sie gebündelt, wie Sie Kommunikationsstörungen lösen und Ihre Kommunikationskompetenz insgesamt deutlich verbessern. Folgende Verhaltensweisen sind für Ihre erfolgreiche Kommunikation dabei entscheidend:

Empathische Kommunikation

- Ausredenlassen
- Aktives Zuhören und Zusammenfassen
- Emotionen ansprechen
- Verständnis statt ungebetener Ratschläge
- Tolerieren und akzeptieren
- Interesse zeigen
- Kritik und Vorwürfe unterdrücken
- Wahlfreiheit bzw. Illusion der Wahlfreiheit lassen
- Erst verstehen, dann verstanden werden
- Person und Sache trennen
- Ich-Botschaften senden
- Fragen statt kritisieren
- Erwartungshaltungen, Nutzen und Motivation klären
- Überzeugen statt überreden
- Um Aussprache bitten
- Regeln der Kommunikation aufstellen

Diese Punkte werden im Folgenden erläutert und durch Beispiele illustriert. Beherzigen Sie diese Verhaltensweisen, werden Sie in Zukunft deutlich effektiver kommunizieren und reibungsfreier Ergebnisse erzielen.

Ausredenlassen

Zuhören, bis Gesprächspartner Schlusssignal sendet

Grundsatz Nummer eins ist das Ausredenlassen. Unterbrechen Sie Ihren Gesprächspartner nicht, sondern hören Sie zu, bis dieser ein klares Signal sendet, mit seinen Ausführungen fertig zu sein. Solche Signale können ein Aufblicken sein, das heißt, Ihr Gesprächspartner schaut Ihnen selbstbewusst oder fragend in die Augen, oder er bittet Sie direkt um eine Stellungnahme, einen Rat oder Ihre Erfahrungen im jeweiligen Kontext.

Den „Ja, aber"-Impuls unterdrücken

Gerade in Streitgesprächen fällt es häufig schwer, den typischen „Ja, aber"-Impuls zu unterdrücken. Lernen Sie es trotzdem! – Versuchen Sie, sich während der Ausführungen Ihres Gegenübers kritische Punkte zu merken, die Sie im Anschluss daran diskutieren oder näher erläutert haben möchten. Geht es um komplexe Diskussionen oder Verhandlungen, machen Sie sich Notizen. Für jeden Gesprächspartner ist dies angenehmer, als wenn sein Gegenüber ihm ständig ins Wort fällt.

Darüber hinaus entsteht zwischen Einwandnotierung und Vorbringen des Einwandes ein nützlicher Phasenverzug, der viele Einwände oder destruktive Emotionen relativiert. Einige der Spontanreaktionen erweisen sich dann am Ende als obsolet, weil Ihr Gesprächspartner sie im Laufe seiner Darstellungen bereits beantwortet hat. Haben Sie diese Erkenntnis mehrfach gemacht, hat dies einen positiven Lerneffekt für Sie: Ihr Hang, dem Gegenüber ins Wort zu fallen, geht deutlich zurück. Sie werden zurückhaltender, haben Sie doch durch Ihre bewusste Gesprächshaltung mehrfach erleben können, dass Gesprächspartner viele Dinge ganz automatisch beantworten, wenn man ihnen nur die Chance gibt, ihre Darstellungen ohne Unterbrechungen und Gesprächsstörer bis zum Ende auszuführen.

„Schlechte Argumente bekämpft man am besten damit, dass man sie sich entwickeln lässt."

Ausredenlassen lohnt sich

Mitunter lohnt es sich in Streitgesprächen auch deshalb, bis zum Ende zuzuhören, weil sich fehlerhafte Argumentationsketten von selbst auflösen. Dies gilt zum Beispiel, wenn der Argumentierende einen Denkfehler macht bzw. einen Aspekt übersehen hat. Wer die

Souveränität und Geduld besitzt, den typischen „Ja, aber"-Impuls zu unterdrücken, wird mit Genugtuung erleben, wenn der Diskussionspartner am Ende von allein erkennt, dass er falsch liegt bzw. seine Gedankenkette nicht überzeugend ist. Dies ist wesentlich effektiver und nachhaltiger, als ihn überredet oder überzeugt zu haben – und hat Sie praktisch keinen Aufwand gekostet. Ausreden lassen lohnt sich also in vielerlei Hinsicht.

Aktives Zuhören und Zusammenfassen

Das „Ausreden lassen" impliziert grundsätzlich auch das Zuhören, wobei in Kommunikationsratgebern vor allem das Prinzip des „aktiven Zuhörens" herausgestellt wird. Dieser Ausdruck beinhaltet durch das Element „aktiv" eine besondere Qualität: Er impliziert, dass das Zuhören keine zwangsläufige Tätigkeit nebenbei darstellt, sondern eine bewusste, aktive Handlung ist. Aktives Zuhören bedeutet, dass Sie ganz bewusst zuhören, was Ihr Gegenüber sagt. Sie hören so genau zu, dass Sie das Gesagte in eigenen Worten wiedergeben können. Das Bewusstsein, den Beitrag des anderen im Anschluss zusammenfassend wiederholen zu müssen, sorgt automatisch für ein viel sorgfältigeres Zuhören. Ihre Wahrnehmung wird geschärft, die wesentlichen Aspekte, aber auch die beteiligten Gefühle zu identifizieren.

Aktives Zuhören als bewusste Handlung

Dadurch, dass Sie aktiv zuhören, steigt Ihr Erkenntniswert, den Sie aus dem Gespräch ziehen können. Ihr Kommunikationspartner wiederum erfährt ein so geführtes Gespräch als entspannter, harmonischer und intensiver. Empathisches, einfühlsames und aktives Zuhören intensiviert für beide Seiten das Gesprächserlebnis – eine positive Voraussetzung für Ihre zwischenmenschlichen Beziehungen und die Gruppenentwicklung insgesamt.

Empathie beim Zuhören intensiviert das Gesprächserlebnis

Kommunikationsexperten empfehlen, aktivem Zuhören in jedem Fall eine tatsächliche Zusammenfassung folgen zu lassen. Sie sollen Ihrem Gegenüber damit praktisch nachweisen, dass Sie ihm tatsächlich zugehört und ihm richtig verstanden haben. Gleichzeitig ermöglicht ein solches Kommunikationsverhalten das frühzeitige Aufdecken von Missverständnissen und möglichem Dissens über Inhalte, Zusammenhänge oder Begrifflichkeiten.

Zusammenfassen sichert das richtige Verständnis und deckt frühzeitig Missverständnisse auf

Praktisch erweist sich der Rat des zusammenfassenden Wiederholens allerdings als nicht immer angemessen. Das Zusammenfassen ist vor allen Dingen dann nicht gesprächsfördernd, wenn es sich
um Banalitäten handelt und/oder das Gespräch dadurch deutlich
verlängert wird. Auch kann es in bestimmten Situationen wie der
Frage nach der Uhrzeit grotesk wirken, mit „Sie möchten wissen,
wie spät es ist" zu antworten.

Das Zusammenfassen macht jedoch unbedingt dann Sinn, wenn es
um schwierige und komplexe Themen geht, insbesondere bei Meinungsverschiedenheiten und Konflikten. Wenn Ihr Gegenüber von
Dingen erzählt, über die es keine Meinungsverschiedenheiten gibt,
hören Sie aktiv zu. Wenn es jedoch um kritische Aspekte geht, bringt
es Sie in Streitgesprächen konstruktiv weiter, durch Zusammenfassen dem anderen das Gefühl zu geben, ihm zugehört und ihn verstanden zu haben. Sobald Ihr Gegenüber dieses Gefühl erlangt hat,
lösen sich viele Spannungen und Kommunikationsstörungen. Das
Gespräch wird vor weiterer Eskalation bewahrt und kann auf
konstruktiver Ebene fortgeführt werden.

Emotionen ansprechen

Emotionale Intelligenz bei Kommunikationsstörungen einsetzen

Emotionale Intelligenz und Empathie zeichnen sich vor allem
dadurch aus, mit seinen eigenen Gefühlen und den Gefühlen anderer umgehen zu können. Dieser Umgang ist umso professioneller,
je mehr Lebenserfahrung, praktische Menschenkenntnis, theoretisches Grundwissen über Psychologie und Kommunikation, aber
auch Taktgefühl Sie haben. Emotional intelligente Menschen schaffen es, bei Gesprächen nicht nur der Sachseite zu lauschen, sondern
auch bewusst die mitschwingenden Gefühle zu identifizieren und
anzusprechen. Wer es schafft, die Sachinformation im Sinne aktiven
Zuhörens korrekt zu erfassen und wiederzugeben, gibt dem Gegenüber das Gefühl, verstanden worden zu sein. Die Botschaft ist
in diesem Fall formal angekommen.

Das empathische Zuhören emotional intelligenter Menschen setzt
sich darüber hinaus jedoch auch mit der Beziehungs-, Selbst-
offenbarungs- und Appellseite intensiv auseinander. Indem Sie
dabei mit Feingefühl und sorgfältigem Zuhören erfassen, was
den Gesprächspartner emotional bewegt, öffnen Sie sich neue

Türen für eine intensivere und letztlich auch effektivere Kommunikation.

Versuchen Sie, aus dem Gesagten die Grundstimmung herauszulesen. Sprechen Sie identifizierte Gefühle und Stimmungen an. Beispiele:

„Sie hören sich besorgt an."
„Du bist äußerst verärgert, dass ..."
„Mir scheint, du bist noch unsicher, was/ob ..."
„Du bist sicher aufgeregt."

Wer als Gesprächspartner auf diese Weise zu spüren bekommt, dass sein Gegenüber nicht nur sachlich zuhört, sondern auch sehr viel Feingefühl besitzt, fühlt sich noch weit mehr verstanden, als es durch reines Zusammenfassen der Sachinformationen der Fall ist. Ein Gesprächspartner mit so viel Feingefühl, Einfühlungsvermögen – kurz Empathie – wirkt und ist sympathisch.

Empathie macht sympathisch

Das Ansprechen von Emotionen kann letztlich ein bedeutender und konstruktiver Beitrag sein, Kommunikationsstörungen in der Gruppe zu lösen. Dies gilt insbesondere, wenn die Ursache nicht eine die Sache betreffende Meinungsverschiedenheit ist, sondern durch Missverständnisse, Konflikte und angestaute negative Emotionen bedingt ist.

Verständnis statt ungebetener Ratschläge

Der einfühlsame Umgang mit den Emotionen anderer führt zu einer weiteren Erkenntnis: Menschen wollen viel häufiger Verständnis als Ratschläge oder Trost. Wie die Ausführungen zu den Gesprächsstörern „Herunterspielen", „Nicht-Ernst-Nehmen, Ironisieren und Verspotten" und „Vorschnell Vorschläge, Lösungen und Ratschläge anbieten" gezeigt haben, werden viele Gespräche dadurch blockiert, dass sich der andere nicht für voll genommen und nicht verstanden fühlt. Entsprechend lassen sich solche Blockaden lösen, indem Sie vor allen Dingen Verständnis zeigen. Dies darf nicht nur ein Lippenbekenntnis sein, sondern muss aus dem ehrlichen Bemühen resultieren, die Position des anderen zu begreifen und nachzufühlen. Das Beispiel „Liebeskummer" macht es wieder

Verständnis statt Ratschläge und Trost

557

deutlich: Eine Person mit Liebeskummer braucht nichts mehr als Verständnis und Zuneigung. Trost, gut gemeinte Ratschläge, der Bezug auf eigene Erfahrungen etc. sind völlig kontraproduktiv. Der Grund: Sie rauben dem Betroffenen das Recht auf sein individuelles Problem und dessen individueller Einzigartigkeit.

Helfen Sie dem Gegenüber durch Fragen, über seine Gefühle zu sprechen

Immerhin bleibt Ihnen als konstruktive Möglichkeit, die Situation zu verbessern bzw. die Problembewältigung zu fördern, vorsichtiges Nachfragen. Durch Fragen können Sie die Wahrnehmung der Situation konkretisieren und so erste Lösungsmöglichkeiten aufzeigen.

Tolerieren und akzeptieren

Zwei Tugenden, die fast jeder von klein auf mit der Erziehung nahe gelegt bekommen haben sollte, sind Toleranz und Akzeptanz.

Stress, Unzufriedenheit und Gereiztheit reduzieren Ihre Toleranz

Es gibt dennoch viele Auslöser und Gründe, warum Menschen trotzdem intolerant sind und es schwer finden, andersartige und anders denkende Menschen zu tolerieren. Sicher kennen Sie Situationen, in denen Sie gereizt und gestresst sind und etwas oder jemanden zum „Luft ablassen" suchen. Sie sind genervt und unzufrieden mit einem Zustand oder einer Entwicklung und suchen möglicherweise dafür gar einen Sündenbock. Obwohl Sie wissen, dass Ihre Emotionen und Ihr Verhalten in solchen Situationen falsch sind, können Sie es nur schwer unterdrücken. – Wie für die meisten Dinge gibt es dafür keine Patentlösung, wohl aber Mittel und Wege, sich langsam und Schritt für Schritt in die richtige Richtung zu entwickeln.

Ursachen eigener Unzufriedenheit auf den Grund gehen

Erstens gilt es, sich bewusst zu machen, dass Gereiztheit und der Hang zu Intoleranz und mangelhaftem Akzeptanzvermögen häufig Ergebnis eigener Unzufriedenheit sind. Dieser Unzufriedenheit müssen Sie auf den Grund gehen. Sehen Sie Widersprüche in Ihrem Wertesystem? Widersprechen sich Ihre Pläne oder Ihr Verhalten in der Wirklichkeit mit Glaubenssätzen und Feindbildern? Arbeiten Sie jeden Tag hart an Ihrer Karriere, entwickeln aber negative Vorstellungen und Glaubenssätze gegen Karriere und Geld? Derartige persönliche Konflikte und Unzufriedenheit machen es Ihnen schwer, anderen gelassen, tolerant und akzeptierend zu begegnen.

Denn wer sich selbst nicht akzeptiert, kann auch andere schwer akzeptieren.

Machen Sie sich also bewusst, dass gerade Gruppen von der Vielfalt und Synergie andersartiger Menschen, Gedanken und Ideen leben. Diese Synergie bildet den Mehrwert, der sich Ihnen aus der Arbeit in Gruppen, aus Kooperation und aus sozialer Interaktion ergibt. Machen Sie sich ebenso bewusst, dass eine effektive Gruppeninteraktion und -entwicklung nur dann erfolgreich möglich ist, wenn sich die Mitglieder gegenseitig tolerieren und akzeptieren können.

Andersartigkeit und Vielfalt sind die Grundlage von Synergien in Gruppen

Interesse zeigen

Kommunikationsstörungen manifestieren sich in der Regel in typischem Reaktanzverhalten, also in Trotz, Zuwendung zur verwehrten Alternative, indirekter Freiheitswiederherstellung oder offener Aggression. Eine klassische Störung liegt jedoch auch vor, wenn Partner, Gruppenmitglieder, Verwandte oder (ehemalige) Freunde nicht mehr miteinander reden. Dies kann auf der einen Seite im Sinne trotzigen Verhaltens bedeuten, dass eine oder beide Parteien „eingeschnappt" oder „bockig" sind. Es kann aber auch bedeuten, dass sie sich scheinbar nichts mehr zu erzählen haben. Für eine solche Kommunikationsstörung gibt es nur ein wirkungsvolles Heilmittel: Interesse. Auch nach jahrelangen Partnerschaften kennt niemand den anderen wirklich umfassend. Nehmen Sie sich Zeit dafür, neugierig zu sein und zu fragen. Haken Sie bei Dingen nach, die Sie bisher als selbstverständlich erachteten, aber niemals intensiver erkundet haben. Wissen Sie wirklich so genau, was Ihr Partner tagtäglich im Beruf macht? Haben Sie schon einmal hinterfragt, warum bestimmte Dinge überhaupt unbedingt oder unbedingt auf die Weise gemacht werden, auf die sie gemacht werden? Fragen Sie den anderen nach Details seiner Hobbys. Zeigen Sie klar, dass Sie vielleicht davon nicht viel verstehen, aber es gern näher verstehen wollen.

Neues Interesse hilft, wenn man sich scheinbar nichts mehr zu sagen hat

Interesse und Neugierde brechen jedes Schweigen. Fragen Sie, und der Befragte wird sich wertgeschätzt fühlen. Denn er merkt, dass sich jemand für ihn interessiert, für das, was er macht. Aufmerksamkeit und Wertschätzung sind etwas, das jeder Mensch mag und jeder Mensch braucht. Nutzen Sie diese Erkenntnis im Alltag.

Kritik und Vorwürfe zurückhalten

Kritik und Vorwürfe unterdrücken

Kommunikationsstörungen lassen sich in vielen Fällen beheben, wenn Sie Vorwürfe und Kritik für eine gewisse Zeit zurückhalten. Statt dem Gegenüber spontan und aggressiv ins Wort zu fallen („Ja, aber dafür sind doch allein Sie verantwortlich!"), kann es konstruktiv sein, die eigene Kritik zu sammeln und vielleicht an anderer Stelle sorgfältig formuliert anzubringen. Wer dem Drang widersteht, jeden Vorwurf sofort loszuwerden, kann ihn häufig zu einem späteren Zeitpunkt konstruktiver einbringen. Die Zeit zwischen emotionalem Impuls und sachlicher Artikulation eines Vorwurfs relativiert diesen und hilft Ihnen, Ihre Kritikpunkte sachlicher und bedachter zu platzieren.

Vorwürfe führen zu Rechtfertigungen, nicht zu Lösungen

Bedenken Sie, dass Sie Vorwürfe in angespannten Kommunikationssituationen und Beziehungen selten weiterbringen. Sie verhindern eine konstruktive Unterhaltung, weil sich Ihr Gegenüber sofort bezüglich des Vorwurfs zu rechtfertigen versucht. Unterdrücken Sie eine permanent kritisierende Haltung, kann dies erstaunlich schnell zu einer entspannteren und konstruktiveren Kommunikation führen.

Wahlfreiheit bzw. Illusion der Wahlfreiheit lassen

Entscheidungs- und Handlungsspielräume motivieren und reduzieren Reaktanz

Lösen Sie Reaktanz und Kommunikationsstörungen, indem Sie Ihrem Gegenüber in Ihren Formulierungen einen gewissen Entscheidungsspielraum lassen. Wer ständig gesagt bekommt, was und vor allem wie er alle Dinge machen soll, fühlt sich bevormundet und hat schnell den Eindruck, man traue ihm nicht zu, etwas allein und eigenverantwortlich zu realisieren. Lassen Sie diesen Eindruck nicht aufkommen, sei es gegenüber Mitarbeitern, Freunden oder Kindern.

Lernen Sie abzugeben und loszulassen, gerade im Zusammenhang mit effektivem Delegieren. Entwickeln und zeigen Sie Zutrauen zu anderen Gruppenmitgliedern, wenn Sie mit diesen langfristig effektiv und angenehm zusammenarbeiten wollen. Wenn Sie als Führungskraft oder Eltern möchten, dass bestimmte Dinge erledigt werden, sagen Sie das und geben Sie gegebenenfalls notwendige Kompetenzen oder Werkzeuge mit auf den Weg. Vermeiden Sie jedoch, das „Wie" der Aufgabenerfüllung bis ins kleinste Detail vorzuschreiben. Entwickeln Sie den Mut und das Vertrauen in Ihre

Mitarbeiter oder Kinder, das gesetzte Ergebnis auch auf eigenem Weg zu erreichen. Wenn Sie möchten, dass ein Mitarbeiter wegen einer Angelegenheit zu Ihnen kommt, bieten Sie ihm – so weit möglich – dafür zwei Termine an:

„Herr Müller, ich möchte mit Ihnen über das Intranetprojekt sprechen. Möchten Sie gleich zu mir ins Büro kommen oder ist es Ihnen in einer Stunde lieber?"

Mit einer Formulierung wie dieser lassen Sie Ihrem Gegenüber das Gefühl, in gewissem Rahmen frei entscheiden zu können. Das wirkt weniger befehlsartig und entschärft damit den Gesprächsstörer „Befehlen". Effektiv haben Sie dem Mitarbeiter zwar schon vorgeschrieben, er müsse wegen der genannten Angelegenheit innerhalb der nächsten Stunde bei Ihnen antreten – dies wird durch den gesetzten Spielraum jedoch psychologisch relativiert und entsprechend positiver wahrgenommen. Man spricht in diesem Zusammenhang auch von der „Illusion der Wahlfreiheit". **Illusion der Wahlfreiheit**

Erst verstehen, dann verstanden werden
Das Grundprinzip „Erst verstehen, dann verstanden werden" ist in vielen Fällen der entscheidende Schlüssel zu empathischer und effektiver Kommunikation. Auch im Konfliktmanagement und bei Verhandlungen erweist sich eine solche Grundhaltung als äußerst effektiv. Stephen R. Covey beschreibt sie in seinem Bestseller „The 7 Principles of Highly Effective People" als eine der 7 Grundmerkmale erfolgreicher Menschen. Machen Sie sich diese Verhaltensweise zu Eigen, insbesondere in angespannten und konfliktgeladenen Kommunikationssituationen.

Sich in die Lage des anderen zu versetzen, ist neben aktivem Zuhören eines der besten Mittel, den anderen zu verstehen. Wenn Sie erst Ihrem Gegenüber das Gefühl geben, tatsächlich verstanden zu werden, ist dieser in der Regel auch eher bereit, Ihnen danach aufmerksam zuzuhören. Wenn Sie dann auch noch geschickt für die Ohren des anderen argumentieren, haben Sie zum Beispiel in Verhandlungen gute Karten. **Versetzen Sie sich in die Lage des anderen**

Menschen neigen dazu, so lange auf einem Standpunkt „herum-
zureiten", bis sie glauben verstanden worden zu sein. Sie haben
geringe Chancen, jemanden vorher von Ihrer Meinung zu überzeugen, wenn der andere sich unverstanden und nicht wertgeschätzt
fühlt. Wenn Sie in allen Gesprächen daher grundsätzlich erst dem
anderen die Möglichkeit einräumen, seine Meinung darzulegen,
erreichen Sie schneller das Ziel bzw. kommen mit weniger Zeitaufwand zu einer Vereinbarung.

Auch wenn Sie bei einer Diskussion nicht der Meinung einzelner
Gruppenmitglieder sind, sollten Sie trotzdem immer ein Anzeichen
von Zustimmung äußern, bevor Sie widersprechen. Mögliche Formulierungen sind:

*„Das ist aus Ihrer Sicht vermutlich richtig. Bedenken Sie jedoch,
dass ..."*
*„Wenn ich an Ihrer Stelle wäre, würde ich ganz genauso argumentie-
ren ..."*
„Es mag sein, dass Sie Recht haben, aber ..."

Zeigen Sie erst Verständnis und ein Mindestmaß an Zustimmung,
bevor Sie ein Thema in einem Gespräch oder einer Diskussion
wechseln. Andernfalls wird Ihr Gegenüber immer weiter auf dem
vorigen Thema herumreiten. Handeln beide Diskussionsparteien
unkonstruktiv, kann dies zu dauerhaften Störungen der Beziehung
führen. Man spricht nicht mehr miteinander, weil man sich mit dem
Gegenüber „einfach nicht vernünftig unterhalten kann". Gerade
festgefahrene Beziehungen voller Kommunikationsstörungen können langsam wieder zum Positiven entwickelt werden, wenn sich die
Parteien gegenseitig zu verstehen suchen.

Person und Sache trennen

Klären Sie persönliche Differenzen unabhängig von Sachproblemen Trennen Sie bei aller Kommunikation die Sachebene von der Beziehungsebene. Die Informationen auf beiden Ebenen sind rele-
vant, sollten jedoch getrennt bearbeitet und gegebenenfalls besprochen werden. Viele Kommunikationsprozesse werden in ihrem
effektiven Ablauf gehemmt, weil Menschen sich bei Kritik persönlich angegriffen fühlen. Zeigen Sie die emotionale, kommunikative
und soziale Kompetenz, sachlich zu streiten. Persönliche Differen-

zen können und sollen gelöst werden, aber nie in Vermengung mit der Sachfrage an sich. Achten Sie also erstens darauf, Kritik nicht als persönlichen Angriff zu verstehen. Stellen Sie zweitens beim eigenen Kritisieren und Diskutieren immer einen klaren Sachbezug her. Hilfreich dafür ist der bewusste Einsatz von Gesprächstechniken, besonders das Senden von Ich-Botschaften.

Ich-Botschaften senden

In der Regel können Aussagen, insbesondere aber Kritik und Vorwürfe auf zwei Weisen vorgetragen werden: Als Du-Botschaft und als Ich-Botschaft. Die Formulierung einer Aussage mit Ich-Bezug hilft dem Gegenüber, Ihre Meinung, Motivation und Stimmung zu verstehen, ohne dass er sich angegriffen fühlen muss. Sie artikulieren, persönlich mit etwas nicht einverstanden zu sein, oder stellen fest, dass Sie eine Aufgabe so oder anders gelöst hätten.

Ich-Aussagen greifen Ihr Gegenüber nicht an

Du-Botschaften hingegen sind in vielen Fällen Reaktanz provozierend, weil sie direkt angreifend wirken. Sie wirken oft Schuld zuweisend und verschärfen Konflikte. Der Empfänger ist geneigt, sich zu rechtfertigen, zu verteidigen, zu entschuldigen oder anderweitig die Aussage richtig zu stellen, wenn er sie „so nicht auf sich sitzen lassen kann". Die Tabelle 14 verdeutlicht, wie man ein und dieselbe Sache auf zwei Wegen formulieren kann.

Du-Aussagen greifen häufig an

Tabelle 14: Umwandlung von Du- in Ich-Botschaften

Ich-Botschaft	Du-Botschaft
Ich bevorzuge es, früher aufzustehen und in Ruhe zu frühstücken.	Du musst ja auch immer im letzten Moment aufstehen.
Ich schneide die Paprika-Stücke immer kleiner.	Du musst die Paprika-Stücke kleiner schneiden.
Ich bin nicht sicher, ob ich das auch so gemacht hätte.	Du hast das falsch gemacht.
Ich denke, es ist keine gute Idee, dass wir das machen.	Das können Sie nicht machen!
Mir sind noch zwei Sachen unklar geblieben.	Du kannst das überhaupt nicht verständlich erklären.

Fragen statt kritisieren

Offene Kritik durch Fragen ersetzen Kommunikationsstörungen lassen sich in der Regel selten durch Kritik oder Vorwürfe lösen. Wenn es aber zur Lösung einer Sachfrage nötig ist, bestimmte Unklarheiten oder Unzulänglichkeiten zu klären, kann es eine hilfreiche Strategie sein, offene Kritik durch Fragen zu ersetzen.

„Fragen ist besser als Korrigieren." CORNELIA TOPF

Zwar erfordert auch eine Frage eine gewisse Rechtfertigung vom Befragten, jedoch kann sie geschickt formuliert sehr viel weicher ankommen. Wenn Sie die Kritik oder einen Vorwurf in Form einer Frage senden, bleibt die Verantwortung in gewisser Weise bei Ihnen. Sie scheinen unwissend, unsicher und fragen daher. Der so Befragte muss zwar inhaltlich Stellung beziehen, nimmt die Frage jedoch seltener als direkten Angriff auf seine Person auf. Der Personenbezug bleibt zu einem großen Teil bei Ihnen, die Sachseite geht direkt in die Verantwortung des Befragten. Diese Verhaltensweise erweist sich deutlich diplomatischer und konfliktentschärfend als eine direkte Kritik in Form eines Vorwurfs „Du hast nicht … gemacht" oder ähnlich.

Tabelle 15: Umwandlung von direkter Kritik in Fragen

Frage	Direkte Kritik
▨ Sind Sie sicher, dass dies die einzige Möglichkeit ist?	▨ Sie haben nur eine einzige Möglichkeit beleuchtet!
▨ Woher wissen Sie, dass diese Lösung optimal ist?	▨ Sie können gar nicht belegen, dass diese Lösung optimal ist.
▨ Welche weiteren Unterlagen gab es dazu?	▨ Sie haben nicht gründlich recherchiert.
▨ Haben Sie das dem Manager denn einmal so konkret gesagt?	▨ Das kann Ihr Manager ja nicht wissen, wenn Sie ihm nicht sagen, was Sie konkret wollen.

Erwartungshaltungen, Nutzen und Motivation klären

Wer will was warum? Kommunikationsstörungen lassen sich verhindern, indem Sie es sich zu Gewohnheit machen, bei jeder Gruppeninteraktion die Erwartungshaltungen der Beteiligten zu klären. Der Grundsatz dafür lautet: Wer will was warum? Aber auch, wenn bereits Kommunikationsstörungen und Konflikte vorliegen, ist das Abklären der einzelnen Ziele, Motivationen und Erwartungen eine Schlüsselmaßnahme, um die Ursache der Störung zu identifizieren. Fragen Sie offen und lesen Sie zwischen den Zeilen, warum jemand vehement einen bestimmten Standpunkt vertritt oder sich auf eine bestimmte Weise verhält. So pauschal die Aussage klingt: Alle Menschen sind nutzen- und anreizgetrieben. Profitieren Sie von dieser Erkenntnis und fragen Sie:

„Was bringt es ihm, das zu machen bzw. diesen Standpunkt zu vertreten?"

Eine solche analytische Grundhaltung ermöglicht Ihnen in Verbindung mit aktivem Zuhören einerseits, den Inhalt einzelner Aussagen zu erfassen. Gleichzeitig sensibilisiert sie Sie aber auch für die Gründe und Konsequenzen dieser Aussage. Dadurch stoßen Sie schneller zum Kern des Problems vor. Sie erkennen schneller, wenn jemand etwas ganz anderes meint, als er sagt.

Nutzen Sie „Wozu"-Fragen zur Absichtsfindung und Zielklärung, auch wenn dies anfangs ungewohnt scheint. Typischerweise sind wir auf „Warum"-Fragen konditioniert und suchen nach Gründen. Mit einem „Warum" fragen Sie jedoch primär nach Ursachen nicht mehr änderbarer, in der Vergangenheit liegender Ereignisse. Die Frage hingegen, „wozu" jemand etwas macht oder fordert, führt viel direkter zur zugrunde liegenden Absicht und Zielorientierung. Das Fragewort „wozu" unterstellt, dass jemand etwas ganz bewusst, das heißt, mit einem konkreten Ziel im Auge macht.

„Wozu"-Fragen helfen bei der Absichtsklärung

Überzeugen statt überreden

Machen Sie sich frei von dem Drang, jemanden zu etwas zu überreden, das er nicht mag. Wie bei der Beschreibung des Gesprächsstörers „Überreden" dargelegt, zeugt dies maximal von Respektlosigkeit, mangelndem Einfühlungsvermögen für die Interessen des anderen und Bevormundung. Fragen Sie sich und Ihren Gesprächspartner in derlei Situationen, welche Gründe ihn konkret von der diskutierten Angelegenheit abhalten. Verwenden Sie hingegen nie wieder Sentenzen des Formats „Ach, kommen Sie, haben Sie sich doch nicht so, Sie werden sehen, es wird Ihnen gefallen …". Versuchen Sie stattdessen zu verstehen, welche Beweggründe zur Ablehnung führen und argumentieren Sie sachlich in Richtung dieser Beweggründe. Die Devise lautet „Überzeugen statt überreden". Besonders hilfreich sind in dieser Situation Sätze nach folgendem Schema:

„Was müsste gegeben sein, damit Sie einverstanden sind?"
„Was müsste anders sein, damit du mitkommst?"
„Was kann ich noch tun, um dich zur Teilnahme zu motivieren?"

Formulierungen dieser Art führen ziemlich schnell zur Erkenntnis, was den anderen stört oder was ihm fehlt.

Um Aussprache bitten

Klären Sie die Beziehungsebene, bevor Sie auf der Sachebene fortfahren

Zwar ermöglicht eine positive Änderung Ihrer Gesprächshaltung in vielen Fällen bereits das Lockern von Spannungen und Konflikten innerhalb der Gruppenkommunikation. Die Vielzahl guter Ratschläge und Techniken nützt jedoch wenig, wenn Sie gegen eine Wand reden und Ihr Gegenüber absolut auf stur schaltet. Gespräche bestehen im Dialogsinne nun einmal aus zwei Seiten – und wenn eine Seite absolut nicht zu einer offenen Kommunikation bereit ist, stehen Ihre Chancen in der Regel schlecht. Mit Einfühlungsvermögen und Geschick mögen Sie manche feindliche und sture Grundeinstellung lockern – wer jedoch eine vorgefasste Meinung zum Thema hat, wird in der Regel davon auch nicht abzubringen sein. In solchen Fällen bleibt Ihnen wenig übrig, als die Situation eskalieren zu lassen, die gestörte Kommunikation untereinander zum Thema zu machen und offiziell um eine Aussprache zu bitten. Machen Sie klar, dass und warum Sie eine solche Aussprache für notwendig halten. Zwar bringt Sie eine Meta-Kommunikation, das heißt Kommunikation über Ihre Kommunikation inhaltlich im jeweiligen Moment nicht weiter – was insbesondere in Verhandlungen unter Zeitdruck häufig von einer Aussprache abhält. Wenn Sie jedoch auf der bisherigen Kommunikationsebene nicht mehr weiterkommen, rentiert sich eine offizielle Aussprache im Sinne der „lohnenden Pause" definitiv.

Schalten Sie, sofern Sie das als sinnvoll erachten, einen Vermittler ein. Dies kann ein neutraler Freund oder Kollege sein, aber auch ein Psychologe oder innerhalb von Partnerschaften eine Partnerbera-tung. Ein solcher Mittler ist weniger emotionsgetrieben und kann die Aussprache sachlich-objektiv moderieren.

Einschaltung eines Vermittlers

Achten Sie in der Aussprache auch auf eine klare Trennung von Sache und Person und beweisen Sie die Größe, sich gegebenenfalls für schief gelaufene Dinge zu entschuldigen. Zeigen Sie sich vor allen Dingen verständnisvoll und versetzen Sie sich in die Lage des Konfliktpartners.

Für beide Seiten gilt der Grundsatz, dass die Reaktion des anderen immerfort einen Reiz für die nächste Reaktion des anderen darstellt. Achten Sie darauf, dass dieser Reiz moderat und vor allen Dingen nicht provozierend wirkt. Wie in den verschiedenen Abschnitten oben dargestellt, ist daher insbesondere auf unkonstruktive Kritik und Vorwürfe zu verzichten.

Andererseits sollten Sie jedoch auch vermeiden, sich permanent zu rechtfertigen und zu entschuldigen. Dies legt der Gegenpartei nahe, Sie wohl an einem wunden Punkt „erwischt" zu haben und auf diesem Punkt weiter zu insistieren. Dies ist einer Deeskalation bzw. Lösung der Konfliktstörung jedoch abträglich. So weit mög-lich, nehmen Sie Provokationen unkommentiert zur Kenntnis.

Regeln der Kommunikation aufstellen
Für die Entwicklung von Gruppen ist eine effektive und „gute" Kommunikation äußerst wichtig. Nur wenn die einzelnen Grup-penmitglieder vernünftig miteinander umgehen können, das heißt fair, rücksichtsvoll, ehrlich und insgesamt sozial kompetent, kann eine Gruppe harmonisch existieren und zusammenarbeiten. Dazu ist es essenziell, miteinander zu reden. Wo nicht miteinander ge-sprochen wird, bauen sich langfristig Konfliktpotenziale auf. Prob-leme, Unklarheiten und Missverständnisse – vieles davon kann durch professionelle Kommunikation gelöst werden.

Miteinander reden

Die Bedeutung einer guten Kommunikation und deren Merkmale sollten allen Mitgliedern bewusst sein und gegebenenfalls gemeinsam erarbeitet oder gegenseitig vermittelt werden. Herrscht Konsens über den Vorteil professioneller und empathischer Kommunikation, kann es in Gruppen sinnvoll sein, „Regel der Kommunikation" aufzustellen.

Erwartungen schriftlich fixieren

Dafür schreibt jedes Gruppenmitglied auf einen Zettel alle Verhaltensweisen, die er oder sie von den anderen Mitgliedern in der alltäglichen Kommunikation erwartet. Aggregieren Sie danach alle Beiträge zu einer Zahl wesentlicher Grundsätze. Erzielen Sie über diese Zusammenstellung Konsens und lassen Sie von jedem Gruppenmitglied diese Grundregeln unterzeichnen. Dieser letzte Schritt ist wichtig, weil er psychologisch für das notwendige Commitment sorgt. Wer aktiv an der Aufstellung der Kommunikationsregeln mitgearbeitet hat, diese mit allen Gruppenmitgliedern kooperativ abgestimmt hat und letztlich durch seine eigenhändige Unterschrift bestätigt und als verbindlich anerkannt hat, weist eine hohe Identifikation damit aus.

Hängen Sie die erarbeiteten Grundsätze an exponierten Stellen im Unternehmen oder auch als „Familiengrundsätze der Kommunikation" in der Wohnung auf. Jeder hat in Zukunft das Recht, bei Missachtung der Regeln, über die gemeinsam Konsens hergestellt wurde, deren Einhaltung einzufordern. „Fordern" ist in diesem Fall jedoch in der Regel unnötig – wenn das Prinzip gelebt wird, genügt ein Hinweis darauf, um die Kommunikation wieder in konstruktive Bahnen zu lenken.

Die allgemeinen „Regeln der Kommunikation" können Sie übrigens beliebig spezialisieren und zum Beispiel zu Verhaltensrichtlinien für Verhandlungen oder Ähnlichem ausbauen.

Schlagfertigkeit

Schlagfertigkeit sichert Ihre Souveränität

Kommunikation in der Gruppe erfordert nicht nur Einfühlungsvermögen, Überzeugungskraft und diplomatische Eloquenz, sondern häufig auch Schlagfertigkeit. Ein angemessener Konter mit einem Augenzwinkern kann eine Situation mitunter besser entschärfen als langwierige Argumentationen und Rechtfertigungen, Erklärungen und Verteidigungen. Schlagfertigkeit ist ein essenzielles Instrument, um gegenüber Ihrem Gesprächspartner oder vor einer Gruppe von Menschen Ihre Souveränität zu bewahren. Eine Provokation mit einer scharfsinnigen, humoristischen Phrase zu kontern und Vorwürfen oder Beleidigungen mit einer ironischen, spitzen Antwort zu begegnen, zeugt von Selbstbewusstsein und Redegewandtheit.

In diesem Abschnitt lernen Sie die wesentlichen Kontertechniken, Methoden zur Einwandbegegnung und generelle Taktiken, um im Dialog zu zweit oder in der Diskussion vor Gruppen die richtige Entgegnung zur richtigen Zeit parat zu haben.

Allgemeine Kontertechniken

Vor der Auseinandersetzung mit einzelnen, konkreten Kontertechniken ist es empfehlenswert, sich die grundlegenden Reaktionsarten bewusst zu machen. So lassen sich erstens die konkreten Techniken in einen Kontext bringen und somit besser einordnen; zweitens können Sie schneller nach einer passenden Entgegnung suchen, wenn Sie sich bewusst sind, welcher Art der benötigte Konter sein sollte. Grundsätzlich haben Sie folgende Reaktionsmöglichkeiten:

Sechs grundlegende Reaktionsarten auf verbale Angriffe

- 1. Zurückweisen und sachlich richtig stellen
- 2. Zurückfragen und Konkretisierung fordern
- 3. Ignorieren und abwarten
- 4. Ausweichen und ablenken
- 5. Umdeuten und verwirren
- 6. Mit Gegenangriff kontern

1. Zurückweisen und sachlich richtig stellen

Sie nehmen eine Aussage oder Provokation wahr und weisen sie sachlich zurück. Durch Senden von Ich-Botschaften („Das sehe ich anders") und trocken-kurzen Entgegnungen („Nein" oder „Das ist falsch") zeigen Sie klar, dass Sie mit der Aussage Ihres Gegenübers nicht übereinstimmen, ohne jedoch in die Gegenoffensive zu gehen. Konter der Form „Das sehe ich anders" empfehlen sich, wenn Sie nicht gewillt sind, eine längere Diskussion zu führen und deshalb auch keine konstruktiven Argumente oder Richtigstellungen einbringen wollen. Das Senden von Ich-Botschaften hilft gegenüber Höhergestellten oder Älteren, diplomatisch und höflich zu bleiben. So lässt die absolute Zurückweisung der Form „Das ist falsch!", „Das ist totaler Quatsch!" oder „Bullshit!" eine Diskussion in der Regel

Zurückweisen, ohne sich zu rechtfertigen

eskalieren. Aussagen mit Ich-Orientierung „Ich bin da anderer Meinung" vermitteln klar eine Ablehnung des Gesagten, ohne jedoch den Sprecher aggressiv bloßzustellen.

Zurückweisen durch Ich-Botschaft bietet wenig Angriffsmöglichkeit

Die Ich-Botschaft hat den Vorteil, dass sie Ihrem Gegenüber wenig Angriffsfläche für einen Streit bietet. Denn gegen eine Aussage „Das sehe ICH anders" kann jemand kaum effektiv argumentieren. Sie haben nur artikuliert, dass Sie eine andere Meinung haben. Dieser Aussage hingegen kann niemand ein „Falsch" zuweisen und dagegen argumentieren. Wenn Ihre Entgegnung jedoch „Das ist falsch" lautet, hat Ihr Gegenüber sofort einen Ansatzpunkt für einen Streit bzw. eine Gegenrede im Sinne „Das ist richtig". Die Wahl Ihrer Formulierung gibt Ihnen also die Möglichkeit, den Grad der Eskalation bzw. Fortführung eines verbalen Schlagabtauschs aktiv selbst zu bestimmen.

2. Zurückfragen und Konkretisierung fordern

Werfen Sie den Ball zurück zum Provokateur

Eine weitere Möglichkeit, einem Vorwurf oder einer Provokation sachlich zu begegnen, ist die Zurückfrage-Technik. Statt voll auf die Provokation einzusteigen und sich möglicherweise unprofessionell in Rechtfertigungen zu verzetteln, fragen Sie sachlich und höflich zurück und erbitten so eine Konkretisierung der Aussage. Völlig gelassen bringen Sie dadurch den Provozierenden in Zugzwang, sich seinerseits zu rechtfertigen, was er denn mit seinem Vorwurf sagen wollte.

So lange Ihre Reaktion nicht schon von allen Anwesenden als Standardkonter entlarvt wird, nehmen Sie dem Provozierenden damit in den meisten Fällen den Wind aus den Segeln und entschärfen alltägliche Frotzeleien. Geeignet ist diese einfache Form der Reaktion vor allen Dingen bei pauschalen Vorwürfen und leeren Phrasen, die vom Provozierenden nur schwer mit Inhalt gefüllt werden können. Gelingt dem Provozierenden keine souveräne Antwort auf Ihre Rückfrage, hat er sich mit dem Angriff quasi selbst diskreditiert.

Nicht zu reagieren, kann auch für Souveränität sprechen

3. Ignorieren und abwarten

Eine sehr defensive und auch nicht in jeder Situation geeignete Technik ist das reine Ignorieren einer Aussage. Statt auf eine Provokation einzusteigen „überhören" Sie das Gesagte und fahren in Ihrer

Argumentation fort. Entweder der Provozierende wiederholt seine Aussage – was zumindest bei „leeren Sprüchen" dem Angriff normalerweise automatisch seinen Witz nimmt – oder er belässt es bei Ihrer mangelnden Reaktion und zieht damit enttäuscht den Kürzeren. Auf der einen Seite ist die Ignoranztaktik damit gut dafür geeignet, allgemein zu demonstrieren, dass Sie sich nicht provozieren lassen. Dies zeugt von hoher Souveränität und verlangt Umstehenden in der Regel ein gewisses Maß an Respekt ab. Darüber hinaus können Sie auf diese Weise Ihrem Konfrontationspartner recht elegant und gelassen verdeutlichen, dass Ihnen eine Diskussion mit ihm „zu blöd" ist.

4. Ausweichen und ablenken
Ebenso defensiv wie das Ignorieren einer Provokation sind Ausweichtaktiken. Nicht immer ist es möglich, über einen verbalen Angriff kommentarlos hinwegzugehen und im Thema fortzufahren, zum Beispiel, wenn die Aussage nicht nur eine beiläufige Frotzelei, sondern ein handfestes und direktes Statement gegen Sie oder gegen eine bestimmte Angelegenheit war.

Den Fokus vom Angriff auf einen anderen Aspekt lenken

Möchten Sie sich in einer solchen Situation trotzdem nicht auf eine Diskussion über diese Aussage einlassen, hilft nur das Ablenken oder das inhaltliche „Umlenken" des Gesagten. Weisen Sie auf einen anderen Problemaspekt hin, und stellen Sie zum Beispiel allgemeine Rückfragen zur Vorgehensweise. Betonen Sie einen anderen positiven Aspekt, um die Fokussierung auf Sie bzw. die von Ihrem Gegenüber in den Raum gestellte Aussage zu verschieben. Hier ist allerdings ein hohes Maß an Geschick erforderlich, um Ihren Ausweichversuch nicht zu offensichtlich werden zu lassen. Diplomatisches Ausweichen kann jedoch statt aus einem Ablenken vom Thema auch aus gewandten Aussagen der Form „Das entzieht sich meiner Kenntnis" oder wertfreien Phrasen wie „Das ist interessant", „Damit müssen wir uns auf jeden Fall noch einmal konkreter auseinander setzen" etc. bestehen.

5. Umdeuten und verwirren
Eine Reaktionsmöglichkeit, die von Ihnen hohe Aufmerksamkeit und auch Übung erfordert, liegt grundsätzlich im Umdeuten des verbalen Angriffs. Indem Sie vorgeblich naiv oder auch offensicht-

Dem Angreifer das Wort im Mund umdrehen

lich ironisch die Aussage Ihres Gegners inhaltlich verdrehen, entschärfen Sie jede Wucht eines Angriffs. Muss der Angreifer seine Aussage nun noch einmal richtig stellen, geht der Witz seiner Verbalattacke meistens verloren – und somit auch seine Wirkung. Die Überraschung des Angriffs ist dahin, und Sie können nach der gewonnenen Bedenkzeit sachlich auf die jeweilige Aussage reagieren. Wenn es Ihnen gelingt, die Provokation für alle Umstehenden offensichtlich in Ihrer Aussage zu verdrehen und mit einem Hauch von Ironie wiederzugeben, gewinnen Sie meist deutlich an Respekt – Sie haben Souveränität bewiesen und der Angreifer fühlt sich auf gut Deutsch „verscheißert".

6. Mit Gegenangriff kontern

Wirkungsvolle Konter können Respekt einbringen

Möchten Sie eine Aussage nicht auf sich beruhen lassen, sondern offensiv den Angreifer bloßstellen und verbal zurückschlagen, enthält Ihre Reaktion einen Gegenangriff. Aggressive Kontertechniken können sehr wirkungsvoll sein, da Ihr Gegenüber bei einem „Volltreffer" sehr schnell und einprägsam lernt, dass man Ihnen verbal mit Vorsicht begegnen sollte. Das verschafft Ihnen Souveränität und Respekt im Umfeld. Allerdings sind aggressive Konter unter Berücksichtigung von Rang und Rolle Ihres Gegenübers häufig nur mit Bedacht einzusetzen. Was unter Freunden und Kollegen auf gleicher Hierarchieebene eine passende Reaktionsstrategie darstellt, kann gegenüber Führungskräften oder gesellschaftlich anerkannten Persönlichkeiten im besten Fall ein Fettnäpfchen, im schlimmsten Fall einen Faux pas mit disziplinarischen Konsequenzen bedeuten.

Mit der Kenntnis grundlegender Konteransätze können Sie die im Folgenden vorgestellten speziellen Kontertechniken problemlos einordnen. Zudem erleichtert die sachliche Gruppierung das Lernen und Memorieren der einzelnen Techniken.

Spezielle Kontertechniken

Standardreaktionsmuster als Grundlage

Haben Sie sich die grundlegenden Reaktionsmöglichkeiten auf verbale Angriffe eingeprägt, haben Sie bereits eine erste Werkzeugkiste, um beim verbalen Schlagabtausch situationsgerecht zu reagieren. Richtig „durchschlagend" wird Ihr Konter jedoch erst, wenn Sie nicht nur immer die grundlegenden Verhaltensmuster abspielen, sondern gezielt und gepfeffert spezifische Kontertechniken einsetzen. Denn die grundlegenden Reaktionsarten sind für die meisten Angreifer und Zuschauer vorhersehbar – eine unerwartet schlagfertige Reaktion jedoch nicht.

Lassen Sie sich bei der Auseinandersetzung mit den folgenden Kontertechniken oder weitere Literatur nicht durch die Vielzahl von Bezeichnungen und Methoden verwirren. Fast alle Techniken basieren, unabhängig verschiedener Namen, auf den gleichen Prinzipien. Daher kann es vorkommen, dass Sie die grundsätzlich gleiche Technik an anderer Stelle unter anderer Bezeichnung finden. Wichtig ist, dass Sie sich ein Grundrepertoire an Schlagfertigkeitstechniken zulegen, um souverän gegenüber Verbalattacken reagieren zu können. Nicht zuletzt hilft dieses Grundrepertoire Ihnen auch, im Bedarfsfall selbst einmal verbal „zuzuschlagen". Im Folgenden erlernen Sie daher folgende Schlagfertigkeitstechniken:

- 1. Absichtlich missverstehen bzw. falsch interpretieren
- 2. Abwarten
- 3. Korken im Ohr
- 4. Laszivität
- 5. Themenwechsel
- 6. Humor und Selbstironie
- 7. Absurdes Theater
- 8. SIHR-Technik
- 9. Dolmetscher-Technik
- 10. Nachdenker-Technik
- 11. Aufdecken und Angriffstechniken beim Namen nennen
- 12. Übertrumpfen
- 13. „Gerade weil"-Technik

1. Absichtlich missverstehen bzw. falsch interpretieren
Einen verbalen Angriff absichtlich misszuverstehen, ist eine elegante Form seiner Entschärfung. Sie nehmen Ihr Gegenüber scheinbar voll beim Wort, verstehen ihn und reagieren aber unerwartet anders. Je nachdem, wie scharf Sie Ihre Entgegnung dabei formulieren, fällt dieses Verhalten in die Kategorie „Ausweichen und ablenken" oder „Umdeuten und verwirren".

Sie verstehen die Worte, interpretieren sie und reagieren jedoch unerwartet

Der Angreifer wird unsicher, ob er seinen Angriff noch einmal wiederholen soll

Der Angreifer wird in der Regel verunsichert. Je nach Ihrem schauspielerischen Talent kann er nicht wissen, ob Sie ihn tatsächlich missverstehen oder auf den Arm nehmen. In dieser Situation fällt es ihm schwer abzuwägen, ob er seinen Vorwurf noch einmal wiederholen und erklären soll. Er muss dies tun, um dennoch sein Ziel zu erreichen. Auf der anderen Seite macht er sich lächerlich, wenn er Ihre Ironie und Ihr absichtliches Missverstehen nicht erkennt und seinen Angriff naiv erneut vorträgt. Diese Verwirrung bzw. dieses Dilemma, in das Sie den Angreifer mit Ihrer Reaktion bringen, stärkt in jedem Fall Ihre Position. Im besten Fall verzichtet der Angreifer auf eine Wiederholung seiner Aussage und Ihre Umdeutung bleibt im Raum stehen, ohne dass der Angriff wirkt bzw. die Situation eskaliert.

2. Abwarten

In die Augen schauen und selbstbewusst abwarten

Bei der Abwartetechnik strafen Sie den Provozierenden nicht mit Nichtachtung, sondern fixieren ihn bewusst mit den Augen, ohne jedoch sofort auf seine Verbalattacke zu reagieren. Damit signalisieren Sie Ihrem Gegenüber „Ja, und?", „Erzähl mir mehr!" oder „Ich höre?!". In der Regel wird die Person durch diese „Coolness" verunsichert. Sie verhalten sich nicht wie erwartet und reagieren nicht. Dadurch wird er als Provozierender wieder in Zugzwang gesetzt, seine Ausführungen fortzusetzen. Das kann er jedoch häufig nicht, da die Provokation in vielen Fällen ein nicht fundierter Vorwurf oder nur eine hohle Phrase war.

Ihr selbstbewusstes Abwarten unterstreicht Ihre Souveränität

Ihre „Coolness" wird vom Angreifer, besonders aber von anderen Anwesenden als Zeichen von Souveränität und Selbstbewusstsein gewertet. Sie schauen dem Provozierenden mutig und direkt in die Augen, lassen sich aber weder provozieren noch zu einer Rechtfertigung hinreißen. Achten Sie lediglich darauf, Ihrem Gegenüber nicht direkt den Eindruck zu vermitteln, Sie würden ihn bewusst zappeln lassen. Dies kann dann passieren, wenn Sie diese Technik zu oft einsetzen. Wird die Stille unangenehm oder könnte der Eindruck entstehen, Sie wären sprachlos, genügt häufig ein kurzes „So what?" oder „Ja, und?", um allen klarzumachen, dass Sie auf weitere Ausführungen, insbesondere aber auf sachlich fundierte Argumente warten. Beispiel:

André: „Ich finde, du bist manchmal ganz schön spießig." (Pause. Felix schaut ihn ruhig an.) „Na ja, du weißt schon, andere gehen mehrmals die Woche gemeinsam in Cocktailbars, ins Kino und auf Partys." (Pause …) „Na ja, du bist einfach nie irgendwo dabei, wenn jemand aus der Firma abends noch was unternehmen will." (Pause. Felix schaut ihn immer noch fragend und fordernd an.) „Du gehst dann nach Hause, liest wieder schlaue Bücher – ich glaube, einige haben den Eindruck, du hältst dich für etwas Besseres." (Pause. André ist irritiert, das keine Rechtfertigung einsetzt.) „Na ja, muss ja jeder für sich selbst wissen."

Das etwas längere Beispiel zeigt, wie sich ein verbaler Angriff entwickeln und teilweise selbst entschärfen kann, wenn der Angegriffene souverän abwartet und nicht gleich entrüstet gegenargumentiert.

3. Korken im Ohr

Diese Kontertechnik lässt sich aufgrund Ihres metaphorischen Namens leicht merken und ebenso leicht anwenden. Der „Korken im Ohr" symbolisiert das Nichthören bzw. Nichthören-Wollen eines verbalen Angriffs. Statt auf eine Provokation einzusteigen, diese zurückzuweisen oder die zugrunde liegende Aussage richtig zu stellen, tun Sie einfach so, als hätten Sie das Gesagte gar nicht gehört. Damit bringen Sie den Angreifer wiederum in die missliche Situation zu überlegen, ob er die Aussage noch einmal wiederholen und sich damit eventuell bloßstellen soll, weil er nicht erkannt hat, dass Sie ihn nicht „für voll nehmen", oder ob er es beim Verpuffen seines Angriffs belässt. „Der Korken im Ohr" ist die Vorgehensweise erster Wahl bei immer wiederkehrenden, abgedroschenen Sprüchen zu Figur, Geschlecht oder Name. Durch das Ignorieren der Äußerung machen Sie Ihrem Gegenüber und den Anwesenden klar, dass Sie es leid sind, sich mit solchen Sprüchen auseinander zu setzen und den Provozierenden deshalb einfach kommentarlos auflaufen lassen.

„Frau Schultze, passen Sie auf mit dem Dessert – Sie wissen doch, once on your lips, forever on your hips …" (Frau Schultze reagiert nicht. Sie ist es leid, sich von anderen wegen Ihrer Figur hänseln zu lassen.)

Nichthören oder nichthören wollen

575

4. Laszivität

Ablenkung durch zweideutige Replik

Eine häufig eingesetzte Kontermethode des Ausweichens ist ein Wechsel auf eine laszive Kommunikationsebene. Statt sachlich auf die Aussage einzugehen, soll der Provozierende durch eine zweideutige Replik verunsichert werden. Gerade wenn diese Anspielung die Form einer Frage annimmt, wird der Provozierende häufig peinlich in die Enge gedrängt. Ein gelungener, lasziver Konter lebt zu einem großen Teil von Ihrem schauspielerischen Talent und der Fähigkeit, mit Ihrer Stimme zu spielen. Beispiele:

„Frau Müller – denken Sie nicht, dieser Rock ist ein wenig zu kurz?" – *„Ach Herr Meier, ich hatte immer den Eindruck, Sie mögen das besonders an mir?!"*

„Sie sind doch nur so gereizt, weil Sie seit Wochen keinen Sex mehr hatten!" – *„Soll ich das als Angebot verstehen, Herr Franke?"*

„Ihnen müsste man mal richtig Feuer unter dem Hintern machen, Frau Jakobs!" – *Ach, und Sie würden das gern übernehmen, Herr Meier?"*

5. Themenwechsel

Ausweichmanöver durch Themenwechsel sind oft durchschaubar

Eine klassische Ausweichtaktik ist der Themenwechsel. Sie ist einfach anzuwenden, jedoch in der Regel ebenso einfach zu durchschauen. Statt auf einen Vorwurf oder eine Provokation einzugehen, stellen Sie eine Frage zu einem anderen Aspekt oder leiten geschickt zu einem anderen Thema über. Dies lässt sich umso besser realisieren, je näher das andere Thema mit dem vorherigen in Zusammenhang steht, jedoch nichts mit der Aussage des Provozierenden zu tun hat. Werden Sie darauf angesprochen, dass Sie ablenken oder abschweifen, gilt es, dies durch geschickte Formulierungen mit Sachlichkeit zu begründen. Beispiele:

„Herr Moritz, wo waren Sie eigentlich schon wieder beim letzten Teammeeting?! Langsam verlange ich für Ihr ständiges Fehlen bei unseren Sitzungen eine Erklärung." – *„Ja, Herr Rimbach. Können wir vorher jedoch noch die letzte Folie für die Vorstandssitzung morgen Mittag besprechen?"*

„Das ist sicher interessant. Wichtiger aber ist die Frage ..."

„Ich halte das nicht für den Kern des Problems. Wir sollten vielmehr zuvor klären, ob ..."

6. Humor und Selbstironie

Einige Kontertechniken empfehlen sich primär bei der Auseinandersetzung unter vier Augen, andere Kontertechniken sind geradezu prädestiniert für den Einsatz vor großem Publikum. Zu Letzteren gehört auf jeden Fall der Einsatz von Selbstironie und die Fähigkeit, Vorwürfe so weit zuzuspitzen und ins Lächerliche zu ziehen, dass sie quasi haltlos werden und in sich zusammenbrechen.

Pauschalaussagen durch Zuspitzung bis ins Lächerliche entschärfen

„Herr Rimbach – dass Sie bei Ihrer Figur überhaupt noch passende Kleidung finden?!" – „Ja ja, Herr Moritz, ich kaufe jetzt schon immer ganze Zelte."
„Herr Rimbach, dass Sie mit Ihren Sprachkenntnissen den Job überhaupt bekommen haben …" – „Ja, Herr Moritz, beim Bewerbungsgespräch habe ich nur durch Armewedeln und Kurzlaute den Personaler überzeugt."
„Herr Moritz, Sie sind echt nicht der Hellste!" – „Stimmt, Herr Rimbach, deswegen habe ich auch immer die Deckenbeleuchtung an."

Vor allen Dingen Pauschalaussagen lassen sich auf diese Weise so weit steigern, dass sie durch ihre völlige Überzogenheit komplett an Relevanz verlieren. Dadurch, dass Sie einen Angriff scheinbar akzeptierend aufgreifen und sich durch Steigerung der Aussage sogar noch selbst auf die Schippe nehmen, gewinnen Sie häufig schnell die Sympathie des Publikums und beteiligter Diskussionspartner.

Es ist für einen Angreifer dann schwieriger, Sie mit der Sympathie des Publikums im Rücken verbal zu attackieren. Ebenso kann er Sie nur schwer durch plumpe Beleidigungen einschüchtern, wenn die Mehrheit der Anwesenden hinter Ihnen steht. Hat der Angreifer das Publikum selbst auf seiner Seite, kann er mit solchen plumpen Attacken Lacher und Applaus um sich herum erzeugen – greift er jedoch den Publikumsliebling an, werden solche Aussprüche mit eisigem Schweigen bestraft.

Plumpe Angriffe funktionieren nur mit der Sympathie des Publikums im Rücken

Um mit Ihrem Konter nicht nur dem Diskussionspartner oder Provozierenden angemessen zu begegnen, sondern auch Sympathien im Publikum zu wecken, sollte Ihre Reaktion folgende Merkmale aufweisen:

Merkmale eines wirkungsvollen Konters

- Die Entgegnung ist sachlich richtig und angemessen.
- Sie behalten Ihre Gesprächsebene und bewegen sich nicht auf ein eventuell niedrigeres, vom Kontrahenten angeschlagenes Verbalniveau, das heißt, Sie bleiben in Ihrer Ausdrucksweise und Ausstrahlung authentisch.
- Statt den Kontrahenten als Verteidigung plump anzugreifen oder sich zu rechtfertigen, überspitzen Sie die Aussage und nehmen sich humoristisch mit einem Augenzwinkern selbst „auf die Schippe".

Wer sich selbst nicht zu ernst nimmt, wirkt sympathisch

Durch den letzten Punkt beweisen Sie Souveränität, Selbstvertrauen und eine gewissen Gelassenheit. Statt sich sofort durch die Äußerung Ihres Kontrahenten angegriffen zu fühlen und sich in Rechtfertigungen zu verzetteln, nehmen Sie die Äußerung mit einer sympathischen Natürlichkeit auf, führen Sie weiter und/oder kontern mit einer humorvollen Entgegnung.

Was Sie für das Publikum in dieser Situation so sympathisch macht, ist die Tatsache, dass Sie sich selbst nicht zu ernst nehmen, sich nicht gereizt provozieren lassen, sondern mit einem Augenzwinkern und einer humorvollen Einstellung durch das Leben gehen.

7. Absurdes Theater

Antworten Sie bewusst völlig zusammenhanglos

Eine für den Konternden genüsslich anzuwendende Entgegnungstaktik ist das „Absurde Theater". Hier antworten Sie dem Provozierenden mit einer Sentenz, die mit der Provokation gar nichts zu tun hat. Eine solche Entgegnung kann ein absolut unpassendes Sprichwort, aber auch eine Überspitzung und Verfremdung des Gesagten oder absichtliches Missverstehen sein.

Der Vorteil: Wenn Sie Ihrem Angreifer mit einem unpassenden, möglichst aber tiefsinnig klingenden Kommentar antworten, ist dieser in der Regel für einen peinlich langen Moment sprachlos. Während er versucht, den Sinn Ihrer Entgegnung zu verstehen und auf seinen Angriff zu übertragen, gleitet der Vorwurf bereits an Ihnen ab. Beispiele:

„Ihre Präsentation war aber keine Glanzleistung, Meier!" – „Wer den Weg der Sterne nicht verfolgen kann, versteht auch ihren Sinn nicht."

„Warum kommst du nur immer zu spät?!" – „Der Weise kehrt dem Frieden nie den Rücken, wenn er verreist."

Im besten Fall fragt der Angreifer nach einer Weile des Nachdenkens zurück, was Ihre Aussage denn damit zu tun hätte. Nun können Sie ihn mit einem kurzen „Nichts" bereits wirkungsvoll bloßstellen, oder lassen Sie ihn mit einer Entgegnung des Formats „Denken Sie mal scharf nach" noch eine Weile in Unsicherheit schweben.

Früher oder später wird dem Angreifer bewusst werden, dass Sie ihn auf den Arm genommen haben. Dies ist für ihn in der Regel eine sehr einprägsame Lektion, Ihnen gegenüber in Zukunft verbal mit mehr Vorsicht zu begegnen. Damit steigen Ihre Souveränität und der Ihnen entgegengebrachte Respekt. Beachten Sie aber auch, dass ein einmal Bloßgestellter sich diese Lektion möglicherweise nachtragend merkt und Ihnen in Zukunft, wann immer möglich, ein Bein zu stellen versucht. Hier gilt es, mit Fingerspitzengefühl abzuwägen.

Eine einprägsame Lektion, die Respekt verschafft

8. SIHR-Technik

Immer wieder lässt sich in Diskussionen beobachten, dass Menschen so lange auf den immer gleichen Argumenten „herumreiten", bis sie das Gefühl haben, verstanden worden zu sein. Diese Erkenntnis lässt sich für Ihre Schlagfertigkeit nutzen, indem Sie einer Äußerung nach dem Schema „Sie haben Recht, aber/deshalb …" begegnen. Dadurch, dass Sie einer Person erst einmal Recht geben, wird ihr der Wind aus den Segeln genommen. Sie haben das Gesagte ja bereits anerkannt, eine permanente Wiederholung ist daher unangebracht. Wenn Sie nun in einem zweiten Teilsatz das Gesagte jedoch geschickt um- bzw. weiterdeuten, können Sie ganz subtil in Ihre favorisierte Richtung weiterargumentieren, ohne jedoch gleich zu Beginn der Entgegnung im Gegenüber Reaktanz zu erzeugen.

SIHR = Sie haben Recht

Die „Sie haben Recht"-Taktik ist deshalb so wirkungsvoll, weil der Angreifer in der Regel nicht erwartet, dass Sie seiner Verbalattacke freimütig zustimmen. Ein folgendes Umdeuten mag zwar in vielen Fällen durchschaubar sein – die schlagfertige Entgegnung ist aufgrund des Überraschungseffekts jedoch dennoch auf jeden Fall gelungen.

*„Herr Moritz, ich finde Ihre Präsentationen sind nicht sehr professio-
nell." – „Sie haben Recht, Herr Rimbach. Ich habe da meinen ganz
persönlichen Stil."*

9. Dolmetscher-Technik

Eine typische Kontertechnik der Kategorie „Umdeuten und verwirren" ist die Dolmetschertechnik. Hier greifen Sie die Aussage
Ihres Gegenübers auf und umschreiben sie in eigenen Worten. Je
nach Situation und gewünschter Eskalation können Sie dabei die
Aussage des Provozierenden bösartig übertreiben, diplomatisch
relativieren oder inhaltlich umdeuten.

Den Angreifer mit einer zugespitzten Version seiner Aussage konfrontieren

Der Vorteil der Dolmetscher-Technik liegt darin, dem Angreifer
aktiv und nach Belieben die Worte im Mund umdrehen zu können.
Indem Sie zum Beispiel eine indirekte Beleidigung verbal zuspitzen
und beim Namen nennen, erreichen Sie in vielen Fällen einen Rück-
zug des Angreifers im Format „Nun ja, so hatte ich das nicht gemeint". Beispiel:

*„Die muss ja auch immer mit dem neuesten BMW vorfahren." –
„Wollen Sie damit sagen, unsere Kollegen Frau Müller möchte mit
ihrem Auto angeben und fühlt sich als etwas Besseres?!"*
*„Die neue Marketingassistentin hat doch gerade mal ein FH-Di-
plom."– „Sie halten Frau Kosiak also für unqualifiziert für diesen Job?"*

Die Aussage des Angreifers diplomatisch abschwächen

Ebenso können aggressive Angriffe jedoch durch diplomatisches
Umformulieren entschärft werden. Eine Eskalation des Gesprächs
wird verhindert und die Rückkehr auf die Sachebene unterstützt.
Beispiel:

*„Dieser neue IT-Assistent produziert doch nur theoretischen Bullshit
und einen Haufen Papier!" – „Sie haben den Eindruck, die Vorschläge von Herrn Jensen wären bisher praktisch schwer umzusetzen?"*

10. Nachdenker-Technik

Auch die Bitte um Bedenkzeit kann eine souveräne Reaktion sein

Nicht unbedingt schlagfertig, in manchen Fällen jedoch eine sehr
weise und souveräne Art der Entgegnung ist die Bitte um Bedenkzeit. Gerade bei sachlichen Anschuldigungen oder Vorwürfen kann
es sinnvoll und für die Beteiligten verständlich sein, wenn Sie Ihre

Antwort mit dem Hinweis vertagen, dies erst überprüfen oder rück-
bestätigen lassen zu wollen. Damit weichen Sie dem Angriff erst
einmal geschickt aus und verschaffen sich Bedenkzeit, um eine
fundierte und angemessene Reaktion zu finden.

Ungeeignet ist diese Methode jedoch bei persönlichen Angriffen
und Verbalattacken unter die Gürtellinie. Hier machen eine Ausweichtaktik und das Verschieben einer Entgegnung keinen Sinn:
Auf eine niveaulose Äußerung des Formats „Sie sind so blöd, Herr
Müller" mit „Darüber muss ich noch einmal nachdenken. Sie
erhalten meine Stellungnahme morgen" zu äußern, hat höchstens
Komikwert.

Für fachliche Fragen kann die Bitte um Bedenkzeit jedoch schon **Bedenkzeit**
eine souveräne Reaktion darstellen und gerade in kritischem Um- **entschärft**
feld nützlich sein, zum Beispiel bei Diskussionen mit Vorgesetzten, **Situationen**
um die Situation zu entschärfen. Beispiel:

*„Sie sind doch nicht mal in der Lage, mir auch nur drei vernünftige
Gründe zu nennen, warum wir dafür einen neuen Server einrichten
sollten, Herr Moritz." – „Es gibt dafür eine Reihe vernünftiger
Gründe, Herr Rimbach. Lassen Sie mich Ihnen das morgen bei der
Kernteamsitzung darlegen. Ich kann mich dann besser vorbereiten
und das schon mal durchrechnen."*

11. Aufdecken und Angriffstechniken beim Namen nennen
Eine Möglichkeit des Gegenangriffs ist das Aufdecken der An-
griffstechnik: Sie weisen die provozierende Person darauf hin, dass
ihre Aussage unsachlich und unkonstruktiv ist und damit nicht zur
Lösung des Problems beiträgt. Diese Technik ist insbesondere in
der Gruppe wirksam: Stellen Sie Ihr Gegenüber vor allen Anwesenden bloß, indem Sie darauf hinweisen, dass es mit so genannten
„Killerphrasen" den Arbeitsfortschritt blockiert oder Sie persönlich
unter der Gürtellinie angreift.

Sie decken damit gegenüber den Anwesenden auf, dass durch Pro- **Die Gruppe**
vokationen oder unangemessene Zwischenäußerungen versucht **als Druckmittel**
wird, Sie zu verunsichern oder eine konstruktive Lösung zu verhindern. Nutzen Sie dabei den Gruppendruck der Anwesenden dafür,

nun Ihrerseits den Angreifer zu verunsichern. Sehr gut geeignet sind dafür Wir-Formulierungen wie diese:

„Das hätten wir aber nicht von Ihnen gedacht, Herr Müller, dass Sie uns mit billigen Sprüchen und unsachlichen Zwischenrufen von einem konstruktiven Arbeitsergebnis abhalten. Wir sind davon ausgegangen, dass wir gemeinsam eine konstruktive Lösung für das Problem erarbeiten und Kollegen nicht durch Einsatz durchschaubarer Killerphrasen im Team zu diskreditieren suchen. Ich glaube, alle im Raum hier sind enttäuscht von Ihnen."

Das Beispiel zeigt wirkungsvoll, wie gut Sie die Aufdeck-Taktik als Gegenangriff nutzen können. Sie haben sich mit dieser Formulierung nicht nur ungefragt die Gruppe zum Helfer gemacht und somit geschickt den Angriff auf Sie persönlich als Angriff auf alle Gruppenmitglieder umgedeutet. Sie haben darüber hinaus die Arbeitsweise und Vorgehensweise des Angreifers als billig und durchschaubar gebrandmarkt und damit den Angreifer seinerseits diskreditiert und sich souverän erscheinen lassen.

- Herr Müller verwendet billige Sprüche, unsachliche Zwischenrufe und Killerphrasen.
- Er hält das Team von einer konstruktiven Lösung ab und diskreditiert Kollegen.
- Wir (das Team) sind enttäuscht über seine Arbeitsweise und Unkollegialität.

Ihre Methodenkenntnis und Ihr Methodeneinsatz verschaffen Ihnen Respekt im Team

Wenn die Anwesenden auf diese Weise miterleben, dass Sie Situationen dank entsprechender Kenntnisse nicht nur scharfsinnig analysieren können, sondern auch geschickt und angemessen reagieren, wird man Ihnen in Zukunft verbal mit größerem Respekt entgegentreten. Auf diese Weise erhöht ein einmaliger, erfolgreicher Gegenangriff des „Aufdeckens" in vielen Fällen nicht nur Ihre Souveränität, sondern auch den Respekt in der Gruppe Ihnen gegenüber.

12. Übertrumpfen

Der klassische Gegenangriff besteht im übertrumpfenden Kontern. Hier nehmen Sie den Angreifer beim Wort und reagieren mit einer noch gepfefferteren Sentenz. Ein bekanntes Beispiel für diese Technik entstammt den bekannten Geschichten und Rededuellen um Winston Churchill und Lady Astor:

Lady Astor: „Wenn ich Ihre Frau wäre, würde ich Ihnen Gift geben.“
Winston Churchill: „Wenn ich Ihr Mann wäre, würde ich es nehmen.“

Sie setzen praktisch auf den verbalen Angriff eins drauf und schießen den Ball damit zum Angreifer zurück. Je schneller Ihre Entgegnung kommt, umso wahrscheinlicher ist es, dass Sie den Angreifer damit sprachlos und mundtot machen. Sie zeigen Ihrem Gegenüber und den Anwesenden, dass Sie sich derartige Verbalattacken nicht gefallen lassen und in der Lage sind, schnell und eloquent darauf zu reagieren. Ganz nach dem Motto „Auf einen groben Klotz gehört ein grober Keil“ antworten Sie auf der gleichen Ebene wie der Angreifer und reagieren mit einer schlagfertigen Übertrumpfung.

Je schneller und zugespitzter die Retourkutsche, umso wirkungsvoller

Dabei müssen Sie allerdings darauf achten, dass zwischen Provokation und Reaktion ein sachlogischer Zusammenhang besteht, der sich steigern lässt. So wirkt zum Beispiel folgender Wortwechsel überhaupt nicht, sondern macht Felix sogar noch lächerlicher, als es durch den Angriff bereits geschehen ist.

André: „Oh je, was hast du denn heute wieder für eine Hose an?!“
Felix: „Mir gefällt dafür dein Auto nicht“

Passender ist eine Reaktion mit Bezug zum gleichen Objekt, zum Beispiel:

André: „Oh je, was hast du denn heute wieder für eine Hose an?!“
Felix: „Wenigstens kann man das im Gegensatz zu deinem Kartoffelsack eine Hose nennen.“

Das übertrumpfende Kontern wirkt durch die unerwartet harte und schlagfertige Reaktion. Dabei bleibt zu berücksichtigen, dass derartiges Kontern auf Dauer sehr plump erscheint. Vielleicht erzeugen Sie einen kurzzeitigen Lacher unter den Anwesenden, wenn Sie wie aus der Pistole geschossen so deftig reagieren. Auf Dauer stehen Ihrer Souveränität jedoch größere Chancen durch subtile

Souveränität durch subtile Konter steigern

Konter statt billiger Retourkutschen offen. Das leise Schmunzeln der Umstehenden nach einer subtilen und intelligenten Reaktion verhilft Ihnen gerade in der Arbeitswelt und im intellektuellen Rahmen zu weitaus mehr Respekt und Anerkennung. Denn Sie reagieren angemessen und selbstbewusst, ohne sich jedoch auf das verbale Niveau des Angreifers zu begeben.

13. „Gerade weil"-Technik

Angriffe und Kritik konstruktiv aufgreifen

Eine geschickte Technik, einen Verbalangriff oder provokative Kritik aufzunehmen und konstruktiv zu verwenden, ist die „Gerade weil"-Technik. Hier nehmen Sie den vorgetragenen Kritikpunkt als Aufhänger, um Ihre eigene Argumentation fortzuführen. Beispiel:

Müller: *„Das ist doch viel zu teuer."*
Meier: *„Gerade weil es teuer ist, bleiben uns attraktive Margen, wenn wir die Kosten in den Griff bekommen."*
Müller: *„Das schaffen wir niemals rechtzeitig."*
Meier: *„Gerade deshalb sollten wir keine Zeit verlieren und konstruktiv nach einer Lösung suchen. Ich schlage vor …"*

Der Vorteil der „Gerade weil"-Technik: Üblicherweise signalisieren Sie in kontroversen Gesprächen Ihrem Gegenüber mit typischen „Ja, aber"-Antworten, mit ihm nicht konform zu gehen. Die Formulierung „Gerade weil …" hingegen wirkt bestätigend. Sie geben dem Angreifer scheinbar Recht und leiten geschickt zu Ihrer Argumentation über. Auf diese Weise vermeiden Sie Reaktanz und entschärfen Kommunikationsstörungen und Konflikte.

Aus einem Vorwurf einen Vorteil machen

Das Überraschende und Schlagfertige an Ihrer Replik ist die Tatsache, dass Sie einen Vorwurf oder Nachteil dem Angreifer im Mund umdrehen und daraus einen Vorteil für Ihre eigene Argumentation machen. Die meisten Angreifer reagieren auf diese Schlagfertigkeitstechnik deshalb mit großer Verblüffung. Allerdings müssen Sie auch hier darauf achten, die Technik nicht zu oft einzusetzen, da sich Ihre Wirkung sonst schnell abnutzt. Dies gilt generell für alle der hier erläuterten Schlagfertigkeitstechniken, denn Schlagfertigkeit lebt vom Überraschungseffekt. Wenn Ihr Handeln und Ihre Repliken vorhersehbar und durchschaubar werden, wirken Sie auch nicht mehr schlagfertig.

Instant-Sätze gegen Killerphrasen

Schlagfertige Menschen können mitunter angenehme Zeitgenossen sein, weil sie Gespräche souverän und humorvoll führen. Eine grundsätzlich harmonische Atmosphäre in der Gruppe vorausgesetzt, kann manch provokative Frotzelei und schlagfertige Retourkutsche das Klima in der Familie oder im Team deutlich auffrischen.

Doch leider erfolgen verbale Schlagabtausche nur selten im freundschaftlichen Sinne des „Sich Neckens", sondern sind handfeste Angriffe auf die Sache und/oder Person. Als weiteres Element kommen so genannte Killerphrasen dazu: Wendungen, die bewusst oder unbewusst im Alltag eingesetzt werden und jede konstruktive Zusammenarbeit und Kommunikation untergraben. Solche Killerphrasen sind meist pauschale Scheinargumente und zielen direkt auf die emotionale Ebene des Angegriffenen. Typischerweise dienen Killerphrasen dazu, neue Ideen abzuwürgen, eine Diskussion abzutöten, Entscheidungen zu vertagen oder den Gegner zu provozieren.

Was sind Killerphrasen?

Typischerweise führen Sie als Totschlagargumente zu Sprachlosigkeit des Angegriffenen. Dazu gesellt sich meist später der Frust, Resignation oder Wut, keinen passenden Konter parat gehabt zu haben. Dadurch, dass Killerphrasen in den seltensten Fällen sachbezogen sind, sondern direkt auf die Emotionsebene des Gesprächspartners zielen, wird dieser meist von einer konstruktiven Fortführung seiner Argumentation oder Präsentation abgehalten. Während er nach einer passenden Entgegnung ringt oder sich zu verteidigen beginnt, hat der Angreifer bereits gewonnen. Eine konstruktive Auseinandersetzung über die Sache wurde gestoppt. Wer sich leicht reizen lässt, gerät schnell in die Fänge des Angreifers. Weil Killerphrasen pauschal, inhaltsleer, abwehrend und abwertend sind, ersticken Sie jede konstruktive Diskussion oder Lösungsfindung im Keim.

Killerphrasen machen sprachlos

Meike Müller unterscheidet in Ihrem Buch „Killerphrasen … und wie Sie gekonnt kontern" sechs Typen von Killerphrasen. Die Tabelle 16 stellt diese zusammen mit je einem typischen Beispiel dar.

Sechs Typen von Killerphrasen

Tabelle 16: Typen von Killerphrasen und Beispiele

Typen von Killerphrasen	Beispiel
1. Beharrungs-Killerphrasen	„Das haben wir schon immer so gemacht."
2. Autoritäts-Killerphrasen	„Sie haben doch gar keine Ahnung."
3. Besserwisser-Killerphrasen	„Alles graue Theorie. Die Praxis sieht anders aus."
4. Bedenkenträger-Killerphrasen	„Wer garantiert uns denn das?"
5. Vertagungs-Killerphrasen	„Wir sollten diesbezüglich nichts überstürzen."
6. Angriffs-Killerphrasen	„Machen Sie sich doch nicht lächerlich.

Die zuvor vorgestellten Schlagfertigkeitstechniken sind eine flexibel einsetzbare Hilfe, wenn Sie mit pauschalen Angriffen und Killerphrasen konfrontiert werden. Nicht immer haben Sie jedoch den passenden Konter sofort auf den Lippen. Dies ist bei der Konfrontation mit Killerphrasen jedoch besonders gefährlich, da diese mit ihrem Totschlagcharakter eine gesamte Präsentation oder Argumentation zunichte machen können. Wer auf ein Totschlagargument sprachlos reagiert, wird in seiner Souveränität und Verhandlungsposition deutlich geschwächt.

Legen Sie sich Standard-Repliken auf vorhersehbare Killerphrasen zu

Aus diesem Grund ist es ratsam, auf typische Killerphrasen auch einige Standardkonter parat zu haben. Solche Instantsätze lassen sich problemlos zurechtlegen und einstudieren, da Killerphrasen stereotyp und damit vorhersehbar sind. Gerade bei der Kommunikation und Interaktion in Gruppen kennen Sie die Mehrzahl Ihrer Gesprächs- und Konfliktpartner. Demzufolge können Sie bereits vor wichtigen Präsentationen, Diskussionen oder Verhandlungen sondieren, welche typischen Allgemeinplätze und Pauschalaussagen von einzelnen Kollegen, Freunden oder Familienmitgliedern zu erwarten sind. In Anlehnung an die grundsätzlichen Reaktionsarten wirken typische Standardkonter rückfragend, konkretisierend, humorvoll ironisierend oder aggressiv zurückschlagend. Die folgende Liste bietet Ihnen einige Anregungen, die gegen viele Killerphrasen höchst wirksam sind.

Rückfragen, Konkretisierung und Versachlichung fordernd
„Ja, und?"
„So what?"
„Wieso nicht?"
„Was beunruhigt Sie?"
„Was wollen Sie damit sagen?"
„Das müssen Sie mir genauer erklären."
„Was spricht denn Ihrer Meinung nach konkret dagegen?"
„Was müssen wir machen, damit es nicht so ist?"
„Wie lautet Ihr Vorschlag?"

Humorvoll, ironisch, sarkastisch
„Vielen Dank, dass Sie sich um mich sorgen."
„Das hätten Sie wohl gern?"
„So bin ich eben."
„Oh, Sie haben es bemerkt?"
„Tatsächlich?"
„So ein Glück, dass wir Sie haben."
„Danke für diesen äußerst konstruktiven Beitrag."

Aggressive Retourkutsche
„Das müssen gerade Sie sagen!"
„Es wäre ja auch zu viel verlangt, von Ihnen einen konstruktiven Beitrag zu erwarten."
„Haben Sie Angst oder sind Sie generell nicht in der Lage, Entscheidungen zu treffen?"
„Ich glaube nicht, dass Sie das wirklich einschätzen können."
„Auch Sie werden es früher oder später verstehen."
„Können Sie auch genauso einstecken wie austeilen?"
„Sie sollten nicht von sich auf andere schließen."

Das Vorbringen einer aggressiven Retourkutsche will allerdings sorgfältig überlegt sein. Sie sollten auf gleicher oder niedrigerer Ebene nur antworten, wenn eine konstruktive Diskussion sowieso nicht mehr zu erwarten ist. Seien Sie sich bewusst, dass viele Instantsätze dieser Kategorie selbst platte und inhaltsleere Killerphrasen sind und eine Streitigkeit weiter eskalieren lassen. Überlegen Sie sich also nüchtern, ob es sich tatsächlich lohnt, einen verbalen Tiefschlag mit gleicher Münze heimzuzahlen.

Vorsicht mit aggressiven Retourkutschen

Spontaneität, Schnelligkeit und Angemessenheit

Einflussfaktoren auf die Wirkung Ihres Konters

Schlagfertigkeit hilft Ihnen bei der Kommunikation in und vor Gruppen, sich gegen verbale Tiefschläge, Killerphrasen, Unterstellungen, Provokationen und pauschale Allgemeinplätze zu wehren. Die Wirkung Ihres Konters hängt dabei wesentlich von drei Faktoren ab:

- 1. Angemessenheit
- 2. Schnelligkeit
- 3. Spontaneität

Ihre Replik muss der Situation angemessen sein

Auch wenn es Ihnen auf der Zunge brennt und Sie Ihrem Gegenüber gern einmal so richtig zeigen möchten, „was eine Harke ist": Achten Sie beim Einsatz schlagfertiger Kommentare und Konter darauf, die Angemessenheit Ihrer Replik zu wahren. Mitunter ist es klüger, eine spitze Bemerkung herunterzuschlucken, als sich durch unpassende Äußerungen negativ in Szene zu setzen. Nicht immer ist ein bissiger Spruch, Sarkasmus oder Ironie angebracht. Vielmehr kann eine derartige Replik in bestimmten Situationen einfach nur unverschämt wirken. Überlegen Sie daher lieber zweimal, ob eine entsprechende Äußerung in der vorliegenden Situation und im aktuellen Umfeld angemessen ist, wie zum Beispiel in dieser Situation: Herr Moritz ist zu spät zum Meeting gekommen. Das Team von zehn Leuten musste 25 Minuten warten, da Herr Moritz die erforderlichen Unterlagen sowie einen Prototyp mitzubringen hatte. Auf den Vorwurf des Teamleiters reagiert er völlig unangemessen frech:

„Herr Moritz, Ihnen ist bewusst, dass hier zehn Leute fast eine halbe Stunde auf Sie gewartet haben?!" – „Ach, wissen Sie, Herr Rimbach, kommt Zeit, kommt Rat. Manchmal möchte ich auch einmal meinen Kaffee in Ruhe zu Ende trinken. Auch mein Arzt rät mir zu weniger Hektik."

Ihr Konter muss zeitnah erfolgen, um Wirkung zu erzielen

Schlagfertigkeit lebt darüber hinaus von Schnelligkeit – Sie müssen jederzeit zum Rückschlag bereit sein. Gerade das ist für viele Menschen das Problem. Später, zu Hause oder in einer anderen Situation fällt ihnen immer ein, was sie in diesem Moment hätten erwidern sollen. Die vorgestellten Instantsätze und Kontertechniken helfen Ihnen, bei Bedarf passende Konter zu finden.

Zur Schnelligkeit an sich gehört zudem Spontaneität. Vorhersehbare Reaktionen, durchschaubare Kontertechniken und abgedroschene Standardsprüche verfehlen nicht nur ihre Wirkung, sondern sind oftmals sogar kontraproduktiv. Vermeiden Sie daher von Anfang an, permanent die gleiche Technik oder Standardentgegnungen zu verwenden. Sobald jemand Ihre Reaktionen vorhersagen kann, lässt sich daraus ein noch viel wirkungsvollerer Strick drehen: Jemand macht Ihre vorhersehbare Standardreaktion zum Aufhänger eines verbalen Angriffs und zieht Sie damit absolut ins Lächerliche. Um sich nicht auf solche Weise bloßstellen zu lassen und Schlagfertigkeit angemessen und passend zu Ihrem Vorteil einzusetzen, sollten Sie möglichst viele Kontertechniken beherrschen und eine breite Palette von Standardkontern parat haben.

Konter müssen spontan und dürfen nicht als Standardreaktion vorhersehbar sein

Schlagfertigkeit versus sozialer Frieden

Schlagfertigkeit ist eine wunderbare Eigenschaft und Fähigkeit, um sich in gruppendynamischen Prozessen zu behaupten und zu profilieren. Um in jeder Kommunikationssituation in der Gruppe souverän zu bleiben, bedarf es nicht nur Eloquenz, eines angemessenen Wortschatzes sowie Einfühlungs-, Durchsetzungs- und Verhandlungsvermögen. Es ist eben auch die Fähigkeit erforderlich, bei verbalen Gefechten schnell und treffsicher kontern zu können.

Schlagfertigkeit sichert Ihnen Respekt in der Gruppe

Schlagfertigkeit kann aber auch nach hinten losgehen. Wer immer einen lockeren Spruch und passenden Konter auf den Lippen hat, gilt schnell als schlagfertiger Witzbold. Jemand, der jedoch als permanent schlagfertig und gewitzt gilt, kann in Situationen, in denen es darauf ankommt, in der Regel nur verlieren. Da jeder von Ihnen bereits einen schlagfertigen, witzigen und treffsicheren Konter erwartet, können Sie damit schon nicht mehr punkten. Fehlt Ihnen dann in einer Situation einmal der passende, spontane Konter, sehen Sie sofort angegriffen aus. Wer immer schlagfertig ist, dem geht der Überrumpelungseffekt einer spontanen und treffenden Entgegnung verloren.

Abgesehen davon kann Schlagfertigkeit im Einzelfall mehr Nachteile als Vorteile bringen, wenn Sie durch einen zwar passenden, aber tief sitzenden Konter eine Person bloßstellen, die das persönlich nimmt. So ist es zum Beispiel in asiatischen Kulturen das

Vorsicht bei Menschen aus anderen Kulturen

Schlimmste für einen Menschen, sein Gesicht in der Öffentlichkeit zu verlieren und vor anderen Personen gedemütigt und diskreditiert zu werden (Kapitel 3.3.). Aber auch in heimischen Landen nimmt man Ihnen eine schlagfertige Replik und Bloßstellung vor Kollegen oder im Freundeskreis durch einen gut sitzenden Konter möglicherweise dauerhaft übel.

Schnell wird von der Sache auf die Person geschlossen, und der Konternde insgeheim als persönlicher Feind geführt, mit dem man noch etwas offen hat. So reicht eine einmalige, gewitzte Antwort auf eine Provokation, um in der Gruppe zwischen einzelnen Mitgliedern dauerhafte Kommunikationsstörungen zu verursachen. Sollten Sie durch eine schlagfertige Äußerung in eine solche Situation rutschen, können Sie davon ausgehen, dass der Angegriffene Ihnen in Zukunft, wann immer nur möglich, Steine in den Weg legen wird und auf eine passende Gelegenheit wartet, es Ihnen heimzuzahlen.

Zwischen kurzfristigen Gewinnen und langfristigen Folgen abwägen

In diesem Fall bezahlen Sie den kurzfristigen Gewinn an Souveränität im verbalen Schlagabtausch mit einem Verlust an Kooperationsbereitschaft und Effizienz bei der gemeinsamen Arbeit. Auch ein dauerhafter Verlust an zwischenmenschlicher Beziehungsqualität kann die Folge sein. Das traurige Ergebnis: „Operation gelungen, Patient tot." Problematisch ist dabei vor allem, dass Sie es vielen Menschen nicht ansehen können, wenn Sie etwas so persönlich genommen haben, dass sie es immer noch in sich tragen. Umso überraschter treffen Sie dann plötzliche Gefühlsausbrüche oder spontan eskalierende Konflikte. Machen Sie sich beim Einsatz von Schlagfertigkeit also bewusst, dass diese nicht immer angemessen ist und es sich mitunter lohnt, auf eine spitze Entgegnung im Sinne der Wahrung des sozialen und betrieblichen Friedens zu verzichten.

Übung 4.3.

(A) Nennen Sie sechs Manipulationstechniken:

1. _____ 2. _____

3. _____ 4. _____

5. _____ 6. _____

(B) Welche Themenbereiche sollten Sie beim Smalltalk meiden?

_____

_____

_____

_____

(C) Welche vier Perspektiven einer Nachricht kennen Sie?

1. _____ 2. _____

3. _____ 4. _____

(D) Welche typischen Gesprächsstörer kennen Sie?

_____

_____

_____

_____

(E) Nennen Sie sechs konkrete Kontertechniken:

1. _____ 2. _____

3. _____ 4. _____

5. _____ 6. _____

(G) Welche Moderationstechniken kennen Sie?

_____

_____

_____

_____

_____

4.4. Teams und Mitarbeiter führen

Ausbildung, Erfahrung, Kompetenzen für erfolgreiche Teamführung

Um ein Team und eigene Mitarbeiter zu führen, bedarf es gründlicher Ausbildung, Erfahrung und Kompetenzen. Dazu gehören primär Kenntnisse der Arbeits- und Gruppenorganisation, auf denen dann Managementtheorien aufbauen. Grundkenntnisse der organisatorischen Aufbauplanung müssen um Wissen bezüglich der Ablaufplanung ergänzt werden, welches vorwiegend durch Berufserfahrung in einem Fachbereich angeeignet wird. In der aus Aufbau- und Ablauforganisation geschaffenen Struktur werden Aufgaben und Verantwortlichkeiten an die Mitglieder der Organisation verteilt. Dazu ist es wichtig, die Notwendigkeit und Methoden der Delegation zu kennen und anwenden zu können.

Um ein hohes Niveau der Arbeitsergebnisse in der geschaffenen Struktur zu gewährleisten, bedarf es der Motivation der eigenen Mitarbeiter. Dafür gibt es unterschiedliche Methoden, welche eine effiziente Führungskraft verwenden kann und eventuell sogar verwenden muss.

Als eine der wichtigsten Aufgaben der Führungskraft zählt das Mentoring und Coaching. Dabei ist die Führungskraft für die Nachwuchsentwicklung für das ganze Unternehmen verantwortlich. Gleichzeitig dient das Coaching und Mentoring aber auch dazu, Personen für besondere Stellen auszubilden oder sogar die eigene Ablösung durch eine qualifizierte Person zu organisieren. Neben der langfristigen Entwicklungsförderung von Mitarbeitern muss die Führungskraft eine ganze Reihe von Mitarbeitergesprächen im Rahmen des operativen Tagesgeschäfts führen. Für die verschiedenen Ausprägungen dieser Mitarbeitergespräche gibt es sehr unterschiedliche Ziele, Merkmale und potenzielle Probleme, die Sie kennen und beachten sollten.

Mentoring und Coaching

Zu guter Letzt geht jede Gruppenentwicklung mit Konflikten einher, in die Sie einmal als Gruppenmitglied selbst verwickelt sein können, die Sie andererseits als Teamleiter aber auch vermitteln und lösen können müssen. Dies setzt Kenntnisse, Fähigkeiten und den Willen zu professionellem Konfliktmanagement voraus.

Konfliktmanagement

Dieser Abschnitt unterstützt Sie dabei, von einem Vorgesetzten zu einer Führungskraft oder einem effizienten Manager zu werden. Er ist sozusagen der krönende Abschluss auf Ihrem Weg, wenn Sie selbst so weit mit sich im Reinen sind, dass Sie erfolgreich an einer Gruppenentwicklung partizipieren und diese nunmehr sogar als Führungskraft leiten können und leiten sollen. Ausgehend vom Thema „Organisation" setzen Sie sich dazu im Folgenden Schritt für Schritt mit den oben genannten Kernbereichen der Teamführung auseinander. Sie erweitern so gezielt Ihr Wissen und Ihre Handlungskompetenz für diese Führungsrolle.

Organisation

Das Wort „Organisation" wird erstens als ein Instrument und zweitens als eine Institution definiert. Als Instrument strukturiert die Organisation eine Gruppe von Personen und richtet diese Struktur an den Aufgaben des Betriebes aus. Die Organisation fordert in diesem Verständnis beispielsweise die Bildung von Stellen und Ab-

Organisation als Instrument und als Institution

teilungen zur effizienten Arbeitsteilung. Als Institution bezeichnet Organisation die Gruppe von Menschen als selbstständiges soziales System mit Berücksichtigung ihres Wertesystems und der zwischenmenschlichen Beziehungen. Als Führungskraft mit Personalverantwortung müssen Sie beide Formen der Organisation in der Aufstellung eines Teams und in der alltäglichen Arbeit mit diesem beachten.

Unterscheidung zwischen formalen und informellen Strukturen

Ein Unternehmen, eine Abteilung oder ein Team hat stets formale und informelle Strukturen. Die informelle Struktur ist vorwiegend die Unternehmens-, Kritik- oder Gruppenkultur, welche nicht aktiv vonseiten des Managements arrangiert sind. Ebenso können durch persönliche Verbindungen informelle Informations- und Kommunikationswege entstehen. Diese Wege sind meist effizienter als die formellen Strukturen und sollten demzufolge aktiv genutzt werden. Empfohlen ist jedoch Fingerspitzengefühl, da jede Kooperation in dieser Struktur eher ein Freundschaftsdienst ist und bei unterlassener Arbeit oder unzureichendem Ergebnis keine Folgeaktivitäten wie disziplinarische Maßnahmen eingeleitet werden können.

Die formale Struktur der Aufbau- und Ablauforganisation

Die formale Struktur besteht aus der Aufbau- und Ablauforganisation, welche weiter unterteilt werden können. Der Aufbau einer Organisation wird durch einzelne Stellen determiniert. Es gibt dabei zwei Möglichkeiten, wie Sie Teams, Abteilungen und Bereiche strukturieren können:

- ■ Top-down (deduktiv)
- ■ Bottom-up (induktiv)

Die erste Möglichkeit besteht darin, die allgemeine Aufgabenstellung in kleinere Aufgabenbereiche (top-down) aufzubrechen, bis Sie zu einer konkreten Stellenbeschreibung gelangen. Andersherum können Sie von einer Stelle durch Gruppen-, Abteilungs- und Bereichsbildung eine Organisation konstruieren (bottom-up). Die Ablauforganisation wird anschließend durch den Arbeitsinhalt, die Arbeitszeit und die konkrete Arbeitszuordnung bestimmt.

Eine Arbeitsgruppe kann organisatorisch funktional, in Sparten oder in einer Matrix aufgebaut sein. Die funktionale Gliederung sieht vor, dass alle Mitarbeiter, welche die gleichen Prozesse bearbeiten in einer Gruppe organisiert sind. So entstehen die Gruppen „Finanzen", „Einkauf", „Personal", „Produktion" und „Vertrieb".

Funktionale, Sparten- und Matrixorganisation

In einer Spartenorganisation werden die Mitarbeiter produktorientiert gegliedert. Demnach kann in einer Spartenorganisation für jedes Produkt ein Team bestehend aus einer Person für Einkauf, einer für Produktion, einer für den Absatz, einer für die finanzielle Betrachtung und einer Person für die Computerunterstützung vorgesehen sein. Jedes Team arbeitet demnach vollkommen unabhängig von den anderen Teams.

Die Matrixorganisation sieht vor, in einer Spartenorganisation Personen einzubinden, welche funktional arbeiten und damit in allen Sparten Einfluss haben. Demnach arbeitet beispielsweise die Person für Computerunterstützung für alle Produktgruppen. Dies ermöglicht eine bessere Auslastung und geringere Kosten, als wenn jede Produktgruppe einen eigenen Computerfachmann einstellt.

Vor- und Nachteile der verschiedenen Gliederungskonzepte

Jede dieser Gliederungen hat ihre Vor- und Nachteile. Vorteil der funktionalen Gliederung ist die Möglichkeit, durch Spezialisierung effizienter zu arbeiten. Nachteile sind neben eventuellem Ressort-Egoismus hoher Kommunikationsaufwand aufgrund der vielen Schnittstellen in die anderen Abteilungen und die schlechte Übersicht über die Entwicklung sowie Effizienz einzelner Produkte.

Die Spartenorganisation ist sehr marktorientiert und flexibel. Die Autonomie fördert die Motivation der Mitarbeiter, und der Führung ist ein besserer Überblick über die Produktentwicklung möglich. Problematisch sind auftretender „Kannibalismus" zwischen den einzelnen Sparten und die suboptimale Betriebsgröße, in welcher viele Stellen vervielfältigt sind.

Vorteil der Matrixorganisation ist die institutionalisierte Mehrperspektivenorganisation. Diese Organisationsform hat per se einen Mechanismus eingebaut, die Aktivitäten aus verschiedenen Sichtweisen und Interessenlagen zu evaluieren. Eklatanter Nachteil ist die

Über- oder Unterorganisation ist schädlich

erhöhte Bürokratisierung und damit verbundene Intransparenz von Organisation und Prozessen.

Grundlage der strukturellen Organisation ist das Substitutionsprinzip von Gutenberg. Dieses Substitutionsprinzip besagt, dass eine Über- oder Unterorganisation von Regelungen jeweils die Effizienz lähmt, und Sie demnach ein Mittelmaß finden müssen, welches zur optimalen Prozessgestaltung führt.

Führungskonzepte Die Beziehung zwischen Führungskraft und ihren Mitarbeitern wird heute nicht mehr in der Theorie der Organisation, sondern in der des Managements behandelt. Dabei wird unterschieden zwischen erstens der aktiven Koordination oder Delegation von Aufgaben, welche die Führungskraft selbst lösen muss, und zweitens der längerfristigen Übertragung von Verantwortung und Kompetenz. International wird dabei unterschieden zwischen dem:

- Management by Exception (Management durch Improvisation),
- Management by Decision Rules (Management nach Regeln),
- Management by Delegation (Management über Delegation).

Beim Management by Exception wird im Falle des Bedarfes entschieden, wie Arbeit organisiert, umorganisiert und delegiert werden kann. Im Management by Decision Rules wird von Anfang an ein festes Regelwerk mit feststehenden Zuständigkeiten geschaffen. Dies ist die häufigste Organisationsform, determiniert, aber gleichzeitig eine starre oder unflexible Organisation. Das Management by Delegation sieht vor, Verantwortlichkeiten zu delegieren und diese Verantwortlichkeiten und Arbeitslösungen zu überwachen.

Aus der Perspektive der Motivation wird zweitens unterschieden zwischen dem:

- Management by Objectives (Management nach Zielen),
- Management by Participation (Management durch Partizipation),
- Management by Motivation (Management durch Motivation),
- Management by Results (Management nach Ergebnissen).

Bei den Führungsstilen kann man grob zwischen autoritärem und demokratischem Führungsstil unterscheiden. Dabei entscheidet in einer autoritär geführten Gruppe nur die Führungskraft. In einer demokratischen Organisation wird gemeinsam eine Lösung erarbeitet. Der autoritäre Führungsstil wird zwar schlecht bewertet und seit einigen Jahren wird ihm auch Ineffizienz zugesprochen, er hat aber besonders in einigen Ländern und Arbeitsbereichen seine Berechtigung.

Führungsstile

Zur weiteren Organisation von Mitarbeitern und dem Verhältnis von Mitarbeitern zum Unternehmen sind in den letzten 200 Jahren die unterschiedlichsten Konzepte entworfen und widerrufen worden. Zumindest im europäischen Raum herrscht jedoch heute weitgehender Konsens über die Vorteilhaftigkeit folgender Grundsätze der Organisation und Mitarbeiterführung:

- Größtmögliche Eigenverantwortung der Mitarbeiter
- Dezentralisierung von Aufgaben und Entscheidungen
- Betrachtung des Menschen als bedeutendste Ressource des Unternehmens
- Förderung von Eigeninitiative
- Einsatz von Gruppenarbeit

Delegation

Leben lernen heißt, lernen loszulassen.

Delegation ist die Abgabe von Aufgaben und Verantwortlichkeiten an andere Personen. Tendenziell spricht man allerdings nur bei Aufgabenübertragung an Untergebene von Delegation. Bei Kollegen der gleichen Hierarchiestufen wird sie hingegen eher als Arbeitsteilung bezeichnet.

Delegation und Arbeitsteilung

Führungskräfte tun sich erfahrungsgemäß schwer mit der Delegation von bestehenden Aufgaben. Dies ist Resultat des Entwicklungsprozesses von deutschen Führungskräften, welche primär als fachliche Kompetenzträger rekrutiert werden und nicht aus führungsrelevanten Gesichtspunkten oder aufgrund reiner Managementfähigkeit. Demzufolge sind die Führungskräfte für die Arbeit

Problematik von Führungskräften als fachliche Leistungsträger

fachlich am besten qualifiziert und liefern auf diese Weise häufig auch die besten Ergebnisse ab. Sich dieser Gegebenheit bewusst, ist es für die Führungskraft problematisch, Aufträge abzugeben, in der Erwartung nicht so erstklassige Ergebnisse zu erlangen.

Zweiter Grund ist unzweifelhaft auch die Gewissheit der eigenen Anerkennung anderer beim Fertigstellen der Arbeit. Weitere Argumente für ungenügende Delegation sind Ehrgeiz, Konkurrenzangst und Kontrollsucht.

Die Metapher der Führungskraft als Dirigent Metaphorisch ausgedrückt müssen Sie als Führungskraft beim Delegieren wie ein Dirigent eines voluminösen Orchesters agieren. Sie müssen den zahlreichen Instrumenten eine Gesamtstruktur geben; der Dirigent fängt nicht an, jedes Musikinstrument einzeln spielen zu lassen, um so eine Symphonie aufführen zu können. Dabei gibt es nicht nur substanzielle Argumente für Delegation, sondern auch Vorgehensweisen zur Identifikation von delegierbaren Angelegenheiten und aktive Delegationsstrategien, die im Folgenden dargestellt werden.

Gründe und Notwendigkeit von Delegation

Vorteile und Notwendigkeit von Delegation Es gibt handfeste Argumente für die Delegation von Aufgaben oder Verantwortlichkeiten: Sie erzielen durch Delegation bessere Arbeitsergebnisse, da nicht nur Ihre Qualifikation, sondern Fähigkeiten weiterer Personen einfließen. Zudem können diverse Projekte oder Aufgabenstellungen generell erst durch die Betrachtung des Themenkomplexes aus unterschiedlichen Blickwinkeln so bearbeitet werden, dass sie erstens fachlich effektiv erarbeitet werden und zweitens das Ergebnis auch von Beteiligten unterschiedlicher Gruppen akzeptiert wird. Eine weitere Erkenntnis ist, dass Sie selbst als hoch qualifizierte Führungsperson nicht dauerhaft alles effektiver als Ihre Mitarbeiter verwirklichen können. Ein kompetentes Team bewerkstelligt langfristig durch Bündelung seiner Kenntnisse und Erfahrungen einfach eine höhere Arbeitsqualität als ein Einzelkämpfer.

Ihr Ziel sollte es sein, eine optimale Aufgabenallokation in Ihrer Arbeitsgruppe vorzunehmen. Jede ungewöhnliche Schwierigkeit wird so nicht zwangsläufig von ein und derselben Person übernommen, sondern Sie können sie, entsprechend der individuellen Qualifikationen Ihrer Mitarbeiter, einer oder mehreren Personen zuordnen. Auf der anderen Seite ist es Ihnen möglich, sich auf Ihre eigenen Stärken zu konzentrieren, noch mehr Kompetenz aufzubauen und möglicherweise an Ihren individuellen Schwächen zu arbeiten.

Delegation ist kein Selbstzweck, sondern sie soll Ihnen als Führungskraft mehr Zeit und Kraft für dispositive Aufgaben zur Verfügung stellen. Ebenfalls ein wichtiger Aspekt im Sinne von physiologischen und psychologischen Belastungen ist, dass Sie durch die Weitergabe von Verpflichtungen aktiv Ihre Arbeitsbelastung senken.

Ihre Mitarbeiter werden mit den Aufgabenstellungen gefordert und **Delegation** können sich dabei weiterentwickeln. Sie schenken als Führungs- **fördert** person Ihren Mitarbeitern Vertrauen und geben ihnen damit Selbst- **Mitarbeiter-** bewusstsein für zukünftige Herausforderungen. Zusätzlich erlaubt **entwicklung** Ihnen erfolgreiche Delegation, Ihren Ruf als gute Führungsperson zu entwickeln. Durch effektive und effiziente Delegation können Sie als Personalverantwortlicher beweisen, dass Sie explizite Führungsqualität besitzen. Höchstwahrscheinlich ernten Sie Anerkennung für die erfolgreiche Teamführung, was bedeutsam für Ihre weitere Karriere sein kann.

Voraussetzungen für erfolgreiches Delegieren

Erfolgreiches Delegieren setzt primär drei Grundlagen voraus, mit denen Sie sich im Folgenden auseinander setzen sollten:
- Vertrauen in Ihre Mitarbeiter
- Aufgabentransparenz
- Kontrolle der Arbeitsergebnisse

Erfolgreich können Sie als Führungsperson nur delegieren, wenn **Vertrauen in** Sie Ihren Mitarbeitern vertrauen. Ohne dieses Vertrauen werden Sie **Ihre Mitarbeiter** nicht aus freiem Willen Aufgabenstellungen übertragen. Sie haben **als Grundlage** als Führungsperson die Verantwortung für die Arbeitsergebnisse **von Delegation** und müssen demnach die Resultate kontrollieren. Jede Delegation bedeutet aber ebenso eine Übertragung von Verantwortlichkeit, welche Sie als Führungsperson im Vertrauen zu Ihren Mitarbeitern vornehmen müssen. Ein Arbeitsergebnis vollständig zu überprüfen ist Ihnen aber in den meisten Fällen zeitlich nicht möglich. Aus diesem Grund müssen Sie sich Personen auswählen, von deren Fähigkeiten Sie überzeugt sind und welchen Sie Vertrauen schenken wollen.

Dieses Vertrauensverhältnis muss obendrein auf Gegenseitigkeit beruhen. Ein überforderter Mitarbeiter muss dies kommunizieren dürfen, und er muss das Selbstvertrauen besitzen, Hilfe anzufordern und notfalls Fehler einzugestehen. Beim Eingeständnis von Fehlleistungen müssen Sie als Führungsperson besonders behutsam mit Ihren Mitarbeitern umgehen. Es liegt in der Einflussnahme der Führungskraft, eine positive langfristige Fehler- und Kritikkultur zu implementieren.

Aufgaben-transparenz Zweite Grundlage erfolgreicher Delegation ist die Transparenz der Aufgabe. Dem Mitarbeiter muss klar sein, was die Aufgabenstellung ist und wann er welches Ergebnis zu liefern hat bzw. wie die Ergebnisse kontrolliert und gemessen werden. Ausmaß und Rahmenbedingungen der Aufgabe sollten ebenfalls von Anfang an bekannt sein. Nur mit diesen Informationen ist es dem Mitarbeiter möglich, kreativ und gründlich an das Thema heranzugehen. Hat der Mitarbeiter die Positionierung der Aufgabe im Gesamtsystem erfasst, kann er selbstständig die Lösung optimieren und eventuell auch alternative Lösungen anregen.

Die deutsche Mentalität geht diesem Punkt nicht immer nach. Auf zusätzliche Informationen wird häufig verzichtet, um den Mitarbeiter nicht zu überfordern oder von der Kernaufgabe abzulenken. Dies macht aber aus der Delegation einen direkten Befehl. Befehle werden nur an Personen gerichtet, welche Sachen ausführen. In den meisten Fällen kann die Führungsperson bei einem Befehl nur maximal ein Arbeitsergebnis auf dem Niveau der Formulierung erwarten. Je öfter Führungskräfte allerdings delegieren, desto besser werden auch die Arbeitsergebnisse, da die Mitarbeiter sich an die Lösung von alternativen Aufgaben gewöhnen und Know-how aufgebaut haben.

Vertrauen und Transparenz müssen im Team kommuniziert werden. Effektive Kommunikation ist somit die dritte Grundlage erfolgreicher Delegation. Sie haben als Führungskraft darauf zu achten, dass die zu übermittelnden Informationen auch den Mitarbeiter erreichen. Zum Aufbau eines funktionierenden Kommunikationssystems eignen sich moderne Lösungen, wie Intranet oder Foren, sowie ein schwarzes Brett, anonyme Zettelboxen bis hin zu klassischen Mitteln wie Treffen nach der Arbeit oder das persönliche Gespräch.

Effektive Kommunikation

Als abschließender Faktor zum erfolgreichen Delegieren bleiben die Aufgabe der Kontrolle der Arbeitsergebnisse und das Geben eines Feedbacks. Delegation zwingt die Führungsperson, weiterhin die Ergebnisse zu kontrollieren und notfalls Anpassungen vorzunehmen. Dies ist nicht nur eine Kontrolle des Mitarbeiters, sondern auch eine Kontrolle der eigenen Delegationsfähigkeit: Haben Sie als Führungsperson dem richtigen Mitarbeiter die richtige Aufgabe mit den richtigen Informationen gegeben? War die Delegationsstrategie richtig und erfolgreich?

Kontrolle der Arbeitsergebnisse

Je eingehender die Ziele der Aufgabe transparent formuliert wurden, desto schneller und eventuell auch emotionsloser ist die Auswertung des Ergebnisses. Die Auswertung hat ebenfalls den Zweck, Ihre eigenen Mitarbeiter fachlich weiterzuentwickeln. Ihre Mitarbeiter lernen von Ihnen beispielsweise, worauf in der höheren Führungsebene besonderer Wert gelegt wird.

Delegationsstrategien

Internationale Unternehmen mit zahlreichen Gesellschaften in aller Welt machen vor, dass im Grunde jedes Aufgabenfeld delegierbar ist. Die Zentrale muss Teile der Gesamtverantwortlichkeiten des Unternehmens an ihre verteilten Gesellschaften abgeben, und trotzdem entsteht ein einheitliches und wirtschaftlich effizientes Gebilde. Demnach können auch Sie als Führungsperson sehr viele Angelegenheiten, welche bei Ihnen auf dem Tisch liegen, delegieren.

Delegation ganzer Aufgabenbereiche innerhalb von Konzernen

Um einen Ausgleich zwischen mangelnder und vollständiger Delegation zu erwirken, sollten Sie eine Bestandsaufnahme aller Ihrer Aufgaben durchführen. Diese Aufstellung sollten Sie im Rahmen

des Zeitmanagements ohnehin anfertigen (Kapitel 2.1.). Die identifizierten Aufgaben können Sie nun sinnvoll strukturieren, zum
Beispiel in folgende Kategorien:

- Verwaltungstätigkeiten
- Sachbezogene Arbeiten
- Telefonate
- Schriftverkehr
- Spontane Besprechungen

Routinearbeiten können leicht delegiert werden   Routinearbeiten, wie Verwaltungstätigkeiten, allgemeine sachbezogene Arbeiten und Textverarbeitung, sind meist durch weit-
gehende bis vollständige Formalisierung, geringe Komplexität,
hohe Planbarkeit, einen festen Informationsstock, eine feste Kom-
munikationsgruppe und einen geregelten Lösungsweg determiniert. Routinearbeiten können leicht delegiert werden, da die
Anweisungen zur Aufgabe, der Lösungsweg und das Ziel einfach zu
beschreiben sind. Bedeutend dabei ist, dass Sie nicht ein und dieselbe Person dauerhaft mit der gleichen unattraktiven Arbeit
beschäftigen, da die Unterforderung, wie auch eine Überforderung,
mittelfristig zu Demotivation und zu Arbeitsergebnissen geringer
Qualität führt.

Aktive Assistenz   Speziell die Verwaltungstätigkeiten können sehr gut delegiert werden, obwohl eine einmalige Delegation erfahrungsgemäß länger
dauert, als die Aufgabe selbst zu bearbeiten. Daher sollten Sie für
diese Angelegenheiten eine Delegationsorganisation finden. Zweite
Lösung ist eine Person zu benennen, welche diese Aufgaben nicht
nur selbst bearbeiten kann, sondern sie auch eigenständig identifizieren muss. Im amerikanischen Raum gibt es sogar eine Bezeichnung, „Go-Fer" (go for it), für eine solche aktive Assistenz.

Das andere Extrem in Form von Einzelfällen, wie spontanen Besprechungen, Telefonaten und Sondermeetings, ist vorwiegend
dadurch gekennzeichnet, dass es nicht formalisiert, sehr komplex
und nicht planbar ist, sowie verschiedener Informationen und
Kommunikationspersonen bedarf und der Lösungsweg offen ist.
Solche Einzelfälle können geringfügige Angelegenheiten aber auch
voluminöse Projekte sein. Aus beiden Bereichen werden Sie teilweise Aufgaben delegieren müssen. Durch die Formulierung und

Kontrolle von kleinen, sehr konkreten Teilzielen kann eine Führungskraft den Ablauf eines umfangreichen Projektes steuern und hat aktiven Einfluss auf das Ergebnis. Die Überwachung hat bei einer gänzlichen Delegation jedoch nur einen interessierten oder hilfsbereiten Charakter.

Übrig bleiben die Aufgaben, welche orientiert an den Zielen der Führungsperson, nicht delegierbar sind. Unter diesen nicht delegierbaren Aufgaben finden Sie beispielsweise Personalgespräche. **Nicht delegierbare Aufgaben**

Eine Delegationsstrategie für Routinetätigkeiten ist sehr viel einfacher umzusetzen als die Delegation von Einzelaufgaben, da diese stets aufs Neue auf Delegierbarkeit untersucht und bewertet werden müssen. Die folgenden zwei Delegationsstrategien bilden die einfachsten Schritte einer erfolgreichen Delegation:

Delegationsstrategie 1: Delegieren Sie alle Aufgaben, welche Sie als Routinearbeiten einordnen können, und helfen Sie in der Rolle eines Coaches bei der Aufgabenerfüllung, falls Sie freie Ressourcen haben und/oder Probleme auftreten. Im Zuge dieser Strategie widmen Sie sich lediglich den Einzelaufgaben.

Delegationsstrategie 2: Delegieren Sie alle Routineaufgaben bis auf einen oder maximal zwei konkrete Bereiche. Dadurch verlieren Sie weniger schnell den Kontakt zu Ihrem Team und den Kernaufgaben. Selbstverständlich zwingt diese Ressourcenbindung, andere Aufgaben abzustoßen. Sie müssen Einzelaufgaben verteilen. Dafür können diese geclustert werden – wie beispielsweise Sonderpräsentationen oder Korrespondenz. Primär scheint es vielleicht fragwürdig, die eigene Korrespondenz aus der Hand zu geben. Dies ist jedoch gerade im oberen Management nicht nur üblich, sondern ressourcenbedingt oft sogar unvermeidbar.

Die meisten Delegationsstrategien bestehen aus der Clusterbildung von Aufgaben. Bei einer alltäglichen sowie der konsolidierten Analyse von Ihren Aufgaben sollten Sie demnach versuchen, delegierfähige Aufgaben abzugrenzen und geeignete Verantwortliche zu identifizieren.

Motivation

Hohe Motivation als Grundlage hoher Leistungen

„Manipulation ist die Beeinflussung des anderen zum eigenen Vorteil. Motivation ist die Beeinflussung des anderen zum beidseitigen Vorteil."

ROLF H. RUHLEDER

Eine Person mit Führungsverantwortung hat zahlreiche Gründe und Möglichkeiten, ihre Mitarbeiter zu motivieren. Der Mensch unterliegt zahllosen Einflüssen, welche seine Arbeitsqualität determinieren und angesprochen werden können. McGregor hat in seiner Theorie X und Theorie Y beschrieben, wie sich schlechte Ergebnisse und niedrige Motivation mit Bestrafung sowie gute Ergebnisse und hohe Motivation mit Belohnung in einem Kreislauf befinden. Dieser wird im negativen Fall zu einem Teufelskreis und im positiven Fall zu einer Erfolgsspirale.

Determinanten der Motivation

Grundsätzlich sind Qualität und Eigenschaften der jeweiligen Arbeitsstelle wesentliche Determinanten für die Motivation des Einzelnen. Hackman und Oldham kennzeichnen in ihrem „Job Characteristics Model" eine Stelle durch fünf Eigenschaften: die Anforderungsvielfalt, die Aufgabenidentität, die Aufgabenbedeutung, die Autonomie und das Feedback. Diese Eigenschaften sind Punkte, an welchen ein Manager ansetzen kann, um die Motivation zu steigern.

Lob und Kritik als Instrumente der Motivierung

Eine Möglichkeit der Motivierung ist das Aussprechen von Lob. Dies wird im folgenden Kapitel ausführlich beschrieben, ebenso Kritik. Auch Kritik kann die Motivation steigern, wenn sie positiv kommuniziert wird, dem Mitarbeiter als konkrete Weiterentwicklungshilfe dient und keine harten Konsequenzen fordert. Kernkompetenz für das richtige Formulieren von Lob und Kritik ist dabei Einfühlungsvermögen. Als zweite Möglichkeit gibt es die Kompetenzveränderung. In diese Kategorie fallen Job Rotation, Job Enlargement und Job Enrichment. Als dritte Möglichkeit bieten sich auch materielle Motivationen.

Zur Motivation werden das „Management by Objectives", das „Management by Participation", „Management by Motivation" und das „Management by Results" voneinander abgegrenzt.

Lob und Kritik äußern

Spätestens in der Rolle als Führungsperson, zum Beispiel das erste Mal als Teamleiter, geht es um die Evaluierung fremder Arbeitsergebnisse. Nun sind Sie gefordert, Lob und Kritik zu äußern. Gerade Letzteres will jedoch gelernt sein. Andernfalls führt Kritik schnell zu Missstimmung und unerwünschten Motivationseinbrüchen.

Grundsätzlich sind professionelles Lob wie Kritik in die gleiche Richtung gewandt, die Evaluierung von Verhaltensweisen und Arbeitsergebnissen. Jeder Mitarbeiter muss zu dem, was er geleistet hat, Stellung nehmen können und zu seiner geleisteten Arbeitsqualität stehen. Beim Lob geht es darum, dem Mitarbeiter seine erstklassige Arbeit mitzuteilen, ihm zu danken und ihn dadurch weiter zu motivieren. Die Kritik spricht Mängel in der Vergangenheit an. Dies erfolgt mit der Intention, Kritik in Zukunft zu vermeiden.

Lob und Kritik sollen die Motivation und die Entwicklung des Mitarbeiters fördern

Selbstverständlich kann Kritik nicht so aufgenommen werden, wie Lob, denn es geht um die Anregung einer Verbesserung von etwas, das anscheinend noch nicht perfekt war. Andererseits liegen besonders in der Kritik oft große Quellen der Kompetenzsteigerung für den, welcher die Kritik erhält.

Kritik als Quelle der Kompetenzsteigerung

Menschen streben nach Anerkennung. Nicht nur privat möchte eine Person wertgeschätzt werden, sondern auch im Beruf, in dem man vielleicht 70 Prozent seines Alltages verbringt. Lob steigert nicht die Leistung, aber es steigert die Leistungsbereitschaft, und Leistungsbereitschaft überträgt sich fast immer auch auf andere. Dabei werden Lob und Anerkennung einem Mitarbeiter oft nur bei besonders herausragenden Ereignissen zuteil. Bei einem Betriebsfest wird fast immer irgendjemand geehrt, erfahrungsgemäß sogar mehrere Mitarbeiter oder Führungskräfte. Meist viel wichtiger ist jedoch auch die Anerkennung in der alltäglichen Arbeit.

Die durch fachliche Kompetenz aufgestiegenen Führungskräfte sehen sehr häufig in einer Routinearbeit keine besondere Herausforderung und damit keinen besonderen Grund für Lob. Dieser Ansatz erweist sich in der Praxis häufig als falsch. Gerade die

Regelmäßiges Lob ist äußerst wichtig für die Motivation

Routinearbeit beharrlich und dauerhaft perfekt abzuliefern, ist eine erfahrungsgemäß auch emotionale oder motivatorische Leistung. Ein Mitarbeiter, der durch die langweilige Routine immer besonders belastet ist, bedarf der Anerkennung.

Die Formulierung entscheidet über den Wirkungsgrad des Lobes

Die Wirkung eines Lobes hängt stark von der Formulierung ab: Ein Lob hat nur motivatorische Kraft, wenn es aktiv ausgesprochen wird. Dabei können leicht Satzstrukturänderungen den Wirkungsgrad eines Lobes verdoppeln, aber auch halbieren. Erster Grundsatz bei einem Lob sollte sein, dass das Lob nicht unbegründet oder pro forma formuliert wird. Es soll eine ehrliche Wertschätzung transportieren – nicht den Eindruck erwecken, eine Pflichtübung des Managers zu sein, um den Mitarbeiter manipulativ zu motivieren. Als schlechtes Beispiel dient der folgende Satz:

„Ich wollte ihn übrigens noch sagen, dass ich mit Ihrer Arbeit hier bei mir zufrieden bin."

Diese Aussage klingt wie eine Floskel, welche der Chef angehalten wurde auszusprechen, um seiner Aufgabe als Führungskraft gerecht zu werden. Bedeutend beim Formulieren von Lob ist außerdem, dass Personen gelobt werden, und nicht die Arbeit. Dies ist ein marginaler, aber wichtiger Unterschied. Verwenden Sie nicht:

„Eine gute Präsentation. Das freut mich."

Sondern einfach:

„Sehr gut, Frau Müller. Vorbildlicher Einsatz. Danke."

Diese Form der Anerkennung wird als Personen- und nicht als Sachlob bezeichnet.

Gratulieren statt danken

Zweite kleine Formalie: Präferieren Sie das Gratulieren statt des Dankens. Damit suggerieren Sie, dass die Person auch für sich selbst Erfolge erwirkt, wenn sie gute Leistungen zeigt, und nicht nur für Sie gearbeitet hat. Zur weiteren Motivation sollten Sie außerdem Konsequenzen aus dem gelobten Sachverhalt ansprechen. Dies wird als Konsequenzmotivation bezeichnet:

„Vielleicht können wir diese gute Argumentation und Darstellung auf andere Projekte übertragen."

„Hervorragend, Frau Moritz. Ich halte es für sinnvoll, dass wir diese Gliederung auch für andere Pflichtenhefte als Standard übernehmen und sich die anderen Vertriebler in Zukunft an Ihre Vorlage halten."

Die Konsequenz sollte dabei einen direkten Bezug zur gelobten Person beinhalten. Günstig ist, wenn dabei gleichzeitig eine längerfristige Aufgabe, Verantwortlichkeit oder ein klares Ziel abgeleitet werden. Eine solche Zielmotivation dient auch zur Mitarbeitersicherung und um Personen für die Zukunft zu orientieren:

Zielmotivation zur Mitarbeitersicherung

„Es würde mich freuen, wenn Sie später mal ein Konzept erstellen, welches Ihre Arbeit auf diesen Themenkomplex erweitert. Hätten Sie dafür Zeit?"

Das konkrete Lob, Konsequenzmotivation, Zielmotivation und Mitarbeitersicherung können somit kombiniert wie auch unabhängig voneinander verwendet werden.

Während positive Aspekte aktiv gesucht und herausgestellt werden müssen, das heißt, die Aufgabe des Lobens aktiv eingeplant und angegangen werden muss, zeigen sich Kritikpunkte erfahrungsgemäß von selbst. Sind solche identifiziert müssen diverse Einzelheiten geklärt werden, bevor es zur direkten Aussprache kommt. Eine Führungskraft muss also einerseits Fehler erkennen und aufdecken, andererseits die Ursachen dieser Fehler analysieren können. Beginnen Sie dabei mit einem konkreten Vorfall:

Fehlererkennung und -analyse

- Was ist genau falsch gelaufen?
- In welchem Maße und in welchem Rahmen ist dies geschehen?
- Wer war dafür zuständig?

Als Zweites wird die Ursache gesucht:

- Hat die Person, welche den Fehler verursacht hat, mangelnde Kompetenz?
- Lag es an mangelnder Zeit?
- Hat der Mitarbeiter private oder andere soziale Probleme?

Es gibt kaum eine Situation, in welcher Kritik generell ausgeschlossen ist. Daher sollten Sie auch alle Aspekte in die Analyse und Betrachtung mit einbeziehen. Denn auch bei privaten Schicksalsschlägen sollten Mitarbeiter sowie Führungskraft aufeinander zugehen. Falls die Äußerung von Kritik während persönlicher Schwierigkeiten des Mitarbeiters nötig wird, sollte die Führungskraft klar andeuten, dass sie sich der Situation bewusst ist. Ansonsten kommt es schnell dazu, dass sich ein Mitarbeiter ungerecht behandelt fühlt.

„Autorität wie Vertrauen werden durch nichts mehr erschüttert als durch das Gefühl, ungerecht behandelt zu werden."

THEODOR STORM

Fünf Bestandteile eines Kritikgesprächs

Das Kritikgespräch besteht aus fünf Bestandteilen, welche bedeutsam sind, um den Mitarbeiter erstens nicht zu verletzen und ihn zweitens durch die Kritik mittelfristig weiterzuentwickeln:

- Den Kontext der Kritik darlegen
- Die konkrete Kritik äußern
- Verbesserungsvorschläge unterbreiten
- Individuelle Vorteile der Verhaltensänderung aufzeigen
- Positiven Rahmen der Kritikäußerung unterstreichen

Der Kontext der Kritik

Als erster Bestandteil ist der größere Rahmen abzustecken, in welchem die zu kritisierenden Punkte auftreten. Beispiele dafür sind der Arbeitsablauf allgemein, das Vorankommen in einem bestimmten Projekt oder das Verhalten in der Gruppe. In dieser Phase geht es darum, Vertrauen zu wecken und dem Mitarbeiter das eigene Interesse am Feedback zu erklären. Locken Sie Ihren Mitarbeiter beispielsweise mit der direkten Frage: „Sie sind sicher gespannt, wie das Projekt angekommen ist?"

Die konkrete Kritik

Zweiter Bestandteil ist nun die konkrete Kritik. Sie wird klar und deutlich artikuliert. Dabei müssen die Kritikpunkte im ständigen Ist-Soll-Vergleich erläutert werden. Pauschalaussagen sind hingegen meist unklar, falsch und kommen sehr provozierend an. Mit pauschaler Kritik wird keine gute Kritikkultur aufgebaut, denn konstruktive Kritik ist so konkret wie möglich. Viele Führungskräfte fragen sich, wie direkt und konkret sie einen Mitarbeiter mit Kritik konfrontieren können. Die direkte Aussprache ist dabei erfahrungsgemäß passender, als sich um den eigentlichen Punkt zu winden. Fehler müssen klar angesprochen werden, damit sie auch klar ausgemerzt werden können. Werden Fehler schön geredet, führt auch dies zu einer ineffizienten Kritikkultur. Eine klare Aussage zeigt, dass Sie als Führungsperson mit Ihrem Mitarbeiter gut reden können, beispielsweise:

„Herr Moritz, Sie haben sich für die Präsentation gut ins Zeug gelegt. Gratulation! Mir hat lediglich nicht gefallen, dass Sie nicht die verbindlichen Powerpointvorlagen verwendet haben, die wir von der Konzernkommunikation erhalten haben. Ich bitte Sie, dass Sie sich in Zukunft an die Vorlagen halten, damit wir unser neues Corporate Design einheitlich am Markt kommunizieren."

Als dritter Bestandteil der Kritik sollte ein konkreter Verbesserungsvorschlag unterbreitet werden. Dies unterstützt das Lernen des Mitarbeiters und ist wesentlich für dessen Weiterentwicklung. Dabei sollten die Vorteile Ihres Vorschlags verdeutlicht werden, um Lernen aus Einsicht zu unterstützen: Wer versteht, warum eine bestimmte Vorgehensweise besser oder notwendig ist, wird einen Vorschlag eher als konstruktive Unterstützung annehmen, statt sich gegen besserwisserische und bevormundende Vorschläge zu wehren. Besonders effektiv ist es, Verbesserungsvorschläge in einer Wir-Form auszudrücken. Damit werden eine gemeinsame Verantwortung und gemeinsame Ziele verdeutlicht. Sie zeigen als Führungskraft so, dass es bei Ihrer Kritik nicht um einen persönlichen Angriff und eine Schuldzuweisung an den konkreten Mitarbeiter, sondern um die Bewältigung gemeinsamer Aufgaben und Ziele geht:

Verbesserungsvorschlag kommunizieren und begründen

„Zu einer ausführlichen Betrachtung gehören folgende vier Bestandteile ... Wären diese Punkte geklärt, könnten wir direkt unsere Entscheidung treffen."

In diese Richtung zielt auch der vierte Bestandteil einer Kritik: Appellieren Sie mit Ihrer Kritik an den persönlichen Vorteil veränderter Verhaltensweisen für den Mitarbeiter. Dies ist eher von pädagogischem Wert und soll ihm die Verarbeitung der Kritik erleichtern:

Individueller Vorteil von verändertem Verhalten

„Es ist auch in Ihrem Sinne, wenn wir uns mit der gründlichen Recherche einen besseren Ruf in den anderen Abteilungen erarbeiten. Dies sollte uns die tägliche Arbeit stark vereinfachen."

Zum Abschluss sollte der Person noch einmal der positive Rahmen der Kritikäußerung kommuniziert werden. Halten Sie dabei jedoch keine langen Pauschalreden über den Mehrwert von Kritik. Dies würde eine Art Rechtfertigung suggerieren, doch Sie wollen sich als Führungskraft nicht dafür entschuldigen, Kritik zu üben. Ein einfacher Satz hingegen ist meist völlig ausreichend, beispielsweise:

„Toll, dass wir so produktiv darüber gesprochen haben. Ich wusste, ich kann mich auf Sie verlassen."

Kompetenzveränderung

Abwechslung und Arbeitsvielfalt als Motivatoren

Tituliert als „Neue Formen der Arbeitsorganisation", wurden in den 1990er-Jahren die „Job Rotation", das „Job Enlargement" und das „Job Enrichment" vorgestellt. Alle diese Möglichkeiten sollen die Arbeitsvielfalt einer Stelle erhöhen und damit die Motivation fördern.

Job Rotation

Bei der Job Rotation wird innerhalb bestimmter Zeitabschnitte die Beschäftigung gewechselt. Der Mitarbeiter absolviert im Laufe der Zeit beispielsweise viele verschiedene Arbeitsschritte der Produktion und muss nicht endlos an ein und derselben Routine arbeiten. Dabei soll ebenfalls ermöglicht werden, dass die Belegschaft durch ihre Arbeit am ganzen Fertigungsprozess die einzelnen kleinen Arbeitsschritte in den Gesamtprozess einordnen kann. Dies soll nicht nur die Motivation, sondern auch die Kompetenz des Mitarbeiters steigern, da er die vor- und nachgelagerten Prozesse besser kennen lernt und einen größeren Überblick über die Zusammenhänge erhält.

Job Enlargement

Das Job Enlargement ist eine Neugestaltung der Arbeitsstelle. Dabei soll das Hinzufügen von Arbeitsfeldern die Stelle attraktiver machen. Ironisch wird zu diesem Modell immer die Formel $0 + 0 = 0$ erwähnt. Diese soll suggerieren, dass oft nur Arbeitsfelder der Stelle hinzugefügt werden, die für den Mitarbeiter keinen konkreten Mehrwert haben. Wenn Sie als Führungsperson das Job Enlargement durchführen wollen, sollten Sie demnach darauf achten, einer Stelle substanzielle Zusatzaufgaben oder Verantwortlichkeiten zuzuordnen.

Als drittes Modell versucht man, im Job Enrichment Schritt für Schritt höherwertige Tätigkeiten zu der Stelle hinzuzufügen. Dieses Konzept erlaubt dem Mitarbeiter, mehr Verantwortung zu übernehmen und sich weiterzuentwickeln.

Job Enrichment

Kritikpunkt all dieser bisherigen Modelle ist, dass sie sich stets nur auf Einzelpersonen beziehen. Die menschliche Präferenz, in einer Gruppe zu arbeiten, wird dabei nicht beachtet. Aus diesem Grunde wurde eine vierte Methode entwickelt, welche im Rahmen der gegenseitigen Kooperation Arbeitsfelder reizvoller gestalten möchte: die selbst verantwortlichen und selbst steuernden Teams. In kleinen Arbeitsgruppen, welche teil- oder vollständig autonom arbeiten können, dürfen viele und teilweise sogar alle Bereiche eines Unternehmens in dieser Gruppe abgedeckt werden. Diese Aufteilung von Prozessen können Sie mit der Spartenorganisation eines Unternehmens vergleichen, wie sie weiter oben erläutert wurde.

Materielle Motivation

Als Führungskraft haben Sie die Möglichkeit, Ihre Mitarbeiter auch durch materielle Anreize zu motivieren. Diese Anreize sind zwar zuweilen schwierig mit den Personalabteilungen zu koordinieren bzw. durchzusetzen. Wenn es aber um das Halten guter Mitarbeiter und Potenzialträger geht, kann darauf nicht verzichtet werden. Wenn ein Mitarbeiter sonst anderswo eine neue Stelle angeboten bekommt und zusätzlich mit materiellen Anreizen gelockt wird, können die fachliche Abwechslung und der materielle Mehrwert schnell einen Unternehmenswechsel des Mitarbeiters auslösen. Dies können Sie nur durch präventive Gegenmaßnahmen verhindern, zum Beispiel auch durch regelmäßige Gehaltserhöhungen. Materielle Motivation heißt allerdings nicht immer unbedingt finanzielle Motivation. Sehr oft können Unternehmen viele Arten von Vergünstigungen oder materiellen Gütern anbieten. Um die Vielzahl der Möglichkeiten gut darstellen zu können, sollen drei Anreizgruppen gebildet und betrachtet werden:

Drei Kategorien materieller Anreize

4. Gruppenentwicklung

- 1. Finanzielle Anreize
- 2. Zusatzleistungen
- 3. Weitere Sachleistungen

Lohn und Gehalt Primär denkt der Mitarbeiter aber an sein Gehalt, wenn es um Anreize und Motivation geht. Kein Mitarbeiter möchte nach einer neuen Verhandlungsrunde schlechter dastehen als vorher. Damit ist dieser Anreiz auch die Stellschraube Nummer eins für die Führungskraft.

Sie sollten als Führungskraft aber stets bemüht sein, Ihren Mitarbeitern klarzumachen, dass das Gehalt nur ein Teil der Kompensation ist und dass viele andere Kosten und Ausgaben durch das Unternehmen getragen werden, die sonst der Mitarbeiter zu zahlen hätte. Beispiele sind die Subventionierung des Mittagessens oder der kostenlose Garagenplatz, welche effektiv dem Gehalt hinzugerechnet werden müssten – und durch das Finanzamt im Sinne „geldwerter Vorteile" zum Teil auch werden. In vielen Unternehmen gilt: Ein Mitarbeiter kostet das Unternehmen grob gerechnet genau das Doppelte von seinem Gehalt.

Grundgehalt, Gewinnanteil und Zielerreichungsprämie Welche Möglichkeit gibt es nun, Ihre Mitarbeiter durch das Gehalt zu motivieren? Eine direkte Gehaltserhöhung ist dem Mitarbeiter meist am liebsten, erfahrungsgemäß aber schwer umzusetzen. Sie können aber versuchen, die Höhe des Gehaltes mehr in die Hände des Mitarbeiters zu legen. Somit ist nicht nur mit einer einmaligen Motivationssteigerung zu rechnen, sondern mit einer anhaltenden langfristigen Zunahme, da man stets mit seiner Arbeitsleistung sein Gehalt verbessern kann.

Dieses Modell des flexiblen Gehalts sieht eine Dreiteilung des Gehaltes vor.

- Der erste Teil ist ein fixer Betrag, eine Art Sockel, welchen der Mitarbeiter auf jeden Fall empfängt.
- Der zweite Teil wird durch den Unternehmenserfolg determiniert. Dies ermöglicht, dem Mitarbeiter einen Einfluss auf die Unternehmensleistung zu suggerieren und soll eine gute Motivation gewährleisten, etwas für das Unternehmen zu tun.

■ Der dritte Teil des Gehaltes wird durch die eigenen Leistungen und die Zielvereinbarung determiniert. Dafür werden am Anfang einer Periode, beispielsweise am Anfang eines neuen Geschäftsjahres Ziele vereinbart, welche der Mitarbeiter erreichen soll. Diese Ziele können fachliche Ergebnisse, aber auch soziale Kompetenzen betreffen. Die Erreichung dieser Ziele wird in einem erneuten Gespräch nach Ablauf der Periode beurteilt.

Es geht nicht darum, den Mitarbeiter mit mehr Geld zu motivieren, sondern ihm die Möglichkeit zu geben, durch produktive Arbeit sein Gehalt selbst zu steigern. Dies führt dazu, dass der Mitarbeiter stets selbst an seinen Arbeitsergebnissen interessiert ist.

Leistungsabhängige Bezahlung erhöht die Motivation

Auch durch Zusatzleistungen kann ein Motivations- und Leistungsanreiz geschaffen werden. Da diese Zusatzleistungen jedoch keinen Einfluss auf das Gehalt haben, müssen sie explizit kommuniziert werden, damit sie der Mitarbeiter auch als direkte Motivation erkennt. Zusatzleistungen können die Finanzierung von Seminaren und Kursen, die Übernahme der Mittagsspesen oder der Parkkosten, Vergünstigungen für die eigenen Unternehmensprodukte oder das Angebot eines Abonnements sein. Viele Unternehmen haben durch ihr Kultursponsoring freie Eintrittskarten oder Jahreskarten für Museen und andere kulturelle Veranstaltungen oder können kostengünstig Abonnements vergeben. All dies ist eine umfassende Quelle für Zusatzleistungen für den Mitarbeiter. Weitere Sachleistungen können konkret ein neuer Computer, ein Laptop, Fachbücher, ein Geschäftswagen, Produkte des Unternehmens oder zusätzliches Material sein, beispielsweise ein großes neues Flipchart. Auch das Bereitstellen eines Assistenten oder einer Sekretärin steigert die Motivation.

Mentoring und Coaching

Das Mentoring ist ein Prozess, in welchem erfahrene Mentoren meist jüngere Personen, so genannte Mentees, aktiv unterstützen und ihre persönliche Entwicklung überwachen. Dabei reicht dieses Mentoring von persönlichen Gesprächen bis zur Integration in höhere Kreise in der Unternehmenshierarchie. Mentoringprogramme finden zum Teil offiziell vonseiten der Personalabteilung organisiert statt. Dies gilt insbesondere für größere Unternehmen

Mentoren unterstützen Nachwuchsführungskräfte und überwachen ihre Entwicklung

und Weltkonzerne. Vorwiegend aber bilden sich inoffizielle Mentorenverhältnisse.

Defizite beim Mentoring in Deutschland

Mentoring wird in Deutschland im Gegensatz zu etwa den USA noch immer vernachlässigt. Führungskräfte und potenzielle Leistungsträger suchen sich seit einigen Jahren wegen der schlechten Aussichten auf gezielte Entwicklung und Förderung im Inland immer öfter Arbeit im Ausland. Das heißt in vielen Fällen konkret: Die besten Leistungsträger fliehen aus Deutschland aufgrund mangelnder Entwicklungsmöglichkeiten. Damit Ihnen als Führungskraft das nicht passiert und Ihnen Ihre besten Mitarbeiter nicht ins Ausland oder zu anderen Unternehmen abwandern, sollten Sie sich aktiv um Ihre Aufgabe als Mentor kümmern.

Als Führungsperson sollten Sie sich je nach Unternehmensgröße mindestens um einen Mentee kümmern. Mentees erfordern Arbeit, aber lange nicht so viel, wie die Suche nach kompetenten Nachfolgern oder qualifizierten neuen Mitarbeitern und Führungskräften. Als Faustregel gilt, dass eine Führungsperson pro 200 Mitarbeiter im Unternehmen bzw. am Standort einen Mentee haben sollte.

Zwei Rollen des Mentors

Als Mentor übernehmen Sie dabei zwei Rollen: Die erste ist das aktive Coaching. Hier versuchen Sie, zusammen mit dem Mentee Ziele zu definieren und konkrete Kompetenzen für dessen berufliche Laufbahn aufzubauen. Als zweiter großer Block dient der Mentor als Netzwerkarbeiter für den Mentee, das heißt, er öffnet dem Mentee Türen in höheren Hierarchieebenen und stellt Kontakte her.

Potenzielle Mentees aktiv ansprechen

Haben Sie einen potenziellen Mentee ausgesucht, müssen Sie als angehender Mentor aktiv auf diesen zugehen. Junge Mitarbeiter, Auszubildende oder Studenten trauen sich erfahrungsgemäß nicht, direkt eine Führungsperson um längerfristige Unterstützung zu bitten. Es liegt also an Ihnen, sich qualifizierte Mentees zu rekrutieren und zu fördern.

Das Schöne an Mentees ist, dass sie nur relativ wenig Zeit in Anspruch nehmen, aber viel Mehrwert einbringen können: Sie kosten in der Regel nichts extra, sie sind solidarisch, sie sind dankbar, sie lassen Sie als Mentor und als professionellen Manager auftreten, sie tragen Informationen von anderen Bereichen zu Ihnen und sie stellen kritische Fragen. Mentees trauen sich in ihrer Rolle gegen die abteilungsübliche und eventuell betriebsblinde Argumentation zu diskutieren und können so auch gestandenen Managern durchaus neue Erkenntnisse bringen. Durch ein Mentorenverhältnis können außerdem potenzielle Leistungsträger gebunden werden und letztlich lockert die Unterhaltung mit Mentees auch den Arbeitsalltag des Managers auf.

Coaching

Ein Mentor unterstützt in seiner Coachposition den Mentee in allen Disziplinen der fachlichen und der sozialen Kompetenzerweiterung. In beiden Bereichen kann der Mentee durch Berichte und Anweisungen des Mentors von dessen Erfahrungen und Erkenntnissen lernen, Fehler in Vorgehensweisen verhindern und bewährte Herangehensweisen übernehmen. Dabei erlaubt der Mentor dem Mentee einen transparenten Gesamtüberblick auf zahlreiche unternehmensinterne Strukturen. Als erfahrener Mentor können Sie zum Beispiel durch Ihre Erfahrung Ihrem Mentee die Geschäftsentwicklung oder die Personalpolitik erläutern. Damit können Sie in vielen Bereichen Unsicherheiten, Ungewissheiten oder problematische Situationen des Mentees ausräumen.

> **Unterstützung beim Ausbau fachlicher und sozialer Kompetenzen**

Im fachlichen Coaching können Sie als Mentor Ihrem Mentee nach einem konkreten Plan Aufgaben und Entwicklungsziele vorgeben und ihn bestimmte Phasen durchlaufen lassen. Sie können ihm jedoch auch nur als Anlaufstelle und Inspiration dienen.

> **Aktive Führung des Mentees oder Anlaufstelle**

Im ersteren Fall können Sie dem Mentee beispielsweise einen Zweijahres Plan vorbereiten, der eine Reihe fachlicher Arbeiten und Projekte vorschlägt, die der Mentee leisten und an denen er mitwirken sollte. Diese konkreten Tätigkeiten können dabei sowohl firmenintern als auch firmenextern sein. Ein solcher Plan kann für einen noch in Ausbildung oder Studium befindlichen Mentee lauten:

- Im ersten Jahr erste Berufserfahrung (Praktikum) in Deutschland sammeln.

- Ein Projekt oder Praktikum in den USA absolvieren.
- Parallel eine zweite Fremdsprache perfektionieren.
- Ein bestimmtes Microsoft-Certified-Professional-Zertifikat machen.

Anleitung, Strukturierung oder gemeinsame Problemlösung

In der zweiten Form bieten Sie als Mentor Ihrem Mentee nur die Möglichkeit, Sie zu konsultieren, um ihm dann weiterzuhelfen. Diese Hilfe kann aus der direkten Zusammenarbeit bei der Problemlösung, der Anleitung zur Problemlösung bzw. auch nur der Strukturierung des Aufgabenfeldes bestehen. Gerade Strukturierungen für Problemstellungen kann der Mentee in der beruflichen Laufbahn immer wieder verwenden – diese dienen für die Zukunft sozusagen als „Hilfe zur Selbsthilfe". Denkbar sind zum Beispiel:

- Vermittlung typischer Argumentationstechniken und Schwerpunkte auf bestimmten Sachgebieten.
- Welche Punkte gehören zu einem gründlichen Projektvorschlag?
- Mit welchen Argumenten überzeugen Sie Vorgesetzte von einer Idee?
- In welche Einheiten sollten Sie ein voluminöses IT-Projekt unterteilen?

Der Mentor als Kontaktvermittler

Für sehr fachspezifische Fragen sind Sie als Mentor höchstens Ansprechpartner, um dem Mentee eine qualifizierte Person zu empfehlen. Mit Detailarbeit sollte der Mentee seinen Mentor nicht belasten. Dies hat erstens pädagogischen Wert: Der Mentee soll sich auch selbstständig Wissen erarbeiten und damit eigene Problemlösungs- und Handlungskompetenz aufbauen. Zweitens wird dadurch der Zeitaufwand des Mentors beschränkt – denn Sie sind als Coach nur ein begleitender Helfer und keine direkte Führungskraft für die täglichen Fachaufgaben des Mentees.

Im Bereich der sozialen Kompetenzen kann der Mentor aus seiner längeren Berufserfahrung beim Mentee Defizite, Optimierungsansätze und Trainingsmöglichkeiten aufzeigen. Dies geht natürlich umso besser, wenn der Mentee direkt bei Ihnen im Projekt oder der Abteilung arbeitet.

Netzwerkhilfen

Eine Führungskraft und ein potenzieller Mentor haben in ihrer Karriere in der Regel ein unermessliches Netzwerk aufgebaut. Dieses Netzwerk interner Kollegen und externer Geschäftspartner kann nicht einfach auf den Mentee übertragen werden, aber der Mentor kann es ihm zugänglich machen. Ein Mentor ist dafür zuständig, dass sein Mentee erstens ein eigenes Netzwerk aufbaut und dass er zweitens eine Vielzahl von Weiterentwicklungsmöglichkeiten hat.

Zugang zu bestehenden und Förderungen neuer Netzwerke

Als Mentor können Sie sich Ihren Aufgaben durch zahlreiche Methoden annähern. Die erste und häufigste Art der Netzwerkhilfe ist das so genannte „Türenöffnen". Dieses Türenöffnen wird häufig von Mentor und Mentee unterschätzt. Das Türenöffnen ist beispielsweise ein Anruf bei einer anderen Person, um diese in die Pläne des Mentees einzuweihen, beispielsweise wenn der Mentee plant, sich bei dieser anderen Person zu bewerben:

Kontakte herstellen und Empfehlungen aussprechen

„Ich habe hier einen sehr engagierten jungen Trainee, und er ist sehr interessiert im Bereich Finanzen. Ich habe ihm empfohlen, sich mal bei Ihnen zu melden".

Diese scheinbar überflüssige Ankündigung hat beachtliche Wirkung auf das Gegenüber: Sie suggeriert nicht nur eine Empfehlung des Mentees, sondern auch die Bitte, ihn zu akzeptieren und ihm zu helfen. Zudem wird der Mentee in das Gespräch der Gesellschaft gerückt. Wenn sich im Ergebnis mehrere Vorgesetzte über einen Mentee unterhalten und ihn kennen, ist dies schon ein großer Erfolg des Mentors.

Der nächste aktive Schritt der Netzwerkhilfe geht weiter als nur das Öffnen von Türen. Dabei bemüht sich der Mentor darum, den Mentee für eine bestimmte Stelle zu vermitteln:

Vermittlung von Mentees

„Sie haben doch jetzt die Projektgruppe für das neue Großprojekt zu besetzen. Ich würde gern einen meiner Mitarbeiter für die finanzwirtschaftliche Analyse bereitstellen. Ich würde es befürworten, wenn wir auch bei diesem Projekt eng zusammenarbeiten, und dieser Mitarbeiter ist sehr gut dafür geeignet."

Bei solch einer Unterhaltung versuchen Sie, als Mentor schon so viel wie möglich für den Mentee zu arrangieren. Eventuell sprechen Sie auch schon direkt operative Punkte an, um dem Deal einen handfesten Hintergrund zu geben. Beispiel:

„Er muss bei mir noch dieses Projekt abschließen und würde dann ab Mitte Januar fachlich Ihnen unterstellt werden."

Ist ein solches Gespräch erfolgreich abgeschlossen, muss sich der Mentee meist nur noch kurz vorstellen oder bei größerer Entfernung einmal anrufen, und alles ist organisiert. Somit können Sie als Mentor Ihrem Mentee aktiv Möglichkeiten verschaffen, die ihm möglicherweise ohne Sie verwehrt geblieben wären.

Den Mentee in Situationen und Gespräche einbringen

Die dritte Möglichkeit, die ein Mentor hat, um seinem Mentee über sein Netzwerk zu helfen, ist das „Einbringen in Situationen". Dies kann beispielsweise durch eine wiederholte Erwähnung des Namens in bestimmten Kreisen geschehen. Beispiel:

„Eine meiner Mitarbeiterinnen, Frau Moritz, ich hatte schon einmal von ihr erzählt, hat mir ebenfalls berichtet, dass man in dem Prozess viel verbessern könnte."

Mitunter ist auch ein so genanntes latentes Angebot nutzbringend. Dabei wird der Mentee empfohlen, dann aber doch zurückbehalten, da man ihn selbst für ein anderes Projekt benötigt. Diese Strategie versucht, Ihren Mentee im Gespräch zu halten, andere Führungskräfte auf ihn aufmerksam zu machen und Interesse zu wecken. Gefördert wird dieses Interesse bei anderen Führungskräften durch die fehlende Verfügbarkeit, ganz nach dem Motto „Da gibt es einen sehr kompetenten Trainee, aber ich kann ihn (noch) nicht für meine Abteilung haben".

Alle drei Wege helfen dem Mentee, seinen eigenen Weg effektiv zu bestreiten, da sich ihm durch Ihre Hilfe stets neue herausfordernde und karrierewirksame Chancen auftun.

Ihr Netzwerk kann aber auch als Quelle für das Netzwerk Ihres Mentees dienen. Effektivste und angenehmste Möglichkeit ist, den Mentee in zahlreiche Angelegenheiten und Aufgaben zu integrieren. Bei Abendveranstaltungen oder ganz normalen Meetings wird er einfach mit eingeladen. Als Kommentar reicht:

Den Mentee in viele Situationen einbinden

„Ich hätte Frau Moritz gern dabei. Sie erscheint mir besonders geeignet, bald eine Führungsrolle zu spielen und soll so früh wie möglich die erweiterten Argumentationen dieses Bereiches kennen lernen."

Ist der Mentee augenscheinlich noch nicht in dieser Situation, soll aber trotzdem mit hinzugezogen werden, können Sie auch sagen:

„Sie unterstützt mich zurzeit in einigen Angelegenheiten, und ich möchte, dass auch sie den Überblick behält."

Die Strategie ist es, den Mentee anderen Personen so oft wie möglich zu präsentieren. Probieren Sie stets, Ihren Mentee direkt vorzustellen und dies bei Bedarf aufzufrischen:

„Sie erinnern sich, das ist Frau Moritz, sie assistiert mir direkt bei dem Projekt."

Unzweifelhaft können Sie als Mentor die Befürchtung haben, dass eine unglückliche Situation oder Verhaltensweise des Mentees auf Sie zurückfällt. Diese Angst kann aber durch Coaching und Forcierung der fachlichen Ausbildung verringert werden. Sie können als Mentor direkten Einfluss auf die soziale und fachliche Kompetenz des Mentees ausüben und sind sogar für diese verantwortlich. Zudem ist anderen Führungskräften sehr wohl klar, dass auch ein Mentee Fehler machen kann und muss – andernfalls bräuchte er keinen Mentor und Coach mehr.

Mitarbeitergespräche

In nahezu jeder beruflichen Karriere kommt es zu dem Zeitpunkt, ab dem man eine Personalführungsrolle einnehmen und unterschiedliche Mitarbeitergespräche führen muss. Diese Gespräche haben dann nicht mehr nur fachlichen, sondern auch disziplinarischen Hintergrund. Die fachliche Diskussion sollte im Rahmen

Mitarbeitergespräche als Führungsaufgabe

619

der Qualitätssteigerung weiterhin betrieben werden, aber es wird überdies begonnen, Arbeitsleistungen sowie soziale Kompetenz zu analysieren und zu beurteilen. Dieser ausführlichen Bewertung folgt ein Mitarbeitergespräch, in welchem die Ergebnisse kommuniziert werden.

Einen Dialog führen

Solche Mitarbeitergespräche können verschiedene Ziele verfolgen und haben in abwechselnden hierarchischen Positionen und zu unterschiedlichen Zeitpunkten andere Intentionen. Die Strukturierung und Durchführung eines solchen Gesprächs erfolgt somit in starker Abhängigkeit von Ziel, Position, Zeitpunkt und Absichten. Dennoch gibt es eine Reihe elementarer Gemeinsamkeiten aller Mitarbeitergespräche. Bedeutsam bei jedem Mitarbeitergespräch ist, dass es sich tatsächlich um einen Dialog handelt und nicht um einen doktrinären Vortrag des Vorgesetzten. Sie sollten sich als Vorgesetzter hinreichend viel Zeit nehmen, um alle wichtigen Punkte vor dem Gespräch zu durchdenken. Sie sollten die gesamte Kommunikation jedoch trotz Planung und Vorbereitung offen und flexibel führen.

Arten und Ziele

Vier typische Arten von Mitarbeitergesprächen

Neben den ganz alltäglichen fachlichen Besprechungen und Diskussionen mit den Mitarbeitern gibt es vier Arten des Mitarbeitergesprächs:

- Zielvereinbarungsgespräch
- Potenzialentwicklungsgespräch
- Rückkehr- bzw. Fehlzeitengespräch
- Konfliktgespräch

Als grundlegende Absichten und Basisannahmen aller dieser Mitarbeitergespräche zählen die gemeinsame Zielorientierung, die effiziente Aufgabenerfüllung, Problemlösung und die Diskussion und Information zu fachlichen oder motivatorischen Zwecken. Die Basis eines Gespräches sollte eine funktionierende Kommunikations-, aber auch Kritikkultur sein, welche auf gegenseitigem Vertrauen, Fairness und Verantwortungsbewusstsein beruht. Im Zirkelschluss ist es jedoch auch Ihre Aufgabe, das jeweilige Gespräch so zu führen, dass genau eine solche Atmosphäre geschaffen und erhalten wird.

Die Zielvereinbarungsgespräche sind die Grundlage der Selbstorganisation des Mitarbeiters. Dabei wird dem Mitarbeiter im Rahmen von Verantwortungsübertragung die Chance gegeben, seine speziellen Kompetenzen gezielt einzubringen und zumindest teilweise Entscheidungsbefugnisse und eigene Verantwortung zu übernehmen.

Merkmale von Zielvereinbarungsgesprächen

Die vereinbarten Ziele können direkt auf Markt- oder Unternehmenskennzahlen beruhen, beispielsweise ein Anstieg der nationalen Verkäufe um 5 Prozent, oder beschreiben konkrete Arbeitspakete und abzuliefernde Ergebnisse. Wichtig ist eine effektive Zielformulierung. Ziele sollten realistisch, motivierend, aktivierend, positiv formuliert und terminiert sein. Weiche Ziele haben dabei größtenteils qualitativen und harte Ziele vorwiegend quantitativen Charakter.

Potenzialentwicklungsgespräche haben zum Ziel, potenzielle Führungskräfte zu identifizieren und entsprechende Mitarbeiter zu fördern. Diese Gespräche werden erfahrungsgemäß leichtfertig in Form der Zielvereinbarungsgespräche abgetan. Selbst Großunternehmen, welche solche Gespräche durchführen, unterliegen meist immer noch dieser fehlerhaften Wahrnehmung. Ziele für die laufende bzw. anstehende Periode zu definieren, ist etwas anderes, als das langfristige Entwicklungspotenzial und die Entwicklungsmöglichkeiten eines Mitarbeiters zu evaluieren!

Merkmale von Potenzialentwicklungsgesprächen

Im Potenzialentwicklungsgespräch wird, orientiert an den Kompetenzen des Mitarbeiters, abgeschätzt, welche Rollen die Person einmal einnehmen kann bzw. sollte. Erzielen Mitarbeiter und Führungskraft Konsens über diese Rolle, wird der Weg zu dieser Rolle aktiv organisiert und kontrolliert. Bedeutsame Grundlage ist dabei die Kontinuität dieser Gespräche im Jahresverlauf und die Einflechtung solcher Forderungs- und internen Entwicklungsprogramme in die unternehmensweite Personalpolitik.

Bei den Rückkehr- und Fehlzeitengesprächen geht es darum, Fehlzeiten zu reduzieren, die Motivation und Zufriedenheit zu steigern, Ursachen von Fehlzeiten zu klären und Veränderungsmöglichkeiten aufzudecken. Rückkehr- und Fehlgespräche haben unterschied-

Merkmale von Rückkehr- und Fehlzeitengesprächen

lichen Ursprung und können demnach von Anfang an eher eine positive oder bereits negative Aura haben. Kehrt der Mitarbeiter von einer abgeschlossenen Projektarbeit zurück, ist dies eher ein Grund für ein herzliches Willkommensgespräch. Begründet sich aber die Fehlzeit auf einer eher suspekten gesundheitlichen Entschuldigung, sollten Sie sich auch auf ein schwierigeres Gespräch einstellen. Hier ist eine Gratwanderung zwischen Einfühlungsvermögen und Ihrer disziplinarischen Verantwortung gefragt, Fehlzeiten von Mitarbeitern kritisch zu überprüfen.

Merkmale von Konfliktgesprächen In Konfliktgesprächen bleibt das höchste Ziel, Ansätze zur Konfliktbereinigung zu erarbeiten. Noch besser ist es natürlich, wenn sogar eine sofortige Konfliktbeseitigung möglich ist. Grundlage für effektive und effiziente Konfliktgespräche ist eine gesunde Kritikkultur. Doch auch in schwierigerer Atmosphäre müssen derartige Gespräche durchgeführt werden, selbst wenn dies den Beteiligten im Regelfall unangenehm ist und die aktuell angespannte Situation möglicherweise verschärfen könnte. Das Förderliche an Konfliktgesprächen ist jedoch, dass in vielen Fällen eine konkrete Verbesserung der Situation nach der Auflösung des Konflikts eintritt.

Typischer Ablauf von Mitarbeitergesprächen
Personalgespräche haben je nach Führungsstil einen unterschiedlichen Verlauf. Unabhängig von Ihrem persönlichen Führungsstils sollten dabei jedoch stets bestimmte Bestandteile vorhanden sein. Diese Bestandteile werden nun geordnet nach den vier Formen des Mitarbeitergesprächs aufgeführt.

Zielvereinbarungs- und Zielerreichungsgespräch Die innerbetriebliche Organisation mit Zielvereinbarungen führt zu zwei verschiedenen Personalgesprächen: erstens der Formulierung der Zielvereinbarung und zweitens der Kontrolle dieser Vereinbarung im Zielerreichungsgespräch.

Zur Zielvereinbarung sollten die beiden Parteien jeweils zwei Wochen vorher den Termin festgelegen, damit sie sich ausreichend vorbereiten können. Am konkreten Termin beginnt die Zielformulierung mit den Zielen des Mitarbeiters. Diesen folgen die Ziele, welche Sie als Vorgesetzter für Ihren Mitarbeiter aufgrund der Personalentwicklung ergänzen möchten. Diese von Ihnen geäußerten Ziele können Unternehmensziele, Abteilungsziele oder allgemein Ziele sein, welche Sie sich als Vorgesetzter konkret für diese Person ausgedacht haben.

Versuchen Sie anschließend, diese zwei Zielrichtungen anzunähern und auszuformulieren. Insgesamt soll eine Zielformulierung herauskommen, die von beiden Parteien getragen wird, und die Sie als Führungskraft und Ihr Mitarbeiter unterschreiben, um das Commitment und die daraus resultierende Motivation zu erhöhen. In einem weiteren Gespräch wird dann die Einschätzungen der Zielerreichung von beiden Parteien dargelegt. Diese Prozedur geht nahtlos in den nächsten Schritt über: Nun werden die Divergenzen zwischen Ziel und Ergebnis identifiziert, bewertet und die Gründe analysiert. Als abschließender Part werden Maßnahmen auf Grundlage der analysierten Zielerreichungen entwickelt.

Zielformulierung

Die Formulierung neuer Ziele für das folgende Jahr wird oft der Auswertung angeschlossen. Dies sollten Sie allerdings vermeiden und dem Mitarbeiter und sich selbst etwas Zeit zu geben. So vermeiden Sie, einer eventuell emotionalen und retrospektiven Betrachtung zu viel Einfluss auf zukünftige Zielvorstellungen zu gewähren.

Potenzialentwicklungsgespräche sollten ebenfalls mit jedem Mitarbeiter durchgeführt werden. Dabei ist es sehr hilfreich, dies nicht nur unter zwei Augen durchzuführen, sondern auch mit Verantwortlichen aus der Personalabteilung abzustimmen. Damit bekommt dieses Gespräch eine Aufwertung von einer Unterhaltung mit dem Vorgesetzten zum offiziellen Entwicklungsgespräch.

**Potenzial-
entwicklungs-
gespräche**

Als Erstes sollten dann in diesem Gespräch die Erwartungen und Entwicklungen des Mitarbeiters erarbeitet werden. Diese werden dann über den Fachvorgesetzten, welcher die fachliche Kompetenz zur Erreichung dieser Ziele beurteilen kann, und den Personalverantwortlichen, welcher dazu die Möglichkeiten evaluiert, eingeordnet. Festgestellt und geplant werden dabei auch, welche vorhandenen Kompetenzen beim langfristigen Verbleib auf dieser Stelle nicht eingebracht werden können und welche eventuell entwickelt werden sollten. Die Ergebnisse des Potenzialentwicklungs-gespräches sollten möglichst schriftlich fixiert und ein Termin vereinbart werden, wann nächste Schritte eingeleitet und eventuell Folgegespräche geführt werden.

Rückkehr- und Fehlzeiten-gespräche Primärer Grund von suspekten Fehlzeiten ist das Betriebsklima, insbesondere die Beziehung zum Vorgesetzten oder zu den anderen Mitarbeitern. Dies können Sie häufig auf mangelnde Kommunikation oder falsche Gruppenzusammensetzung zurückführen. Zweiter Hauptgrund ist der Arbeitsinhalt an sich: Arbeitsinhalte werden nach Jahren der Beschäftigung monoton und finden keinerlei Anerkennung mehr bei Vorgesetzten und Kollegen. Zusätzlich entspricht eventuell die Entlohnung nicht mehr den weiterentwickelten Vorstellungen. Dies kann ebenfalls auf weitläufigere Begründungen, wie zum Beispiel die starre Personalentwicklung oder Arbeitszeit- und Lohnentwicklung, zurückgeführt werden.

Aufgrund der negativen Aura, sollten Sie eine angenehme Gesprächsumgebung suchen. Es eignet sich dafür eher weniger das Büro des Vorgesetzten als beispielsweise ein Gruppenbesprechungsraum. Hier herrscht in der Regel eine entspanntere Atmosphäre, und der Mitarbeiter hat eher das Gefühl, an einem neutralen Ort auf halbwegs gleichberechtigter Ebene ein sachliches Gespräch führen zu können, als „in die Höhle des Löwen" zu einer Rechtfertigung geladen zu sein.

Konfliktgespräche Konfliktgespräche scheinen mitunter schwierig durchzuführen zu sein. Je nach Konflikt – sei er fachlich oder menschlich – prallen zwei unterschiedliche Meinungen aufeinander. Als Endprodukt der Meinungsbildung können diese jedoch häufig nicht ohne Emotionen angepasst werden. Entsprechend sind Konfliktgespräche erfahrungsgemäß äußerst emotionsgeladen. Als Motivation zur Realisierung solcher Gespräche bleibt aber der substanzielle Mehrwert, welchen Sie durch die Konfliktbeseitigung erwirken: Das erfolgreiche gemeinsame Lösen eines Konfliktes bildet Vertrauen zu der anderen Person.

Im Unternehmen treten zahlreiche verschiedene Konflikte auf: Rollenkonflikte, Interessenkonflikte, Konkurrenzkonflikte, Zielkonflikte, Informationskonflikte und Bewertungskonflikte. Ein Konfliktgespräch sollte so aufgebaut sein, dass als Erstes der konkrete Konflikt identifiziert wird. Die Schematisierung in eine der sechs Kategorien kann dabei hilfreich sein. Dennoch muss der Konflikt am konkreten Fall angesprochen werden. Ist der Konflikt gefunden, müssen Gründe, beteiligte Personen und Szenarien analysiert werden. Ist der Konflikt dann klar erfasst, muss ein Lösungsweg erarbeitet werden. Dabei sollten Sie nicht gleich die erste identifizierte Idee verfolgen, sondern bewusst alternative Vorschläge der Bewertung unterziehen, selbst wenn Sie schon eine vermeintlich brauchbare Herangehensweise identifiziert haben.

Zahlreiche verschiedene Konfliktformen

Sie sollten als Vorgesetzter unbedingt ein Folgegespräch ansetzen. Dies suggeriert Ihrem Mitarbeiter Ihren ernsten Willen an der aktiven Veränderung.

Für all diese Gespräche sollte besonders der Vorgesetzte Professionalität und Sachlichkeit beweisen. Eine emotionale Bewertung der Wahrnehmung Ihrer Mitarbeiter wird von diesen schnell überbewertet. In bestimmten Situationen empfiehlt es sich, als Vorgesetzter die Sichtweisen und Standpunkte der Mitarbeiter nicht zu kritisieren und zu bewerten, sondern sie zu akzeptieren und sich gegebenenfalls für eine vorschnelle Bewertung zu entschuldigen.

Konfliktmanagement

Konflikte sind eine typische Begleiterscheinung jeder sozialen Interaktion. Zwar mag der Einzelne im Konflikt mit sich selbst stehen und mit sich selbst uneins sein. In der breiten Masse sind Konflikte jedoch ganz klar im Bereich der Gruppenbeobachtung und Gruppenentwicklung einzuordnen. Die Darstellungen zur Gruppentheorie, insbesondere zur Gruppenbildung und den Gruppenrollen bilden eine nützliche Grundlage, um Konflikte im Rahmen sozialer Interaktion zu erkennen, zu analysieren und zu lösen (Kapitel 3.4.). An diesem Prozess orientiert sich die folgende Darstellung. Sie erfahren im Folgenden zuerst, wo Konflikte in den meisten Fällen entstehen, worin typische Konfliktursachen liegen und wie Sie Konflikte frühzeitig erkennen. Darauf aufbauend widmen Sie sich

Keine Therapie ohne Diagnose

der konkreten Analyse vorliegender Konflikte, um ein fundiertes Verständnis des jeweiligen Konflikts als Grundlage für seine Lösung zu erlangen. Dieser Schritt mag wissenschaftlich-theoretisch scheinen. In der Praxis ist jedoch häufig zu beobachten, dass Führungskräfte versuchen, Konflikte zu lösen, ohne die eigentlichen Konfliktursachen zu erkennen und sich mit dem Kern des Problems auseinander zu setzen. Das Motto lautet „Keine Therapie ohne Diagnose".

Typische Konfliktursachen
Zusammenarbeit im Team kann und soll produktiv sein und Spaß machen. Sie bringt dennoch immer auch Konflikte und gelegentliche Reibungen mit sich. Die Gründe sind in den meisten Teams ähnlich und lassen sich in bestimmte Kategorien einordnen:
- Leistungsunterschiede
- Intoleranz
- Schlechte Führung, Organisation und Information
- Unter- und Überforderung
- Verfahrensauffassungen

Leistungsunterschiede

Wenn die individuelle Leistung zu sehr vom Gruppendurchschnitt abweicht

In den meisten Arbeitsgruppen gibt es immer jemanden, der engagierter, fähiger, schneller, fehlerfreier und/oder kreativer ist. Konflikte entstehen, wenn derjenige anderen Teammitgliedern Vorwürfe macht, arrogant wird oder die Leistungsvorsprünge als Rechtfertigung dafür nutzt, Vorteile gegenüber anderen Gruppenmitgliedern zu genießen. Auf der anderen Seite können jedoch auch Neid und die Angst, nicht genauso gut zu sein wie der andere, zu Konflikten und Feindbildern führen. Eine schlechte Stimmung im Team oder mangelhafte Zusammenarbeit und gegenseitige Information können also darauf zurückzuführen sein, dass jemand bewusst aus der Gruppe ausgegrenzt wird, weil seine Leistung zu weit vom Gruppendurchschnitt abweicht.

Intoleranz

Negative Interpretation von Andersartigkeit

Eine häufige Konfliktursache bleibt Andersartigkeit und damit verbundene Intoleranz. Wenn unterschiedliche Meinungen, stark unterschiedliches Auftreten und unterschiedliche Werte und Ziele aufeinander treffen, erzeugt dies immer Spannungen. Werden diese Spannungen positiv genutzt, eröffnet sich die Maximierung von Synergiepotenzialen: Wenn jedes Teammitglied aufgrund seiner Andersartigkeit auch etwas anderes besonders gut kann oder besonders gern machen möchte, können sich alle optimal ergänzen.

Werden die Unterschiede und daraus resultierenden Spannungen hingegen negativ interpretiert, führt dies mit hoher Wahrscheinlichkeit zu anhaltenden Konflikten. Ursache ist meist die gegenseitige Intoleranz. Streitigkeiten werden dann kaum auf der Sachebene geführt, sondern vielmehr auf der Beziehungsebene. Die Nachricht „Du bist nicht okay, weil …" wird zwar selten verbal artikuliert, spiegelt sich jedoch im gesamten Verhalten und Umgang miteinander wider. Es kann kaum konstruktiv zusammengearbeitet werden, da Verhalten und Standpunkte nicht an der Sache ausgerichtet werden, sondern daran, dem anderen die Intoleranz zu demonstrieren.

Schlechte Führung, Organisation und Information

Konflikte entstehen häufig aus Unzufriedenheit und Reibereien aufgrund fehlender oder mangelhafter Führung, schlechter Organisation oder mangelhafter Information. Wenn Arbeitsaufträge unklar formuliert werden, Zuständigkeiten unklar bleiben und Informationen vorenthalten oder zu spät weitergegeben werden, sinkt die Motivation spürbar. Herrscht in diesem Umfeld dennoch hoher Leistungsdruck, provoziert dies nach einer Weile offen sichtbare Konflikte.

Sinkende Leistungsbereitschaft unter widrigen Arbeitsumständen

Treten die beschriebenen Umstände dauerhaft auf, wirkt sich dies auf die allgemeine Moral und Motivation aus. Konflikte entstehen nicht dann, wenn ein bestimmtes Projekt schlecht geleitet und im Team unzureichend kommuniziert wird, sondern wenn einzelne Mitarbeiter in der herrschenden Unternehmenskultur nur noch „Dienst nach Vorschrift" machen. Dies kann wieder – unter Bezug auf den ersten Aspekt der Leistungsunterschiede – Öl ins Feuer gießen und tatsächlich Konflikte in einer Situation provozieren, für die ansonsten kaum Defizite in Information, Organisation oder Führung auszumachen sind.

Unterschiedliche Meinungen zur Sache oder Vorgehensweise Häufiger Auslöser von Konflikten in Teams sind unterschiedliche Auffassungen über die Vorgehensweise. Der eine möchte das Problem auf seine Art lösen, ein anderer ist von einem alternativen Lösungsweg überzeugt. Hier ist im Zweifelsfall die Führungskraft gefragt, um Unklarheiten über die Verfahrenweise konstruktiv aus dem Weg zu räumen.

Konflikte, deren Ursprung in diesem Bereich liegen, lassen sich erfahrungsgemäß schneller lösen, da sie primär sachorientiert sind. Durch saubere Argumentation und Verhandlung der Beteiligten, gegebenenfalls unter Einbeziehung eines Moderators, kann so recht schnell ein Kompromiss bzw. die tatsächlich bessere Lösung gefunden und gewählt werden. Problematisch sind derartige Konflikte hingegen, wenn sie nur oberflächlich durch unterschiedliche Verfahrensauffassungen provoziert wurden und tatsächlich ein Beziehungskonflikt vorliegt.

Unter- und Überforderung

Dauerhafte Überforderung provoziert emotionale Konflikte oder Qualitätsprobleme Konflikte und Störungen der gemeinsamen Zusammenarbeit treten auch auf, wenn einzelne Mitarbeiter und Teammitglieder langfristig über- oder unterfordert sind. Bei Überforderung treten früher oder später Fehler auf, die möglicherweise die Qualität nachgelagerter Prozesse beeinflussen und spätestens dann bei den dort Verantwortlichen Konfliktreaktionen auslösen. Auf der anderen Seite führt eine dauerhafte Überlastung eines Mitarbeiters dazu, dass dieser irgendwann von selbst in den Ausnahmezustand tritt. Frust, Blockadehaltung, Fehlzeiten, Gereiztheit und zwischenmenschliche Spannungen im Team sind die häufigsten Folgen. Dies zu erkennen, ist eine elementare Aufgabe der Führungskraft.

Unterforderung als Grund für sinkende Motivation und persönliche Unzufriedenheit Unterforderung hingegen provoziert selten so kritische Konflikte wie Überforderung. Dennoch macht sie sich früher oder später in stark gesunkener Motivation des betroffenen Mitarbeiters bemerkbar. Auch dies kann schließlich die Leistung reduzieren, Neid gegenüber anderen Kollegen mit interessanteren Aufgaben und Aufstiegsmöglichkeiten erzeugen oder auch zum Wechsel des Mitarbeiters in ein anderes Unternehmen führen. Auch Letzteres stellt durch die Gefahr einer plötzlichen Personallücke ein realistisches Konfliktpotenzial dar, das Sie als Führungskraft im Blick behalten müssen.

Typische Konfliktphasen

Grundsätzlich lassen sich bei der Analyse von Konflikten folgende drei Phasen unterscheiden:

- 1. Konfliktentstehung
- 2. Konflikteskalation
- 3. Konfliktbewältigung

Drei grundlegende Phasen eines Konflikts

Diese Phasen zu kennen, ist elementar wichtig. Nur wenn Sie den Entwicklungsgrad eines Konfliktes zuverlässig identifizieren können, können Sie auch dessen Risikopotenzial abschätzen und adäquate Handlungsstrategien entwerfen, um eine Konflikteskalation zu vermeiden und eine Lösung umzusetzen.

So haben Sie in der Phase der Konfliktentstehung noch deutlich mehr Handlungsmöglichkeiten, um die sich anbahnenden Probleme zu bewältigen. Haben sich die Fronten hingegen in der Phase der Konflikteskalation bereits verhärtet, sind einfache Lösungsstrategien schon nicht mehr einsetzbar. Möglicherweise haben die Konfliktpartner schon die Ebene der sachlichen Auseinandersetzung verlassen und bewegen sich auf einem hoch emotionalisierten Konfliktniveau. Dies macht Ihnen die Konfliktlösung deutlich schwerer.

Harte Fronten in der Phase der Konflikteskalation

Unter der Annahme, dass jeder Konflikt irgendwann gelöst werden soll und gelöst wird, bildet die Phase der Konfliktbewältigung den Abschluss jeder Auseinandersetzung. Sofern diese Phase nicht durch einen neutralen Dritten, gegebenenfalls über einen Moderator, angestoßen wird, erfolgt der Wechsel in die letzte Phase häufig erst, wenn der Leidensdruck unerträglich geworden ist. Diese Erkenntnis ist für Sie insofern bedeutsam, als sie erklärt, warum bestimmte Konflikte ewig nicht ausgetragen und geregelt werden.

Konfliktlösungsstrategien

Bei der Bewältigung von Konflikten lassen sich neben dem Kompromiss vier Grundstrategien unterscheiden. Die klassische Beschreibung dieser vier Grundstrategien erfolgt anhand der in Abbildung 47 dargestellten Matrix.

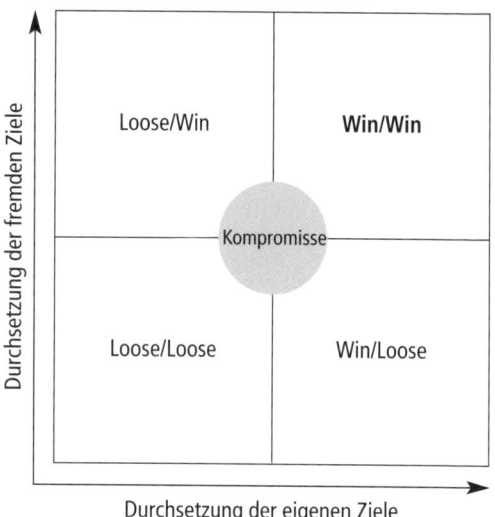

Abbildung 47: Vier Grundstrategien der Konfliktlösung

Win-Loose und Loose-Win Versuchen Sie um jeden Preis, Ihre Interessen gegen die des Konfliktpartners durchzusetzen, verfolgen Sie eine Win-Loose-Strategie. Nehmen Sie hingegen für die Lösung des Konflikts und die Wiederherstellung der Harmonie in Kauf, auf die eigenen Interessen zu verzichten und sich gänzlich den Forderungen der Gegenseite zu unterwerfen, spricht man von einer Loose-Win-Strategie.

Loose-Loose und Win-Win Der objektiv für beide Seiten mit den größten Nachteilen behaftete Konfliktlösungsversuch endet in einer Loose-Loose-Situation. Dies passiert quasi automatisch, wenn beide Konfliktparteien unerbittlich eine Win-Loose-Strategie verfolgen. Da keinerlei Kompromisse gemacht werden und keinerlei Entgegenkommen gezeigt wird, verschärft sich der Konflikt in aller Regel bis zu einem Grad, wo beide Seiten nur verlieren können bzw. bereits verloren haben. Die sinnvollste Herangehensweise zur Konfliktlösung besteht also in einer Win-Win-Strategie. Hier wird von beiden Konfliktparteien eine Lösung angestrengt, von der beide Seiten einen Vorteil haben. Dies läuft in aller Regel auf einen Kompromiss hinaus. Mitunter wird im Zuge einer Win-Win-Strategie jedoch auch eine völlig neue Lösung gefunden, das heißt, beide Parteien geben Ihre ursprünglichen Forderungen zugunsten einer dritten, für beide Seiten deutlich vorteilhafteren Lösung auf.

Wirksames Verhalten im Umgang mit Konflikten

Aufgrund der Alltäglichkeit von Konflikten in Organisationen und dem eigenen sozialen Umfeld ist es für Ihre Souveränität und Ihren Erfolg äußerst wichtig, Konflikte generell möglichst zu vermeiden und bestehende Konflikte möglichst professionell zu lösen. Neben der Kenntnis der grundlegenden Theorie zum Konfliktmanagement, vor allen Dingen der oben geschilderten Konfliktursachen, Konfliktphasen und Konfliktlösungsstrategien, hat sich in der Praxis eine Reihe von Verhaltensweisen bewährt, professionell mit Konflikten umzugehen.

Professionelle Konfliktlösung für beruflichen Erfolg und privates Glück

Diese sollen Ihnen im Folgenden und als Abschluss dieses letzten, wichtigen Abschnitts stichpunktartig nahe gebracht werden:
- Konfliktvorbeugung
- Konflikte aktiv austragen statt aussitzen
- Konflikte so früh wie möglich ansprechen
- Feste Eskalationsregeln
- Einen runden Tisch zur Klärung von Konflikten einrichten
- Regeln effektiver Kommunikation im Konfliktmanagement

Lesen und übertragen Sie diese Tipps zum wirksamen Verhalten im Umgang mit Konflikten direkt auf Ihre Praxis und Ihr persönliches Konfliktlösungsverhalten.

Konfliktvorbeugung

„Vorbeugen ist besser, als nach hinten zu fallen."

Mit einem Lächeln und Augenzwinkern mag der obige Spruch Sie durch alle Maßnahmen der Prävention und Vorsorge in Ihrem Leben führen. Denn ganz sicher ist es besser, sich rechtzeitig und aktiv um Problemvermeidung und frühzeitige Konfliktbegrenzung zu kümmern, als im Problemfall therapeutische Maßnahmen und Problemlösungsstrategien zu suchen. Betrachten Sie deshalb Prävention nicht nur in diesem konkreten Zusammenhang des

Vorsorge ist nie dringend, aber immer wichtig

Konfliktmanagements als wichtig. Und greifen Sie auf die Erkenntnisse des Zeitmanagements (Kapitel 2.1.) bezüglich „dringend" und „wichtig" zurück: Vorbeugung und Vorsorge sind nie dringend, aber immer wichtig! – Planen Sie deshalb genug Zeit für Maßnahmen ein, die aktiv die Entstehung von Konflikten verhindern.

Maßnahmen zur Konfliktvorbeugung Als Führungskraft zählt dazu vor allem, regelmäßig Zeit für die Mitarbeiter und deren Probleme, Bedürfnisse und Interessen einzuplanen. Achten Sie darauf, Beziehungen und Kommunikation nicht nur aus Aufgaben- und Sachzwängen heraus zu betreiben, sondern immer auch ein menschliches Ohr für Privates und Alltägliches offen zu haben. Mitunter kann eine Unterhaltung auch der Unterhaltung wegen geführt werden, absichtslos, offen und menschlich. – Der Abschnitt zu Smalltalk (Kapitel 4.3.) bietet Ihnen dazu einen ersten Schlüssel, ebenso die Ausführungen zu Networking und sozialen Beziehungen. Auch Betriebsausflüge und andere teambildende Aktivitäten, offizielles Lob, kleine Aufmerksamkeiten und regelmäßige Aussprachen, bei denen Mitarbeiter Kritik und Probleme artikulieren können, sind wesentliche Elemente der Konfliktvorbeugung.

Konflikte aktiv austragen statt aussitzen

Jeder Konflikt braucht eine Lösung Jeder Konflikt verlangt früher oder später nach einer Lösung, sei es durch aktives Konfliktmanagement oder durch passives „Aussitzen". Dabei bedarf es geringer Vorstellungskraft, um zu verstehen, dass ein statisch-adaptives Aussitzen nur in den wenigsten Fällen eine Erfolg versprechende Strategie ist. Wie in den meisten Fällen gilt auch hier die Maxime, dass im schlimmsten Fall schlechtes Handeln immer noch besser ist, als gar nichts zu unternehmen. Nur in wenigen Fällen werden Sie durch den Versuch, ein eklatantes Problem zu beheben, dieses noch verschlimmern. Handeln Sie hingegen gar nicht, wird sich mit hoher Wahrscheinlichkeit an einer misslichen Situation wenig ändern. Haben Sie also entsprechend den Mut, Konflikten und Problemen auf den Grund zu gehen und diese Schritt für Schritt zu lösen! Und verlieren Sie diesen Mut nie zulasten einer depressiven Apathie oder Gleichgültigkeit („Das bringt doch eh nichts …").

Konflikte so früh wie möglich ansprechen

Haben Sie einmal die Grundhaltung angenommen, erkannte Konflikte immer aktiv angehen zu wollen, gilt als weiterer Grundsatz, diese so früh wie möglich anzusprechen. Dies zielt vor allem darauf ab, die notwendigen Anstrengungen zur Behebung des sich abzeichnenden Konflikts zu minimieren. Wie eingangs erläutert, lassen sich Konflikte in der Entstehungsphase noch deutlich einfacher und billiger lösen, als wenn sich die Auseinandersetzung bereits in der Eskalationsphase befindet. Dabei macht wie immer der Ton die Musik. Häufig liegt es an wenigen geschickten Formulierungen, ob ein Konflikt eskaliert oder noch direkt zu Beginn schnell und konstruktiv gelöst wird. Eine Zusammenfassung der hilfreichsten Kommunikationsgrundsätze lesen Sie weiter hinten.

Der Ton, in dem etwas gesagt wird, ist wichtig

Feste Eskalationsregeln

Konnte ein Konflikt nicht bereits in der Entstehungsphase gelöst werden, gilt es, die Eskalationsphase so professionell wie möglich zu gestalten. Eine große Hilfe dabei können feste Eskalationsregeln sein. Damit wird sichergestellt, dass ein Problem nicht beliebig lange ungelöst bleibt, dass nicht versucht wird, den Konflikt auszusitzen oder auf eigener Hierarchieebene zu lösen, während andere Dinge dadurch blockiert werden. Eskalationsregeln legen fest, unter welchen Umständen ein Konflikt an die nächst höhere Instanz weitergegeben wird. Das lässt sich natürlich nicht reibungslos automatisieren, und es kann passieren, dass Probleme nicht gelöst und trotzdem nicht gemeldet werden, weil die betroffenen Streitpartner ihr Gesicht nicht verlieren wollen. Aber gerade das Bewusstsein, dass jeder Streitpartner nach Ablauf der in den Eskalationsregeln festgelegten Frist das Recht hat, mit seinem Anliegen zum Chef zu gehen, ohne als „Petze" dazustehen, erhöht den Druck, gemeinsam zu einer Problemlösung zu gelangen.

Eskalationsregeln fördern eine transparente Vorgehensweise beim Lösen von Konflikten

Einen runden Tisch zur Klärung von Konflikten einrichten

Eine altbewährte Methode, lang anhaltende Streitereien und permanent latent vorhandene Konflikte zu lösen, ist der runde Tisch: Sie rufen alle auszumachenden Streitpartner zusammen und fordern hier und jetzt eine einvernehmliche Klärung des Problems. Damit sprechen Sie einerseits im Sinne der obigen Ratschläge einen latent vorhandenen Konflikt direkt an. Dies ist insofern wichtig, als

Die Psychologie des „runden Tischs"

gerade in subtilen Konflikten den Streitpartnern häufig der Mut fehlt, den latenten Konflikt beim Namen zu nennen und offen auszutragen. Andererseits zeigen Sie gleichzeitig Initiative und rufen alle Beteiligten zu einer Lösung auf. – Ein Verhalten, das Ihnen von Außenstehenden, zum Beispiel höher gestellten Führungskräften, in der Regel hoch angerechnet wird.

Ein „runder Tisch" ist dabei häufig symbolisch gemeint, entschärft aber in der Praxis tatsächlich einen Teil des Konfrontationspotenzials, weil sich die Streitparteien nicht „Auge in Auge" gegenübersitzen und sich keinerlei Vorsitz oder Kräftestatus anhand der Platzierung ergeben kann. Achten Sie darauf, wenn möglich einen neutralen und um Objektivität bemühten Moderator einzubeziehen, der die Aussprache und die Suche nach einem Kompromiss und einer Lösung unterstützt. Der Moderator sollte vor allem die Kommunikation im Laufe der Veranstaltung fördern und steuern. Das heißt im Einzelnen gegebenenfalls einzugreifen, wenn Gesprächspartner permanent unterbrochen werden und nicht ausreden können, wenn die Diskussion zu unsachlich oder gar beleidigend wird oder wenn die Konfliktparteien beginnen, sich an Einzelheiten „aufzuhängen".

Regeln effektiver Kommunikation im Konfliktmanagement

„Der Ton macht die Musik."

Volksweisheit

Kommunikation ist Ursache und Lösung von Konflikten

Konflikte und Konfliktmanagement haben sehr viel mit Kommunikation zu tun. Konflikte können durch Kommunikation verursacht werden, und Kommunikation ist das erste und grundlegende Mittel zur Lösung eines Konflikts. Daher ist es für Ihre Rolle als Konfliktmanager elementar, wesentliche Kommunikationsgrundsätze zu kennen und zu beherrschen. Dazu zählen vor allen Dingen folgende Aspekte, von denen Sie einige bereits im Kapitel „Kommunikationsstörungen" als hilfreich kennen gelernt haben:

- Ruhig bleiben
- Ausreden lassen
- Zuhören und zusammenfassen
- Sache und Person voneinander trennen

- Ich-Botschaften senden
- Positiv formulieren

Diese Punkte sollten zum Abschluss des Kapitels noch einmal in Kurzform beleuchtet werden, um ihre Relevanz im Rahmen des Konfliktmanagements herauszustellen.

Ruhig bleiben

„Wer seinen Willen durchsetzen will, muss leise sprechen."

JEAN GIRAUDOUX

Konfliktmanagement beinhaltet zu einem großen Anteil Deeskalation. Das bedeutet, die Situation nicht noch schlimmer werden zu lassen, sondern zu beschwichtigen und Konflikte konstruktiv zu lösen. Dafür ist es von grundlegender Wichtigkeit, ruhig zu bleiben. Wenn Sie sich aufregen, frustriert sind, unsachlich und persönlich werden, machen Sie die Situation nur noch schlimmer und entfernen sich von einer gemeinsamen Lösung, einem Kompromiss.

Deeskalation

Kennen Sie aus Filmen die typische Art von Asiaten, die auch bei größtem Trubel und Ärger immer noch höflich bleiben und lächeln? Das ist nicht einfach, bringt Sie aber in Konflikten extrem weiter. Sie wirken souverän und selbstsicher statt unbeherrscht und reizbar. Welchen Eindruck macht auf Sie ein Kollege, Chef, Familienmitglied oder Partner, der bei Problemen anfängt zu schreien …?!

Menschen, die sich in Streitgesprächen durch überlaute Argumentation durchzusetzen versuchen und glauben, durch Schreien an Autorität zu gewinnen, sind häufig unausgeglichen und alles andere als kommunikativ kompetent. Das Problem: Sie tragen nicht nur nicht zu einer Lösung bei, sondern verhindern diese sogar, indem Sie die Situation durch ihr Schreien noch verschlimmern. Sie können selbst sicher nachvollziehen, wie Sie sich fühlen, wenn Sie von Ihrem Diskussionspartner angeschrien werden. Unabhängig davon, wer „Recht hat" oder falsch liegt und ob ein Vorwurf berechtigt ist oder nicht: Angeschrien zu werden, ist immer eine Nichtachtung der individuellen Würde und ein Zeichen von Respektlosigkeit. Wer sich respektlos behandelt fühlt, wird mit einem Schlag weniger

Schreien ist nicht konstruktiv

bereit sein, gemeinsam gezielt und konstruktiv nach einer Lösung eines Konflikts zu suchen. Schreien hat im Umgang mit Konflikten also nichts zu suchen – im Gegenteil: Bleiben Sie in jeder Situation so ruhig wie möglich.

Ausreden lassen

Ausreden lassen ist nicht nur höflich, sondern auch effizient

Jemanden ausreden zu lassen, ist nicht nur eine Frage der Höflichkeit, sondern beschleunigt Konfliktlösungen auch ungemein. Stellen Sie sich vor, Sie möchten jemandem etwas erzählen, ihn von etwas überzeugen oder verschiedene Gründe aufzählen, um sich für etwas zu rechtfertigen und sich zu entschuldigen. Wenn Sie derjenige ständig unterbricht, werden Sie bei jeder Gelegenheit immer wieder neu ansetzen, um Ihre Argumente zu Ende zu bringen. Dadurch wird eine Diskussion oder ein Gedankenaustausch ständig zerpflückt. Das Gespräch zieht sich frustrierend über eine Länge hin, die nicht sein müsste, wenn jeder den anderen ausreden lassen würde. Machen Sie sich also bewusst, dass es nicht nur höflich, sondern auch effizient ist, Ihr Gegenüber ausreden zu lassen.

Zuhören und Zusammenfassen

Aktives Zuhören

Andere ausreden zu lassen, ist Ihr erster Schritt, um Konflikte schneller zu lösen und Ihre Kommunikationskompetenz insgesamt zu verbessern. Der zweite Schritt ist das Zuhören, genauer das „aktive Zuhören". Das bedeutet, dass Sie so aufmerksam, konzentriert und sorgfältig Ihrem Gegenüber zuhören, dass Sie danach seine wesentlichen Gedanken wiederholen und zusammenfassen können. Ein Profi werden Sie, wenn Sie dabei nicht nur die harten Fakten zusammenfassen, sondern auch die mitschwingenden Gefühle ansprechen.

Wichtig ist, dass Sie so aufmerksam zugehört und zusammengefasst haben, dass Ihr Gegenüber danach mit einem „Ja" oder „Genau!" Ihre Zusammenfassung bestätigt. In diesem Moment hat der Konfliktpartner das Gefühl, Sie hätten ihm ordentlich zugehört und ihn verstanden. Verstehen bedeutet dabei aber nicht, dass Sie seine Meinung auch akzeptiert haben. Sie haben nur vollständig erfasst, was er gesagt hat. Damit haben Sie die Grundlage geschaffen, dass er nun auch offen ist für Ihre Gedanken, ganz nach dem Prinzip „Erst verstehen, dann verstanden werden".

Erst verstehen, dann verstanden werden

„Wenn es ein Geheimnis des Erfolgs gibt, so ist es das, den Standpunkt des anderen zu verstehen und die Dinge mit seinen Augen zu sehen."

HENRY FORD

Vertrauen schaffen

Viele Kommunikationsexperten raten bei Diskussionen, Streitgesprächen, Verhandlungen und Konflikten zum Muster „Erst verstehen, dann verstanden werden". Geben Sie Ihrem Gegenüber also die Chance, in Ruhe seine Meinung zu äußern, hört er danach aufmerksamer Ihren Argumenten zu, da seine Meinung schon gehört wurde und sie ihm nun nicht mehr auf den Lippen brennt. Es hat nicht nur etwas mit Respekt zu tun, den anderen ausreden zu lassen und zu versuchen, seinen Standpunkt zumindest formal zu verstehen. Vielmehr geht es darum, auch das Vertrauen und eine harmonische Atmosphäre in jedes Gespräch zu bringen. Wer es nicht schafft, aktiv zuzuhören, sondern sofort mit Argumenten oder Ratschlägen kontert, hat wenig Chancen und kein Recht darauf, selbst ohne Unterbrechung seine Meinung darzustellen.

Die wenigsten Menschen sind in der Lage, objektiv richtige Argumente und Hinweise anzuerkennen, wenn sie das Gefühl haben, nicht verstanden und nicht als Person akzeptiert zu werden. So kann ein Ratschlag gut gemeint und sachlich richtig sein. Wenn der Ratgebende sein Gegenüber jedoch so behandelt, als wäre es nicht vollwertig „und müsste noch viel lernen", ist Reaktanz, das heißt Widerstand, vorprogrammiert. Empathisches Zuhören, Verständnis für die Situation oder Meinung des anderen zeigen und dann in Form einer Ich-Botschaft eine Meinung artikulieren – auf diese Weise erhöhen Sie die Wahrscheinlichkeit, „erhört zu werden", um ein Vielfaches.

Sache und Person voneinander trennen

Sachverhalte kritisieren, nicht Personen

Konflikte lassen sich nicht lösen, indem Sie die Person(en) an sich angreifen. Das macht die Sache in der Regel nur noch schlimmer. Achten Sie darauf, stets bei der Sache zu bleiben. Machen Sie sich während der Argumentation Ihres Gegenübers bewusst, dass es um die Sache geht, nicht um die argumentierende Person an sich. Dies gilt ebenso, wenn Sie Kritik äußern wollen. Kritisieren Sie Sachverhalte, Verhalten oder Umstände, nicht jedoch die Person als Ganzes. Das Senden von Ich-Botschaften, Ruhigbleiben sowie das Diskutieren in angemessener Lautstärke fördern sich in diesem Zusammenhang gegenseitig.

Ich-Botschaft senden

Keine Vorwürfe machen

Psychologen und Kommunikationstrainer raten, Konflikte und Konfliktursachen nicht in Form von Vorwürfen anzusprechen. Andernfalls fühlt sich der Betroffene sofort angegriffen und geht in eine Verteidigungshaltung. Vergleichen Sie den Qualitätsunterschied der ersten beiden Sätze zu den beiden darauf folgenden:

„Weil Sie … nicht gemacht haben …"

„Sie sind schuld, dass …"

„Ich hätte mir gewünscht …"

„Ich bin nicht sicher, wie ich an Ihrer Stelle gehandelt hätte, aber ich hätte vielleicht …"

Experten nennen diese Technik „Ich-Botschaft-senden". Sie erreichen damit, dass Ihr Gegenüber Alternativen zu möglicherweise falschen Verhaltensweisen wahrnehmen kann, ohne sein Gesicht dabei zu verlieren und sich direkt beschuldigt zu fühlen. Statt nach einer Rechtfertigung zu suchen, wird die Ich-Aussage als solche hingenommen. Hat Ihr Gegenüber nicht das Gefühl, Sie wollten ihm eine bestimmte Meinung oder Vorgehensweise oktroyieren, steigt die Wahrscheinlichkeit, dass er sich objektiv mit Ihrem Vorschlag auseinander setzt.

Reaktanz und Trotz vermeiden

Das typische „Du musst" oder „Sie müssen das aber so und so machen" provoziert hingegen mit absoluter Zuverlässigkeit Reaktanz. Dieses Widerstandsverhalten manifestiert sich dann zum Beispiel in Trotz („Jetzt erst recht …"), Hinwendung zur verwehrten Alternative oder einer indirekten Wiederherstellung des abgelehnten Zustands oder Verhaltens. Verhindern Sie das als guter Konfliktmanager durch konsequente Ich-Botschaften.

Positiv formulieren

Wie bei Präsentationen, Verhandlungsgesprächen etc. macht es auch bei der Konfliktlösung Sinn, immer positiv zu formulieren. Eine positive Haltung dem Problem gegenüber ist immer der erste Schritt zur Lösung. Wenn Sie eine optimistische Grundhaltung an den Tag legen und sich eine Situation konkret und positiv ausmalen können, richten Sie Ihre Kräfte automatisch darauf, diese Situation zu erreichen. Negative Vorstellungen hingegen haben fast immer den Hang, sich ebenso automatisch zu verwirklichen. In diesem Fall würde das Motto lauten: „Setze dir Grenzen, und du wirst Sie erreichen." Im Englischen nennt man das „self-fulfilling prophecy", die selbsterfüllende Prophezeiung.

Eine positive Haltung ist immer der erste Schritt zur Lösung

Übung 4.4.

(A) Nennen Sie vier häufige Gründe für Konflikte in Teams.

1. _____   2. _____

3. _____   4. _____

5. _____   6. _____

(B) Welches Verhalten halten Sie sinnvoll zum Schlichten von Konflikten?

_____

_____

_____

(C) Nennen Sie die typischen Phasen eines Konflikts.

1. _____

2. _____

3. _____

4. Gruppenentwicklung

(D) Wenn Sie sich eine Person direkt aussuchen könnten, wer sollte dann Ihr Mentor sein? Warum ist er oder sie es noch nicht?

_____

_____

_____

_____

(E) Könnten Sie sich vorstellen, für jemand anderes ein Mentor oder Coach zu sein? Wenn ja, für wen und wie könnten beide davon profitieren?

_____

_____

_____

_____

Über die Autoren

Die beiden Autoren sind diplomierte Betriebswirte. Sie haben im dualen Ausbildungsmodell „Berufsakademie" ein wirtschafts- und praxisorientiertes Studium abgeschlossen. Sie kennen aus dem kontinuierlichen Wechsel zwischen Studium und unzähligen Praktika die Anforderungen an Berufseinsteiger und Nachwuchsführungskräfte. Dieses Wissen geben Sie in gebündelter Form weiter.

André Moritz ist in Skandinavien aufgewachsen. Er spricht Deutsch, Englisch, Französisch, Spanisch und Dänisch. Er hat bei den Berliner Wasserbetrieben und dem internationalen Versorger Veolia Environnement in Paris gearbeitet. In dieser Zeit hat er über 50 Bücher, Lernhefte und Zeitschriftenartikel im IT-Bereich publiziert. Er ist Geschäftsführer der AXODO GmbH, einer Unternehmensberatung mit Schwerpunkt auf Internetmarketing und seit 2004 selbstständiger Trainer für Soft Skills und Coach für Young Professionals. Sie erreichen ihn über andre.moritz@soft-skills.com.

Felix Rimbach ist zurzeit Stipendiat der Steinbeis-Stiftung. Mit Projekten in Mexiko, Tokio und New York, unter anderem für Daimler-Chrysler und Merrill Lynch, hat er früh in Großunternehmen berufliche und interkulturelle Erfahrungen zusammengeführt. Er spricht Deutsch, Englisch, Spanisch, Französisch und Japanisch. Als Programmierer wird seine frei erhältliche Software tausendfach im Internet verwendet. Als Gründer und Vorstand einer weltweiten Gruppe von jungen Philosophen und Literaten hat er sich besonders mit den philosophischen und psychologischen Aspekten der Persönlichkeit auseinander gesetzt. Sie erreichen ihn über felix.rimbach@soft-skills.com.

Empfohlene Literatur

Au, Franziska von: *Der neue Knigge.* Südwest, 2005

Breger, Wolfram: *Präsentieren und Visualisieren.* Beck-Wirtschaftsberater im dtv, 2002

Cialdini, Robert B.: *Die Psychologie des Überzeugens.* Verlag Hans Huber, 2002

Covey, Stephen R.: *The 7 Habits of Highly Effective People.* FranklinCovey, 1989

Csikszentmihalyi, Mihaly: *Flow – Das Geheimnis des Glücks.* Klett-Cotta, 2003

Deutscher Manager-Verband e.V.: *Handbuch Soft Skills – Band 1-2-3.* vdf Hochschulverlag, 2004

Edmüller, Andreas: *Manipulationstechniken.* Haufe, 2002

Edmüller, Andreas: *Moderation.* Haufe, 2003

Fisher, Roger: *Das Harvard-Konzept.* Campus, 2002

Goleman, Daniel: *Emotionale Intelligenz.* Dtv, 2004

Grochowiak, Klaus: *Das NLP-Practitioner Handbuch.* Junfermann, 1996

Hanisch, Horst: *Knigge für Beruf und Karriere.* Haufe 2002

Harris, Thomas A.: *Ich bin O.K., du bist O.K.* rororo 2002

Hierhold, Emil: *Sicher präsentieren – wirksamer vortragen.* Redline Wirtschaft bei ueberreuter, 2002

Jay, Ros: *Managen & Delegieren.*
Financial Times Prentice Hall, 2001

Kratz, Hans-Jürgen: *30 Minuten für zielorientierte Mitarbeiter-gespräche.* GABAL 2001

Küstenmacher, Werner Tiki u. a: *Simplify your life.* Campus 2003

Malik, Fredmund: *Führen, Leisten, Leben.* DVA, 2003

Nöllke, Matthias: *Kreativitätstechniken.* Haufe, 2002

O'Connor, Joseph: *Neurolinguistisches Programmieren: Gelungene Kommunikation und persönliche Entfaltung.* VAK, 2004

Robbins, Anthony: *L'éveil de votra puissance intérieure.*
Edi-Inter, 1993

Schäfer, Bodo: *Der Weg zur finanziellen Freiheit.* Dtv, 2003

Schimmel-Schloo, Martina: *Persönlichkeitsmodelle.* GABAL 2002

Schmidt, Iris: *Zeitmanagement – So nutze ich meine Zeit optimal.*
Gondrom, 2002

Schulz von Thun, Friedemann: *Miteinander reden 1-2-3.* rororo, 2003

Seifert, Josef W.: *Moderation & Kommunikation.* GABAL, 1999

Seiwert, Lothar J.: *Wenn du es eilig hast, gehe langsam.* Campus, 2000

Watzlawick, Paul: *Menschliche Kommunikation.*
Verlag Hans Huber, 2000

Weisbach, Christian-Rainer: *Professionelle Gesprächsführung.*
Beck-Wirtschaftsberater im dtv, 2001

Wirtz, Heribert: *Schlüsselqualifikationen für Banker.*
Bankakademie-Verlag, 2004

Index

Index